精通 AutoCAD 工程设计视频讲堂

AutoCAD 2014 园林景观设计技巧精选

李波　等编著

電子工業出版社
Publishing House of Electronics Industry
北京 • BEIJING

内容简介

本书以 AutoCAD 2014 中文版软件为平台，通过 229 个技巧实例来全面讲解 AutoCAD 软件在园林景观施工图方面的绘制方法，能使读者精确找到所需要的技巧知识。

本书共 10 章，内容包括 AutoCAD 基础入门技巧、园林建筑的绘制技巧、园林小品的绘制技巧、园林水景的绘制技巧、园林植物的绘制技巧、园林道路的绘制技巧、私家庭院景观设计图的绘制技巧、生态园景观设计图的绘制技巧、办公楼景观施工图的绘制技巧、泊岸广场景观施工图的绘制技巧。

本书图文并茂，内容全面，通俗易懂，图解详细。以初中级读者为对象，面向 AutoCAD 在相关行业的应用。在附赠的 DVD 光盘中，包括所有技巧的视频讲解教程和素材。另外，开通 QQ 高级群（15310023）和网络服务进行互动学习和技术交流，以解决读者所遇到的问题，并可获得丰富的共享资料。

本书可作为相关专业工程技术人员的工具书，也可作为大中专院校相关专业的教学用书。

图书在版编目（CIP）数据

AutoCAD 2014 园林景观设计技巧精选 / 李波等编著.—北京：电子工业出版社，2015.1
（精通 AutoCAD 工程设计视频讲堂）
ISBN 978-7-121-24503-9

Ⅰ. ①A… Ⅱ. ①李… Ⅲ. ①园林设计—景观设计—计算机辅助设计—AutoCAD 软件 Ⅳ. ①TU986.2-39

中国版本图书馆 CIP 数据核字（2014）第 235426 号

策划编辑：许存权
责任编辑：许存权　　特约编辑：马军令　　冯彩茹
印　　刷：北京丰源印刷厂
装　　订：三河市鹏成印业有限公司
出版发行：电子工业出版社
　　　　　北京市海淀区万寿路 173 信箱　邮编　100036
开　　本：787×1 092　1/16　印张：25　字数：640 千字
版　　次：2015 年 1 月第 1 版
印　　次：2015 年 1 月第 1 次印刷
印　　数：3 000 册　　定价：65.00 元（含 DVD 光盘 1 张）

前　言

随着科学技术的不断发展，计算机辅助设计（CAD）也得到了飞速发展，最为出色的 CAD 设计软件之一就是美国 Autodesk 公司的 AutoCAD，在 20 多年的发展中，AutoCAD 相继进行了 20 多次升级，每次升级都带来了功能的大幅提升，目前的 AutoCAD 2014 简体中文版于 2013 年 3 月正式面世。

一、主要内容

本书以 AutoCAD 2014 中文版软件为基础平台，通过 229 个技巧实例来全面讲解 AutoCAD 软件在园林景观施工图方面的绘制方法与技巧，这样编排能使读者精确找到所需要的技巧知识。

章节名称	实例编号	章节名称	实例编号
第 1 章　AutoCAD 2014 基础入门技巧	技巧 001～057	第 6 章　园林道路的绘制技巧	技巧 152～169
第 2 章　园林建筑的绘制技巧	技巧 058～080	第 7 章　私家庭院景观设计图的绘制技巧	技巧 170～181
第 3 章　园林小品的绘制技巧	技巧 081～101	第 8 章　生态园景观设计图的绘制技巧	技巧 182～193
第 4 章　园林水景的绘制技巧	技巧 102～119	第 9 章　办公楼景观施工图的绘制技巧	技巧 194～211
第 5 章　园林植物的绘制技巧	技巧 120～151	第 10 章　泊岸广场景观施工图的绘制技巧	技巧 212～229

二、本书特色

经过调查，以及编写团队成员多次长时间的沟通，本套图书的写作方式、编排方式以全新模式，突出技巧主题，做到知识点的独立性和可操作性，每个知识点尽量配有多媒体视频，是 AutoCAD 用户不可多得的一套精品工具书。主要有以下特色：

（1）**版本最新，内容丰富**。采用 AutoCAD 2014 版，知识结构完善，内容丰富，技巧、方法归纳系统，信息量大，本书共有 229 个技巧实例。

（2）**实用性强，针对性强**。由于 AutoCAD 软件功能强，应用领域广泛，使得更多的从业人员需要学习和应用其软件，通过收集更多的实际应用技巧，以及针对读者所反映的问题进行讲解，使读者能更加有针对性地选择学习内容。

（3）**结构清晰，目标明确**。对于读者而言，最重要的是掌握方法。因此，作者有目的地把每章内容所含的技巧、方法进行了编排，对每个技巧首先作“技巧概述”，以便读者能更清晰地了解其中的要点和精髓。

（4）**关键步骤，介绍透彻**。讲解过程中，通过添加“技巧提示”的方式突出重要知识点，通过“专业技能”和“软件技能”的方式突出重要技能，以加深读者对关键技术知识的理解。

（5）**版式新颖，美观大方**。图书版式新颖，图注编号清晰明确，图片、文字的占用空间比例合理，通过简洁明快的风格，并添加特别提示的标注文字，提高读者的阅读兴趣。

（6）**全程视频，网络互动**。本书全程多媒体视频讲解，做到视频与图书同步配套学习；开通 QQ 高级群（15310023）和网络服务，进行互动学习和技术交流，以解决读者所遇到的问题，并可得到大量的共享资料。

三、读者对象

（1）各高校相关专业教师和学生。

（2）各类计算机培训班及工程培训班人员。

（3）具备相关专业知识的工程师和设计人员。

（4）对 AutoCAD 设计软件感兴趣的读者。

四、光盘内容

附赠 DVD 光盘 1 张，针对所有技巧进行全程视频讲解，并将涉及的所有素材、图块、案例等附于光盘中。

在光盘插入 DVD 光驱时，将自动进入多媒体光盘的操作界面，如下图所示。

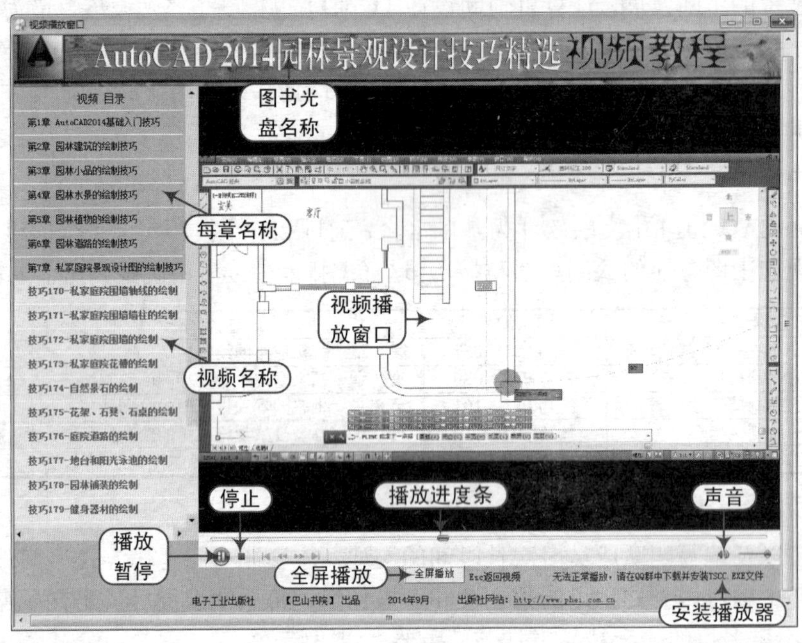

五、学习方法

学习 AutoCAD 辅助设计软件操作时，可通过多种方法执行某个工具或命令，如工具栏、命令行、菜单栏、面板等。但是，学习任何一门软件技术，需要的是动力、坚持和自我思考，如果只有三分钟的热度，遇见问题就求助别人，对学习无所谓等，是学不好、学不精的。

对此，作者向读者推荐以下 6 种方法，希望读者严格要求自己：①制定目标、克服盲目；②循序渐进、不断积累；③提高认识、加强应用；④熟能生巧、自学成才；⑤巧用 AutoCAD 帮助文件；⑥活用网络解决问题。

六、写作团队

本书由“巴山书院”集体创作，由资深作者李波主持编写，参与编写的人员还有冯燕、荆月鹏、王利、汪琴、刘冰、牛姜、王洪令、李友、黄妍、徐作华、郝德全、李松林、雷芳等。

感谢您选择本书，希望我们的努力对您的工作和学习有所帮助，也希望把您对本书的意见和建议告诉我们（邮箱：helpkj@163.com；QQ 高级群：15310023）。书中难免有疏漏与不足之处，敬请专家和读者批评指正。

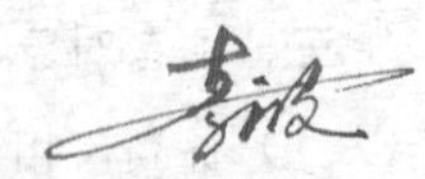

目 录

第1章 AutoCAD 2014 基础入门技巧

第 2 章 园林建筑的绘制技巧

第 3 章 园林小品的绘制技巧

第 4 章 园林水景的绘制技巧

第 5 章 园林植物的绘制技巧

第 6 章 园林道路的绘制技巧

第 7 章 私家庭院景观设计图的绘制技巧

第 8 章 生态园景观设计图的绘制技巧

第9章　办公楼景观施工图的绘制技巧

第10章　泊岸广场景观施工图的绘制技巧

第 1 章　AutoCAD 2014 基础入门技巧

● **本章导读**

本章主要学习 AutoCAD 2014 的基础入门，包括 CAD 的系统需求、操作界面、文件管理、不同模式的设置方法、图形的选择、对象的缩放、外部参照的使用等为后面复杂图形的绘制打下坚实的基础。

● **本章内容**（本章内容您掌握了有多少？请作好记录）

AutoCAD 2014 的系统需求	CAD 命令的重做方法	矩形框选图形对象
AutoCAD 2014 的启动方法	CAD 命令的动态输入	交叉框选图形对象
AutoCAD 2014 的标题栏	CAD 命令行的使用技巧	栏选图形对象
AutoCAD 2014 标签与面板	CAD 透明命令的使用方法	圈围图形对象
AutoCAD 2014 文件选项卡	CAD 新建文件的几种方法	圈交图形对象
AutoCAD 2014 的菜单与工具栏	CAD 打开文件的几种方法	构造选择集的方法
AutoCAD 2014 的绘图区	CAD 文件局部打开的方法	快速选择图形对象
AutoCAD 2014 的命令行	CAD 保存文件的几种方法	类似对象的选择方法
AutoCAD 2014 的状态栏	CAD 文件的加密方法	实时平移的方法
AutoCAD 2014 的快捷菜单	CAD 文件的修复方法	实时缩放的方法
AutoCAD 2014 的退出方法	CAD 文件的清理方法	平铺视口的创建方法
将命令行设置为浮动模式	正交模式的设置方法	视口合并的方法
绘图窗口的调整	捕捉与栅格的设置方法	图形的重画方法
自定义快速访问工具栏	捕捉模式的设置方法	图形对象的重生成方法
工作空间的切换	极轴追踪的设置方法	设计中心的使用方法
设置 ViewCube 工具的大小	对象捕捉追踪的使用方法	通过设计中心创建样板文件
CAD 命令的 6 种执行方法	临时追踪的使用方法	外部参照的使用方法
CAD 命令的重复方法	“捕捉自”功能的使用方法	工具选项板的打开方法
CAD 命令的撤销方法	点选图形对象	通过工具选项板填充图案

技巧：001　AutoCAD 2014的系统需求

视频：技巧001-AutoCAD 2014的系统需求.avi
案例：无

技巧概述：不是随便一台计算机都可以安装 AutoCAD 2014 软件，这时就需要计算机的硬件和软件系统满足要求才能够正确安装，如操作系统、浏览器、处理器、内存、显示器分辨率、硬盘存储空间等。

目前用户的计算机系统大多以 32 位和 64 位为主，下面分别以这两种系统对计算机硬件和软件的需求进行列表介绍。

1．32 位 AutoCAD 2014 系统需求

对于 32 位计算机的用户来讲，安装 AutoCAD 2014 系统的需求如表 1-1 所示。

表 1-1　32 位 AutoCAD 2014 系统需求

说　明	需　求
操作系统	① 以下操作系统的 Service Pack 3 (SP3) 或更高版本 ● Microsoft® Windows® XP Professional ● Microsoft® Windows® XP Home ② 以下操作系统 ● Microsoft Windows 7 Enterprise ● Microsoft Windows 7 Ultimate ● Microsoft Windows 7 Professional ● Microsoft Windows 7 Home Premium
浏览器	Internet Explorer ® 7.0 或更高版本　特别注意
处理器	① Windows XP Intel ® Pentium ® 4 或 AMD Athlon™ 双核，1.6 GHz 或更高，采用 SSE2 技术 ② Windows 7 Intel Pentium 4 或 AMD Athlon 双核，3.0 GHz 或更高，采用 SSE2 技术
内存	2 GB RAM（建议使用 4 GB）
显示器分辨率	1024×768（建议使用 1600×1050 或更高）真彩色
磁盘空间	安装 6.0 GB
定点设备	MS-Mouse 兼容
介质 (DVD)	从 DVD 下载并安装
.NET Framework	.NET Framework 版本 4.0
三维建模的其他需求	Intel Pentium 4 处理器或 AMD Athlon，3.0 GHz 或更高，或者 Intel 或 AMD 双核处理器，2.0 GHz 或更高 4 GB RAM 6 GB 可用硬盘空间（不包括安装需要的空间） 1280×1024 真彩色视频显示适配器 128 MB 或更高，Pixel Shader 3.0 或更高版本，支持 Direct3D® 功能的工作站级图形卡

2. 64 位 AutoCAD 2014 系统需求

对于 64 位计算机的用户来讲，安装 AutoCAD 2014 系统的需求如表 1-2 所示。

表 1-2　64 位 AutoCAD 2014 系统需求

说　明	需　求
操作系统	① 以下操作系统的 Service Pack 2 (SP2) 或更高版本 Microsoft® Windows® XP Professional ② 以下操作系统 ● Microsoft Windows 7 Enterprise ● Microsoft Windows 7 Ultimate ● Microsoft Windows 7 Professional ● Microsoft Windows 7 Home Premium
浏览器	Internet Explorer ® 7.0 或更高版本　特别注意
处理器	AMD Athlon 64，采用 SSE2 技术 AMD Opteron™，采用 SSE2 技术 Intel Xeon ®，具有 Intel EM64T 支持和 SSE2 Intel Pentium 4，具有 Intel EM 64T 支持并采用 SSE2 技术
内存	2 GB RAM（建议使用 4 GB）

续表

说 明	需 求
显示器分辨率	1024×768（建议使用 1600×1050 或更高）真彩色
磁盘空间	安装 6.0 GB
定点设备	MS-Mouse 兼容
介质 (DVD)	从 DVD 下载并安装
.NET Framework	.NET Framework 版本 4.0 更新 1
三维建模的其他需求	4 GB RAM 或更大 6 GB 可用硬盘空间（不包括安装需要的空间） 1280×1024 真彩色视频显示适配器 128 MB 或更高，Pixel Shader 3.0 或更高版本，支持 Direct3D® 功能的工作站级图形卡

技巧提示 ★★★★☆

在安装 AutoCAD 2014 软件时，最值得大家注意的一点，就是其 IE 浏览器，要安装 IE 7.0 及以上版本，否则将无法安装。

技巧：002 AutoCAD 2014的启动方法

视频：技巧002-AutoCAD 2014的启动方法.avi
案例：无

技巧概述：当用户的电脑上已经成功安装并注册好 AutoCAD 2014 软件后，用户即可以开始启动并运行该软件。与大多数应用软件一样，要启动 AutoCAD 2014 软件，用户可通过以下四种任意方法。

方法 01 双击桌面上的【AutoCAD 2014】快捷图标。

方法 02 右击桌面上的【AutoCAD 2014】快捷图标，从弹出的快捷菜单中选择【打开】命令。

方法 03 单击桌面左下角的【开始】|【程序】|【Autodesk | AutoCAD 2014-Simplified Chinese】命令。

方法 04 在 AutoCAD 2014 软件的安装位置，找到其运行文件“acad.exe”文件，然后双击即可。

第一次启动 AutoCAD 2014 后，会弹出【Autodesk Exchange】对话框，单击该对话框右上角的【关闭】按钮，将进入 AutoCAD 2014 工作界面，默认情况下，系统会直接进入如图 1-1 所示的“草图与注释”空间界面。

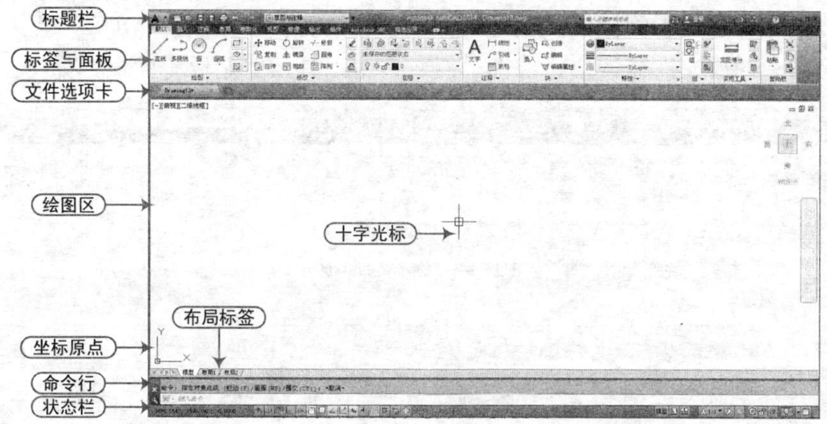

图 1-1 AutoCAD 2014 初始界面

软件技能 ★★★☆☆

用户可以双击 AutoCAD 图形文件对象，即扩展名为.dwg 文件，也可启动 AutoCAD 2014 软件。当然，同时也会打开该文件，界面如图 1-2 所示。

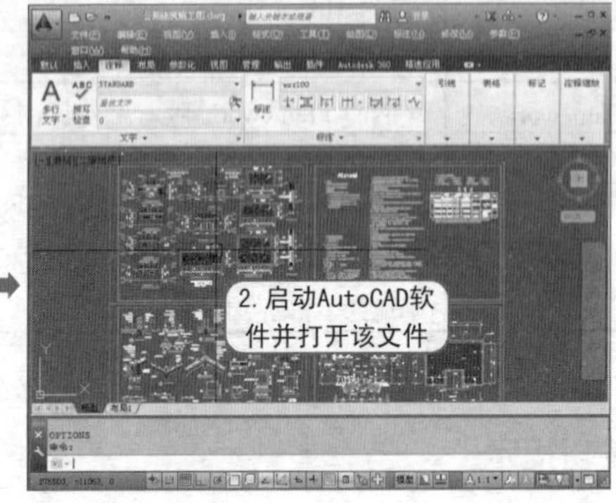

图 1-2 AutoCAD 2014 启动并打开文件

技巧：003 AutoCAD 2014的标题栏

视频：技巧003-AutoCAD 2014的标题栏.avi案例：无

技巧概述： AutoCAD 2014 标题栏包括“菜单浏览器”按钮、“快速访问”工具栏（包括新建、打开、保存、另存为、打印、放弃、重做等按钮）、软件名称、标题名称、“搜索”框、“登录”按钮、窗口控制区（即“最小化”按钮、“最大化”按钮、“关闭”按钮），如图 1-3 所示。这里以“草图与注释”工作空间进行讲解。

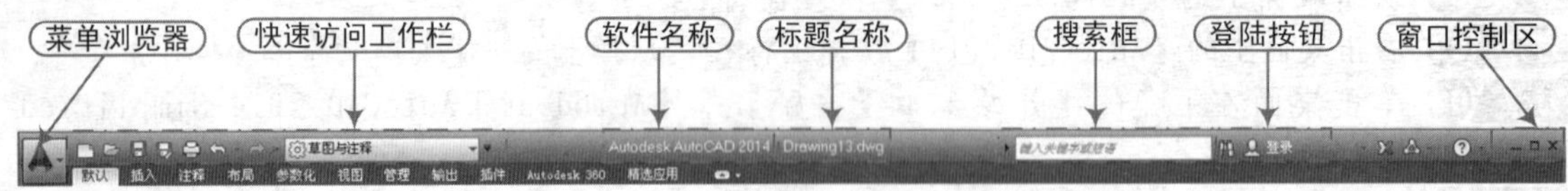

图 1-3 AutoCAD 2014 的标题栏

技巧：004 AutoCAD 2014标签与面板

视频：技巧004-AutoCAD 2014标签与面板.avi案例：无

技巧概述： 在标题栏下侧标签，在每个标签下包括有许多面板。例如“默认”选项标题中包括绘图、修改、图层、注释、块、特性、组、实用工具、剪贴板等面板，如图 1-4 所示。

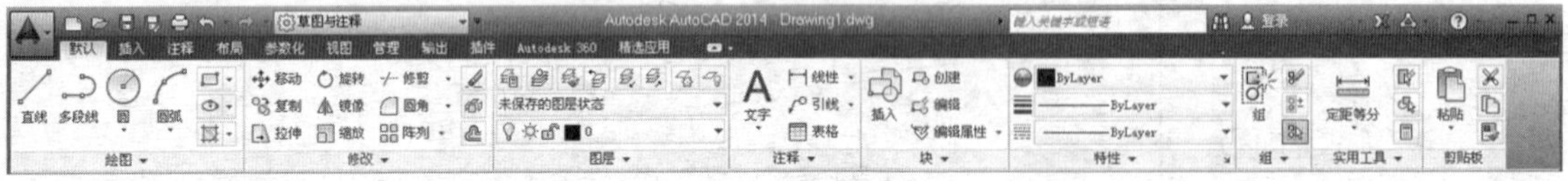

图 1-4 标签与面板

软件技能 ★★★★☆

在标签栏的名称最右侧显示了一个倒三角，用户单击 此按钮，将弹出一快捷菜单，可以进行相应的单项选择，如图 1-5 所示。

图 1-5　标签与面板

技巧：005　AutoCAD 2014文件选项卡

视频：技巧005-AutoCAD 2014文件选项卡.avi
案例：无

技巧概述：AutoCAD 2014 版本提供了图形选项卡，在打开的图形间切换或创建新图形时非常方便。

以使用“视图”选项卡中的“文件选项卡”控件来打开或关闭图形选项卡工具条，当文件选项卡打开后，在图形区域上方会显示所有已经打开图形的选项卡，如图 1-6 所示。

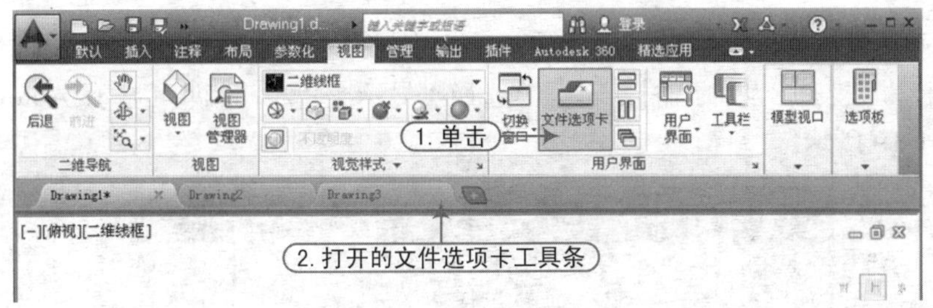

图 1-6　启用“图形选项工具条”

文件选项卡以文件打开的顺序来显示，可以拖动选项卡来更改图形的位置，如图 1-7 所示为拖动图形 1 到中间位置效果。

图 1-7　拖动图形 1

如果打开的图形过多，已经没有足够的空间来显示所有的文件选项，此时会在其右端出现一个浮动菜单来访问更多打开的文件，如图 1-8 所示。

如果选项卡有一个锁定的图标，则表明该文件是以只读方式打开的，如果有冒号则表明自上一次保存后此文件被修改过，当光标移动到文件标签上时，可以预览该图形的模型和布局。如果光标移到预览图形上时，则相对应的模型或布局就会在图形区域临时显示出来，并且打印和发布工具在预览图中也是可用的。

在“文件选项卡”工具条上，单击鼠标右键，将弹出快捷菜单，可以新建、打开或关闭文件，包括可以关闭除所单击文件外的其他所有已打开的文件，但不关闭软件程序，如图 1-9 所示。也可以复制文件的全路径到剪贴板或打开资源管理器，并定位到该文件所在的目录。

图形右边的加号图标可以使用户更容易新建图形，在图形新建后其选项卡会自动添加进来。

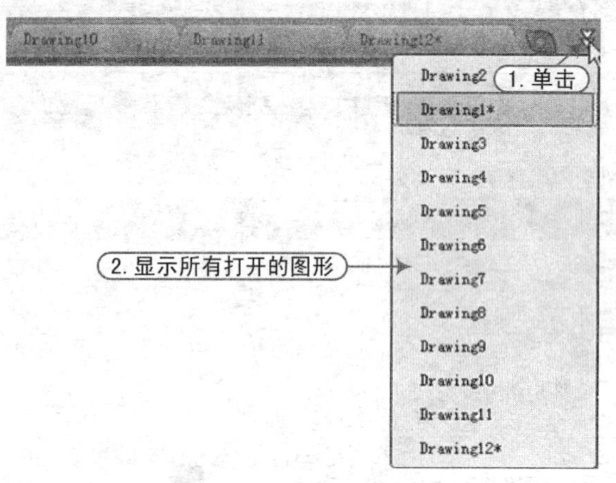

图 1-8　访问隐藏的图形

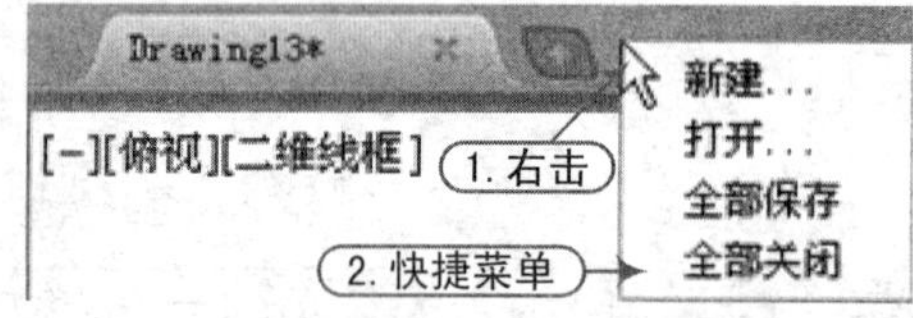

图 1-9　右键快捷菜单

技巧：006　AutoCAD 2014菜单与工具栏

视频：技巧006-CAD 2014菜单与工具栏.avi
案例：无

技巧概述：在 AutoCAD 2014 的“草图与注释”工作空间状态下，其菜单栏和工具栏处于隐藏状态。

如果要显示其菜单栏，那么在标题栏的“工作空间”右侧单击其倒三角按钮（即“自定义快速访问工具栏”列表），从弹出的列表框中选择“显示菜单栏”，即可显示 AutoCAD 的常规菜单栏，如图 1-10 所示。

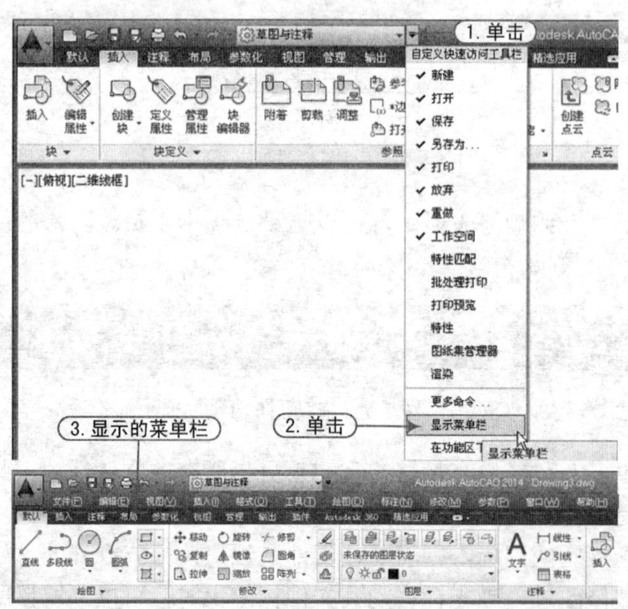

图 1-10　显示菜单栏

如果要将 AutoCAD 的常规工具栏显示出来，用户可以选择“工具 | 工具栏”菜单项，从弹出的下级菜单中选择相应的工具栏即可，如图 1-11 所示。

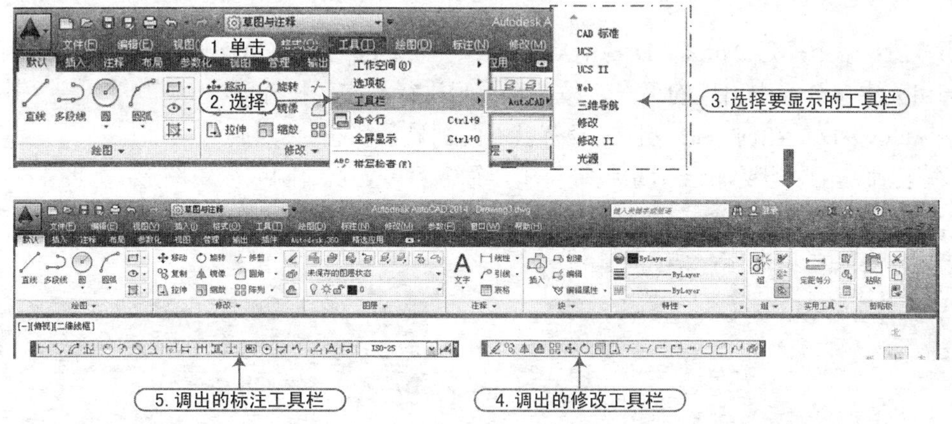

图 1-11　显示工具栏

技巧提示　★★★☆☆

如果用户忘记了某个按钮的名称，只需要将鼠标光标移动到该按钮上面停留几秒钟，就会在其下方出现该按钮所代表的命令名称，通过名称就可快速确定其功能。

技巧：007　AutoCAD 2014的绘图区

视频：技巧007-CAD 2014的绘图区.avi
案例：无

技巧概述：绘图区也称为视图窗口，即屏幕中央空白区域，是进行绘图操作的主要工作区域，所有的绘图结果都反映在这个窗口中。用户可以根据需要关闭一些“工具栏”，以扩大绘图的空间。如果图纸比较大，需要查看未显示的部分时，可以单击窗口右边与下边滚动条上的箭头，或拖动滚条上的滑块来移动图纸。在绘图窗口中除了显示当前的绘图结果外，还显示了当前使用的坐标系类型及坐标原点、X 轴、Y 轴、Z 轴的方向等。

默认情况下，坐标系为世界坐标系（WCS），绘图窗口的下方有“模型”和“布局”选项卡，单击其选项卡可以在模型空间或图纸空间之间切换，如图 1-12 所示。

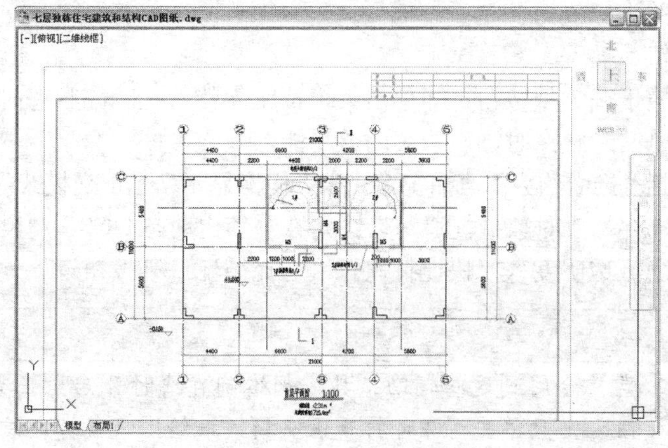

图 1-12　绘图区域

技巧：008 AutoCAD 2014的命令行

视频：技巧008-CAD 2014的命令行.avi
案例：无

技巧概述：命令行是 AutoCAD 与用户对话的一个平台，AutoCAD 通过命令反馈各种信息，用户应密切关注命令行中出现的信息，按信息提示进行相应的操作。

使用 AutoCAD 绘图时，命令行一般有以下两种显示状态。

（1）等待命令输入状态。表示系统等待用户输入命令，以绘制或编辑图形，如图 1-13 所示。

（2）正在执行命令状态。在执行命令的过程中，命令行中将显示该命令的操作提示，以方便用户快速确定下一步操作，如图 1-14 所示。

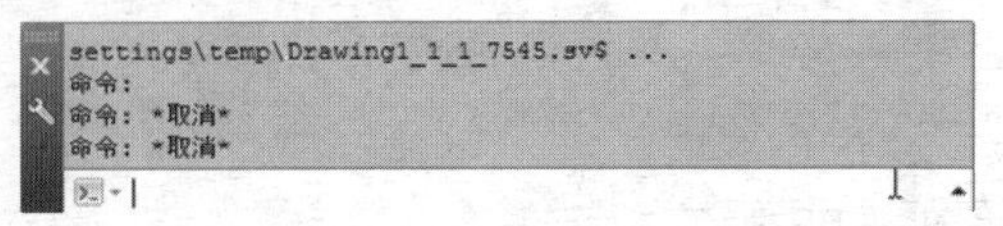

图 1-13　等待命令输入状态

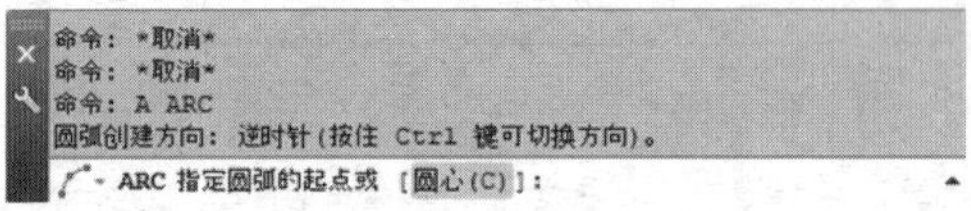

图 1-14　命令执行状态

技巧：009 AutoCAD 2014的状态栏

视频：技巧009-CAD 2014的状态栏.avi
案例：无

技巧概述：状态栏位于 AutoCAD 2014 窗口的最下方，主要由当前光标坐标值，辅助工具按钮、布局空间、注释比例、工作空间、锁定按钮、状态栏菜单、全屏按钮等部分组成，如图 1-15 所示。

图 1-15　状态栏的组成

（1）当前光标的坐标值

状态栏的最左方有一组数字，跟随鼠标光标的移动发生变化，通过它，用户可快速查看当前光标的位置及对应的坐标值。

（2）辅助工具按钮

辅助工具按钮都属于开关型按钮，即单击某个按钮，使其呈凹陷状态时表示启用该功能，再次单击该按钮使其呈凸起状态时则表示关闭该功能。

辅助工具组中包括“推断约束”、“捕捉模式”、“栅格显示”、“正交模式”、“极轴追踪”、“对象捕捉”、“三维对象捕捉”、“对象捕捉追踪”、“允许丨禁止动态 UCS”、“动态输入”、“显示丨隐藏线宽”、“显示丨隐藏透明度”、“快捷特性”、“选择循环”等按钮。

软件技能　★★★★☆

在绘图过程中，常常会用到这些辅助工具，如绘制直线时开启“正交模式”，只需要将鼠标移动到正交按钮上且单击，即可打开正交模式来绘图，鼠标在该按钮上面停留几秒钟时，就会出现“正交模式（F8）”名称，即代表该功能还可以以键盘上的【F8】作为

快捷键进行启动，使操作起来更为方便。

辅助工具按钮中，对应按钮快捷键如下：推断约束=Ctrl+Shift+I、捕捉模式=F9、栅格显示=F7、正交模式=F8、极轴追踪=F10、对象捕捉=F3、三维对象捕捉=F4、对象捕捉追踪=F11、允许｜禁止动态 UCS=F6、动态输入=F12、快捷特性= Ctrl+Shift+P、选择循环=Ctrl+W，掌握了这些快捷键可以大大加快绘图的速度。

当启用了“快捷特性”功能，选择图形则会弹出“快捷特性”面板，可以通过该面板来修改图形的颜色、图层、线型、坐标值、大小等，如图 1-16 所示。

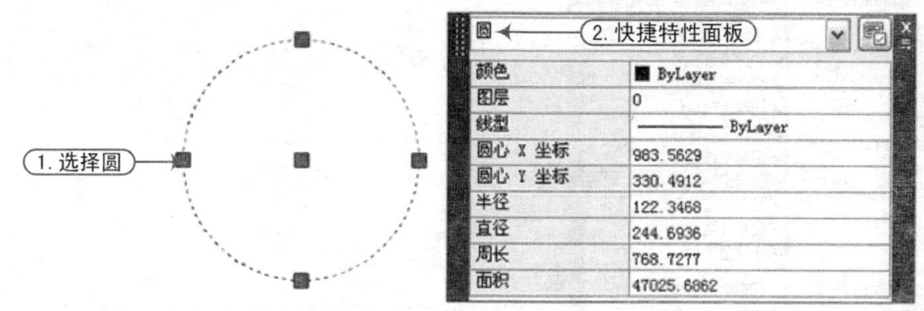

图 1-16　快捷特性功能

（3）布局空间

启动“图纸”按钮图纸或者“模型”按钮模型，可以在图纸和模型空间中进行切换。

启动“快速查看布局”按钮，在状态栏处将弹出“快速查看布局”工具栏以及模型和布局的效果预览图，可以选择性的查看当前图形的布局空间，如图 1-17 所示。

启动“快速查看图形”按钮，在状态栏处将弹出“快速查看图形”工具栏以及 AutoCAD 软件中打开的所有图形的预览图，如图 1-18 所示打开的图形“Drawing1、2、3”，鼠标移动至某个图形，在上方则继续显示该图形模型和布局的效果，即可在各个图形中进行选择性的查看。

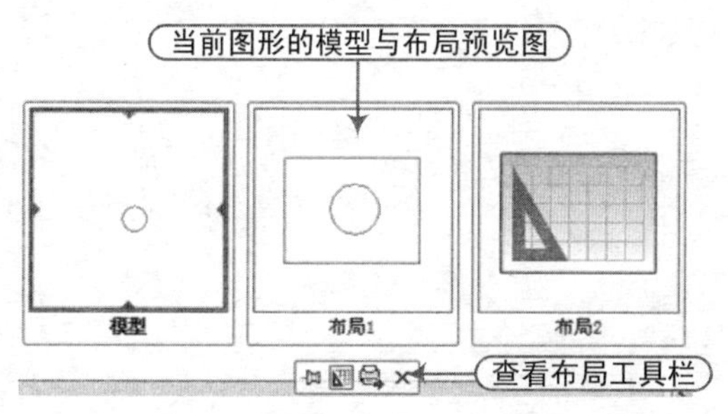

图 1-17　菜单浏览器

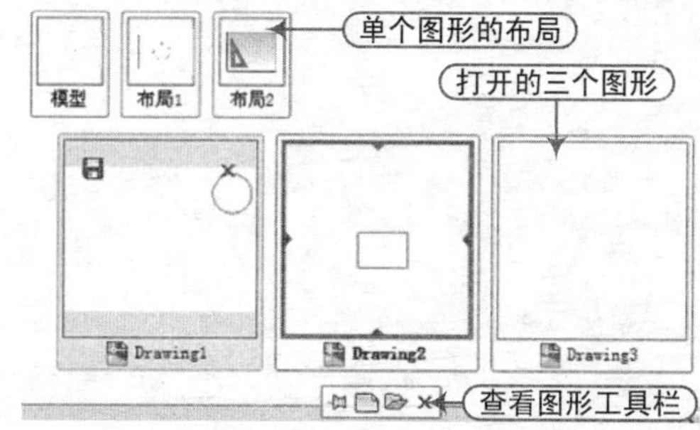

图 1-18　快捷菜单

（4）注释比例

注释比例默认状态下是 1:1，根据用户不同的需求可以自行调整注释比例，方法是单击右侧的按钮，在弹出的下拉菜单中选择需要的比例即可。

（5）工作空间

AutoCAD 默认的工作空间为“草图与注释”，用户可以根据需要单击“切换工作”空间按钮，来对工作空间进行切换与设置。

（6）锁定按钮

默认情况下“锁定”按钮为解锁状态，单击该按钮，在弹出的菜单中可以选择对浮动或固定的工具栏、窗口进行锁定，使其不会因用户不小心而移到其他地方。

（7）状态栏菜单

单击“隔离对象”右侧的按钮，将弹出如图 1-19 所示的下拉菜单，选择不同的命令，可改变状态栏的相应组成部分，例如，取消“图纸\模型（M）”前面的✔标记，将隐藏状态栏中的“图纸\模型”按钮的显示，如图 1-20 所示。

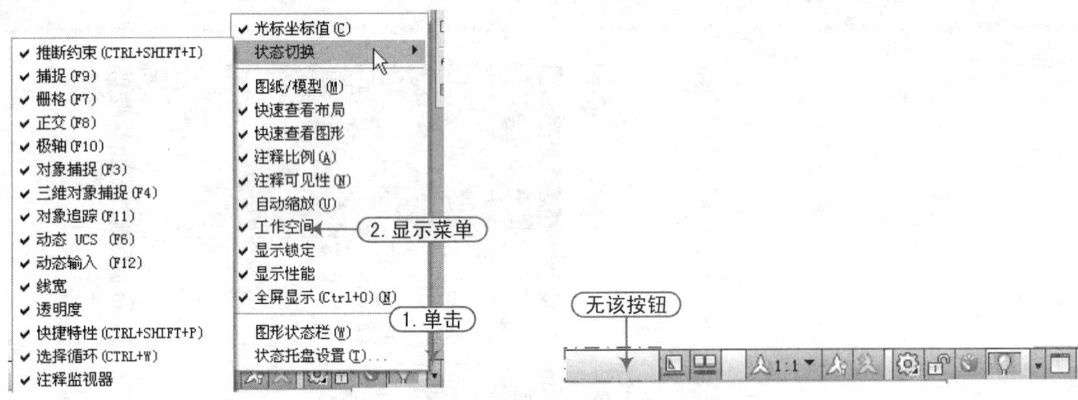

图 1-19 状态栏菜单　　　　图 1-20 取消“图纸\模型”按钮显示

（8）全屏按钮

在 AutoCAD 绘图界面中，若想要最大化的在绘图区域中绘制或者编辑图形，即可单击“全屏显示（Ctrl+0）”按钮，使整个界面只剩下标题栏、命令行和状态栏，将多余面板隐藏掉，使图形区域能够最大化显示，如图 1-21 所示。

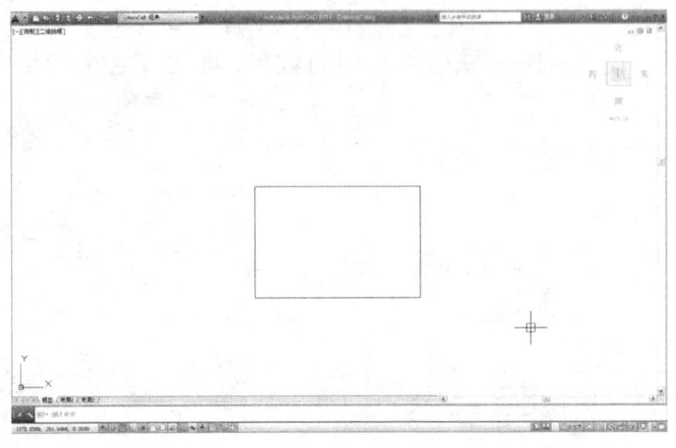

图 1-21 最大化效果

技巧：010 AutoCAD 2014的快捷菜单

视频：技巧010-CAD 2014的快捷菜单.avi
案例：无

技巧概述： 在窗口最左上角的大“A”按钮为“菜单浏览器”按钮，单击该按钮会出现下拉菜单，如“新建”、“打开”、“保存”、“另存为”、“输出”、“打印”、“发布”等，另外还新增加了很多新的项目，如“最近使用的文档”、“打开文档”、“选项”和“退出 AutoCAD”按钮，如图 1-22 所示。

AutoCAD 2014 的快捷菜单通常会出现在绘图区、状态栏、工具栏、模型或布局选项卡上的右击时，系统会弹出一个快捷菜单，该菜单中显示的命令与右击对象及当前状态相关，会根据不同的情况出现不同的快捷菜单命令，如图 1-23 所示。

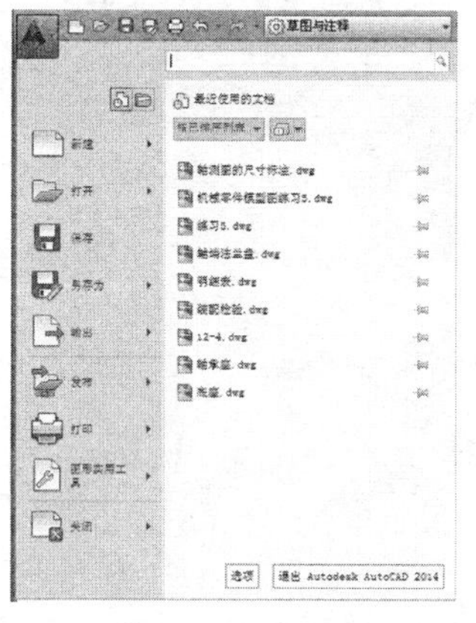

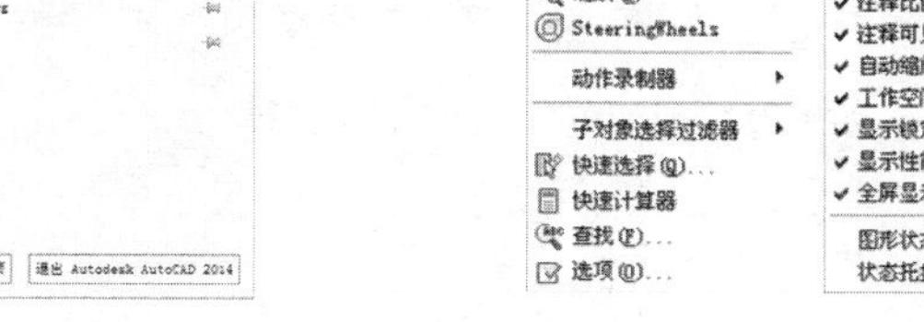

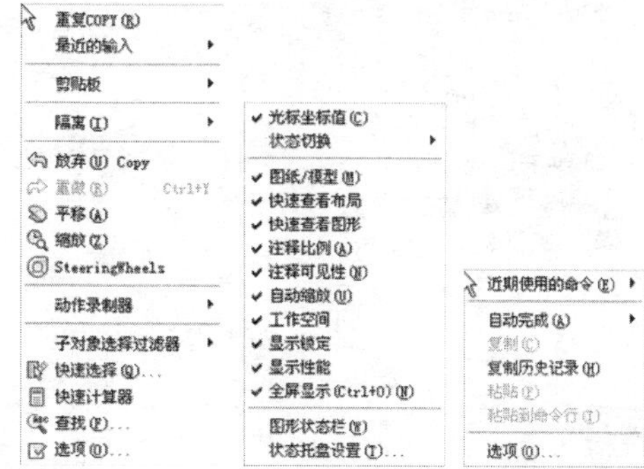

图 1-22　菜单浏览器　　　　图 1-23　快捷菜单

技巧：011　AutoCAD 2014的退出方法

视频：技巧011-CAD 2014的退出方法.avi
案例：无

技巧概述：在 AutoCAD 2014 中绘制完图形文件后，用户可通过以下四种任意方法来退出。

方法 01 在 AutoCAD 2014 软件环境中单击右上角的“关闭”按钮。

方法 02 在键盘上按<Alt+F4>或<Alt+Q>组合键。

方法 03 单击 AutoCAD 界面标题栏左端的图标，在弹出的下拉菜单再单击“关闭”按钮。

方法 04 在命令行输入 Quit 命令或 Exit 命令并按<Enter>键。

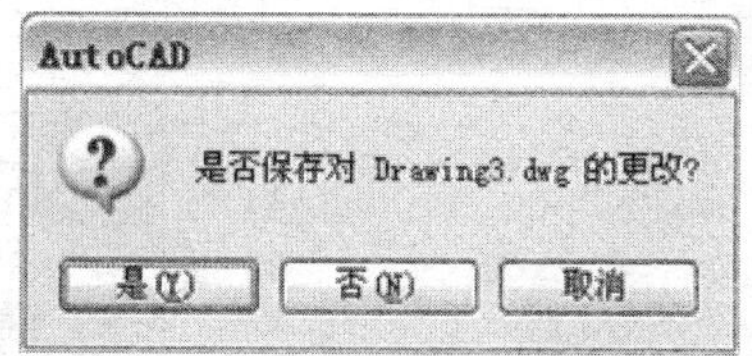

图 1-24　AutoCAD 警告窗口

通过以上任意一种方法，将可对当前图形文件进行关闭操作。如果当前图形有所修改而没有存盘，系统将打开 AutoCAD 警告对话框，询问是否保存图形文件，如图 1-24 所示。

> **技巧提示**　★★☆☆☆
>
> 在警告对话框中，单击“是（Y）”按钮或直接按（Enter）键，可以保存当前图形文件并将其关闭；单击“否（N）”按钮，可以关闭当前图形文件但不存盘；单击“取消”按钮，取消关闭当前图形文件操作，既不保存也不关闭。如果当前所编辑的图形文件没命名，那么单击“是（Y）”按钮后，AutoCAD 会打开“图形另存为”的对话框，要求用户确定图形文件存放的位置和名称。

技巧：012　将命令行设置为浮动模式

视频：技巧012-将命令行设置为浮动模式.avi
案例：无

技巧概述：命令窗口是用于记录在窗口中操作的所有命令，如单击按钮和选择菜单选项等。在此窗口中输入命令，按下“Enter”键可以执行相应的命令。用户可以根据需要改变其窗口的大小，也可以将其拖动为浮动窗口，如图 1-25 所示，可以在其中输入命令，命令行将跟随变化。若要恢复默认的命令行位置，只需将浮动窗口按照同样的方法拖动至起始位置即可。

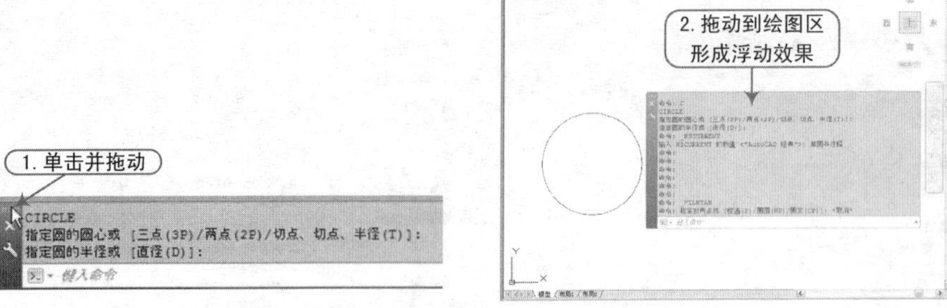

图 1-25 拖动命令行形成浮动窗口

软件技能 ★★☆☆☆

在绘图过程中，如果需要查看多行命令，可按【F2】键将 AutoCAD 文本窗口打开，该窗口中显示了对文件执行过的所有命令，如图 1-26 所示，同样可以在其中输入命令，命令行将跟随变化。

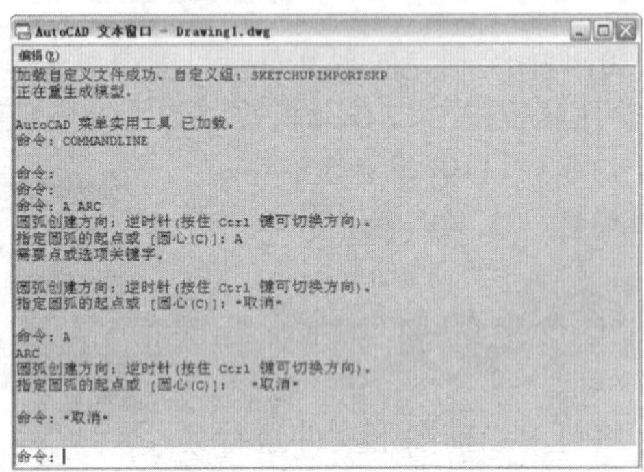

图 1-26 文本窗口

技巧：013 绘图窗口的调整

视频：技巧013-绘图窗口的调整.avi
案例：无

技巧概述：当需要切换多个文件来进行绘制或编辑时，可以将这些文件都显示在一个工作平面，这样即可随意地在图形中进行切换与编辑，如图形之间的复制操作。

在 AutoCAD 2014 软件中，提供了多种窗口的排列功能。可以通过窗口“最小化”和“最大化”控制按钮和鼠标控件来调整绘图窗口的大小，还可以在菜单栏处于显示状态减时，选择“窗口”菜单项，从弹出的下级菜单中即可看到“层叠”、“水平平铺”、“垂直平铺”、“排列图形”等选项，还可以看到当前打开的图形文件，如图 1-27 所示。

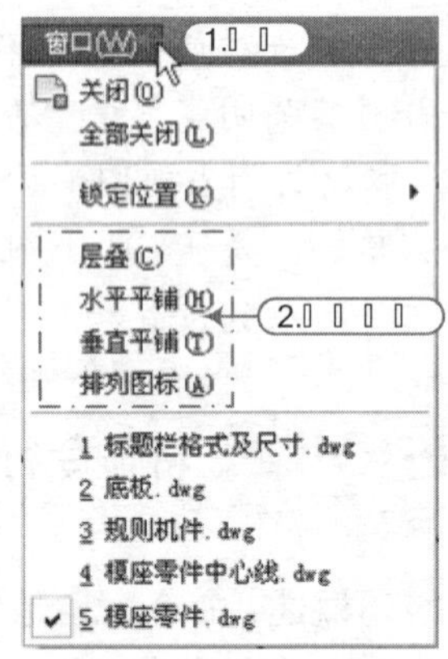

图 1-27 “窗口”菜单命令

1. 重叠

当图形过多时，可以通过重叠窗口来整理大量窗口，以便于访问，如图 1-28 所示。

2. 水平平铺

打开多个图形时，可以按行查看这些图形，如图 1-29 所示，只有在空间不足时才添加其他列。

3. 垂直平铺

打开多个图形时，可以按列查看这些图形，如图 1-30 所示，只有在空间不足时才添加其他行。

4. 排列图标

图形最小化时，将图形在工作空间底部排成一排来排列多个打开的图形，如图 1-31 所示。

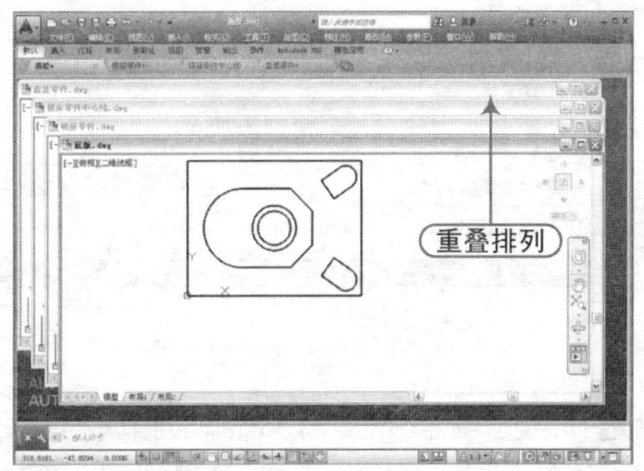

图 1-28　重叠效果

图 1-29　水平平铺效果

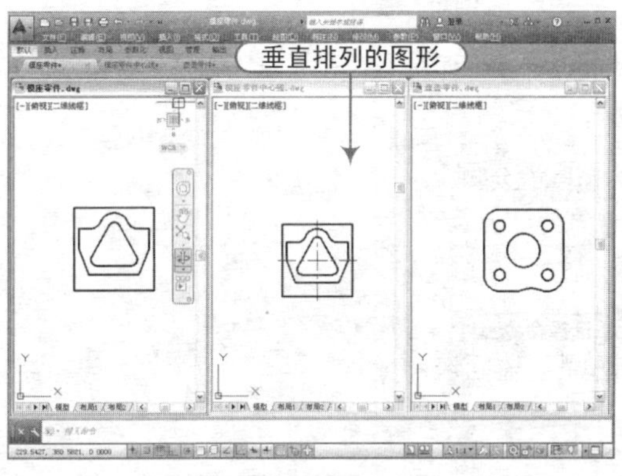

图 1-30　垂直平铺

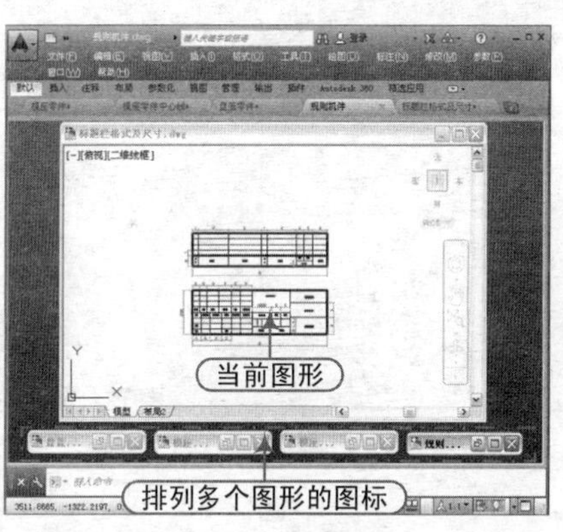

图 1-31　排列图标

技巧：014　自定义快速访问工具栏

视频：技巧014-自定义快速访问工具栏.avi
案例：无

技巧概述：由于工作的性质和关注领域不同，每个 CAD 软件用户对软件中各种命令的使用频率大不相同，所以，AutoCAD 2014 提供了自定义快速访问工具栏的功能，让用户可以根据实际需要添加、调整、删除该工具栏上的工具，一般可以将使用频率最高的命令添加到快速访问工具栏中，以达到快速访问的目的。

单击“自定义快速访问工具栏”按钮▾，将会展开如图 1-32 所示自定义快捷菜单，在该菜单中，带✔标记的命令为已向工具栏添加的命令，可以取消勾选来取消该命令在快速访问工具栏的显示，在下侧还提供了“特性匹配”、“特性”、“图纸集管理”、“渲染”等命令，可以勾选添加到快速访问工具栏上；还可以通过“在功能区下方显示”选项，来改变快速访问工具栏的

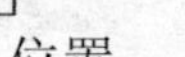

位置。

读者按照如 1-33 图所示步骤操作，可以向快速访问工具栏已添加的命令图标。

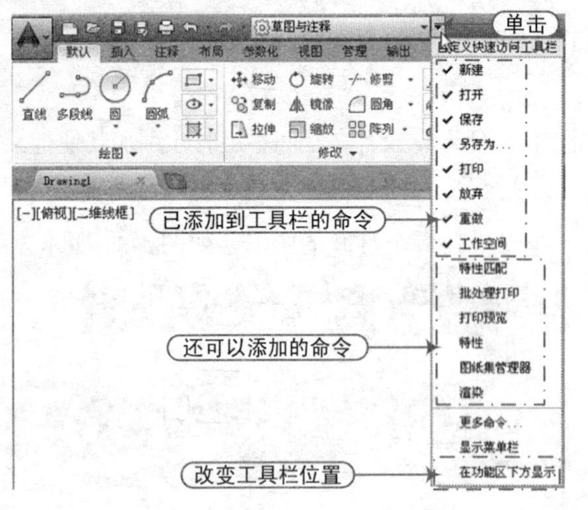

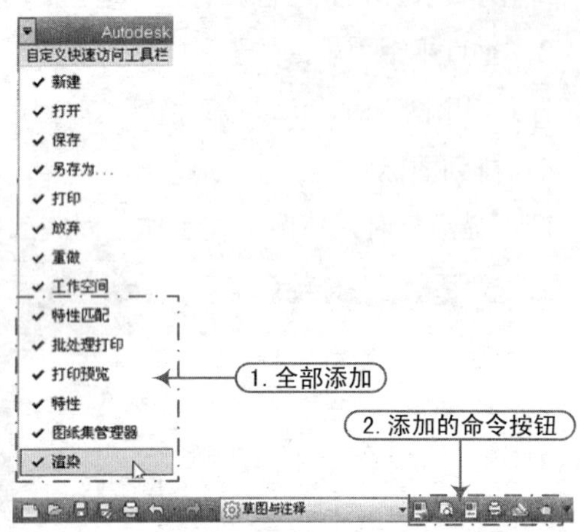

图 1-32　自定义快速访问工具栏　　　　图 1-33　添加已有命令

如果这些命令还不足以满足用户的需求，可以选择“更多命令”项，来添加相应的命令。例如，在草图注释空间的“注释”面板中，找不到“连续标注”命令，这时可以根据如图 1-34 所示操作将“连续标注”命令添加到快速访问工具栏中。

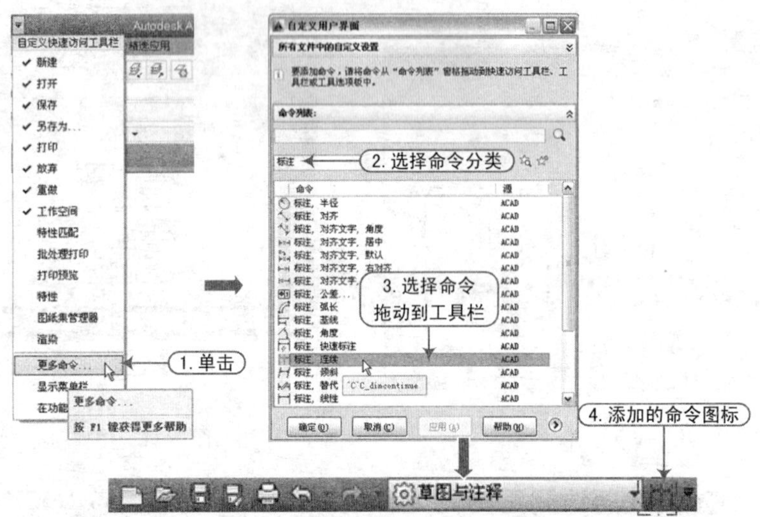

图 1-34　添加更多命令操作

若需要删除快速访问工具栏上的命令图标，直接在该图标上右击，在弹出的快捷菜单中，选择“删除”即可，如图 1-35 所示。

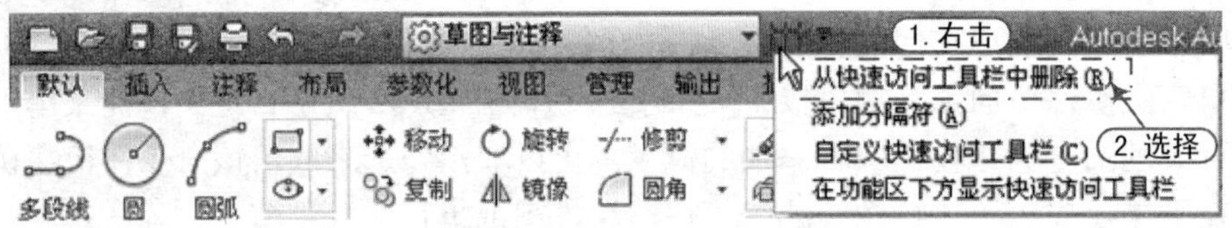

图 1-35　删除工具栏命令方法

技巧：015　工作空间的切换

视频：技巧015-工作空间的切换.avi
案例：无

技巧概述：AutoCAD 的工作界面是 AutoCAD 显示及编辑图形的区域，第一次启动 AutoCAD 2014 是打开默认的“草图与注释”工作空间，常用的是“AutoCAD 经典”工作空间。

步骤 01 正常启动 AutoCAD 2014 软件，系统自动创建一个空白文件。

步骤 02 在“快速访问工具栏”中，单击“草图与注释”下拉列表，在其中选择“AutoCAD 经典”，即可完成 AutoCAD 2014 工作界面的切换，如图 1-36 所示。

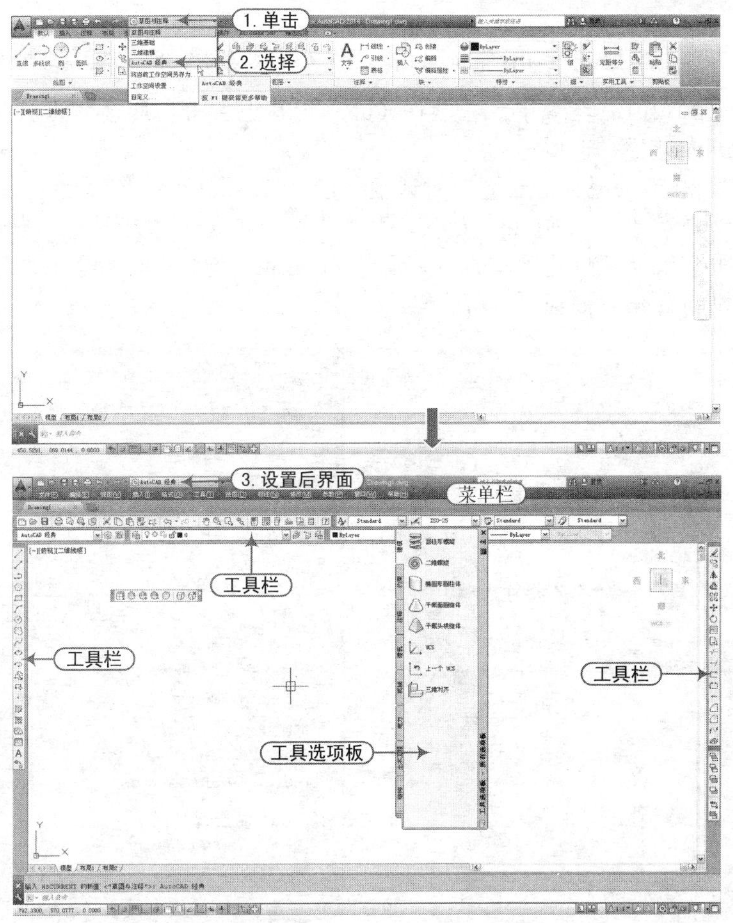

图 1-36　工作界面的切换

专业技能 ★★★★☆

在状态栏中单击“切换工作空间”按钮，即会弹出如图 1-37 所示快捷菜单，在此菜单中同样提供了 AutoCAD 各种工作界面供用户选择。

技巧：016　设置ViewCube工具的大小

视频：技巧016-设置ViewCube工具的大小.avi
案例：无

技巧概述：在 AutoCAD 2014 软件中，ViewCube 工具既是绘图区右上方显示的东西南北控键按钮，如图 1-38 所示。在绘图过程中该控键的大小，会直接影响到绘图区的大小，用户可以根据需要来调整该控键的大小。

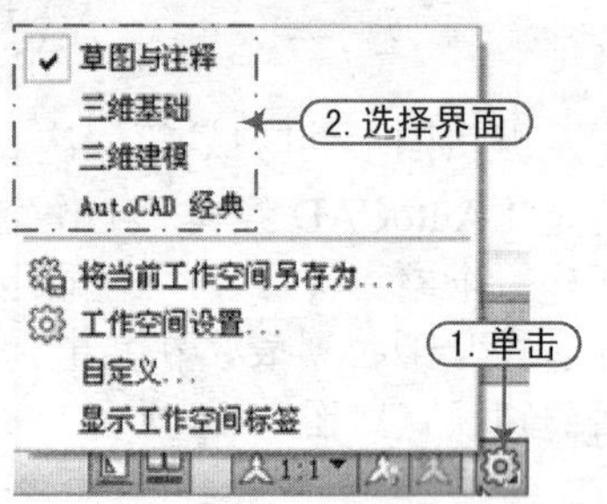

图 1-37　通过状态栏切换空间

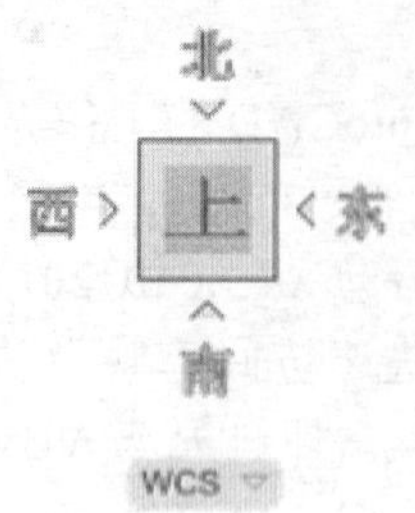

图 1-38　东西南北控键

步骤 01 在 AutoCAD 2014 环境中，在 ViewCube 工具上右击，即会弹出快捷菜单，再选择“ViewCube 设置”选项。

步骤 02 随后会弹出“ViewCube 设置”对话框，在“ViewCube 大小”栏中，取消勾选“自动（A）”，则激活“ViewCube 大小”的滑动条，其默认的大小为“普通”，读者可以根据需要在滑动条位置上单击，来设置 ViewCube 的大小，后面的图形预览将随着鼠标的移动而变化，如图 1-39 所示。

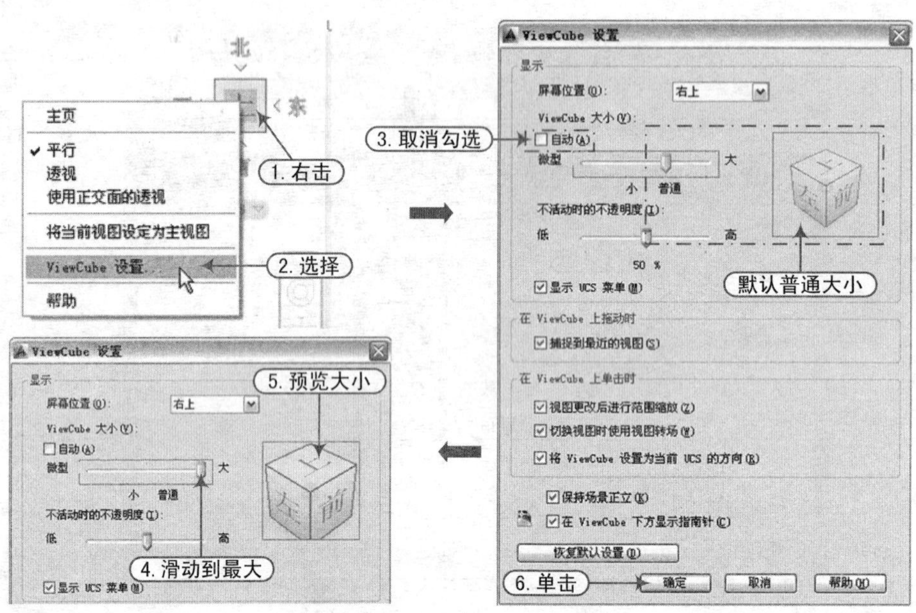

图 1-39　调整 ViewCube 工具大小

在“ViewCube 设置”对话框中，可以通过“屏幕位置（O）”项，来设置该工具浮动在屏幕左上\左下\右上\右下位置；可以通过“不活动时的不透明度（I）”滑动条对其透明度进行设置；还可以设置“ViewCube 工具”下侧的 WCS 图标的显示与否。

软件技能　★★★☆☆

在 AutoCAD 2014 软件里，控制显示 ViewCube（即显示东西南北的按钮）状态，可以用系统变量“NAVVCUBEDISPLAY”来控制，控制 ViewCube 工具在当前视觉样式和当前视口中的显示。

① 当“NAVVCUBEDISPLAY”变量为 0 时，ViewCube 工具不在二维和三维视觉样式中显示。

② 当“NAVVCUBEDISPLAY”变量为 1 时，ViewCube 工具在三维视觉样式中显示但不在二维视觉样式中显示。

③ 当“NAVVCUBEDISPLAY”变量为 2 时，ViewCube 工具在二维视觉样式中显示但不在三维视觉样式中显示。

④ 当“NAVVCUBEDISPLAY”变量为 3 时，ViewCube 工具在二维和三维视觉样式中显示。

默认变量值为 3，读者可以根据需要来进行调整。

技巧：017　CAD命令的6种执行方法

视频：技巧017-CAD命令的6种执行方法.avi
案例：无

技巧概述：要使用 AutoCAD 绘图，必须先学会在该软件中使用命令执行操作的方法，包括通过在命令行输入命令、使用工具栏或面板、以及使用菜单命令绘图。不管采用哪种方式执行命令，命令行中都将显示相应的提示信息。

1．通过“命令行”执行命令

在命令行输入命令绘图是很多熟悉并牢记了绘图命令的用户比较青睐的方式，因为它可以有效地提高绘图速度，是最快捷的绘图方式。其输入方法是：在命令行单击鼠标左键，看到闪烁的鼠标光标后输入命令快捷键，按【Enter】或者【空格键】确认命令输入，然后按照提示信息一步一步地进行绘制即可。

在执行命令的过程中，系统经常会提示用户进行下一步的操作，其命令行提示的各种特殊符号的含义如下。

- **在命令提示行有带[ ]符号的内容。**表示该命令下可执行且以“/”符号隔开的各个选项，若要选择某个选项，只需输入方括号中的字母即可，该字母既可以是大写形式也可以是小写形式。例如，在图形中绘制一个圆，可以在命令行键入圆命令“C”，则命令行如图 1-40 所示进行提示，再输入“t”，则选择了以“相切、相切、半径”方式来绘制圆。

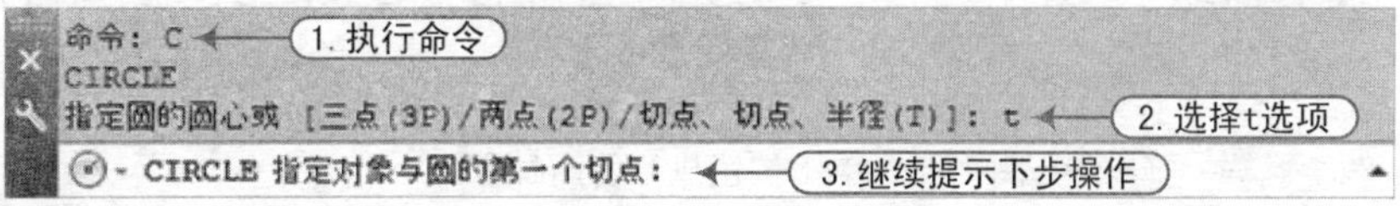

命令：C　1. 执行命令
CIRCLE
指定圆的圆心或 [三点(3P)/两点(2P)/切点、切点、半径(T)]：t　2. 选择t选项
CIRCLE 指定对象与圆的第一个切点：　3. 继续提示下步操作

图 1-40　命令执行方式

- **在命令提示中有带<>符号的内容。**在尖括号内的值是当前的默认值或者是上次操作时使用过的值，若在这类提示下直接按【Enter】键，则采用系统默认值或上次操作时使用的值并执行命令，如图 1-41 所示。

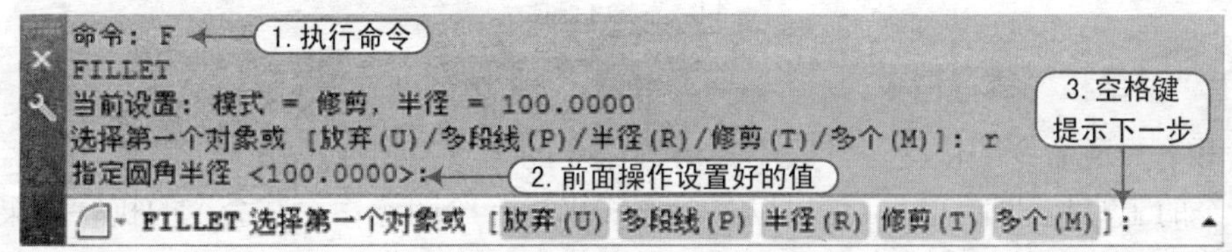

图 1-41　命令执行方式

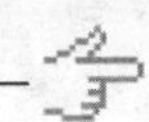

技巧提示 ★★★★☆

用户可以按【F12】快捷键来开启“动态输入”模式，此时无需鼠标在命令行单击，即可直接在键盘上键入命令的快捷键，则会在十字光标处提示以相同字母开头的其他命令，【空格键】确定首选命令后，根据下一步提示进行操作，使绘图更为简便，如图 1-42 所示。

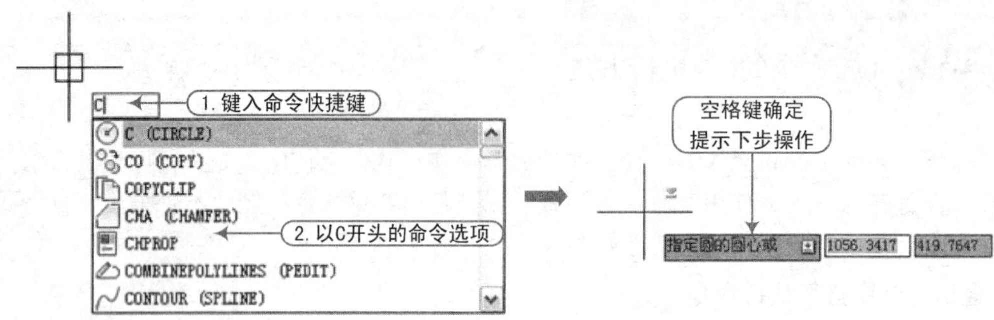

图 1-42　动态输入命令

2. 使用“工具栏”或“面板”执行命令

若当前处于“草图与注释”模式下，可以通过选择面板上的按钮来执行命令，还可以将工具栏调出来，工具栏中集合了几乎所有的操作按钮，所以使用工具栏绘图比较常用。下面以使用这两种方法执行命令绘制一个圆为例，具体操作如下。

步骤 01 在 AutoCAD 2014 环境中，在“绘图”工具栏中单击“圆”按钮⊙，或者在调出的“绘图”工具栏中单击“圆”按钮⊙，如图 1-43 所示。

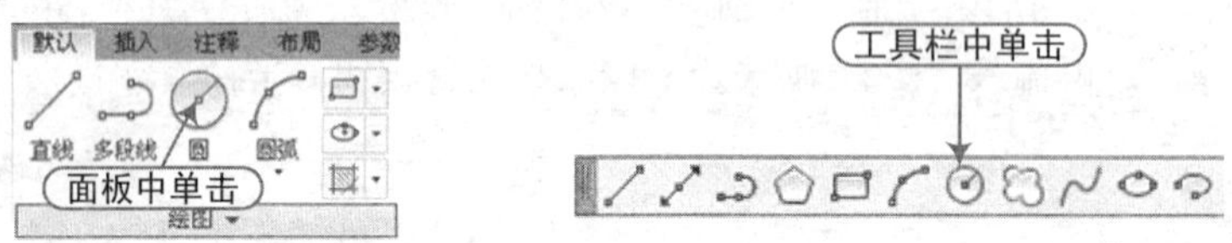

图 1-43　单击按钮执行的两种方式

步骤 02 执行上步任意操作，其命令行同样会如图 1-44 所示进行提示，根据步骤进行操作即可绘制出一个圆。

图 1-44　命令行提示

3. 使用“菜单栏”执行命令

用户在既不知道命令的快捷键，又不知道该命令的工具按钮属于哪个工具栏，或者工具栏中没有该命令的工具按钮形式时，可以以菜单方式来进行绘图操作。其命令的执行结果与输入命令方式相同，这些菜单命令又有某种共性，所以操作起来非常方便。

例如，选择“绘图/圆弧”菜单中的“起点、端点、半径”执行命令来绘制一段圆弧；然后又需要对图形进行镜像，此时可选择“修改\镜像”菜单命令来完成图形的编辑，如图 1-45 所示。

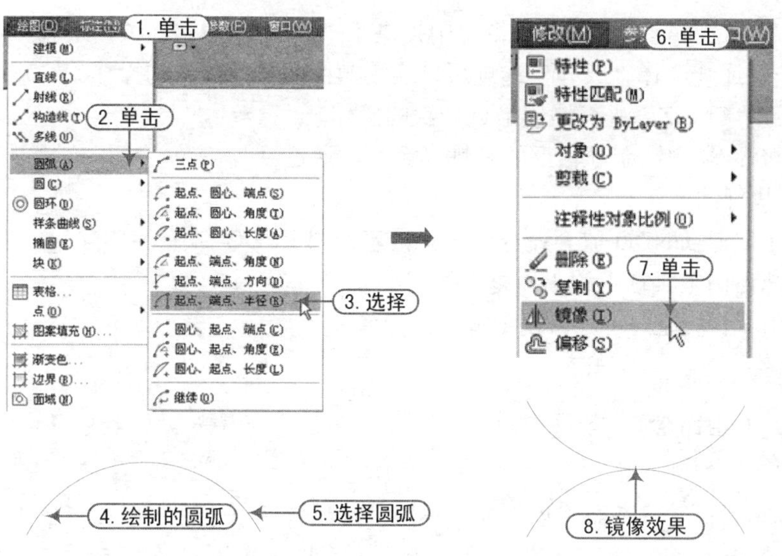

图 1-45　使用“菜单栏”执行命令

4. 使用鼠标执行命令

在绘图窗口，光标通常显示为“+”字线形式。当光标移至菜单选项、工具对话框内它会变成一个箭头。无论光标是“+”字线形式还是箭头形式，当单击或者按动鼠标键时，都会执行相应的命令或动作。在 AutoCAD 中，鼠标键按照下述规定定义的。

- **拾取键**：通常指鼠标左键，用于指定屏幕上的点，也可以用来选择 Windows 对象、AutoCAD 对象、工具栏按钮和菜单命令等。
- **回车键**：用于鼠标右键，相当于“Enter”键，用于结束当前使用命令，此时系统会根据当前绘图状态而弹出不同的快捷菜单。
- **弹出菜单**：当使用“Shift”键和鼠标右键组合时，系统将弹出一个快捷菜单，用于用于设置捕捉点的方法。对于 3 键鼠标，弹出按钮通常是鼠标的中间按钮。

5. 重复执行命令

- 只需在命令行为“命令：”提示状态时，直接按【Enter】键或【空格键】，这时系统将自动执行前一次操作的命令。
- 如果用户需执行以前执行过的相同命令，可按【↑】键，这时将在命令行依次显示前面输入过的命令或参数，当上翻到需要执行的命令时，按【Enter】键或【空格键】即可执行。

6. 终止、撤销与恢复已执行的命令

- **终止命令**：在执行命令过程中，如果用户不准备执行正在进行的命令，可以随时按【Esc】键终止命令的执行；或者右击鼠标，从弹出的快捷菜单中选择“取消”命令。
- **撤销命令**：执行了错误的操作或放弃最近一个或多个操作有多种方法。

① 单击工具栏中的“撤销”按钮，可撤销至前一次执行的操作后的效果中，单击该按钮后的按钮，可在弹出的下拉菜单中选择需要撤销的最后一步操作，并且该操作后的所有操作将同时被撤销。

② 在命令行中执行 U 或 UNDO 命令可撤销前一次命令的执行结果，多次执行该命令可撤销前几次命令的执行结果。

③ 在某些命令的执行过程中，命令行中提供了“放弃（U）”选项，选择该选项可撤销上一步执行的操作，连续选择“放弃”选项可以连续撤销前几步执行的操作。

④ 按快捷键“Ctrl+Z”进行撤销最近一次的操作。

- **恢复命令**：与撤销命令相反的是恢复命令，通过恢复命令，可以恢复前一次或前几次已取消执行的操作。

① 在使用了 U 或 UNDO 放弃命令后，紧接着使用 REDO 命令。

② 单击快速访问工具栏中的“恢复”按钮。

③ 按【Ctrl+Y】快捷键进行恢复最近一次操作。

技巧：018 CAD命令的重复方法

视频：技巧018-CAD命令的重复方法.avi
案例：无

技巧概述：当执行完一个命令后，如果还要继续执行该命令，可以通过以下方法来进行。

方法 01 只需在命令行为“命令：”提示状态时，直接按【Enter】键或【空格键】，这时系统将自动执行前一次操作的命令。

方法 02 如果用户需执行以前执行过的相同命令，可按【↑】键，这时将在命令行依次显示前面输入过的命令或参数，当上翻到需要执行的命令时，按【Enter】键或【空格键】即可执行。

技巧：019 CAD命令的撤销方法

视频：技巧019-CAD命令的撤销方法.avi
案例：无

技巧概述：在绘图过程中，执行了错误的操作或放弃最近一个或多个操作有多种方法。

方法 01 单击工具栏中的“撤销”按钮，可撤销至前一次执行的操作后的效果中，单击该按钮后的按钮，可在弹出的下拉菜单中选择需要撤销的最后一步操作，并且该操作后的所有操作将同时被撤销。

方法 02 在命令行中执行 U 或 UNDO 命令可撤销前一次命令的执行结果，多次执行该命令可撤销前几次命令的执行结果。

方法 03 在某些命令的执行过程中，命令行中提供了“放弃（U）”选项，选择该选项可撤销上一步执行的操作，连续选择“放弃”选项可以连续撤销前几步执行的操作。

方法 04 按快捷键“Ctrl+Z”进行撤销最近一次的操作。

专业技能 ★★★☆☆

许多命令包含自身的 U（放弃）选项，无需退出此命令即可更正错误。例如，使用 LINE（直线）命令创建直线或多段线时，输入 U 即可放弃上一个线段。

```
命令：LINE
指定第一个点：
指定下一点或 [放弃(U)]:
```

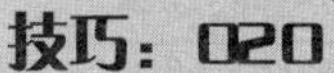

技巧：020 CAD命令的重做方法

视频：技巧020-CAD命令的重做方法.avi
案例：无

技巧概述：与撤销命令相反的是恢复命令，通过恢复命令，可以恢复前一次或前几次已取消执行的操作。执行重做命令有以下几种方法。

方法01 在使用了 U 或 UNDO 放弃命令后，紧接着使用 REDO 命令。
方法02 单击快速访问工具栏中的“恢复”按钮。
方法03 按【Ctrl+Y】快捷键进行恢复最近一次操作。

专业技能	★★★☆☆
REDO（重做）命令必须在 UNDO（放弃）命令后立即执行。	

技巧：021 CAD的动态输入方法

视频：技巧022-CAD的动态输入方法.avi
案例：无

技巧概述：状态栏上的“动态输入”按钮，或者使用快捷键【F12】，用于打开或关闭动态输入功能。打开动态输入功能，在输入文字时就能看到鼠标光标附着的工具栏提示，即可直接在键盘上键入命令的快捷键，则会在十字光标处提示以相同字母开头的其他命令，【空格键】确定首选命令后，根据下一步提示进行操作，使绘图更为简便，如图 1-46 所示。

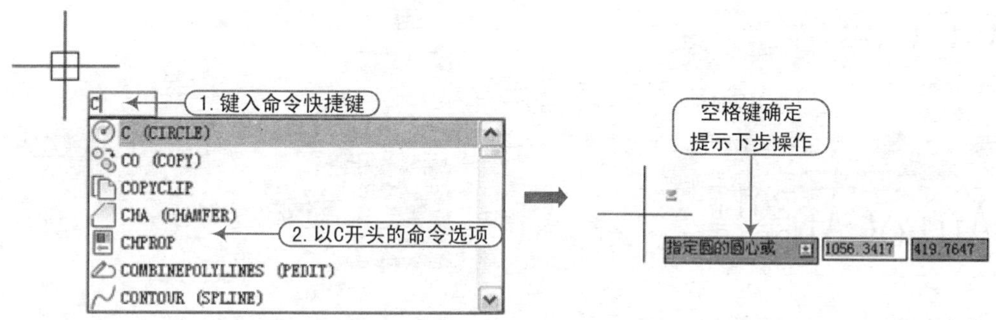

图 1-46 动态输入命令

技巧：022 CAD命令行的使用技巧

视频：技巧022-CAD命令行的使用技巧.avi
案例：无

技巧概述：在 CAD 中执行命令的过程中，有时会根据命令行的提示来输入特殊符号，这就要求用户掌握特殊符号的输入技巧；另外，在选择图形的过程中，用户可以通过按不同次数的空格键来达到特定的功能。

1. 输入特殊符号技巧

在实际绘图中，往往需要标注一些特殊的字符。例如，在文字上方或下方添加划线、标注度（°）、±等特殊符号。这些特殊符号不能从键盘上直接输入，因此 AutoCAD 提供了相应的控制符，以实现这些标注要求。AutoCAD 的常用的控制符如表 1-3 所示。

表 1-3　常用控制符

控制符号	功能
%%O	打开或关闭文字上画线
%%U	打开或关闭文字下画线
%%D	标注度（°）符号
%%P	标注正负公差（±）
%%C	标注直径（¢）
\U+00b3	标注立米 m^3
\U+00b2	标注平米 m^2

技巧提示　★★★★☆

在 AutoCAD 输入文字时，可以通过“文字格式”对话框中的“堆叠”按钮创建堆叠文字（堆叠文字是一种垂直对齐的文字或分文字）。在使用时，需要分别输入分子和分母，其间使用/、#、或^分隔，然后选择这一部分文字，单击，如，输入 2011/2012，然后选中该文字并单击按钮，即可形成如图 1-47 所示效果，如输入 M2^，选择 2^，然后单击按钮，即可形成上标平方米效果，若输入 M^2，单击按钮即可形成下标效果，如图 1-48 所示。

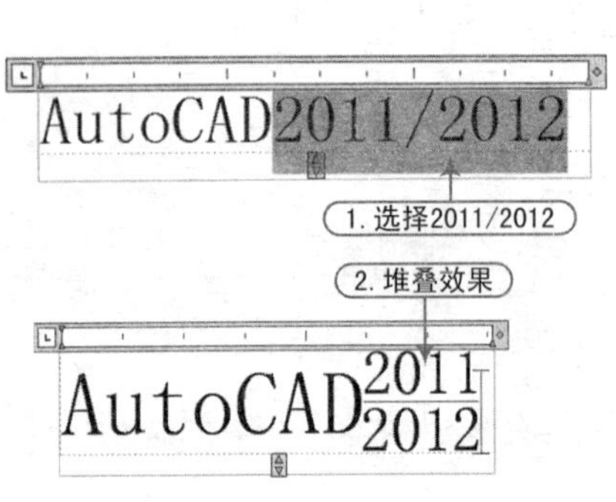

图 1-47　输入/分隔符堆叠

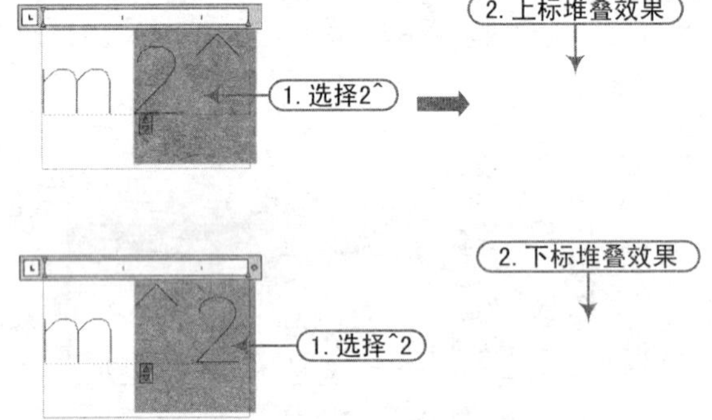

图 1-48　输入^分隔符堆叠

2. 空格键妙用技巧

在未执行的命令的状态下选择图形，选择的图形呈蓝色夹点状态，单击任意蓝色夹点，将红色显示则此夹点作为基点。

- 空格一次，自动转换为移动号令。
- 空格两次，自动转换为旋转号令。
- 空格三次，自动转换为缩放号令。
- 空格四次，自动转换为镜像号令。
- 空格五次，自动转换为拉伸号令。

技巧：023　CAD透明命令的使用方法

视频：技巧023-CAD透明命令的使用方法.avi
案例：无

技巧概述：在 AutoCAD 中，透明命令是指在执行其他命令的过程中可以执行的命令。通

常使用的透明命令多为修改图形设置的命令、绘图辅助工具命令，例如 Snap、Grid、Zoom 等命令。

要以透明方式使用命令，应在输入命令之前输入单引号（'）。命令行中，透明命令行的提示有一个双折符号（>>）完成透明命令后，将继续执行原命令，如图 1-49 所示为在执行直线命令中，使用透明命令开启正交模式的操作步骤。

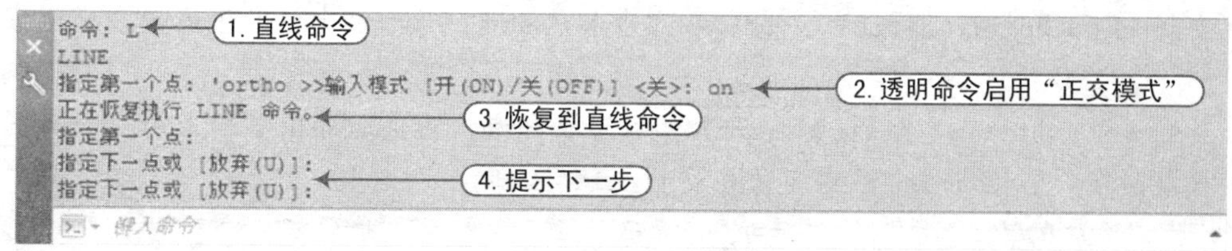

图 1-49 透明命令的使用

技巧：024 CAD新建文件的几种方法

视频：技巧024-CAD新建文件的几种方法.avi
案例：无

技巧概述：启动 AutoCAD 后，将自动新建一个名为 Drawing 的图形文件，用户也可以通过 CAD 中的样板来新建一个含有绘图环境的文件，以完成更多更复杂的绘图操作，新建图形文件的方法如下。

方法 01 执行“文件 | 新建（New）”菜单命令。

方法 02 单击“快速访问”工具栏中“新建”按钮。

方法 03 按下 Ctrl+N 组合键。

方法 04 在命令行输入 New 命令并按<Enter>键。

执行上述操作后，将弹出“选择样板”对话框，在对话框中可选择新文件所要使用的样板文件，默认样板文件是 acad.dwt，用户可以从中选择相应的样板文件，此时在右侧的“预览框”将显示出该样板的预览图像，然后单击 打开(O) 按钮，即可基于选定样板新建一个文件，如图 1-50 所示。

利用样板来创建新图形，可以避免每次绘制新图时需要进行的有关绘图设置的重复操作，不仅提高了绘图效率，而且保证了图形的一致性。样板文件中通常含有与绘图相关的一些通用设置，如图层、线性、文字样式、尺寸标注样式、标题栏、图幅框等。

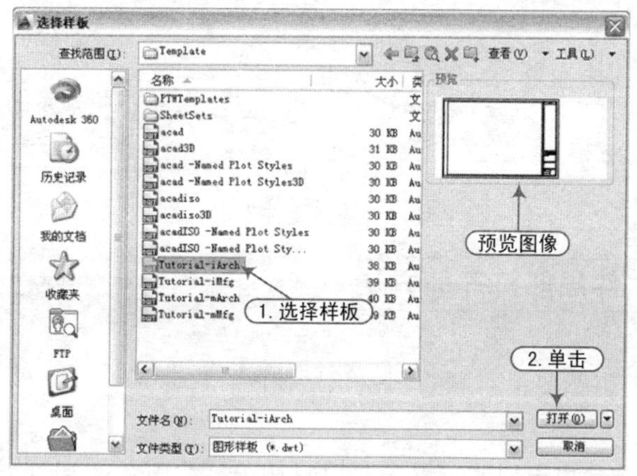

图 1-50 “选择样板”对话框

软件技能 ★★★☆☆

在弹出的“选择样板”对话框中，单击“打开”按钮后面的▾按钮，在弹出的菜单中，可选择“无样板打开—英制”或“无样板打开—公制”选项，如果用户未进行选择，默认情况下将以“无样板打开—公制”进行打开图形文件。

公制（The Metric System）。基本单位为千克和米。为欧洲大陆及世界大多数国家所采用。

英制（The british System）。基本单位为榜和码。为英联邦国家所采用，而英国因加入欧盟，在一体化进程中已宣布放弃英制，采用公制。

技巧：025 CAD打开文件的几种方法

视频：技巧025-CAD打开文件的几种方法.avi
案例：无

技巧概述：想要对已存在的 AutoCAD 文件进行编辑，必须先打开该文件，其方法如下。

方法01 执行“文件｜打开（Open）”菜单命令；

方法02 单击“快速访问”工具栏中“打开”按钮；

方法03 按下 Ctrl+O 组合键；

方法04 在命令行输入 Open 命令并按<Enter>键。

以上任意一种方法都可打开已存在的图形文件，将弹出“选择文件”对话框，选择指定路径下的指定文件，则在右侧的“预览”栏中显出该文件的预览图像，然后单击“打开”按钮，将所选择的图形文件打开，如图 1-51 所示。

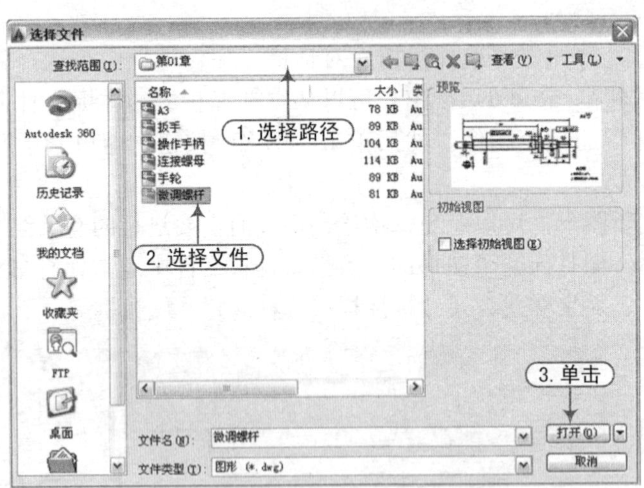

图 1-51 “选择文件”对话框

技巧：026 CAD文件局部打开的方法

视频：技巧026-CAD文件局部打开的方法.avi
案例：无

技巧概述：单击“打开”按钮右侧的倒三角按钮▾，将显示打开文件的 4 种方式，如图 1-52 所示。

在 AutoCAD 2014 中，可以以“打开”、“以只读方式打开”、“局部方式打开”、和“以只读方式局部打开”4 种方式打开文件。当以“打开”、“局部方式打开”打开图形时，可以对打开

图形进行编辑，当以“以只读方式打开”、“以只读方式局部打开”打开图形时，则无法对图形进行编辑。

如果选择“局部打开”、“以只读方式局部打开”打开图形，这时将打开“局部打开”对话框，如图 1-53 所示，可以在“要加载几何图形的视图”选项区域选择要打开的视图，在“要加载的几何图形的图层”选项区域中选择要选择的图层，然后单击“打开”按钮，即可在选定区域视图中打开选择中图层上的对象。便于用户有选择地打开自己所需要的图形内容，来加快文件装载的速度。特别是针对大型工程项目中，一个工程师通常只负责一小部分的设计，使用局部打开功能，能够减少屏幕上显示的实体数量，从而大大提高工作效率。

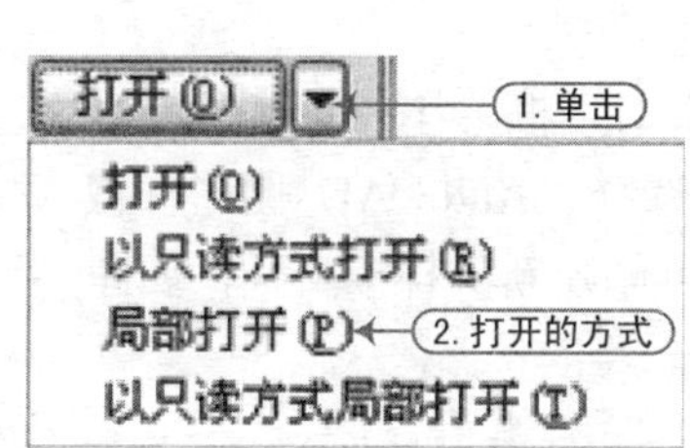

图 1-52　打开的方式

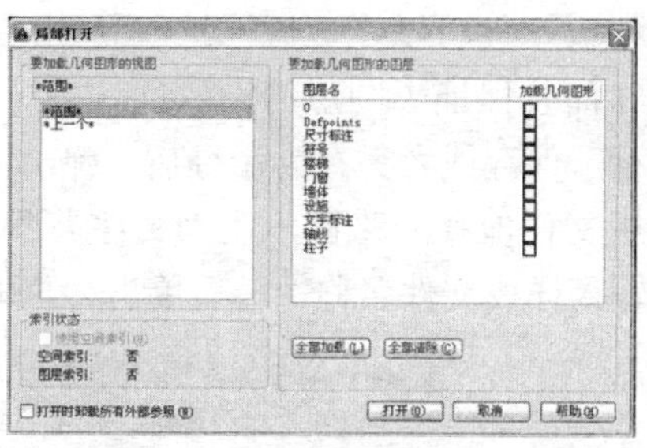

图 1-53　“局部打开”对话框

技巧：027　CAD保存文件的几种方法

视频：技巧027-CAD保存文件的几种方法.avi
案例：无

技巧概述：图形绘制完毕后应保存至相应的位置，而在绘图过程中也随时需要保存图形，以免发生死机、停电等意外事故使图形丢失。下面讲解不同情况下保存图形文件的方法。

1. 保存新文件

新文件是还未进行保存操作的文件，保存新文件的方法如下。

方法 01 执行“文件 | 保存（Save）”或“文件 | 另存为（Saveas）”菜单命令；

方法 02 单击“快速访问”工具栏中“保存”按钮；

方法 03 按下 Ctrl+S 或 Shift+Ctrl+S 组合键；

方法 04 在命令行输入 Save 命令并按<Enter>键。

通过以上任意一种方法，将弹出“图形另存为”对话框，并按照如图 1-54 所示操作提示进行保存即可。

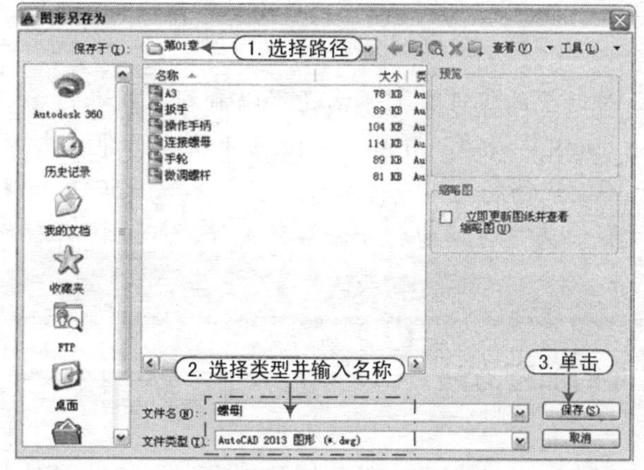

图 1-54　“图形另存为”对话框

2. 保存正在绘制或编辑后的文件

在绘图或者编辑操作过程中，同样需要对图形进行保存，以免丢失当前的操作。

方法 01 单击“快速访问”工具栏中“保存”按钮；

方法 02 在命令行中输入 QSAVE 命令；

方法 03 按下 Ctrl+S 组合键。

如果图形从未保存过，将弹出“图形另存为”对话框，要求用户将当前图形文件命名进行存盘；如果图形已被保存过，就会按原文件名和文件路径存盘，且不会出现任何提示。

3. 保存为样板文件

保存样板文件可以避免每次绘制新图时需要进行的有关绘图设置的重复操作，不仅提高了绘图效率，而且保证了图形的一致性。

在执行了保存或者另存为命令后，弹出“图形另存为”对话框，在“保存于”下拉列表中找到指定样板文件保存的路径，在“文件类型”下拉列表中选择“AutoCAD 图形样板（*.dwt）”项，然后输入样板文件名称，最后单击 保存(S) 按钮即可创建新的样板文件，如图 1-55 所示。

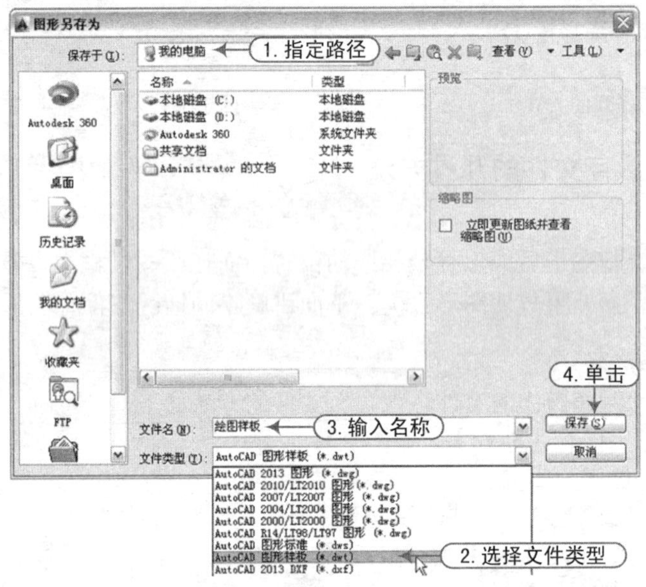

图 1-55　保存样板文件

技巧提示 ★★☆☆☆

在“图形另存为”对话框的文件类型下面还可以看到低版本的 AutoCAD 软件类型，如“AutoCAD 2000 图形(*.dwg)”等格式，而 AutoCAD 2014 默认保存文件格式是“AutoCAD 2013 图形（*.dwg)”，由于 CAD 软件的向下兼容程序，低版本 AutoCAD 软件无法打开由高版本创建的 AutoCAD 图形文件，为了方便地打开保存的文件，可以将图形保存为其他低版本的 AutoCAD 类型文件。

技巧：028 CAD文件的加密方法

视频：技巧028-CAD文件的加密方法.avi
案例：无

技巧概述：在 AutoCAD 2014 中保存文件可以使用密码保护功能对文件进行加密保存，以

提高资料的安全性，具体操作如下。

步骤 01 执行“文件/保存”或者“文件/另存为”菜单命令，弹出“图形另存为”对话框，单击工具(L)按钮，在弹出的快捷菜单中选择“安全选项”，如图 1-56 所示。

步骤 02 打开“安全选项”对话框，在“密码”选项卡的“用于打开此图形的密码或短语”文本框中输入密码，然后单击确定按钮，如图 1-57 所示。

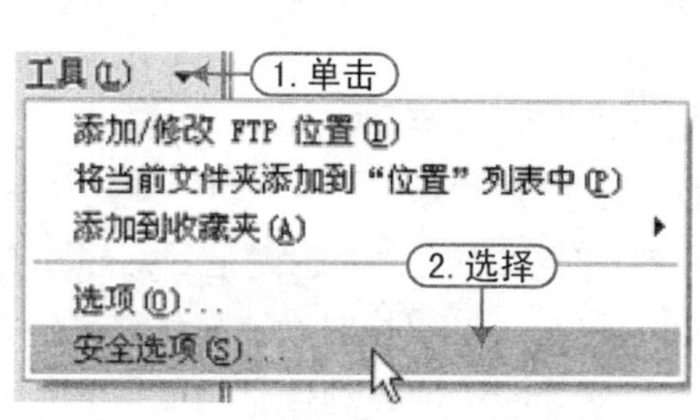

图 1-56　选择命令

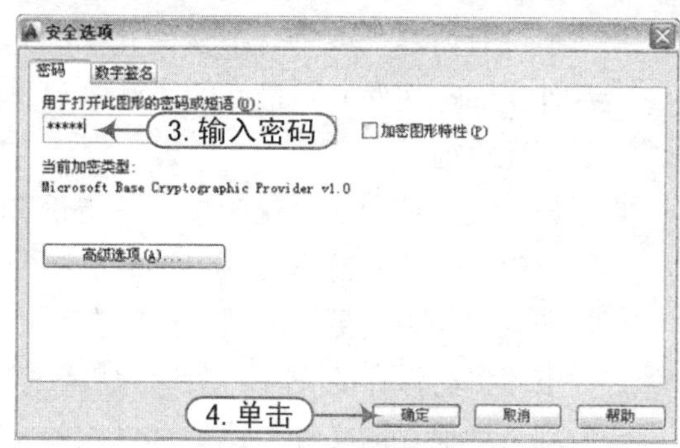

图 1-57　“安全选项”对话框

步骤 03 打开“确认密码”对话框，在“再次输入用于打开此图形的密码”文本框中确认密码，单击确定按钮，如图 1-58 所示。返回到“图形另存为”对话框，为加密图形文件指定路径、设置名称与类型后，单击保存(S)按钮即可保存加密的图形文件。

步骤 04 当用户再次打开加密图形文件时，系统将打开“密码”对话框，如图 1-59 所示。在对话框中输入正确密码才能将此加密文件打开，否则将无法打开此图形。

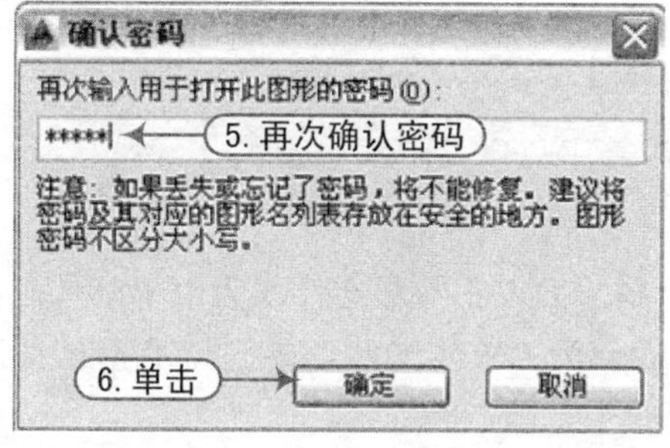

图 1-58　确认密码

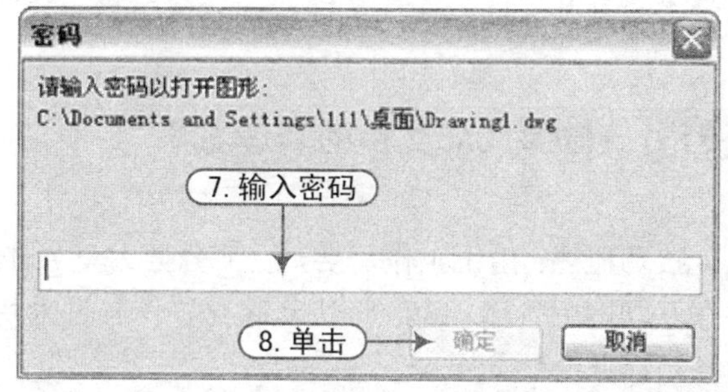

图 1-59　输入密码打开文件

技巧：029　CAD文件的修复方法

视频：技巧029-CAD文件的修复方法.avi
案例：无

技巧概述：在使用 AutoCAD 工作中，意外的死机、停电或者文件出错都会给我们的工作带来诸多的困扰与不便，下面讲述在出现这种情况下，对 CAD 文件进行修复的方法。

- 在死机、停电或者文件出错自动退出并无提示等意外情况后，打开 CAD 文件出现错误，此时，可以用 AutoCAD 软件里的“文件/图形实用工具（U）”下面的“修复（R）”命令，进行 CAD 文件的修复。大多情况可以修复。
- 文件出错时，一般会出现一个提示是否保存的对话框，此时应选择不保存，如果选择保存，再打开文件时已丢失，选不保存可能只丢失一部分。

- 如果用“修复（R）”命令修复以后无用，可用插块方式，新建一个 cad 文件把原来的文件用插块方式的方式插进来，可能能修复。
- 在死机、停电等意外情况后，打开 CAD 文件出现错误并用修复功能无效时，可到文件夹下找到备份文件（bak 文件），将其后缀名改为"dwg"，以代替原文件或改为另一文件名。打开后一般损失的工作量很小的。有少数情况死机后再打开文件时虽然能打开，但没有内容，或只有很少的几个图元，这时千万不能保存文件，按上述方法改备份文件（bak 文件）是最好的方法，如果保存了原文件，备份文件就被更新了，无法恢复到死机前的状态。
- 如果没注意上面所说的事项，备份文件也已更新到没实际内容的文件，或者在选项中取消了创建备份文件（以节省磁盘空间），那就得去找自动保存的文件了。自动保存的位置如果没更改的话，一般在系统文件自定义的临时文件夹下，也就是 c:winnttemp 下。自动保存的文件名后缀为“sv$”（当然也可自己定），根据时间，文件名，能找到自动保存的文件。比如你受损的文件名是“换热器.dwg”，自动保存的文件名很可能是“换热器_?_?_????.sv$”其中？号是一些不确定的数字。为 CAD 建立专门的临时文件夹是一个好的方法，便于清理和寻找文件，能减少系统盘的碎片文件。方法是在资源管理器建立文件夹后，在 CAD 的选项中指定临时文件和自动保存文件的位置。
- 要注意作图习惯，不大好的机器就不要将太多图纸放在一个文件中，容易出错，另一个是养成随时保存的习惯，还养成文件备份的习惯。可以在 AutoCAD 软件的“工具(T)”—“选项（N）”里面的“打开和保存”按钮下面，设置“自动保存”。

总之，发生意外情况千万不能慌神，沉着冷静，一般都能把损失减少到最小的。如果紧张，总是不断打开文件，保存文件，那只会给恢复带来困难。

技巧：030 CAD文件的清理方法

视频：技巧030-CAD文件的清理方法.avi
案例：无

技巧概述：由于工作需要，经常会把大量 AutoCAD 绘制的 DWG 图形文件作为电子邮件附件在互联网上传输，为经济快捷起见，作者近来特意琢磨如何为 DWG 文件“减肥”，得到经验两条，在此介绍如下。

1. 使用“PUREG”命令清理

当图纸完成绘制后，里面可能有很多多余的东西，比如图层、线形、标注样式、文字样式、块、形等，不仅占用存储空间还使 DWG 文件偏大，所以要进行清理。按照如下步骤进行操作，会将文件内部所有不需要的垃圾对象全部删除。

步骤 01 在命令行输入“清理”命令 PUREG，将弹出“清理”对话框，即会看到该图形中所有项目，分别显示各种类型的对象。

步骤 02 勾选“查看能清理的项目”，再单击 全部清理(A) 按钮即可，如图 1-60 所示。

还可以选择性的清理不需要的类型，如需要清理多余的图层，则在“清理”对话框中选择“图层”项，再单击 清理(P) 按钮，即可将未使用的垃圾图层删除掉，如图 1-61 所示。

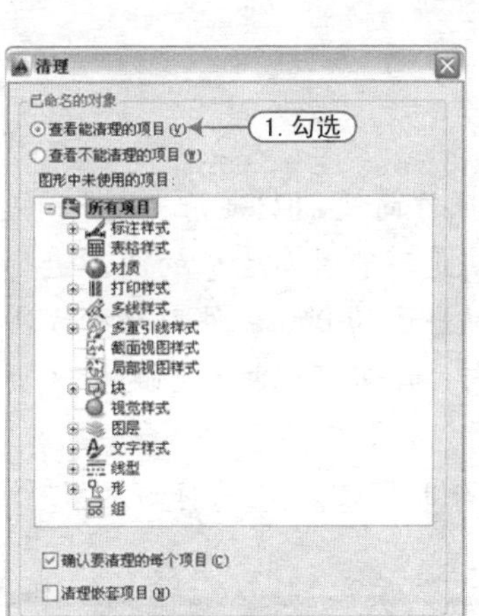

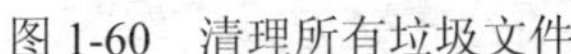

图 1-60　清理所有垃圾文件

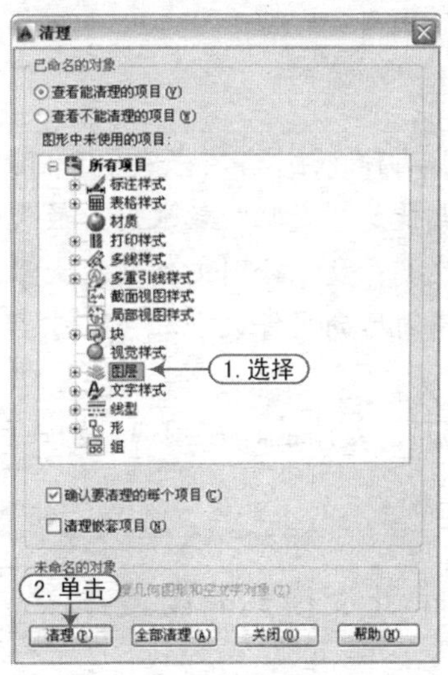

图 1-61　清理未使用的图层

用 PURGE 命令把图形中没有使用过的块、图层、线型等全部删除，可以达到减小文件的目的。如果文件仅用于传送给对方看看或是永久性存档，在使用 PURGE 命令前还可以作如下工作。

- 把图形中插入的块炸开，使图形中根本不含有块；
- 把线型相同的图层上的元素全部放置在一个图层上，减少图层数量。

这样一来就能使更多的图块、图层成为没有使用的，从而可以被 PURGE 删除，更加精减文件大小。连续多次使用 PURGE 命令，就可以将文件“减肥”到极点了。

2. 使用“WBLOCK”命令清理

把需要传送的图形用 WBLOCK 命令以写块的方式产生新的图形文件，把新生成的图形文件作为传送或存档用。目前为止，这是作者发现的最有效的“减肥”方法。这样就在指定的文件夹中生成了一个新的图形文件，具体操作如下。

步骤 01 在命令行输入“写块”命令（WBLOCK），将弹出“写块”对话框。

步骤 02 单击“选择对象”按钮，在图形区域选择需要列出的图形，并指定相应基点，按照如图 1-62 所示步骤进行操作，将需要的图形进行写块处理。

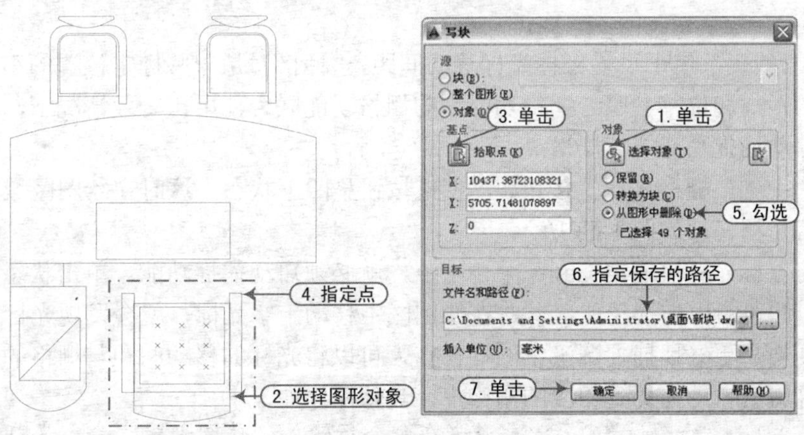

图 1-62　写块操作

技巧提示 ★★★☆☆

比较以上两种方法，各有长处。用 PURGE 命令操作简便，但“减肥”效果稍差；用 WBLOCK 命令最大优点就是“减肥”效果好。最大的缺点就是不能对新生成的图形进行修改（甚至不作任何修改）存盘，否则文件又变大了。作者对自己的 DWG 文件用两种方法精简并对比效果发现，精简后的文件大小相差几乎在 5K 以内。读者可根据自己的情况确定使用何种方法。

在传送 DWG 文件前，应用 WINZIP（作者推荐）压缩，效果特好，几乎只有原来的 40%左右。

技巧：031 正交模式的设置方法

视频：技巧031-正交模式的设置方法.avi
案例：无

技巧概述：正交方式的打开和关闭状态，以确定是否在正交方式下作图。当正交模式处于打开状态时，鼠标所拖出的所有线条都是平行于坐标轴的，迅速准确地绘制出与坐标轴平行的线段。打开与关闭正交的操作方法如下。

方法 01 鼠标在状态栏处单击“正交模式”按钮即打开，若关闭正交再用鼠标再次单击该按钮即可关闭。

方法 02 【正交模式】功能键即是“F8”，可以通过键盘上的【F8】按钮，来开启或者关闭正交模式。

在正交方式下，移动鼠标拖出的线条均为平行于坐标轴的线段，平行于哪一个坐标轴取决于拖出线的起点到坐标轴的距离。只能在垂直或水平方向画线或指定距离，而不管光标在屏幕上的位置。其线的方向取决于光标在 X 轴、Y 轴方向上的移动距离变化。

技巧提示 ★★★☆☆

正交方式只控制光标，影响用光标输入的点，而对以数据方式输入的点无任何影响。

技巧：032 捕捉与栅格的设置方法

视频：技巧032-捕捉与栅格的设置方法.avi
案例：无

技巧概述：“捕捉”用于设置鼠标光标移动间距，“栅格”是一些标定位置的小点，使用它可以提供直观的距离和位移参照。捕捉功能常与栅格功能联合使用，一般情况下，先启动栅格功能，然后再启动捕捉功能捕捉栅格点。

单击状态栏中的“栅格显示”按钮，使该按钮呈凹下状态，这时在绘图区域中将显示网格，这些网格就是栅格，如图 1-63 所示。

如用户需将鼠标光标快速定位到某个栅格点，就必须启动捕捉功能。单击状态栏中的“对象捕捉”按钮即可启用捕捉功能。此时在绘图区中移动十字光标，就会发现光标将按一定间距移动。为方便用户更好地捕捉图形中的栅格点，可以将光标的移动间距与栅格的间距设置为相同，这样光标就会自动捕捉到相应的栅格点，具体操作如下。

步骤 01 选择“工具/绘图设置”命令，或者在命令行输入“草图设置”命令（SE），在弹出的“草图设置”对话框中选择“捕捉和栅格”选项卡，如图 1-64 所示。

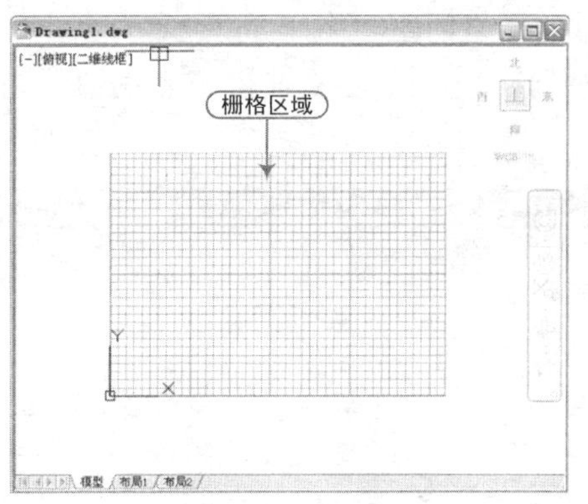

图 1-63　启动栅格

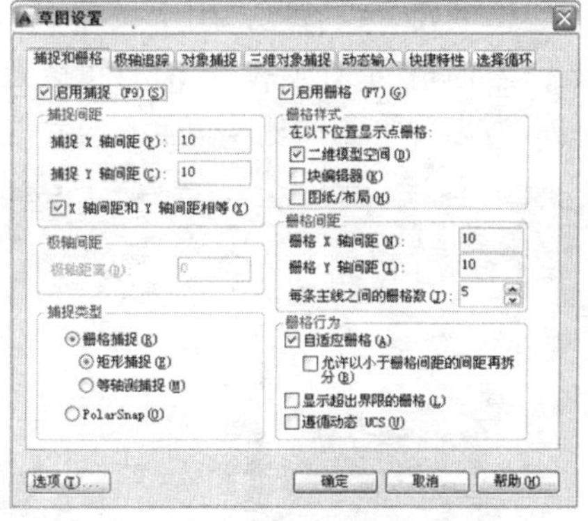

图 1-64　“草图设置”对话框

步骤 02 如用户还未启用捕捉功能，可在该对话框勾选“启用捕捉（F9）”和“启用栅格（F7）”复选框，则启用栅格捕捉功能。

步骤 03 在“捕捉间距”选项中，设置“捕捉 X 轴间距”为 10，“捕捉 Y 轴间距”同样为 10，来设置十字光标水平移动的间距值。

步骤 04 在“栅格样式”选项下，可以设置在不同空间下显示点栅格，若勾选在“二维模式空间下”来显示点栅格，则在默认的二维绘图区域显示点栅格状态，如图 1-65 所示。

步骤 05 在右侧的“格栅间距”选项中，设置“格栅 X 轴间距”与“格栅 Y 轴间距”均为 10。

步骤 06 最后单击 确定 按钮完成栅格设置，此时绘图区中的光标将自动捕捉栅格点。

在“捕捉与栅格“选项卡中，各主选项的含义如下。

- “启用捕捉”复选框：用于打开或者关闭捕捉方式，可以按<F9>键进行切换，也可以在状态栏中单击进行切换。
- “捕捉间距”设置区：用于设置 X 轴和 Y 轴的捕捉间距。
- “启用栅格”复选框：用于打开或关闭栅格显示，也可以按<F7>键进行切换，也可以在状态栏中单击按钮进行切换。当打开栅格状态时，用户可以将栅格显示为点矩阵或线矩阵。
- “捕捉栅格”单选按钮：可以设置捕捉类型为“捕捉和栅格”，移动十字光标时，它将沿着显示的栅格点进行捕捉，也是 AutoCAD 默认的捕捉方式。
- “矩形捕捉”单选按钮：将捕捉样式设置为“标准矩形捕捉”，十字光标将捕捉到一个矩形栅格，即一个平面上的捕捉，也是 AutoCAD 默认的捕捉方式。
- “等轴测捕捉”单选按钮：将捕捉样式设置为“等轴测捕捉”，十字光标将捕捉到一个等轴测栅格，即在三个平面上进行捕捉，鼠标也会跟着变化，如图 1-66 所示。

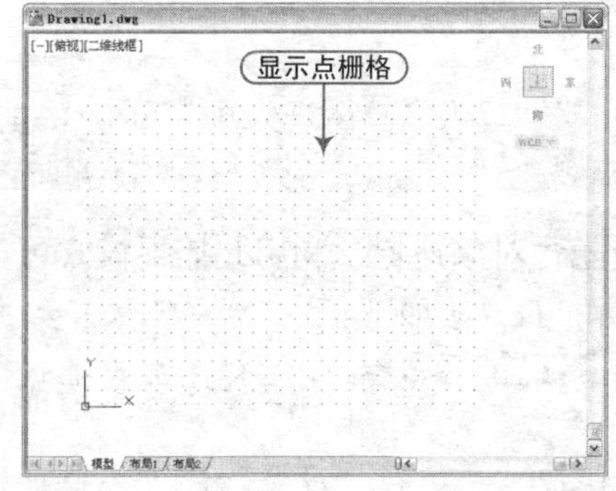

图 1-65　点栅格显示

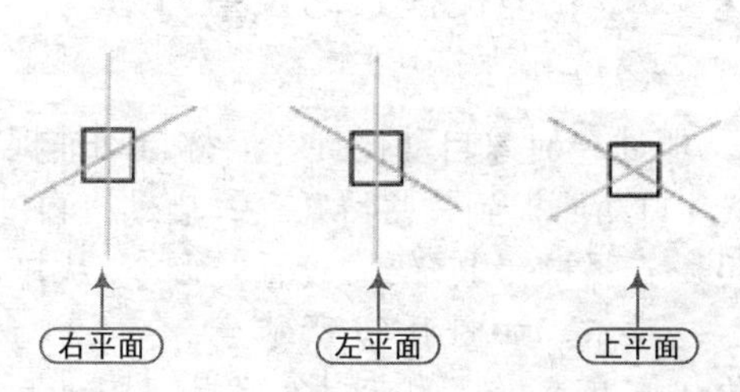

图 1-66　等轴测中的鼠标显示

- "栅格间距"设置区：用于设置 X 轴 Y 轴的栅格间距，并且可以设置每条主轴的栅格数。若栅格的 X 轴和 Y 轴的间距为 0，则栅格采用捕捉 X 轴和 Y 轴的值。如图 1-67 所示为设置不同的栅格间距效果。

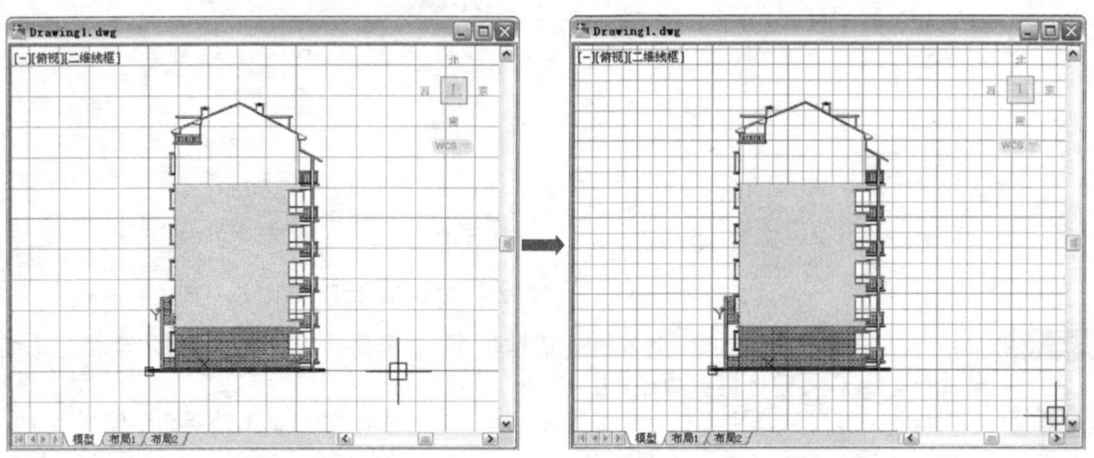

图 1-67　设置不同的栅格间距

- "PolarSnap"单选按钮：可以设置捕捉样式为极轴捕捉，并且可以设置极轴间距，此时光标沿极轴转角或对象追踪角度进行捕捉。
- "自适应栅格"复选框：用于界限缩放时栅格密度。
- "显示超出界限栅格"复选框：用于确定是否显示图像界限之外的栅格。
- "遵循动态 UCS"复选框：跟随动态 UCS 和 XY 平面而改变栅格平面。

技巧提示 ★★★★☆

栅格在绘图区中只起辅助作用，并不会打印输出在图纸上，用户也可以通过命令行的方式来设置捕捉与栅格，其中，捕捉的命令为"SNAP"，栅格的命令为"GRID"，其命令行将会如图 1-68 所示进行提示，根据提示选项来设置栅格间距、打开与关闭、捕捉、界限等。

图 1-68　栅格命令

技巧：033　捕捉模式的设置方法

视频：技巧033-捕捉模式的设置方法.avi
案例：无

技巧概述：对象自动捕捉（简称自动捕捉）又称为隐含对象捕捉，利用此捕捉模式可以使 AutoCAD 自动捕捉到某些特殊点。启动"自动捕捉"功能的方法如下。

方法 01 选择"工具/绘图设置"命令，从弹出的"草图设置"对话框中选择"对象捕捉"选项卡，如图 1-69 所示。

方法 02 在状态栏上的"对象捕捉"按钮上右击，从快捷菜单选择"设置"命令，也可以打开此对话框，如图 1-70 所示。

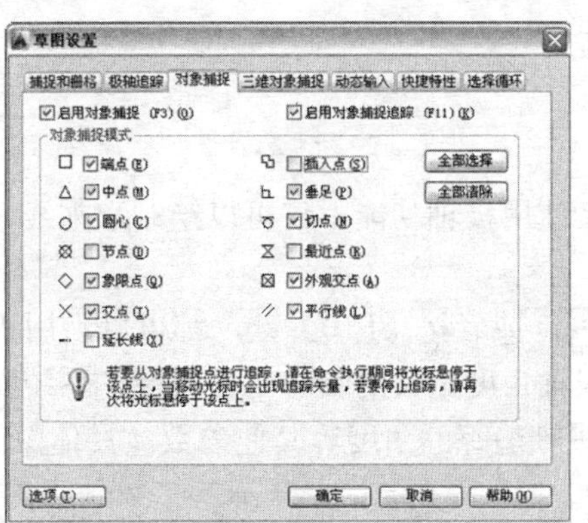

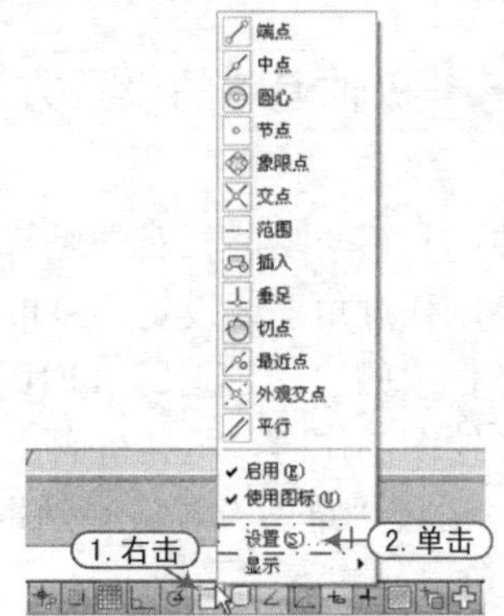

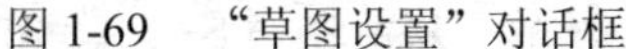
图 1-69 “草图设置”对话框

图 1-70 设置捕捉

在“对象捕捉”选项卡中，可以通过“对象捕捉模式”选项组中的各复选框确定自动捕捉模式，即确定使 AutoCAD 将自动捕捉到哪些点。

在“对象捕捉”选项卡中，各主选项的含义如下：

- **启用对象捕捉（F3）**：该复选框用于确定是否启用自动捕捉功能；同样可以在状态栏单击“对象捕捉”按钮□来激活，或按“F3”键，或者按“Ctrl+F”组合键，即可在绘图过程中启用捕捉选项。
- **启用对象捕捉追踪（F11）**：该复选框用于确定是否启用对象捕捉追踪功能。
- **对象捕捉模式**：在实际绘图过程中，有时经常需要找到已知图形的特殊点，如圆形点、切点、直线中点等，只要在该特征点前面的复选框□处单击，即可勾选☑设置为该点的捕捉。

利用“对象捕捉”选项卡设置默认捕捉模式并启用对象自动捕捉功能后，在绘图过程中每当 AutoCAD 提示用户确定点时，如果使光标位于对象上在自动捕捉模式中设置的对应点的附近，AutoCAD 会自动捕捉到这些点，并显示出捕捉到相应点的小标签，如图 1-71 所示。

软件技能 ★★★★★

在 AutoCAD 2014 中，也可以右击状态栏“对象捕捉”按钮□，在弹出的快捷菜单中选择捕捉的特征点，如图 1-69 所示。另外，在捕捉时按住“Ctrl”键或“Shift”键，并单击鼠标右键，将弹出对象捕捉快捷菜单，如图 1-72 所示，通过快捷菜单上的特征点选项来设置捕捉。

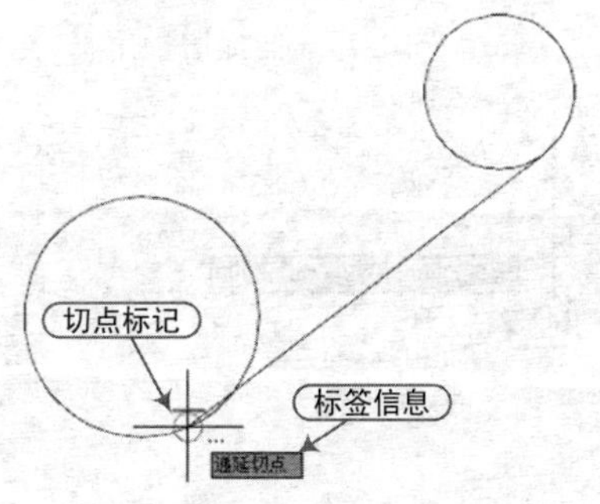

图 1-71 捕捉切点

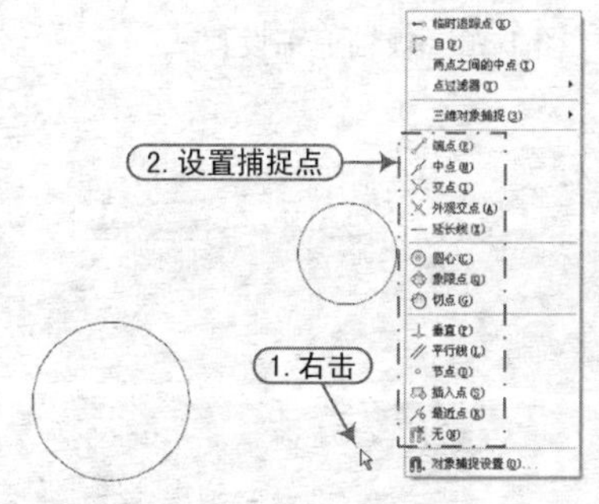

图 1-72 右击选择特性点

技巧：034 极轴追踪的设置方法

视频：技巧034-极轴追踪的设置方法.avi
案例：无

技巧概述：与正交功能相对的是极轴功能，使用极轴功能不仅可以绘制水平线、垂直线、还可以快速绘制任意角度或设定角度的线段。

单击状态栏中的“极轴追踪（F10)”按钮，或者按【F10】键，都可以启用极轴功能，启用后用户在绘图操作时，将在屏幕上显示由极轴角度定义的临时对齐路径，系统默认的极轴角度为90°，通过“草图设置”对话框可设置极轴追踪的角度等其他参数，具体操作如下。

步骤 01 在命令行输入“草图设置”命令（SE），或者在状态栏中右击“极轴追踪”按钮，在弹出的“草图设置”对话框中选择“极轴追踪”选项卡，如图 1-73 所示。

步骤 02 在“增量角”下拉列表框中指定极轴追踪的角度。若选择增量角为 30°，则光标移动到相对于前一点的 0、30、60、90、120、150 等角度上时，会自动显示出一条极轴追踪虚线，如图 1-74 所示。

步骤 03 勾选“附加角”选项，然后单击 新建(N) 按钮，可新增一个附加角。附加角是指当十字光标移动到设定的附加角度位置时，也会自动捕捉到该极轴线，以辅助用户绘图。如新建的附加角 19°，在绘图时即可捕捉到 19° 的极轴，如图 1-75 所示。

步骤 04 在“极轴角测量”栏中还可更改极轴的角度类型，系统默认选中“绝对（A）”单选项，即以当前用户坐标系确定极轴追踪的角度。若选中“相对上一段”单选项，则根据上一个绘制的线段确定极轴追踪的角度。

步骤 05 最后单击 确定 按钮，完成极轴追踪功能的设置。

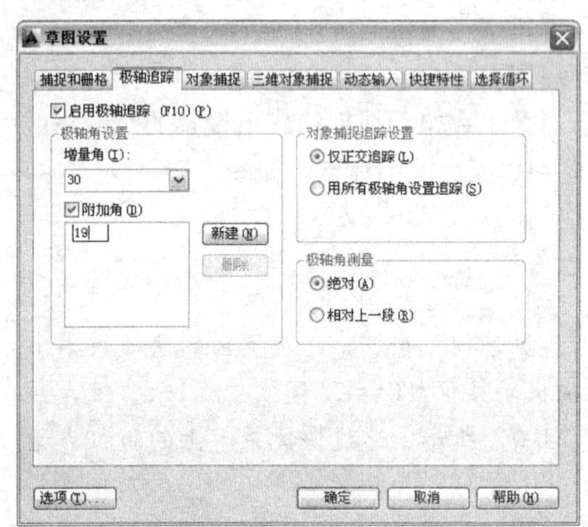

图 1-73 极轴追踪设置

图 1-74 捕捉增量角

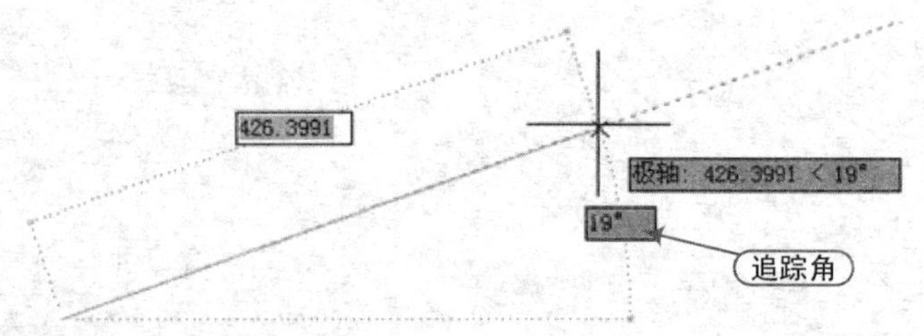

图 1-75 捕捉附加角

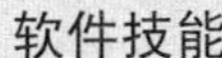

软件技能 ★★★★☆

在设置不同角度的极轴时，一般只设置附加角，可以在附加角一栏中进行“新建”和“删除”附加角，而增量角为默认捕捉角很少改变。

增量角和附加角的区别在于：附加角不能倍量递增，如设置附加角为 19°，则只能捕捉到 19°的极轴，与之倍增的角度 38°、57°等则捕捉不了。

注意其中若设置“极轴角测量”为“相对上一段”，在上一条线基础上附加角和增量角都可以捕捉得到增量的角度。

技巧：035 对象捕捉追踪的使用方法

视频：技巧035-对象捕捉追踪的使用方法.avi
案例：无

技巧概述：对象捕捉应与对象捕捉追踪配合使用，在使用对象捕捉追踪时必须同时启动一个或多个对象捕捉，同时应用对象捕捉功能。

首先按【F3】启用“对象捕捉”功能，再单击状态栏中的“对象捕捉追踪（F11）”按钮，或者按【F11】键，都可以启用对象捕捉追踪功能；若要对“对象捕捉追踪”功能进行设置，则右击按钮，在弹出的“草图设置”对话框中切换到“极轴追踪”选项卡，如图 1-72 所示，其中“对象捕捉追踪设置”栏中包含了“仅正交追踪”和“用所有极轴角设置追踪”两个单选按钮，通过这两个单选按钮可以设置对象追踪的捕捉模式。

- “仅正交追踪”单选按钮：在启用对象捕捉追踪时，将显示获取的对象捕捉点的正交（水平/垂直）对象捕捉追踪路径。
- “用所有极轴角设置追踪”单选按钮：即将极轴追踪设置应用到对象捕捉追踪。使用该方式捕捉特殊点时，十字光标将从对象捕捉点起沿极轴对齐角度进行追踪。

利用“对象捕捉追踪”功能，可以捕捉矩形的中心点来绘制一个圆，其操作步骤如下。

步骤 01 执行“矩形”命令（REC），在绘图区域任意绘制一个矩形对象。

步骤 02 在命令行输入“草图设置”命令（SE），在弹出的“草图设置”对话框中选择“对象捕捉”选项卡。

步骤 03 勾选“启用对象捕捉”与“对象捕捉追踪”，再设置“对象捕捉模式”为“中点”捕捉，然后单击 确定 按钮，如图 1-76 所示。

步骤 04 在命令行输入“圆”命令（C），根据命令行提示“指定圆的圆心”时，鼠标移动到矩形的水平线上，捕捉到中点标记△后，向下拖动，会自动显示一条虚线，即为对象捕捉追踪线，如图 1-77 所示。

步骤 05 同样鼠标移动至矩形左垂直边，且捕捉垂直中点标记△后，水平向右侧进行移动，当移动到相应位置时，即会同时显现两个中点标记延长虚线，中间则出现一个交点标记×，如图 1-78 所示。

步骤 06 单击鼠标确定圆的圆心，继续拖动鼠标向上捕捉到水平线的中点后，单击确定圆的半径来绘制出一个圆，如图 1-79 所示。

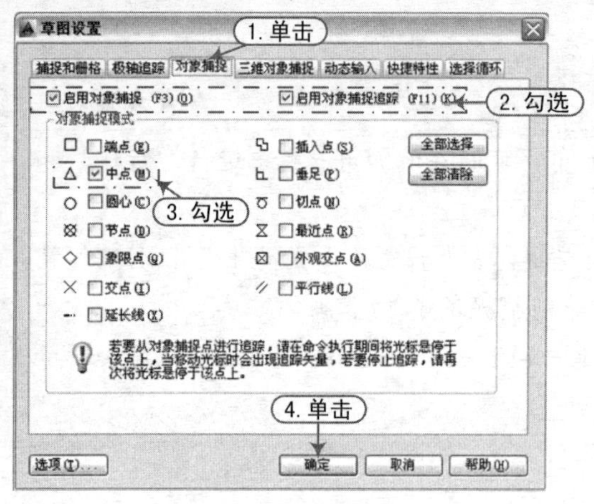

图 1-76　设置捕捉模式

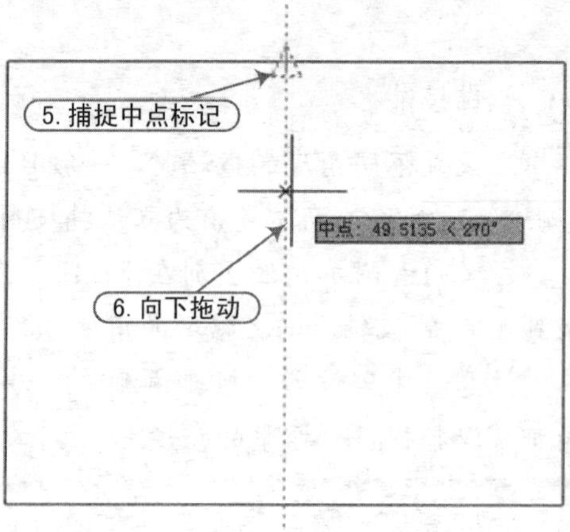

图 1-77　捕捉中点并拖动

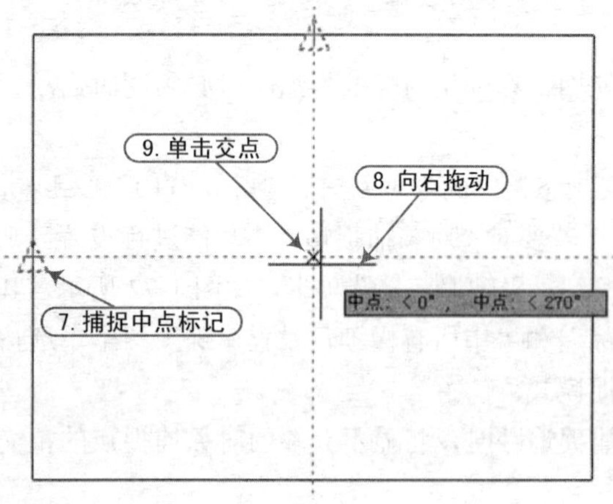

图 1-78　捕捉到交点单击

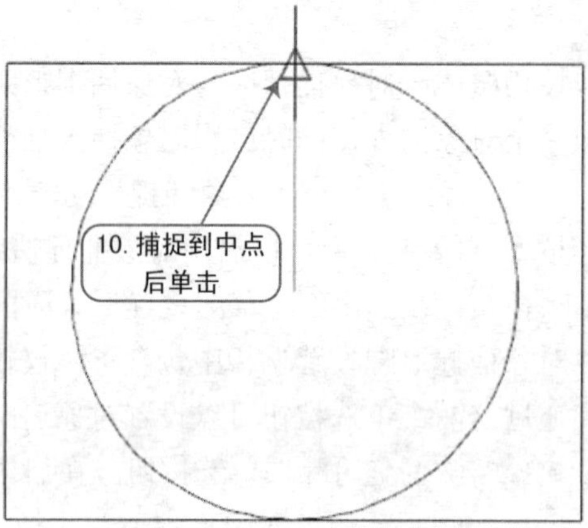

图 1-79　捕捉上中点绘制圆

技巧：036 临时追踪的使用方法

视频：技巧036-临时追踪的使用方法.avi
案例：无

技巧概述：在右击状态栏"对象捕捉"按钮弹出的快捷菜单中，有个特征点为 临时追踪点(K)，该捕捉方式始终跟踪上一次单击的位置，并将其作为当前的目标点，也可以用 TT 命令进行捕捉。

"临时追踪点"与"对象捕捉"模式相似，只是在捕捉对象的时候先单击。如图 1-80 所示有一个矩形和点 A，要求从点 A 绘制一条线段过矩形的中心点，其中要用到"临时追踪点"来进行捕捉，绘制的效果如图 1-81 所示，具体操作如下。

图 1-80　原图形

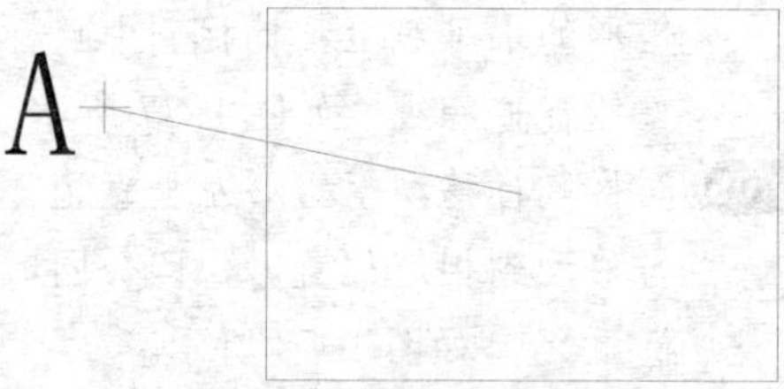

图 1-81　绘制连接线

步骤 01 执行"直线"命令（L），选取起点 A。

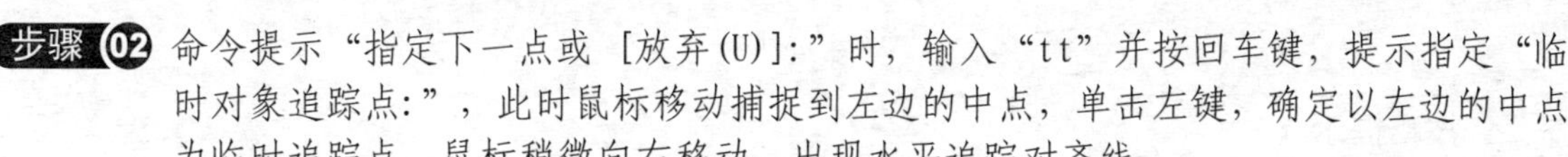

步骤 02 命令提示“指定下一点或 [放弃(U)]:”时，输入“tt”并按回车键，提示指定“临时对象追踪点:”，此时鼠标移动捕捉到左边的中点，单击左键，确定以左边的中点为临时追踪点，鼠标稍微向右移动，出现水平追踪对齐线。

这时就能以临时追踪点为基点取得相对坐标获得目标点，但是要获得的点与上边的中点有关，因此再用一次临时追踪点。

步骤 03 再次输入 tt，按【回车键】确定，再指定临时追踪点为矩形上边中心点并单击，出现垂直对齐线，沿线下移光标到第一个临时追踪点的右侧。

步骤 04 在出现第二道水平对齐线时，同时看到两道对齐线相交，如图 1-82 所示。此时单击确定直线的终点，该点即为矩形中心点。

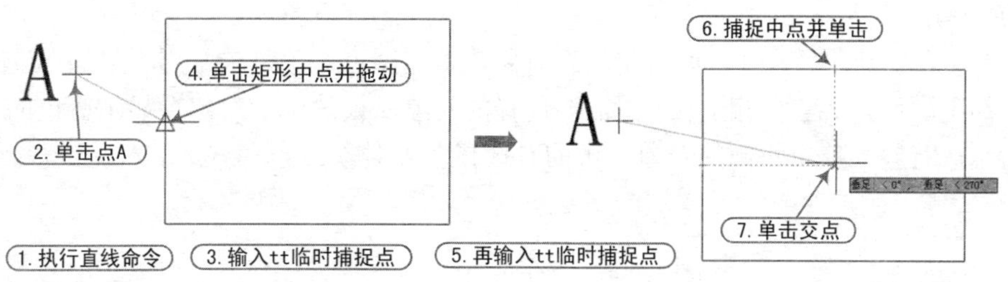

图 1-82　临时捕捉的应用

技巧：037　“捕捉自”功能的使用方法

视频：技巧037-“捕捉自”功能的使用方法.avi
案例：无

技巧概述：右击状态栏“对象捕捉”按钮□则弹出快捷菜单，其中显示各个捕捉特征点，“自(F)”该捕捉方式可以根据指定的基点，再偏移一定距离来捕捉特殊点，也可用 FRO 或 FROM 命令进行捕捉，其捕捉方式操作如下。

步骤 01 执行“直线”命令（L），绘制一条长为 10 的水平线段；按空格键重复命令，提示“指定下一点或 [放弃(U)]:”时，在命令行输入“from”，命令提示“基点”，此时单击已有的水平线段左端点作为基点。

步骤 02 继续提示“<偏移>”时，在命令行输入“@0, 2”，然后单击空格键确定。

步骤 03 此时鼠标光标将自动定位在指定偏移的位置点，然后向右拖动并单击，如图 1-83 所示。即可利用“捕捉自”功能来绘制另外一条直线，其命令行提示如下。

```
命令 : L LINE                          \\ 直线命令
指定第一个点 : from                    \\ 启动“捕捉自”命令
基点 :                                 \\ 捕捉线段左端点并单击作为基点
<偏移> :    @0,2                       \\ 输入偏移点相对基点的相对坐标
指定下一点或 [放弃(U)] :               \\ 捕捉到偏移点，向右拖动并单击。
```

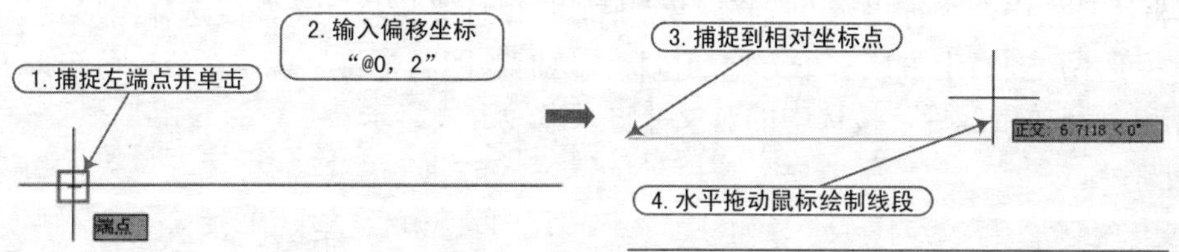

图 1-83　“捕捉自”功能的应用

技巧提示 ★★★★☆

"捕捉自"命令一般应用于某些命令中，以捕捉相应基点的偏移量，从而来辅助图形的绘制，其快捷命令为"FROM"且不分大小写，同样，CAD中的所有命令也不区分大小写。

技巧：038 点选图形对象

视频：技巧038-点选图形对象.avi
案例：无

技巧概述： 在编辑图形之前，用户应先学会选择图形对象的方法，选择的对象不同其选择方法也有所差异。

选择具体某个图形对象时，如封闭图形对象，点选图形对象是最常用、最简单的一种选择方法。直接用十字光标在绘图区中单击需要选择的对象，被选中的对象会显示蓝色的夹点，如图1-84所示，若连续单击不同的对象则可同时选择多个对象。

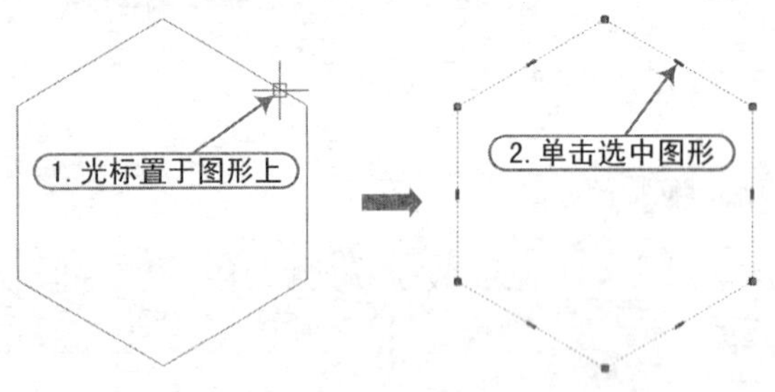

图1-84 点选对象

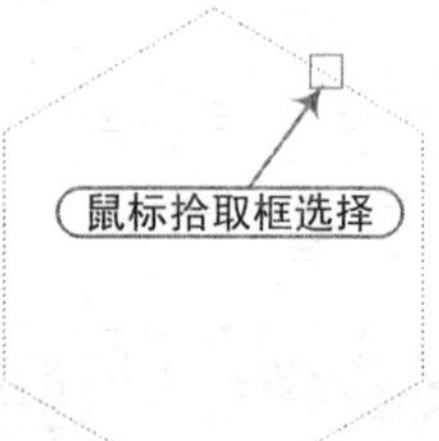

图1-85 先命令后选择

技巧提示 ★★★★☆

在AutoCAD中执行大多数的编辑命令时，既可以先选择对象，后执行命令；也可以先执行命令，后选择对象，执行命令后将提示"选择对象"，要求用户选择需要编辑的对象，此时十字光标会变成一个拾取框，移动拾取框并单击要选择的图形，被选中的对象都将以虚线方式显示，如图1-85所示。

有所不同的是，在未执行任何命令的情况下，被选中的对象只显示蓝色的夹点。

技巧：039 矩形框选图形对象

视频：技巧039-矩形框选图形对象.avi
案例：无

技巧概述： 矩形窗口（BOX）选择法是通过对角线的两个端点来定义一个矩形窗口，选择完全落在该窗口内的图形。

矩形框选是指当命令行提示"选择对象"时，将鼠标光标移动至需要选择图形对象的左侧，按住鼠标左键不放向右上方或右下方拖动鼠标，这时绘图区中将呈现一个淡紫色矩形方框，如图1-86所示，释放鼠标后，被选中的对象都将以虚线方式显示。

```
选择对象：box                    \\ 矩形框选模式
指定第一个角点:                  \\ 指定窗口对角线第一点
指定对角点:                      \\ 指定窗口对角线第二点
```

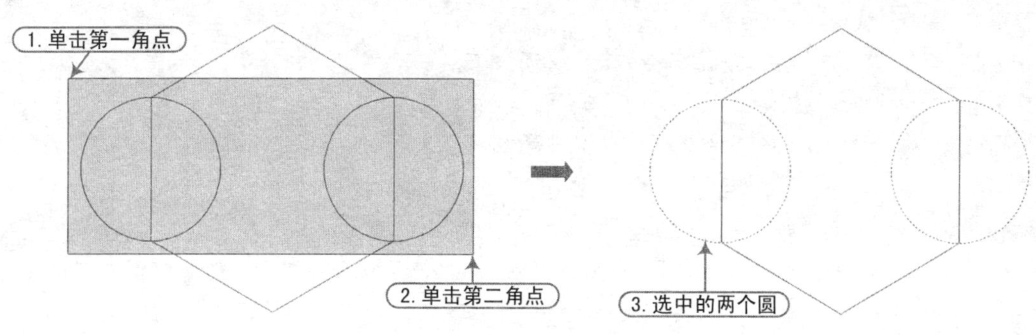

图 1-86　矩形框选方式

技巧：040　交叉框选图形对象

视频：技巧040-交叉框选图形对象.avi
案例：无

技巧概述：交叉框选也是矩形框选（BOX）方法之一，命令提示也不仅相同，只是选择图形对象的方向恰好相反。其操作方法是当命令提示“选择对象”时，将鼠标光标移到目标对象的右侧，按住鼠标左键不放向左上方或左下方拖动鼠标，当绘图区中呈现一个虚线显示的绿色方框时释放鼠标，这时与方框相交和被方框完全包围的对象都将被选中，如图 1-87 所示。

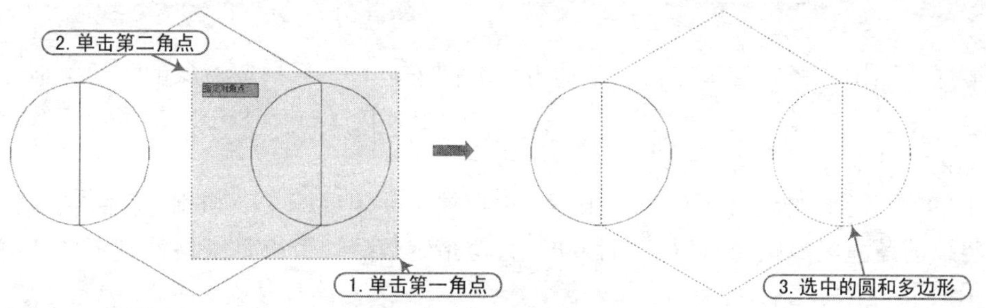

图 1-87　交叉框选

技巧提示　★★★☆☆

交叉框选与矩形框选（BOX）是系统默认的选择方法，用户可以在“选择对象”提示下直接使用鼠标从左至右或者从右至左定义对角窗口，便可以实现以上选择，也就是说不输入 BOX 选项也能直接使用这两种方法选择图形。

技巧：041　栏选图形对象

视频：技巧041-栏选图形对象.avi
案例：无

技巧概述：栏选是指通过绘制一条多段直线来选择对象，该方法在选择连续性目标时非常方便，栏选线不能封闭或相交。如图 1-88 所示，当命令提示“选择对象：”信息时，执行 FENCE（F）命令，并按【Enter】键即可开始栏选对象，此时与栏选虚线相交的图形对象将被选中，其命令执行过程如下。

```
选择对象：f                                \\ 栏选操作
指定第一个栏选点：
指定下一个栏选点或［放弃(U)］：            \\ 指定第一点 A
```

```
指定下一个栏选点或 [放弃(U)]:            \\ 指定第二点B
指定下一个栏选点或 [放弃(U)]:            \\ 指定第三点C
指定下一个栏选点或 [放弃(U)]:            \\ 回车结束栏选线
选择对象: *取消*                         \\ 回车键结束选择操作
```

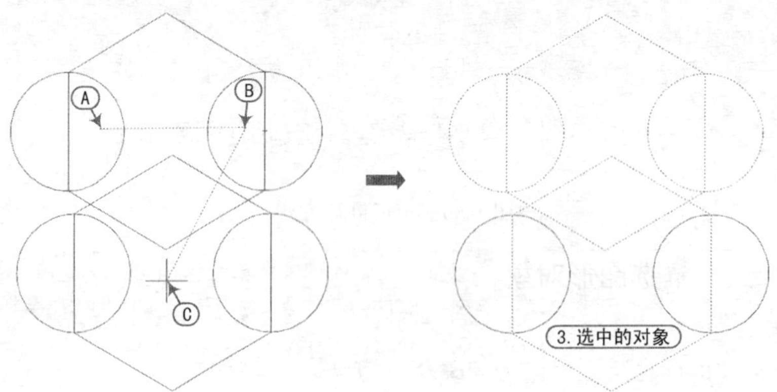

图 1-88　栏选图形

技巧：042 圈围图形对象

视频：技巧042-圈围图形对象.avi
案例：无

技巧概述：圈围选择所有落在窗口多边形内的图形，与矩形框选对象的方法类似。当命令提示“选择对象：”时，执行 WPOLYGON 或 WP 命令并按【Enter】键，即可开始绘制任意形状的多边形来框选对象，多边形框将显示为实线。

如图 1-89 所示，在使用圈围选择图形时，根据提示使用鼠标在图形相应位置依次指定圈围点，此时将以淡蓝色区域跟随着鼠标的移动，直至指定最后一个点且空格键确定后结束选择，其命令提示如下。

```
选择对象: wp                                          \\ 圈围操作
第一圈围点:                                           \\ 指定起点1
指定直线的端点或 [放弃(U)]:                           \\ 指定点2
指定直线的端点或 [放弃(U)]:                           \\ 指定点3
指定直线的端点或 [放弃(U)]:                           \\ 指定点4
指定直线的端点或 [放弃(U)]:                           \\ 指定点5
指定直线的端点或 [放弃(U)]:                           \\ 指定点6
指定直线的端点或 [放弃(U)]:    找到 3 个              \\ 空格键结束选择
```

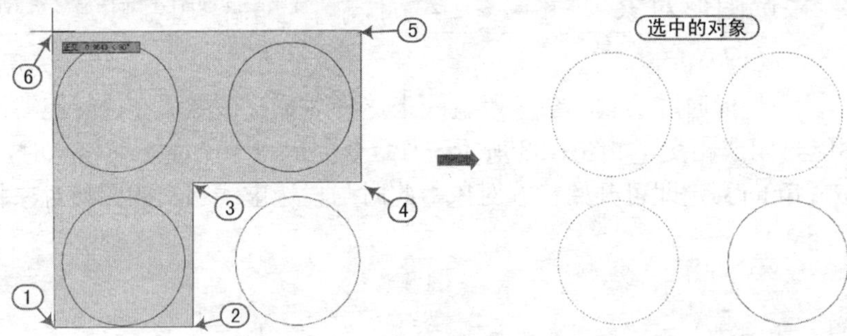

图 1-89　圈围选择

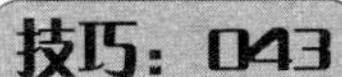

技巧：043　圈交图形对象

视频：技巧043-圈交图形对象.avi
案例：无

技巧概述：圈交选择对象是一种以多边形交叉窗口选择方法，与交叉框选对象的方法类似，但使用交叉多边形方法可以构造任意形状的多边形来选择对象。当命令行中显示“选择对象：”时，执行 CPOLYGON 或 CP 命令，并按【Enter】键即可绘制任意形状的多边形来框选对象，多边形框将显示为虚线，与多边形选择框相交或被其完全包围的对象均被选中。

如图 1-90 所示，在使用圈交选择图形时，根据提示使用鼠标在图形相应位置依次指定圈围点，此时将以绿色区域跟随着鼠标的移动，直至指定最后一个点且空格键确定后结束选择，其命令提示如下。

```
选择对象：cp                                        \\ 圈交选择操作
第一圈围点：                                        \\ 指定起点 1
指定直线的端点或［放弃(U)］：                        \\ 指定点 2
指定直线的端点或［放弃(U)］：                        \\ 指定点 3
指定直线的端点或［放弃(U)］：                        \\ 指定点 4
指定直线的端点或［放弃(U)］： 找到 4 个              \\ 空格键确定选择
```

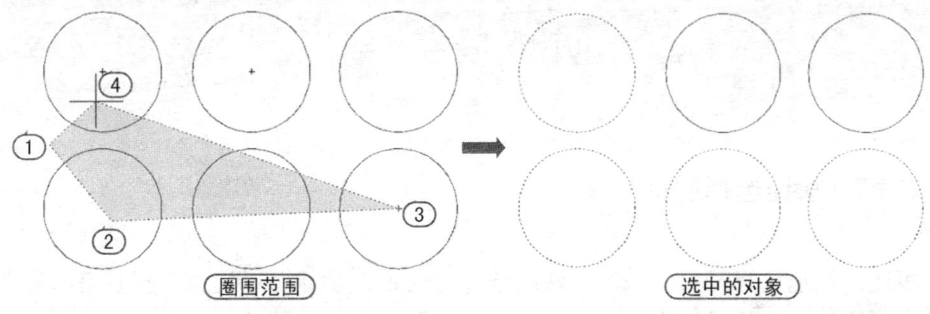

图 1-90　圈交选择

技巧：044　构造选择集的方法

视频：技巧044-构造选择集的方法.avi
案例：汽车.dwg

技巧概述：在 AutoCAD 2014 中，可以将各个复杂的图形对象进行编组，以创建一种选择集，使编辑对象变得更为灵活。编组是已命名的对象选择集，随图形一起保存。

方法 01 要对图形对象进行编组，在命令行中输入或动态输入 CLASSICGROUP，并按回车键，此时系统将弹出“对象编组”对话框，在“编组名”文本框中输入组名称，在“说明”文本框中输入相应的编组说明，再单击“新建”按钮，返回到视图中选择要编组的对象，再按回车键返回“对象编组”对话框，然后单击“确定”按钮即可，编组后选中图形为一个整体，显示一个夹点，且四周显示组边框，如图 1-91 所示。

方法 02 在命令行提示下输入“GROUP”命令，根据如下命令提示，选择要编组的对象，即可快速编组。

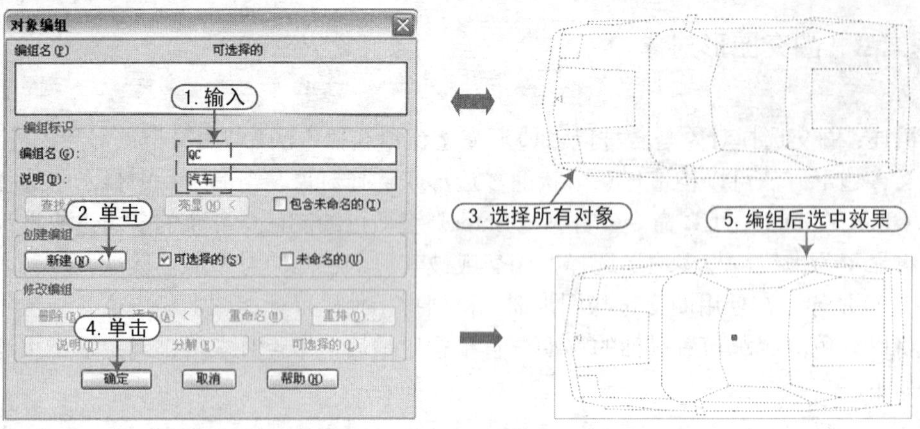

图 1-91 编组对象的使用方法

```
命令: GROUP                                              \\ 编组命令
选择对象或 [名称(N)/说明(D)]: N                           \\ 选择名称(N)
输入编组名或 [?]:QC                                      \\ 输入组名
选择对象或 [名称(N)/说明(D)]: d                           \\ 选择说明(D)
输入组说明:汽车                                          \\ 输入说明
选择对象或 [名称(N)/说明(D)]: 指定对角点: 找到 80 个       \\ 选择全部对象并按空格键
组“QC”已创建。                                          \\ 创建组
```

技巧：045 快速选择图形对象

视频：技巧045-快速选择图形对象.avi
案例：无

技巧概述：快速选择对象是一种特殊的选择方法，该功能可以快速选择具有特定属性的对象，并能向选择集中添加或删除对象，通过它可得到一个按过滤条件构造的选择集。

用户在绘制一些较为复杂的对象是，经常需要使用多个图层、图块、颜色、线型、线宽等来绘制不同的图形对象，从而使某些图形对象具有共同的特性，然而在编辑这些图形对象时，用户可以充分利用图形对象的共同特性来进行选择和操作。

选择“工具/快速选择”菜单命令，或者在视图空白位置右击鼠标，从弹出的快捷菜单中选择“快速选择”命令，都会弹出“快速选择”对话框，从而可以根据自己的需要来选择相应的图形对象，如图 1-92 所示。

软件技能 ★★★★★

使用快速选择功能选择图形对象后，还可以再次利用该功能选择其他类型与特性的对象，当快速选择后再次进行快速选择时，可以指定创建的选择集是替换当前选择集还是添加到当前选择集，若要添加到当前选择集，则选中“快速选择”对话框中的☑附加到当前选择集(A)复选框，否则将替换当前选择集。

用户还可以通过使用【Ctrl+1】组合键打开“特性面板”，再单击“特性”面板右上角的按钮，从而打开“快速选择”对话框。

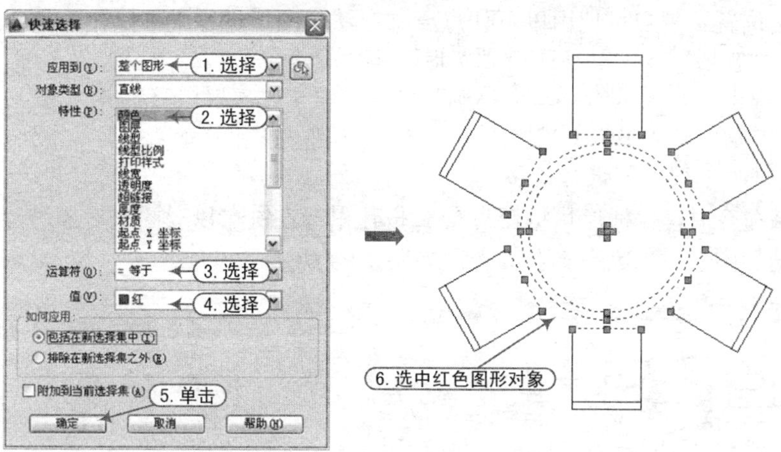

图 1-92　快速选择对象方法

技巧：046　类似对象的选择方法

视频：技巧046-类似对象的选择方法.avi
案例：无

技巧概述：基于共同特性（例如图层、颜色或线宽）选择对象的简单方法是使用“选择类似对象”命令，该命令可在选择对象后从快捷菜单中访问。仅相同类型的对象（直线、圆、多段线等）将被视为类似对象。您可以使用 SELECTSIMILAR 命令的 SE（设置）”选项更改其他共享特性。

方法 01 如图 1-93 所示选择要选择的对象类别的对象。

方法 02 单击鼠标右键，在弹出的快捷菜单中选择“选择类似对象”，然后系统自动将相同特性的对象全部选中。

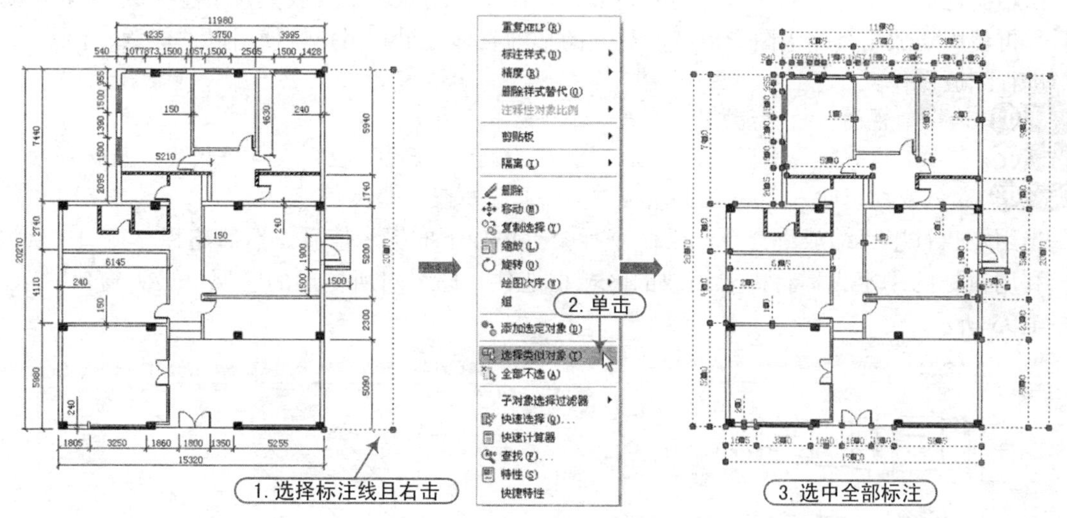

图 1-93　选择类似对象方法

技巧：047　实时平移的方法

视频：技巧047-实时平移的方法.avi
案例：无

技巧概述：用户所绘制的图形都是在 AutoCAD 的视图窗口中进行的，只有灵活地对图形进行显示与控制，才能更加精确地绘制所需要的图形。用户可以通过平移视图来重新确定图形在绘图区域中的位置。用户可使用以下任意一种方法对图形进行平移操作。

方法 01 选择"视图"→"平移"→"实时"菜单命令。

方法 02 在"视图"选项卡的"二维导航"面板中单击"实时平移"按钮。

方法 03 输入或动态输入 PAN（其快捷键为 P），然后按"Enter"键。

方法 04 按住鼠标中键不放进行拖动。

在执行平移命令时，鼠标形状将变为，按住鼠标左键可以对图形对象进行上下、左右移动，此时所拖动的图形对象大小不会改变，如图 1-94 所示。

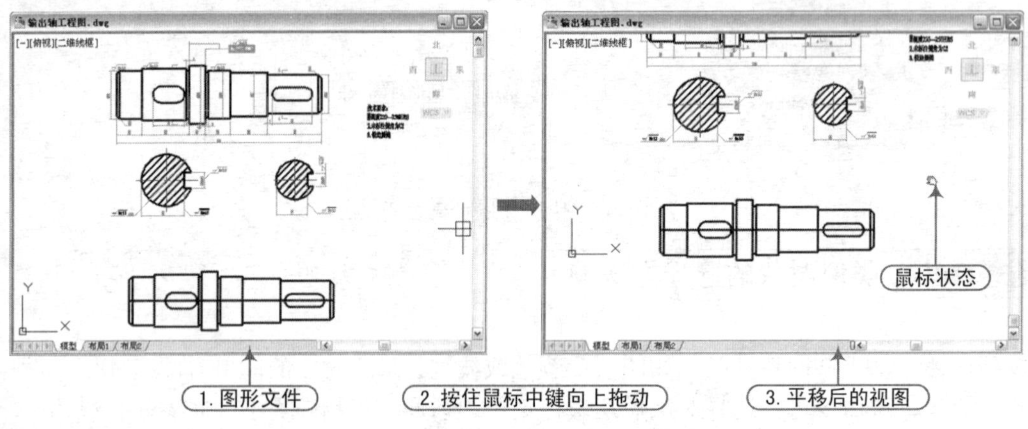

图 1-94 平移视图

技巧：048 实时缩放的方法

视频：技巧048-实时缩放的方法.avi
案例：无

技巧概述：通常在绘制图形的局部细节时，需要使用缩放工具放大该绘图区域，当绘制完成后，再使用缩放工具缩小图形，从而观察图形的整体效果。用户可使用以下任意一种方法对图形进行缩放操作。

方法 01 选择"视图"→"缩放"→"实时"菜单命令。

方法 02 在"二维导航"面板中，单击"缩放"按钮，或在下拉列表选择相应缩放选项命令。

方法 03 输入或动态输入 ZOOM（其快捷键为 Z），并按"Enter"键。

当用户执行了"缩放"命令，其命令行会给出如下的提示信息，然后选择"窗口（W）"项，利用鼠标的十字光标将需要缩放的区域框选住，即可对所框选的区域以最大窗口显示，如图 1-95 所示。

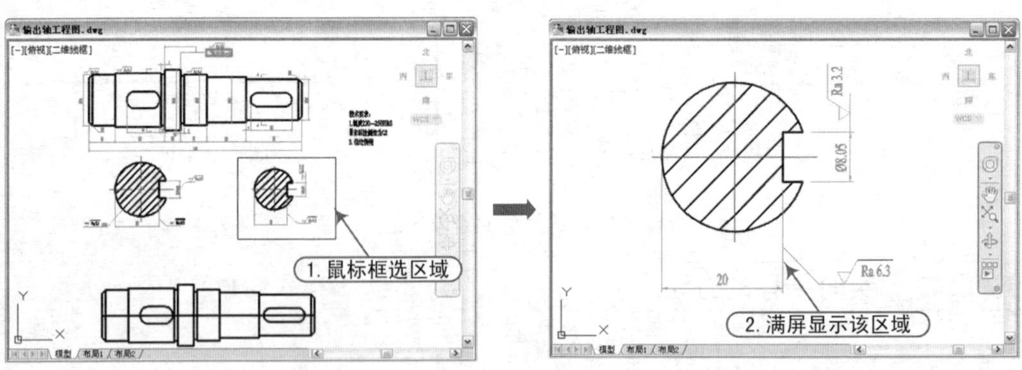

图 1-95 缩放视图

技巧：049　平铺视口的创建方法

视频：技巧049-平铺视口的创建方法.avi
案例：输出轴工程图.dwg

技巧概述：平铺视口是指定将绘图窗口分成多个矩形视图区域，从而可得到多个相邻又不同的绘图区域，其中的每一个区域都可用来查看图形对象的不同部分。要创建平铺视口，用户可以使用以下方式之一。

方法 01 执行“视图”→“视口”→“新建视口”菜单命令。

方法 02 输入或动态输入“VPOINTS”。

执行了“新建视口”命令，将弹出“视口”对话框，在该对话框中可以创建不同的视口并设置视口平铺方式等，具体操作如下。

步骤 01 正常启动 AutoCAD 2014 软件，在“快速访问”工具栏中，单击“打开”按钮，将“输出轴工程图.dwg”文件打开。

步骤 02 执行“视图”→“视口”→“新建视口”菜单命令，则弹出“视口”对话框。

步骤 03 在“新名称”文本框中输入新建视口的名称，在“标准视口”列表中选择一个符合需求的视口。

步骤 04 在“应用于”下拉列表框中选择将所选的视口设置用于整个显示屏幕还是用于当前视口中；在“设置”下拉列表中选择在二维或三维空间中配置视口，再单击“确定”按钮，完成新建视口的设置如图 1-96 所示。

步骤 05 如图 1-97 所示为新建的“垂直”视口效果。

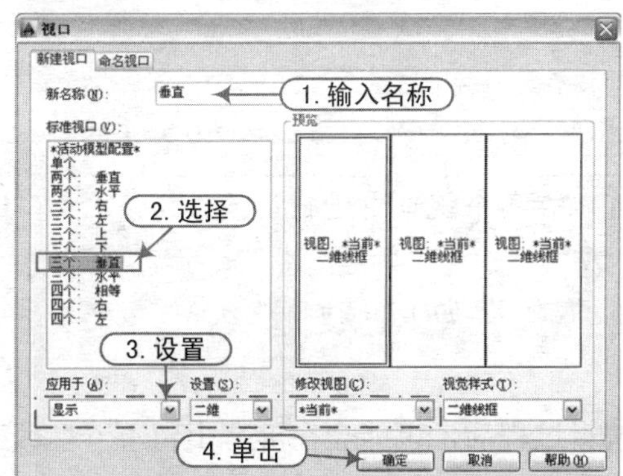

图 1-96　“视口”对话框

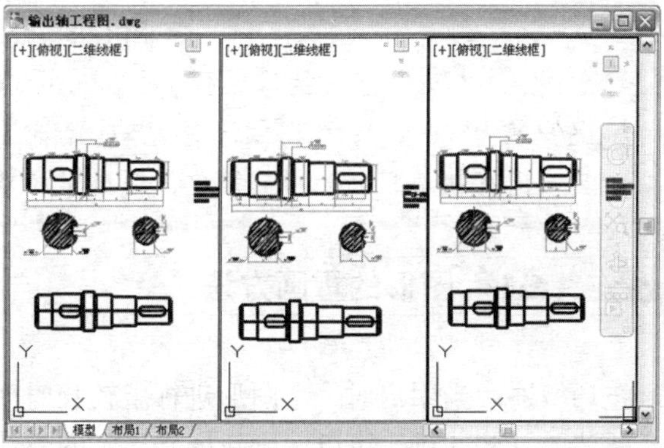

图 1-97　创建 3 个垂直视口

软件技能　★★★☆☆

除了上述创建视口的方法外，在 AutoCAD 2014“模型视口”面板的“视口配置”列表下，提供了多种创建视口的图标按钮，需要创建哪种分割视口就在相对应的图标按钮上单击即可。它与“视口”对话框中的“标准视口”栏中的视口是相对应的。例如，建立三个垂直的视口可以单击按钮，该按钮代表建立的三个垂直视口预览，使用方法更为形象。

技巧：050　视口合并的方法

视频：技巧0506-视口合并的方法.avi
案例：输出轴工程图.dwg

技巧概述：在 CAD 中不仅可以分割视图，还可以根据需要来对视口进行相应合并，用户可以通过以下几种方法之一。

方法 01 执行“视图”→“视口”→“合并”菜单命令。

方法 02 单击“模型视口”面板中的“合并”按钮。

接上例“新建的视口.dwg”文件，执行“视图”→“视口”→“合并”菜单命令，系统将要求选择一个视口作为主视口，再选择一个相邻的视口，即可以将所选择的两个视口进行合并，如图 1-98 所示。

```
命令: _-vports
输入选项 [保存(S)/恢复(R)/删除(D)/合并(J)/单一(SI)/?/2/3/4/切换(T)/模式(MO)]: _j
选择主视口 <当前视口>:                              \\ 鼠标单击选择主视口
选择要合并的视口:正在重生成模型。                    \\ 鼠标单击选择合并的视口
```

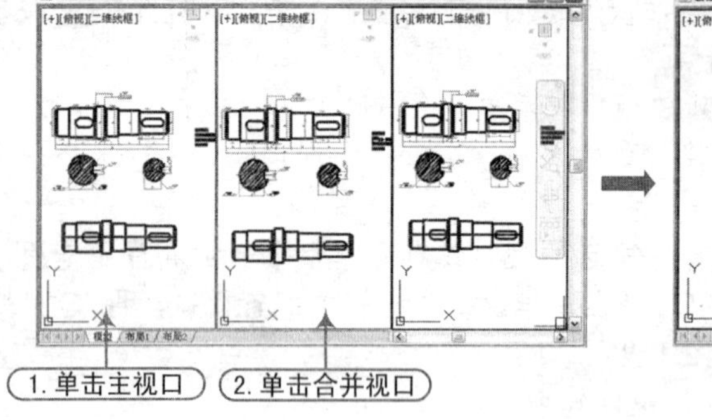

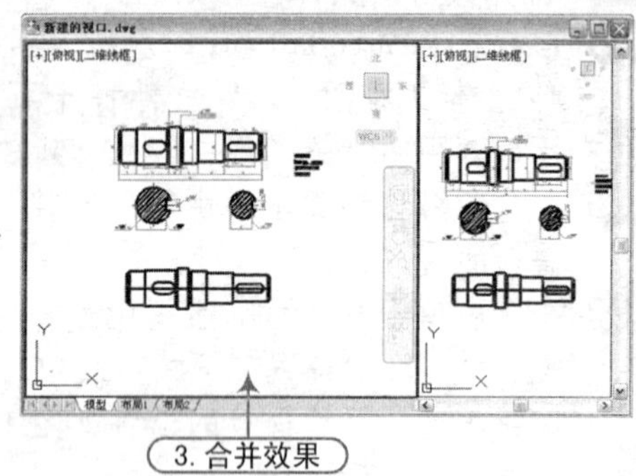

图 1-98　合并视口

技巧提示 ★★★★☆

其四周有粗边框的为当前视口，通过鼠标双击可以在各个视口中进行切换。

技巧：051 图形的重画方法

视频：技巧051-图形的重画方法.avi
案例：无

技巧概述： 当用户对一个图形进行了较长时间的编辑过程后，可能会在屏幕上留下一些残迹，要清除这些残迹，可以用刷新屏幕显示的方法来解决。

在 AutoCAD 中，刷新屏幕显示的命令有 Redrawall 和 Redraw（重画），前者用于刷新所有视口的显示（针对多视口操作），后者用于刷新当前视口的显示。执行 Redrawall（重画）命令的方法如下。

方法 01 执行“视图|重画”菜单命令。

方法 02 输入或动态输入“Redrawall”命令并按【Enter】键。

技巧提示 ★★★☆☆

Redraw（重画）命令只能通过命令提示行来执行。

技巧：052 图形对象的重生成方法

视频：技巧052-图形对象的重生成方法.avi
案例：无

技巧概述： 作者使用 AutoCAD 绘图经常碰到这样的情况，绘制一个圆或圆弧发现不圆了，

而且出现边缘轮廓看起来就像正多边形，这是为什么呢？这其实是图形显示出了问题，不是图形错误，要解决这个问题就要优化图形显示。

使用 REGEN（重生成）命令可以优化当前视口的图形显示；使用 REGENALL（全部重生成）命令可以优化所有视口的图形显示。在 AutoCAD 中执行重生成的方法如下。

方法 01 执行“视图|重生成/全部重生成”菜单命令。

方法 02 在命令行中执行 REGEN/REGENALL 命令。

在绘图的过程中，发现视图中绘制的圆对象的边源出现多条不平滑的锯齿，如图 1-99 所示。

此时可以执行“全部重生成（REGENALL）”命令，将在所有视口中重生成整个图形并重新计算所有对象的屏幕坐标，生成效果如图 1-100 所示。

图 1-99　原图形　　　　图 1-100　重生成效果

技巧：053　设计中心的使用方法

视频：技巧053-设计中心的使用方法.avi

案例：无

技巧概述：设计中心可以认为是一个重复利用和共享图形内容的有效管理工具，对一个绘图项目来讲，重用和分享设计内容是管理一个绘图项目的基础，而且如果工程笔记复杂的话，图形数量大、类型复杂，经常会由很多设计人员共同完成，这样，用设计中心对管理块、外部参照、渲染的图像以及其他设计资源文件进行管理就非常必要。使用设计中心可以实现以下操作：

- 浏览用户计算机，网络驱动器和 Web 页上的图形内容（例如图形或符号库）。
- 在定义表中查看图形文件中命名对象（例如块和图层）的定义，然后将定义插入、附着、复制和粘贴到当前图形中。
- 更新（重定义）块定义。
- 创建指向常用图形、文件夹和【Internet】网址的快捷方式。
- 向图形中添加内容（例如外部参照、块和填充）。
- 在新窗口中打开图形文件。
- 将图形、块和填充拖动到工具栏选项板上以便于访问。
- 可以控制调色板的显示方式，可以选择大图标、小图标、列表和详细资料等 4 种 Windows 的标准方式中的一种，可以控制是否预览图形，是否显示调色板中图形内容相关的说明内容。

“设计中心”面板分为两部分，左边为树状图，右边为内容区。可以在树状图中浏览内容的源，而在内容区显示内容，可以在内容区中将项目添加到图形或工具选项板中。在 AutoCAD 2014 中，用户可以使用以下几种方法打开“设计中心”面板。

方法 01 执行“工具 | 选项板 | 设计中心”菜单命令。

方法 02 在命令行中输入或动态输入“ADCENTER”命令，快捷键为【Ctrl+2】键。

方法 03 在“视图”选项卡的“选项板”面板中，单击“设计中心”按钮。

用以上各方法启动后，则打开设计中心面板，“设计窗口”主要由 5 部分组成：标题栏、工具栏、选项卡、显示区（树状目录、项目列表、预览窗口、说明窗口）和状态栏如图 1-101 所示。

图 1-101　“设计中心”面板

技巧：054　通过设计中心创建样板文件

视频：技巧054-通过设计中心创建样板文件.avi
案例：样板.dwg

技巧概述：用户在绘制图形之前，应先规划好绘图环境，其中包括设置图层、标注样式和文字样式等，如果已有的图形对象中的图层、标注样式和文字样式等符合绘图的要求，这时就可以通过设计中心来提取其图层、标注样式、文字样式等，以保存为绘图样板文件，从而可以方便、快捷、规格统一的绘制图形。

下面以通过设计中心来保存样板文件为实例进行讲解，其操作步骤如下。

步骤 01 在 AutoCAD 2014 环境中，打开“住宅建筑天花布置图.dwg”文件。

步骤 02 再新建一个名称为“样板.dwg”的文件，并将样板文件置为当前打开的图形文件。

步骤 03 在“选项板”面板中，单击“设计中心”按钮，或者按【Ctrl+2】组合键，打开“设计中心”面板，在“打开的图形”选项卡下，选择并展开“住宅建筑天花布置图.dwg”文件，可以看出当前已经打开的图形文件的所有样式，单击“图层”则在项目列表框中显示所有的图层对象。

步骤 04 使用鼠标框选所有的图层对象，按住鼠标左键直至拖动到当前“样板.dwg”文件绘图区的空白位置时松开如图 1-102 所示。

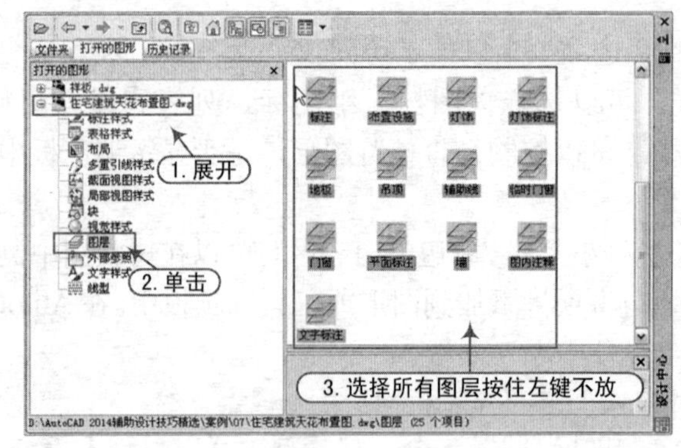

图 1-102　调用图层操作

技巧提示 ★★★★☆

图层项目列表中的图层显示不全，用户可以通过滑动键全部选择所有的图层。

步骤 05 同样，在“设计中心”面板中选择并展开“住宅建筑天花布置图.dwg”文件，单击“标注样式”项，再使用鼠标框选所有的标注样式对象，按住鼠标左键直至拖动到当前“样板.dwg”文件的绘图区空白位置时松开，以调用该“标注样式”如图 1-103 所示。

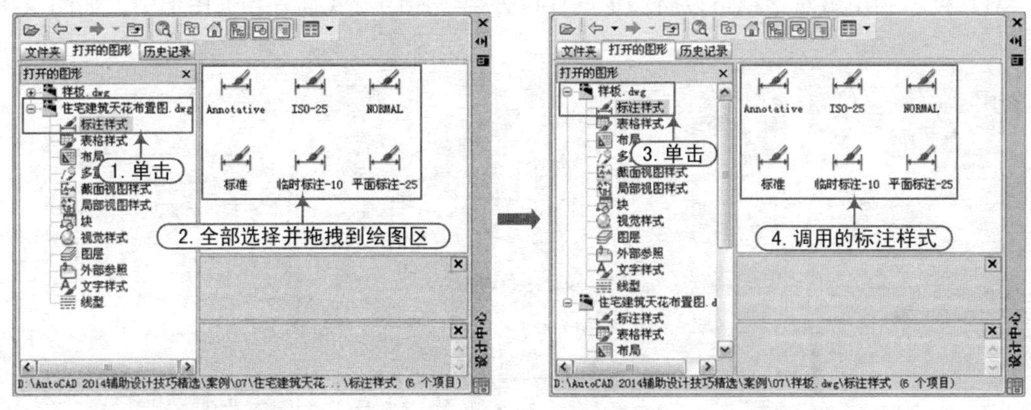

图 1-103　调用标注样式

步骤 06 根据同样的方法，将“住宅建筑天花布置图.dwg”文件的“文字样式”调用到“样板.dwg”文件中，如图 1-104 所示。

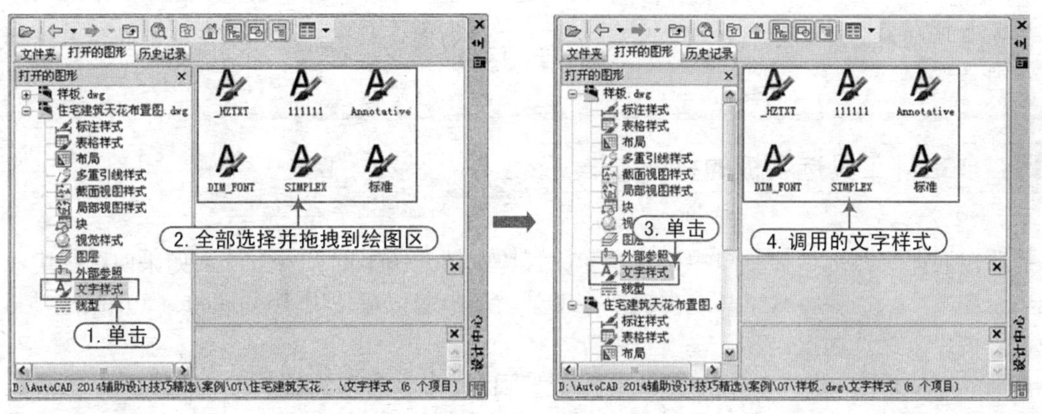

图 1-104　调用文字样式

技巧：055　外部参照的使用方法

视频：技巧055-外部参照的使用方法.avi
案例：无

技巧概述：当把一个图形文件作为图块来插入时，块的定义及其相关的具体图形信息都保存在当前图形数据库中，当前图形文件与被插入的文件不存在任何关联。而当以外部参照的形式引用文件时，并不在当前图形中记录被引用文件的具体信息，只是在当前图形中记录了外部参照的位置和名字，当一个含有外部参照的文件被打开时，它会按照记录的路径去搜索外部参照文件，此时，含外部参照的文件会随着被引用文件的修改而更新。在建筑与室内装修设计中，各专业之间需要协同工作、相互配合，采用外部参照可以保证项目组的设计人员之间的引用都是最新的，从而减少不必要的 COPY 及协作滞后，以提高设计质量和设计效率。

执行外部参照命令主要有以下三种方法。

方法 01 选择"插入 | 外部参照"菜单命令。

方法 02 在命令行中输入或动态输入【XREF】命令。

方法 03 在"参照"面板中单击"外部参照"按钮。

启动外部参照命令之后，系统将弹出"外部参照"选项板，在该面板上单击左上角的"附着 DWG"按钮，则弹出"选择参照文件"对话框，选择参照 DWG 文件后，将打开"外部参照"对话框，利用该对话框可以将图形文件以外部参照的形式插入当前图形中，如图 1-105 所示。

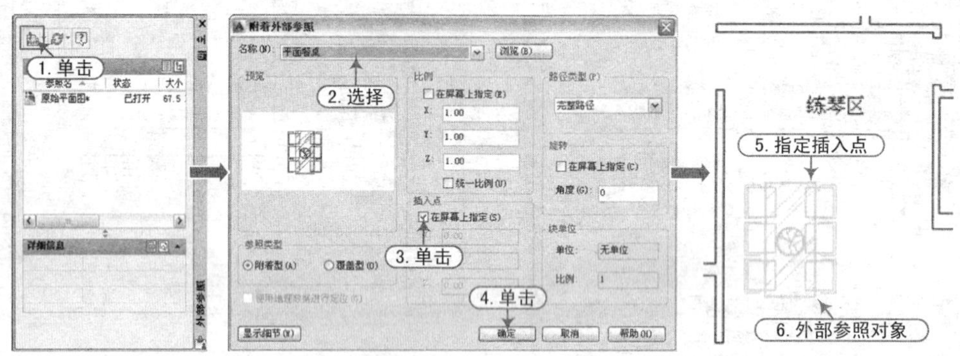

图 1-105 "外部参照"的插入方法

> **技巧提示** ★★★☆☆
>
> 如果所插入的外部参照对象已经是当前主文件的图块时，系统将不能正确的插入外部参照对象。

技巧：056 工具选项板的打开方法

视频：技巧056-工具选项板的打开方法.avi
案例：无

技巧概述：工具选项板是组织、共享和放置块及填充图案的有效方法，如果向图形中添加块或填充图案，只需要将其工具选项板中拖曳至图形中即可，使用 Tooipalettes（工具选项板）命令可以调出工具选项板。

在 AutoCAD 中，执行 Tooipalettes（工具选项板）命令的方式如下。

- 执行"工具/选项板/工具选项板"菜单命令。
- 执行 Tooipalettes 命令并回车，或按【Ctrl+3】组合键。
- 在"视图"选项卡的"选项板"面板中，单击"工具选项板"按钮，如图 1-106 所示。

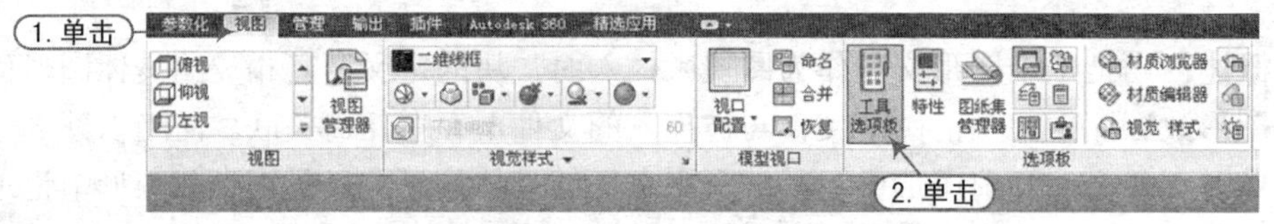

图 1-106 启动"工具选项板"

执行上述任意操作后，将打开工具选项板，如图 1-107 所示，工具选项板中有很多选项卡，单击即可在选项卡中进行切换，在隐藏的选项卡处单击将弹出快捷菜单，供用户选择需要显示的选项卡，每个选项卡中都放置不同的块或填充图案。

“图案填充”选项卡中集成了很多填充图案，包括砖块、地面、铁丝、砂砾等。除此之外，工具选项板上还有“结构”、“土木工程”、“电力”、“机械”选项卡等。

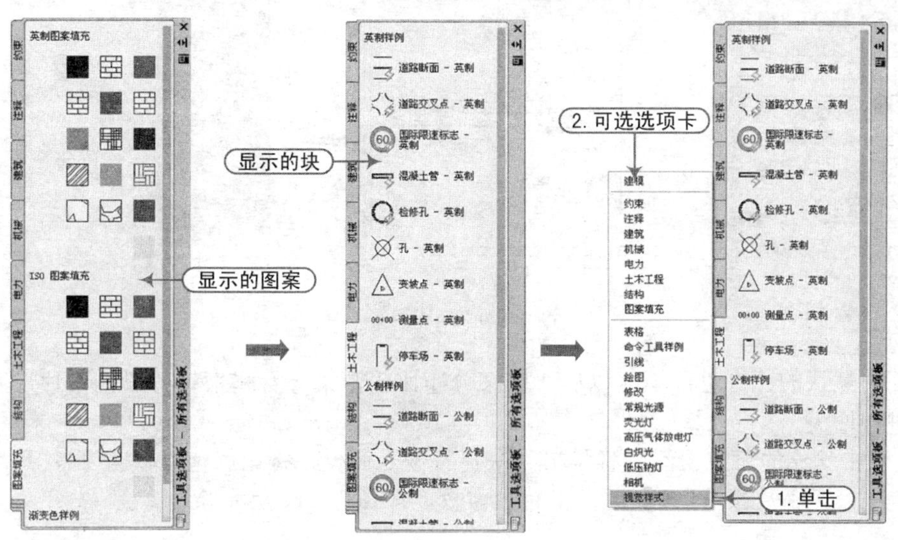

图 1-107　“工具选项板”

技巧：057　通过工具选项板填充图案

视频：技巧057-通过工具选项板填充图案.avi
案例：窗.dwg

技巧概述：前面讲解了“工具选项板”的打开方法与修改属性，接下来通过工具选项板插入并填充图形，操作步骤如下。

步骤 01 在 AutoCAD 2014 环境中，按【Ctrl+3】组合键，将“工具选项板”打开。

步骤 02 切换到“建筑”选项卡，单击“铝窗（立面图）”图案，然后在图形区域单击，则将铝窗图案插入图形区域，如图 1-108 所示。

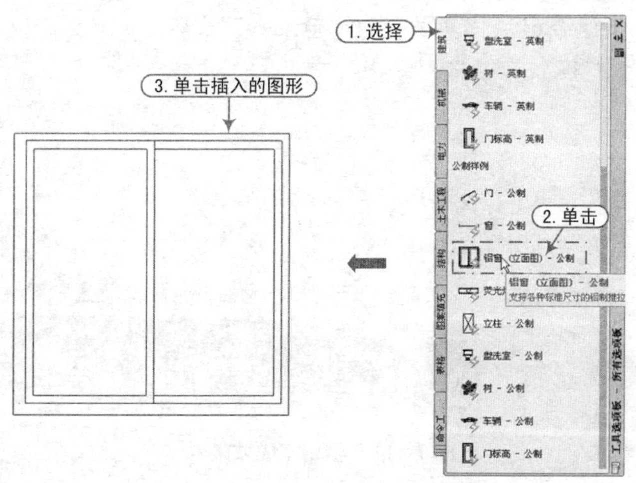

图 1-108　插入图块

步骤03 切换至“图案填充”选项卡，单击“斜线”图案，然后鼠标移动到窗体内部，此时光标上面将附着一个黑色的方块（即是要填充的图案），单击鼠标左键完成图案的填充，如图1-109所示。

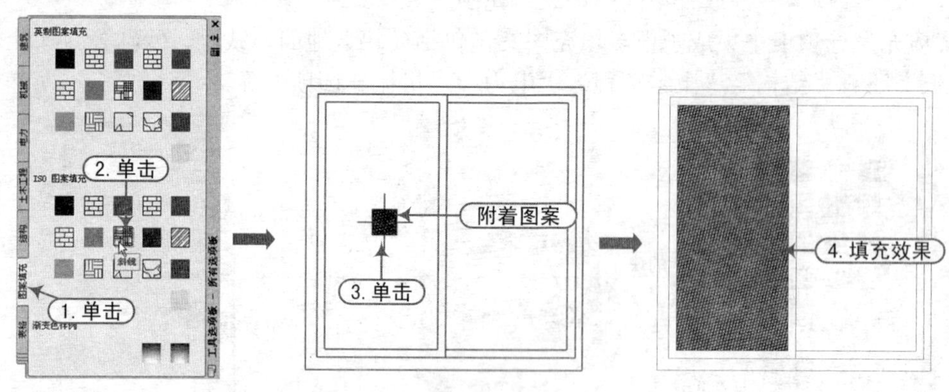

图1-109 填充图案

系统使用默认的比例进行填充以后，图案分布比较密集，看起来只有黑色一片，所以需要对其比例进行增大。

步骤04 双击填充的斜线图例，将弹出“快捷特性”面板，将比例值修改为20，角度值修改为45，然后按【Esc】键退出特性面板，如图1-110所示。

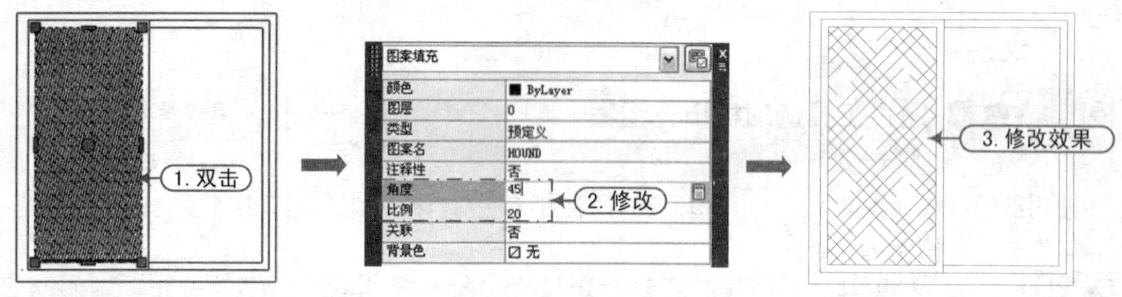

图1-110 修改填充图案

步骤05 根据前面填充与修改的方法，将另外一个窗面板进行填充，效果如图1-111所示。

步骤06 按【Ctrl+S】组合键，将其保存为“窗.dwg”文件。

图1-111 填充完成效果

第 2 章　园林建筑的绘制技巧

- **本章导读**

园林建筑是建造在园林和城市绿化地区内供人们游憩或观赏用的建筑物，常见的有亭、榭、廊、阁、轩、楼、台、舫、厅堂等建筑物。

园林建筑在园林中主要起到以下几方面的作用，一是造景，即园林建筑本身就是被观赏的景观或景观的一部分；二是为游览者提供观景的视点和场所；三是提供休憩及活动的空间；四是提供简单的使用功能，诸如小卖部、售票厅、摄影场地等；五是作为主体建筑的必要补充或连接过渡。

图 2-1 所示为一些园林建筑的实景图片。

图 2-1　各种园林建筑实景图片

- **本章内容**

树池平面图的绘制	圆亭底平面图的绘制	长廊平面图的绘制
树池立面图的绘制	圆亭顶面图的绘制	长廊侧立面图的绘制
树池 1-1 剖面图的绘制	圆亭立面图的绘制	长廊正立面图的绘制
树池图形的标注	圆亭图形的标注	长廊图形的标注
拱桥平面图的绘制	花架平面图的绘制	观景平台平面图的绘制
拱桥 A-A 剖面图的绘制	花架立面图的绘制	观景平台立面图的绘制
拱桥立面图的绘制	花架侧立面图的绘制	观景平台图形的标注
拱桥图形的标注	花架形图的标注	

技巧：058　树池平面图的绘制

视频：技巧 58-绘制树池平面畔.avi
案例：树池.dwg

技巧概述：树池是种植树木的种植槽，树池处理得当，不仅有助于树木生长、美化环境，还具备很多功能。树池处理应坚持因地制宜、生态优先的原则。由于园林绿地树木种植的多样性，不同地段、不同种植方式应采用不同的处理方式。总之，树池覆盖在保证使用功能的前提下，宜软则软，以最大发挥树池的生态效益。图 2-2 所示为树池的实景图片。

图 2-2　树池实景图片

接下来通过三个实例的讲解，分别绘制树池的平面图、立面图及剖面图，使读者掌握绘制树池施工图的绘制过程及学习树池设计的相关知识，其绘制的树池效果如图 2-3 所示。

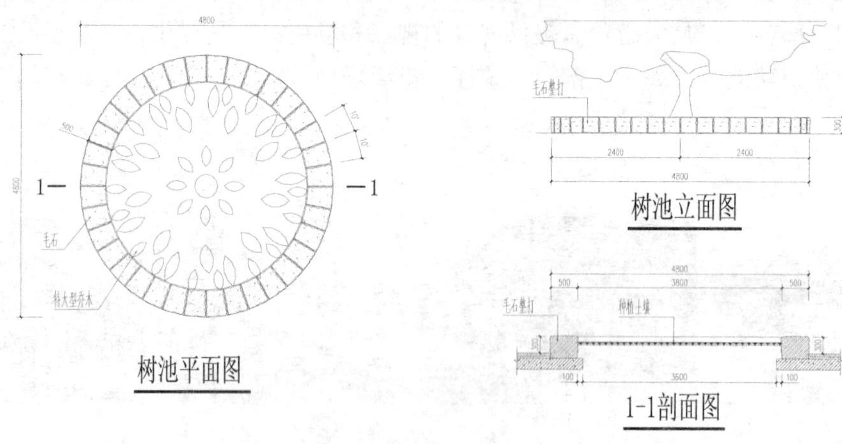

图 2-3　树池图形效果

步骤 01 正常启动 AutoCAD 2014 软件，在“快速访问”工具栏中，单击“打开”按钮，将本书配套光盘“案例\02\园林样板.dwg”文件打开。

> **软件技能** ★★★☆☆
>
> 在 AutoCAD 绘图之前必须先设置绘图环境，包括“图形界限”、“绘图单位”、“图层”，“文字样式”和“标注样式等”；在本书配套光盘中已经有一个事先设置好绘图环境的“园林样板”文件，在这里直接调用该文件即可在此环境中绘图。

步骤 02 再单击“另存为”按钮，将文件另存为“案例\02\树池.dwg”文件。

步骤 03 在“图层”面板的“图层”下拉列表中，选择“小品轮廓线”图层为当前图层如图 2-4 所示。

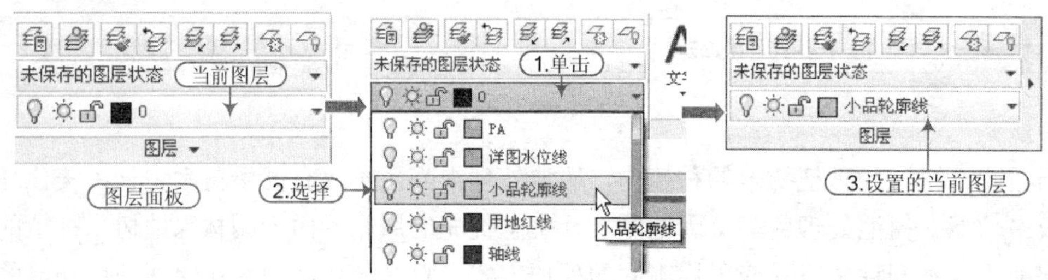

图 2-4　选择当前图层的方法

步骤 04 执行“圆”命令（C），在图形区域绘制半径分别为 1900 和 2400 的同心圆，如图 2-5 所示。

步骤 05 执行“直线”命令（L），过两圆的象限点绘制一水平直线，如图 2-6 所示。

步骤 06 执行“阵列”命令（AR），根据如下命令提示选择上一步绘制的直线对象，按【空格键】后，选择“极轴（PO）”项，指定圆心为阵列中心点，再选择“项目（I）项”，输入阵列的项目数为 36，效果如图 2-7 所示。

```
命令: ARRAY                                         \\ 执行“阵列”命令
选择对象: 找到 1 个                                  \\ 选择水平直线
选择对象:                                           \\ 空格键确定
输入阵列类型 [矩形(R)/路径(PA)/极轴(PO)] 〈极轴〉: PO \\ 输入 PO 以选择“极轴”项
类型 = 极轴  关联 = 是
指定阵列的中心点或 [基点(B)/旋转轴(A)]:               \\ 单击圆心点
选择夹点以编辑阵列或 [关联(AS)/基点(B)/项目(I)/项目间角度(A)/填充角度(F)/行(ROW)/层(L)/旋转项目(ROT)/退出(X)] 〈退出〉: i   \\ 输入 i 以选择“项目”项
输入阵列中的项目数或 [表达式(E)] 〈6〉: 36             \\ 输入阵列的个数为 36
选择夹点以编辑阵列或 [关联(AS)/基点(B)/项目(I)/项目间角度(A)/填充角度(F)/行(ROW)/层(L)/旋转项目(ROT)/退出(X)] 〈退出〉:   \\ 空格键退出
```

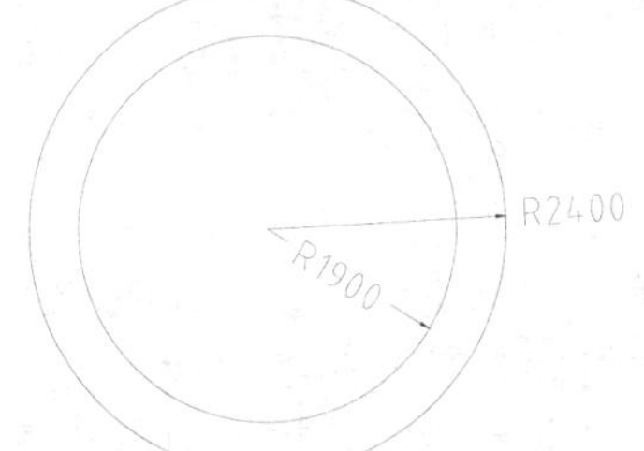

图 2-5　绘制同心圆

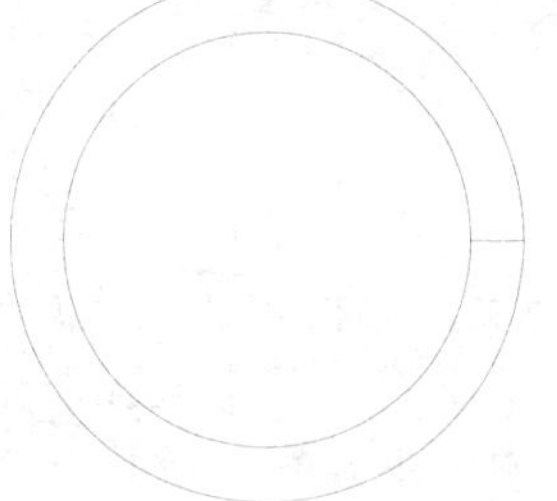

图 2-6　绘制直线

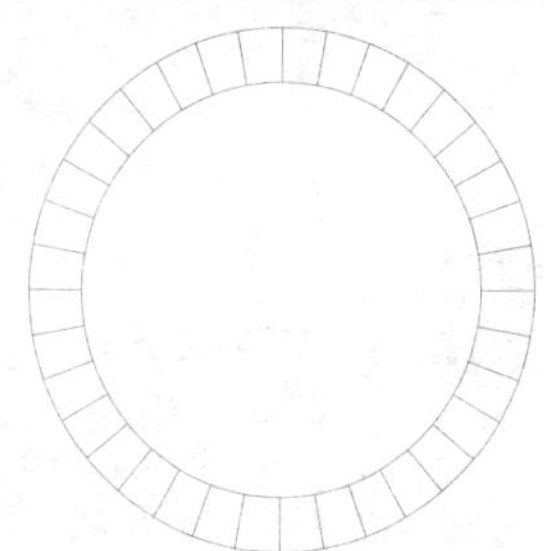

图 2-7　阵列的直线

软件技能　★★★★☆

极轴阵列是围绕中心点或旋转轴在环形阵列中均匀分布对象副本（极轴阵列也就是环形阵列）。进行“环形阵列”操作时，各选项的含义如下：

- 基点（B）：指定用于在阵列中放置对象的基点。其中“关键点（K）”表示对于关联阵列，在源对象上指定有效的约束（或关键点）以用作基点，如果编辑生成的阵列的源对象，阵列的基点保持与源对象的关键点重合。
- 旋转轴（A）：指定由两个指定点定义的自定义旋转轴。
- 项目（I）：使用值或表达式指定阵列中的项目数（当在表达式中定义填充角度时，结果值中的+ 或 - 数学符号不会影响阵列的方向）。
- 项目间角度（A）：使用值或表达式指定项目之间的角度。
- 填充角度（F）：使用值或表达式指定阵列中第一个和最后一个项目之间的角度。
- 行（ROW）：指定阵列中的行数、它们之间的距离以及行之间的增量标高。其中“总计（T）”表示指定从开始和结束对象上的相同位置测量的起点和终点行之间的总距离；“表达式（E）”表示基于数学公式或方程式导出值。

- 层（L）：指定（三维阵列的）层数和层间距。其中“总计（T）”表示指定第一层和最后一层之间的总距离；“表达式（E）”表示使用数学公式或方程式获取值。
- 旋转项目（ROT）：控制在排列项目时是否旋转项目。

步骤07 执行“多段线”命令（PL）和“直线”命令（L），在阵列后的其中一格内随意绘制出如图 2-8 所示图形以表示毛石图例。

步骤08 同样的执行“阵列”命令（AR），将上步在格子内绘制的毛石图形以圆心为中心点进行极轴阵列，其项目数同样为 36，效果如图 2-9 所示。

图 2-8　绘制毛石

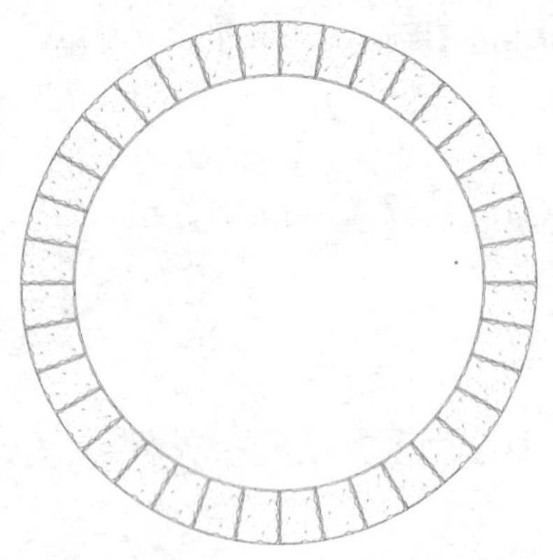

图 2-9　阵列毛石

步骤09 在“图层”下拉列表中，选择“绿化配景线”图层为当前图层。

步骤10 执行“插入块”命令（I），弹出“插入”对话框，单击“浏览”按钮，在随后弹出的“选择图形文件”对话框中找到本书配套光盘“案例\02\平面乔木.dwg”文件并打开，则回到“插入”对话框，在“名称”下拉列表中即显示需要插入的图块名称及路径。勾选“在屏幕上指定”，再单击“确定”按钮，则鼠标上附着该图块对象，捕捉并单击圆心为插入点，如图 2-10 所示。

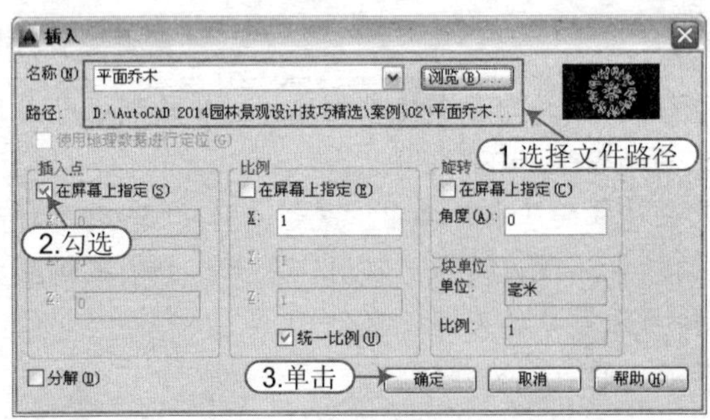

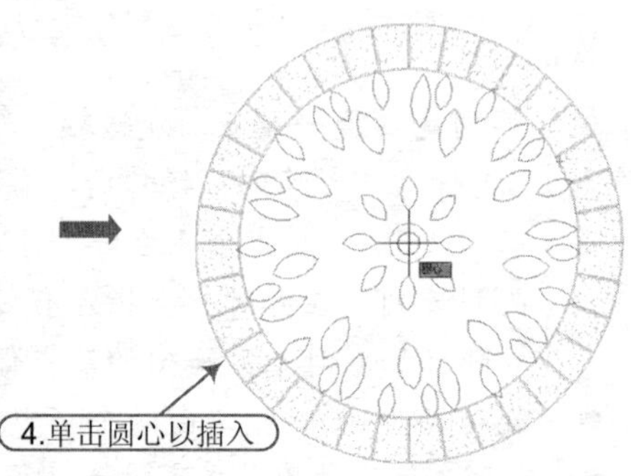

图 2-10　插入图块

软件技能 ★★★★☆

在“插入”对话框中，各选项的含义如下：

- 在“名称”下拉列表框中选择要插入的内部图块，或者单击右侧的“浏览”按钮，在弹出“选择图形文件”对话框中选择保存于电脑中的外部块，单击“打开”按

钮，在“名称”下拉列表中即显示需要插入的图块名称。

- 在“插入点”栏中指定图块要插入当前图形中的位置。选中“在屏幕上指定”复选框，即可完成设置参数后在绘图区单击指定插入图块的位置。
- 在“比例”栏中可设置插入图块的缩放比例。勾选“统一比例”复选框，则在 X、Y、Z 方向上的比例均相同。
- 在“旋转”栏中指定图块的旋转角度。
- 勾选“分解”复选框，可将插入的图块直接分解。

技巧：059　树池立面图的绘制

视频：技巧059-绘制树池立面图.avi
案例：树池.dwg

技巧概述：前面实例绘制好了树池平面图，接下来以该平面图为基础来绘制树池立面图。

步骤 01 接上例，在“图层”下拉列表中，选择“小品轮廓线”图层为当前图层。

步骤 02 执行“直线”命令（L），根据平面图与立面图的对正关系，捕捉平面图外圆左、右象限点向下绘制投影线，如图 2-11 所示。

步骤 03 再执行“直线”命令（L），在投影线上绘制一条水平线作为地坪线；再执行“偏移”命令（O），将地坪线向上偏移 300，如图 2-12 所示。

步骤 04 执行“修剪”命令（TR），修剪出立面树池基本轮廓，如图 2-13 所示。

图 2-11　绘制投影线

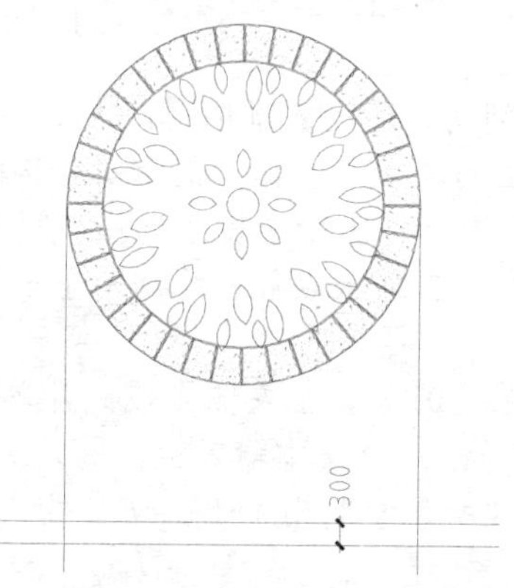

图 2-12　绘制水平线

图 2-13　修剪效果

步骤 05 执行“直线”命令（L），在立面树池中间绘制一条垂直线段；再执行“复制”命令（CO），将线段各向两侧复制，以形成分格线如图 2-14 所示。

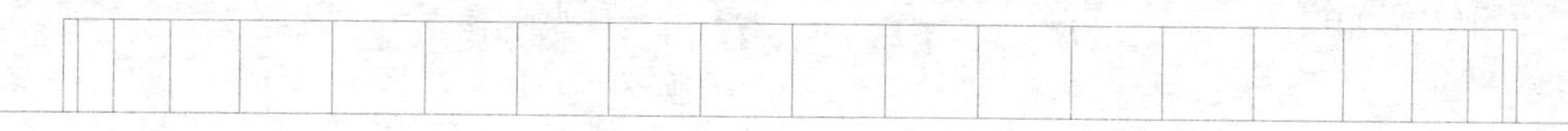

图 2-14　绘制分格线

技巧提示　★★★☆☆

根据平面图可知，树池台为圆弧造型，因此在绘制分格线时，中间格为对正视觉，每格距离比较均匀（约为 300mm），两侧为圆弧转折，观看时只能看清一小部分，因此使格子变得小些。

步骤 06 执行“多段线”命令（PL）和“复制”命令（CO），在每格线内绘制出毛石砖图例，如图 2-15 所示。

图 2-15 绘制毛石

步骤 07 在“图层”下拉列表中，选择“绿化配景线”图层为当前图层。

步骤 08 执行“移动”命令（M），将立面图移动出来；再执行“插入块”命令（I），将“案例\02\立面乔木.dwg”文件作为图块插入立面树池内，如图 2-16 所示。

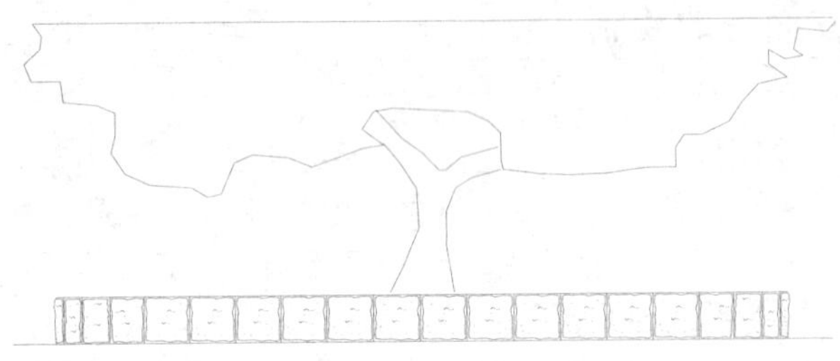

图 2-16 插入立面乔木

技巧：060 树池1-1剖面图的绘制

视频：技巧060-绘制树池1-1剖面图.avi
案例：树池.dwg

技巧概述：剖面图反映物体被剖切开后的内部情况，本实例讲解树池 1-1 剖面图的绘制。

步骤 01 接上例，在“图层”下拉列表中，选择“剖面图结构线”图层为当前图层。

步骤 02 执行“多段线”命令（PL），根据命令提示选择“宽度（W）”项，设置全局宽度为 30，分别在平面图外圆左、右象限点外侧绘制两条多段线表示剖切符号，如图 2-17 所示。

步骤 03 再执行“单行文字”命令（DT），在左侧多段线处单击，根据命令提示设置字高为 300，旋转角度为 0，则弹出一个文本输入框，输入文字 1，然后在右侧多段线处单击，再输入 1，如图 2-18 所示绘制出 1-1 剖切编号。

```
命令：TEXT                                          \\ 单行文字命令
当前文字样式： “Standard”  文字高度： 0  注释性： 否  对正： 左
指定文字的起点 或 [对正(J)/样式(S)]：                \\ 在多段线处单击
指定高度 <0>：300                                    \\ 输入 300
指定文字的旋转角度 <0>：                             \\ 空格键确认
                                                     \\ 输入文字 1
```

图 2-17 绘制剖切线

图 2-18 绘制剖切编号

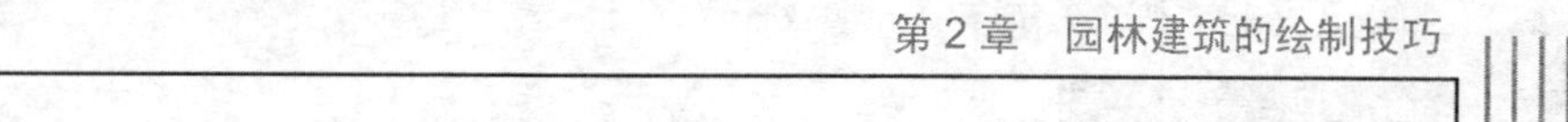

软件技能 ★★★☆☆

根据上面的命令行设置好文字样式后，在单击的起点位置则弹出闪烁的矩形输入框，再输入相应文字即可，如图 2-19 所示。

在输入好文字以后，可以按快捷键【Ctrl+Enter】来结束单行文字的输入。

若要继续输入下一行文字，可以按【Enter】键自动换行，同样在输入框内输入相应的文字内容；若要再继续输入下一行，重复按【Enter】键，或者在文字框外任意位置单击，再重复在框内输入文字，直至最后一次输入文字后，按【Ctrl+Enter】键来结束文字的输入。

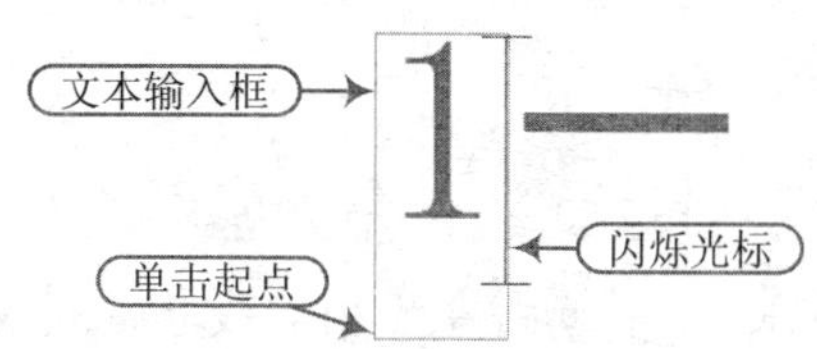

图 2-19　单行文字命令执行过程

步骤 04 执行"直线"命令（L），根据平面图与立面图的对正关系，捕捉平面图内、外圆象限点向下绘制投影线。

步骤 05 再执行"直线"命令（L），在投影线上绘制一条水平线；再执行"偏移"命令（O），将水平线向上依次偏移 200、35、60、300，如图 2-20 所示。

步骤 06 执行"修剪"命令（TR），修剪下侧线条，以形成剖面图基本轮廓，如图 2-21 所示。

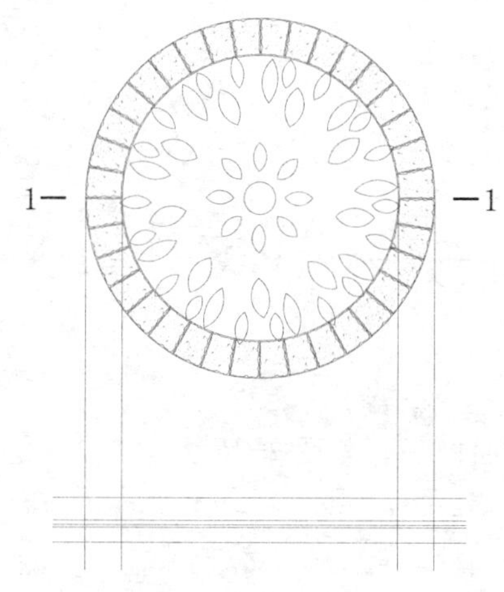

图 2-20　绘制线段

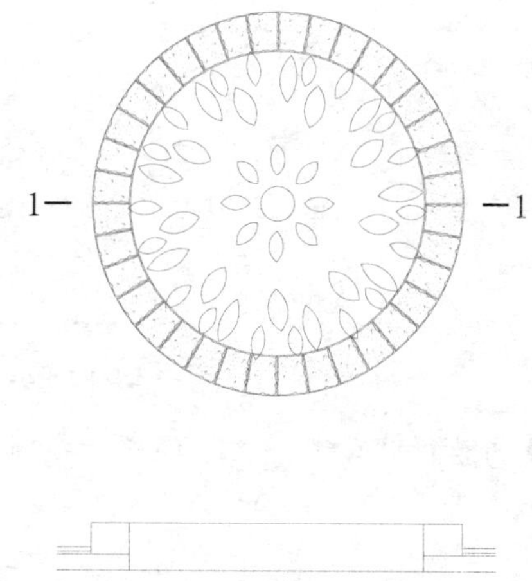

图 2-21　修剪多余线条

步骤 07 通过执行"偏移"命令（O）和"修剪"命令（TR），绘制出如图 2-22 所示图形效果。

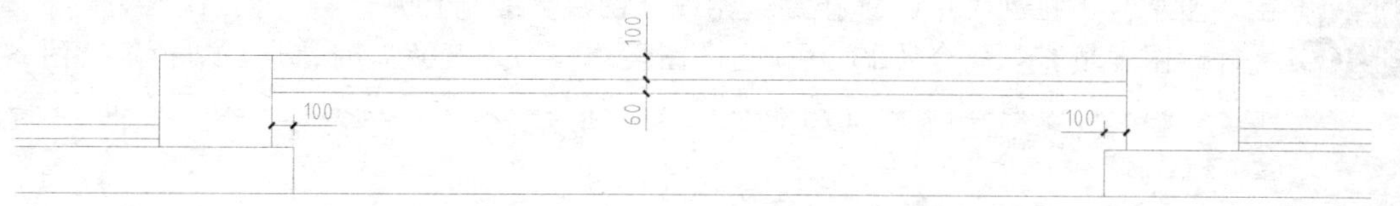

图 2-22　绘制线段

技巧提示 ★★★☆☆

在进行修剪操作时按住 Shift 键，可转换执行延伸 EXTEND 命令。

步骤 08 执行“多段线”命令（PL），在剖切到的树池台位置绘制出毛石不规则轮廓，如图 2-23 所示。

图 2-23 绘制毛石轮廓线

步骤 09 执行“修剪”命令（TR），修剪掉毛石内的线条，效果如图 2-24 所示。

图 2-24 修剪多余线条

步骤 10 执行“多段线”命令（PL）和“复制”命令（CO），在间距 60 的两条线内绘制出如图 2-25 所示图形。

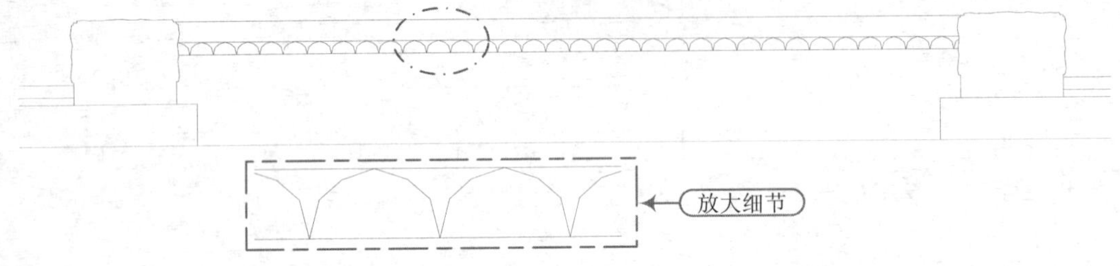

图 2-25 绘制多段线

步骤 11 再执行“直线”命令（L），在图形两侧绘制折断线，如图 2-26 所示。

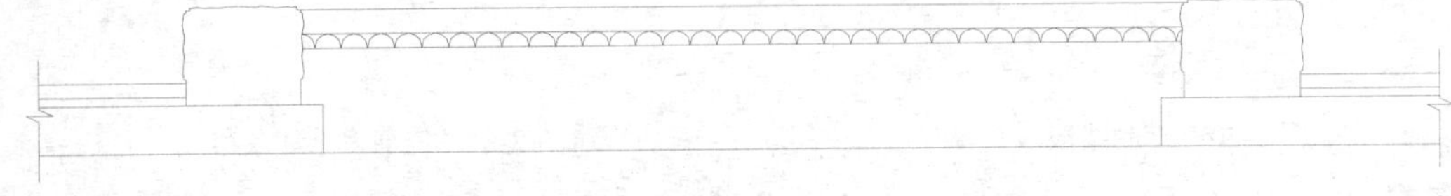

图 2-26 绘制折断线

步骤 12 在“图层”下拉列表中，选择“填充线”图层为当前图层。

步骤 13 执行“图案填充”命令（H），弹出“图案填充与渐变色”对话框，切换至“图案填充”选项下，按照如图 2-27 所示步骤进行操作，对尖三角填充“SOLTD”的图案。

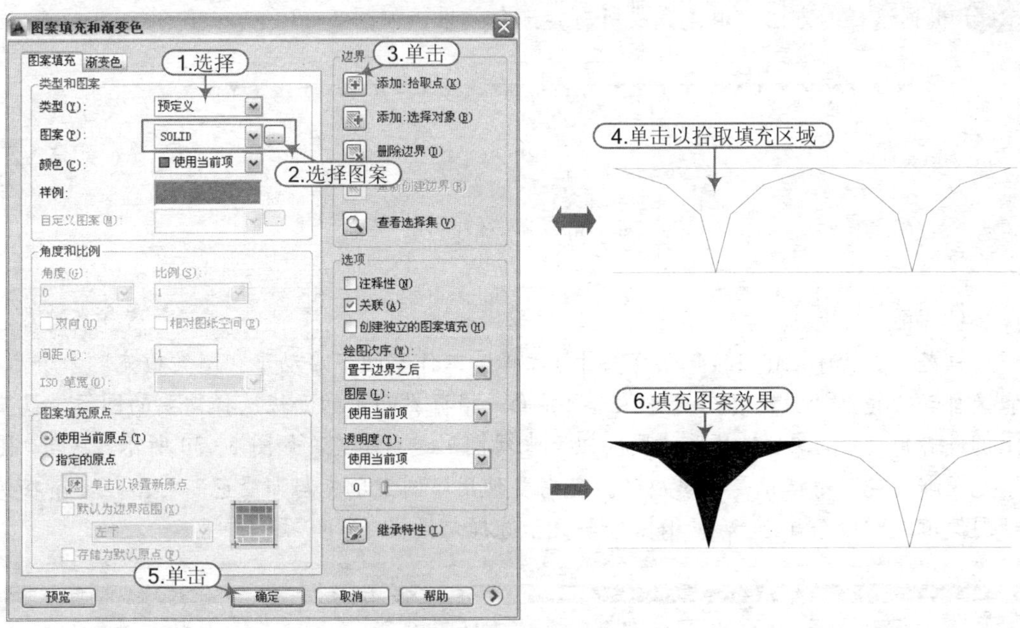

图 2-27　填充图案操作

软件技能　★★★★☆

在“图案填充和渐变色”对话框的类型下拉列表中，有以下 3 种类型。

- 预定义：可以在此选择任何标准的填充图案。
- 用户定义：允许用户通过指定角度和间距，使用当前的线型定义自己的图案填充。
- 自定义：允许用户选择已经在自己的.pat 文件中创建好的图案。

一般情况下，使用系统预定义的填充图案基本上能满足用户需求，单击“图案”栏后的“三点”按钮，系统会弹出一个“填充图案选项板”对话框，根据需要选择相应的样例即可进行填充。

在该对话框中，包含如图 2-28 所示四个选项卡：ANSI、ISO、其他预定义和自定义，每个选项卡中列出了以字母顺序排列，用图像表示的填充图案和实体填充颜色，用户可以在此查看系统预定义的全部图案，并定制图案的预览图像。通过“SOLID”预定义图案填充，以一种纯色来填充区域。

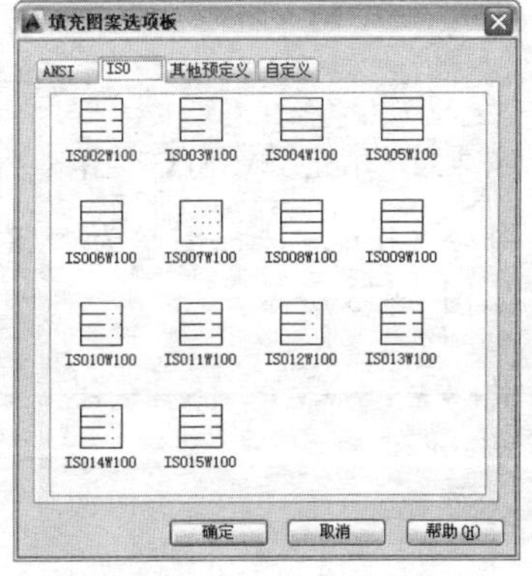

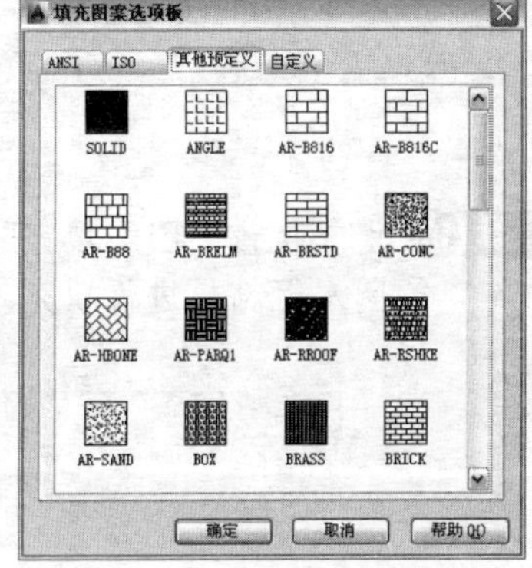

图 2-28　系统预定义填充

步骤 14 根据这样的方法，填充完成所有尖三角效果，如图 2-29 所示。

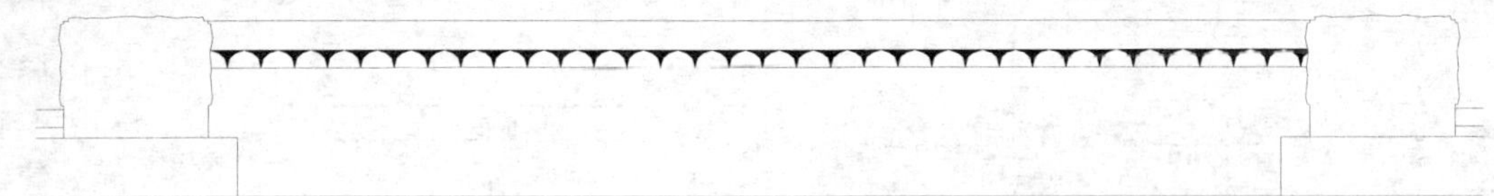

图 2-29 填充完成效果

软件技能 

用户若是在 AutoCAD 2014 的“草图与注释”工作空间下启动了“图案填充”命令后，功能区自动跳转至“图案填充创建”选项界面，根据界面中的面板选择需要的图案，设置其比例或者角度后，单击“拾取点”按钮来对图形进行填充，如图 3- 30 所示，它与“图案填充或渐变色”对话框是相对应的。若需要使用“图案填充与渐变色”对话框，请在执行“图案填充”命令（H）后，根据命令提示选择“设置（T）”项。

图 2-30 利用功能选项卡填充

步骤 15 再执行“图案填充”命令（H），根据前面填充图案的方法，在“图案填充与渐变色”对话框中，选择图案为“ANSI31”，设置比例为 200，对尖三角以下部分进行填充；再执行“删除”命令（E），将下侧的水平线删除效果如图 2-31 所示。

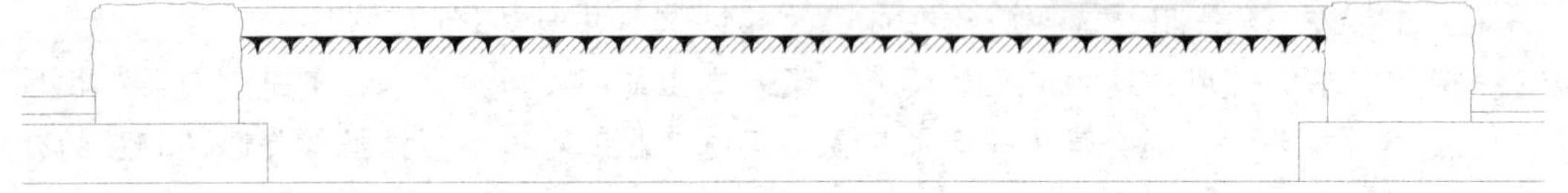

图 2-31 填充“ANSI31”图案

步骤 16 继续执行“图案填充”命令（H），对毛石和两侧的地板砖填充“ANSI33”的图案，填充比例为 250，如图 2-32 所示。

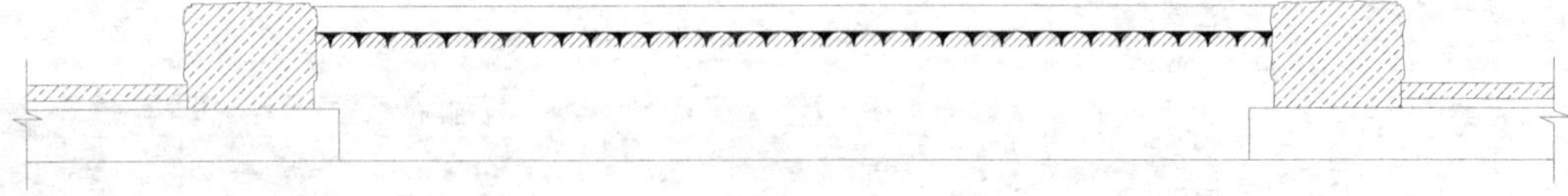

图 2-32 填充“ANSI33”图案

步骤 17 重复执行“图案填充”命令（H），选择图案为“AR-CONC”，设置比例为 10，对中间水泥粘层进行填充，如图 2-33 所示。

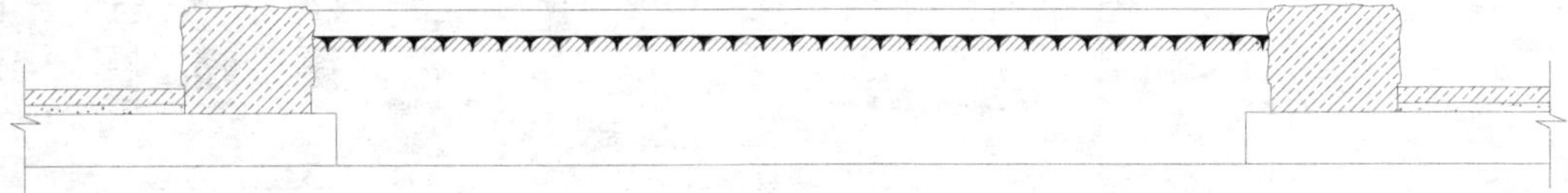

图 2-33 填充“AR-CONC”图案

步骤 18 再执行“图案填充”命令（H），选择图案为“AR-CONC”，设置比例为 30，和图案“ANSI31”设置比例为 350，对基底层填充两种图案以表示钢筋混凝土的图例，并将中间线段修剪掉，效果如图 2-34 所示。

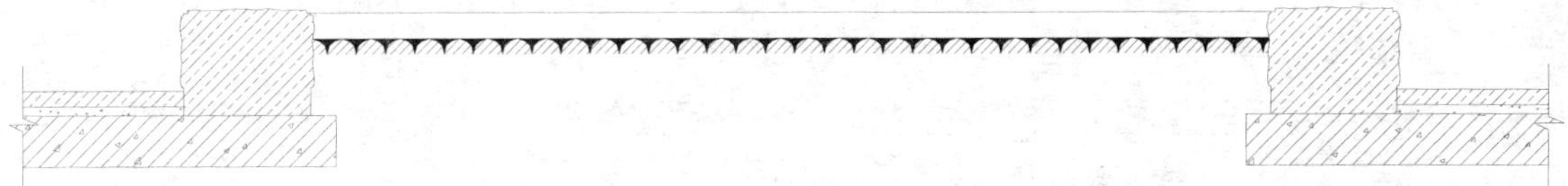

图 2-34　填充“AR-CONC”和“ANSI31”图案

软件技能 ★★★★★

“图案填充”在绘制图形中，扮演着非常重要的角色，它可以使单调的图形画面变得生动和富有层次感，使读图者更容易读懂。特别是在室内装饰图纸中，各种材料的表示及区域的分区，填充图案是必不可少的。

在填充图案的过程中，通过设置填充图例的角度与比例来使图形达到最完美的效果。

- 在“角度”下拉列表框中用户可以指定所选图案相对于当前用户坐标系 X 轴的旋转角度，如图 2-35 所示为设置不同角度填充的图例效果。
- 在“比例”下拉列表框中用户可以设置剖面线图案的缩放比例系数，以使图案的外观变得更稀疏一些或者更紧密一些，从而在整个图形中显得比较协调，如图 2-36 所示为设置不同比例值填充的图例效果。

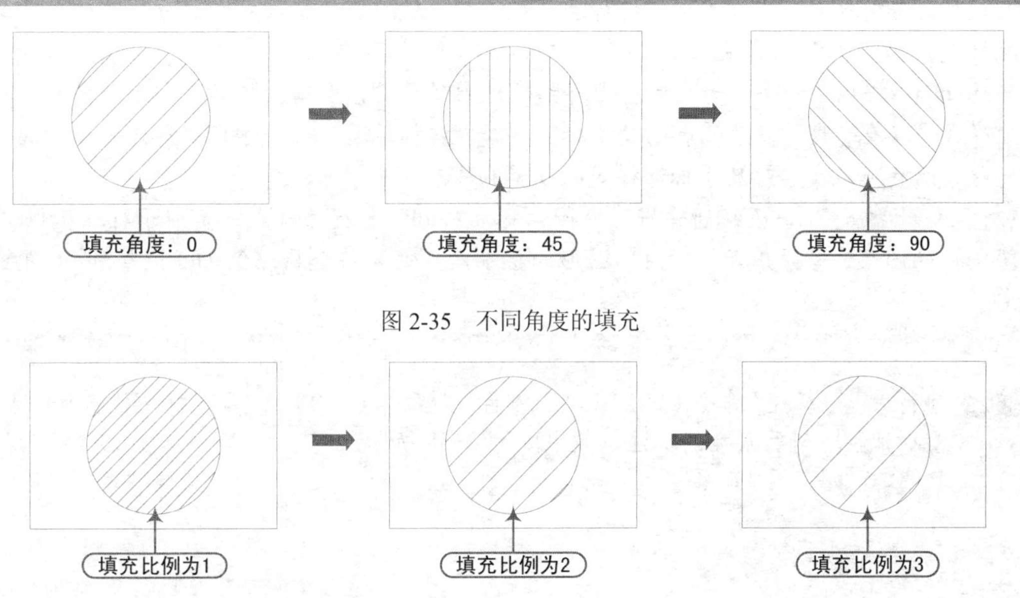

图 2-35　不同角度的填充

图 2-36　不同比例的填充

技巧：061　树池图形的标注

视频：技巧061-树池图形的标注.avi
案例：树池.dwg

技巧概述： 通过前面三个实例的讲解，树池图形已经绘制完成，接下来就对树池图形进行文字及尺寸的标注。

技巧精选

步骤 01 接上例，在“图层”下拉列表中，选择“尺寸标注”图层为当前图层。

步骤 02 执行“标注”命令（D），弹出“标注样式管理器”对话框，选择“园林标注-100”样式，单击“置为当前”按钮，以“园林标注-100”设置当前标注样式；然后单击“修改”按钮，随后弹出“修改标注样式：园林标注-100”对话框，切换至“调整”选项卡，修改标注的全局比例为 40，如图 2-37 所示。

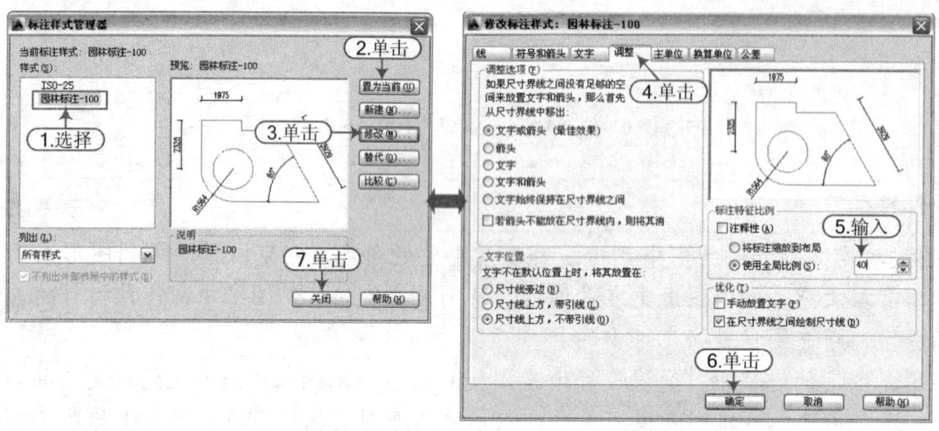

图 2-37　调整标注样式

软件技能 ★★★☆☆

AutoCAD 默认一个 ISO-25 的标注样式，若用户对该标注样式不满意可以对其中的参数进行设置，若想拥有一个自己专用的标注样式，可以使用创建标注样式的方法创建自己的标注样式。

AutoCAD 提供了一个称为尺寸标注样式管理器的工具，利用此工具可创建新的尺寸标注注释式，以及管理、修改已有的尺寸标注样式。这样，通过对尺寸标注样式管理器的操作，就可以直观地实现对尺寸标注样式的设置和修改。

该“样板文件”中已经创建好了“园林标注-100”的标注样式，是用于标注 1∶100 绘图比例的图形，若是用于“树池”图形的标注，只需要将全局比例 100 调整到 40 即可使用。

步骤 03 执行“线形标注”命令（DLI）、“连续标注”命令（DCO）、“角度标注”命令（DAN），对树池图形进行尺寸的标注，效果如图 2-38 所示。

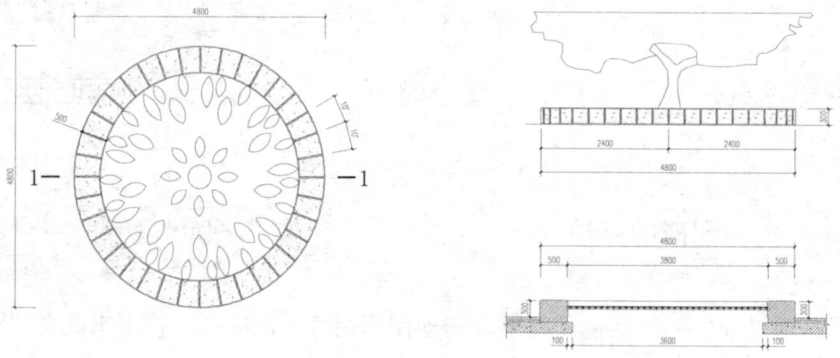

图 2-38　标注图形尺寸

技巧提示 ★★★☆☆

在 AutoCAD 中，根据尺寸标注的需要，对各种尺寸标注进行了分类。尺寸标注可分为线性、对齐、坐标、直径、折弯、半径、角度、基线、连续、引线、尺寸公差、形位公差、圆心标记等类型，还可以对线性标注进行折弯和打断，如图 2-39 所示。

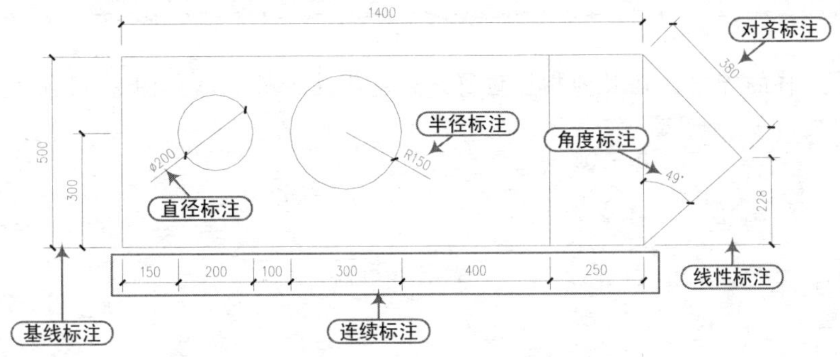

图 2-39　尺寸标注类型

步骤 04 在“图层”下拉列表中，选择“文字标注”图层为当前图层。

步骤 05 执行“引线”命令（LE），根据命令提示选择“设置（S）”项，则弹出“引线设置”对话框；在“引线和箭头选项卡”中，设置箭头样式为“实心闭合”，在“附着”选项卡中，勾选“最后一行加下画线”，如图 2-40 所示。

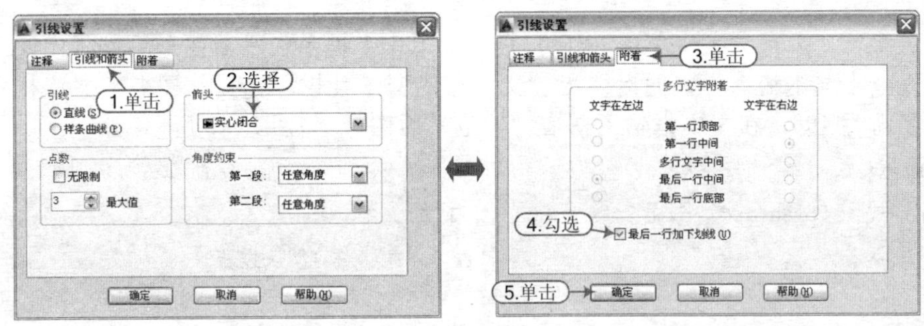

图 2-40　设置引线样式

步骤 06 设置好引线样式后，命令行提示“指定第一个引线点或［设置(S)］”，按照如图 2-41 所示步骤在相应位置单击，然后输入文字。

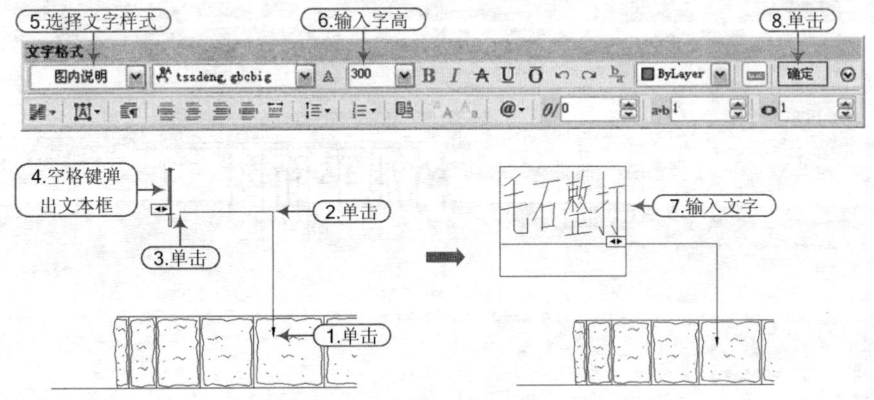

图 2-41　引线标注示意图

技巧提示 ★★★☆☆

在文字标注以前，首先要建立对应的“文字样式”，由于此“样板文件”中已经建立好了文字样式，包括设置好了“字体”、“文字高度”、“宽度因子”等；在文字标注时只需要选择该文字样式，调整适当大小的字高即可。

步骤 07 根据同样的方法，在其他相应位置进行引线注释标注，如图 2-42 所示。

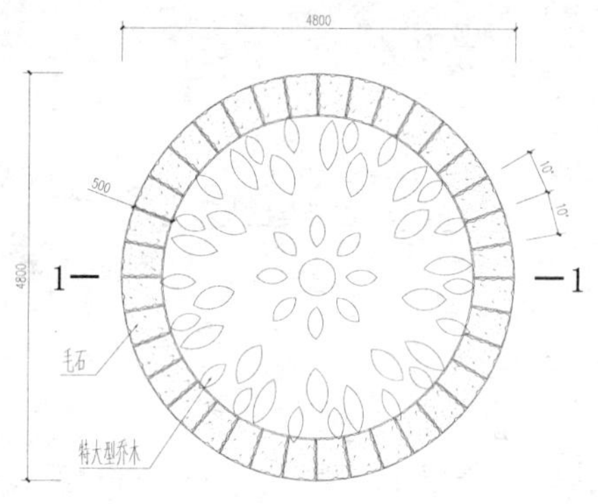

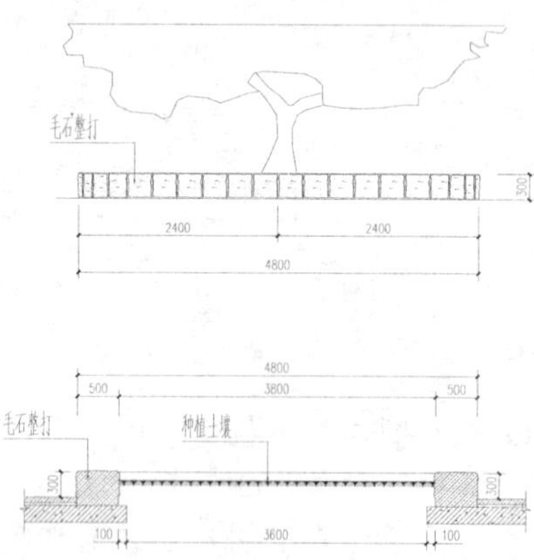

图 2-42 引线标注效果

步骤 08 再执行“多行文字”命令（MT），根据如下命令提示在平面图形下端指定两个对角点以拖出文本输入框，同时弹出“文字格式”工具栏，选择“图名”文字样式，设置字高为 400，在文本框输入图名“树池平面图”，如图 2-43 所示。

```
命令: _mtext                                        \\ 启动多行文字命令
当前文字样式: "Standard"  文字高度: 500  注释性: 否
                                                     \\ 当前默认设置
指定第一角点:                                        \\ 指定文字矩形编辑框的第一个角点
指定对角点或 [高度(H)/对正(J)/行距(L)/旋转(R)/样式(S)/宽度(W)/栏(C)]:
                                                     \\ 指定第二个角点
```

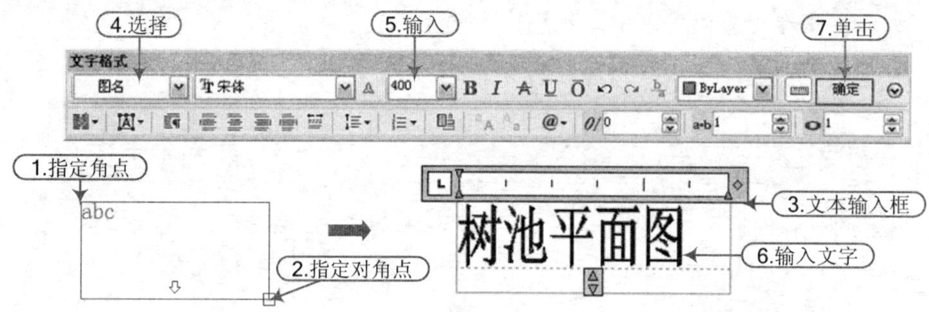

图 2-43 多行文字命令

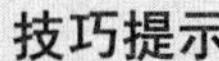

技巧提示 ★★★★☆

采用单行文字输入方法虽然也可以输入多行文字，但是每行文字都是独立的对象，无法进行整体编辑和修改。因此，AutoCAD 为用户提供了多行文字输入功能，使用“多行文字”命令（MTEXT）可以输入多行文字。

多行文字又称为段落文字，是一种更易于管理的文字对象，可以由两行以上的文字组成，而且各行文字都是作为一个整体处理的。整个对象必须采用相同的样式、字体和颜色等属性。

步骤 09 执行“多段线”命令（PL），在图名下侧指定起点，根据命令提示选择“宽度（W）”项，设置全局宽度为 50，绘制同图名同长的水平多段线，图名标注效果如图 2-44 所示。

步骤 10 执行“复制”命令（CO），将图名标注复制到立面图和剖面图的下方；然后双击修改文字标注的内容，效果如图 2-45 所示。

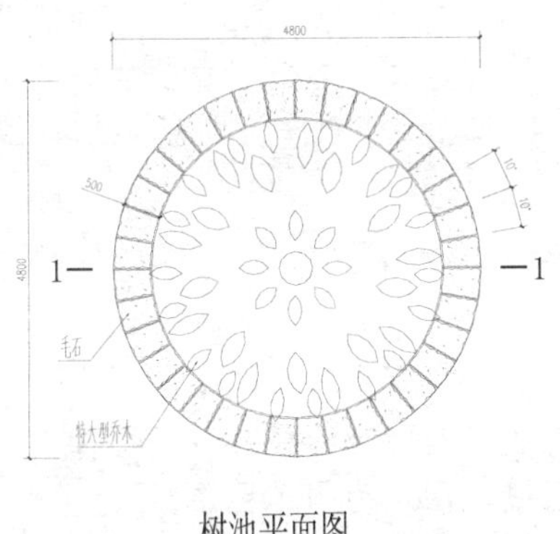

图 2-44　标注平面图图名

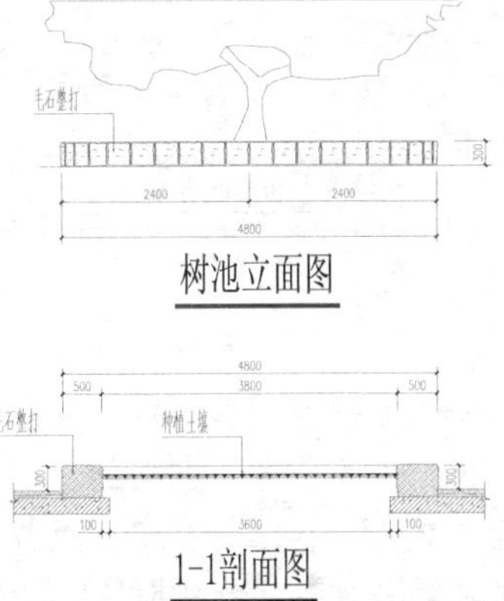

图 2-45　标注立面和剖面图名

步骤 11 至此，树池图形已经绘制完成，按【Ctrl+S】组合键将文件进行保存。

技巧：062　拱桥平面图的绘制

视频：技巧062-绘制拱桥平面图.avi
案例：拱桥.dwg

技巧概述： 园林中的桥梁可以联系风景点的水陆交通，组织浏览线路，交换观赏视线、点缀水景，增加水面层次，兼有交通和艺术欣赏的双重作用。图 2-46 所示为景观桥的摄影图片。

图 2-46　景观桥摄影图片

接下来通过三个实例的讲解，绘制拱桥的平面图、立面图及剖面图，使读者掌握绘制拱桥施工图的绘制过程及学习拱桥设计的相关知识，其绘制的拱桥效果如图 2-47 所示。

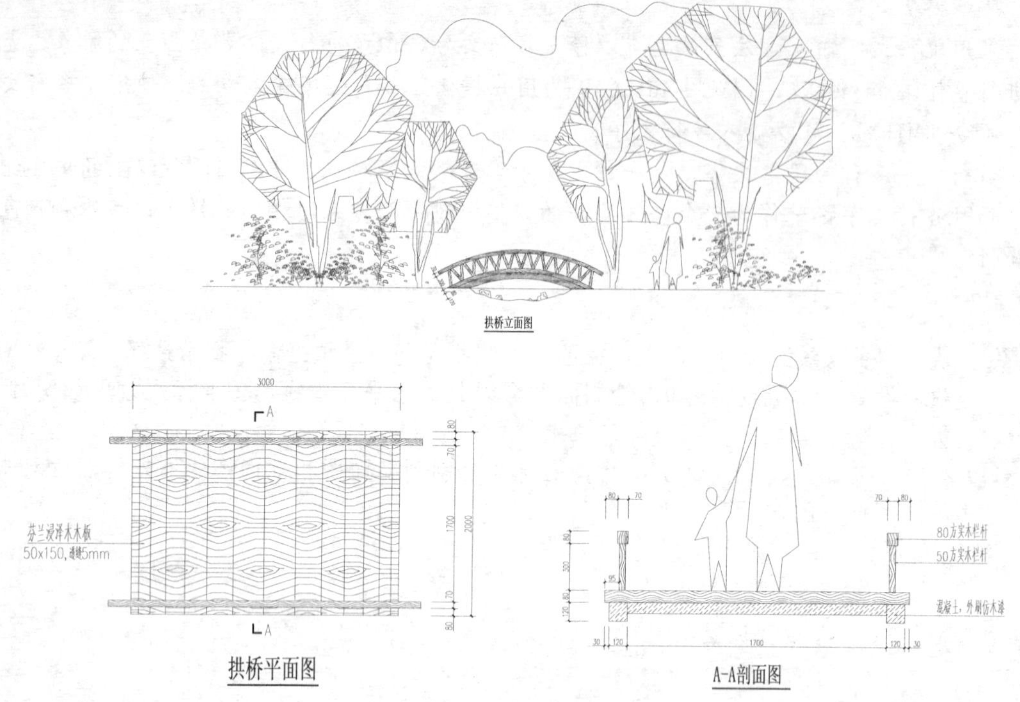

图 2-47　拱桥效果

步骤 01 正常启动 AutoCAD 2014 软件，在“快速访问”工具栏中，单击“打开”按钮，将本书配套光盘“案例\02\园林样板.dwg”文件打开。

步骤 02 再单击“另存为”按钮，将文件另存为“案例\02\拱桥.dwg”文件。

步骤 03 在“图层”下拉列表中，选择“小品轮廓线”图层为当前图层。

步骤 04 执行“矩形”命令（REC），绘制 3000×2000 的矩形，如图 2-48 所示。

步骤 05 执行“直线”命令（L），绘制矩形的垂直中线；再执行“复制”命令（CO），将中线向右以渐变的方式进行复制，如图 2-49 所示。

步骤 06 执行“镜像”命令（MI），将左侧的线段以中线进行左右镜像，如图 2-50 所示。

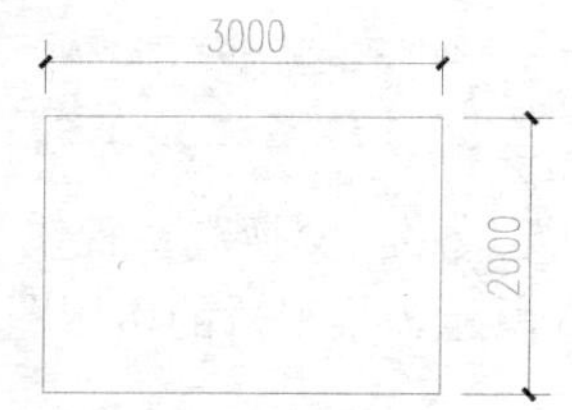

图 2-48　绘制矩形

图 2-49　复制线段

图 2-50　镜像线段

步骤 07 执行“偏移”命令（O），将中线各向两侧偏移 1755，如图 2-51 所示。

步骤 08 执行“直线”命令（L），过左右偏移线段的中点绘制水平中线；再执行“偏移”命令（O），将水平中线各向上、下依次偏移 850、70，如图 2-52 所示。

步骤 09 执行“修剪”命令（TR）和“删除”命令（E），修剪掉多余的线条，效果如图 2-53 所示。

步骤 10 执行“矩形”命令（REC），捕捉对角点围绕图形处绘制出三个矩形框，如图 2-54 所示为选择绘制的三个矩形效果。

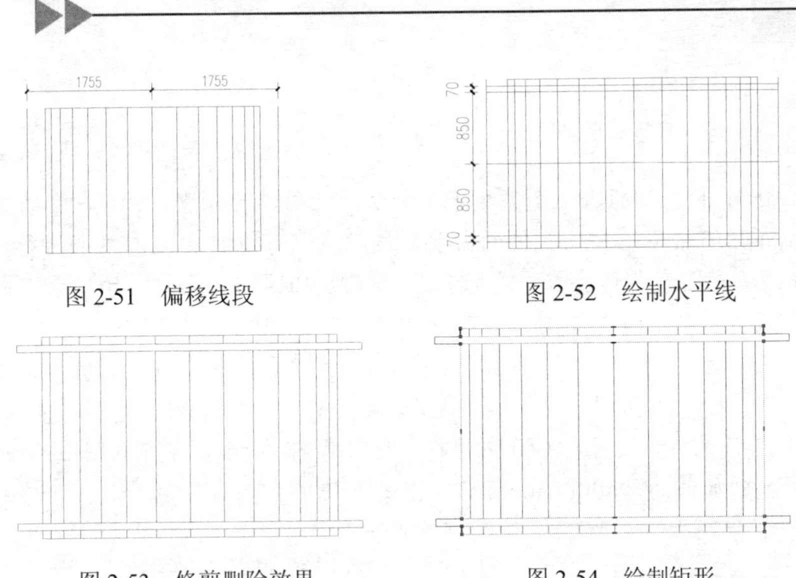

图 2-51　偏移线段　　图 2-52　绘制水平线

图 2-53　修剪删除效果　　图 2-54　绘制矩形

技巧提示　★★★☆☆

因为内部的线条太多，为了使后面填充的图案是一个整体，因此绘制矩形来使边缘区域封闭。

步骤 11 在“图层”下拉列表中，选择“填充线”图层为当前图层。

步骤 12 执行“图案填充”命令（H），弹出“图案填充与渐变色”对话框，在“类型”下拉列表中选择“自定义”，单击“自定义图案”栏后侧的三点按钮，则弹出“图案填充选项板”对话框，切换至“自定义”选项下，选择加载的图案“WOODFACE”，在设置填充角度为 315，比例为 686，然后单击“选择对象”按钮，选择上步绘制的三个矩形框，然后单击“确定”按钮进行填充，效果如图 2-55 所示。

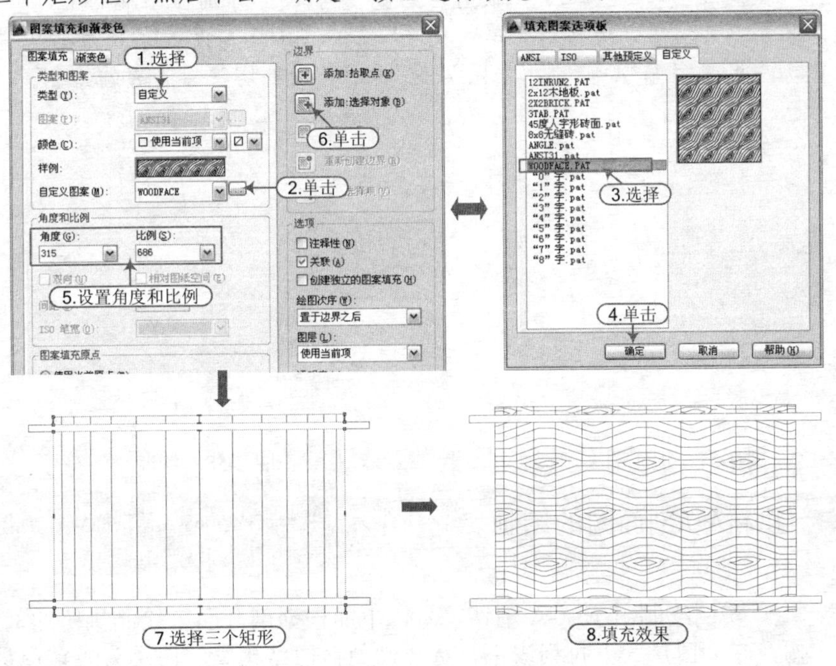

图 2-55　自定义填充图案步骤

软件技能 ★★★★★

在 AutoCAD 制图中，HATCH（图案填充）命令的使用较为频繁。CAD 自带的图案库虽然内容丰富，但有时仍然不能满足我们的需要，这时我们可以自定义图案来进行填充。

AutoCAD 的填充图案都保存在一个路径为“ACAD 2014\Support”的目录下，用户可以在互联网上下载一些 CAD 填充图案，保存在该目录下，CAD 均可识别。

本书配套光盘“案例\02\自定义填充图案”文件夹中已为读者准备好了“WOODFACE.PAT”文件，如图 2-56 所示选择该 PAT 文件，将其复制并粘贴至“ACAD 2014\Support\”目录下，然后在 CAD 中执行“图案填充”命令，即可如图 2-55 所示在“自定义图案”中找到加载的“WOODFACE.PAT”图案并使用。

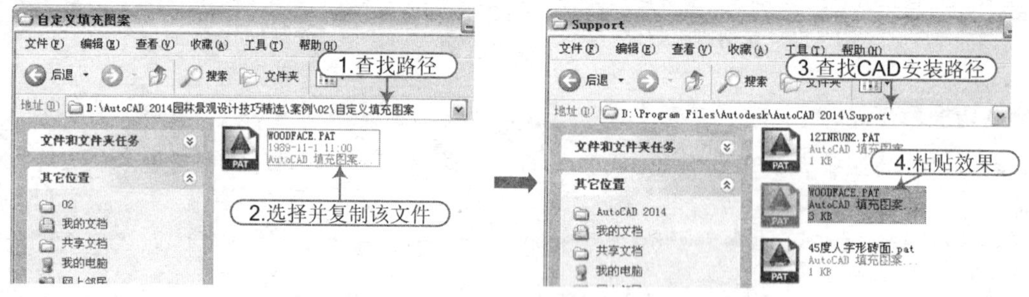

图 2-56　加载“WOODFACE.PAT”自定义图案文件

步骤 13 按空格键重复填充命令，在弹出“图案填充与渐变色”对话框中，自动继承上一图案填充命令使用的图案（WOODFACE.PAT）以及参数设置，调整比例为 200，对其他两个小矩形内部进行填充，效果如图 2-57 所示。

步骤 14 执行“多段线”命令（PL），设置全局宽度为 15，分别在图形的上、下侧绘制多段线以表示剖切位置；再执行“单行文字”命令（DT），设置字高为 150，在剖切符号位置标注出文字编号“A”，如图 2-58 所示完成剖切符号 A-A 的绘制。

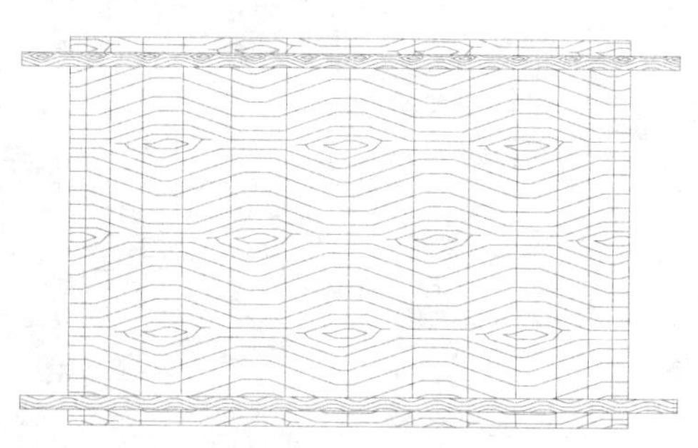

图 2-57　填充图案

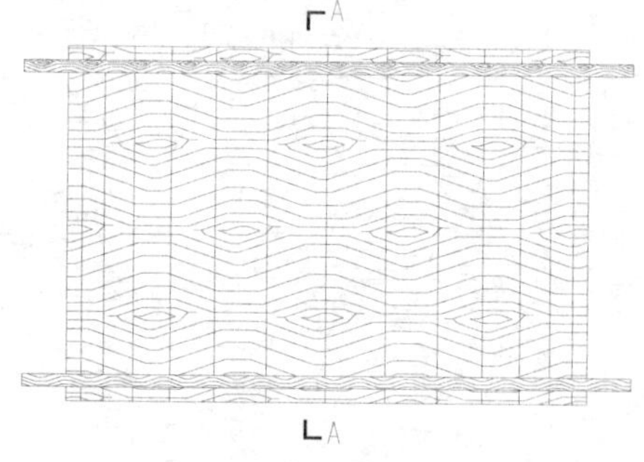

图 2-58　绘制剖切符号

技巧：063　拱桥A-A剖面图的绘制

视频：技巧063-绘制拱桥A-A剖面图.avi
案例：拱桥.dwg

技巧概述： 上一实例绘制出了 A-A 剖切符号，下面根据剖开面来绘制拱桥的剖面图。

步骤 01 接上例，在“图层”下拉列表中，选择“剖面图结构线”图层为当前图层。

步骤 02 执行“直线”命令（L），过平面图轮廓向右绘制延伸线，如图 2-59 所示。

步骤 03 再执行“直线”命令（L），过延伸线绘制一条垂直线段；再执行“偏移”命令（O），将垂直线段依次偏移 80、300、80，如图 2-60 所示。

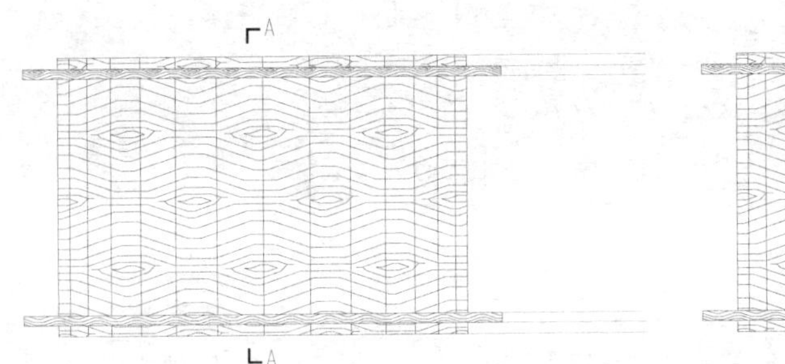

图 2-59　绘制延伸线

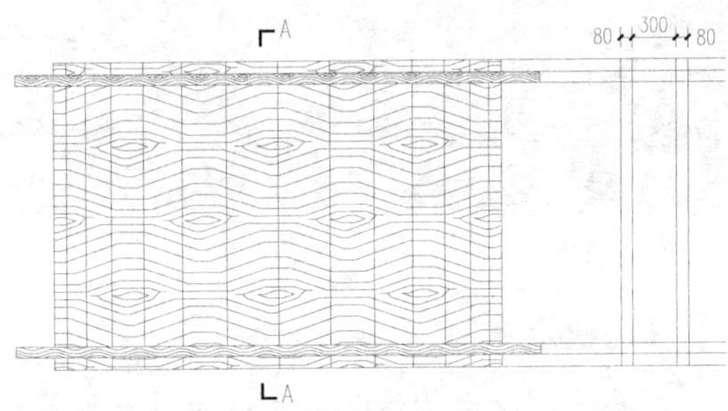

图 2-60　绘制偏移垂直线

步骤 04 执行“修剪”命令（TR），修剪多余的线条，效果如图 2-61 所示。

步骤 05 执行“旋转”命令（RO），选择右侧修剪好的剖面轮廓，任意指定一点，输入旋转角度值为-90，旋转效果如图 2-62 所示。

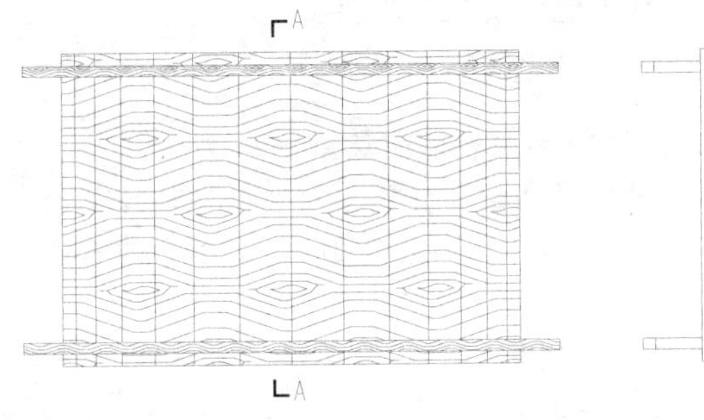

图 2-61　修剪出剖面轮廓

图 2-62　旋转效果

步骤 06 执行“偏移”命令（O）和“修剪”命令（TR），绘制出如图 2-63 所示栏杆效果。

图 2-63　绘制拱桥栏杆

步骤 07 同样的，在图形下侧通过偏移和修剪命令，绘制出拱桥基底层结构，如图 2-64 所示。

图 2-64　绘制拱桥基层

步骤 08 执行“缩放”命令（SC），选择剖面图轮廓，根据如下命令提示，任意指定一点作为基点，输入比例因子为 2，以将图形放大 2 倍。

```
命令：SCALE                                  \\ 缩放命令
选择对象：指定对角点：找到 23 个             \\ 框选剖面图
选择对象：                                   \\ 空格键确认选择
指定基点：                                   \\ 任意指定一点
指定比例因子或 [复制(C)/参照(R)]：2          \\ 输入 2，以放大 2 倍
```

技巧提示 ★★★☆☆

剖面图以表示物体被剖开后的内部细节，由于该图形尺寸比较小，为了更容易地看清其内部细节，因此将其放大了 2 倍。

根据命令提示，如果在"指定比例因子或[复制(C)/参照(R)]："的提示下输入"C"，系统对图形对象按比例缩放形成一个新的图形并保留缩放前的图形。

在输入"指定比例因子"时，将原图形以数值 1 进行计算，大于 1 的所有数值为放大，小于 1 大于 0 的数值为缩小，注意，缩放的系数不能取负值。

步骤 09 在"图层"下拉列表中，选择"填充线"图层为当前图层。

步骤 10 执行"图案填充"命令（H），弹出"图案填充与渐变色"对话框，选择加载的自定义图案"WOODFACE"，在设置填充角度值为 315，比例为 300，对水平的木板进行填充，效果如图 2-65 所示。

步骤 11 按空格键重复填充命令，以同样的图案"WOODFACE"，设置填充角度值为 45，比例为 300，对垂直的木栏杆进行填充，效果如图 2-66 所示。

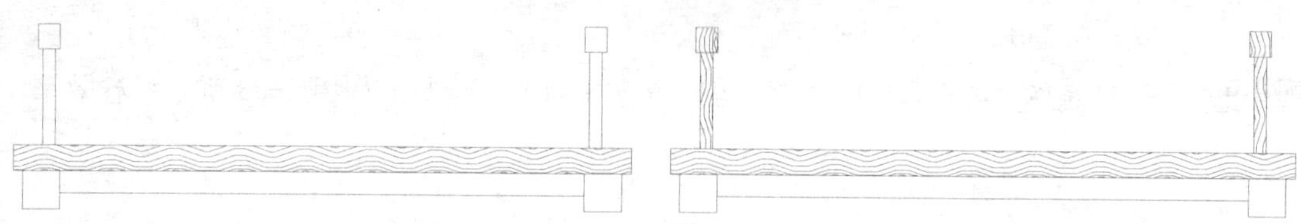

图 2-65　填充地板　　　图 2-66　填充栏杆

步骤 12 继续执行"图案填充"命令（H），选择图案为"ANSI36"，设置比例为 300，对基层进行填充，效果如图 2-67 所示。

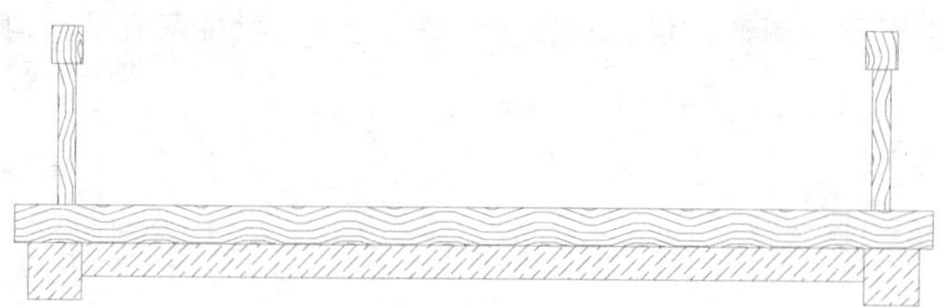

图 2-67　填充基层

步骤 13 切换至"人物配景线"图层，执行"插入块"命令（I），将"案例\02\人物.dwg"文件按照 2 倍的比例插入剖面图中，如图 2-68 所示。

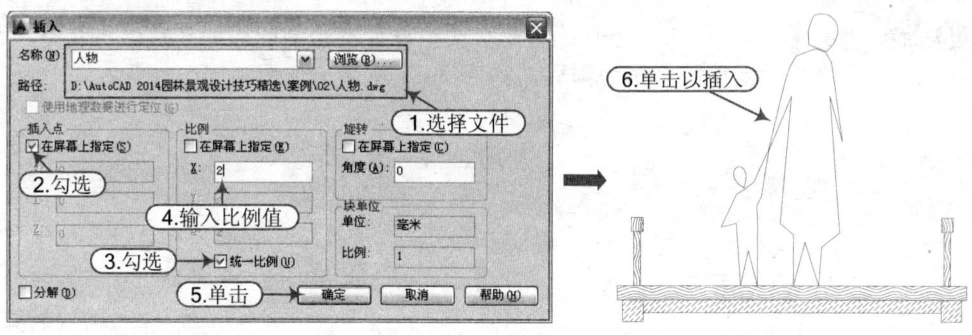

图 2-68　按比例插入图块

技巧提示　★★★☆☆

当勾选"分解"复选框，可将插入的块分解成组成块时的各个基本对象。当勾选"分解"项时插入的比例只能为统一比例。

技巧：064　拱桥立面图的绘制

视频：技巧064-绘制拱桥立面图.avi
案例：拱桥.dwg

技巧概述：前面两个实例分别绘制了拱桥平面图、拱桥剖面图，为了更全方位的表达出拱桥的形态，接下来绘制拱桥立面图。

步骤 01 接上例，在"图层"下拉列表中，选择"小品轮廓线"图层为当前图层。

步骤 02 执行"圆"命令（C），绘制一个半径为 2804 的圆；再执行"直线"命令（L），绘制圆的水平直径线；再执行"偏移"命令（O），将直径线向上偏移 2602，如图 2-69 所示。

步骤 03 执行"修剪"命令（TR）和"删除"命令（E），修剪删除多余的圆弧和线条，保留上半部分效果如图 2-70 所示。

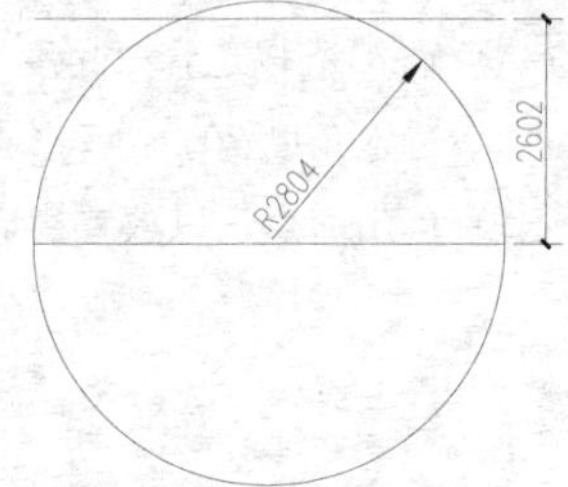

图 2-69　绘制圆、直线

图 2-70　修剪效果

步骤 04 执行"偏移"命令（O）和"延伸"命令（EX），将圆弧向上依次偏移 120、80、300、70，并将偏移的圆弧两端延伸至直线上，如图 2-71 所示。

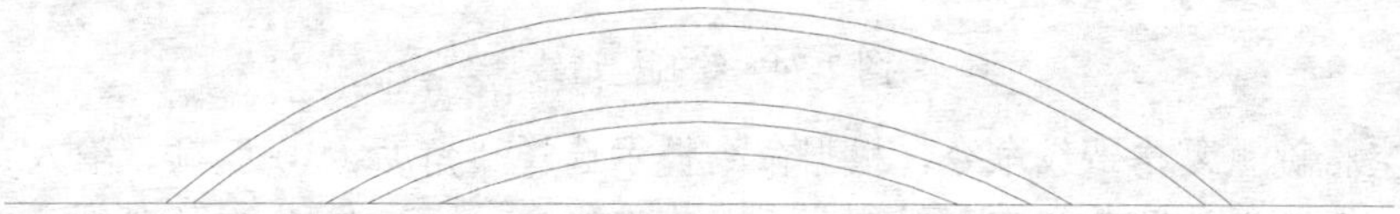

图 2-71　偏移、延伸圆弧

步骤 05 执行“直线”命令（L），通过捕捉端点和垂足点绘制圆弧的连线；再执行“修剪”命令（TR），修剪掉多余的圆弧，如图 2-72 所示。

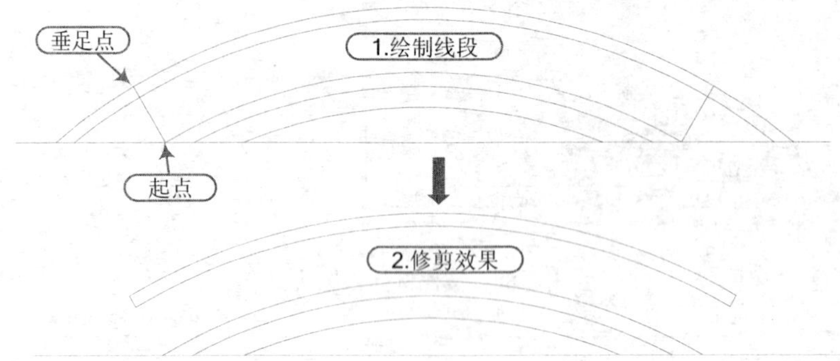

图 2-72 绘制栏板

步骤 06 执行“偏移”命令（O），将第三个圆弧向下偏移 228；再执行“直线”命令（L），过圆弧象限点绘制一条垂直线段，如图 2-73 所示。

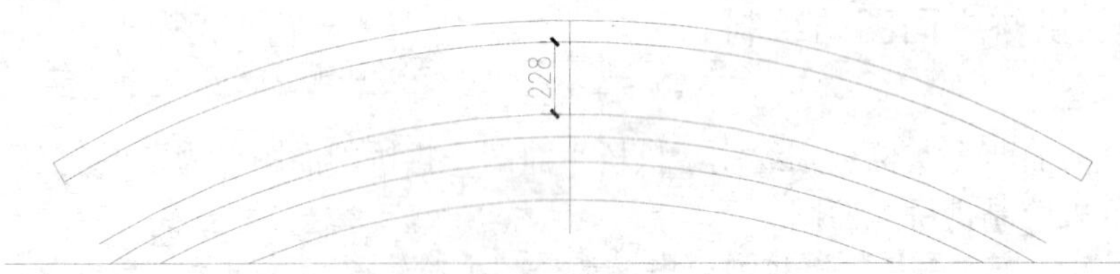

图 2-73 偏移、直线命令

步骤 07 执行“构造线”命令（XL），根据如下命令提示选择“角度（A）”项，输入角度值为 70，然后单击偏移圆弧和垂直线的交点为构造线通过点，如图 2-74 所示以绘制一条构造线。

命令：XLINE	\\ 启动构造线命令
指定点或 [水平(H)/垂直(V)/角度(A)/二等分(B)/偏移(O)]：a	\\ 输入 a，以选择“角度”项
输入构造线的角度 (0) 或 [参照(R)]： 70	\\ 输入角度 70
指定通过点：	\\ 单击交点，以放置构造线

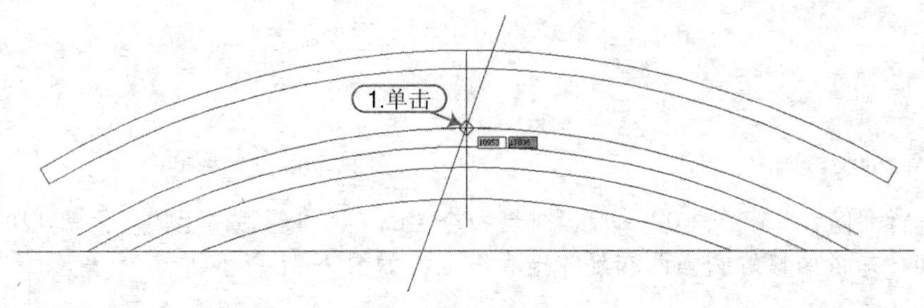

图 2-74 绘制构造线

步骤 08 按空格键重复构造线命令，根据命令提示选择“角度（A）”项，输入角度值为-70，然后单击偏移圆弧和垂直线的交点为构造线通过点，如图 2-75 所示。

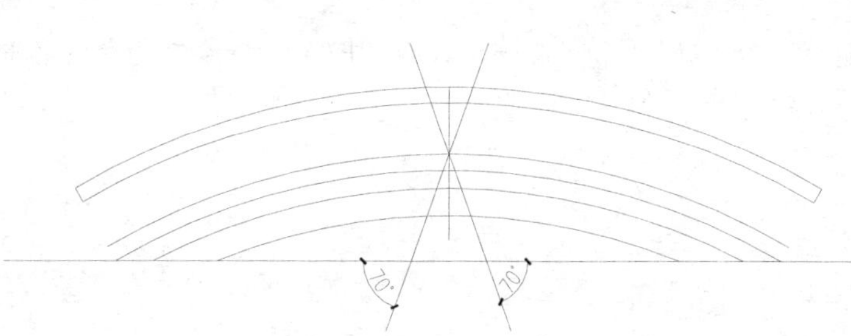

图 2-75　绘制的构造线

软件技能 ★★★★★

向两个方向无限延伸的直线，可用作创建其他对象的参照，称之为构造线。可以放置在三维空间的任何地方，主要用于绘制辅助、轴线或中心线等。

在执行“构造线”的过程中，其命令行其他选项含义如下：

- 水平（H）：创建一条经过指定点并且与当前坐标 X 轴平行的构造线。
- 垂直（V）：创建一条经过指定点并且与当前坐标 Y 轴平行的构造线。
- 角度（A）：创建与 X 轴成指定角度的构造线；也可以先指定一条参考直线，再指定直线与构造线的角度；还可以先指定构造线的角度，再设置通过点，绘制效果如图 2-76 所示。

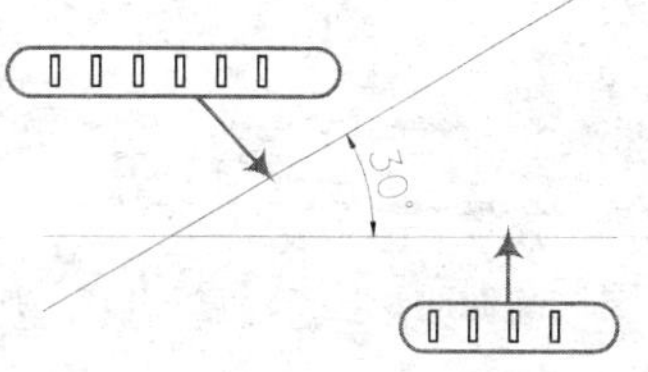

图 2-76　角度构造线

- 二等分（B）：创建二等分指定的构造线，即角平分线，要指定等分角的顶点、起点和端点，绘制效果如图 2-77 所示。
- 偏移（O）：创建平行于指定基线的构造线，首先指定偏移距离为 50，再选择直线为偏移基线，然后向左、右分别指定构造线位于基线的哪一侧，如图 2-78 所示。

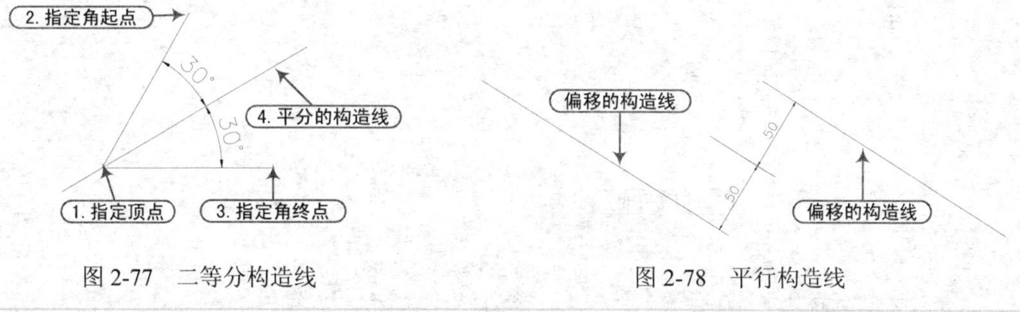

图 2-77　二等分构造线　　　图 2-78　平行构造线

步骤 09 执行“修剪”命令（TR）和“删除”命令（E），将多余的线条修剪删除掉，效果如图 2-79 所示。

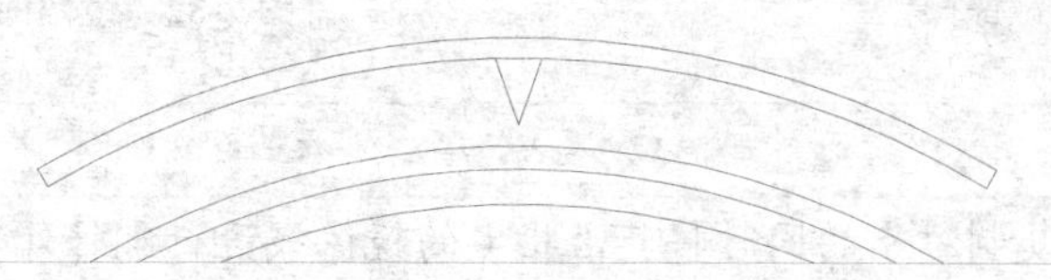

图 2-79　修剪删除效果

技 巧 精 选

步骤 10 执行“偏移”命令（O）和“延伸”命令（EX），将绘制的斜线各向外偏移 50，并进行上下延伸，如图 2-80 所示。

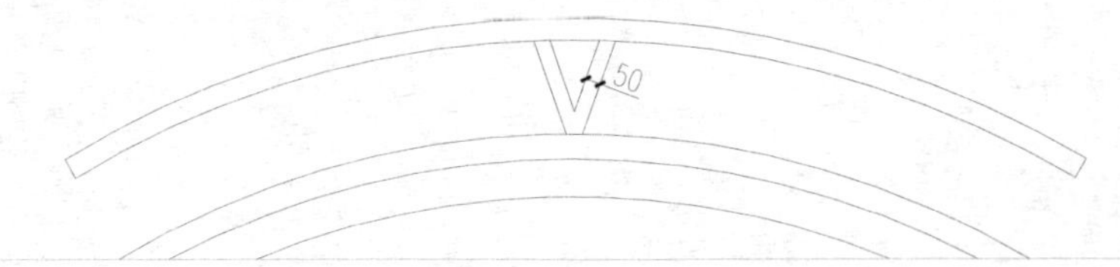

图 2-80　偏移、延伸操作

步骤 11 执行“镜像”命令（MI），根据如下命令提示。选择上步绘制的 4 条斜线图形，指定图形上端点为镜像线的第一点，再指定圆心为镜像线的第二点，这样即出现虚拟的镜像轴线，按“空格键”以确认镜像操作，如图 2-81 所示。

```
命令: MIRROR                                  \\ 启动镜像命令
选择对象: 指定对角点: 找到 4 个               \\ 选择需要镜像的 4 条斜线段
选择对象:                                     \\ 按空格键结束选择
指定镜像线的第一点:                           \\ 指定斜线端点
指定镜像线的第二点:                           \\ 指定圆心
要删除源对象吗? [是(Y)/否(N)] <N>:            \\ 空格键以确认默认项“否(N)”
```

步骤 12 根据这样的方法，多次镜像以完成如图 2-82 所示图形效果。

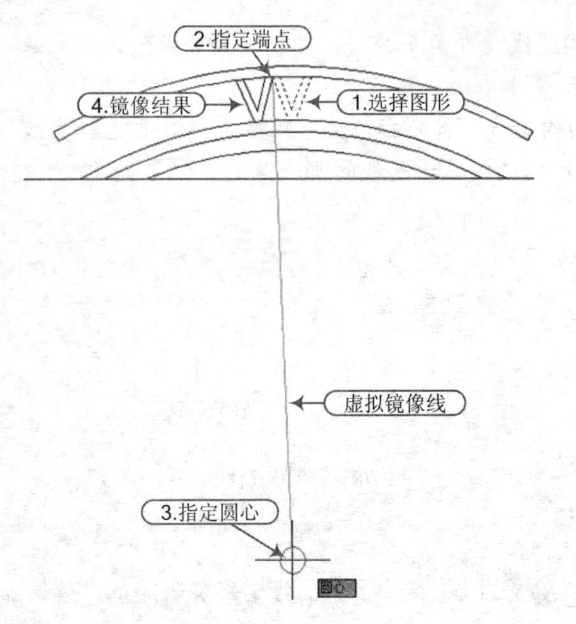

图 2-81　镜像操作

图 2-82　镜像的图形效果

软件技能　★★★☆☆

镜像复制可以在复制对象的同时将其沿指定的镜像线进行翻转处理，此命令对绘图是非常有用的，它利用虚拟的对称轴进行镜像复制，在完成镜像操作前可删除或保留原对象。

镜像命令还可以通过指定一条镜像线来生成已有图形对象的镜像对象。

在命令提示“要删除源对象吗？[是(Y)/否(N)]”时，选择“否(N)”项，即保留镜像源对象则为两个图形；若选择“否(Y)”项，即删除镜像源对象只留下一个镜像后的图形。

步骤 13 在“图层”下拉列表中，选择“填充线”图层为当前图层。

步骤 14 执行“图案填充”命令（H），弹出“图案填充与渐变色”对话框，选择加载的自定义图案“WOODFACE”，在设置填充角度值为 315，比例为 200，对圆弧填充木材质，效果如图 2-83 所示。

图 2-83　填充图案

步骤 15 空格键重复命令，自动继承上一图案参数，调整填充角度值为 38，比例为 300，对支撑栏杆进行填充，如图 2-84 所示。

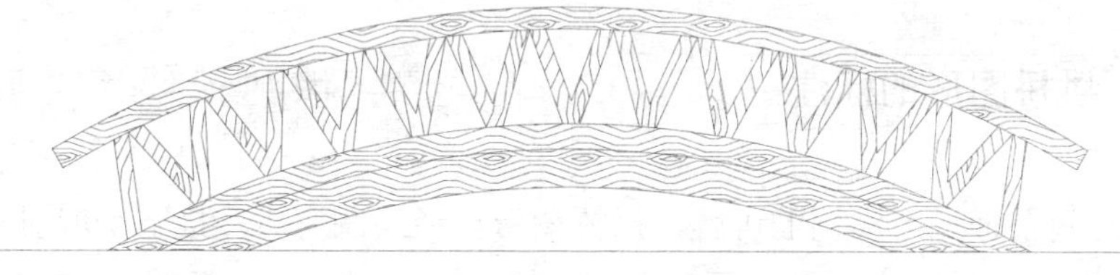

图 2-84　填充支撑栏杆

步骤 16 在“图层”下拉列表中，选择“绿化配景线”图层为当前图层。

步骤 17 执行“插入块”命令（I），将“案例\02”文件夹下面的“树”、“花草”和“人物”文件分别作为图块插入图形中；再通过移动、复制、镜像等命令，将图形摆放相应的位置，效果如图 2-85 所示。

图 2-85　插入并放置图块

步骤 18 执行“样条曲线”命令（SPL），在树上侧之间绘制白云；再拱桥下侧绘制出水渠轮廓，如图 2-86 所示。

图 2-86　绘制白云和水渠轮廓

步骤 19 执行“直线”命令（L），在水渠处绘制一些线条以表示一些石子，如图 2-87 所示。

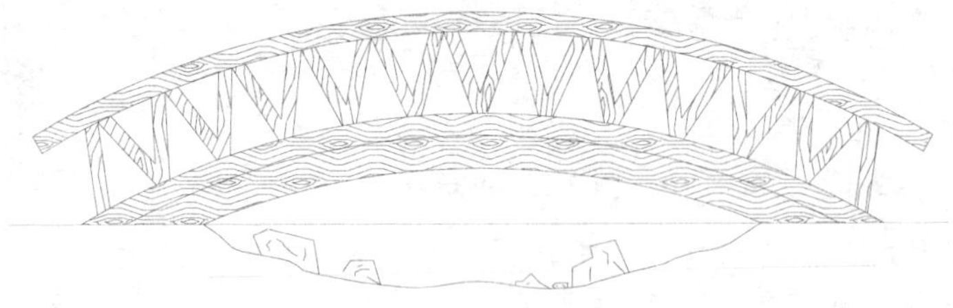

图 2-87　绘制石子

技巧：065 拱桥图形的标注

视频：技巧065-拱桥图形的标注.avi
案例：拱桥.dwg

技巧概述：通过前面三个实例的讲解，拱桥图形已经绘制完成，接下来就对拱桥图形进行文字及尺寸的标注。

步骤 01 接上例，在“图层”下拉列表中，选择“尺寸标注”图层为当前图层。

步骤 02 执行“标注”命令（D），弹出“标注样式管理器”对话框，选择“园林标注-100”样式为当前标注样式；然后单击“修改”按钮，随后弹出“修改标注样式：园林标注-100”对话框，切换至“调整”选项卡，修改标注的全局比例为 25，如图 2-88 所示。

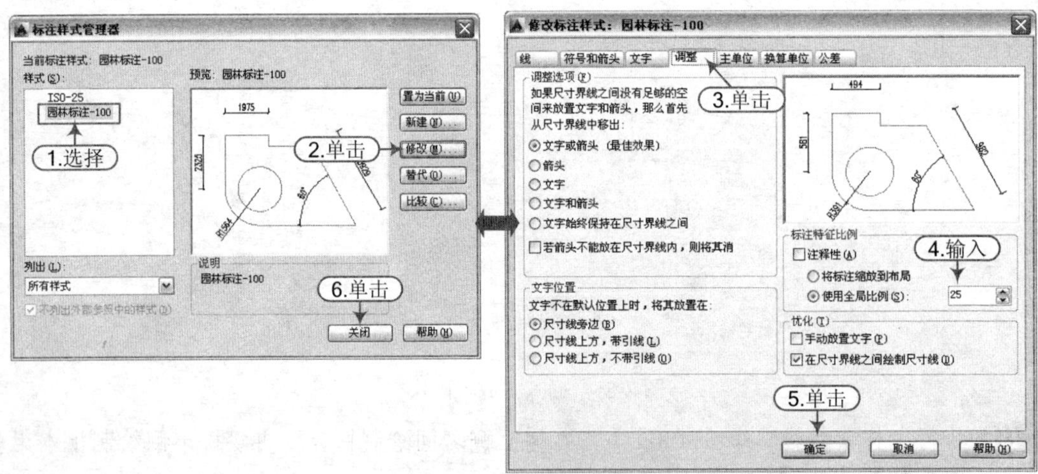

图 2-88　调整标注样式

步骤 03 执行“线形标注”命令（DLI）和“连续标注”命令（DCO），对图形进行尺寸的标注，如图 2-89 所示。

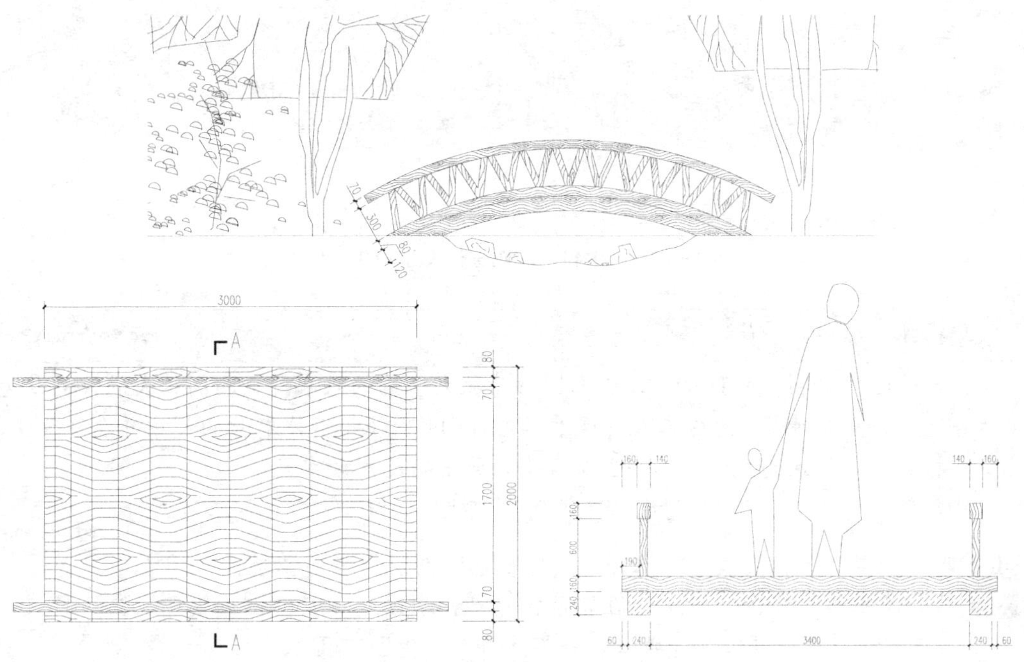

图 2-89　标注图形效果

步骤 04 执行“文字编辑”命令（ED）命令，单击剖面图的标注，如“240”的文字，则出现“文字格式”编辑器，在文本框的紫色原文字前输入 120（240÷2），然后按“Delete”键将紫色原文字删除，如图 2-90 所示改变标注的数字。

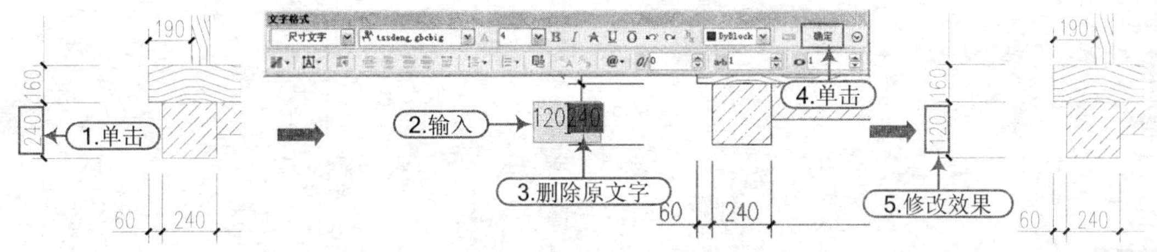

图 2-90　编辑标注文字

技巧提示 ★★★☆☆

使用 Ddedit 命令可以对已经存在的文字进行编辑，该命令对于多行文字、单行文字以及尺寸标注的文字均可适用。

该命令对于单行文字只能修改内容（比如删除和添加文字），而不能编辑文字的格式。在 Ddedit 命令执行过程中，用户可以连续编辑不同行的文字，在此过程中，系统不会退出文字编辑状态，直至按【Esc】键退出为止。

步骤 05 根据上步操作，依次单击剖面图中其他标注的文字，将标注的数字均除以 2，改变效果如图 2-91 所示。

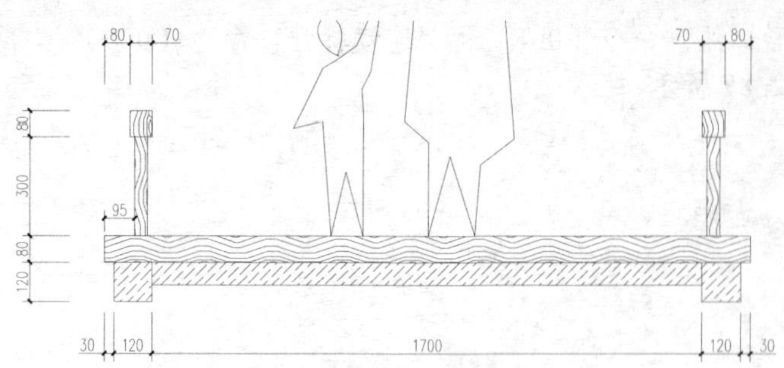

图 2-91　编辑剖面图标注文字效果

技巧提示　★★★☆☆

根据剖面图的绘制过程可知，该剖面图形为放大 2 倍的效果。剖面图放大的目的是为了更清楚地反映剖面细节，使施工人员观看其内部的作法，而实体本身的尺寸并没有改变，因此需要将放大后标注的尺寸数字 ÷ 2 以修改为原始的尺寸数字。

步骤 06 在“图层”下拉列表中，选择“文字标注”图层为当前图层。

步骤 07 执行“引线”命令（LE），在相应位置拖出引线，选择“图内说明”文字样式，设置字高为 200，进行文字的注释，效果如图 2-92 所示。

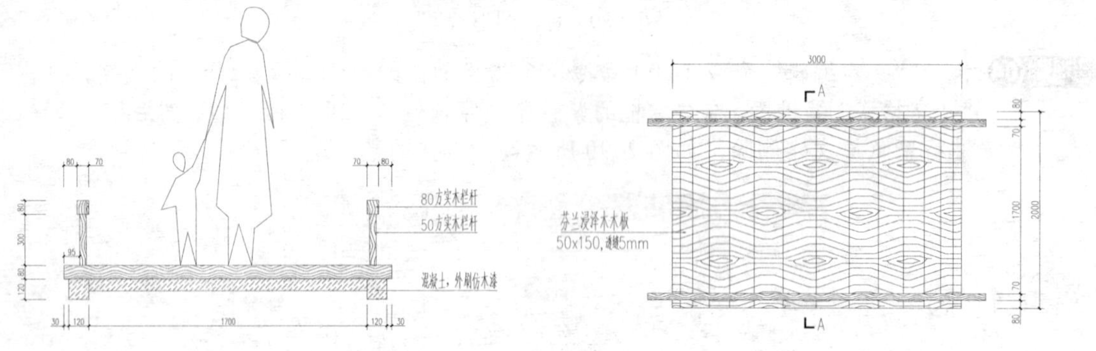

图 2-92　文字注释效果

步骤 08 执行“多行文字”命令（MT），分别在图形的下侧拖出矩形文本框，再“文字格式”工具栏中选择“图名”文字样式，设置字高为 200，标注出图名；再执行“多段线”命令（PL），在图名下侧绘制适当宽度和长度的水平多段线，如图 2-93 所示。

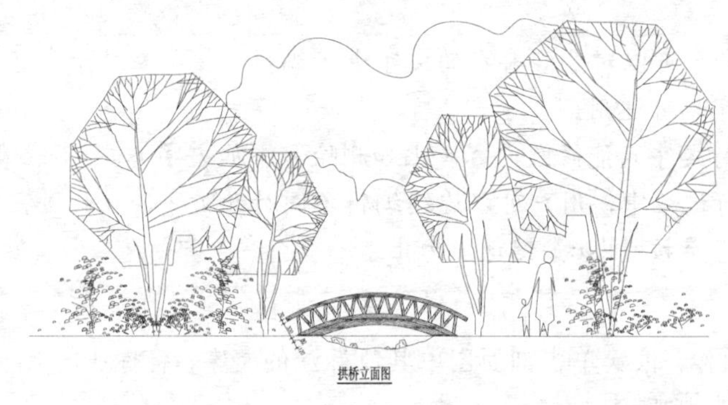

图 2-93　图名标注效果

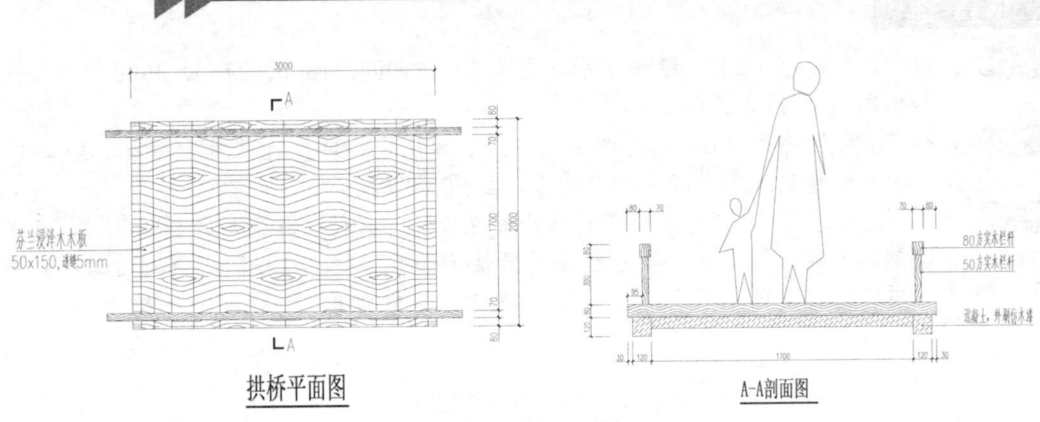

图 2-93　图名标注效果（续）

步骤 09 至此，拱桥图形已经绘制完成，按【Ctrl+S】组合键将文件进行保存。

技巧：066　圆亭底平面图的绘制

视频：技巧066-绘制圆亭底平面图.avi
案例：圆亭.dwg

技巧概述：亭（凉亭）是中国传统建筑之一，多建于路旁，供行人休息、乘凉或观景用。亭一般为开敞性结构，没有围墙，顶部可分为六角、八角、圆形等多种形状。图 2-94 所示为各种样式的亭摄影图片。

图 2-94　景观亭摄影图片

接下来通过三个实例的讲解，分别绘制圆亭的底平面图、顶平面图及立面图，使读者掌握绘制圆亭施工图的绘制过程及学习圆亭设计的相关知识，其绘制的圆亭效果如图 2-95 所示。

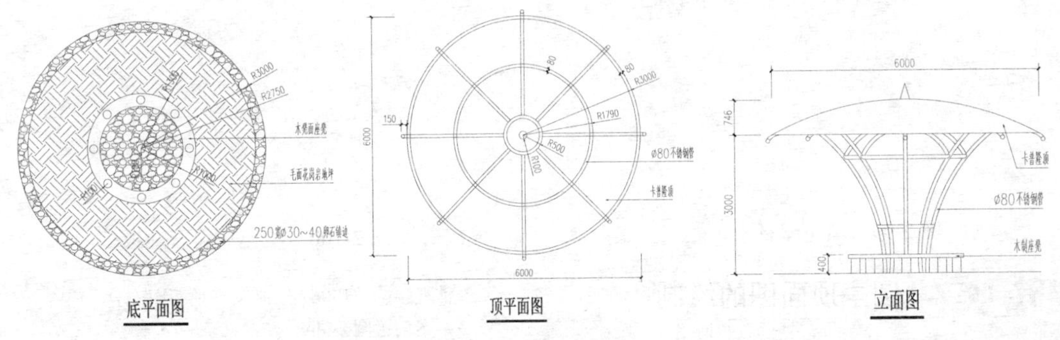

图 2-95　圆亭图形效果

步骤 01 正常启动 AutoCAD 2014 软件，在“快速访问”工具栏中，单击“打开”按钮，将本书配套光盘“案例\02\园林样板.dwg”文件打开。

步骤 02 再单击“另存为”按钮，将文件另存为“案例\02\圆亭.dwg”文件。

步骤 03 在“图层”下拉列表中，选择“小品轮廓线”图层为当前图层。

步骤 04 执行"圆"命令（C），绘制半径分别为 100、1000、1300、2750、3000 的 5 个同心圆，如图 2-96 所示。

步骤 05 执行"直线"命令（L），过圆象限点绘制连接线；再执行"圆"命令（C），在连接线中点处绘制一个半径为 100 的圆，如图 2-97 所示。

步骤 06 执行"删除"命令（E），将垂直连线删除掉；再执行"阵列"命令（AR），选择上步绘制的小圆，根据命令提示选择"极轴（PO）"项，单击同心圆圆心为阵列中心点，再选择"项目（I）"项，输入阵列的项目数为 8，效果如图 2-98 所示。

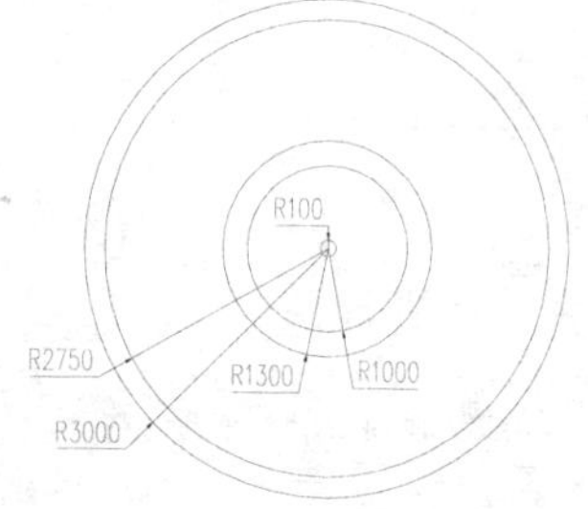

图 2-96　绘制圆

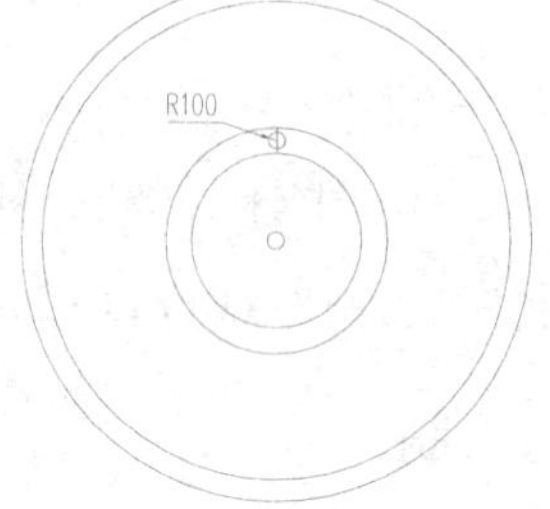

图 2-97　绘制直线和圆

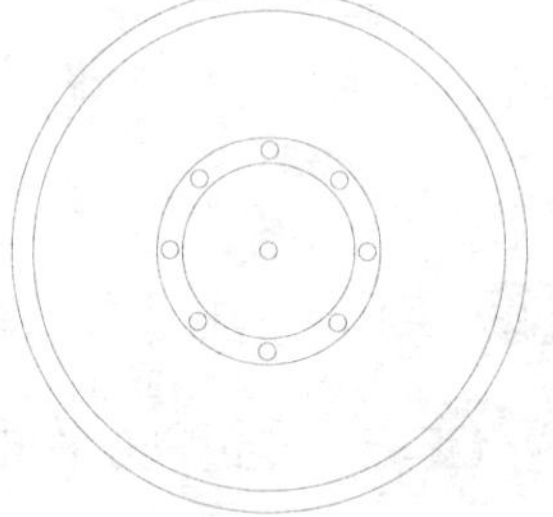
图 2-98　阵列操作

技巧提示 ★★★☆☆

阵列的项目数是包含原对象本身在内来计算的。

步骤 07 在"图层"下拉列表中，选择"填充线"图层为当前图层。

步骤 08 执行"图案填充"命令（H），选择图案为"GRAVEL"，设置比例为 400，在相应位置填充卵石效果，如图 2-99 所示。

步骤 09 按空格键重复命令，选择图案为"EARTH"，设置比例为 1500，角度值为 135，在相应位置填充花岗岩效果，如图 2-100 所示。

图 2-99　填充卵石

图 2-100　填充花岗石地板

技巧：067　圆亭顶面图的绘制

视频：技巧067-绘制圆亭顶面图.avi
案例：圆亭.dwg

技巧概述：圆亭顶面由不锈钢管支撑，下面绘制圆亭的顶面造型。

步骤 01 接上例，在"图层"下拉列表中，选择"小品轮廓线"图层为当前图层。

步骤 02 执行"圆"命令（C），在空白位置绘制半径分别为 100、500、1790 和 3000 的同心圆，如图 2-101 所示。

步骤 03 执行"偏移"命令（O），将三个大圆各向内偏移 80，如图 2-102 所示。

步骤 04 执行“直线”命令（L），过圆心向右绘制长 3105 的水平线；再执行“圆”命令（C），在水平线端点绘制半径为 45 的圆；再执行“偏移”命令（O），将水平线各向上偏移 40，如图 2-103 所示。

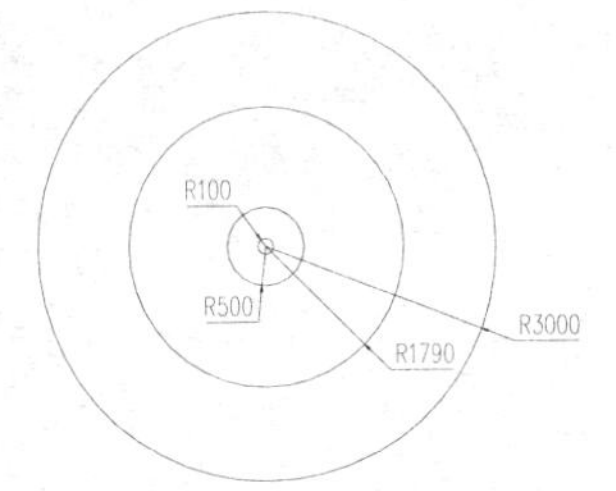

图 2-101　绘制圆

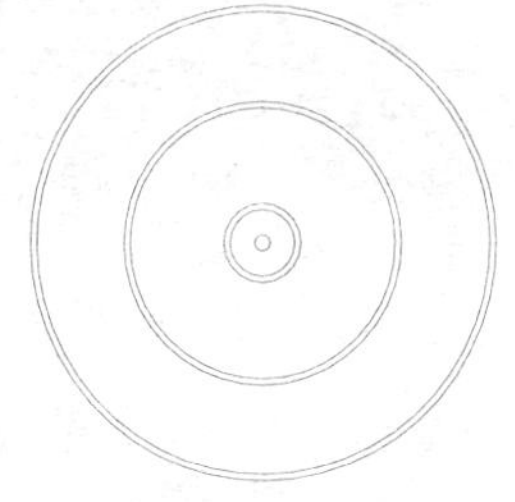

图 2-102　偏移圆

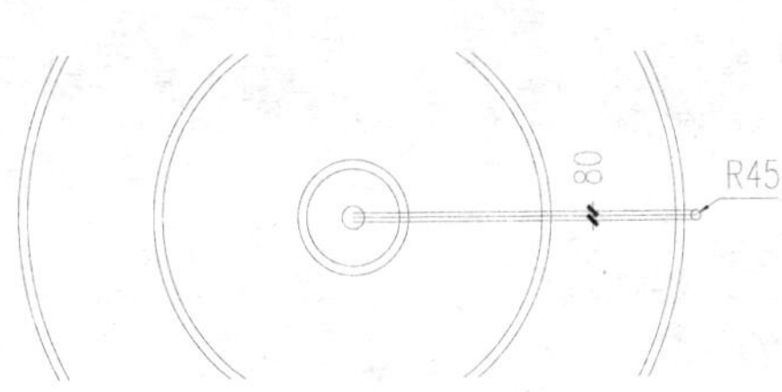

图 2-103　绘制圆和直线

步骤 05 执行“修剪”命令（TR）和“删除”命令（E），修剪掉多余的线条，如图 2-104 所示形成支架效果。

步骤 06 执行“阵列”命令（AR），选择上步绘制的支架图形，指定同心圆圆心为阵列中心点，进行项目数为 8 的极轴阵列，效果如图 2-105 所示。

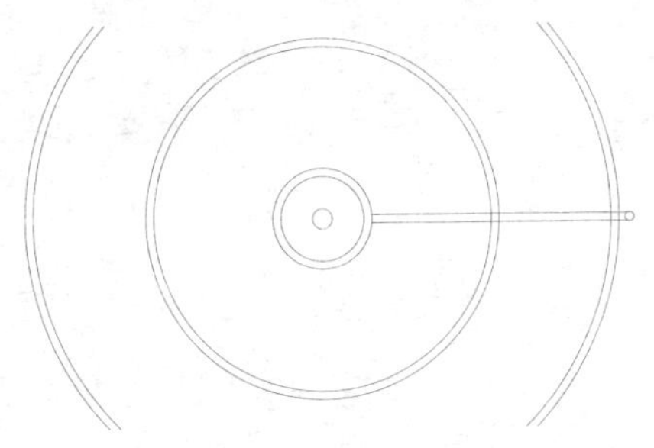

图 2-104　修剪删除效果

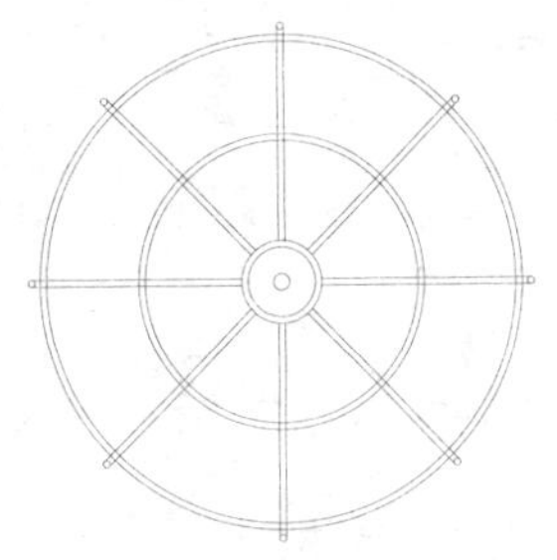

图 2-105　环形阵列

技巧：068　圆亭立面图的绘制

视频：技巧068-绘制圆亭立面图.avi
案例：圆亭.dwg

技巧概述：前面两个实例分别绘制了圆亭的顶平面图和底平面图，为了更全方位的表达出圆亭的形态，接下来绘制圆亭立面图。

步骤 01 接上例，执行“直线”命令（L），在空白处绘制互相垂直的线段，如图 2-106 所示。

步骤 02 执行“偏移”命令（O），将水平线向上依次偏移 320、80、2600、746、350；再将垂直中线各向两边分别偏移 1237、1300、3000，如图 2-107 所示。

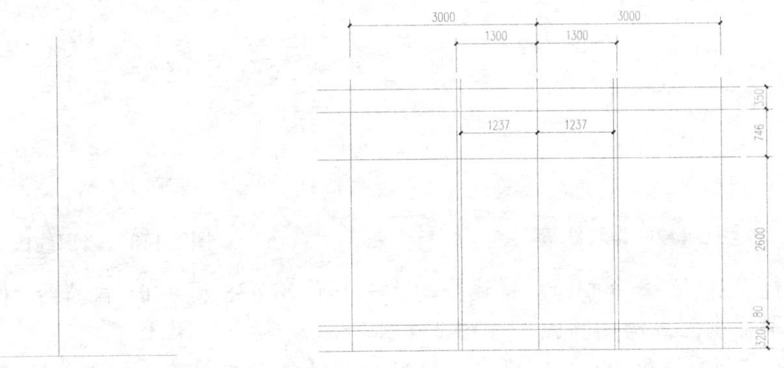

图 2-106　绘制基线

图 2-107　偏移操作

步骤 03 执行“修剪”命令（TR），修剪掉多余的线条，效果如图 2-108 所示。

步骤 04 执行“圆弧”命令（A），捕捉三点来绘制一个圆弧，如图 2-109 所示。

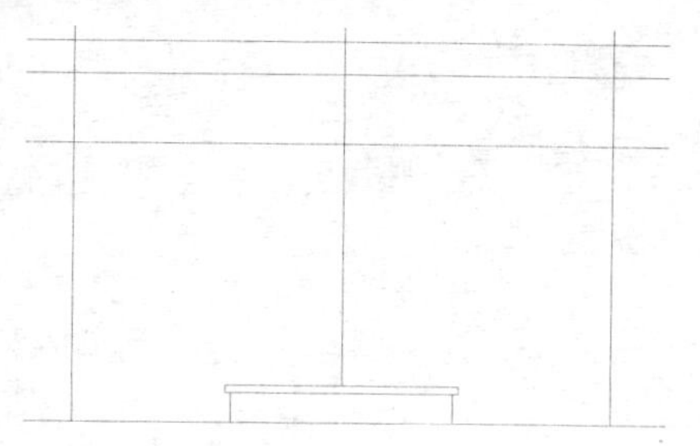

图 2-108 修剪效果

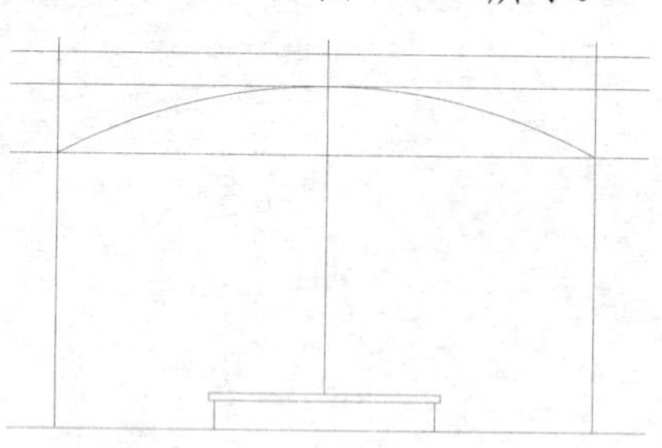

图 2-109 绘制圆弧

步骤 05 执行“构造线”命令（XL），选择“角度”项，分别设置角度值为 74 和-74，在上侧交点处绘制辅助线，如图 2-110 所示。

步骤 06 执行“修剪”命令（TR）和“删除”命令（E），修剪删除掉多余的线条，效果如图 2-111 所示。

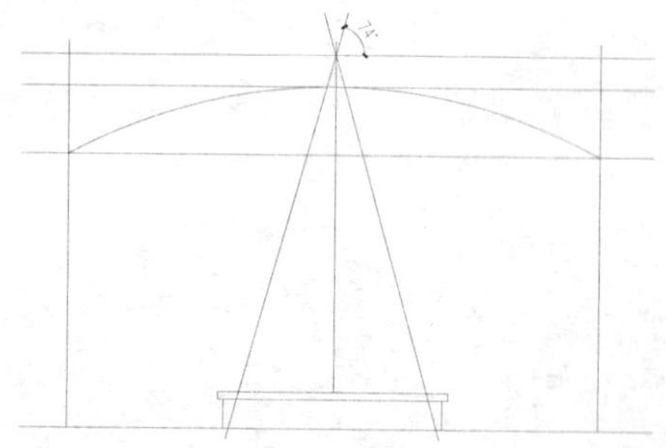

图 2-110 绘制构造线

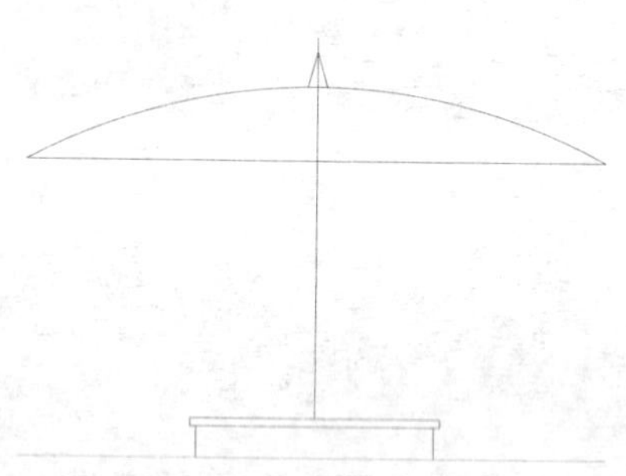

图 2-111 修剪删除效果

步骤 07 执行“偏移”命令（O），按照如图 2-112 所示将线段进行偏移。

步骤 08 执行“修剪”命令（TR），修剪掉多余的线条，效果如图 2-113 所示。

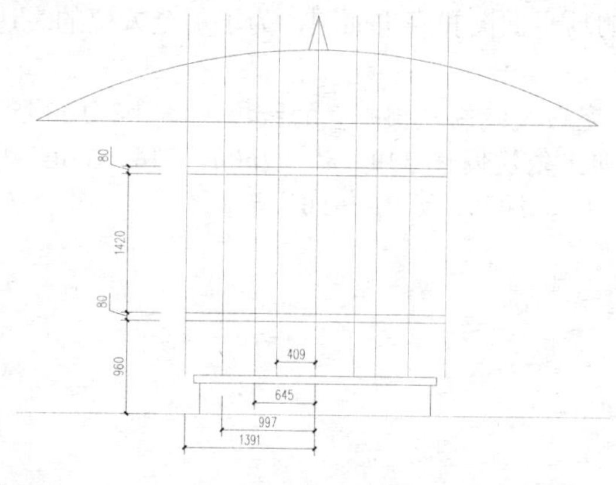

图 2-112 偏移线段

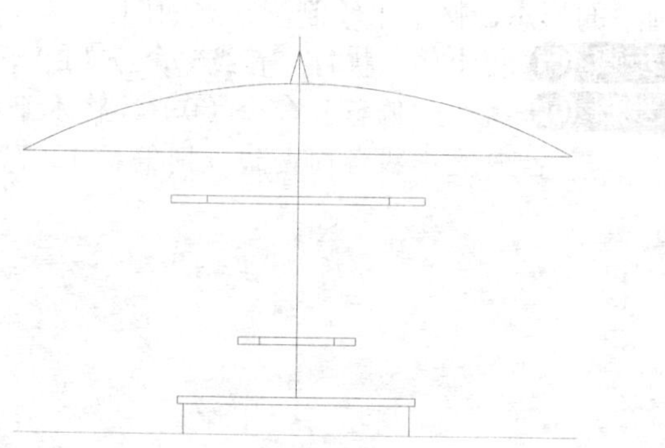

图 2-113 修剪线段

步骤 09 执行“偏移”命令（O），将线段向上分别偏移 638 和 790；再执行“圆弧”命令（A），分别捕捉三点绘制圆弧，如图 2-114 所示。

步骤 10 执行“偏移”命令（O），将上步绘制的圆弧各向内偏移 80；再执行“修剪”命令（TR）和“删除”命令（E），修剪删除掉多余的线条，效果如图 2-115 所示。

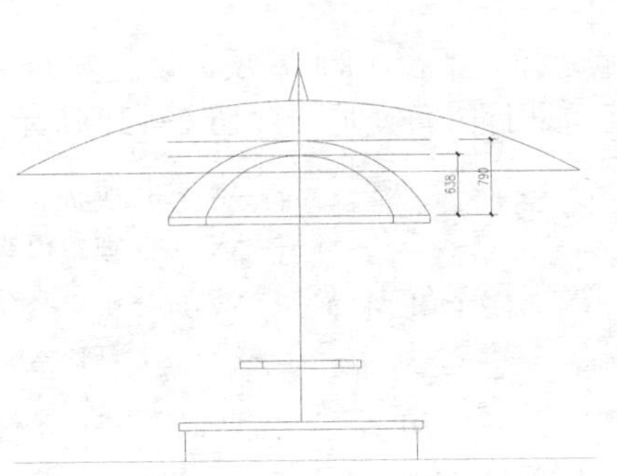

图 2-114　偏移、绘制圆弧

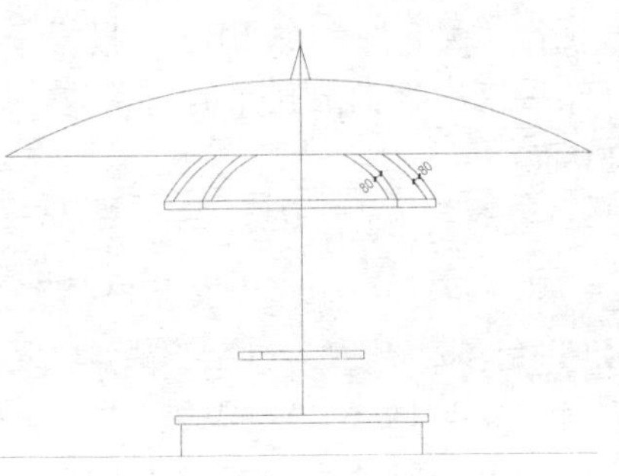

图 2-115　偏移、修剪

步骤 11 执行“圆弧”命令（A），根据如下命令提示，指定起点、端点，再输入半径值，以绘制圆弧，如图 2-116 所示。

```
命令：ARC                                              \\ 圆弧命令
圆弧创建方向：逆时针(按住 Ctrl 键可切换方向)。
指定圆弧的起点或 [圆心(C)]:                              \\ 单击起点
指定圆弧的第二个点或 [圆心(C)/端点(E)]: e                  \\ 输入 e,以选择“端点”项
指定圆弧的端点:                                          \\ 单击端点
指定圆弧的圆心或 [角度(A)/方向(D)/半径(R)]: r              \\ 输入 r 以选择“半径”项
指定圆弧的半径: 3764                                     \\ 输入半径值
```

步骤 12 执行“延伸”命令（EX），将绘制的圆弧向上和向下延伸操作；再执行“镜像”命令（MI），将圆弧进行左右镜像，效果如图 2-117 所示。

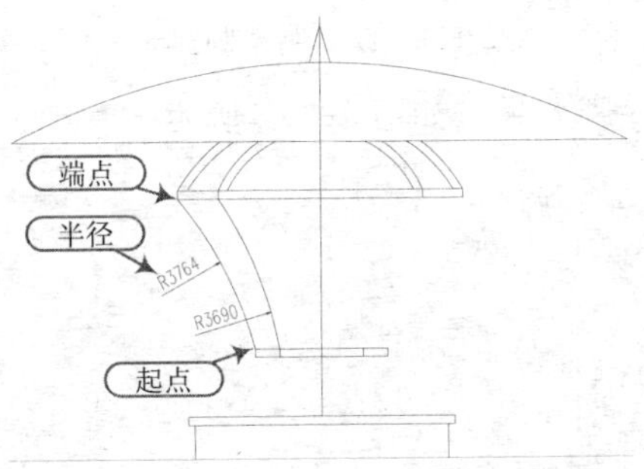

图 2-116　绘制圆弧

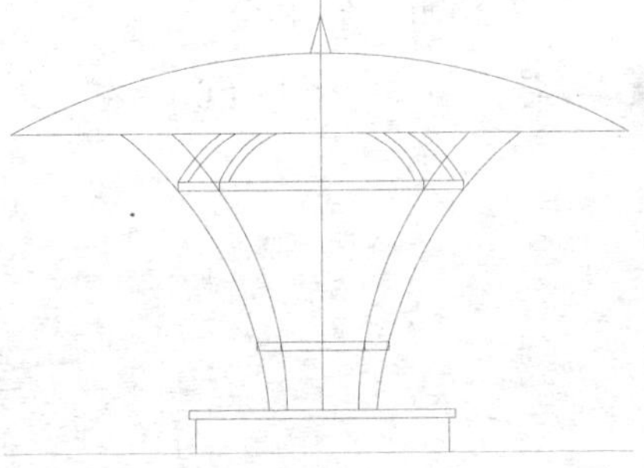

图 2-117　延伸镜像圆弧

步骤 13 执行“偏移”命令（O），将圆弧各向中间偏移 80；将中间垂直线段各向两边偏移 40，如图 2-118 所示。

步骤 14 执行“修剪”命令（TR）和“删除”命令（E），将多余的线条和圆弧修剪掉，如图 2-119 所示。

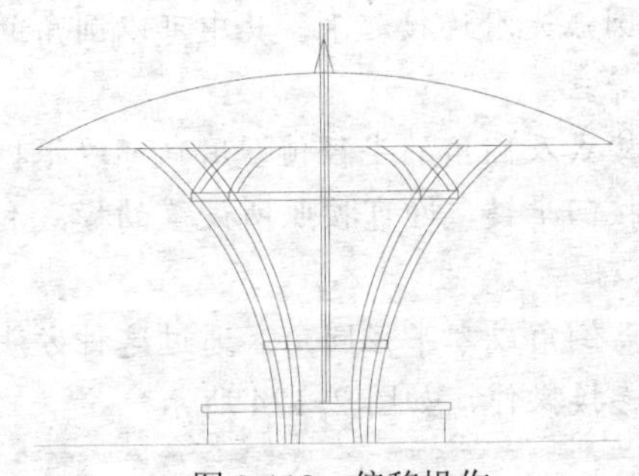

图 2-118　偏移操作

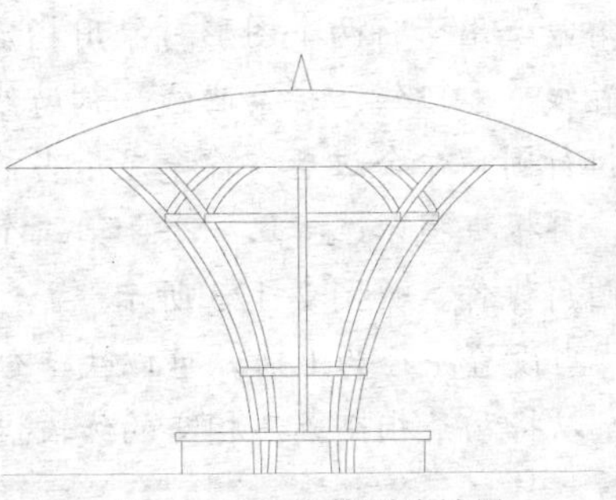

图 2-119　修剪删除效果

步骤 15 执行“圆角”命令（F），根据命令提示选择“半径（R）”项，设置圆角半径为 65，然后依次单击呈直角的两条边，以将直角进行圆角处理，如图 2-120 所示。

```
命令: FILLET                                                          \\ 圆角命令
当前设置: 模式 = 修剪, 半径 = 10                                       \\ 当前圆角模式
选择第一个对象或 [放弃(U)/多段线(P)/半径(R)/修剪(T)/多个(M)]: r         \\ 选择“半径(R)”选项
指定圆角半径: 65                                                      \\ 输入半径值 65
选择第一个对象或 [放弃(U)/多段线(P)/半径(R)/修剪(T)/多个(M)]:            \\ 单击第一条边
选择第二个对象，或按住 Shift 键选择对象以应用角点或 [半径(R)]:           \\ 单击第二条边
选择第二个对象，或按住 Shift 键选择对象以应用角点或 [半径(R)]:           \\ 空格键确定
```

步骤 16 执行“圆”命令（C），各在图形相应位置绘制半径 45 的圆；再通过执行“圆弧”命令（A），将圆与摭阳盖连接起来，效果如图 2-121 所示。

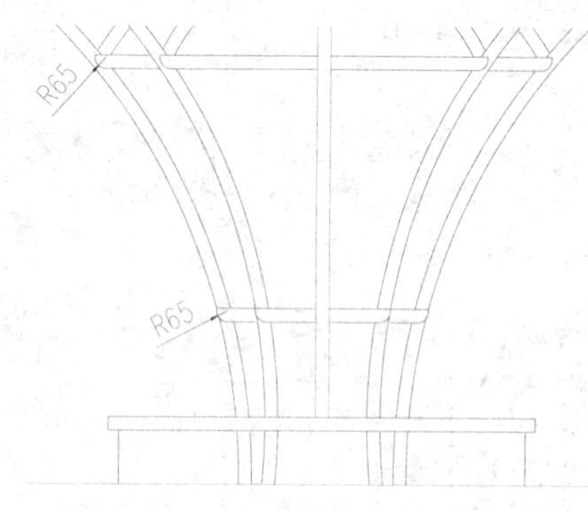

图 2-120　圆角操作

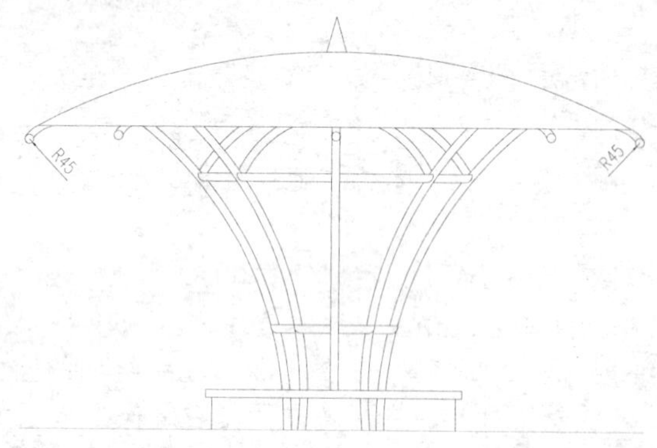

图 2-121　绘制圆和圆弧

步骤 17 执行“偏移”命令（O），在下端偏移出凳脚效果，如图 2-122 所示。

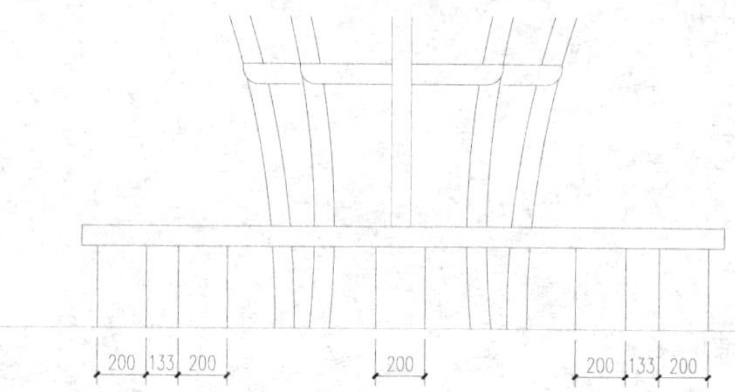

图 2-122　偏移线段

软件技能　★★★★☆

圆角命令用于将两个图形对象用指定半径的圆弧光滑连接起来。其中可以圆角的对象包括有直线、多段线、样条曲线、构造线、射线等。

当执行圆角命令过后，首先显示当前的修剪模式及圆角的半径值，用户可以根据需要来设置，再根据提示选择第一个、第二个对象后按回车键，即可按照所设置的模式和半径值进行圆角操作，如图 2-123 所示。

- 当设置半径为 0 时，可以快速创建零距离倒角或零半径圆角。通过这种方法，可以将两条相交或不相交的线段进行修剪连接操作，如图 2-124 所示。

- 根据命令提示选择“修剪(T)”项，在“输入修剪模式选项 [修剪(T)/不修剪(N)] <修剪>:”的提示下，输入“N”表示不进行修剪，输入“T”表示进行修剪，如图 2-125 所示。

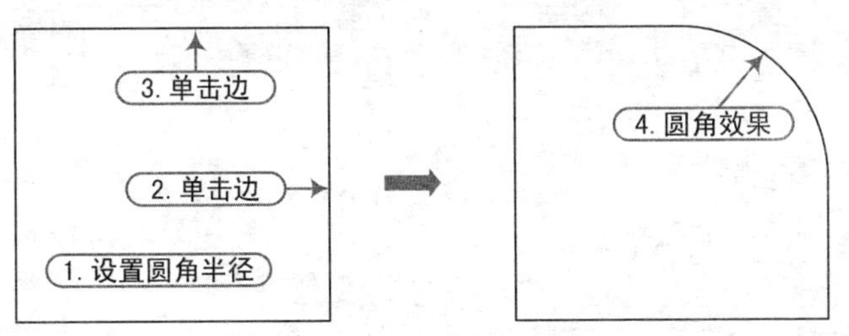

图 2-123　圆角操作

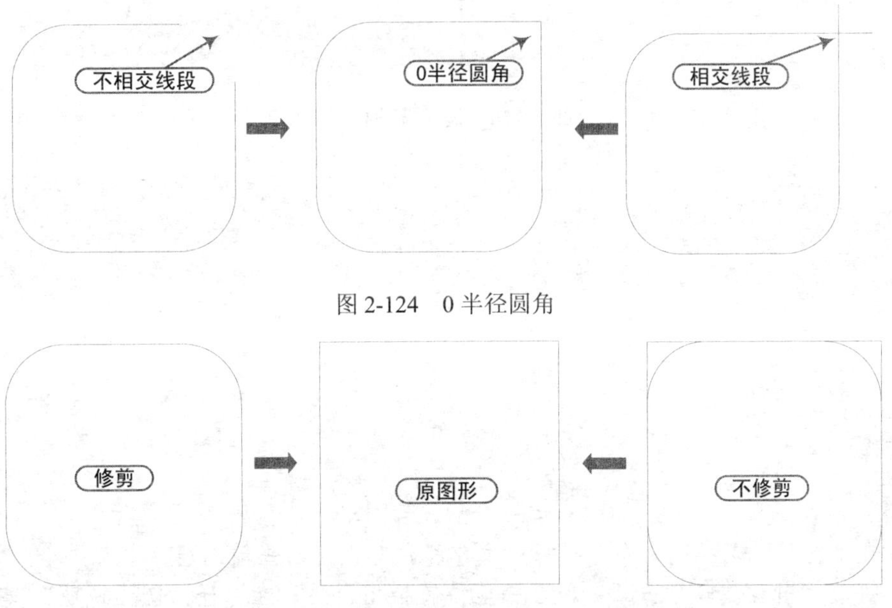

图 2-124　0 半径圆角

图 2-125　修剪模式

技巧：069　圆亭图形的标注

视频：技巧069-圆亭图形的标注.avi
案例：圆亭.dwg

技巧概述：通过前面三个实例的讲解，圆亭图形已经绘制完成，接下来就对圆亭图形进行文字及尺寸的标注。

步骤 01 接上例，在“图层”下拉列表中，选择“尺寸标注”图层为当前图层。

步骤 02 执行“标注”命令（D），弹出“标注样式管理器”对话框，选择“园林标注-100”样式为当前标注样式；然后单击“修改”按钮，随后弹出“修改标注样式：园林标注-100”对话框，切换至“调整”选项卡，修改标注的全局比例为 60，如图 2-126 所示。

步骤 03 执行“线形标注”命令（DLI）、“连续标注”命令（DCO）和“半径标注”命令（DRA），对图形进行尺寸的标注，如图 2-127 所示。

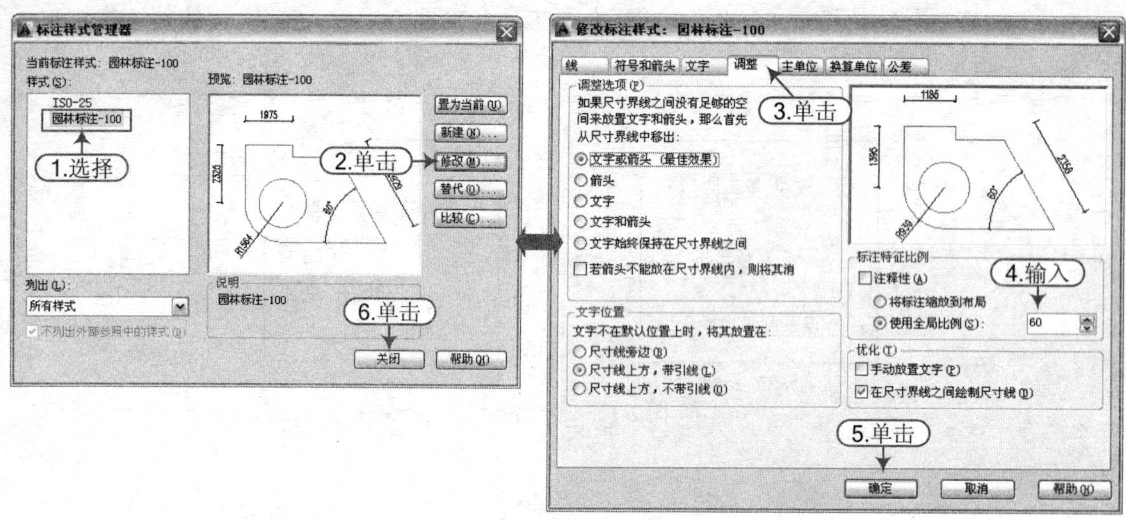

图 2-126　调整标注样式

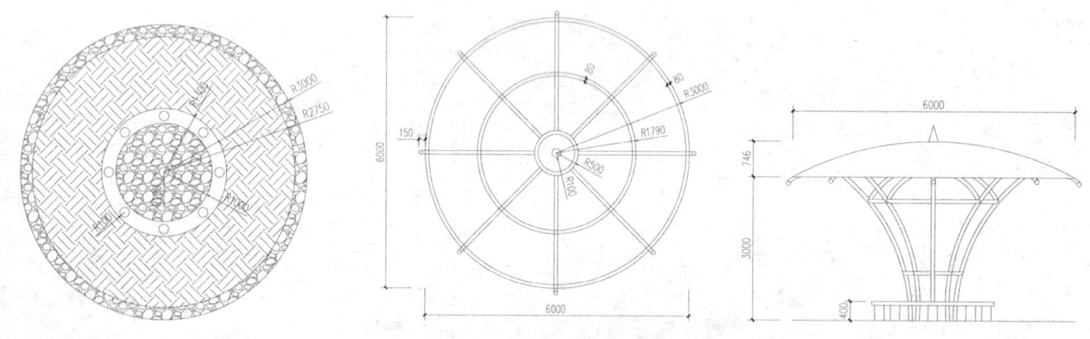

图 2-127　标注图形尺寸

步骤 04　在“图层”下拉列表中，选择“文字标注”图层为当前图层。

步骤 05　执行“引线”命令（LE），在相应位置拖出引线，在选择“图内说明”文字样式，设置字高为 300，进行文字的注释，效果如图 2-128 所示。

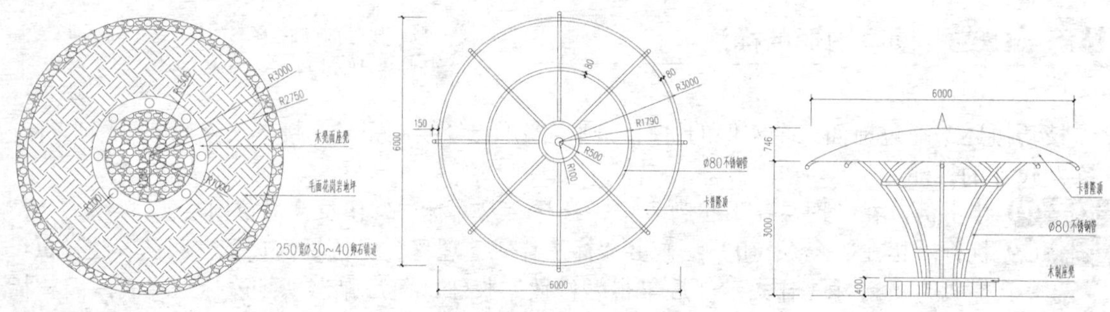

图 2-128　引线注释效果

步骤 06　执行“多行文字”命令（MT），分别在图形的下侧拖出矩形文本框，再“文字格式”工具栏中选择“图名”文字样式，设置字高为 200，标注出图名；再执行“多段线”命令（PL），在图名下侧绘制适当宽度和长度的水平多段线，如图 2-129 所示。

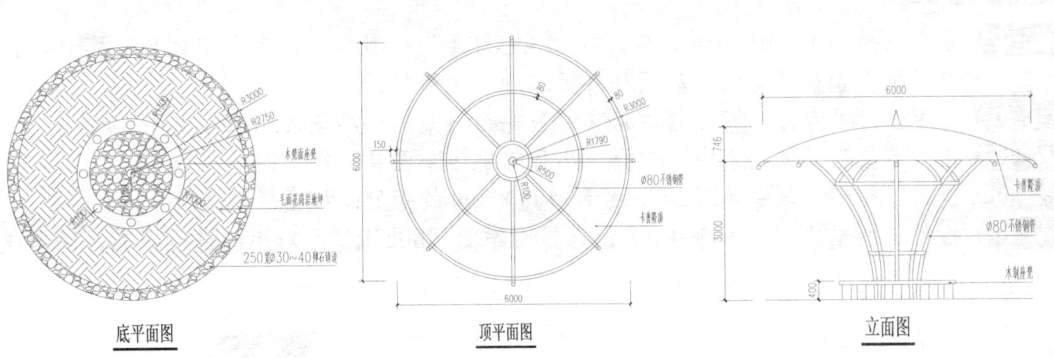

图 2-129　图名注释效果

步骤 07 至此，圆亭图形已经绘制完成，按【Ctrl+S】组合键将文件进行保存。

技巧：070　花架平面图的绘制

视频：技巧070-绘制花架平面图.avi
案例：花架.dwg

技巧概述：花架作为园林建筑的一种，是指用材料构成一定形状的格架供攀援性植物攀附的园林建筑，同时又可以镶嵌各色花卉，是建筑与植物相组合的一种园林建筑形式。

花架又称棚架、绿廊。花架可作遮荫休息之用，并可以点缀园景。花架设计要了解所配置植物的原产地和生长习性，以创造适宜植物生长的条件并满足造型的要求，可以说，花架是最接近于自然的园林小品了，图 2-130 所示为花架的摄影图片。

图 2-130　花架摄影图片

接下来通过三个实例的讲解，分别绘制花架的平面图、立面图及侧立面图，使读者掌握绘制花架施工图的绘制过程及学习花架设计的相关知识，其绘制的花架效果如图 2-131 所示。

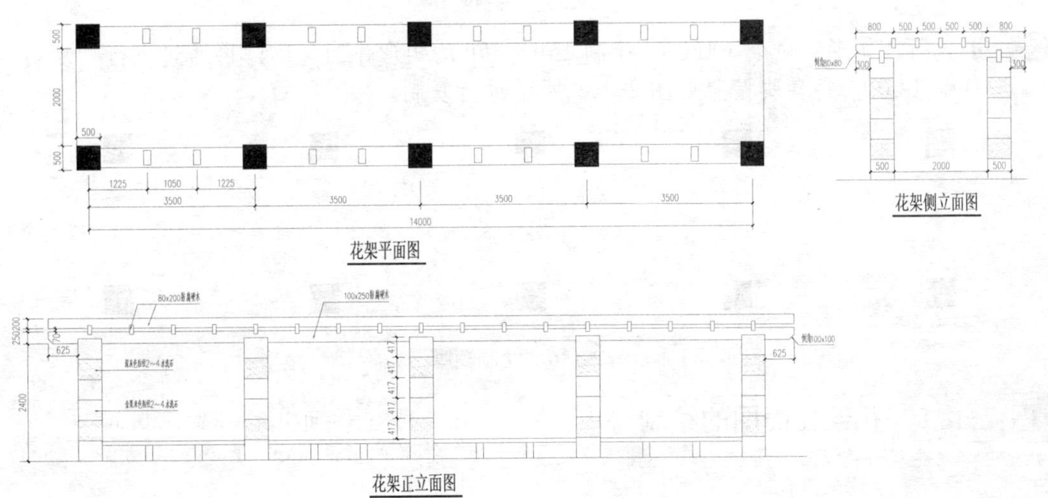

图 2-131　花架图形效果

步骤 01 正常启动 AutoCAD 2014 软件，在“快速访问”工具栏中，单击“打开”按钮，将本书配套光盘“案例\02\园林样板.dwg”文件打开。

步骤 02 再单击“另存为”按钮，将文件另存为“案例\02\花架.dwg”文件。

步骤 03 在“图层”下拉列表中，选择“小品轮廓线”图层为当前图层。

步骤 04 执行“矩形”命令（REC），绘制 500×500 的矩形；如图 2-132 所示。

步骤 05 执行“图案填充”命令（H），选择图案为“SOLTD”，对矩形进行填充，以形成柱子效果，如图 2-133 所示。

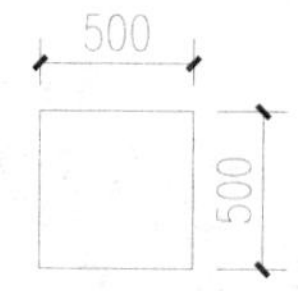

图 2-132 绘制矩形

图 2-133 填充图案

步骤 06 执行“复制”命令（CO），将柱子按照如图 2-134 所示进行复制操作。

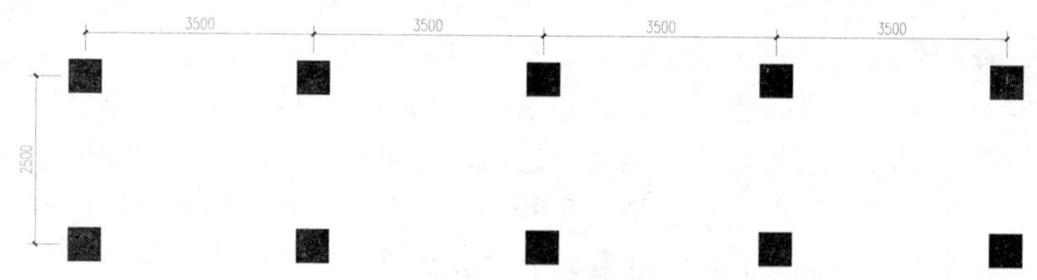

图 2-134 复制柱子

步骤 07 执行“直线”命令（L）和“偏移”命令（O），在柱子中间绘制宽 400 的坐凳，如图 2-135 所示。

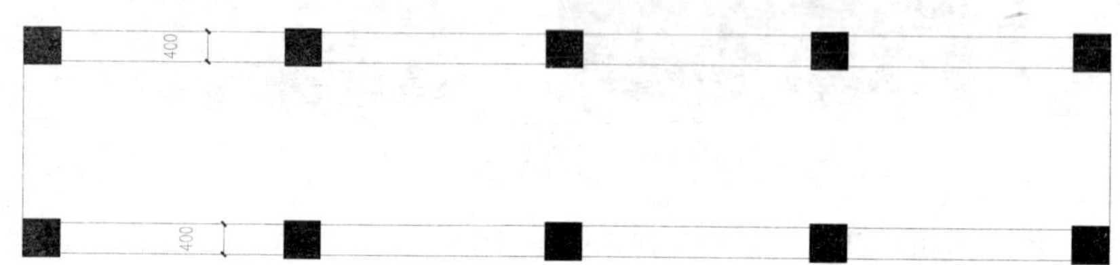

图 2-135 绘制坐凳

步骤 08 执行“矩形”命令（REC），绘制 150×300 的矩形作为凳脚；再通过执行“复制”命令（CO），将凳脚按照如图 2-136 所示进行复制。

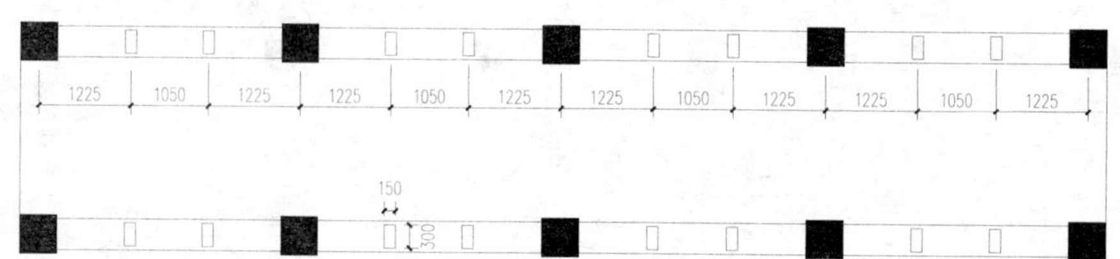

图 2-136 绘制凳脚

技巧：071 花架立面图的绘制

视频：技巧071-绘制花架立面图.avi
案例：花架.dwg

技巧概述：前面实例讲解了花架平面图的绘制方法，接下来根据绘制的花架平面轮廓来绘制花架立面图。

步骤 01 接上例，执行“直线”命令（L），捕捉柱子和凳脚轮廓绘制垂直投影线，如图 2-137 所示。

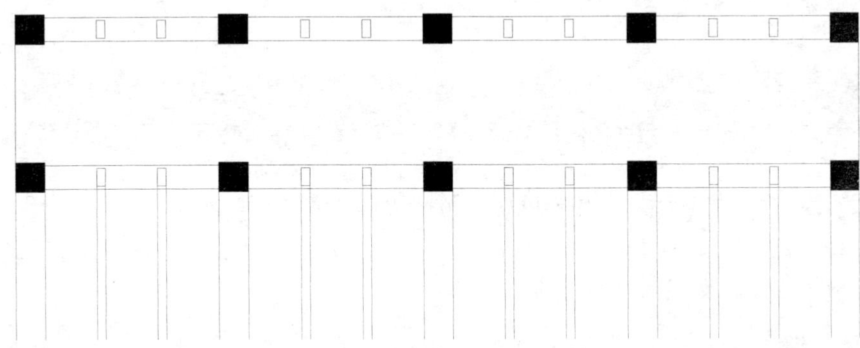

图 2-137　绘制垂直投影线

步骤 02 执行“直线”命令（L），在投影线上绘制水平线；再执行“偏移”命令（O），将水平线依次向上偏移 320、80、2100，如图 2-138 所示。

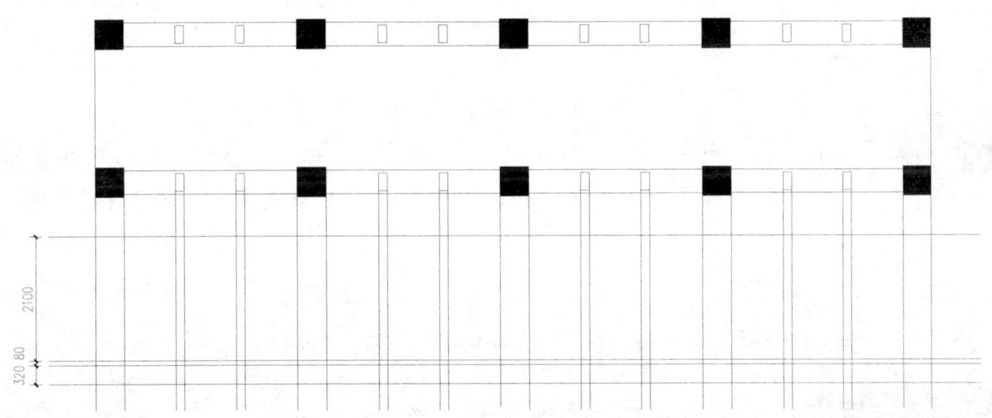

图 2-138　绘制水平线

步骤 03 执行“修剪”命令（TR），修剪多余的线条，效果如图 2-139 所示。

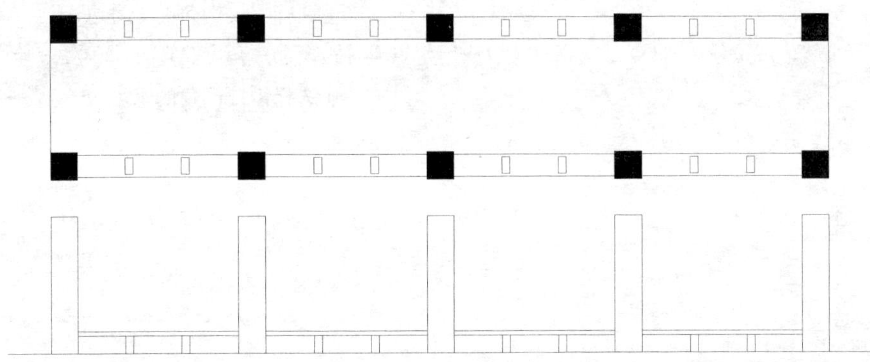

图 2-139　修剪效果

步骤 04 执行“偏移”命令（O），将柱子线向下以 417 的距离进行偏移；再执行“图案填充”命令（H），选择图案为“AR-SAND”，设置比例为 50，在相应位置填充装饰石材效果，如图 2-140 所示。

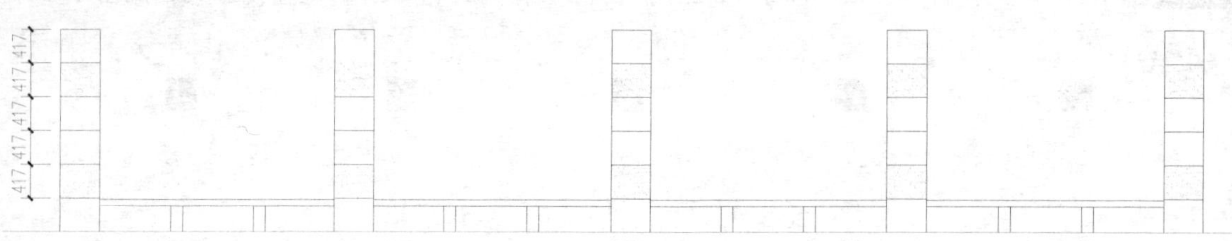

图 2-140　绘制装饰柱子轮廓

步骤 05 执行“偏移”命令（O）、“延伸”命令（EX）和“修剪”命令（TR），在上侧绘制出横木支架，如图 2-141 所示。

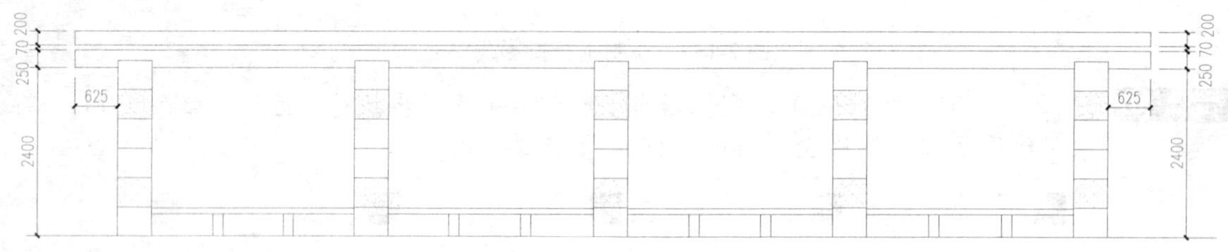

图 2-141　绘制横木支架

步骤 06 执行“倒角”命令（CHA），根据如下命令提示，选择“距离”项，设置倒角距离均为 100，然后分别选择垂直的两条边，以进行相同倒角操作，如图 2-142 所示。

```
命令: CHAMFER                                              \\ 倒角命令
(“修剪”模式) 当前倒角距离 1 = 0, 距离 2 = 0              \\ 当前模式
选择第一条直线或 [放弃(U)/多段线(P)/距离(D)/角度(A)/修剪(T)/方式(E)/多个(M)]: d
                                                           \\ 输入 D 以选择“距离”项
指定 第一个 倒角距离 <0>: 100                              \\ 输入 100
指定 第二个 倒角距离 <100>:                                \\ 空格键确认 100
选择第一条直线或 [放弃(U)/多段线(P)/距离(D)/角度(A)/修剪(T)/方式(E)/多个(M)]:
                                                           \\ 选择需要倒角的垂直边
选择第二条直线, 或按住 Shift 键选择直线以应用角点或 [距离(D)/角度(A)/方法(M)]:
                                                           \\ 选择需要倒角的水平边
```

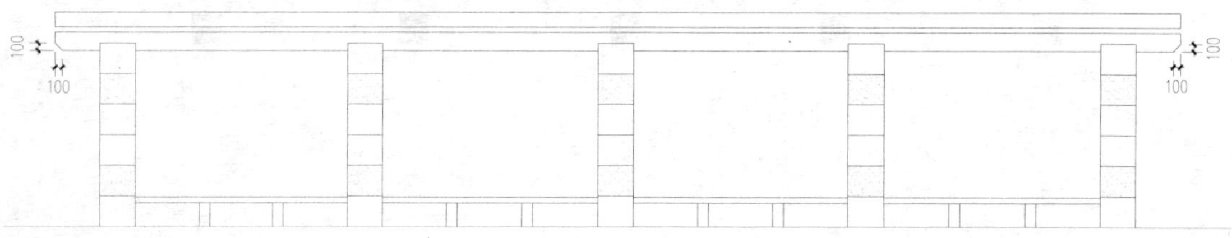

图 2-142　倒角操作

步骤 07 执行“矩形”命令（REC），绘制 80×200 的矩形纵向支架；再通过执行“移动”命令（M）、“复制”命令（CO）和“修剪”命令（TR），将矩形按照如图 2-143 所示均匀地移动并复制到支架上，然后修剪掉多余的线条。

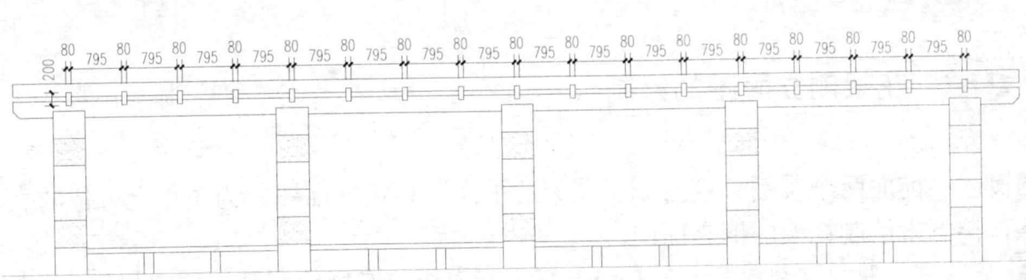

图 2-143　绘制纵向支架

软件技能　★★★★★

倒角命令是指用斜线连接两个不平行的线型对象，可以用斜线连接直线段、双向无限长线、射线和多段线等。

当设置了不同的距离进行倒角时，应注意选择倒角边的顺序，顺序不同倒角效果各不同。如上一步设置第一个倒角距离为 35，第二个倒角距离为 25，如图 2-144 所示为选择不同顺序边的倒角效果。其中设置的第一个倒角距离 35 对应的是边 1。

执行倒角命令后，其命令行中各选项的具体含义如下：

- 距离 (D)：通过输入倒角的斜线距离进行倒角，斜线的距离可以相同也可以不同。如果两个倒角距离都为 0，则倒角操作将修剪或延伸这两个对象直到它们相交，但不创建倒角线，如图 2-145 所示。
- 修剪 (T)：倒角后是否保留原拐角边。在“输入修剪模式选项 [修剪 (T) / 不修剪 (N)] <修剪>:” 的提示下，输入 “N” 表示不进行修剪，即保留原对象的同时，创建倒角线；输入 “T” 表示进行修剪，如图 2-146 所示。

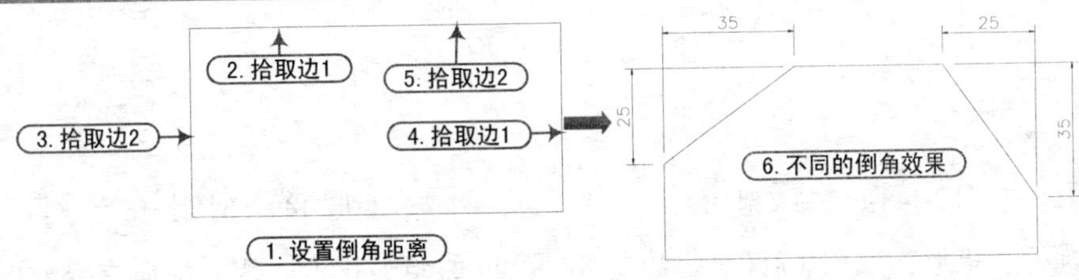

图 2-144　不同顺序选择倒角边

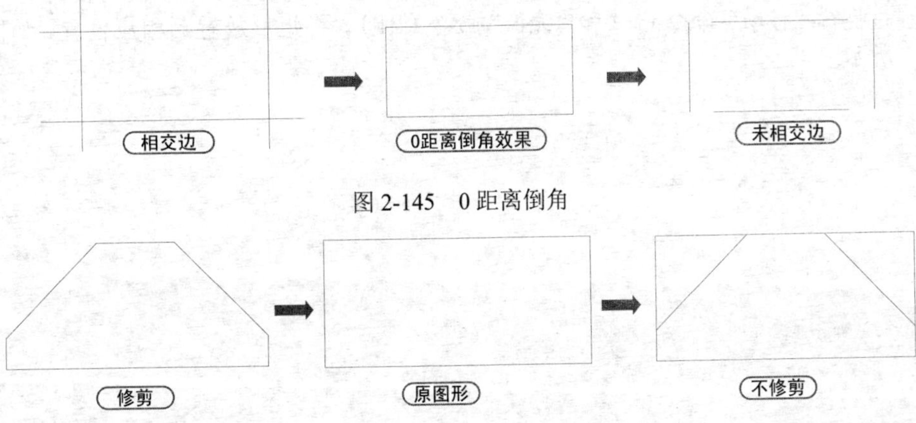

图 2-145　0 距离倒角

图 2-146　倒角修剪模式

技巧：072 花架侧立面图的绘制

视频：技巧072-绘制花架侧立面图.avi
案例：花架.dwg

技巧概述：前面两个实例分别绘制了花架的平面图和正立面图，为了更全方位的表达出花架的形态，接下来绘制花架的侧立面图。

步骤 01 接上例，执行“直线”命令（L），在正立面图的右侧绘制延伸的地坪线；再执行“复制”命令（CO），将正立面图中的柱子复制过来，如图 2-147 所示。

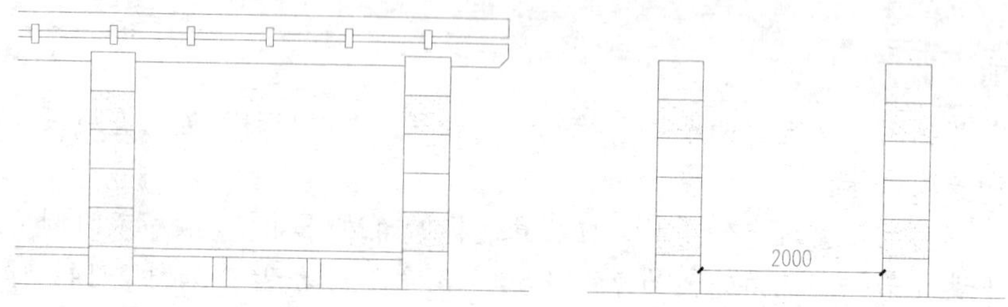

图 2-147　复制柱子

步骤 02 执行“偏移”命令（O）和“修剪”命令（TR），在柱子上侧绘制出纵向支架，如图 2-148 所示。

步骤 03 执行“倒角”命令（CHA），选择“距离”项，设置倒角距离均为 80，对上步绘制的支架进行倒角处理，如图 2-149 所示。

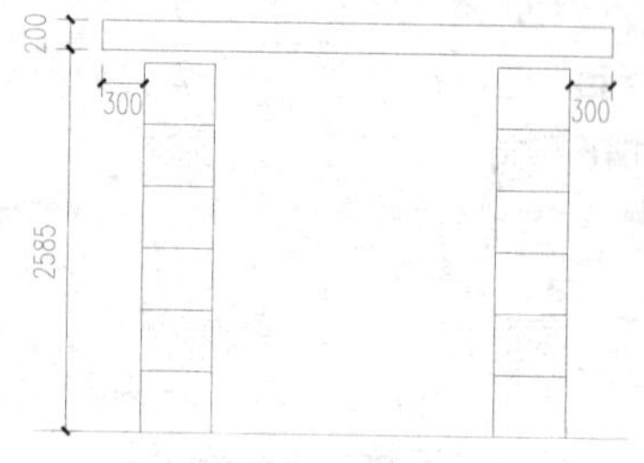

图 2-148　绘制支架

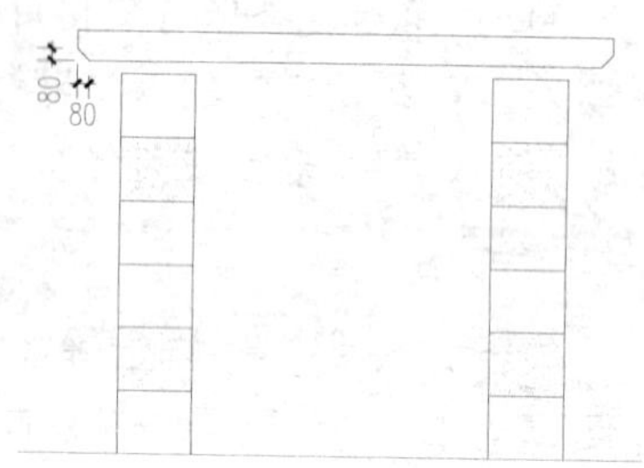

图 2-149　倒角操作

步骤 04 执行“矩形”命令（REC），绘制 80×200 的矩形作为上侧的横向支架；再通过移动和复制命令，将矩形放置到相应位置，如图 2-150 所示。

步骤 05 同样执行“矩形”命令（REC），绘制 100×250 的矩形作为下侧的横向支架；再通过执行“移动”命令（M）和“镜像”命令（MI），将矩形放置到相应位置，如图 2-151 所示。

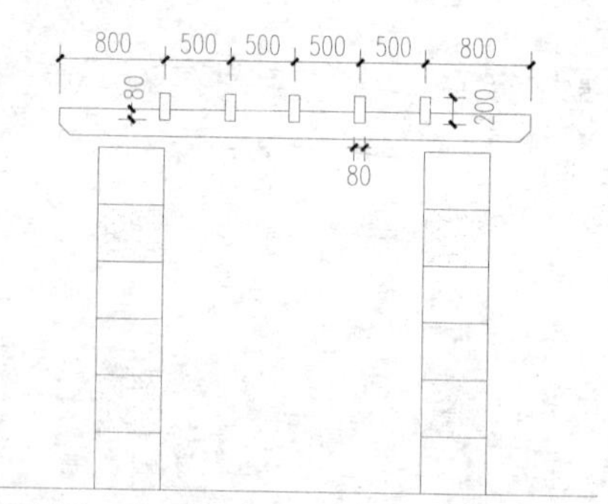

图 2-150　绘制横向支架 1

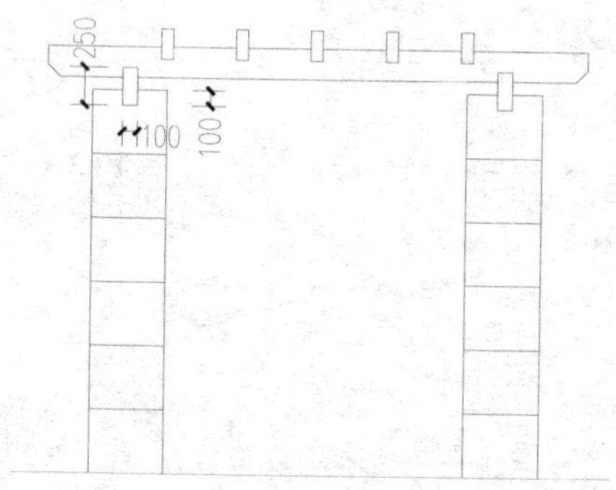

图 2-151　绘制横向支架 2

技巧：073　花架图形的标注

视频：技巧073-花架图形的标注.avi
案例：花架.dwg

技巧概述：通过前面三个实例的讲解，花架图形已经绘制完成，接下来就对花架图形进行文字及尺寸的标注。

步骤 01 接上例，在“图层”下拉列表中，选择“尺寸标注”图层为当前图层。

步骤 02 执行“标注”命令（D），弹出“标注样式管理器”对话框，选择“园林标注-100”样式为当前标注样式；然后单击“修改”按钮，随后弹出“修改标注样式：园林标注-100”对话框，切换至“调整”选项卡，修改标注的全局比例为 50，如图 2-152 所示。

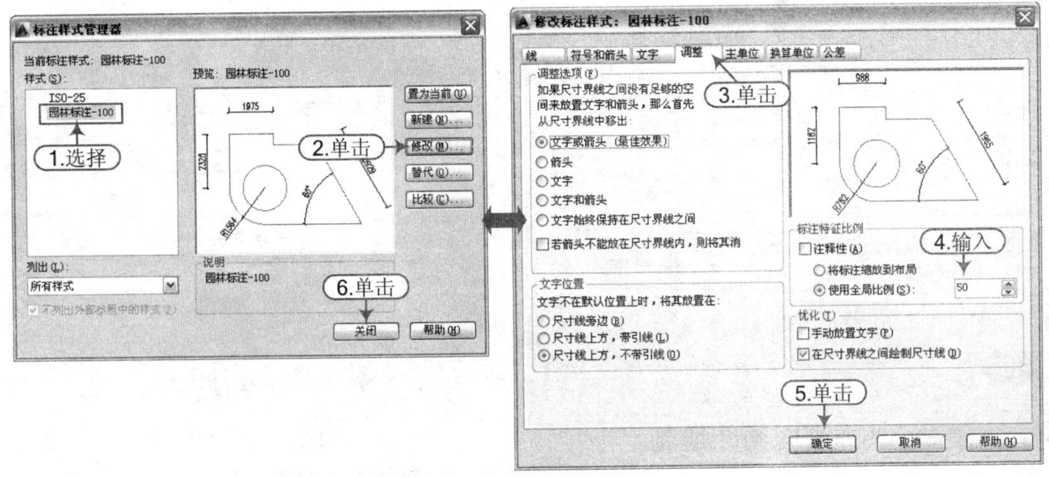

图 2-152　调整标注样式

步骤 03 执行“线形标注”命令（DLI）和“连续标注”命令（DCO），对图形进行尺寸的标注。

步骤 04 在“图层”下拉列表中，选择“文字标注”图层为当前图层。

步骤 05 执行“引线”命令（LE），在相应位置拖出引线，选择“图内说明”文字样式，设置字高为 200，进行文字的注释，效果如图 2-153 所示。

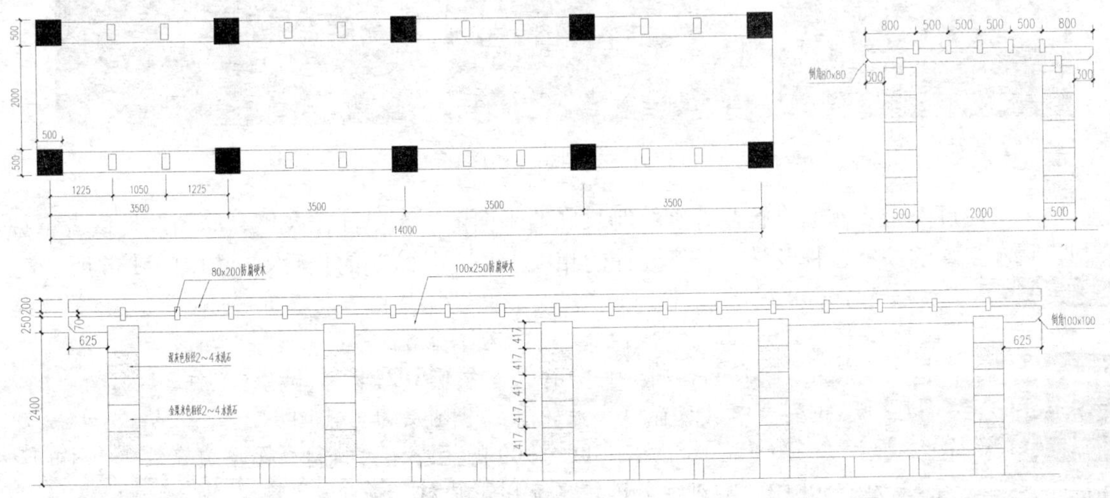

图 2-153　标注文字与尺寸

步骤 06 执行“多行文字”命令（MT），分别在图形的下侧拖出矩形文本框，再“文字格式”工具栏中选择“图名”文字样式，设置字高为 200，标注出图名；再执行“多段线”命令（PL），在图名下侧绘制适当宽度和长度的水平多段线，如图 2-154 所示。

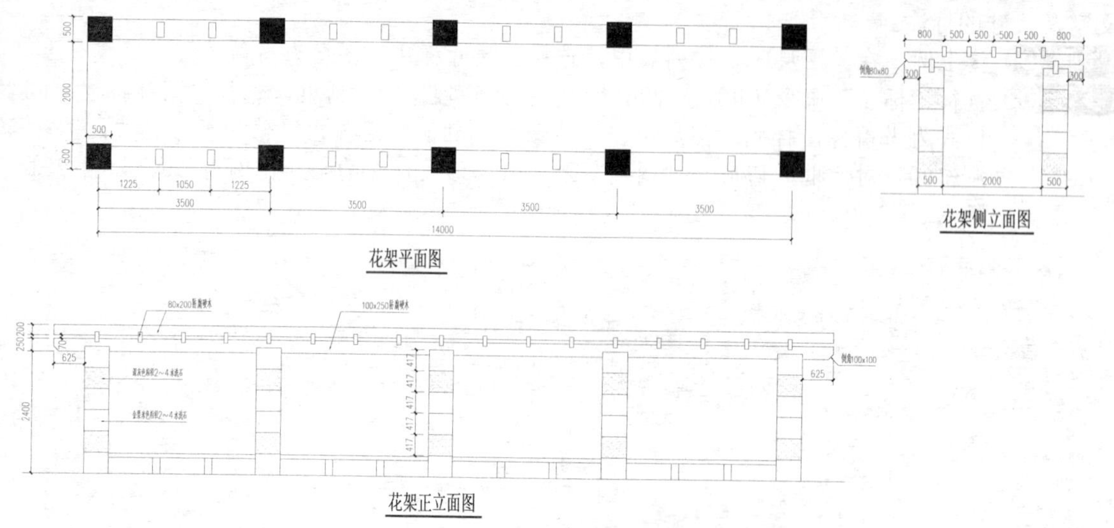

图 2-154　图名标注

步骤 07 至此，花架图形已经绘制完成，按【Ctrl+S】组合键将文件进行保存。

技巧：074 长廊平面图的绘制

视频：技巧074-绘制长廊平面图.avi
案例：长廊.dwg

技巧概述：廊是指屋檐下的过道、房屋内的通道或独立有顶的通道。包括回廊和游廊，具有遮阳、防雨、小憩等功能。图 2-155 所示为长廊的摄影图片。

图 2-155　长廊摄影图片

接下来通过三个实例的讲解，分别绘制长廊的平面图、正立面图及侧立面图，使读者掌握绘制长廊施工图的绘制过程及学习长廊设计的相关知识，其绘制的长廊效果如图 2-156 所示。

步骤 01 正常启动 AutoCAD 2014 软件，在“快速访问”工具栏中，单击“打开”按钮，将本书配套光盘“案例\02\园林样板.dwg”文件打开。

步骤 02 再单击“另存为”按钮，将文件另存为“案例\02\长廊.dwg”文件。

步骤 03 在“图层”下拉列表中，选择“小品轮廓线”图层为当前图层。

步骤 04 执行“矩形”命令（REC），绘制 300×300 的矩形；再执行“图案填充”命令（H），选择图案为“SOLTD”，对矩形进行填充以形成柱子效果。

步骤 05 执行“复制”命令（CO），将柱子以 3000 的距离进行复制，如图 2-157 所示。

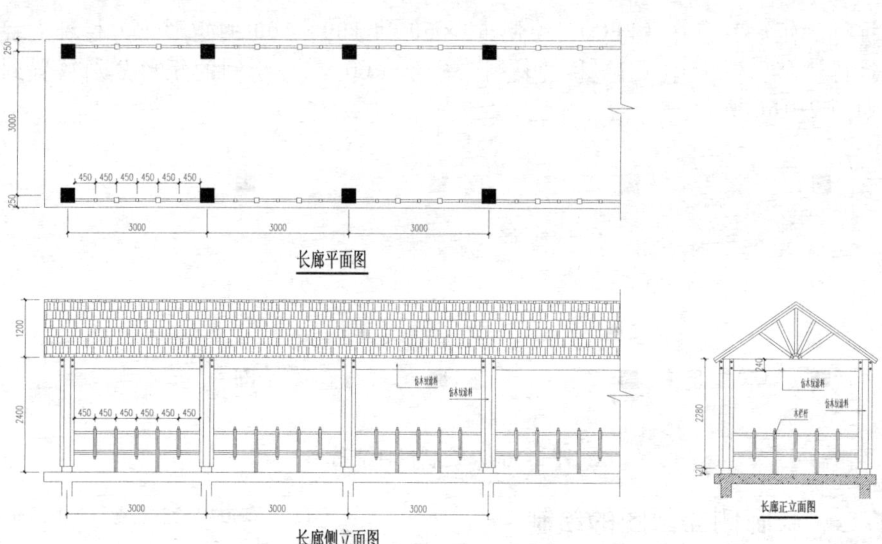

图 2-156　长廊图形效果

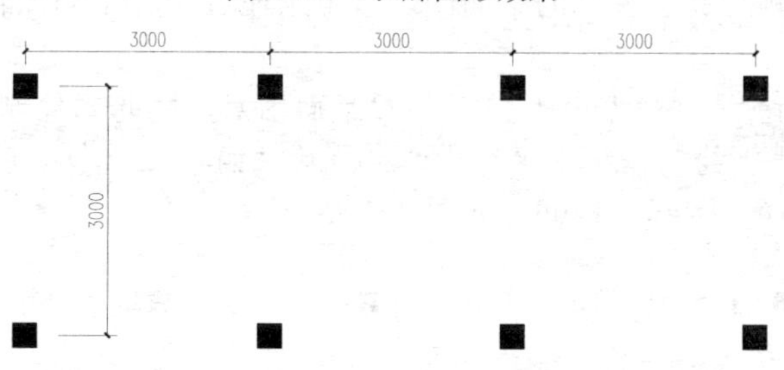

图 2-157　绘制柱子

步骤 06 通过执行“直线”命令（L）和“偏移”命令（O），在相应位置绘制出长廊的地面轮廓，并在右侧绘制出断开线，如图 2-158 所示。

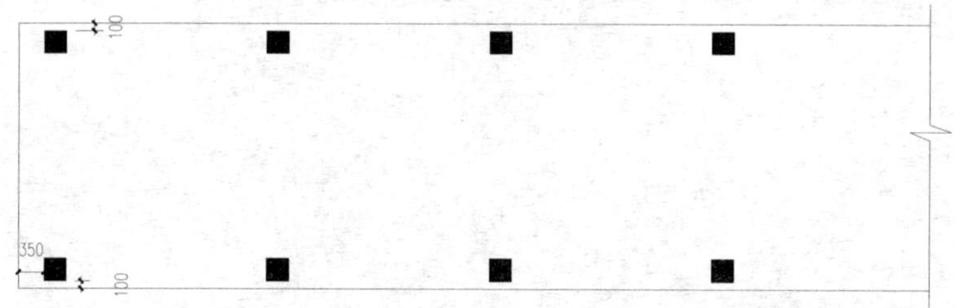

图 2-158　绘制长廊基面轮廓

步骤 07 执行“偏移”命令（O）和“修剪”命令（TR），如图 2-159 所示绘制出栏杆效果。

图 2-159　绘制栏杆

步骤 08 执行“矩形”命令（REC），绘制 60×60 和 100×100 的矩形作为栏杆立柱；再通过执行“移动”命令（M）和“复制”命令（CO），将绘制的矩形分别放置到栏杆上，如图 2-160 所示。

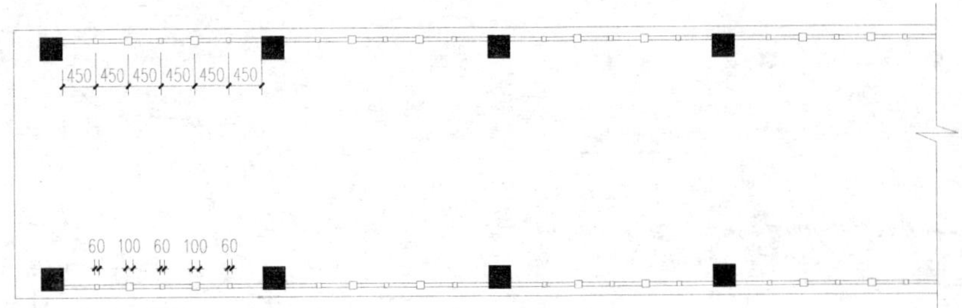

图 2-160　绘制栏杆立柱

技巧：075　长廊侧立面图的绘制

视频：技巧075-绘制长廊侧立面图.avi
案例：长廊.dwg

技巧概述：前面实例绘制了长廊的平面图，接下来通过长廊平面图轮廓线来绘制长廊的立面图。

步骤 01 接上例，执行“直线”命令（L），捕捉平面图对应的轮廓绘制延伸投影线及折断线；然后在投影线上绘制一条水平线段；再执行“偏移”命令（O），将水平线向上依次偏移 200、2160、240、1200，如图 2-161 所示。

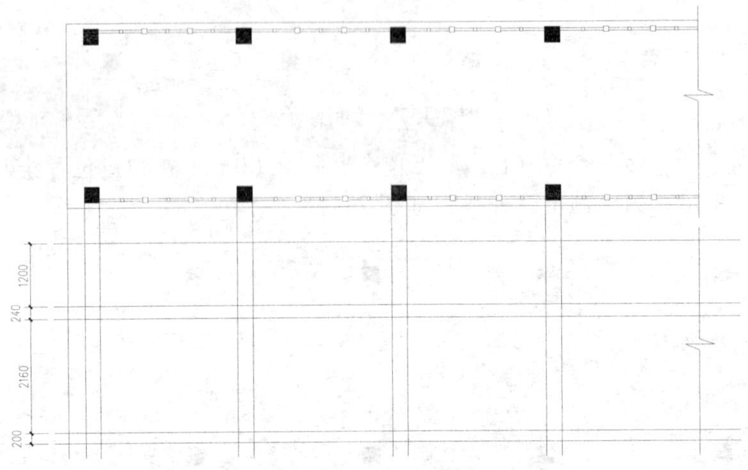

图 2-161　绘制线段

步骤 02 执行“修剪”命令（TR），修剪掉下侧图形多余的线条，效果如图 2-162 所示。

图 2-162　修剪效果

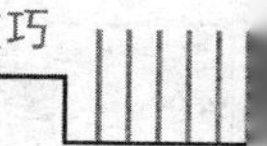

步骤 03 执行“偏移”命令（O）和“修剪”命令（TR），绘制出如图 2-163 所示图形的效果。

图 2-163　绘制柱子轮廓

步骤 04 执行“圆”命令（C），绘制半径为 14 和 22 的两个同心圆；再执行“复制”命令（CO），将此组同心圆复制到相应的位置，以形成连接螺母效果，如图 2-164 所示。

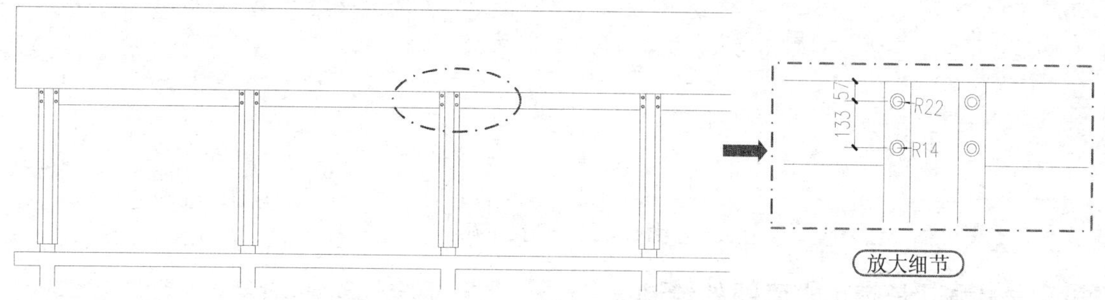

图 2-164　绘制连接螺母

步骤 05 执行“偏移”命令（O），将地面线向上依次偏移 370、40、40、350、50；再执行“修剪”命令（TR），在柱子中间修剪出栏杆靠背效果，如图 2-165 所示。

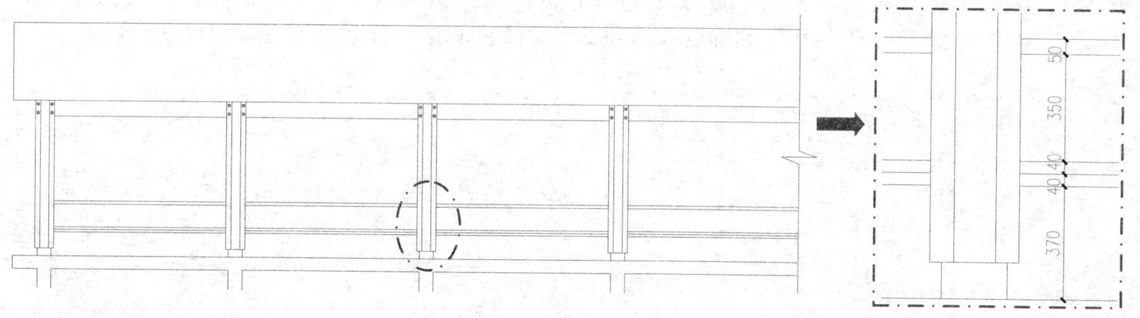

图 2-165　绘制栏杆

步骤 06 执行“矩形”命令（REC）和“直线”命令（L），如图 2-166 所示绘制栏杆立柱。

步骤 07 执行“移动”命令（M）和“复制”命令（CO），将上步绘制的立柱放置到栏杆上；然后通过执行“修剪”命令（TR）、“删除”命令（E）和“延伸”命令（EX），完成如图 2-167 所示效果。

步骤 08 切换至“填充线”图层，执行“图案填充”命令（H），选择图案为“AR-RSHKE”，设置比例为 15，在屋顶填充屋瓦效果，如图 2-168 所示。

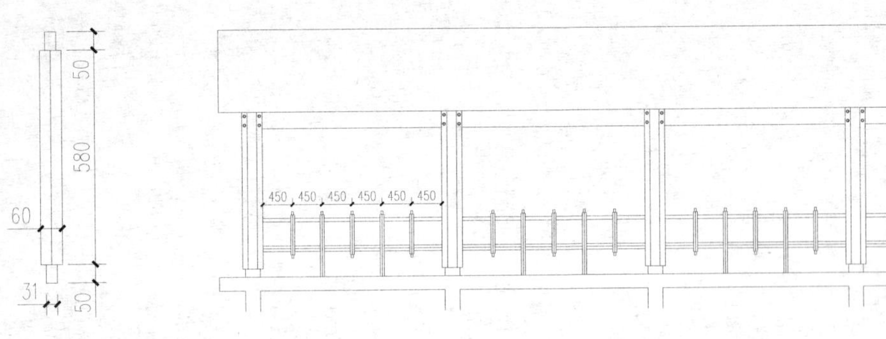

图 2-166　绘制立柱　　　　2-167　放置立柱到栏杆上

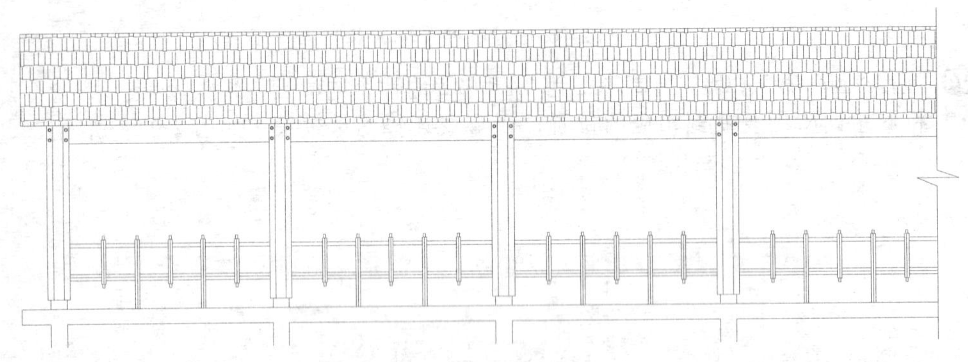

图 2-168　填充屋瓦

技巧：076　长廊正立面图的绘制

视频：技巧076-绘制长廊正立面图.avi
案例：长廊.dwg

技巧概述：前面两个实例分别绘制了长廊的平面图和侧立面图，为了更全方位的表达出长廊的形态，接下来绘制长廊的正立面图。

步骤 01 接上例，执行“复制”命令（CO），将侧立面图向右复制出一份；再通过执行“修剪”命令（TR）和“删除”命令（E），保留其中一段效果如图 2-169 所示。

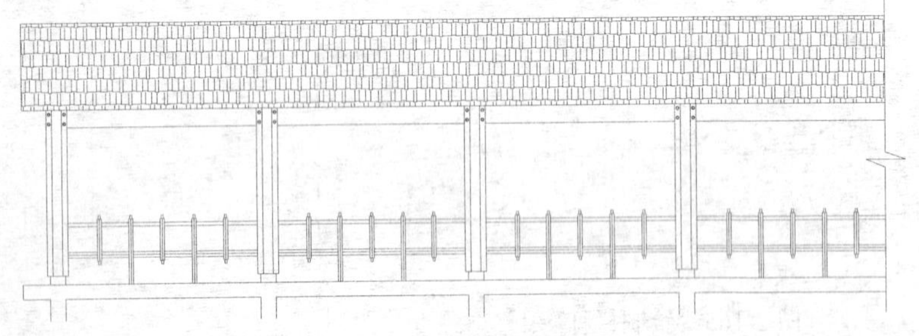
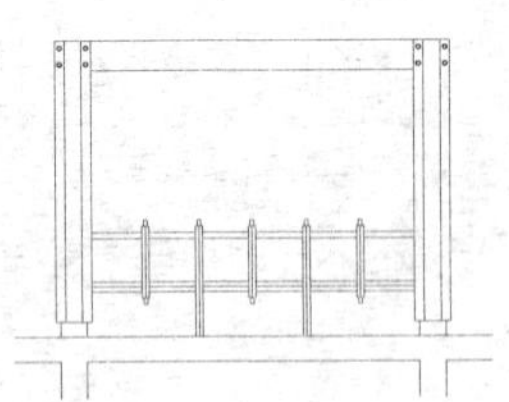

图 2-169　复制并删除一部分图形

步骤 02 执行“偏移”命令（O），将上水平线向上偏移出 1200；再执行“构造线”命令（XL），在偏移的线段中点，绘制出角度为 34° 和-34° 的构造线，并进行相应的延伸操作，如图 2-170 所示。

步骤 03 执行“修剪”命令（TR），修剪多余的线条如图 2-171 所示。

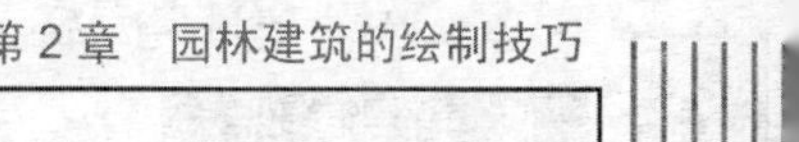

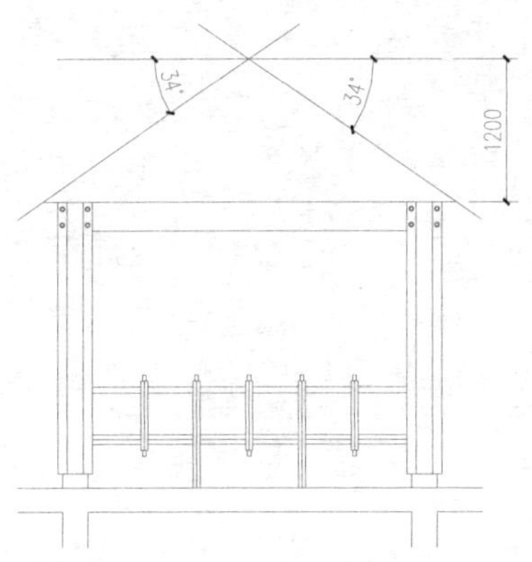

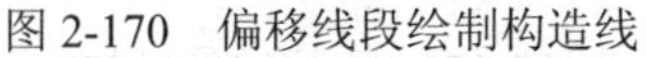

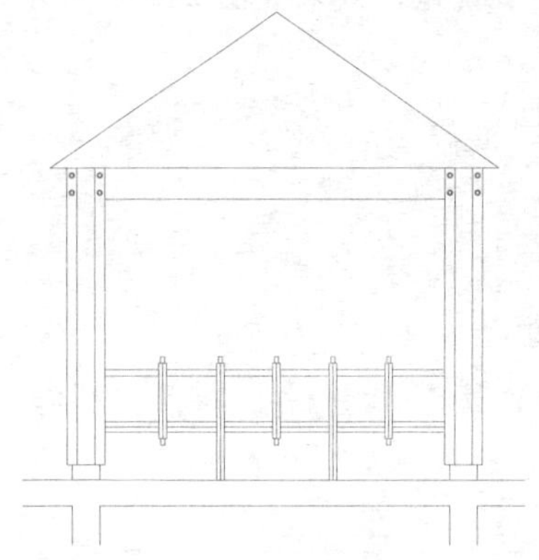

图 2-170　偏移线段绘制构造线　　　　图 2-171　修剪效果

步骤 04 执行“偏移”命令（O），将斜线各向下偏移 50 和 50；再执行“直线”命令（L）和“修剪”命令（TR），连接斜线的下端点并修剪掉多余的线条，以绘制出屋顶面效果，如图 2-172 所示。

步骤 05 执行“圆”命令（C）和“修剪”命令（TR），在相应位置绘制同心圆，并修剪掉下半部分；再执行“直线”命令（L），在圆上侧绘制宽 60 的线段，如图 2-173 所示。

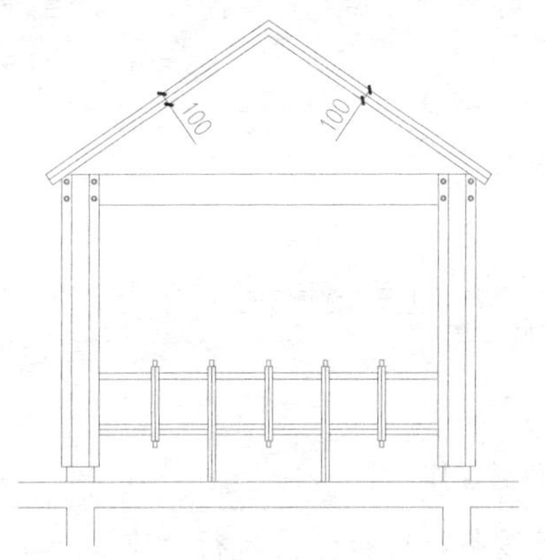

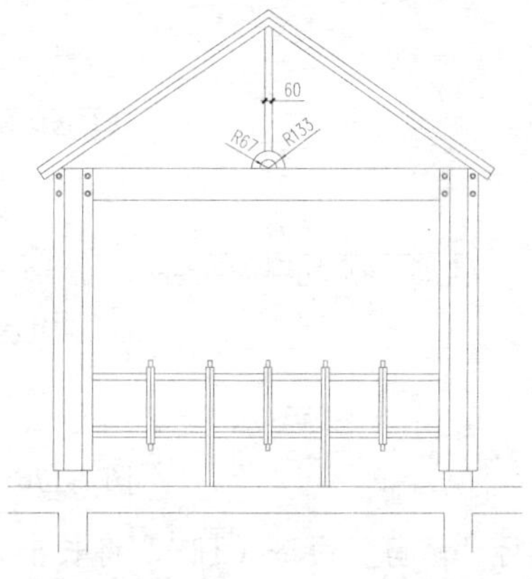

图 2-172　绘制屋面　　　　图 2-173　绘制圆和线段

步骤 06 执行“旋转”命令（RO），选择宽 60 的线段，指定圆心为基点，根据命令提示选择“复制（C）”项，再输入复制旋转的角度值为 26，以将线段复制创建出夹角为 26° 的副本，如图 2-174 所示。

```
命令：ROTATE                                        \\ 旋转命令
UCS 当前的正角方向：  ANGDIR=逆时针   ANGBASE=0
选择对象：指定对角点：找到 2 个                      \\ 选择宽 60 的两条线段
选择对象：                                          \\ 空格键确认选择
指定基点：                                          \\ 单击圆心为基点
指定旋转角度，或 [复制(C)/参照(R)]：c               \\ 输入 C 以选择“复制”项
旋转一组选定对象。
指定旋转角度，或 [复制(C)/参照(R)]：26              \\ 输入角度为 26
```

步骤 07 根据同样的方法，执行“旋转”命令（RO），将创建的副本图形继续以圆心复制旋转出一份夹角为 29° 的副本；然后执行“镜像”命令（MI），将创建的图形进行左

右镜像，效果如图 2-175 所示。

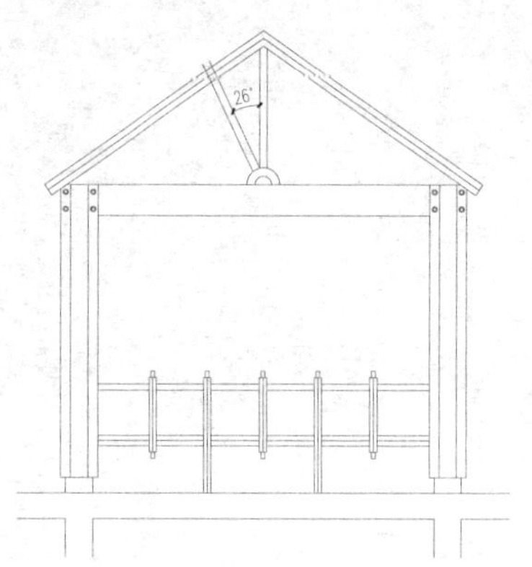

图 2-174　旋转复制 26°

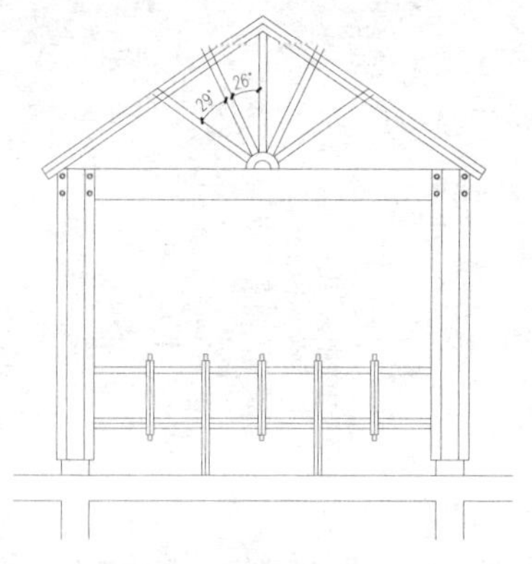

图 2-175　再旋转复制 29°

技巧提示 ★★★☆☆

在旋转操作中，根据命令提示选择“复制（C）”选项时，可以将选择的对象进行复制性的旋转，即保持原有对象的角度，再复制生成另一具有旋转角度的对象，如图 2-176 所示。

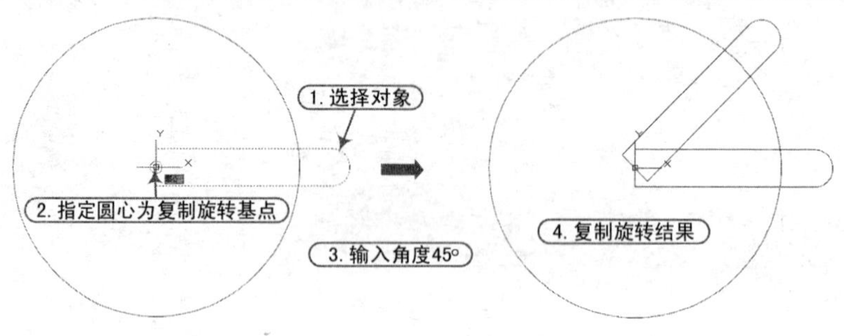

图 2-176　复制旋转操作

步骤 08 执行“修剪”命令（TR），将长出来的斜线条修剪掉；再执行“直线”命令（L），捕捉大圆上线段的端点至小圆的垂直点绘制线段；并在下侧相应位置绘制线段并修剪，效果如图 2-177 所示。

步骤 09 在“图层”下拉列表中，选择“填充线”图层为当前图层。再执行“图案填充”命令（H），选择图案为“ANSI31”，设置比例为 300，和图案“AR-CONC”，比例为 30，对基层填充钢筋混凝土效果；然后将下侧两条直线删除掉，效果如图 2-178 所示。

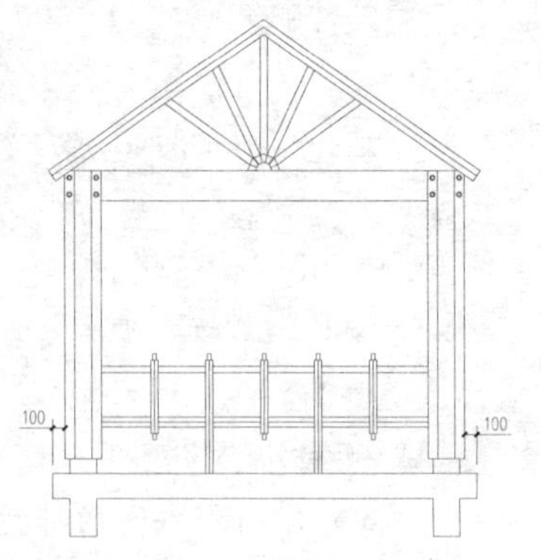

图 2-177　完善图形轮廓

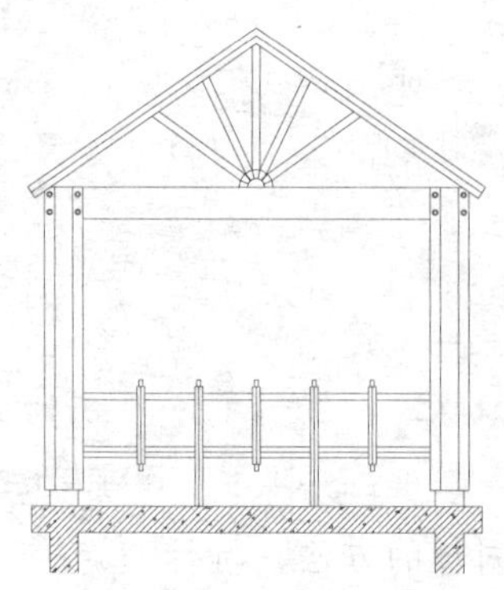

图 2-178　填充基层

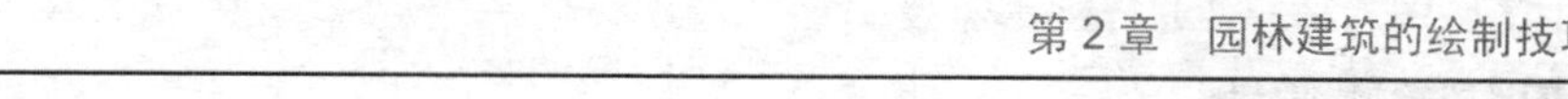

技巧：077　长廊图形的标注

视频：技巧077-长廊图形的标注.avi
案例：长廊.dwg

技巧概述：通过前面三个实例的讲解，长廊图形已经绘制完成，接下来就对长廊图形进行文字及尺寸的标注。

步骤 01 接上例，在“图层”下拉列表中，选择“尺寸标注”图层为当前图层。

步骤 02 执行“标注”命令（D），弹出“标注样式管理器”对话框，选择“园林标注-100”样式为当前标注样式；然后单击“修改”按钮，随后弹出“修改标注样式：园林标注-100”对话框，切换至“调整”选项卡，修改标注的全局比例为 50，如图 2-179 所示。

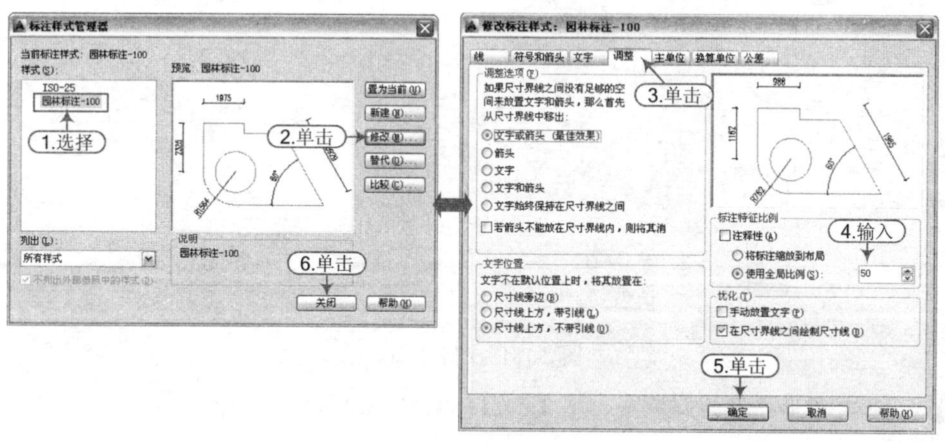

图 2-179　调整标注样式

步骤 03 执行“线形标注”命令（DLI）和“连续标注”命令（DCO），对图形进行尺寸的标注。

步骤 04 在“图层”下拉列表中，选择“文字标注”图层为当前图层。

步骤 05 执行“引线”命令（LE），在相应位置拖出引线，在选择“图内说明”文字样式，设置字高为 200，进行文字的注释，效果如图 2-180 所示。

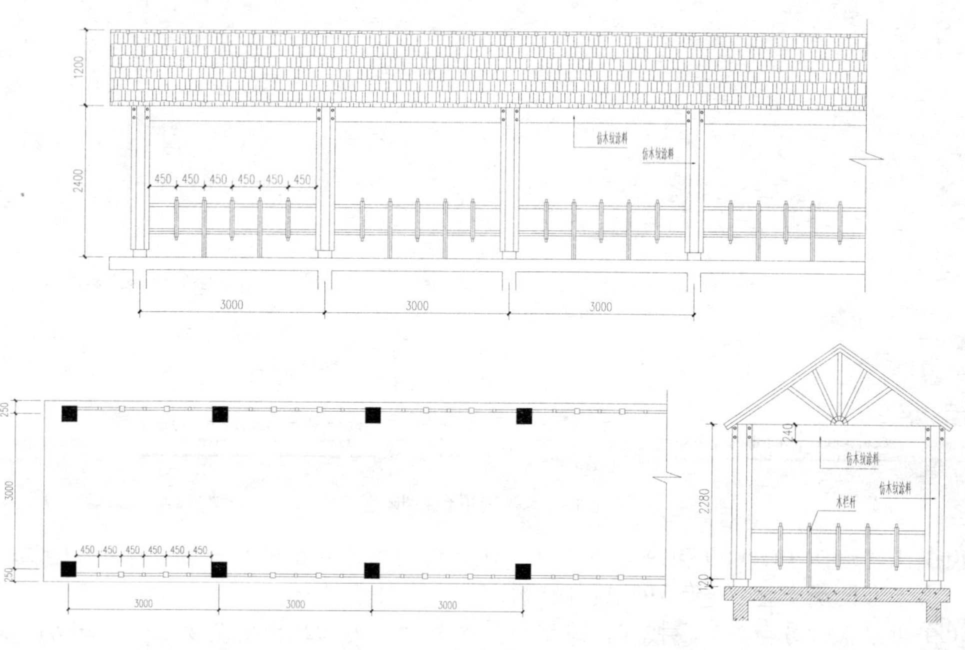

图 2-180　文字及尺寸标注

步骤 06 执行“多行文字”命令（MT），分别在图形的下侧拖出矩形文本框，再“文字格式”工具栏中选择“图名”文字样式，设置字高为 300，标注出图名；再执行“多段线”命令（PL），在图名下侧绘制适当宽度和长度的水平多段线，如图 2-181 所示。

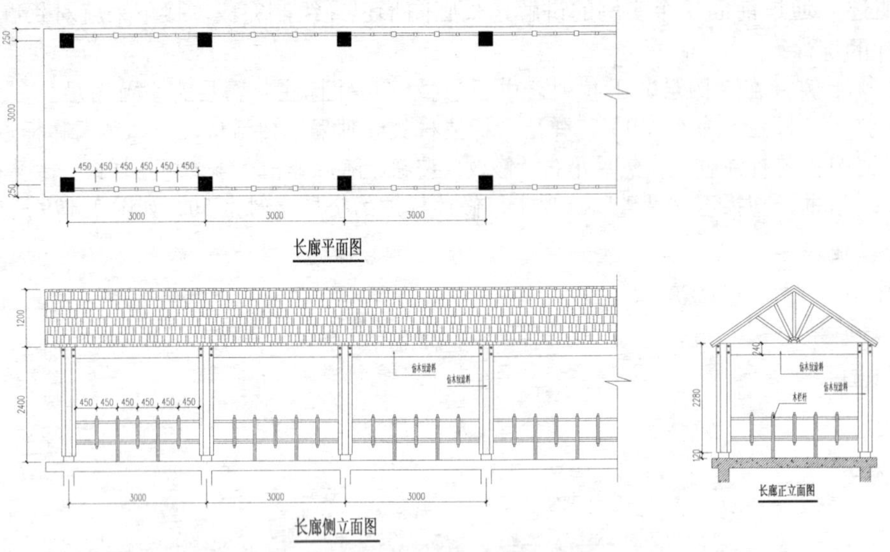

图 2-181　图名标注

步骤 07 至此，图形已经绘制完成，按【Ctrl+S】组合键将文件进行保存。

技巧：078 观景平台平面图的绘制

视频：技巧078-观景平台平面图的绘制.avi
案例：栈桥及观景平台.dwg

技巧概述： 接下来通过三个实例的讲解，分别绘制栈桥及观景平台的平面图和立面图，使读者掌握绘制观景平台施工图的绘制过程及学习技巧，其绘制的栈桥及观景平台图形效果如图 2-182 所示。

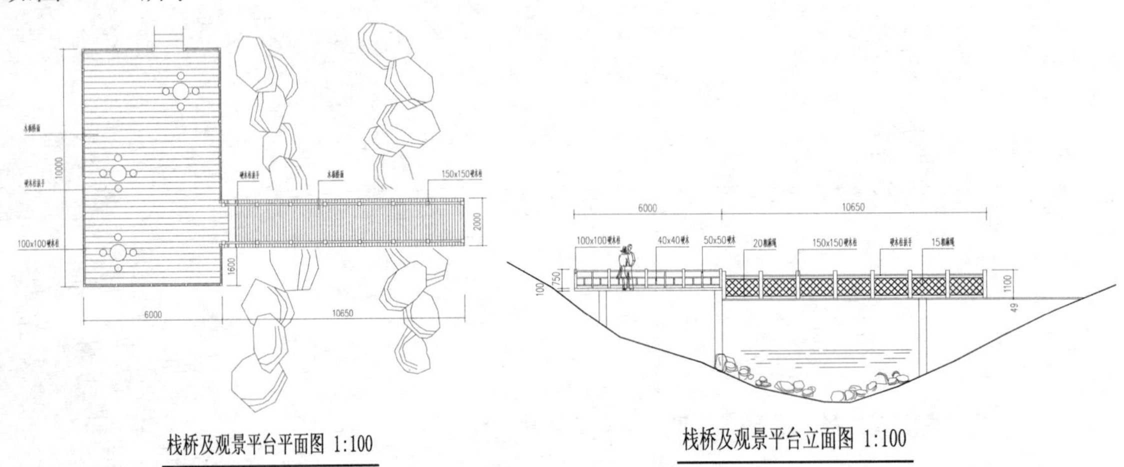

图 2-182　观景平台图形效果

步骤 01 正常启动 AutoCAD 2014 软件，在“快速访问”工具栏中，单击“打开”按钮，将本书配套光盘“案例\02\园林样板.dwg”文件打开。

步骤 02 再单击“另存为”按钮，将文件另存为“案例\02\栈桥及观景平台.dwg”文件。

步骤 03 在“图层”下拉列表中，选择“建筑线”图层为当前图层。

步骤 04 执行“直线”命令（L），在图形区域绘制出如图 2-183 所示的建筑轮廓线。

步骤 05 切换至“小品轮廓线”图层，执行“矩形”命令（REC），绘制 100×100 的矩形作为“扶手柱子”；并通过执行“移动”命令（M）和“复制”命令（CO），将柱子按照如图 2-184 所示进行复制。

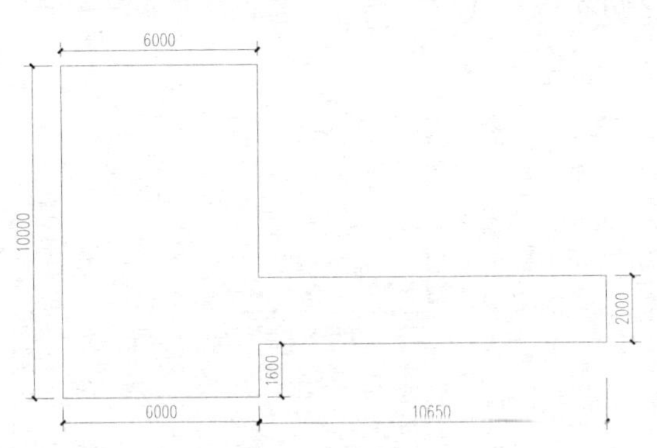

图 2-183　绘制轮廓线

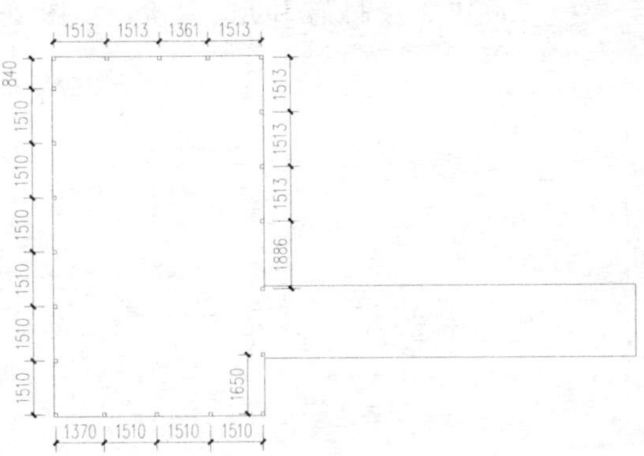

图 2-184　绘制柱子

步骤 06 执行“直线”命令（L）和“偏移”命令（O），在柱子之间绘制宽 50 的两条线段以表示“扶手栏杆”，如图 2-185 所示。

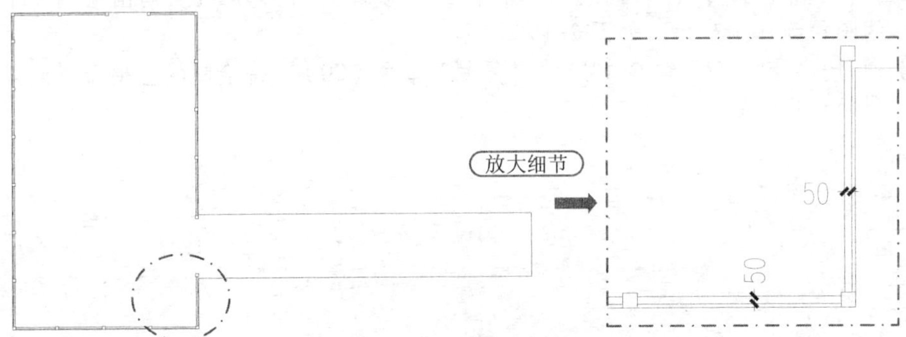

图 2-185　绘制扶手栏杆

步骤 08 执行“偏移”命令（O），将右侧的两条水平线各向内偏移 200 形成辅助轴线，且转换为“轴线”图层，如图 2-186 所示。

步骤 09 执行“矩形”命令（REC），绘制 150×150 的矩形作为“扶手柱子”；并通过执行“移动”命令（M）和“复制”命令（CO），将柱子按照如图 2-187 所示复制到轴线上。

图 2-186　绘制辅助线

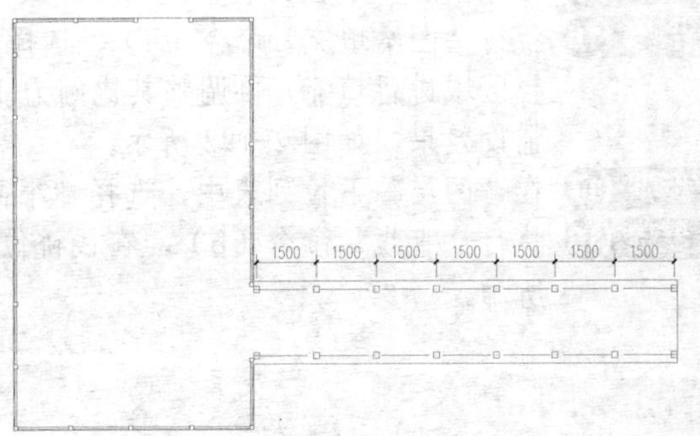

图 2-187　绘制柱子

步骤 10 执行“偏移”命令（O），将轴线向上和向下各偏移 40，且转换为“小品轮廓线”图层，以形成 80 宽的“扶手栏杆”；再执行“删除”命令（E），将两条轴线删除掉，效果如图 2-188 所示。

步骤 11 切换至“建筑线”图层，执行“直线”命令（L）和“偏移”命令（O），在图形相应位置绘制宽 300 的台阶，如图 2-189 所示。

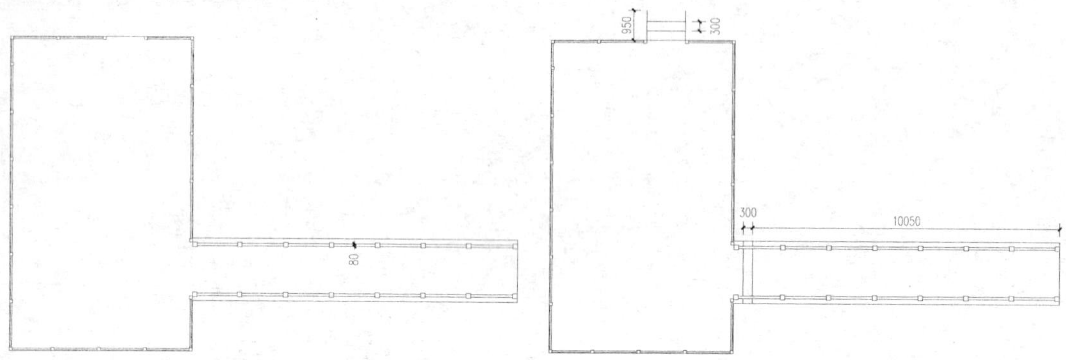

图 2-188　绘制栏杆

图 2-189　绘制台阶

步骤 12 在“图层”下拉列表中，选择“建筑线”图层为当前图层。

步骤 13 执行“圆”命令（C），绘制一个半径为 350 的圆；然后在其周围绘制 4 个半径 150 的圆作为休闲坐椅，如图 2-190 所示。

步骤 14 通过执行“移动”命令（M）和“复制”命令（CO），将绘制的坐椅布置到如图 2-191 所示相应位置。

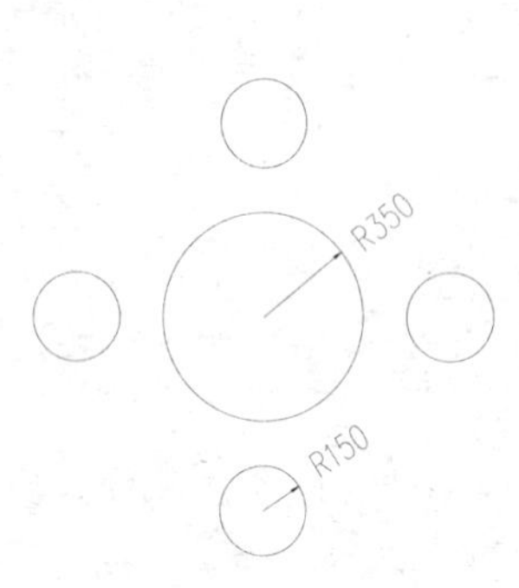

图 2-190　绘制坐椅

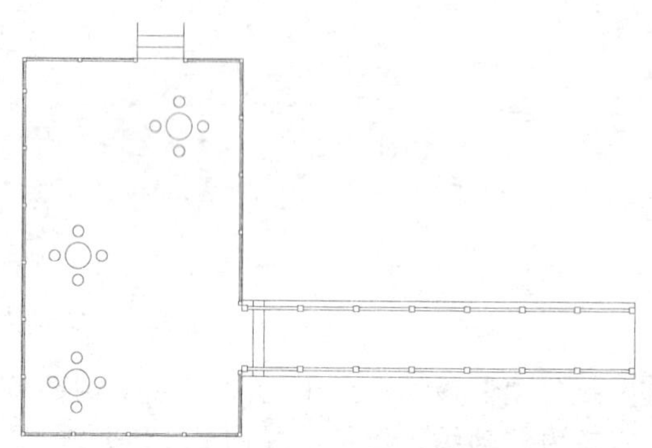

图 2-191　布置坐椅

步骤 15 在“图层”下拉列表中，选择“填充线”图层为当前图层。

步骤 16 执行“图案填充”命令（H），选择图案为“LINE”，设置比例为 2000，在左侧观景台区域进行填充，再调整其比例为 1000，在右侧栈桥区域进行填充，以形成“木板”铺设效果，如图 2-192 所示。

步骤 17 在“图层”下拉列表中，选择“小品轮廓线”图层为当前图层。

步骤 18 执行“直线”命令（L），在栈桥位置绘制一些不规则的线条作为石块，如图 2-193 所示。

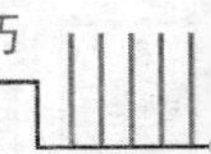

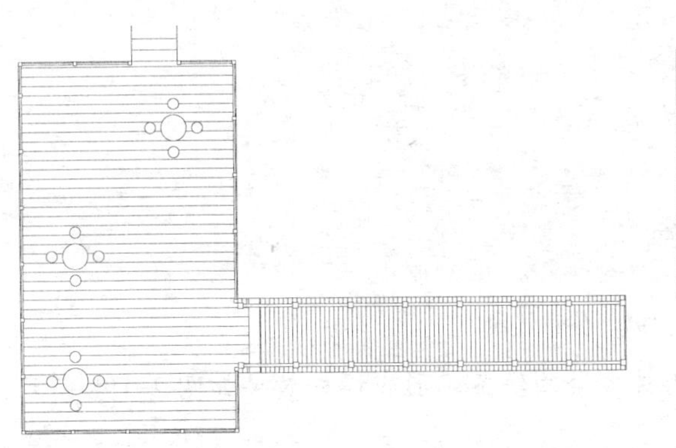

图 2-192　填充木板图例

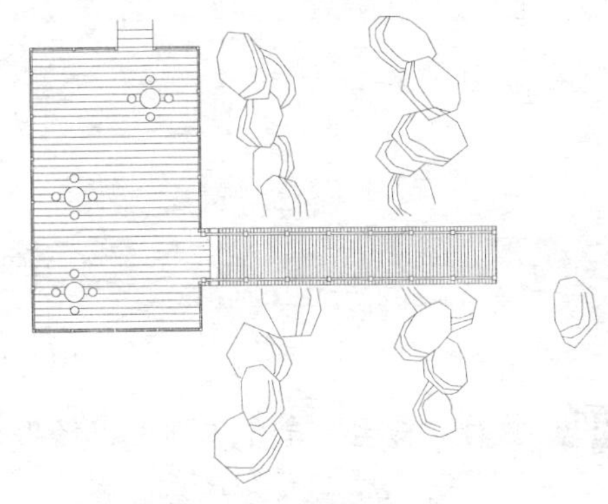

图 2-193　绘制石块

技巧：079　观景平台立面图的绘制

视频：技巧079-观景平台立面图的绘制.avi
案例：栈桥及观景平台.dwg

技巧概述：本实例根据前一实例绘制的平面图轮廓绘制投影线，然后在根据如下步骤来绘制出观景平台立面图。

步骤 01 接上例，执行“直线”命令（L），由平面图底端的柱子轮廓向下绘制投影线；再执行“直线”命令（L），在投影线上绘制一条水平线；再执行“偏移”命令（O），将水平线依次向下偏移 100、650 和 450，如图 2-194 所示。

步骤 02 执行“修剪”命令（TR），修剪掉多余的线条，立面柱子效果如图 2-195 所示。

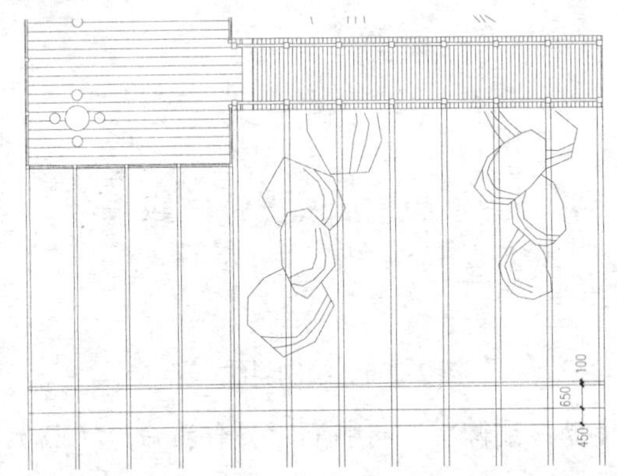

图 2-194　绘制投影线

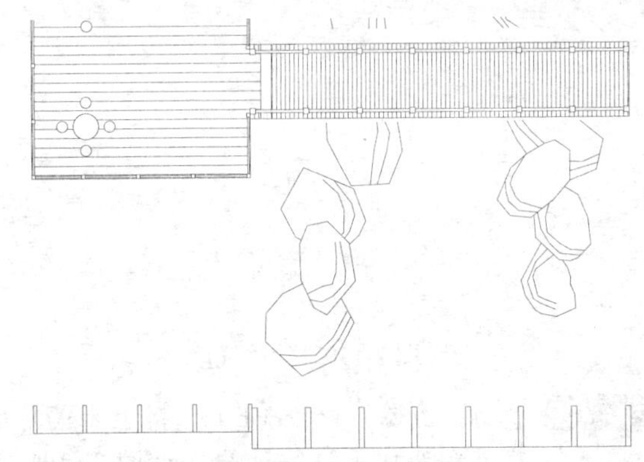

图 2-195　修剪效果

步骤 03 执行“偏移”命令（O）和“修剪”命令（TR），在左侧柱子处将水平线段进行偏移，如图 2-196 所示。

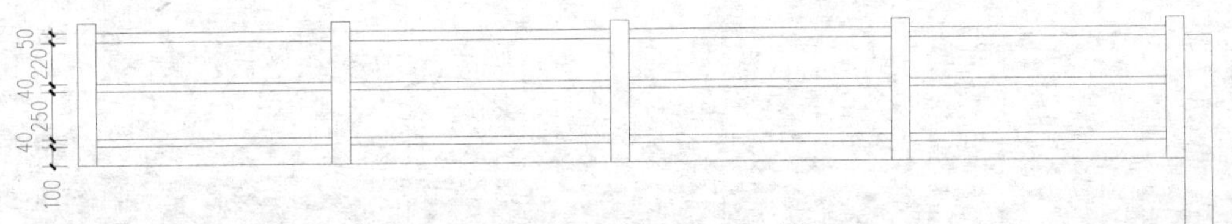

图 2-196　偏移线段

步骤 04 再执行“偏移”命令（O），在柱子之间将垂直线段进行偏移，如图 2-197 所示。

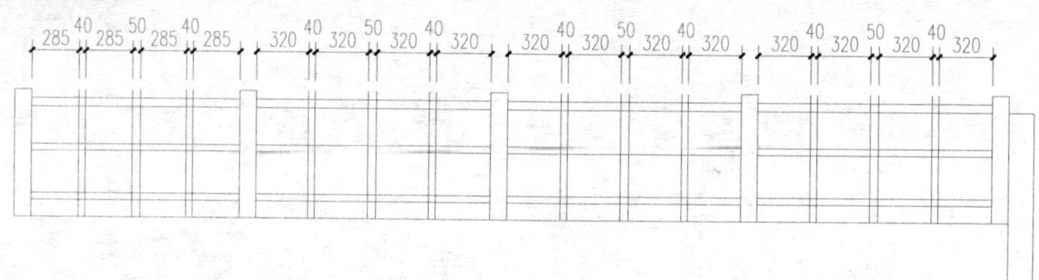

图 2-197　偏移线段

步骤 05 执行“修剪”命令（TR），修剪掉多余的线条，形成栏杆效果如图 2-198 所示。

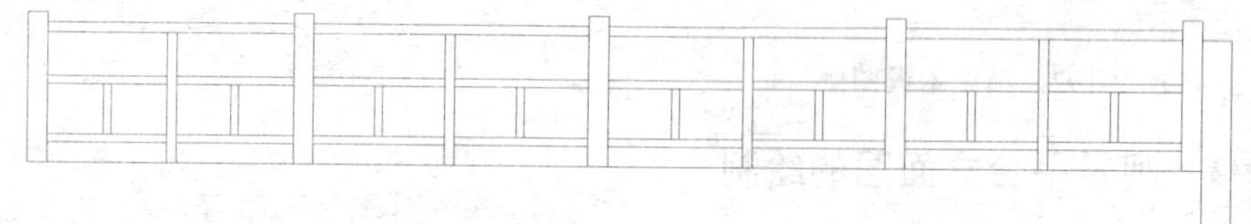

图 2-198　修剪栏杆立面

步骤 06 执行“偏移”命令（O）和“修剪”命令（TR），在右侧两个高柱子之间绘制出栏杆线，如图 2-199 所示。

步骤 08 执行“偏移”命令（O），将线段按照如图 2-200 所示进行偏移，形成辅助线；再执行“直线”命令（L），捕捉交点绘制对角线。

图 2-199　偏移线段

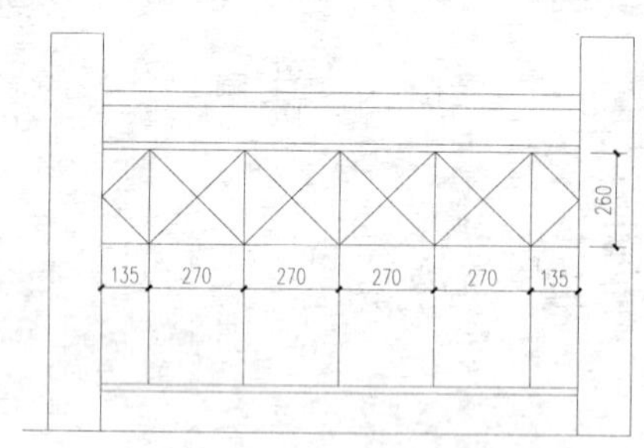

图 2-200　绘制斜线

步骤 09 执行“删除”命令（E），将上步偏移的辅助线删除掉；再执行“延伸”命令（EX），将对角线向下进行延伸，如图 2-201 所示。

步骤 10 执行“偏移”命令（O）和“修剪”命令（TR），将两边的斜线各偏移 187，如图 2-202 所示。

图 2-201　延伸斜线

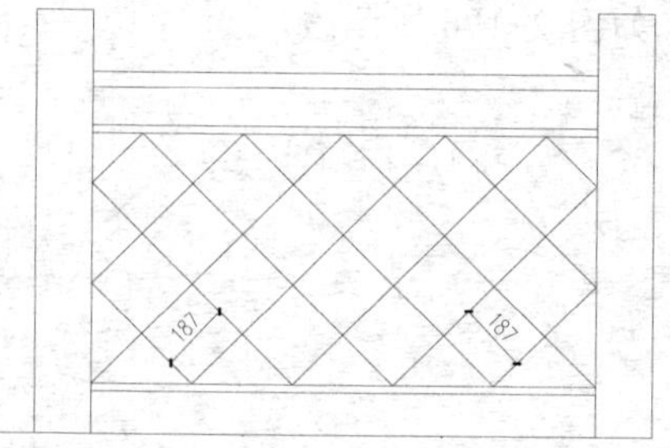

图 2-202　偏移斜线

步骤 11 执行“偏移”命令（O）和“修剪”命令（TR），将各斜线各向两侧偏移 8，再修剪

掉多余的线条，形成“麻绳”效果，如图 2-203 所示。

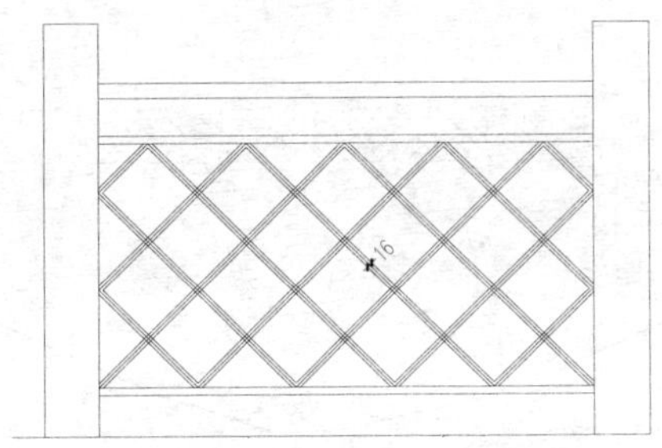

图 2-203　偏移修剪斜线

步骤 12 执行“复制”命令（CO），将绘制好的栏杆图形复制到其他同宽的柱子之间，如图 2-204 所示。

图 2-204　复制栏杆

步骤 13 执行“偏移”命令（O）和“延伸”命令（EX），将栏杆底端的水平线各向下偏移，并进行相应的延伸操作，从而形成“建筑平台”，如图 2-205 所示。

图 2-205　绘制平台

步骤 14 执行“直线”命令（L）和“偏移”命令（O），平台下侧绘制出宽 300 的“支撑柱子”，在如图 2-206 所示。

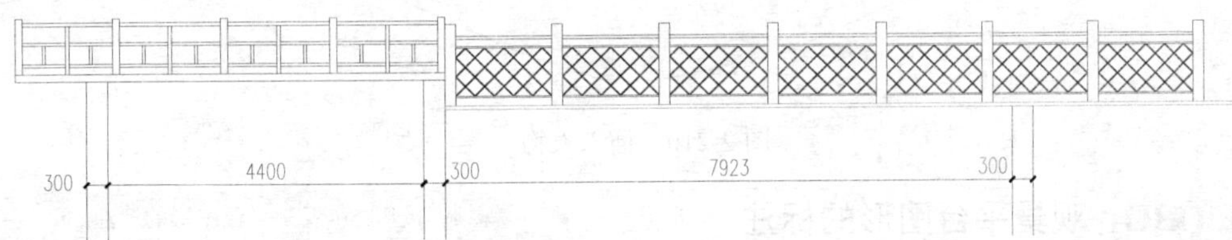

图 2-206　绘制柱子支架

步骤 15 执行“多段线”命令（PL），设置全局宽度为 25，在建筑的下侧绘制一条多段线；再通过执行“延伸”命令（EX），对相应线段进行延伸操作，如图 2-207 所示。

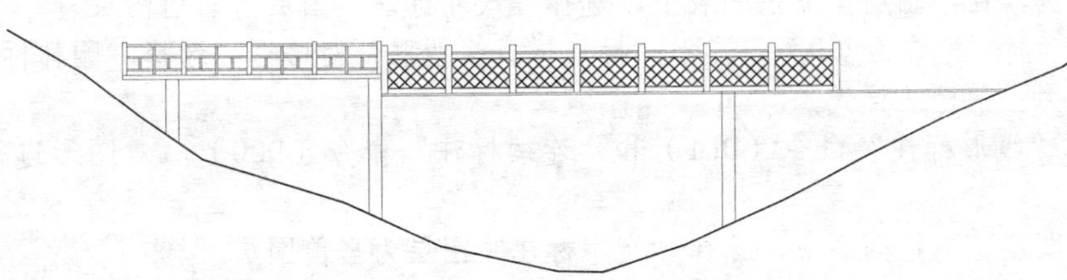

图 2-207　绘制多段线

步骤 16 执行“多段线”命令（PL）和“复制”命令（CO），在池底绘制一些石块，如图 2-208 所示。

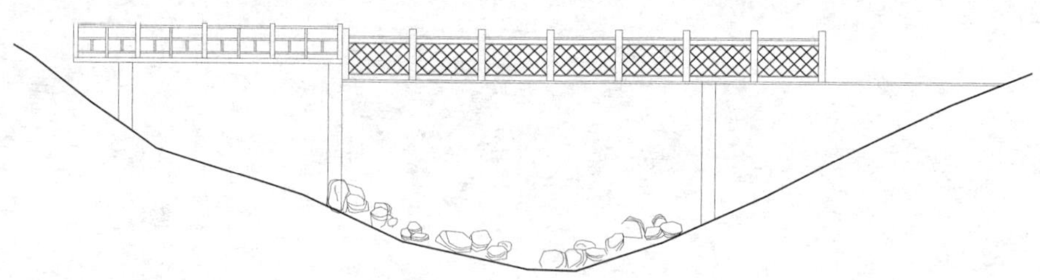

图 2-208　绘制石块

步骤 17 切换至“水体轮廓线”图层，执行“直线”命令（L），在石块的上方绘制一些水平线以表示水流效果，如图 2-209 所示。

图 2-209　绘制水流

步骤 18 切换至“人物配景线”图层，执行“插入块”命令（I），将“案例\02\人物.dwg”文件插入图形中相应位置，效果如图 2-210 所示。

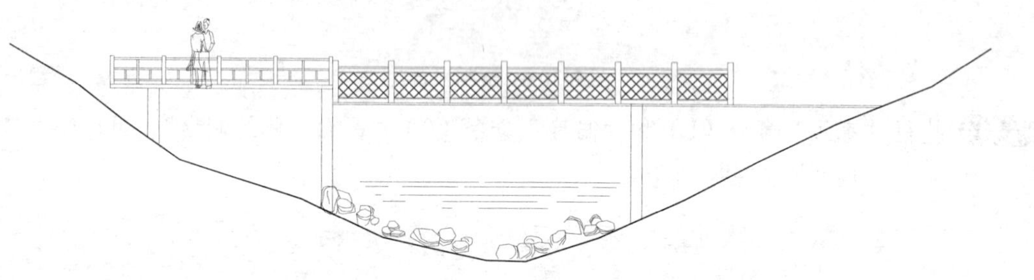

图 2-210　插入人物

技巧：080 观景平台图形的标注

视频：技巧080-观景平台图形的标注.avi
案例：栈桥及观景平台.dwg

技巧概述：通过前面两个实例的讲解，观景平台图形已经绘制完成，接下来就对其进行文字及尺寸的标注。

步骤 01 接上例，在“图层”下拉列表中，选择“尺寸标注”图层为当前图层。

步骤 02 执行“标注”命令（D），弹出“标注样式管理器”对话框，选择“园林标注-100”样式为当前标注样式。

步骤 03 执行“线形标注”命令（DLI）和“连续标注”命令（DCO），对图形进行尺寸的标注。

步骤 04 在“图层”下拉列表中，选择“文字标注”图层为当前图层。

步骤 05 执行“引线”命令（LE），在相应位置拖出引线，在选择“图内说明”文字样式，设置字高为 350，进行文字的注释，效果如图 2-211 所示。

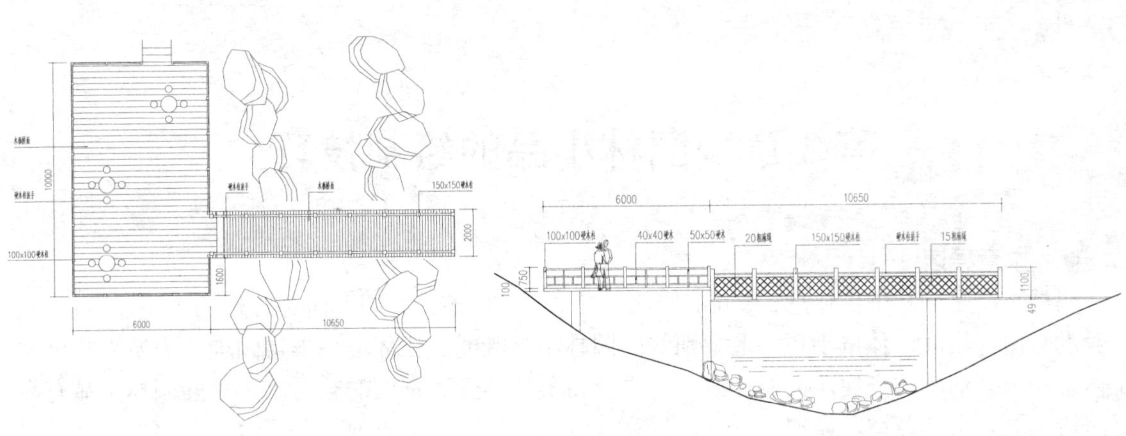

图 2-211　文字及尺寸标注

步骤 06 执行“多行文字”命令（MT），分别在图形的下侧拖出矩形文本框，再“文字格式”工具栏中选择“图名”文字样式，设置字高为 300，标注出图名；再执行“多段线”命令（PL），在图名下侧绘制适当宽度和长度的水平多段线，如图 2-212 所示。

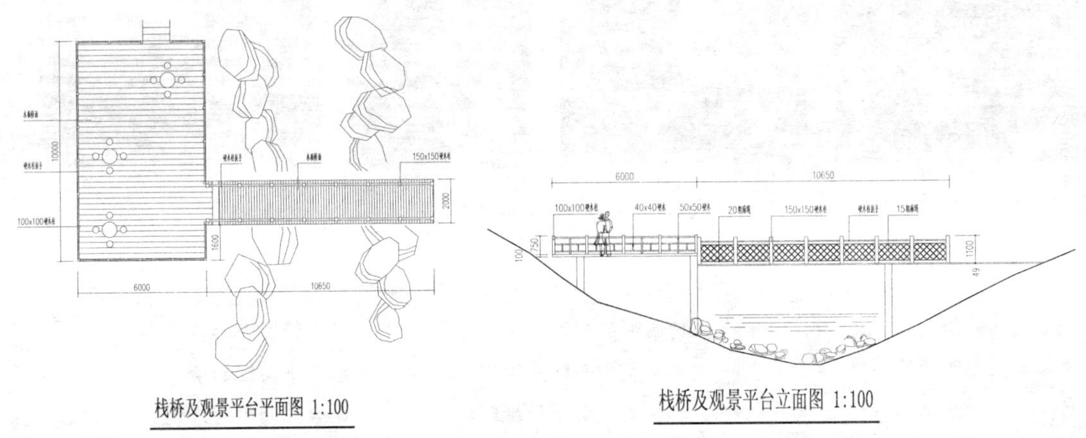

图 2-212　图名标注

步骤 07 至此，景观平台图形已经绘制完成，按【Ctrl+S】组合键将文件进行保存。

第 3 章　园林小品的绘制技巧

● **本章导读**

园林小品是园林中供休息、装饰、照明、展示和方便游人之用及园林管理的小型建筑设施。一般没有内部空间，体量小巧，造型别致。园林小品既能美化环境，丰富园趣，为游人提供文化休息和公共活动的方便，又能让游人从中获得美的感受和良好的教益。常见的园林小品有靠背园椅、凳、桌、花钵、雕塑、景墙、景窗、灯柱、灯头、标志牌、洗手池、公用电话亭、时钟塔等，园林建筑小品具有精美、灵巧和多样化的特点，设计创作时可以做到“景到随机，不拘一格”，在有限空间得其天趣。

图 3-1 所示为各种类型的园林小品摄影图片。

图 3-1　园林小品图片

● **本章内容**

围墙立面图的绘制	木椅图形的标注	景石坐椅图形的标注
挡土墙剖立面图的绘制	树池坐凳平面图的绘制	升旗台平面图的绘制
灯柱平面图的绘制	树池坐凳立面图的绘制	升旗台立面图的绘制
灯柱立面图的绘制	树池坐凳图形的标注	升旗台图形的标注
灯柱图形的标注	景石坐椅平面图的绘制	雕塑平面图的绘制
木椅平面图的绘制	景石坐椅节点详图的绘制	雕塑立面图的绘制
木椅立面及剖图的绘制	景石坐椅立面图的绘制	雕塑图形的标注

技巧：081　围墙立面图的绘制

视频：技巧081-绘制围墙立面图.avi
案例：围墙.dwg

技巧概述：围墙在建筑学上是指一种垂直向的空间隔断结构，用来围合、分割或保护某一区域，一般都围着建筑体的墙。几乎所有重要的建筑材料都可以成为建造围墙的材料，如木材、石材、砖、混凝土、金属材料、高分子材料甚至玻璃。图 3-2 所示为围墙的摄影图片。

图 3-2　围墙图片

本实例讲解围墙立面图的绘制方法，使读者掌握围墙施工图的绘制过程及相关知识，其绘制的围墙立面图效果如图 3-3 所示。

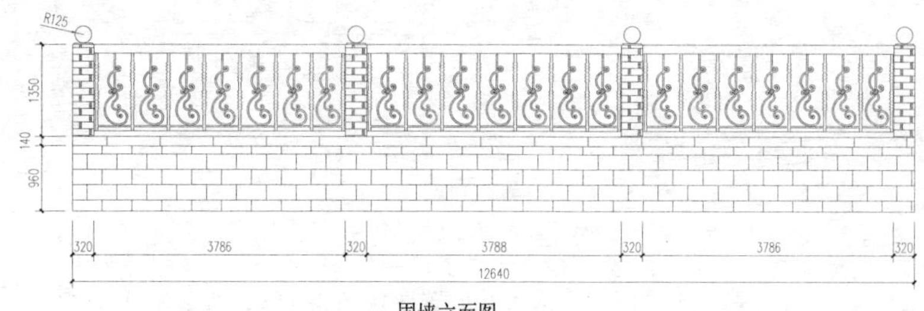

图 3-3　围墙图形效果

步骤 01 正常启动 AutoCAD 2014 软件，在“快速访问”工具栏中，单击“打开”按钮，将本书配套光盘“案例\03\园林样板.dwg”文件打开。

步骤 02 再单击“另存为”按钮，将文件另存为“案例\03\围墙.dwg”文件。

步骤 03 在“图层”下拉列表中，选择“小品轮廓线”图层为当前图层。

步骤 04 执行“矩形”命令（REC），绘制 12640×2450 的矩形；再执行“分解”命令（X）和“偏移”命令（O），将矩形分解并按照如图 3-4 所示将矩形边进行偏移。

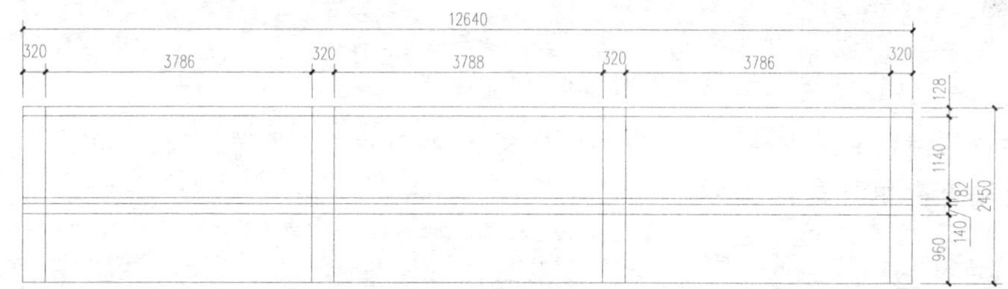

图 3-4　绘制矩形并偏移

步骤 05 执行“修剪”命令（TR），修剪多余的线条，效果如图 3-5 所示。

图 3-5　修剪图形效果

步骤 06 通过执行“圆”命令（C）和“矩形”命令（REC），绘制灯座如图 3-6 所示。

步骤 07 执行“移动”命令（M）和“复制”命令（CO），将上步的灯座放置到柱子上，如图 3-7 所示。

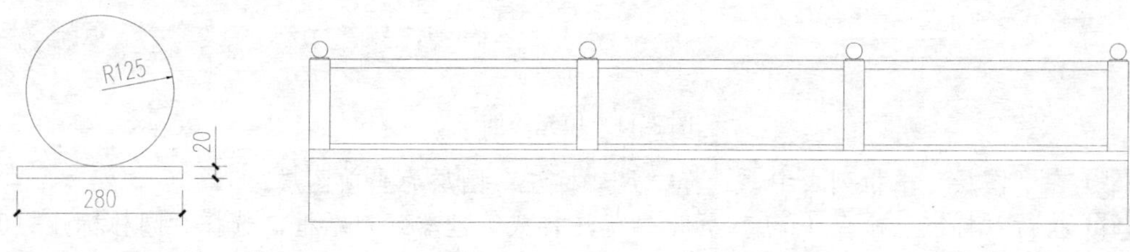

图 3-6　绘制灯座　　　　图 3-7　移动复制灯座

步骤08 执行“插入块”命令（I），将“案例\03\铁艺护栏.dwg”文件作为图块插入图形中；然后通过移动和复制命令，放置到相应的位置，如图 3-8 所示。

图 3-8　插入并放置图块效果

步骤09 在“图层”下拉列表中，选择“填充线”图层为当前图层。

步骤10 执行“图案填充”命令（H），选择图案为“BRSTONE”，设置比例为 300，对柱子进行填充，如图 3-9 所示。

图 3-9　填充柱子

步骤11 按空格键重复填充命令，再选择图案为“AR-B816”，设置比例为 50，对扶手平台进行填充，如图 3-10 所示。

图 3-10　填充台面

步骤12 再按空格键重复填充命令，再选择图案为“BRICK”，设置比例为 900，对下侧矮墙进行填充，如图 3-11 所示。

图 3-11　填充矮墙

步骤13 在“图层”下拉列表中，选择“尺寸标注”图层为当前图层。

步骤14 执行“标注”命令（D），弹出“标注样式管理器”对话框，选择“园林标注-100”样式为当前标注样式；然后单击“修改”按钮，随后弹出“修改标注样式：园林标注-100”对话框，切换至“调整”选项卡，修改标注的全局比例为 50，如图 3-12 所示。

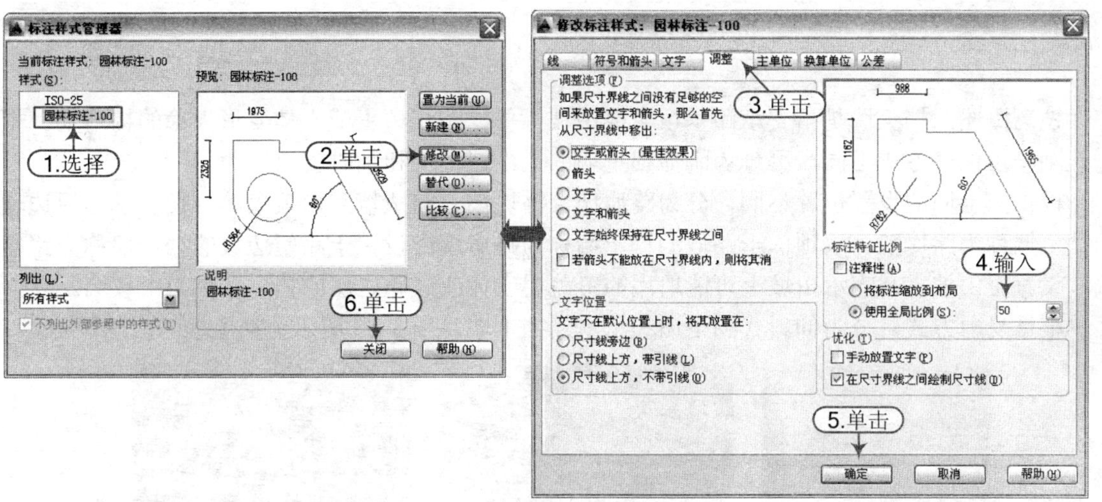

图 3-12　调整标注样式

步骤 15 执行“线形标注”命令（DLI）、“连续标注”命令（DCO）和“半径标注”命令（DRA），对图形进行尺寸的标注，如图 3-13 所示。

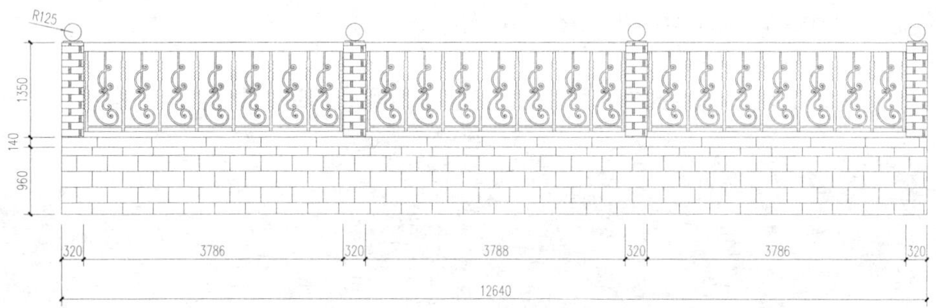

图 3-13　标注图形尺寸

步骤 16 在“图层”下拉列表中，选择“文字标注”图层为当前图层。

步骤 17 执行“多行文字”命令（MT），分别在图形的下侧拖出矩形文本框，再“文字格式”工具栏中选择“图名”文字样式，设置字高为 300，标注出图名；再执行“多段线”命令（PL），在图名下侧绘制适当宽度和长度的水平多段线，如图 3-14 所示。

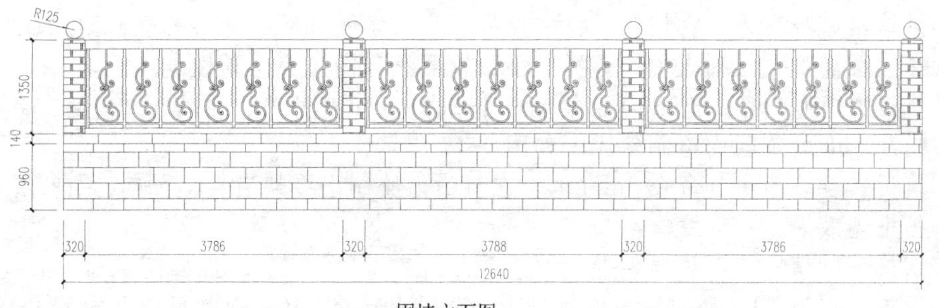

图 3-14　图名标注效果

步骤 18 至此，图形已经绘制完成，按【Ctrl+S】组合键将文件进行保存。

技巧：082 挡土墙剖立面图的绘制

视频：技巧082-绘制挡土墙剖立面图.avi
案例：挡土墙剖立面图.dwg

技巧概述：挡土墙是指支承路基填土或山坡土体、防止填土或土体变形失稳的构造物。根据其刚度及位移方式不同，可分为刚性挡土墙、柔性挡土墙和临时支撑三类。

根据挡土墙的设置位置不同，分为路肩墙、路堤墙、路堑墙和山坡墙等。设置于路堤边坡的挡土墙称为路堤墙；墙顶位于路肩的挡土墙称为路肩墙；设置于路堑边坡的挡土墙称为路堑墙；设置于山坡上，支承山坡上可能坍塌的覆盖层土体或破碎岩层的挡土墙称为山坡墙。

根据受力方式，分为仰斜式挡土墙和承重式挡土墙。图 3-15 所示为挡土墙的摄影图片。

图 3-15 挡土墙

本实例主要讲解挡土墙剖立面图的绘制方法，使读者掌握挡土墙施工图的绘制过程及相关知识，其绘制的挡土墙剖立面图效果如图 3-16 所示。

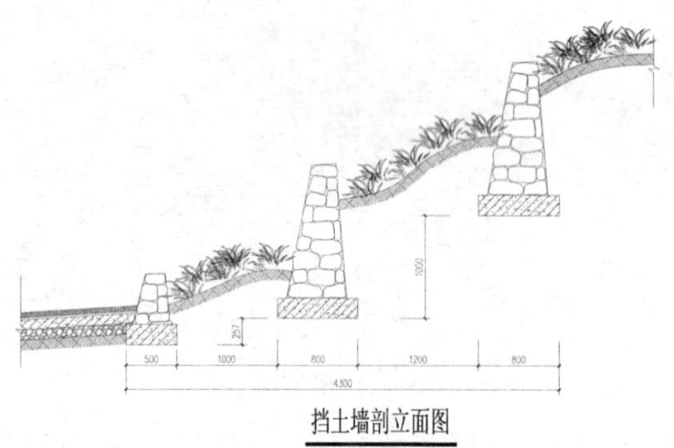

图 3-16 挡土墙剖立面图效果

步骤 01 正常启动 AutoCAD 2014 软件，在“快速访问”工具栏中，单击“打开”按钮，将本书配套光盘“案例\03\园林样板.dwg”文件打开。

步骤 02 再单击“另存为”按钮，将文件另存为“案例\03\挡土墙剖立面图.dwg”文件。

步骤 03 在“图层”下拉列表中，选择“小品轮廓线”图层为当前图层。

步骤 04 执行“矩形”命令（REC），绘制一个 500×200 的矩形；再执行“直线”命令（L），在高 500 的范围内绘制斜线，如图 3-17 所示。

步骤 05 执行“样条曲线”命令（SPL），在斜线内绘制出多块石头，如图 3-18 所示以形成挡土墙效果。

步骤 06 切换至“填充线”图层，执行“图案填充”命令（H），选择图案为“AR-CONC”，设置比例为 10，和图案“ANSI31”，设置比例为 500，在基层填充钢筋混凝土效果，如图 3-19 所示。

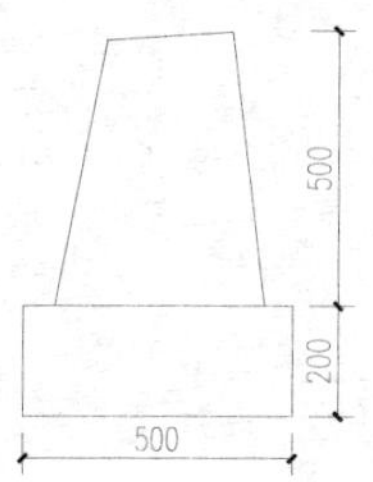

图 3-17　绘制矩形和线段

图 3-18　绘制石头

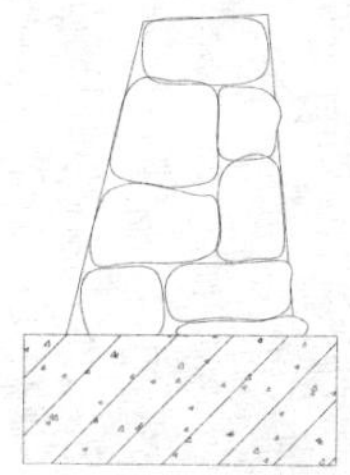

图 3-19　填充图案

步骤 07 根据同样的方法，绘制出另一尺寸的挡土墙，如图 3-20 所示。

步骤 08 通过执行"移动"命令（M）和"复制"命令（CO），将挡土墙按照如图 3-21 所示进行放置。

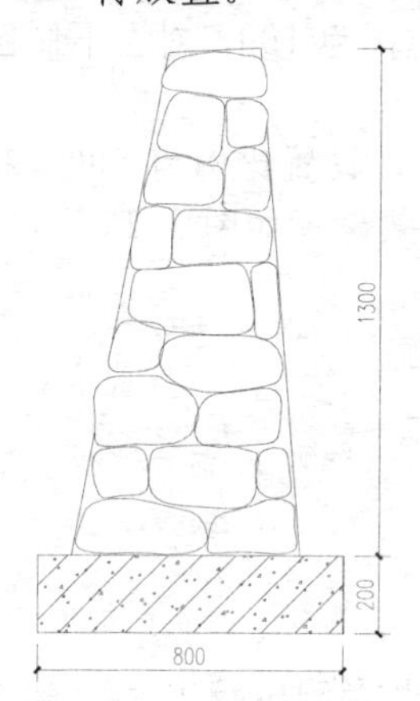

图 3-20　绘制另一挡土墙

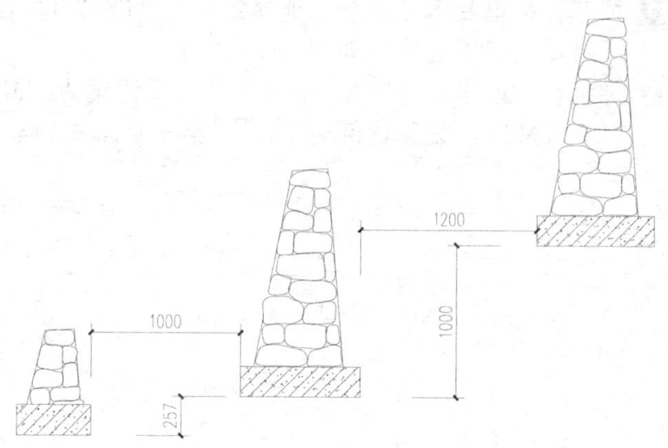

图 3-21　组合图形

步骤 09 切换至"小品轮廓线"图层，执行"样条曲线"命令（SPL），在挡土墙相应位置绘制样条曲线；再执行"偏移"命令（O），将线条按照如图 3-22 所示进行偏移；最后通过执行"多段线"命令（PL），在两侧绘制出折断线。

图 3-22　绘制偏移线段

步骤 10 切换至"填充线"图层，执行"图案填充"命令（H），选择图案为"AR-PAPQ1"，设置比例为 10，角度为 45°，在相应位置填充自然土壤效果；然后执行"删除"命令（E），将下侧的线条删除掉，效果如图 3-23 所示。

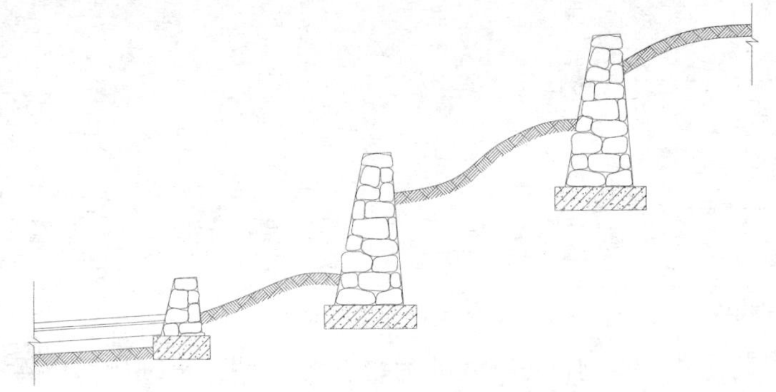

图 3-23 填充自然土壤

步骤 11 按空格键重复填充命令，选择图案为“GRAVEL”，设置比例为100，对左下侧图形第二层填充卵石效果，如图 3-24 所示。

步骤 12 再执行“图案填充”命令（H），选择图案为“ANSI31”，设置比例为 500，和图案“AR-CONC”，设置比例为10，对第三层填充钢筋混凝土效果，如图 3-25 所示。

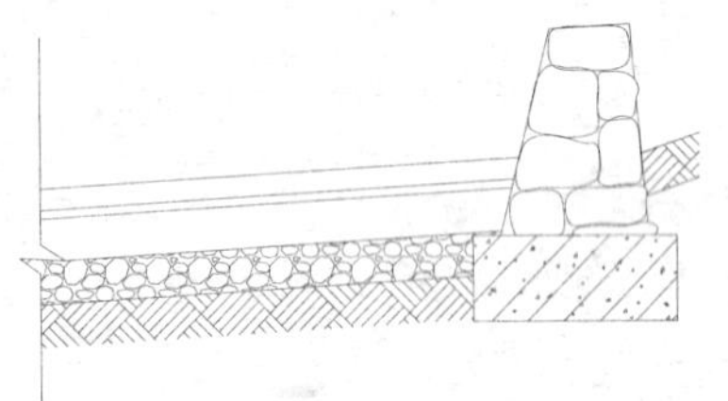

图 3-24 填充卵石铺垫层

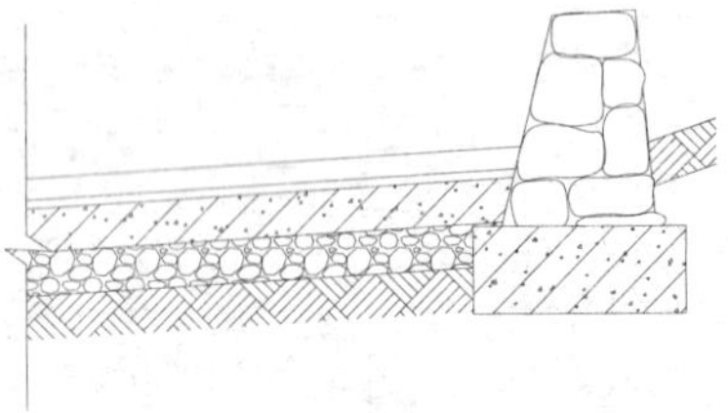

图 3-25 填充钢筋混凝土层

步骤 13 重复填充命令，选择图案为“ANSI32”，设置比例为 50，对顶层填充地砖效果，如图 3-26 所示。

步骤 14 在“图层”下拉列表中，选择“绿化配景线”图层为当前图层。

步骤 15 执行“插入块”命令（I），将“案例\03\植物.dwg”文件作为图块插入图形中；再通过复制和旋转命令，将植物复制到填充的自然土壤上，如图 3-27 所示。

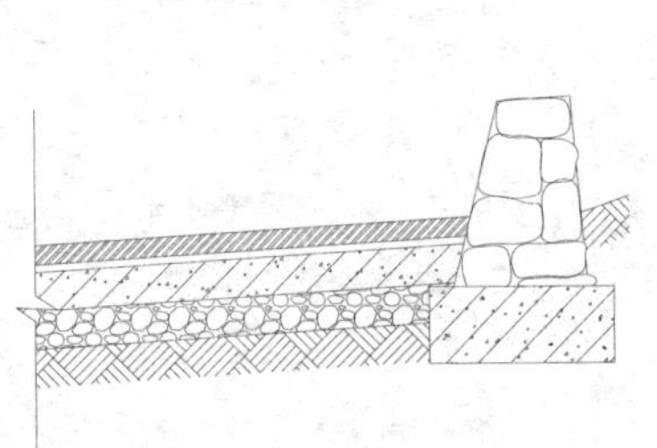

图 3-26 填充地砖层

图 3-27 插入并放置植物

步骤 16 在“图层”下拉列表中，选择“尺寸标注”图层为当前图层。

步骤 17 执行“线形标注”命令（DLI）和“连续标注”命令（DCO），对图形进行尺寸的标注，效果如图 3-28 所示。

步骤 18 在“图层”下拉列表中，选择“文字标注”图层为当前图层。

步骤 19 执行“多行文字”命令（MT），分别在图形的下侧拖出矩形文本框，再“文字格式”工具栏中选择“图名”文字样式，设置字高为 200，标注出图名；再执行“多段线”命令（PL），在图名下侧绘制适当宽度和长度的水平多段线，如图 3-29 所示。

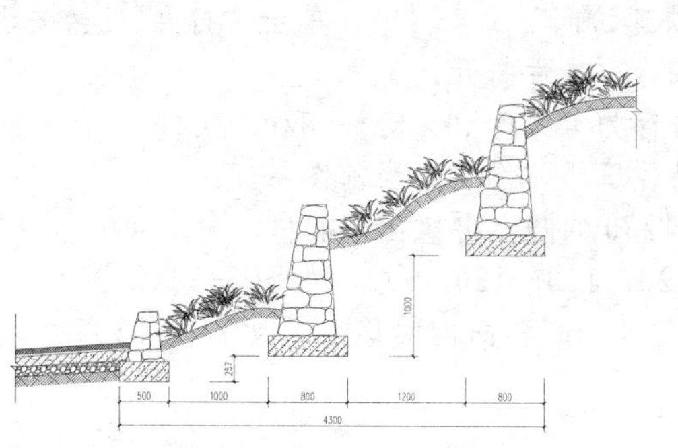

图 3-28　标注图形尺寸

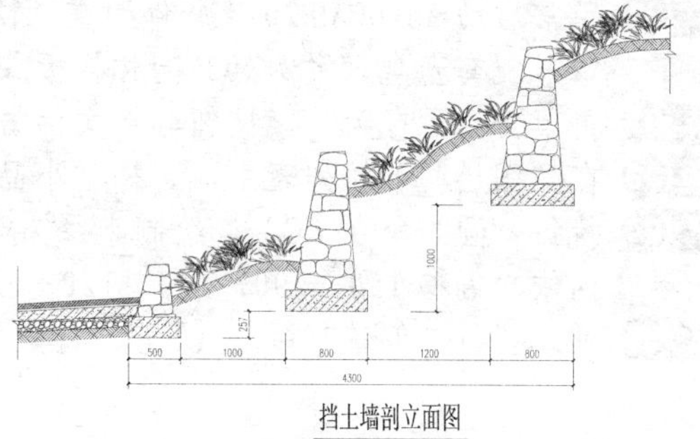

图 3-29　图名标注效果

步骤 20 至此，图形已经绘制完成，按【Ctrl+S】组合键将文件进行保存。

技巧：083　灯柱平面图的绘制

视频：技巧083-灯柱平面图的绘制.avi
案例：灯柱.dwg

技巧概述：景观灯柱是现代景观中不可缺少的部分。它不仅自身具有较高的观赏性，还强调艺术灯的景观与景区历史文化、周围环境的协调统一。景观灯利用不同的造型、相异的光色与亮度来造景。例如红色光的灯笼造型景观灯为广场带来一片喜庆气氛，绿色椰树灯在池边立出一派热带风情。观灯适用于广场、居住区、公共绿地等景观场所。使用中要注意不要过多过杂，以免喧宾夺主，使景观显得杂乱浮华。图 3-30 所示为景观灯柱摄影图片。

图 3-30　景观灯柱图片

接下来通过三个实例的讲解，分别绘制灯柱的平面图和立面图，使读者掌握灯柱施工图的绘制过程及学习灯柱设计的相关知识，其绘制的灯柱效果如图 3-31 所示。

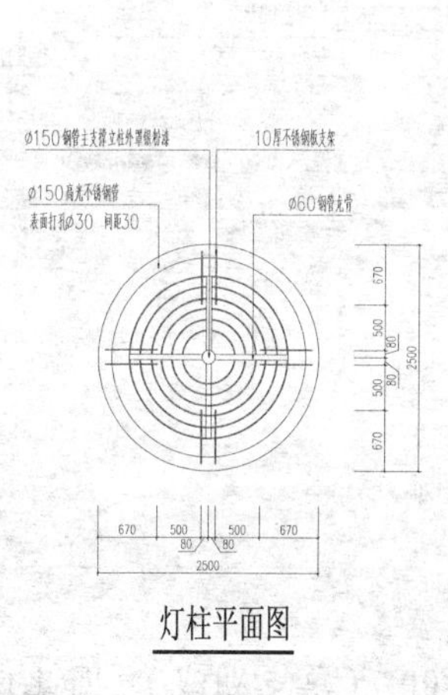

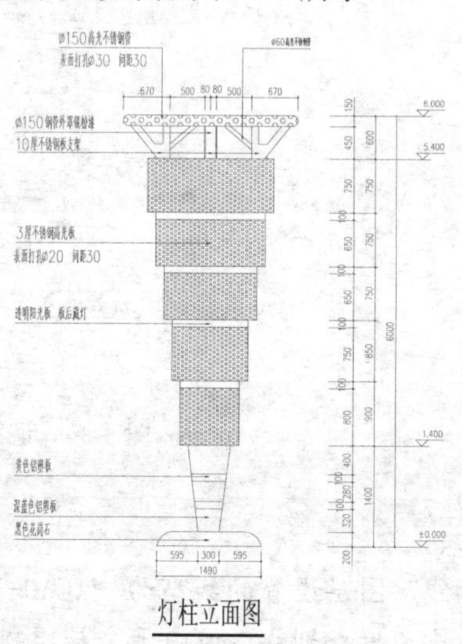

图 3-31　灯柱图形效果

步骤 01 正常启动 AutoCAD 2014 软件，在“快速访问”工具栏中，单击“打开”按钮，将本书配套光盘“案例\03\园林样板.dwg”文件打开。

步骤 02 再单击“另存为”按钮，将文件另存为“案例\03\灯柱.dwg”文件。

步骤 03 在“图层”下拉列表中，选择“小品轮廓线”图层为当前图层。

步骤 04 执行“圆”命令（C），绘制半径为 1250 的圆；再执行“偏移”命令（O），将圆向内依次偏移 150、200、120、120、120、120、120、225，如图 3-32 所示。

步骤 05 继续执行“偏移”命令（O），将中间 6 个圆各向内偏移 10，如图 3-33 所示。

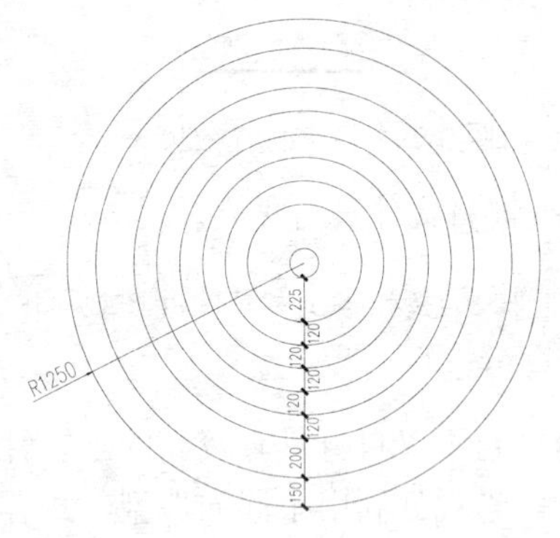

图 3-32 绘制偏移圆

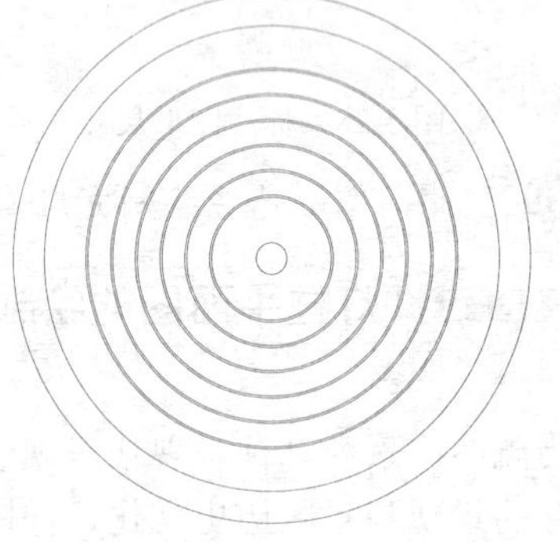

图 3-33 偏移圆

步骤 06 在“图层”下拉列表中，选择“轴线”图层为当前图层。

步骤 07 执行“直线”命令（L），过圆左右象限点绘制一条水平直径线；再执行“格式|线型”菜单命令，在弹出的“线型管理器”对话框中，单击“显示细节”按钮，则该按钮变为“隐藏细节”，并在下侧显示出“详细信息”栏，然后在“全局比例因子”栏中输入 5，以改变轴线的显示比例，如图 3-34 所示。

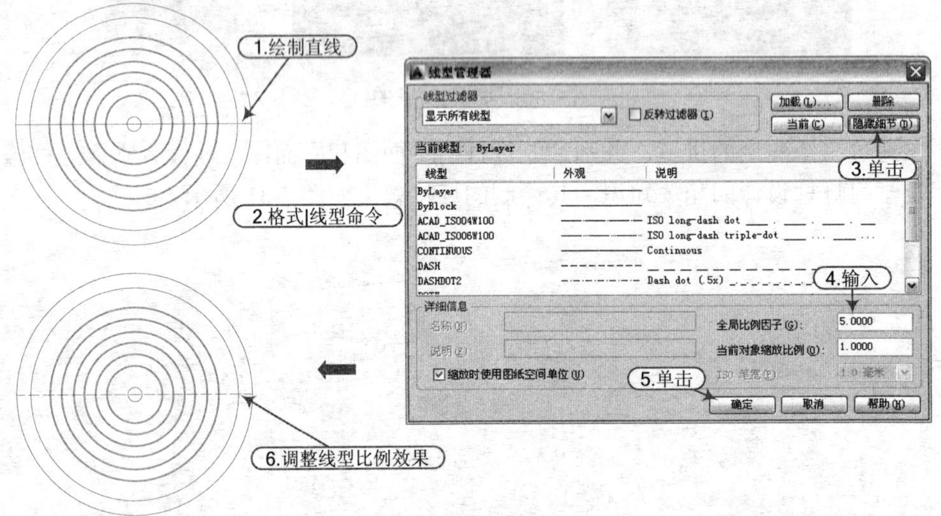

图 3-34 调整线型比例

技巧提示 ★★★★★

因为“轴线”图层设置的线型为“ACAD-IS004W100”（单点划线），因此使用“轴线”图层绘制的线段为单点划线，但由于全局比例因子过小的原故（默认为 1.0），使绘制的线

段看不出单点划线效果，这时就应通过执行“格式|线型”菜单命令，来对全局比例因子进行调整。

修改全局线型比例因子可以全局修改新建和现有对象的线型比例。默认情况下，全局线型比例为 1.0，比例越小，每个绘图单位中生成的重复图案就越多。

步骤 08 执行“偏移”命令（O），将轴线向上向下各偏移 30，然后将偏移的线段转换为“小品轮廓线”图层，如图 3-35 所示。

步骤 09 执行“修剪”命令（TR），修剪多余的线条与圆弧，效果如图 3-36 所示。

步骤 10 执行“阵列”命令（AR），选择绘制的两条线段，选择“极轴”阵列，再指定同心圆圆心为基点进行项目数为 4 的环形阵列；再执行“修剪”命令（TR），修剪掉阵列图形中间多余的圆弧，效果如图 3-37 所示。

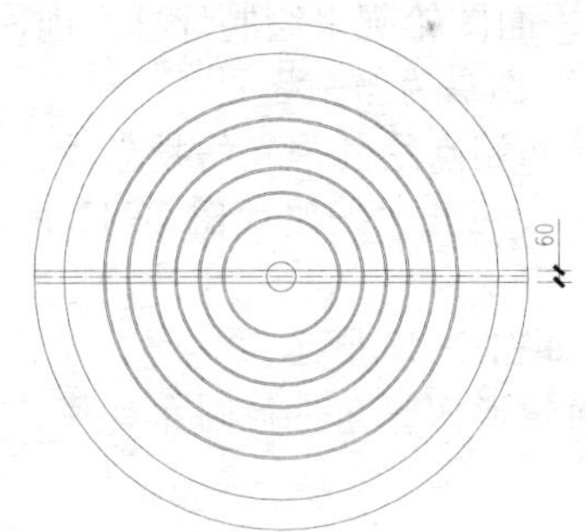

图 3-35　偏移轴线

图 3-36　修剪效果

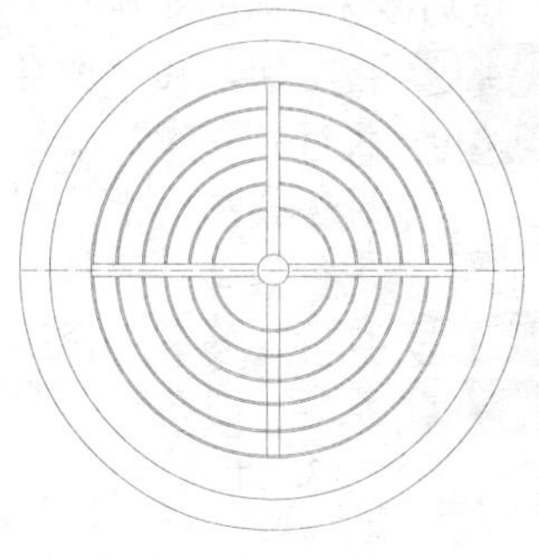

图 3-37　阵列图形

步骤 11 切换至“轴线”图层，执行“直线”命令（L），绘制圆的垂直直径线；再执行“偏移”命令（O），将其向右偏移 580；再执行“圆”命令（C），以圆心绘制一个半径为 1175 的圆，如图 3-38 所示。

步骤 12 执行“偏移”命令（O），将水平轴线向上向下各偏移 80；然后将偏移 80 的轴线再次各向上和向下偏移 5，并转换为“小品轮廓线”图层如图 3-39 所示。

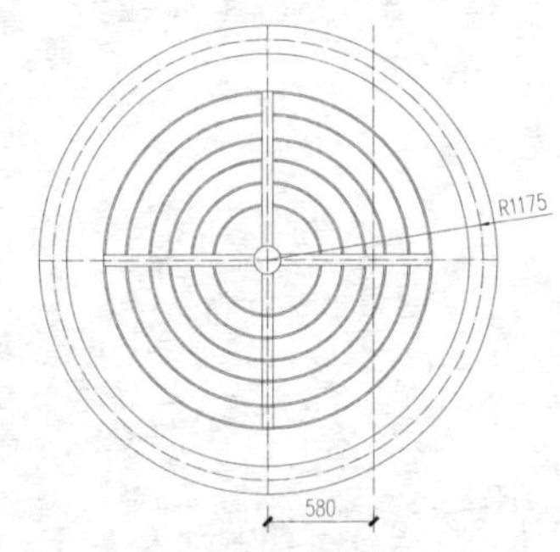

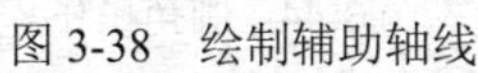

图 3-38　绘制辅助轴线

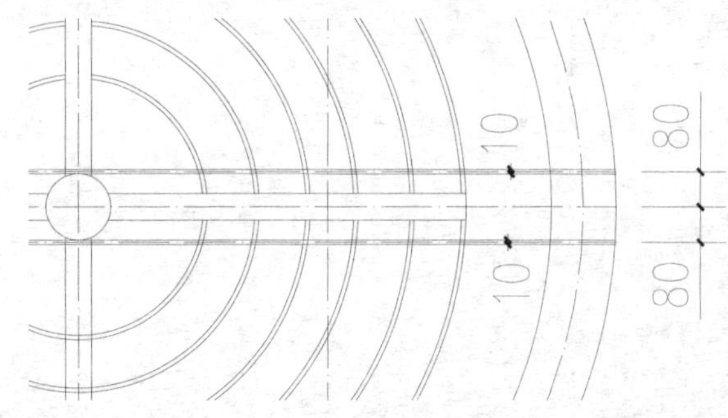

图 3-39　偏移水平轴线

步骤 13 执行“修剪”命令（TR）和“删除”命令（E），修剪和删除多余的线条和圆弧，效果如图 3-40 所示。

步骤 14 执行“阵列”命令（AR），选择修剪好的图形，再选择“极轴”阵列项，以圆心为基点进行项目数为 4 的环形阵列；再执行“修剪”命令（TR），修剪掉阵列图形中多余的圆弧，效果如图 3-41 所示。

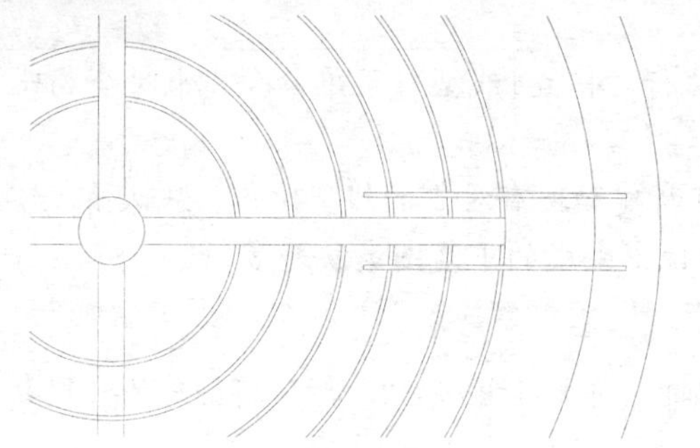

图 3-40　修剪删除效果

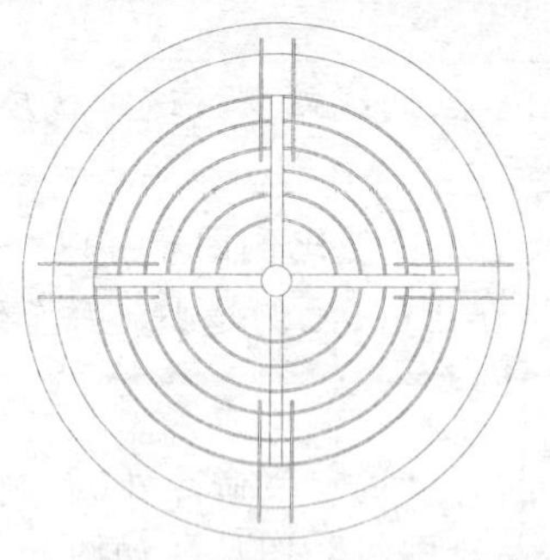

图 3-41　环形阵列图形

技巧：084　灯柱立面图的绘制

视频：技巧084-绘制灯柱立面图.avi
案例：灯柱.dwg

技巧概述：前面实例已经绘制好了灯柱平面图，接下来捕捉平面图轮廓来绘制灯柱立面图。

步骤 01 接上例，在“图层”下拉列表中，选择“小品轮廓线”图层为当前图层。

步骤 02 执行“直线”命令（L），捕捉平面图中相应的象限点和端点绘制垂直的投影线，然后在投影线上绘制水平线；再执行“偏移”命令（O），将线段按照如图 3-42 所示进行偏移。

步骤 03 执行“修剪”命令（TR），修剪掉多余的线条，效果如图 3-43 所示。

步骤 04 执行“圆角”命令（F），设置圆角半径为 75，对上面矩形四直角进行圆角处理，如图 3-44 所示。

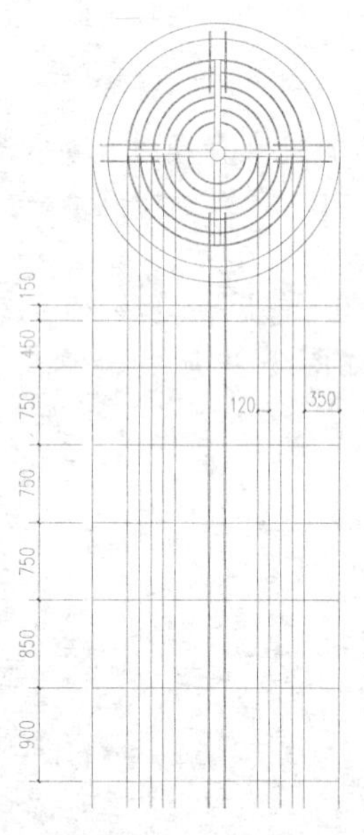

图 3-42　绘制线段

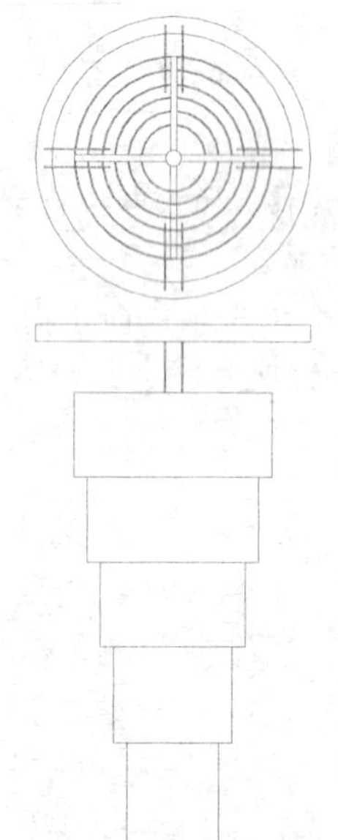

图 3-43　修剪效果

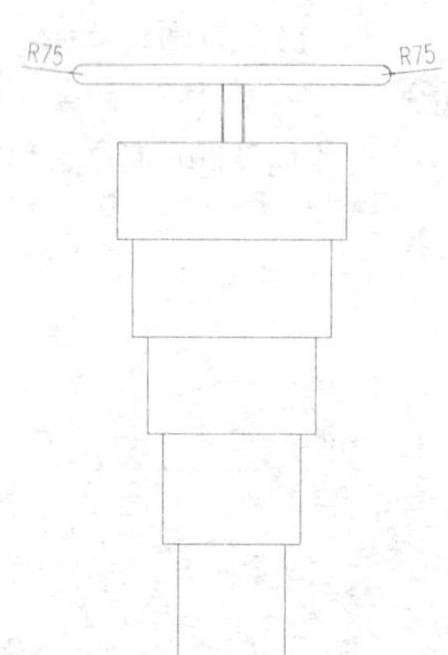

图 3-44　圆角操作

步骤 05 执行“直线”命令（L）、“偏移”命令（O）、“修剪”命令（TR）和“镜像”命令（MI），在如图 3-45 所示位置绘制出不锈钢支架。

步骤 06 执行“偏移”命令（O）和“修剪”命令（TR），如图 3-46 所示将线段向下偏移，并修改多余的两端。

步骤 07 执行“直线”命令（L），绘制图形的垂直中线，并转换为“轴线”图层，如图 3-47 所示。

步骤 08 执行“偏移”命令（O），在图形的最下侧将线段按照如图 3-48 所示进行偏移；然后执行“直线”命令（L），连接对应交点绘制斜线。

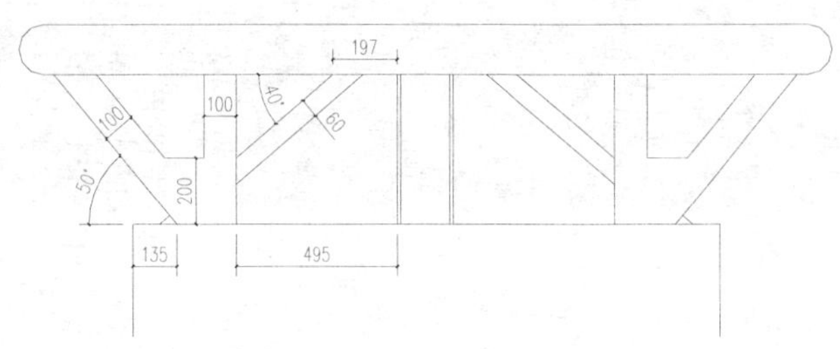

图 3-45　绘制支架

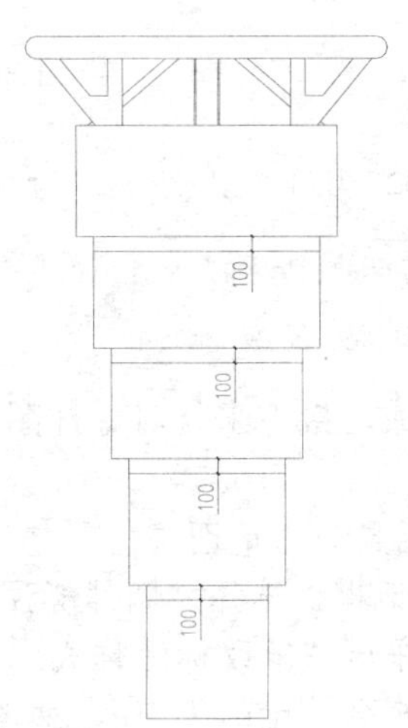

图 3-46　偏移线段

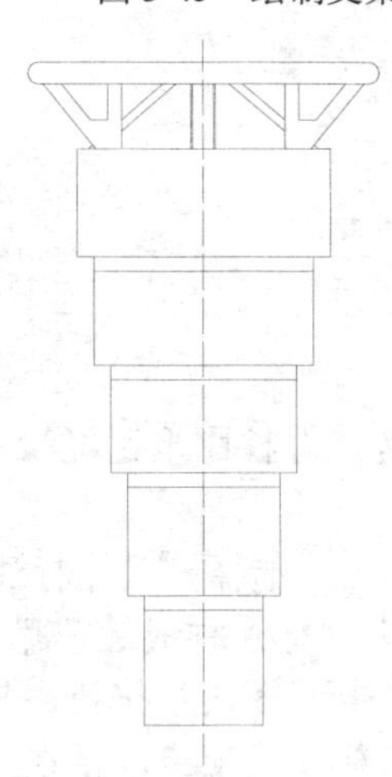

图 3-47　绘制中心轴线

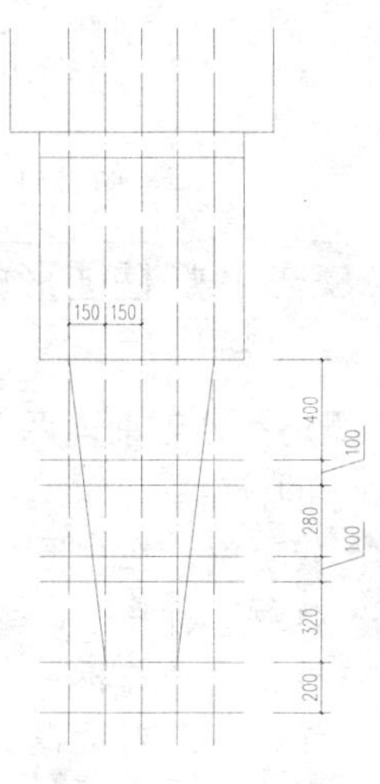

图 3-48　偏移线段

步骤 09 执行“修剪”命令（TR），修剪掉多余的线条，效果如图 3-49 所示。

步骤 10 执行“圆”命令（C），绘制半径为 250 的圆；再通过执行“移动”命令（M）和“复制”命令（CO），将圆放置到图形下侧相应位置，并将线段进行延伸操作，如图 3-50 所示。

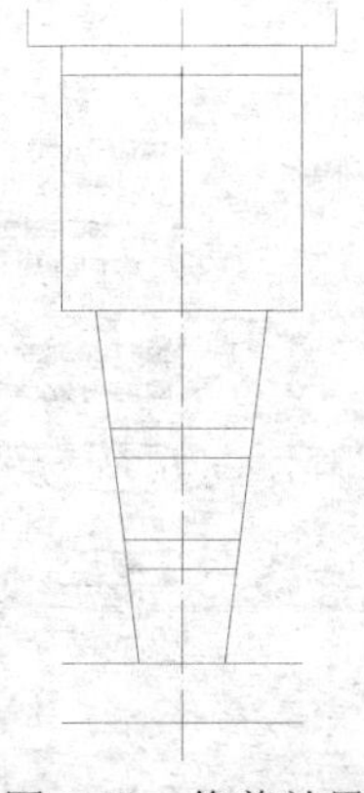

图 3-49　修剪效果

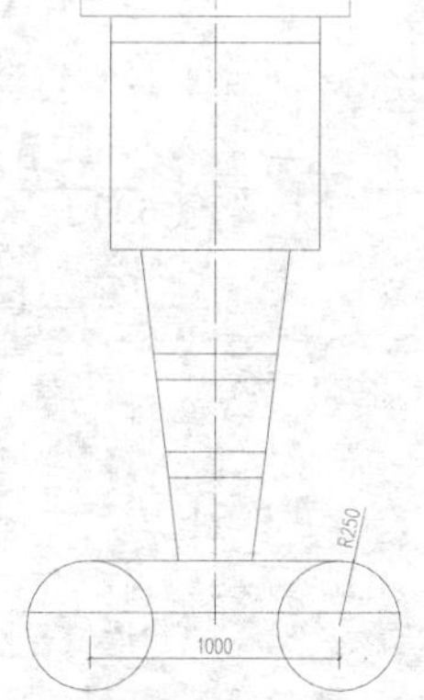

图 3-50　绘制圆

步骤 11 执行“修剪”命令（TR），修剪掉多余的圆弧；再执行“删除”命令（E），将轴线删除，效果如图 3-51 所示。

步骤 12 在“图层”下拉列表中，选择“填充线”图层为当前图层。

步骤 13 执行“图案填充”命令（H），选择图案为“HEX”，设置比例为 150，在中间五个矩形区域进行填充；再设置比例为 300，在最上端圆角矩形处进行填充，效果如图 3-52 所示。

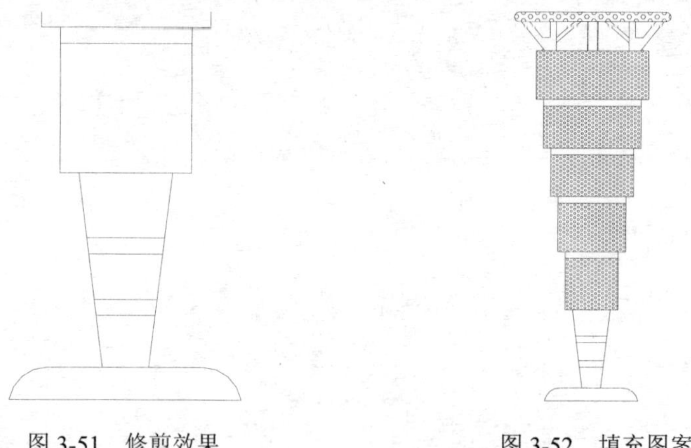

图 3-51　修剪效果　　　　图 3-52　填充图案

技巧：085　灯柱图形的标注

视频：技巧085-灯柱图形的标注.avi
案例：灯柱.dwg

技巧概述：通过前面两个实例的讲解，灯柱图形已经绘制完成，接下来就对灯柱图形进行文字及尺寸的标注。

步骤 01 接上例，在“图层”下拉列表中，选择“尺寸标注”图层为当前图层。

步骤 02 执行“标注”命令（D），弹出“标注样式管理器”对话框，选择“园林标注-100”样式为当前标注样式；然后单击“修改”按钮，随后弹出“修改标注样式：园林标注-100”对话框，切换至“调整”选项卡，修改标注的全局比例为 35，如图 3-53 所示。

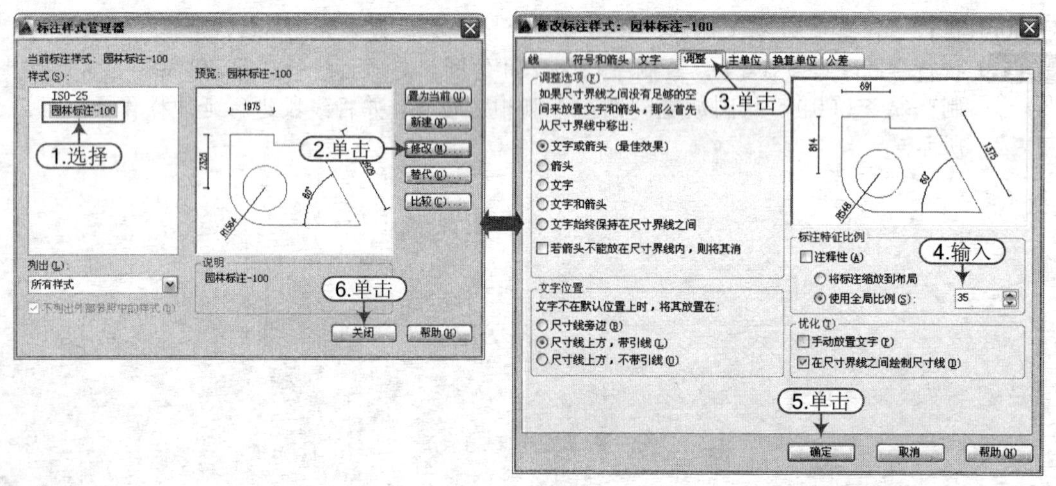

图 3-53　调整标注样式

步骤 03 执行“线形标注”命令（DLI）和“连续标注”命令（DCO），对图形进行尺寸的标注。

步骤 04 在“图层”下拉列表中，选择“文字标注”图层为当前图层。

步骤 05 执行“引线”命令（LE），在相应位置拖出引线，在选择“图内说明”文字样式，设置字高为 200，进行文字的注释，效果如图 3-54 所示。

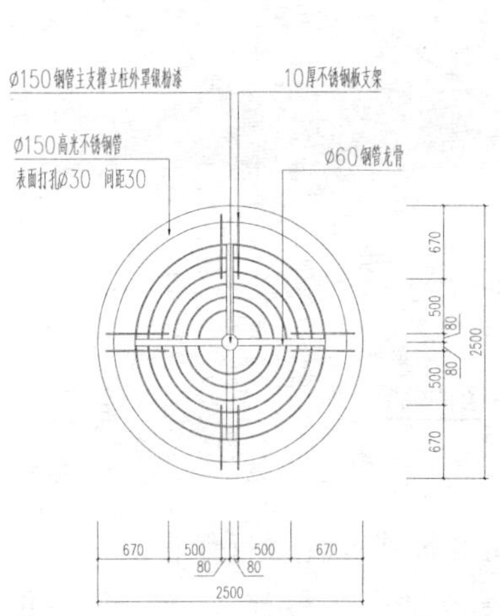

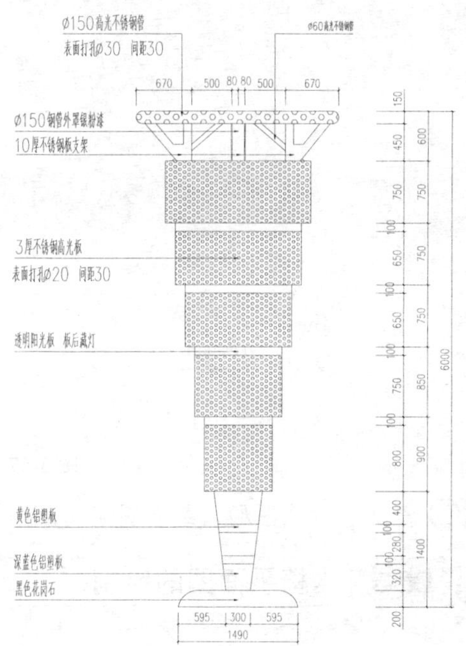

图 3-54 文字和尺寸的标注

步骤 06 执行“插入块”命令（I），将“案例\03\标高符号.dwg”文件作为图块插入图形中，并分解成为单独的图元，如图 3-55 所示。

步骤 07 执行“移动”命令（M）和“复制”命令（CO），将标高符号复制到标注尺寸的延长线上；然后双击标高文字修改相应的文字内容，效果如图 3-56 所示。

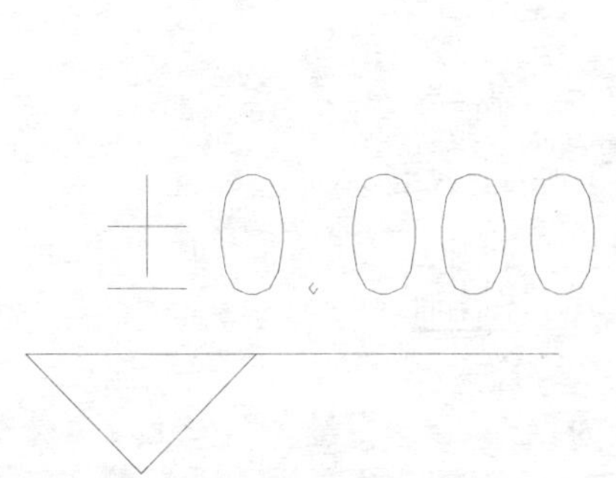

图 3-55 插入的标高符号

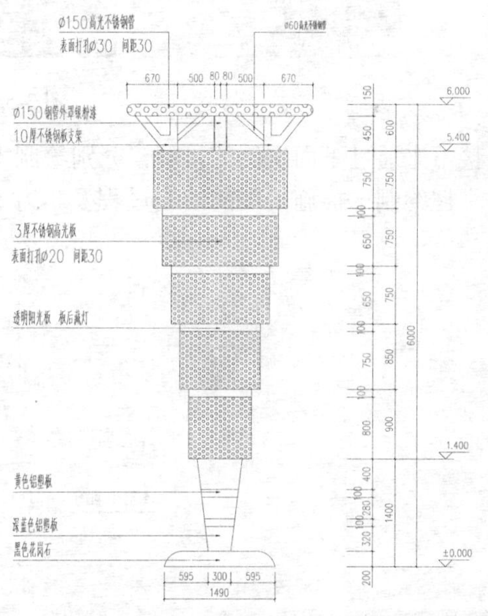

图 3-56 标高标注

步骤 08 执行“多行文字”命令（MT），分别在图形的下侧拖出矩形文本框，再“文字格式”工具栏中选择“图名”文字样式，设置字高为 200，标注出图名；再执行“多段线”命令（PL），在图名下侧绘制适当宽度和长度的水平多段线，如图 3-57 所示。

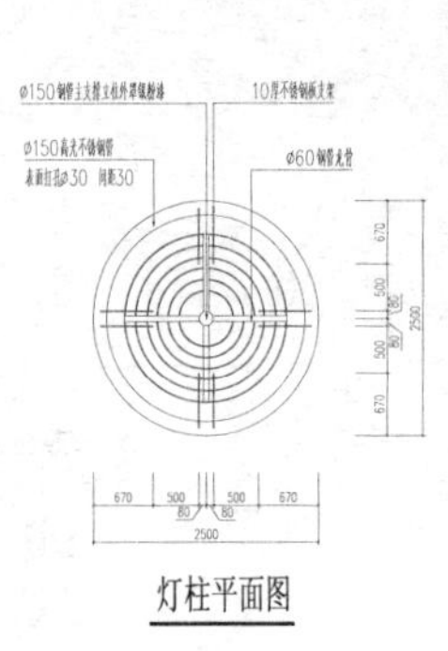

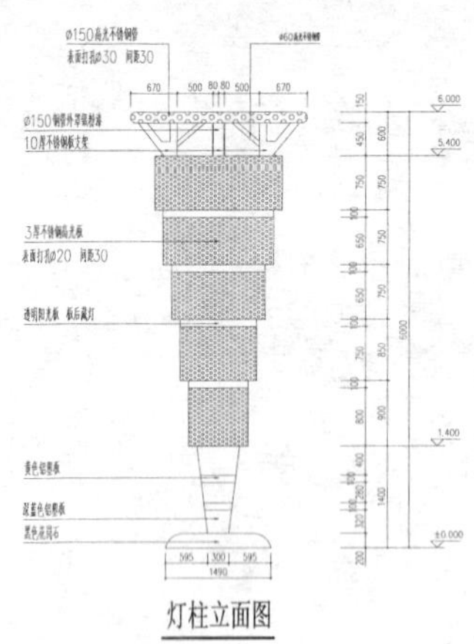

图 3-57　图名标注

步骤 09 至此，灯柱图形已经绘制完成，按【Ctrl+S】组合键将文件进行保存。

技巧：086 木椅平面图的绘制

视频：技巧086-绘制木椅平面图.avi
案例：木椅.dwg

技巧概述：木椅是以实木单板为主要原料，通过高频热压而制成的不同造型的椅子。图 3-58 所示为不同造型的木椅投影图片。

图 3-58　木椅图片

接下来通过下面实例的讲解，分别绘制木椅平面图、立面图、侧立面图及 A-A 剖面图，使读者掌握绘制木椅施工图的绘制过程及学习木椅设计的相关知识，其绘制的木椅效果如图 3-59 所示。

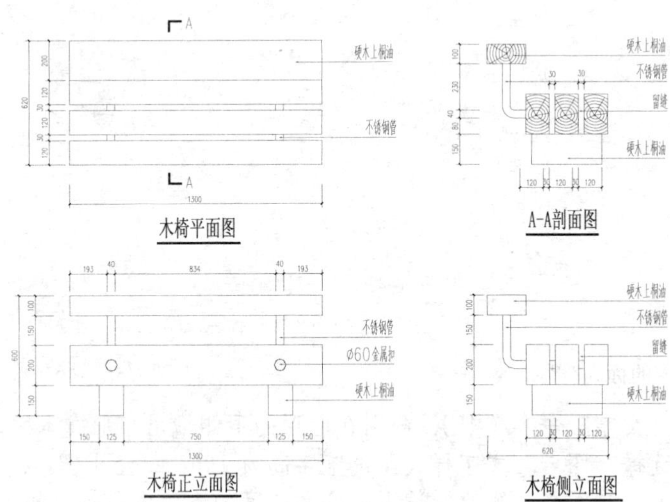

图 3-59　木椅图形效果

步骤 01 正常启动 AutoCAD 2014 软件，在“快速访问”工具栏中，单击“打开”按钮，将本书配套光盘“案例\03\园林样板.dwg”文件打开。

步骤 02 再单击“另存为”按钮，将文件另存为“案例\03\木椅.dwg”文件。

步骤 03 在“图层”下拉列表中，选择“小品轮廓线”图层为当前图层。

步骤 04 执行“矩形”命令（REC），绘制 1300×200 和 1300×120 的矩形；并通过执行“移动”命令（M），按照如图 3-60 所示进行放置。

步骤 05 执行“复制”命令（CO），将 1300×120 的矩形以 150 的距离向下进行复制，如图 3-61 所示。

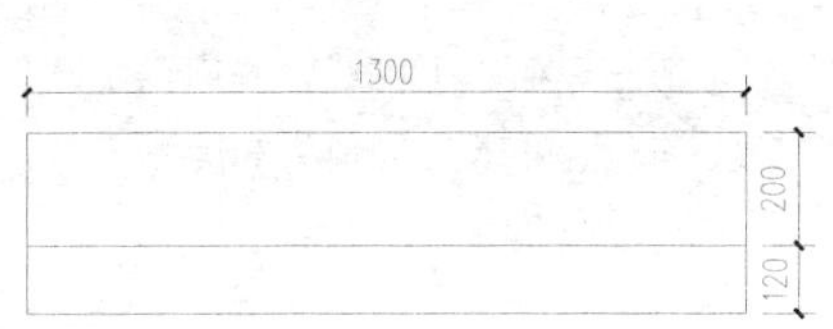

图 3-60　绘制组合矩形

图 3-61　复制矩形

步骤 06 执行“直线”命令（L）和“偏移”命令（O），在相应位置绘制直线，如图 3-62 所示。

步骤 07 执行“多段线”命令（PL），设置全局宽度为 10，在上、下侧各绘制剖切符号；再执行“单行文字”命令（DT），在剖切符号位置单击，输入字高为 70，输入文字“A”，绘制的剖切符号效果如图 3-63 所示。

图 3-62　绘制直线

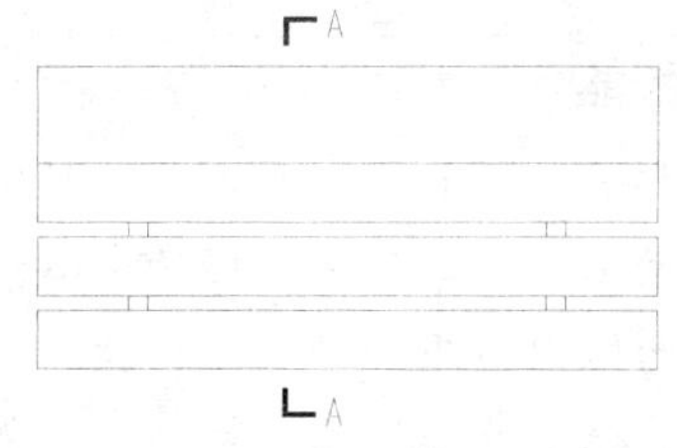

图 3-63　绘制剖切符号

技巧：087　木椅立面及剖面图的绘制

视频：技巧087-绘制木椅立面图和剖面图.avi
案例：木椅.dwg

技巧概述：前面实例绘制了木椅的平面图，接下来根据平面图轮廓来绘制木椅的立面图。

步骤 01 接上例，执行“直线”命令（L），捕捉平面图轮廓向下绘制投影线，如图 3-64 所示。

步骤 02 执行“直线”命令（L），在投影线上绘制一水平线；再执行“偏移”命令（O），将水平线向上依次偏移 200、150、100，如图 3-65 所示。

步骤 03 执行“修剪”命令（TR），修剪多余的线条，效果如图 3-66 所示。

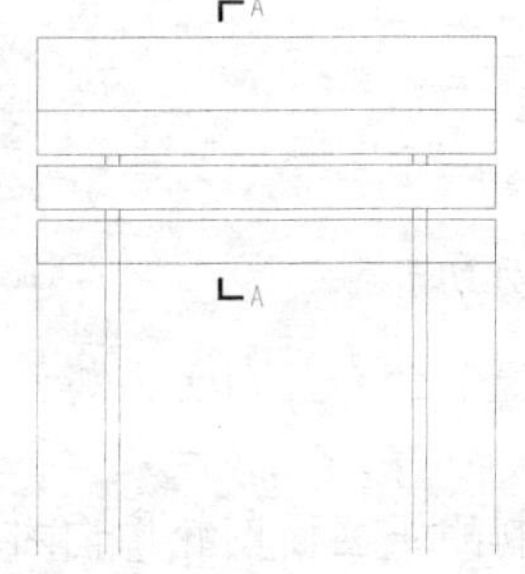

图 3-64　绘制投影线

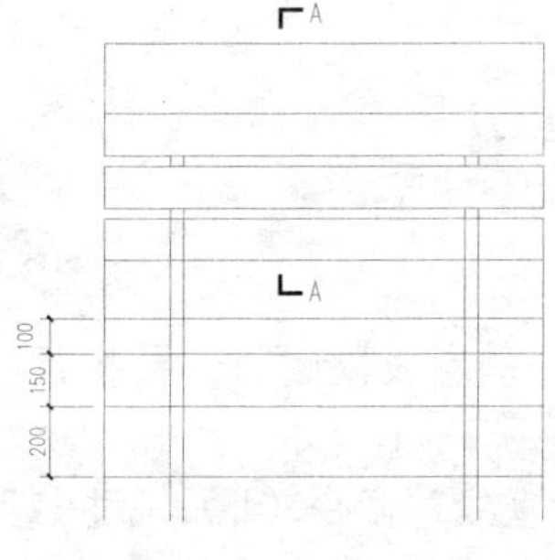

图 3-65　绘制水平线

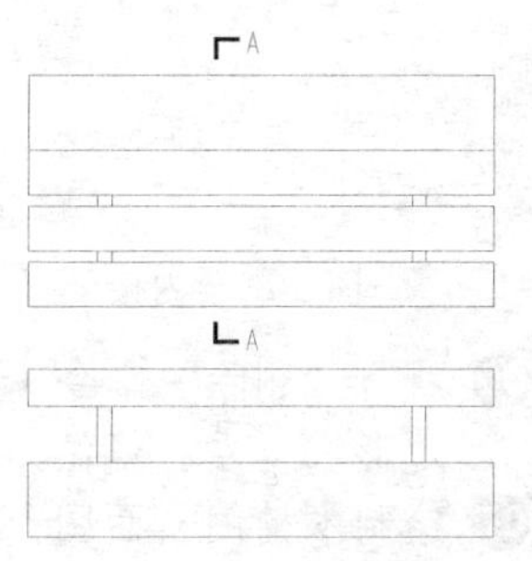

图 3-66　修剪效果

步骤 04 执行“直线”命令（L），在相应位置绘制凳脚；再执行“镜像”命令（MI），将凳脚进行镜像，绘制的木椅正立面，效果如图 3-67 所示。

步骤 05 执行“偏移”命令（O），将坐凳左侧垂直线段向右偏移 213；再执行“圆”命令（C），捕捉偏移线段的中点绘制半径为 30 的圆；再执行“正多边形”命令（POL），根据如下命令提示输入侧面数为 6，捕捉圆心为中心点，选择“内接于圆”项，输入半径值为 30，以绘制一个正 6 边形，如图 3-68 所示。

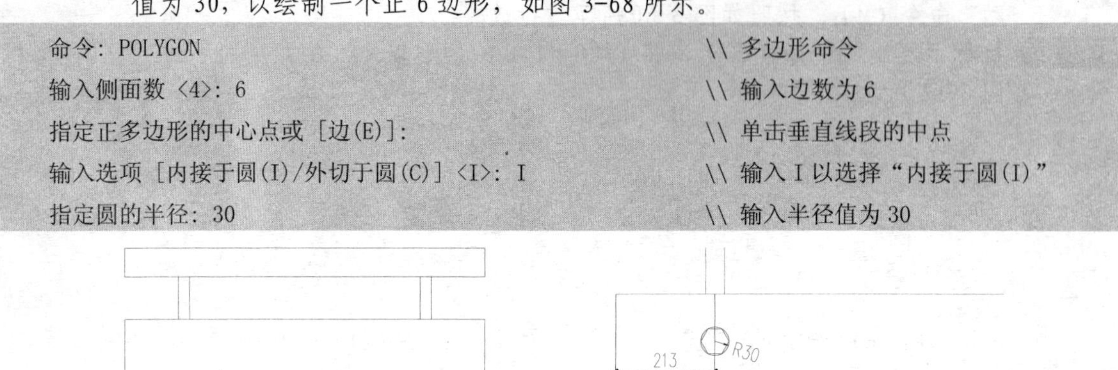

命令：POLYGON	\\ 多边形命令
输入侧面数 <4>：6	\\ 输入边数为 6
指定正多边形的中心点或 [边(E)]：	\\ 单击垂直线段的中点
输入选项 [内接于圆(I)/外切于圆(C)] <I>：I	\\ 输入 I 以选择“内接于圆(I)”
指定圆的半径：30	\\ 输入半径值为 30

图 3-67　绘制凳脚　　图 3-68　绘制圆和多边形

软件技能 ★★★★☆

各边相等，各角也相等的多边形叫做正多边形（多边形：边数大于等于 3）。正多边形的外接圆的圆心叫做正多边形的中心；中心与正多边形顶点连线的长度叫做半径；中心与边的距离叫做边心距。

其提示栏中各选项的功能与含义如下。

- 边（E）：通过指定多边形的边数的方式来绘制正多边形，该方式将通过边的数量和长度确定正多边形。
- 内接于圆（I）：指定以正多边形内接圆半径绘制正多边形，如图 3-69 所示。
- 外切于圆（C）：指定以多边形外接圆半径绘制正多边形，如图 3-70 所示。

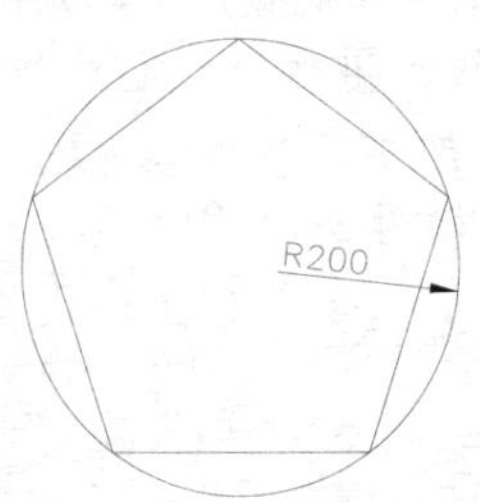

图 3-69　内接于圆

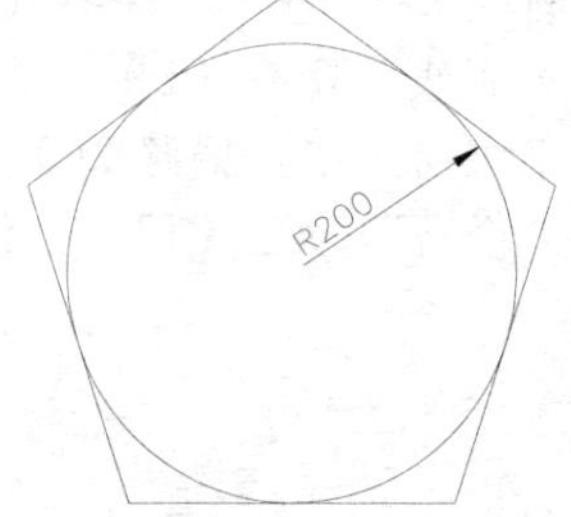

图 3-70　外切于圆

步骤 06 执行“删除”命令（E），将垂直线段删除；再执行“镜像”命令（MI），将圆和多边形进行左右镜像，效果如图 3-71 所示。

步骤 07 绘制木椅侧立面图。执行“直线”命令（L），过上步绘制的正立面图轮廓向右绘制水平投影线；再执行“直线”命令（L）和“偏移”命令（O），在投影线上绘制垂直线段并依次向右偏移 200、120、30、120、30、120，如图 3-72 所示。

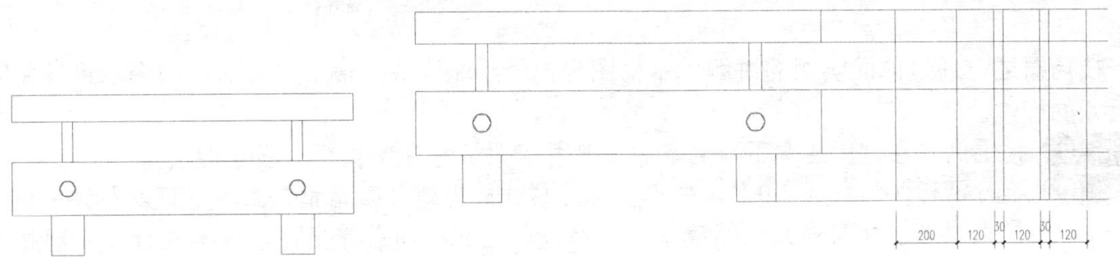

图 3-71　镜像图形　　　　图 3-72　绘制偏移线段

步骤 08 执行“修剪”命令（TR），修剪掉多余的线条，效果如图 3-73 所示。

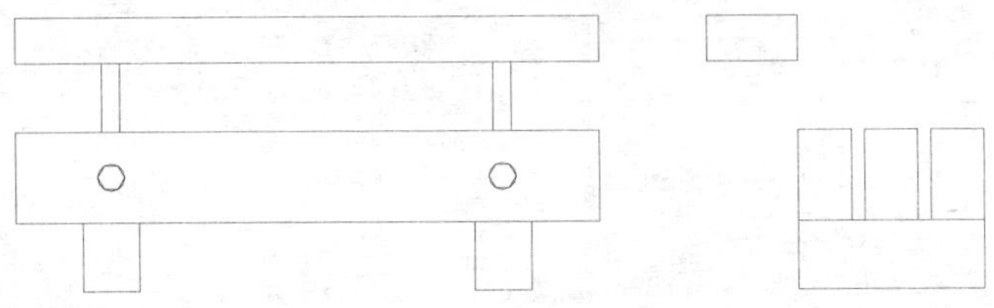

图 3-73　修剪图形效果

步骤 09 执行“偏移”命令（O）和“修剪”命令（TR），绘制出凳脚效果，如图 3-74 所示。

步骤 10 执行“直线”命令（L），捕捉矩形的中点绘制转折中线；再执行“偏移”命令（O），将中线各向两侧偏移 20，如图 3-75 所示。

步骤 11 执行“删除”命令（E），将中线删除掉；再执行“圆角”命令（F），分别设置圆角半径值为 60 和 20，对内外两组线段进行圆角处理，如图 3-76 所示。

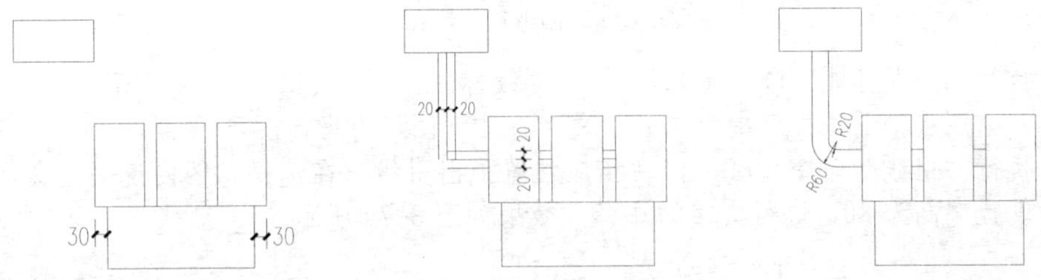

图 3-74　绘制凳脚　　　　图 3-75　绘制偏移线段　　　　图 3-76　圆角处理

步骤 12 绘制 A-A 剖面图。执行“复制”命令（CO），将绘制的侧立面图复制出一份；再执行“直线”命令（L）和“圆弧”命令（A），在木板内绘制剖面材质纹理，如图 3-77 所示。

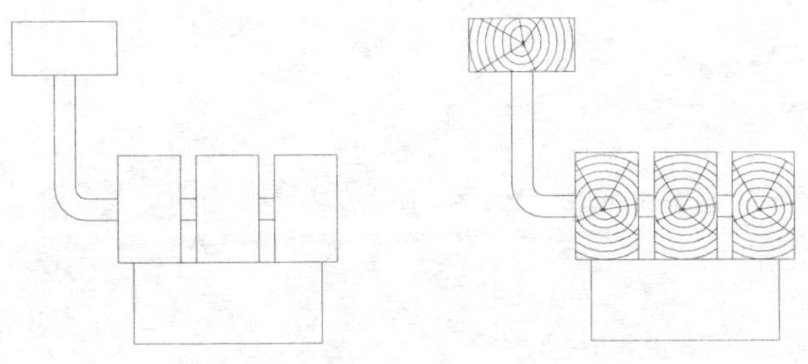

图 3-77　复制侧立面图绘制剖面图

技巧：088 木椅图形的标注

视频：技巧088-木椅图形的标注.avi
案例：木椅.dwg

技巧概述：通过前面实例的讲解，木椅图形已经绘制完成，接下来就对木椅图形进行文字及尺寸的标注。

步骤 01 接上例，在“图层”下拉列表中，选择“尺寸标注”图层为当前图层。

步骤 02 执行“标注”命令（D），弹出“标注样式管理器”对话框，选择“园林标注-100”样式为当前标注样式；然后单击“修改”按钮，随后弹出“修改标注样式：园林标注-100”对话框，切换至“调整”选项卡，修改标注的全局比例为 10，如图 3-78 所示。

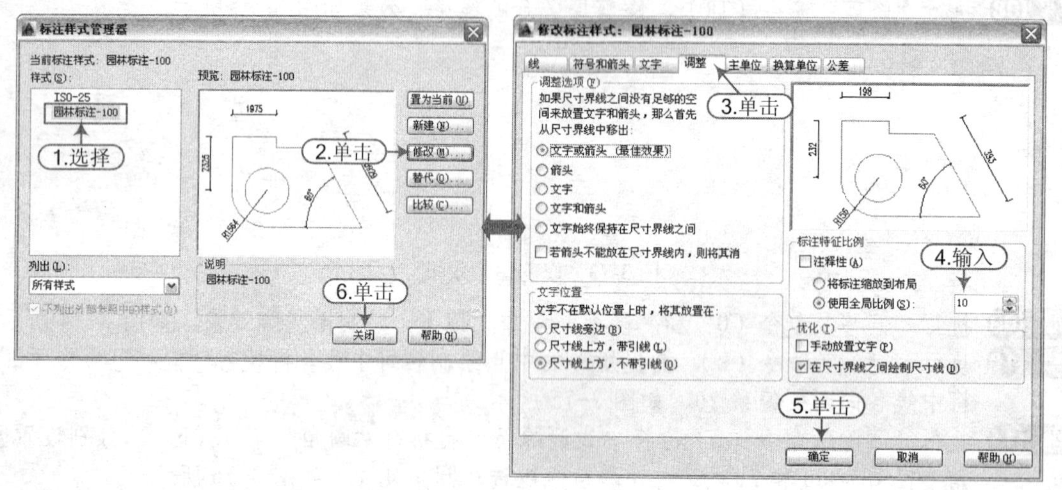

图 3-78 调整标注样式

步骤 03 执行“线形标注”命令（DLI）和“连续标注”命令（DCO），对图形进行尺寸标注。

步骤 04 在“图层”下拉列表中，选择“文字标注”图层为当前图层。

步骤 05 执行“引线”命令（LE），在相应位置拖出引线，在选择“图内说明”文字样式，设置字高为 80，进行文字的注释，效果如图 3-79 所示。

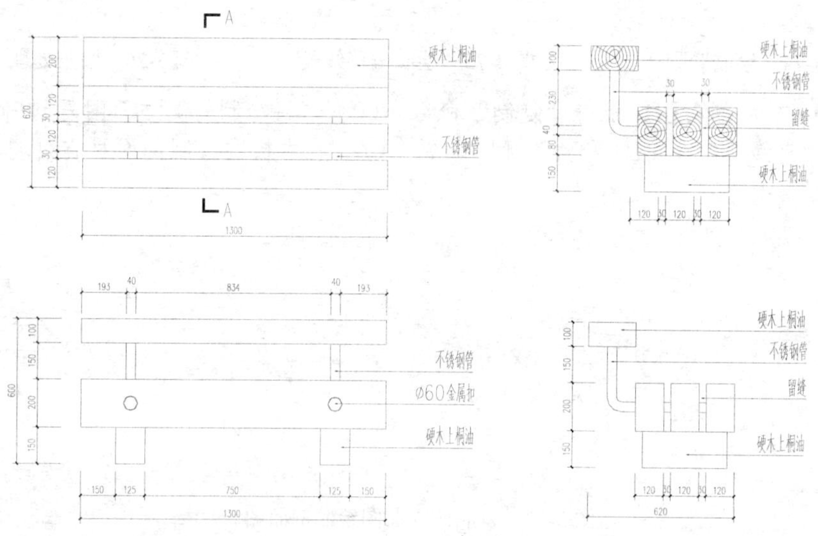

图 3-79 文字尺寸的标注

步骤 06 执行“多行文字”命令（MT），分别在图形的下侧拖出矩形文本框，再“文字格式”工具栏中选择“图名”文字样式，设置字高为 80，标注出图名；再执行“多段线”命令（PL），在图名下侧绘制适当宽度和长度的水平多段线，如图 3-80 所示。

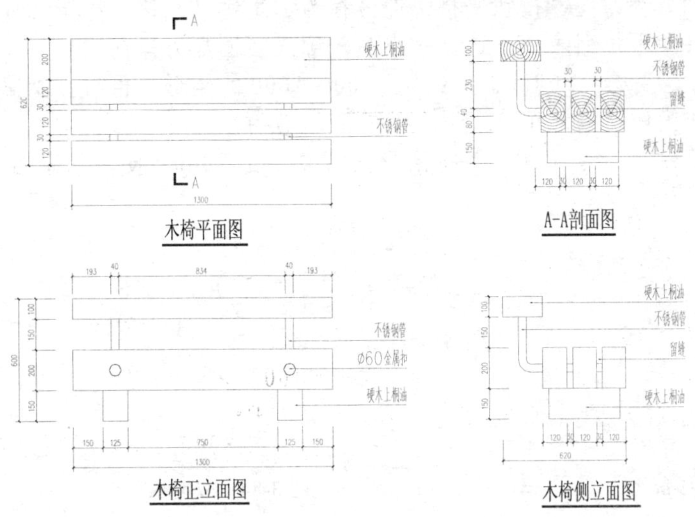

图 3-80 图名标注

步骤 07 至此，图形已经绘制完成，按【Ctrl+S】组合键将文件进行保存。

技巧：089 树池坐凳平面图的绘制

视频：技巧089-绘制树池坐凳平面图.avi
案例：树池坐凳.dwg

技巧概述：树池坐凳即是在树池的周围安装一些供游人休息的坐凳。图 3-81 所示为树池坐凳的摄影图片。

图 3-81 树池坐凳图片

接下来通过两个实例的讲解，分别绘制树池坐凳平面图及立面图，使读者掌握绘制树池坐凳施工图的绘制过程及学习树池坐凳设计的相关知识，其绘制的树池坐凳效果如图 3-82 所示。

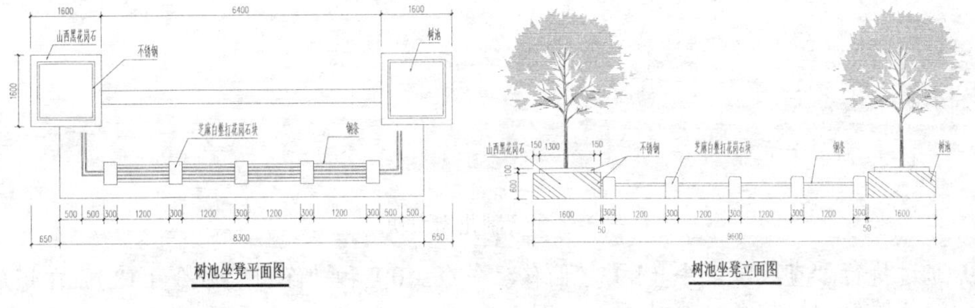

图 3-82 树池坐凳图形效果

步骤 01 正常启动 AutoCAD 2014 软件，在“快速访问”工具栏中，单击“打开”按钮，将本书配套光盘“案例\03\园林样板.dwg”文件打开。

步骤 02 再单击“另存为”按钮，将文件另存为“案例\03\树池坐凳.dwg”文件。

步骤 03 在“图层”下拉列表中，选择“小品轮廓线”图层为当前图层。

步骤 04 执行“矩形”命令（REC），绘制 1600×1600 的矩形；再执行“偏移”命令（O），将矩形向内依次偏移 150、50，如图 3-83 所示。

步骤 05 执行“复制”命令（CO），将图形向右复制出 8000、使其间距为 6400 的图形，如图 3-84 所示。

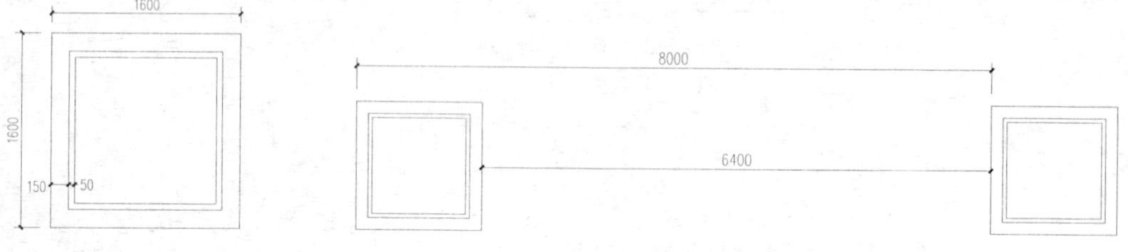

图 3-83 绘制矩形台　　图 3-84 复制操作

步骤 06 执行“直线”命令（L），按照如图 3-85 所示在相应位置绘制线段。

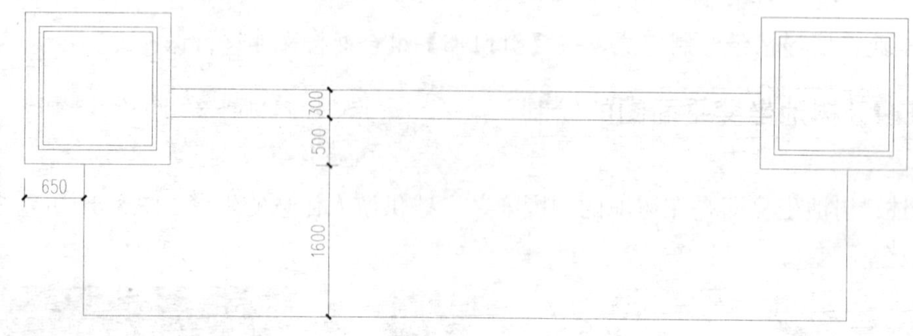

图 3-85 绘制线段

步骤 07 执行“偏移”命令（O）和“修剪”命令（TR），在相应位置绘制出如图 3-86 所示的矩形以表示花岗石块效果。

图 3-86 绘制花岗石块

步骤 08 通过执行“直线”命令（L）、“偏移”命令（O）和“修剪”命令（TR），在矩形的中间位置绘制出钢条坐凳效果，如图 3-87 所示。

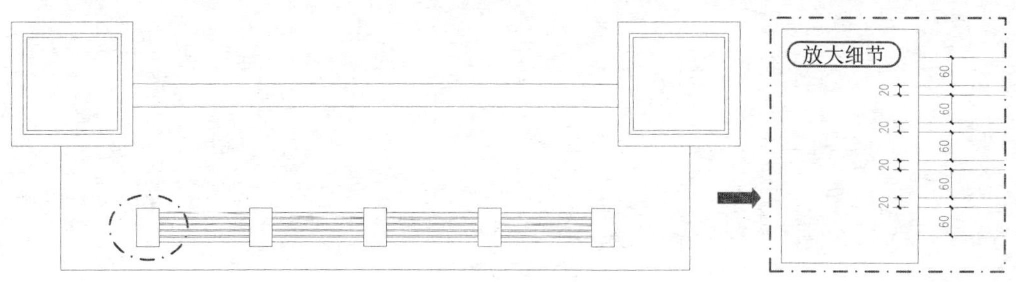

图 3-87　绘制钢条坐凳

步骤 09 执行"偏移"命令（O）和"修剪"命令（TR），将下侧互相垂直的三条边依次向内偏移 500、20、60、20，再将矩形台下水平边向下偏移 150，然后修剪掉多余的线条，以形成两侧的支撑钢条，如图 3-88 所示。

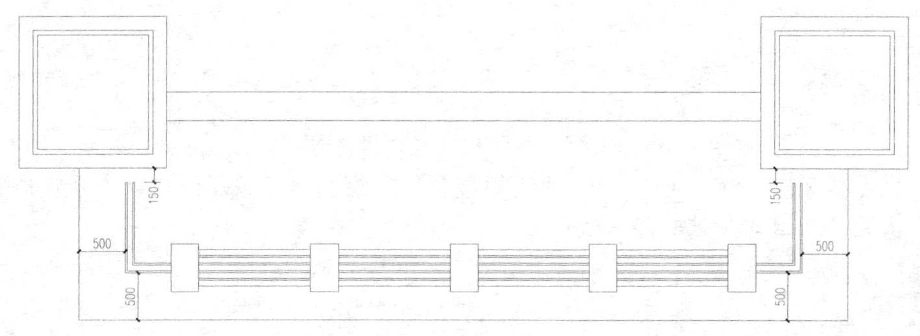

图 3-88　在两侧绘制钢管

技巧：090　树池坐凳立面图的绘制

视频：技巧090-绘制树池坐凳立面图.avi
案例：树池坐凳.dwg

技巧概述：前面实例绘制出了树池坐凳平面图，接下来根据平面图轮廓来绘制树池坐凳立面图。

步骤 01 执行"直线"命令（L），捕捉前一实例平面图的矩形台轮廓绘制垂直投影线，如图 3-89 所示。

步骤 02 执行"修剪"命令（TR），修剪多余的线条，效果如图 3-90 所示。

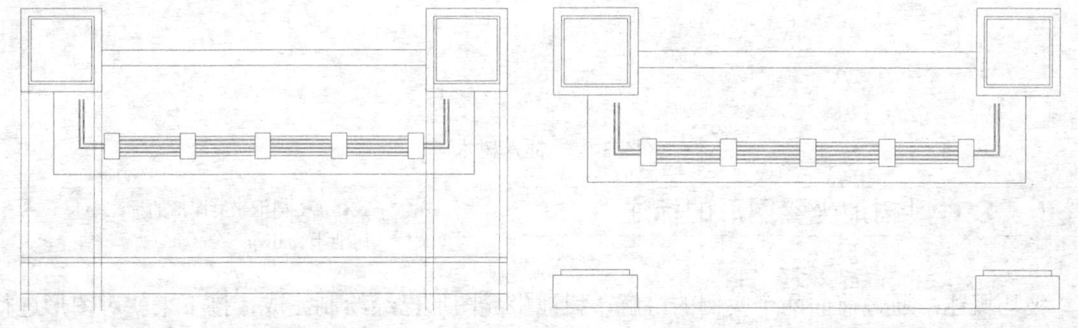

图 3-89　绘制投影线　　　　图 3-90　修剪效果

步骤 03 执行"直线"命令（L），捕捉平面图中花岗石轮廓向下绘制垂直的投影线；再执行"偏移"命令（O），将地面线上向依次偏移 290、60、150，如图 3-91 所示。

步骤 04 再执行"修剪"命令（TR），修剪掉多余的线条，效果如图 3-92 所示。

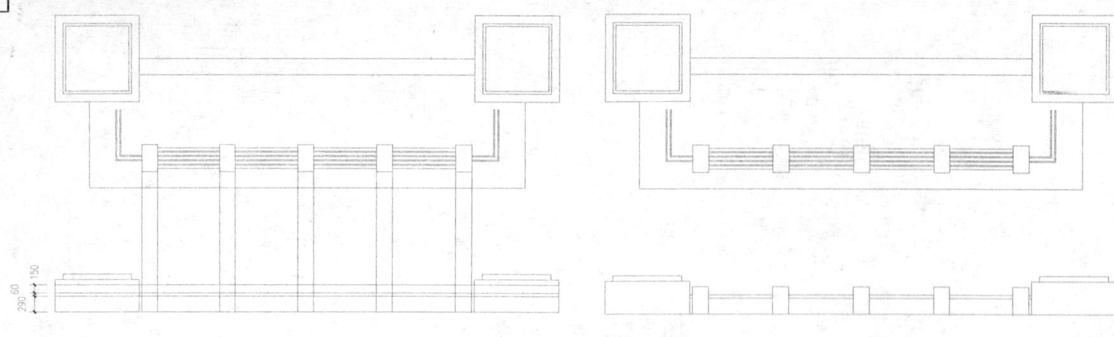

图 3-91　绘制投影线并偏移地面线　　　　图 3-92　修剪效果

步骤 05 执行“多段线”命令（PL），在花岗石顶端尺寸范围之内绘制出不规则的边；再将直角修剪掉，效果如图 3-93 所示。

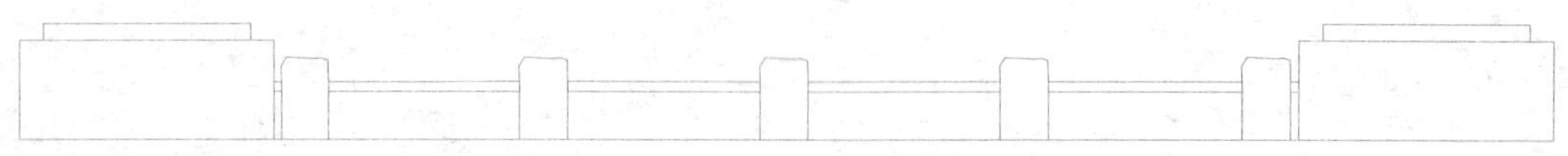

图 3-93　绘制花岗石块顶面造型

步骤 06 执行“直线”命令（L），在两侧矩形台位置绘制出多条斜线，以表示花岗石材表面状态，如图 3-94 所示。

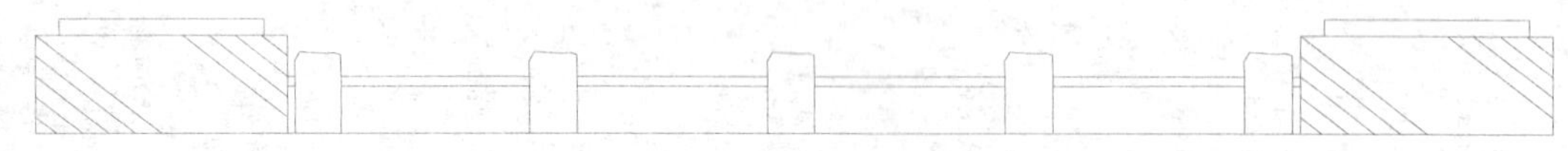

图 3-94　绘制斜线

步骤 07 切换至“绿化配景线”图层，执行“插入块”命令（I），将“案例\03\树木.dwg”文件作为图块插入图形中，并进行对应的复制，如图 3-95 所示。

图 3-95　插入树木

技巧：091 树池坐凳图形的标注

视频：技巧091-树池坐凳图形的标注.avi
案例：树池坐凳.dwg

技巧概述：通过前面两个实例的讲解，树池坐凳图形已经绘制完成，接下来就对图形进行文字及尺寸的标注。

步骤 01 接上例，在“图层”下拉列表中，选择“尺寸标注”图层为当前图层。

步骤 02 执行“标注”命令（D），弹出“标注样式管理器”对话框，选择“园林标注-100”样式为当前标注样式；然后单击“修改”按钮，随后弹出“修改标注样式：园林标注-100”对话框，切换至“调整”选项卡，修改标注的全局比例为 50，如图 3-96 所示。

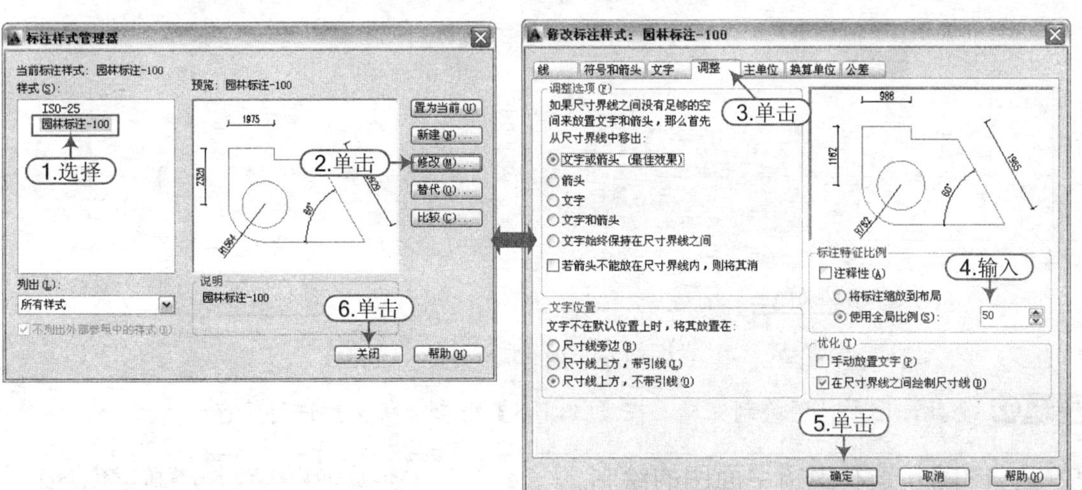

图 3-96　调整标注样式

步骤 03 执行“线形标注”命令（DLI）和“连续标注”命令（DCO），对图形进行尺寸的标注，如图 3-97 所示。

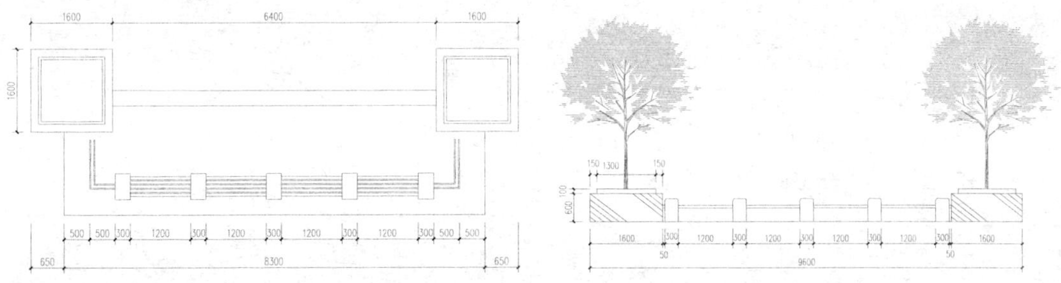

图 3-97　标注图形尺寸

步骤 04 在“图层”下拉列表中，选择“文字标注”图层为当前图层。

步骤 05 执行“引线”命令（LE），在相应位置拖出引线，在选择“图内说明”文字样式，设置字高为 300，进行文字的注释，效果如图 3-98 所示。

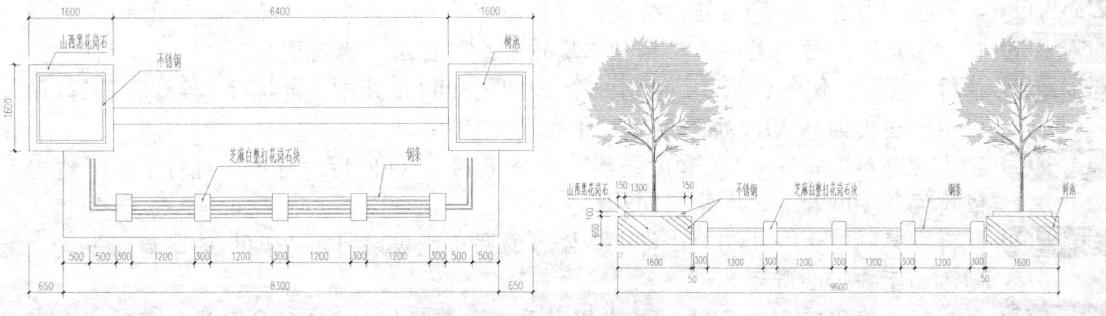

图 3-98　引线注释效果

步骤 06 执行“多行文字”命令（MT），分别在图形的下侧拖出矩形文本框，在“文字格式”工具栏中选择“图名”文字样式，设置字高为 300，标注出图名；再执行“多段线”命令（PL），在图名下侧绘制适当宽度和长度的水平多段线，如图 3-99 所示。

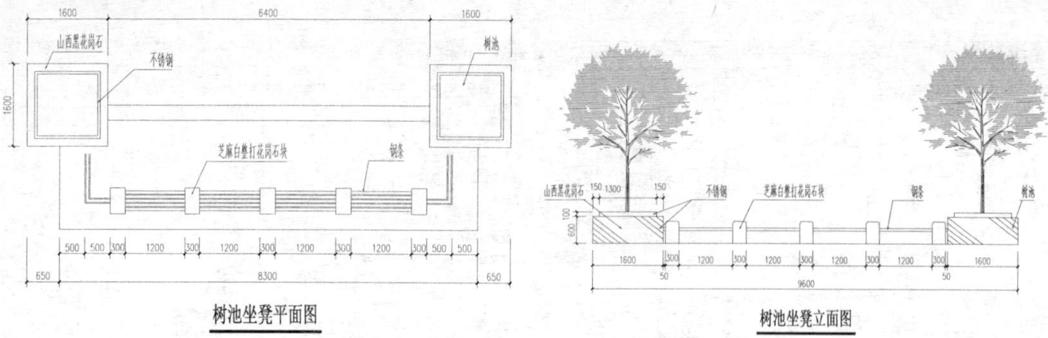

图 3-99　图名标注效果

步骤 07 至此，图形已经绘制完成，按【Ctrl+S】组合键将文件进行保存。

技巧：092　景石坐椅平面图的绘制

视频：技巧092-景石坐椅平面图的绘制.avi
案例：景石坐椅.dwg

技巧概述：接下来通过四个实例的讲解，分别绘制景石坐椅的平面图、大样图和立面图，使读者掌握景石坐椅施工图的绘制过程及学习技巧，其绘制的景石坐椅图形效果如图 3-100 所示。

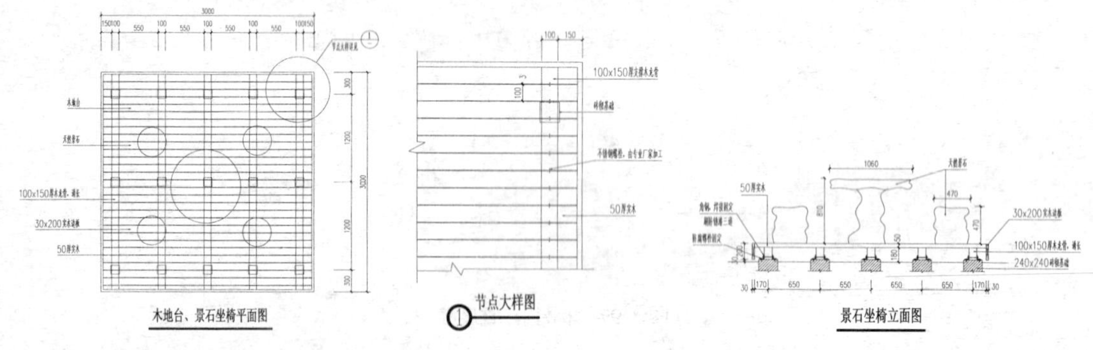

图 3-100　景石坐椅图形效果

步骤 01 正常启动 AutoCAD 2014 软件，在“快速访问”工具栏中，单击“打开”按钮，将本书配套光盘“案例\03\园林样板.dwg”文件打开。

步骤 02 再单击“另存为”按钮，将文件另存为“案例\03\景石坐椅.dwg”文件。

步骤 03 在“图层”下拉列表中，选择“木质轮廓线”图层为当前图层”。

步骤 04 执行“矩形”命令（REC），绘制一个 3000×3000 的矩形；再执行“偏移”命令（O），将矩形向内偏移 30，如图 3-101 所示。

步骤 05 执行“分解”命令（X）和“偏移”命令（O），将内矩形打散，再将上水平边向下依次偏移 100 和 3，如图 3-102 所示。

步骤 06 执行“复制”命令（CO），将上步偏移的两条线段以间距为 100 的距离向下进行复制，如图 3-103 所示。

步骤 07 再执行“偏移”命令（O），将内矩形垂直边按照如图 3-104 所示进行偏移，以形成木地台效果。

步骤 08 执行“矩形”命令（REC），绘制 120×120 的矩形作为“基础柱子”；再通过移动和复制命令，将“基础柱子”分别复制到木地台相应位置处以形成支撑作用，如图 3-105 所示。

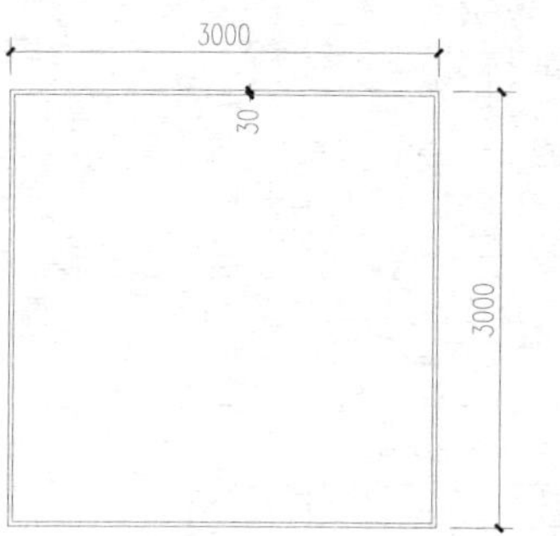

图 3-101　绘制矩形

图 3-102　偏移线段

图 3-103　复制线条

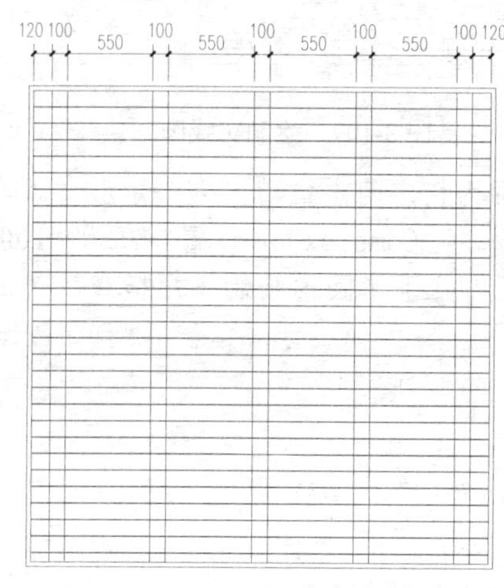

图 3-104　偏移线段

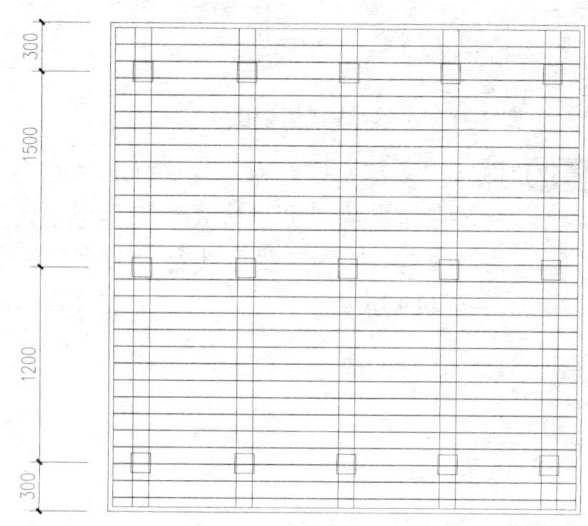

图 3-105　绘制基础柱子

步骤 09 切换至“小品轮廓线”图层，执行“圆”命令（C），绘制一个半径 500 的圆作为景石桌；然后在其周围绘制四个半径 200 的圆作为景石凳，如图 3-106 所示。

步骤 10 执行“移动”命令（M），将绘制好的景石坐椅移动到木地台上，效果如图 3-107 所示。

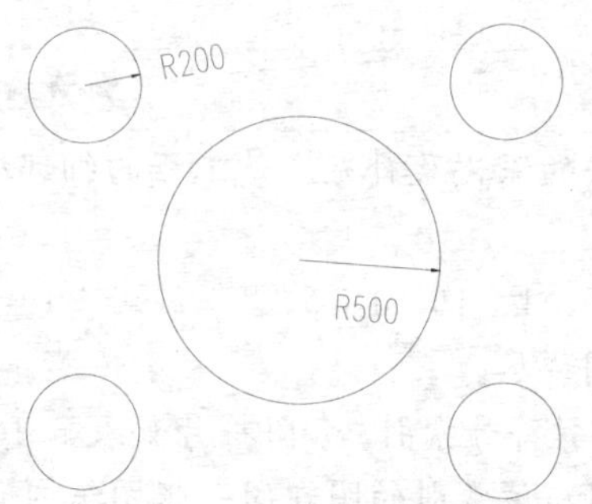

图 3-106　绘制景石

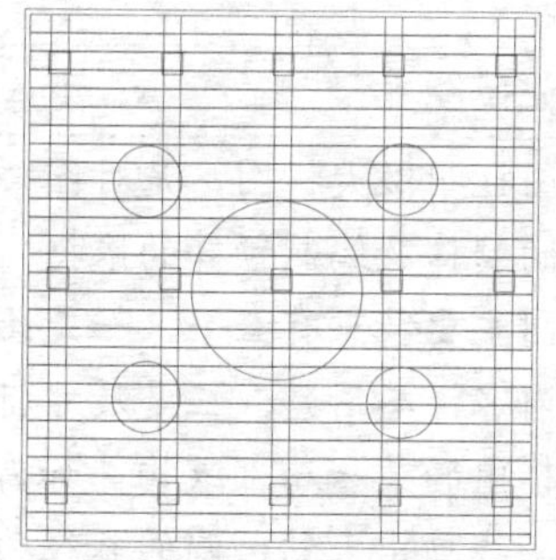

图 3-107　移动景石

步骤 11 在“图层”下拉列表中，选择“索引线”图层为当前图层。

步骤 12 绘制“索引符号”，执行“圆”命令（C），在木地台左上角位置绘制适当的圆作为索引放大的位置，且将圆的线型转换为虚线“DASHED”，如图 3-108 所示。

步骤 13 执行“多段线”命令（PL），由虚线圆向右上方向绘制出引出线；再执行“圆”命令（C），在引出线上绘制一个半径为 120 的圆，如图 3-109 所示。

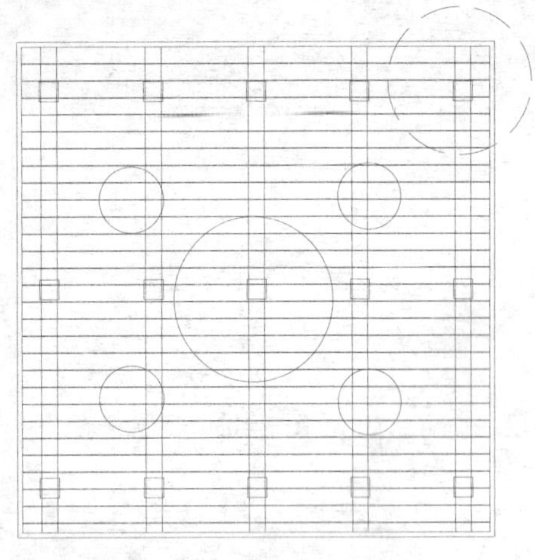

图 3-108 绘制虚线索引圆

图 3-109 绘制实线圆

步骤 14 执行“多行文字”命令（MT），在 R120 上半圆内指定两点拖动出一个矩形文本输入框，在弹出的“文字格式”工具栏上，选择字体为“Complex”，设置字高为“100”，输入文字“1”；然后执行“直线”命令（L），在下半圆内绘制一短横线，效果如图 3-110 所示。

图 3-110 索引符号标注效果

专业技能 ★★★★★

详图也叫做大样图，是对图样中某一局部或构件的深化及补充。是工程的细部施工、构配件的制作及编制预算的依据。

详图主要特点有三个，一是比例较大，如 1∶20、1∶10、1∶5、1∶2、1∶1 等；二是图示内容详尽清楚；三是尺寸标注齐全，文字说明详尽。

图样中的某一局部或构件如需另见详图，应以索引符号索引。索引符号如表 3-1 所示，是用细实线画出来的，圆的直径为 10-12mm。如详图与被索引的图在同一张图纸内时，在上半圆中用阿拉伯数字注出该详图的编号，在下半圆中间画一段水平细实线；如详图与被索引的图不在同一张图纸内时，下半圆中用阿拉伯数字注出该详图所在的图纸编号；如索引出的详图采用标准图时，在圆的水平直径延长线上加注该标准图册编号；如索引的详图是剖面（或断面）详图时，索引符号在引出线的一侧加画一剖切位置线，引出线的一侧，就表示投射方向。

表 3-1　索引符号

名　称	符　号	说　明
详图的索引符号	5 —— 详图的编号 — —— 详图在本张图纸上 5 —— 局部剖面详图的编号 — —— 剖面详图在本张图纸上	详图在本张图纸上
	2 —— 详图的编号 5 —— 详图所在图纸的编号 4 —— 局部剖面详图的编号 3 —— 剖面详图所在图纸的编号	详图不在本张图纸上
	J106 —— 标准图册的编号 3 —— 标准详图的编号 4 —— 详图所在图纸的编号	标准详图

技巧：093　景石坐椅节点详图的绘制

视频：技巧093-景石坐椅节点详图的绘制.avi
案例：景石坐椅.dwg

技巧概述：本实例根据上一实例中绘制好的索引位置来绘制该位置的节点放大图，操作步骤如下。

步骤 01 接上例，将平面图中被虚线圆圈住部分的线条图形复制出来，再执行“多段线”命令（PL），在左侧和下侧绘制折断线，并进行相应的修剪，如图 3-111 所示。

步骤 02 执行“缩放”命令（SC），将上步图形放大 2 倍。

步骤 03 执行“直线”命令（L），在相应位置绘制一条中心轴线，如图 3-112 所示。

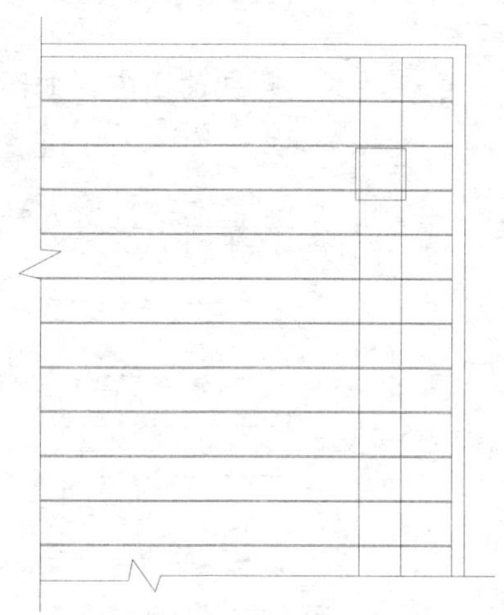

图 3-111　复制索引图形

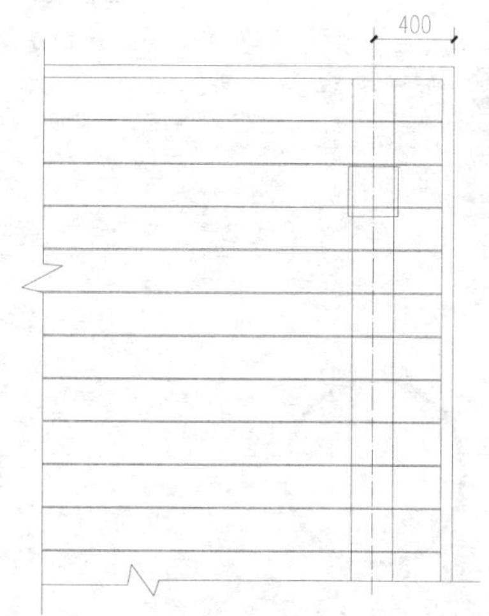

图 3-112　绘制中心线

步骤 04 执行“偏移”命令（O），将宽 3mm 的两线条各向两边偏移 14，且转换为“轴线”图层；再执行“圆”命令（C），以中心线交点各绘制半径 4 的圆作为“螺栓孔位”，且将两圆转换为“金属构件”图层，如图 3-113 所示。

步骤 05 执行“复制”命令（CO），将上步绘制好的一组“螺栓孔位”分别复制到其他相应位置处；再执行“删除”命令（E），将中心线删除，效果如图 3-114 所示。

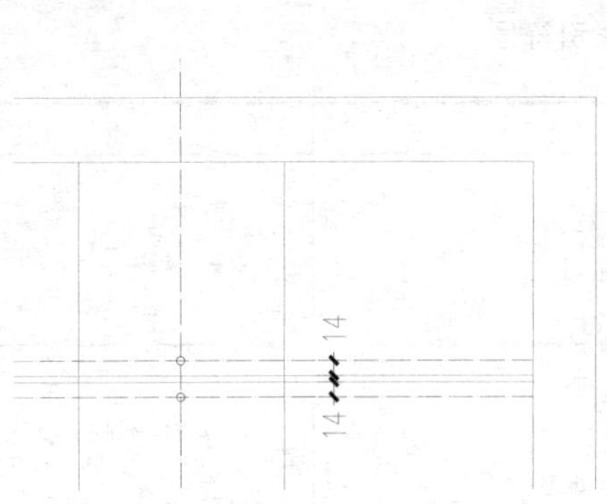

图 3-113　绘制螺栓孔

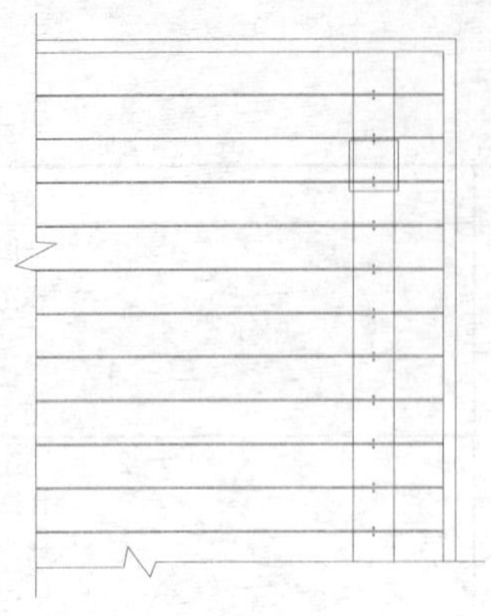

图 3-114　复制螺栓孔

步骤 06 在“图层”下拉列表中，选择“索引线”图层为当前图层。

步骤 07 绘制“详图符号”，执行“圆”命令（C），绘制一个半径为 140 的圆，并调整圆的线宽为“1.00mm”，如图 3-115 所示。

技巧提示 ★★★☆☆

将对象设置了“线宽”后，默认情况下看不出粗线效果，这时需要在“状态栏”中，单击“线宽”按钮+，以显示出粗线视觉效果。

步骤 08 执行“多行文字”命令（MT），在圆内指定两点拖动出一个矩形文本输入框，在弹出的“文字格式”工具栏上，选择字体为“Complex”，设置字高为“200”，输入文字“1”，效果如图 3-116 所示。

步骤 09 执行“移动”命令（M），将绘制好的详图符号移动到大样图的下方，如图 3-117 所示。

图 3-115　绘制粗线圆

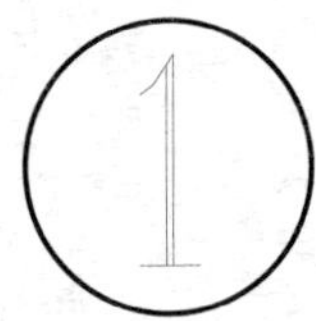

图 3-116　详图符号

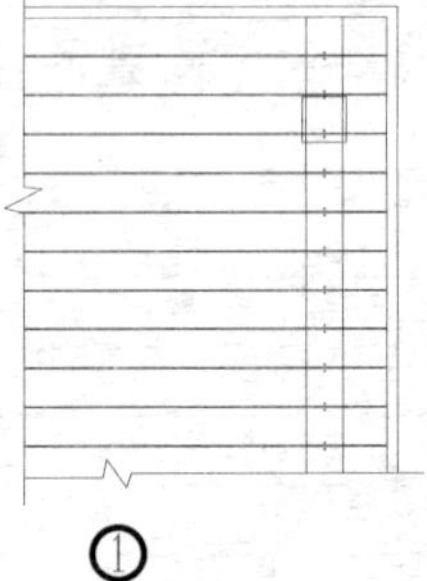

图 3-117　移动详图符号

专业技能 ★★★☆☆

为了便于看图，常采用详图符号和详图索引符号。详图符号画在详图（大样图）的下方；详图索引符号则表示平、立、剖基本图中某个部位需另画详图表示，故详图索引符号是标注在需要画出详图的位置附近，并用引出线引出，如图 3-118 所示。

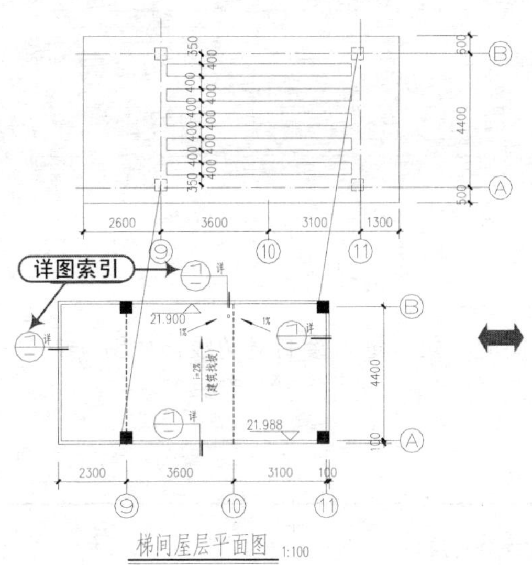

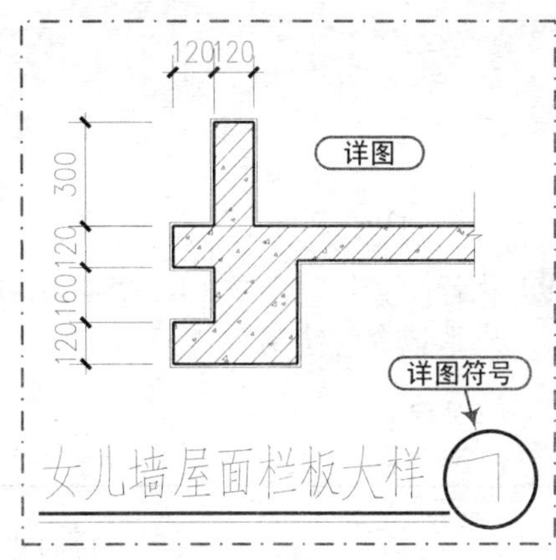

图 3-118　详图符号和索引符号

专业技能　★★★★☆

详图符号如表 3-2 所示，是用粗实线绘制，圆的直径为 14mm。如圆内只用阿拉伯数字注明详图的编号时，说明该详图与被索引图样在同一张图纸内；如详图与被索引的图样不在同一张图纸内，可用细实线在详图符号内画一水平直径，在上半圆内注明详图编号，在下半圆中注明被索引图样的图纸编号。

表 3-2　索引符号及详图符号

详图符号	(5)——详图的编号	被索引的在本张图纸上
	(5/3)——详图的编号；被索引的图纸编号	被索引的不在本张图纸上

技巧：094　景石坐椅立面图的绘制

视频：技巧094-景石坐椅立面图的绘制.avi
案例：景石坐椅.dwg

技巧概述：前面两个实例分别绘制了景石坐椅的平面图及节点大样图，接下来我们来绘制景石坐椅的立面图。

步骤 01 在“图层”下拉列表中，选择“木质轮廓线”图层为当前图层。

步骤 02 执行“直线”命令（L），由景石坐椅平面图轮廓向下绘制垂直的投影线；然后在投影线上绘制一条水平线；再执行“偏移”命令（O），将水平线向下依次偏移 50、150、30，如图 3-119 所示。

步骤 03 再执行“修剪”命令（TR），修剪掉下侧多余的线条，然后将底部水平线拉长，且转换为“道路线”图层，效果如图 3-120 所示。

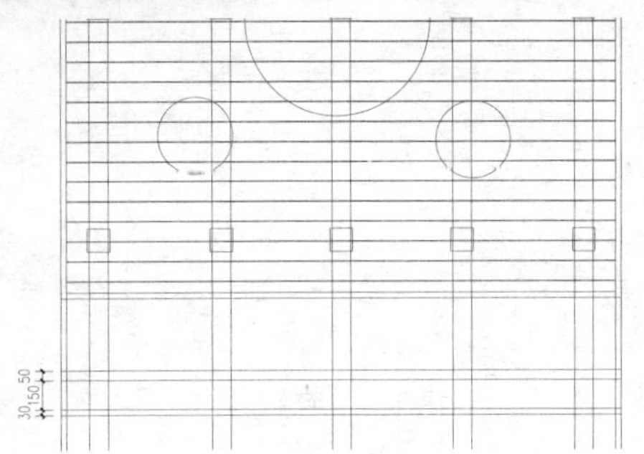

图 3-119 绘制线条

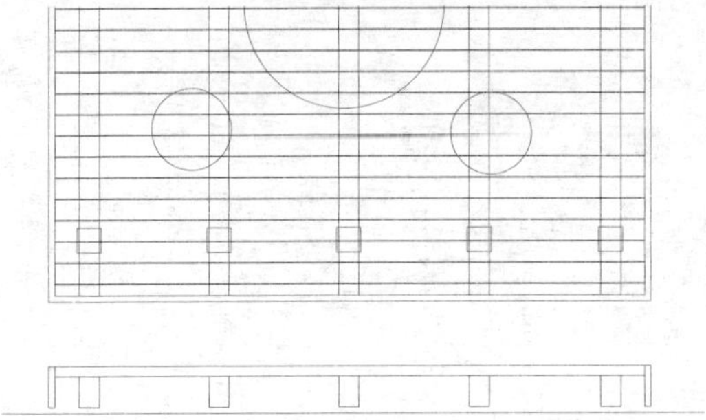

图 3-120 修剪图形

步骤 04 执行“直线”命令（L），在左右两侧的小矩形框内绘制对角线，如图 3-121 所示完成木地台的绘制。

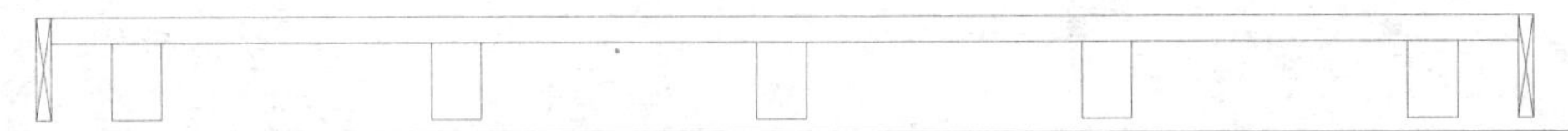

图 3-121 绘制对角线

步骤 05 切换至“剖面结构线”图层，执行“矩形”命令（REC），绘制 240×140 的矩形作为“砖彻基础”；再结合移动、复制和修剪等命令，将矩形放置到木地台柱子下方，如图 3-122 所示。

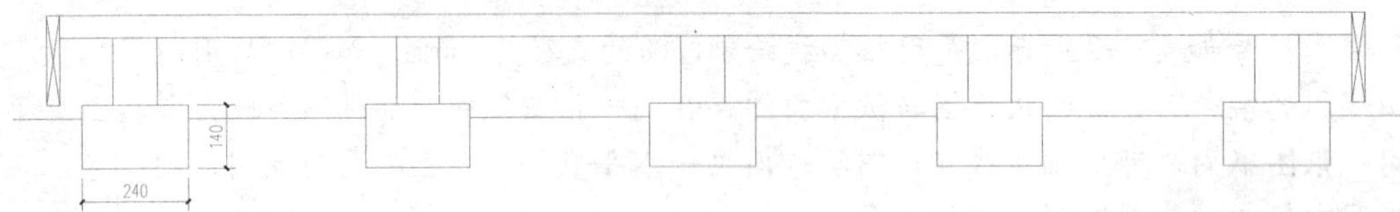

图 3-122 绘制砖彻基础

步骤 06 执行“分解”命令（X），将上步的矩形分解；再执行“删除”命令（E），将各矩形下侧边删除；再执行“多段线”命令（PL），在原下侧边绘制折断线，如图 3-123 所示。

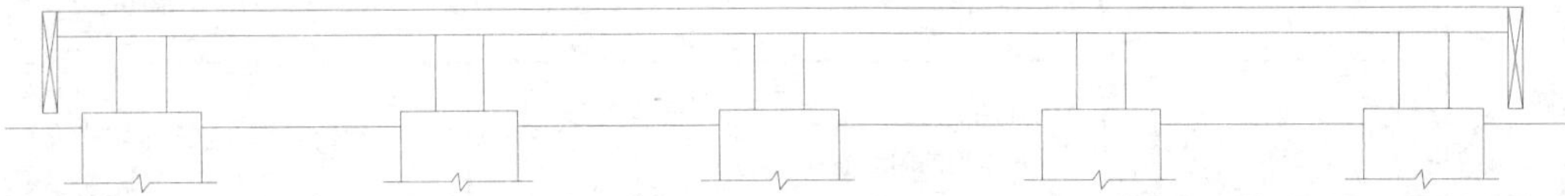

图 3-123 绘制折断线

步骤 07 切换至“填充线”图层，执行“图案填充”命令（H），选择图案为“ANSI31”，设置比例为 200，在矩形内部进行填充，如图 3-124 所示。

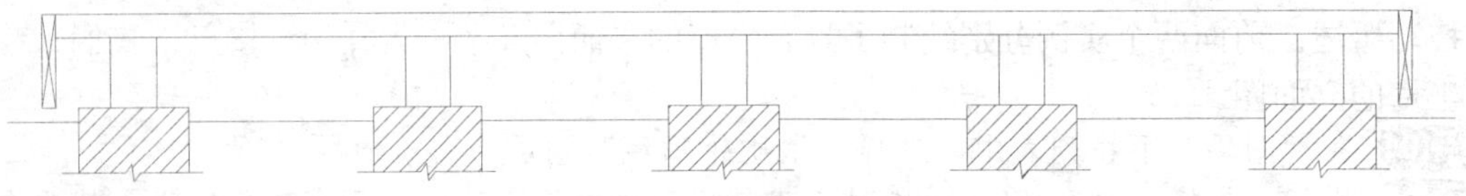

图 3-124 填充图例

步骤 08 执行“偏移”命令（O）、“修剪”命令（TR）和“镜像”命令（MI），在如图 3-125 所示的其中一个柱子位置绘制出“固定角钢”轮廓，且将该轮廓线转换为“金属构件”图层。

步骤 09 执行“圆角”命令（F），设置圆角半径为 11，对直角进行圆角处理，如图 3-126 所示。

步骤 10 再执行“图案填充”命令（H），执行“图案填充”命令（H），选择图案为“ANSI34”，设置比例为 16，对“角钢”进行填充，如图 3-127 所示。

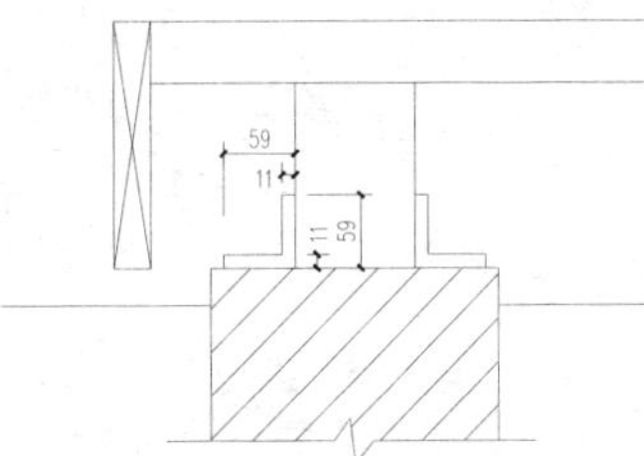

图 3-125　绘制固定角钢

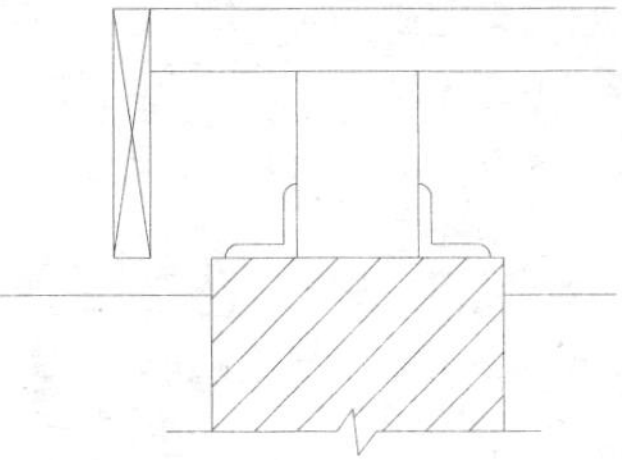
图 3-126　圆角处理

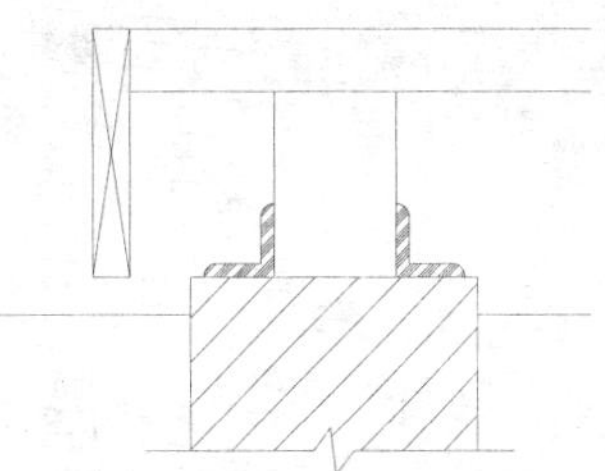
图 3-127　填充图案

步骤 11 执行“矩形”命令（REC），绘制 140×6 和 4×13 的矩形作为“固定螺栓”，再通过移动和复制命令，将螺栓移动到“角钢”相应位置，以形成固定，如图 3-128 所示。

步骤 12 根据同样的方法，继续绘制出 13×4 和 6×34 的矩形作为“固定螺栓”，然后再放置到“角钢”另一侧，如图 3-129 所示。

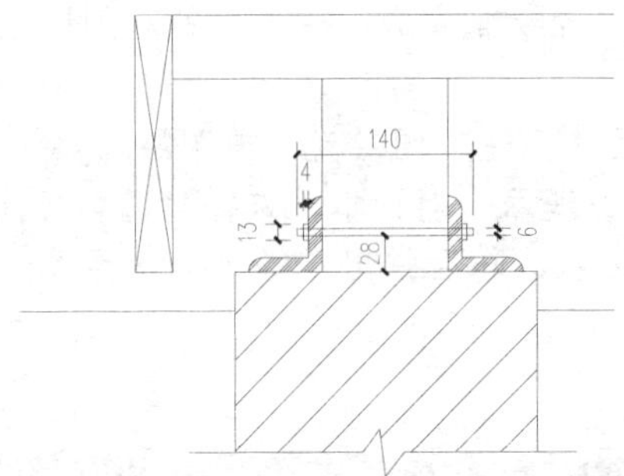

图 3-128　绘制固定螺栓 1

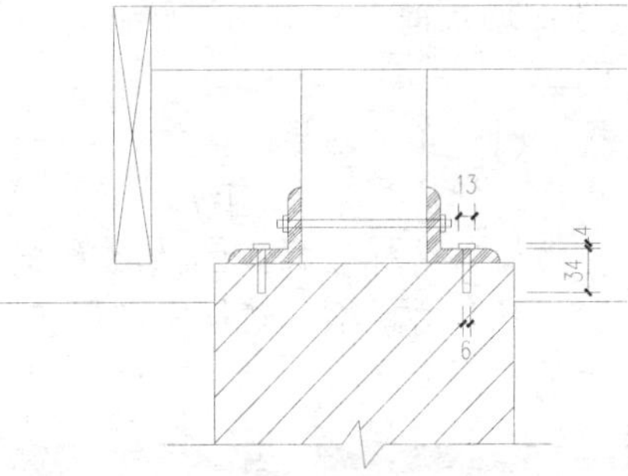

图 3-129　绘制固定螺栓 2

步骤 13 执行“复制”命令（CO），将绘制好的“角钢”和“螺栓”复制到其他柱子处，效果如图 3-130 所示。

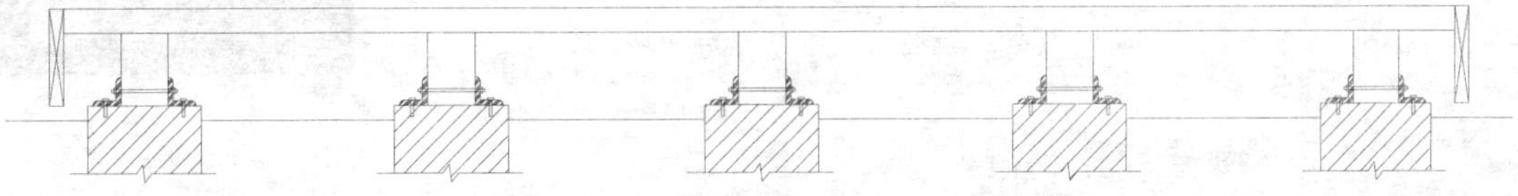
图 3-130　复制螺栓

步骤 14 在“图层”下拉列表中，选择“小品轮廓线”图层为当前图层。

步骤 15 执行“矩形”命令（REC），在地台表面上绘制出如图 3-131 所示的两个矩形。

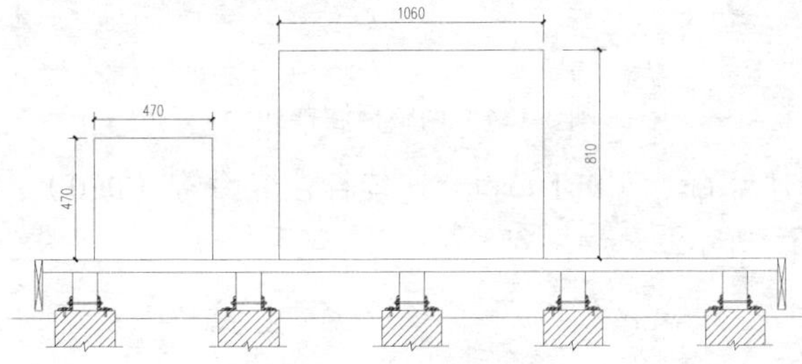

图 3-131　绘制矩形

步骤 16 执行“样条曲线”命令（SPL），在矩形范围内绘制出如图 3-132 所示的样条曲线以表示石凳和石桌轮廓。

步骤 17 执行“删除”命令（E），将矩形轮廓删除掉；再执行“镜像”命令（MI），将石凳镜像到右侧，如图 3-133 所示。

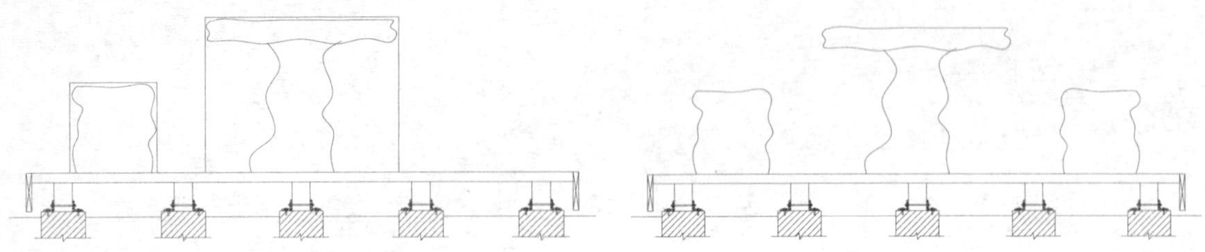

图 3-132　绘制样条曲线　　　　图 3-133　镜像石凳

技巧：095　景石坐椅图形的标注

视频：技巧095-景石坐椅图形的标注.avi
案例：景石坐椅.dwg

技巧概述： 通过前面实例的讲解，景石坐椅图形已经绘制完成，接下来就对图形进行文字及尺寸的标注。

步骤 01 接上例，在“图层”下拉列表中，选择“尺寸标注”图层为当前图层。

步骤 02 执行“标注”命令（D），弹出“标注样式管理器”对话框，选择“园林标注-100”样式为当前标注样式；然后单击“修改”按钮，随后弹出“修改标注样式：园林标注-100”对话框，切换至“调整”选项卡，修改标注的全局比例为 25，如图 3-134 所示。

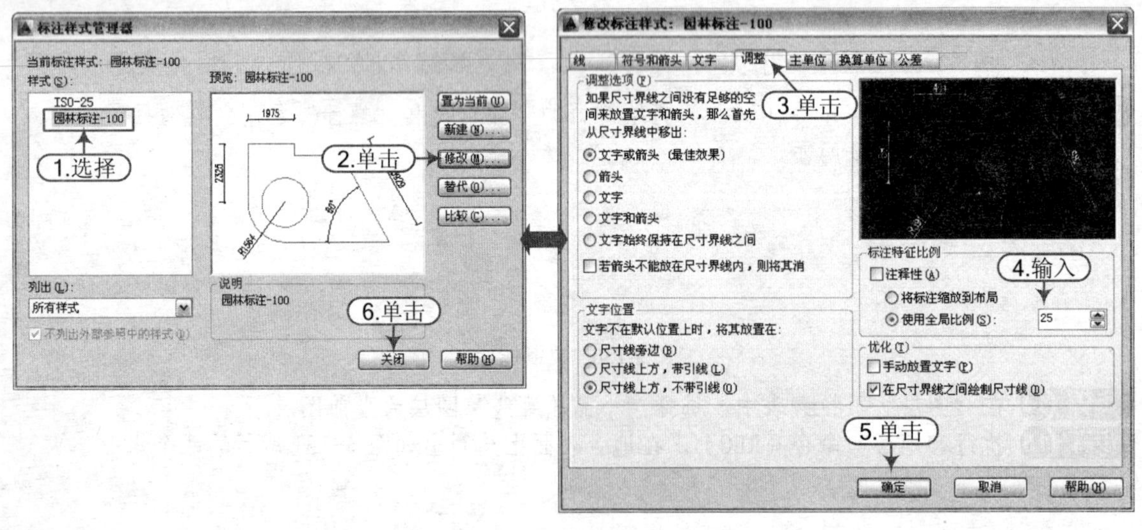

图 3-134　调整标注样式

步骤 03 执行“线形标注”命令（DLI）和“连续标注”命令（DCO），对图形进行尺寸的标注，如图 3-135 所示。

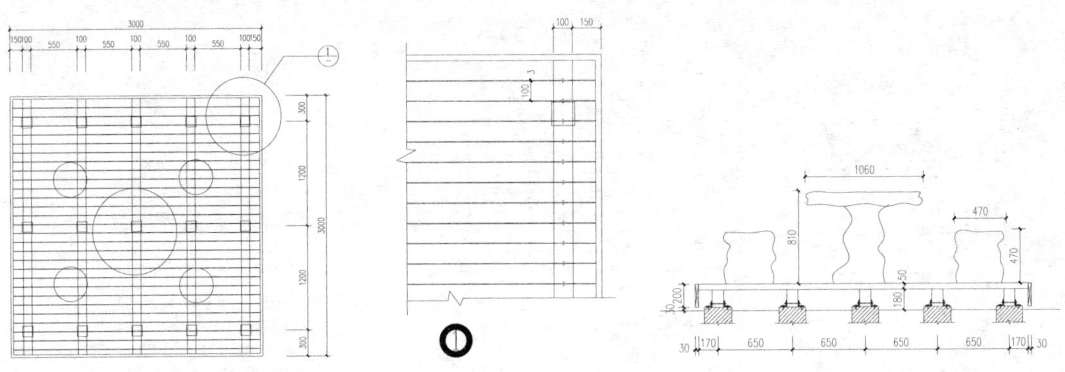

图 3-135　标注图形尺寸

技巧提示　★★★☆☆

由于大样图（图 3-135（中））是由原图放大 2 倍的结果，因此标注的尺寸也是放大 2 倍的尺寸，大样图的目的是为了使图形内部细节表现得更清楚，但其尺寸需要继承真实性，因此在这里可执行“文字编辑”命令（ED）命令，将标注的放大尺寸÷2，以改回原始尺寸。

步骤 04 在“图层”下拉列表中，选择“文字标注”图层为当前图层。

步骤 05 执行“引线”命令（LE），在相应位置拖出引线，在选择“图内说明”文字样式，设置字高为 120，在相应位置进行文字的注释，效果如图 3-136 所示。

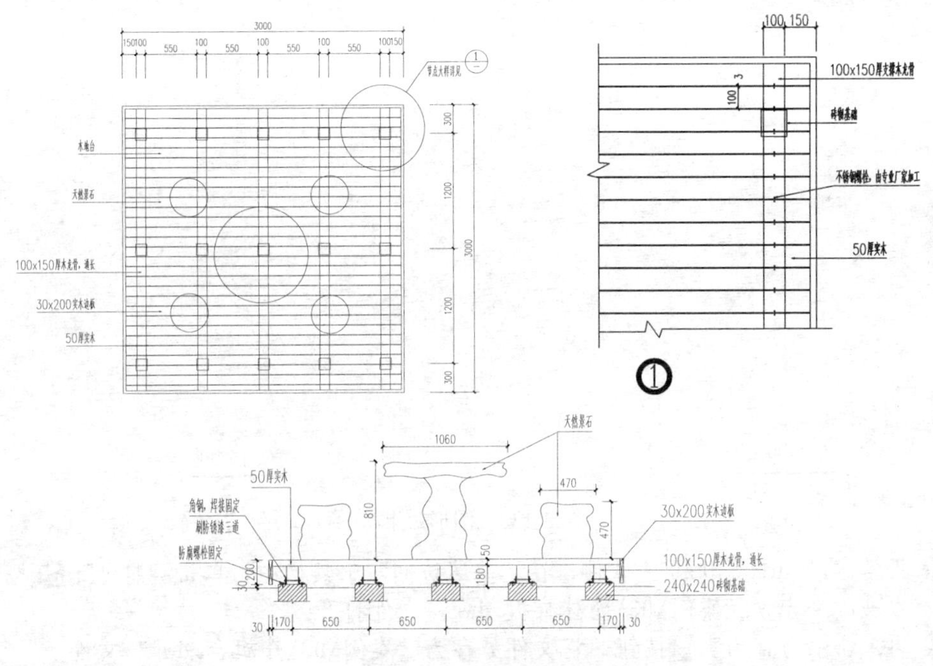

图 3-136　引线注释效果

步骤 06 执行“多行文字”命令（MT），分别在图形的下侧拖出矩形文本框，在“文字格式”工具栏中选择“图名”文字样式，设置字高为 150，标注出图名；再执行“多段线”命令（PL），在图名下侧绘制适当宽度和长度的水平多段线，如图 3-137 所示。

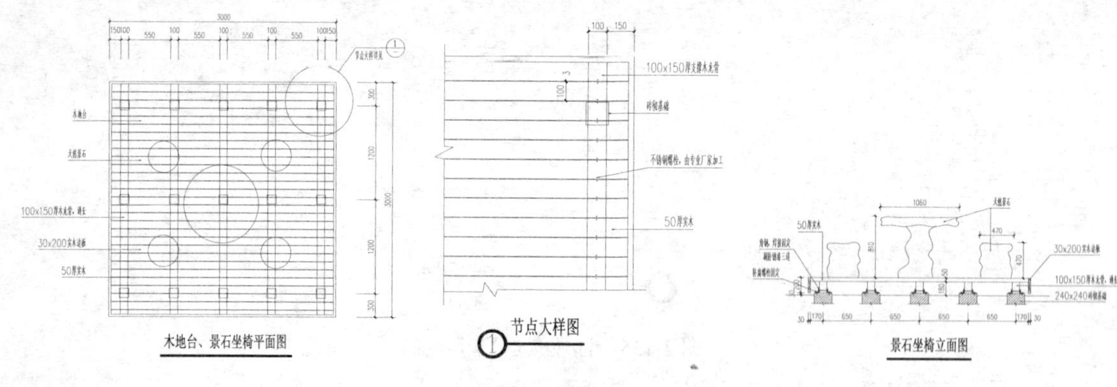

图 3-137　图名标注效果

步骤 07 至此，景石坐椅图形已经绘制完成，按【Ctrl+S】组合键将文件进行保存。

技巧：096 升旗台平面图的绘制

视频：技巧096-绘制升旗台平面图.avi
案例：升旗台.dwg

技巧概述：通过以下三个实例的讲解，分别绘制升旗台的平面图及立面图，使读者掌握绘制升旗台施工图的绘制过程及学习升旗台设计的相关知识，其绘制的升旗台效果如图 3-138 所示。

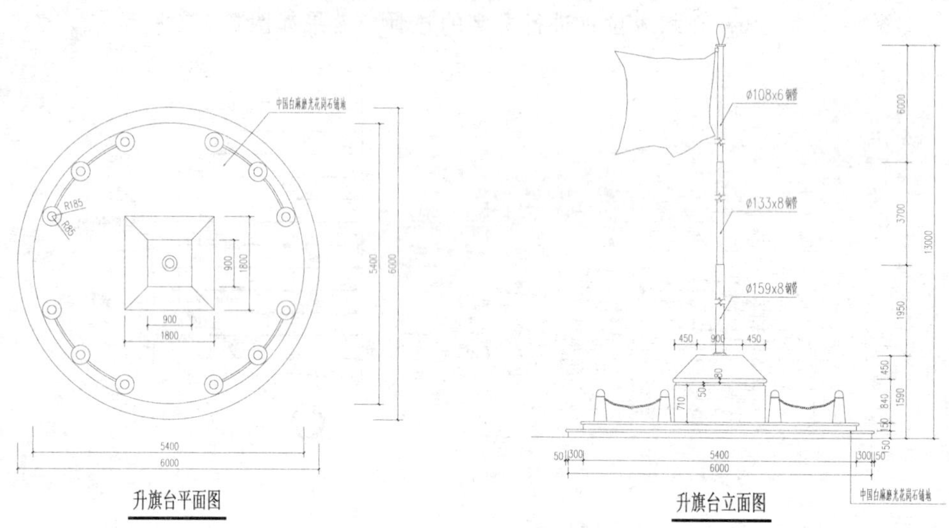

图 3-138　图形效果

步骤 01 正常启动 AutoCAD 2014 软件，在"快速访问"工具栏中，单击"打开"按钮，将本书配套光盘"案例\03\园林样板.dwg"文件打开。

步骤 02 再单击"另存为"按钮，将文件另存为"案例\03\升旗台.dwg"文件。

步骤 03 在"图层"下拉列表中，选择"小品轮廓线"图层为当前图层。

步骤 04 执行"圆"命令（C），绘制半径分别为 90、150、2500、2700 和 3000 的 5 个同心圆，并将半径 2500 的圆转换为"轴线"图层，如图 3-139 所示。

步骤 05 执行"直线"命令（L），以圆心为起点分别绘制角度为 21、45 和 69 的斜线段，如图 3-140 所示。

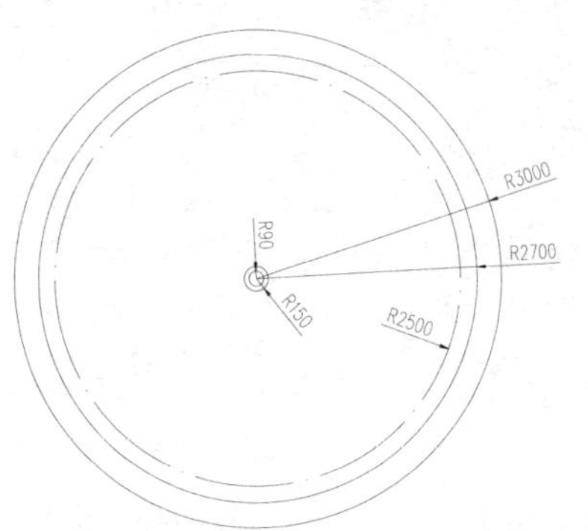

图 3-139　绘制同心圆

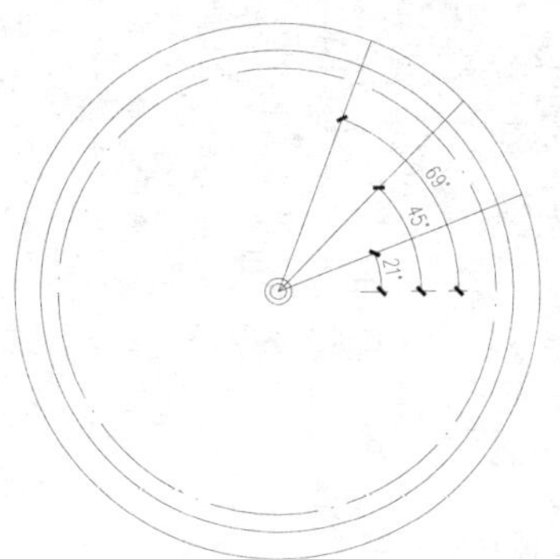

图 3-140　绘制斜线

技巧提示 ★★★☆☆

"轴线"图层设置的线型为点划线，若显示不出点划线效果，可执行"线型管理"命令（LT），在弹出的"线型管理器"对话框中，调整全局比例因子为 50 即可。

步骤 06 执行"圆"命令（C），分别以斜线和中心圆交点绘制半径为 85 和 185 的同心圆，如图 3-141 所示。

步骤 07 执行"删除"命令（E），将三条斜线删除掉；再执行"阵列"命令（AR），将中心圆上的 6 个小圆以中心圆圆心进行项目数为 4 的极轴阵列，效果如图 3-142 所示。

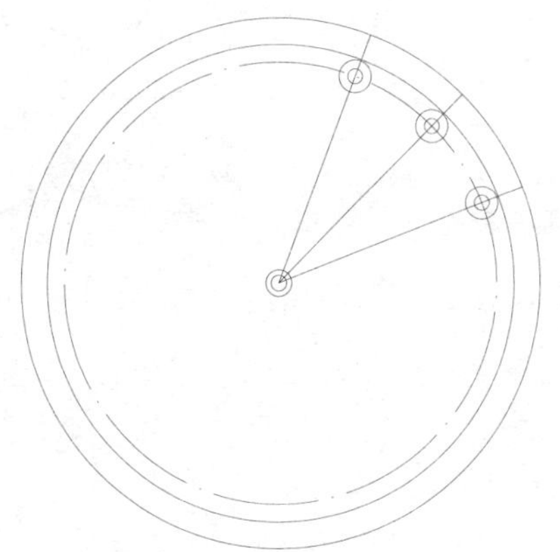

图 3-141　绘制同心圆

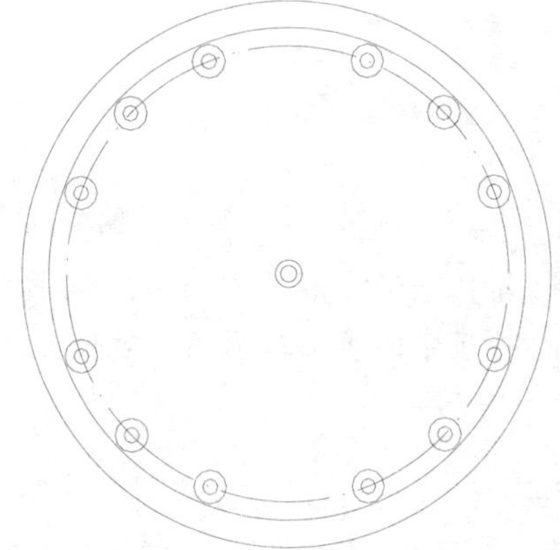

图 3-142　环形阵列图形

步骤 08 执行"偏移"命令（O），将中心圆各向内、外侧偏移 20，并将偏移的 2 个圆转换为"小品轮廓线"图层，如图 3-143 所示。

步骤 09 执行"删除"命令（E），将中心圆删除掉；再执行"修剪"命令（TR），修剪掉多余的圆弧，效果如图 3-144 所示。

步骤 10 执行"矩形"命令（REC）和"移动"命令（M），以圆心为矩形的中心，绘制 900×900、1800×1800 的两个矩形；再执行"直线"命令（L），绘制矩形的对角斜线，如图 3-145 所示。

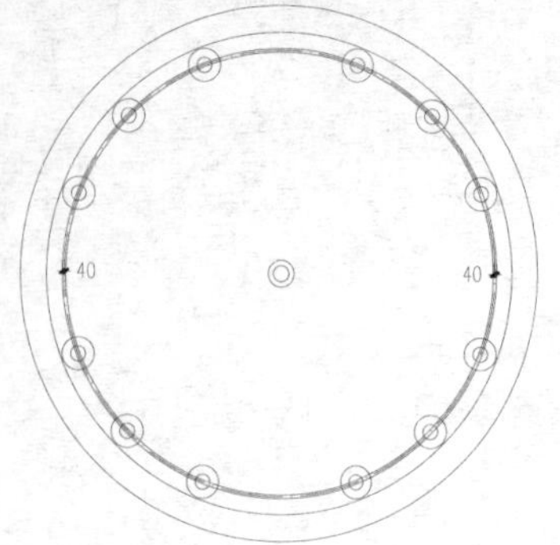

图 3-143　偏移中心圆

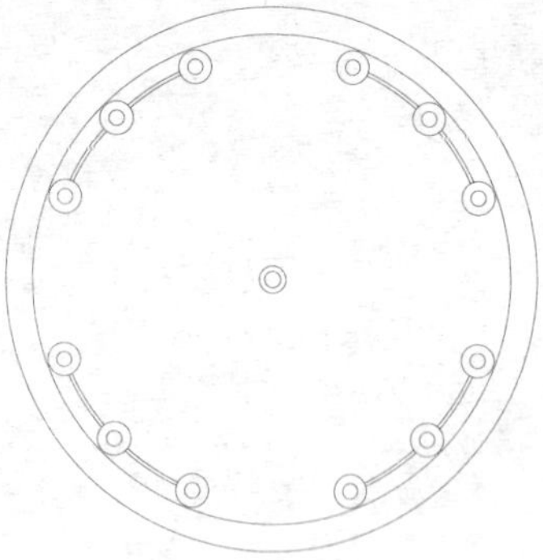

图 3-144　修剪删除

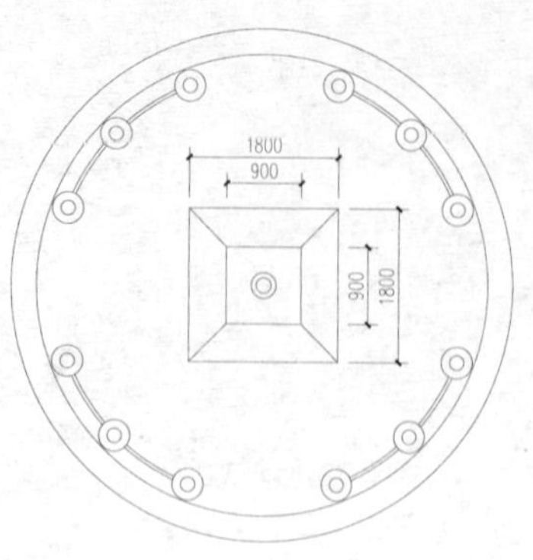

图 3-145　绘制矩形和斜线

技巧：097　升旗台立面图的绘制

视频：技巧097-绘制升旗台立面图.avi
案例：升旗台.dwg

技巧概述：前面实例绘制升旗台的平面图，为了能全方位的表达出升旗台的形态，接下来绘制升旗台立面图。

步骤 01 接上例，通过执行“矩形”命令（REC）和“移动”命令（M），绘制出如图 3-146 所示的轮廓。

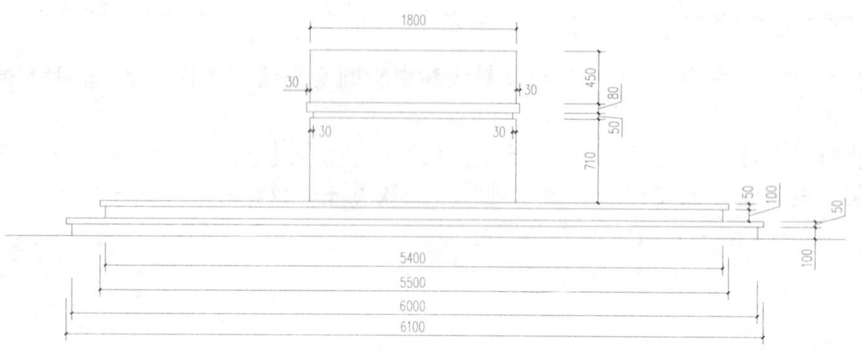

图 3-146　绘制旗台基本轮廓

步骤 02 执行“圆”命令（C）和“修剪”命令（TR），在各矩形两侧绘制对应的圆，再修剪掉多余的线条与圆弧，效果如图 3-147 所示。

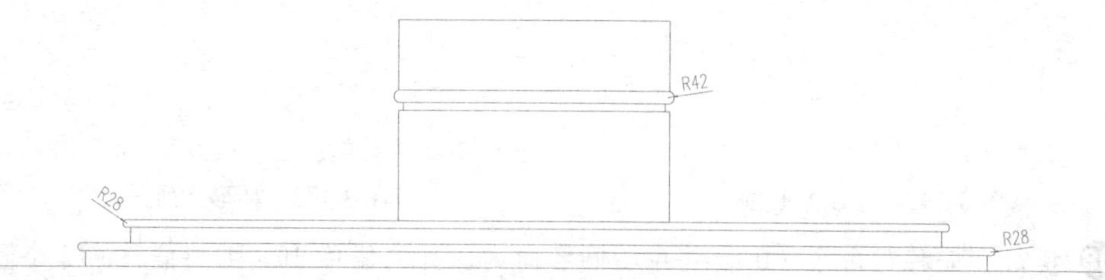

图 3-147　圆角操作

步骤 03 执行“倒角”命令（CHA），根据如下命令提示选择“角度（A）”项，设置第一条直线的倒角长度为 450，再设置倒角角度为 45°，依次单击上侧矩形的两个直角，以进行全角处理，如图 3-148 所示。

```
命令: CHAMFER                                    \\ 倒角命令
(“修剪”模式) 当前倒角距离 1 = 0，距离 2 = 0      \\ 当前模式
```

```
选择第一条直线或 [放弃(U)/多段线(P)/距离(D)/角度(A)/修剪(T)/方式(E)/多个(M)]: a
                                        \\ 输入 a 以选择“角度”项
指定第一条直线的倒角长度 <1>: 450          \\ 输入倒角长度为 450
指定第一条直线的倒角角度 <0>: 45           \\ 输入倒角角度为 45
选择第一条直线或 [放弃(U)/多段线(P)/距离(D)/角度(A)/修剪(T)/方式(E)/多个(M)]:
                                        \\ 拾取边
选择第二条直线，或按住 Shift 键选择直线以应用角点或 [距离(D)/角度(A)/方法(M)]:
                                        \\ 拾取边
```

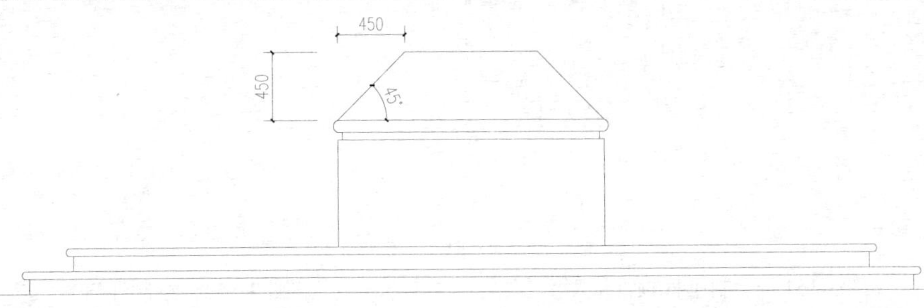

图 3-148　倒角命令

技巧提示　★★★☆☆

设置 45° 的倒角（也就是常说的倒 C 角），其两条倒角边的长度相等。

步骤 04 执行“矩形”命令（REC），由下至上依次绘制 260 × 30、208 × 20、159 × 1700、133 × 1980、108 × 2223、188 × 30 对齐的矩形作为旗杆，如图 3-149 所示。

步骤 05 执行“多段线”命令（PL）和“复制”命令（CO），在旗杆上绘制折断线，以表示中间折断效果；再执行“修剪”命令（TR），修剪掉折断线之间的线条，效果如图 3-150 所示。

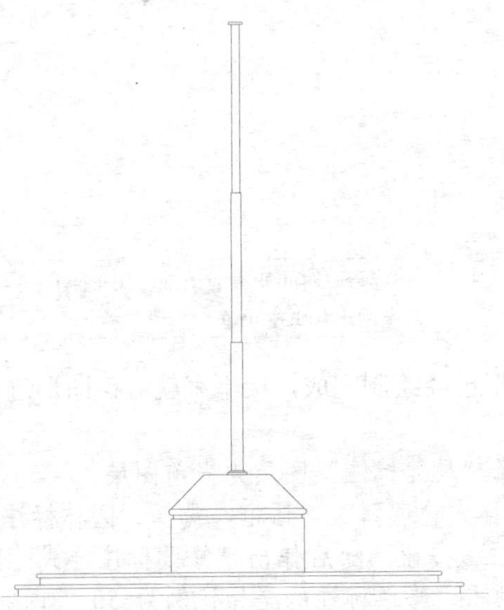

图 3-149　绘制对齐矩形

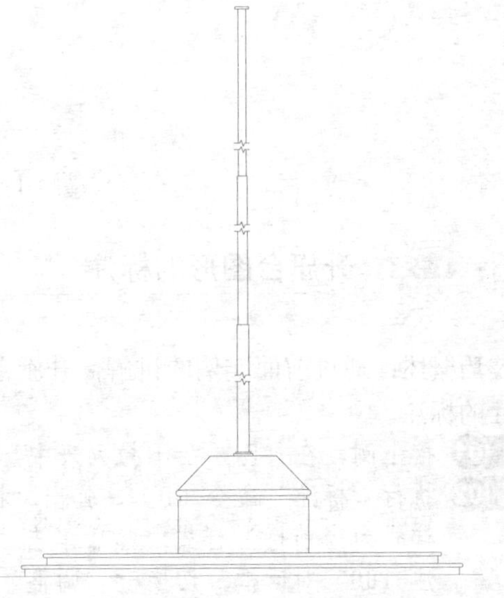

图 3-150　绘制折断线

步骤 06 执行“样条曲线”命令（SPL）和“矩形”命令（REC），在顶端相应位置绘制如图 3-151 所示图形效果。

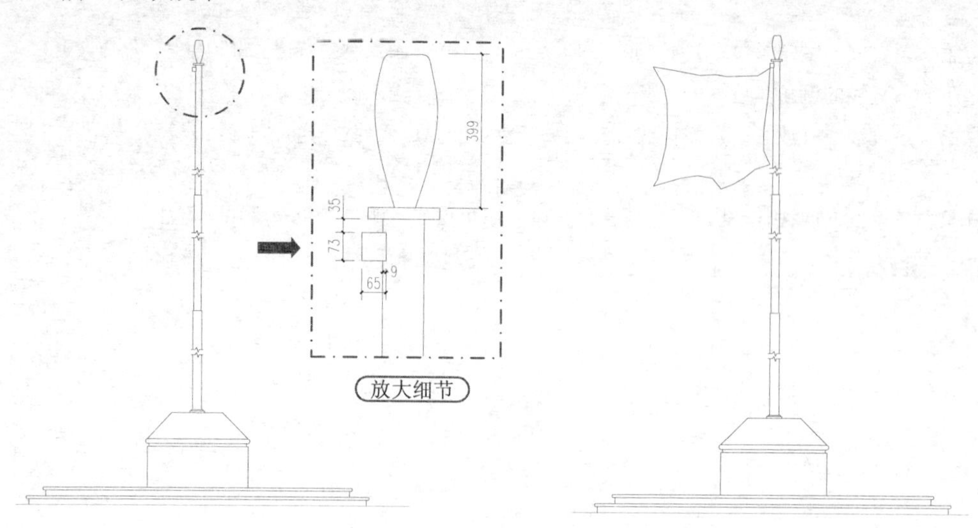

图 3-151　绘制旗杆顶部造型　　　　图 3-152　绘制红旗

步骤 07 执行“多段线”命令（PL），在左上侧绘制出红旗，效果如图 3-152 所示。

步骤 08 执行“插入块”命令（I），将“案例\03\护栏.dwg”文件作为图块插入图形中；再通过执行“镜像”命令（MI），进行左右镜像，效果如图 3-153 所示。

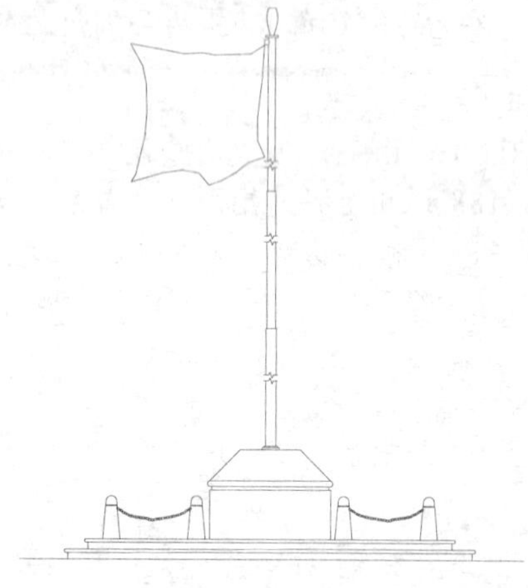

图 3-153　插入护栏

技巧：098 升旗台图形的标注

视频：技巧098-标注升旗台图形.avi
案例：升旗台.dwg

技巧概述： 通过前面实例的讲解，升旗台图形已经绘制完成，接下来就对该图形进行文字及尺寸的标注。

步骤 01 接上例，在“图层”下拉列表中，选择“尺寸标注”图层为当前图层。

步骤 02 执行“标注”命令（D），弹出“标注样式管理器”对话框，选择“园林标注-100”样式为当前标注样式；然后单击“修改”按钮，随后弹出“修改标注样式：园林标注-100”对话框，切换至“调整”选项卡，修改标注的全局比例为 50，如图 3-154 所示。

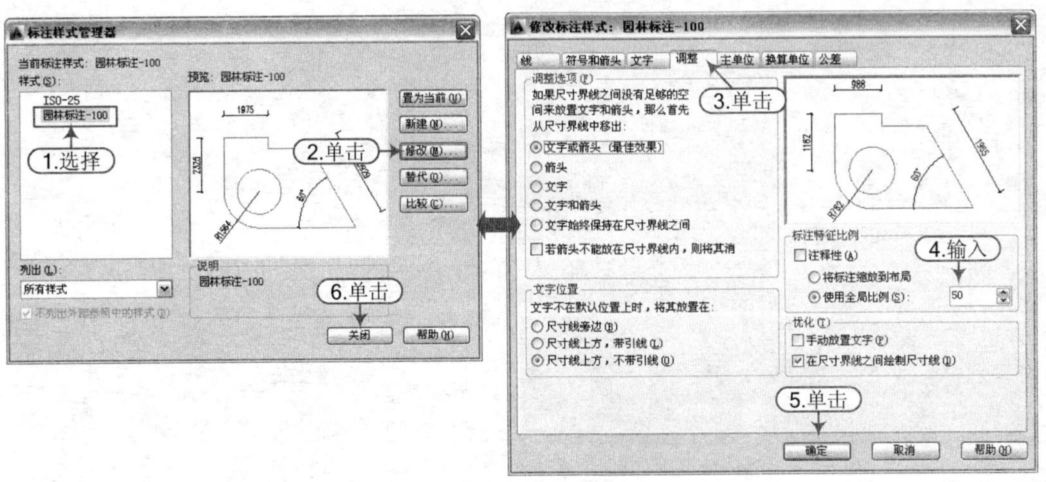

图 3-154　调整标注样式

步骤 03 执行“线形标注”命令（DLI）和“连续标注”命令（DCO），对图形进行尺寸标注；再执行“文字编辑”命令（ED）命令，将相应标注的尺寸文字进行修改，效果如图 3-155 所示。

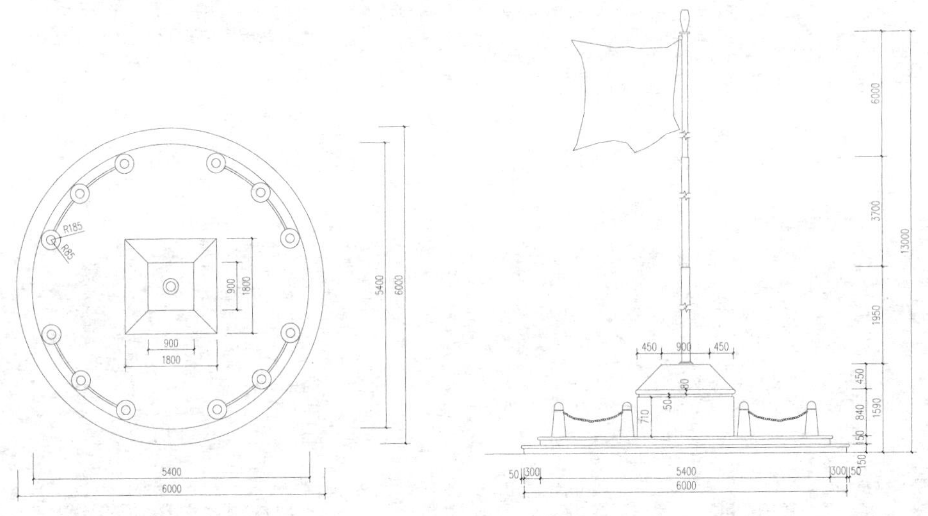

图 3-155　尺寸标注

技巧提示 ★★★☆☆

前面绘制了折断的旗杆，标注出的长度不是实际长度，因此需要使用“文字编辑”命令（ED），对旗杆的长度值进行修改。

步骤 04 在“图层”下拉列表中，选择“文字标注”图层为当前图层。

步骤 05 执行“引线”命令（LE），在相应位置拖出引线，在选择“图内说明”文字样式，设置字高为 250，进行文字的注释，效果如图 3-156 所示。

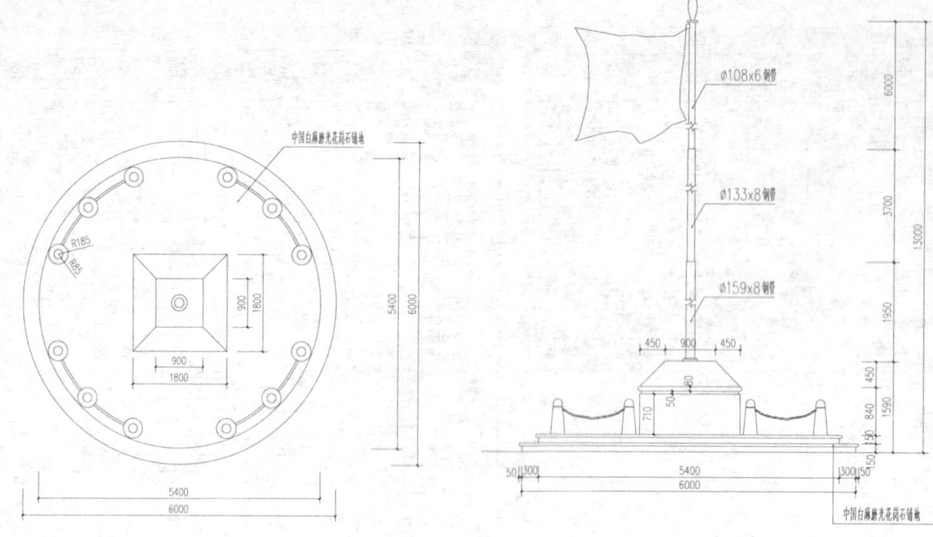

图 3-156 引线注释

步骤 06 执行“多行文字”命令（MT），分别在图形的下侧拖出矩形文本框，再“文字格式”工具栏中选择“图名”文字样式，设置字高为 300，标注出图名；再执行“多段线”命令（PL），在图名下侧绘制适当宽度和长度的水平多段线，如图 3-157 所示。

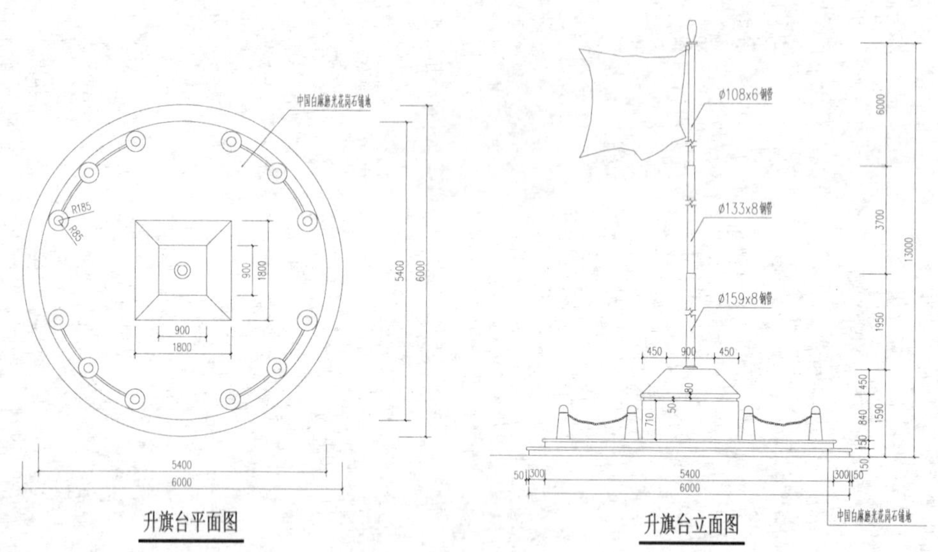

图 3-157 图名标注

步骤 07 至此，升旗台图形已经绘制完成，按【Ctrl+S】组合键将文件进行保存。

技巧：099 雕塑平面图的绘制

视频：技巧099-绘制雕塑平面图.avi
案例：雕塑.dwg

技巧概述：为美化城市或用于纪念意义而雕刻塑造、具有一定寓意、象征或象形的观赏物和纪念物。雕塑是造型艺术的一种。又称雕刻，是雕、刻、塑三种创制方法的总称。指用各种可塑材料（如石膏、树脂、粘土等）或可雕、可刻的硬质材料（如木材、石头、金属、玉块、玛瑙、铝、玻璃钢、砂岩、铜等），创造出具有一定空间的可视、可触的艺术形象，借以反映社会生活、表达艺术家的审美感受、审美情感、审美思想的艺术。图 3-158 所示为各种雕塑投影图片。

图 3-158　雕塑摄影图

接下来通过三个实例的讲解，分别绘制雕塑平面图及立面图，使读者掌握绘制雕塑施工图的绘制过程及学习雕塑设计的相关知识，其绘制的雕塑效果如图 3-159 所示。

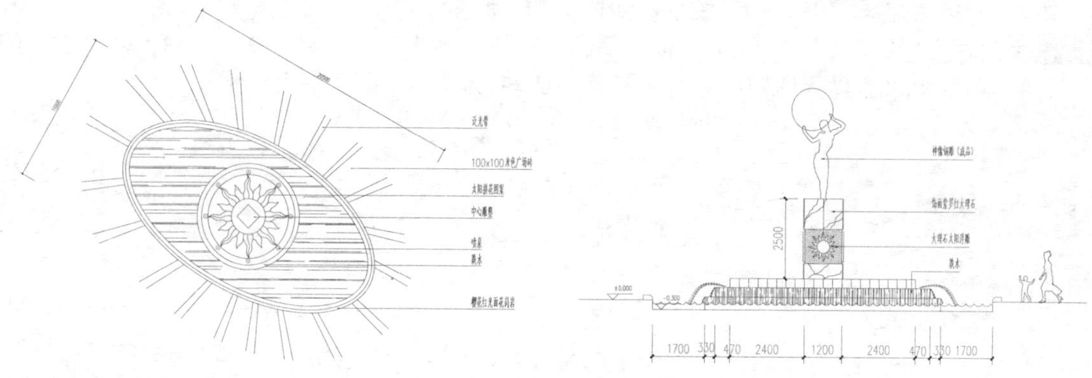

图 3-159　雕塑图形效果

步骤 01 正常启动 AutoCAD 2014 软件，在“快速访问”工具栏中，单击“打开”按钮，将本书配套光盘“案例\03\园林样板.dwg”文件打开。

步骤 02 再单击“另存为”按钮，将文件另存为“案例\03\雕塑.dwg”文件。

步骤 03 在“图层”下拉列表中，选择“小品轮廓线”图层为当前图层。

步骤 04 执行“椭圆”命令（EL），绘制长轴为 20500，短轴半径为 5500 的椭圆，如图 3-160 所示。

步骤 05 执行“偏移”命令（O），将椭圆依次向内偏移 210、280，如图 3-161 所示。

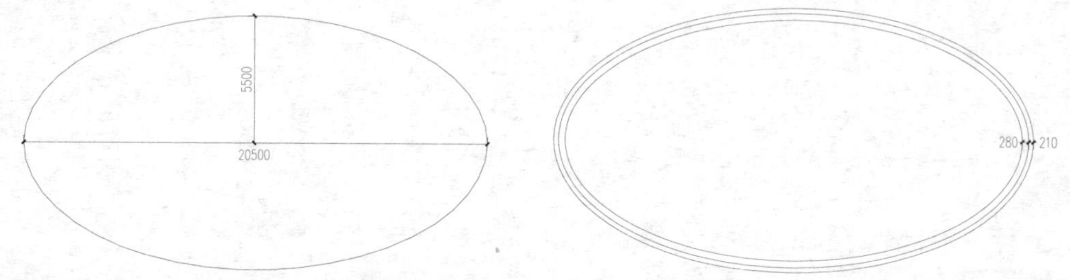

图 3-160　绘制椭圆　　　图 3-161　偏移椭圆

步骤 06 执行“旋转”命令（RO），将椭圆旋转-29°，效果如图 3-162 所示。

步骤 07 执行“圆”命令（C），以椭圆圆心绘制半径为 1270、3000、3470、3800 的 4 个同心圆，如图 3-163 所示。

图 3-162　旋转椭圆

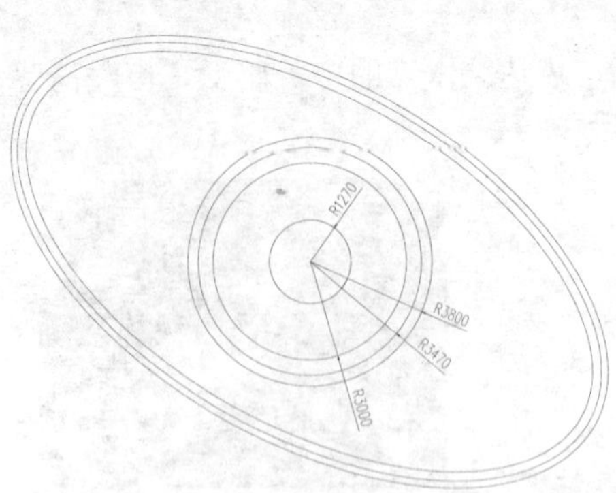

图 3-163　绘制同心圆

步骤 08 执行“直线”命令（L），以圆心为起点向右绘制长 3170 的水平线；再执行“圆”命令（C），以水平线端点绘制半径为 24 和 150 的同心圆作为喷水嘴，且将两圆的线型转换为虚线“DASHED”线型，如图 3-164 所示。

步骤 09 执行“删除”命令（E），将水平线删除掉；再执行“阵列”命令（AR），将上步绘制的喷水嘴以大圆圆心进行项目数为的环形阵列，如图 3-165 所示。

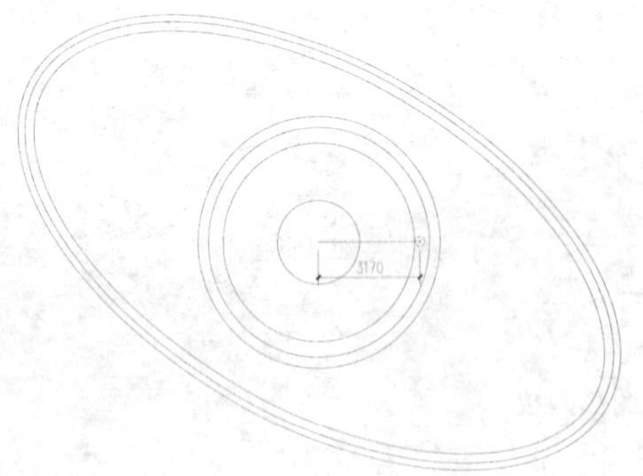

图 3-164　绘制直线和圆

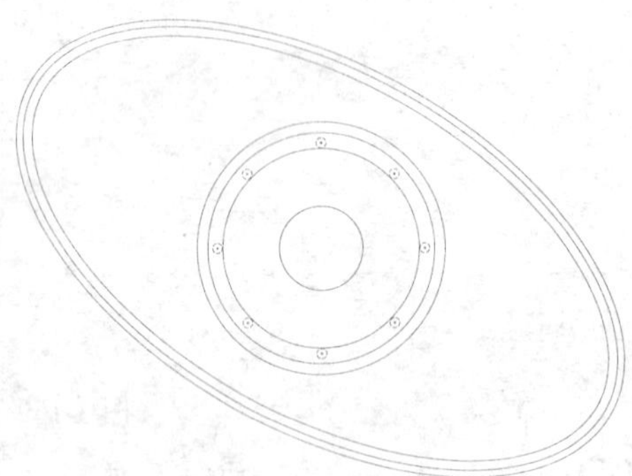

图 3-165　阵列小圆

步骤 10 执行“矩形”命令（REC），绘制 1200×1200 的矩形；再通过旋转、移动命令，将矩形旋转 45°，并放置到前面图形的中心位置，如图 3-166 所示。

步骤 11 执行“插入块”命令（I），将“案例\03\太阳拼花.dwg”文件作为图块插入图形中，如图 3-167 所示。

图 3-166　绘制矩形

图 3-167　插入拼花图案

步骤 12 执行“直线”命令（L），在椭圆外围绘制一些斜线段，以形成泛光带区域，如图 3-168 所示。

步骤 13 执行“图案填充”命令（H），选择图案为“AR-RROOF”，设置比例为 1000，在椭圆内填充水池波纹效果，如图 3-169 所示。

图 3-168　绘制泛光带　　　　图 3-169　填充水池

技巧：100　雕塑立面图的绘制

视频：技巧100-绘制雕塑立面图.avi
案例：雕塑.dwg

技巧概述： 前面实例绘制了雕塑的平面图，为了全方位的表达出雕塑的形态，接下来绘制雕塑立面图。

步骤 01 接上例，在“图层”下拉列表中，选择“小品轮廓线”图层为当前图层。

步骤 02 执行“直线”命令（L），捕捉平面图对应轮廓向下绘制投影线；然后在投影线上绘制一水平线，并将水平线向上依次偏移 400、300 和 300，如图 3-170 所示。

步骤 03 执行“修剪”命令（TR），修剪多余的线条，效果如图 3-171 所示。

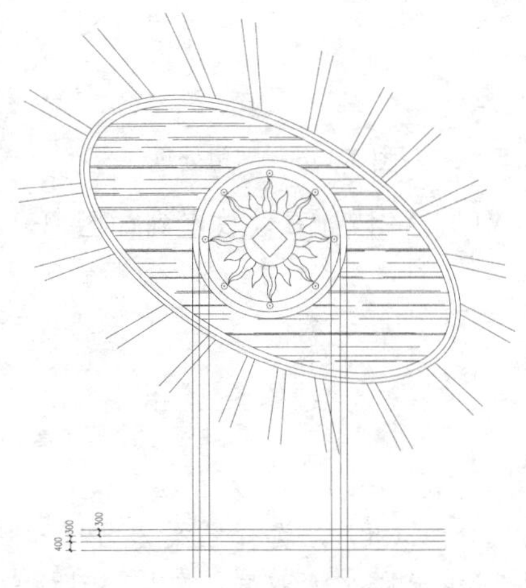

图 3-170　绘制投影线

图 3-171　修剪出台阶效果

步骤 04 执行“直线”命令（L），如图 3-172 所示绘制出两侧的台阶。

图 3-172　绘制线段

步骤 05 执行“圆弧”命令（A）和“复制”命令（CO），在中间凹池内绘制出水波效果，如图 3-173 所示。

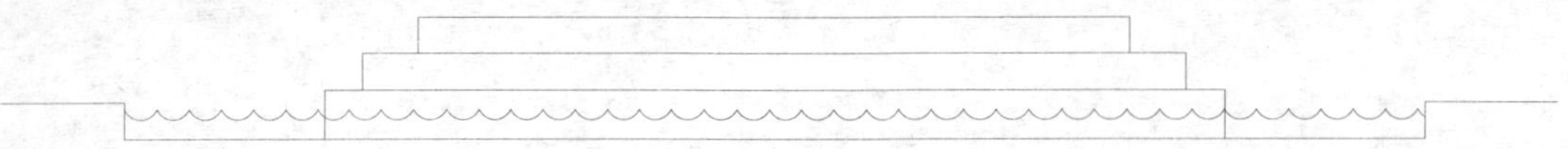

图 3-173　绘制水波

步骤 06 执行“样条曲线”命令（SPL），由台阶向下绘制弧线，并转换为虚线线型“DASHED”，以形成跌水流效果如图 3-174 所示。

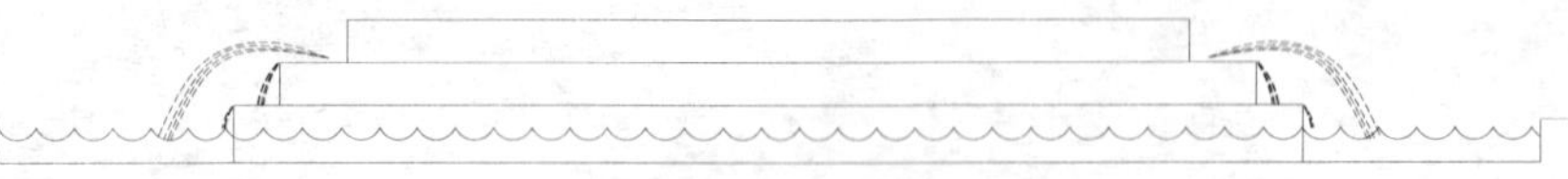

图 3-174　绘制跌水流

技巧提示 ★★★☆☆

为了使绘制的跌水显示最佳的虚线效果，这里将“线型比例因子”调整为 250。

步骤 07 执行“矩形”命令（REC），绘制 300×150 的矩形，如图 3-175 所示。

步骤 08 执行“倒角”命令（CHA），根据命令提示选择“距离（D）”项，设置倒角距离均为 70，对矩形进行倒角处理，如图 3-176 所示形成挡脚石块效果。

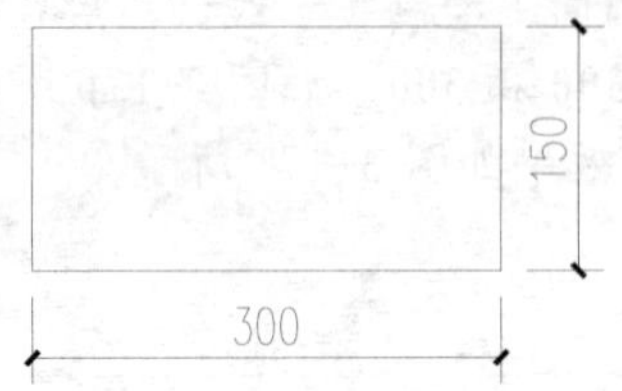

图 3-175　绘制矩形

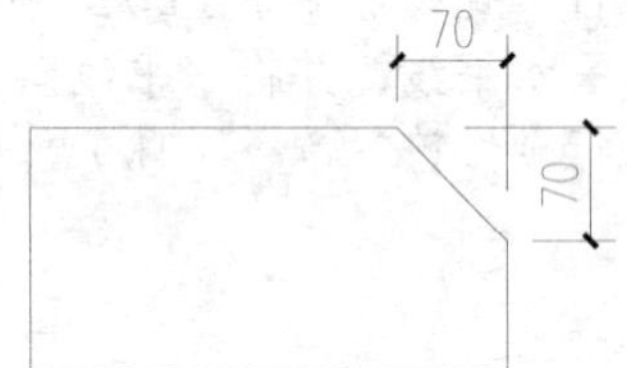

图 3-176　倒角处理

步骤 09 执行“移动”命令（M）和“镜像”命令（MI），将挡脚石块放置到如图 3-177 所示相应位置。

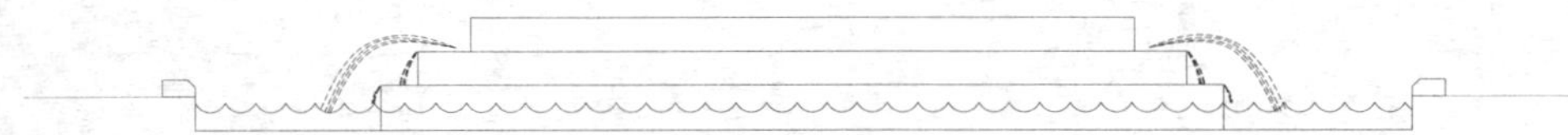

图 3-177　旋转挡脚石

步骤 10 切换至“填充线”图层，执行“图案填充”命令（H），选择图案为“AR-RROOF”，设置比例为 130，角度为 270°，对正面台阶填充跌水流效果，如图 3-178 所示。

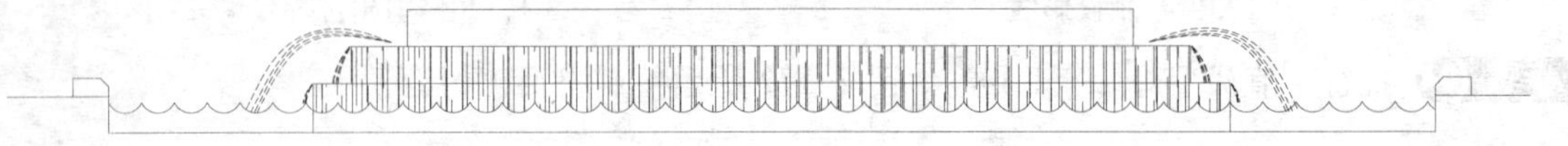

图 3-178　填充图案

步骤 11 执行“偏移”命令（O），将台阶线以 300 的距离进行偏移，且转换为“填充线”图层，如图 3-179 所示以形成贴砖效果。

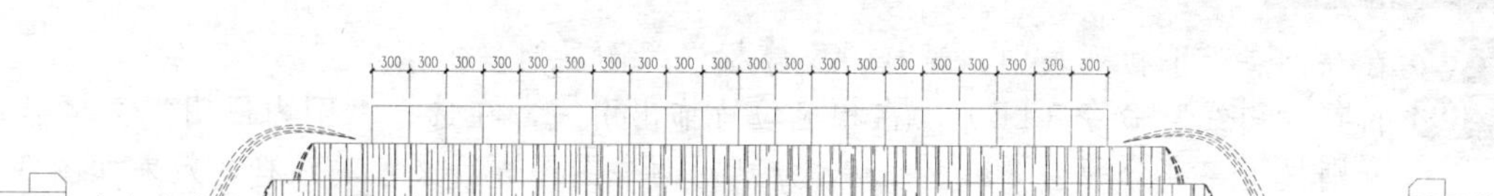

图 3-179　绘制贴砖

步骤 12　切换至“人物配景线”图层，执行“插入块”命令（I），将“案例\03”文件夹中的“人物”和“雕像”插入图形中，并摆放相应的位置，如图 3-180 所示。

图 3-180　插入图块

步骤 13　切换至“等高线”图层，执行“插入块”命令（I），将“案例\03\标高符号.dwg”文件按照 1：2 的比例插入图形中；再执行“复制”命令（CO），将标高符号复制到相应位置并双击修改对应的标高值，效果如图 3-181 所示。

图 3-181　标高标注

技巧：101　雕塑图形的标注

视频：技巧101-雕塑图形的标注.avi
案例：雕塑.dwg

技巧概述：通过前面两个实例的讲解，雕塑图形已经绘制完成，接下来就对雕塑图形进行文字及尺寸的标注。

步骤 01　接上例，在“图层”下拉列表中，选择“尺寸标注”图层为当前图层。

步骤 02　执行“标注”命令（D），弹出“标注样式管理器”对话框，选择“园林标注-100”样式为当前标注样式。

步骤 03　执行“线形标注”命令（DLI）和“连续标注”命令（DCO），对图形进行尺寸标注。

步骤 04 在“图层”下拉列表中，选择“文字标注”图层为当前图层。

步骤 05 执行“引线”命令（LE），在相应位置拖出引线，在选择“图内说明”文字样式，分别设置字高分别为 800 和 350，分别对两个图形进行文字的注释，效果如图 3-182 所示。

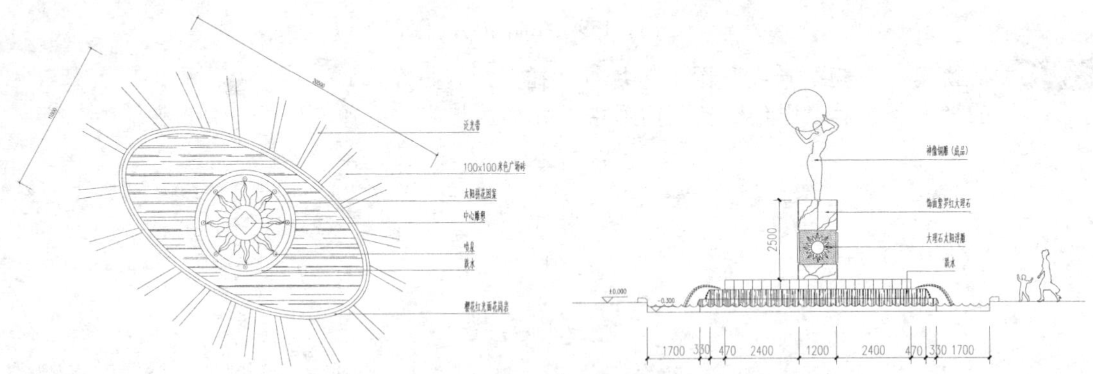

图 3-182　文字及尺寸的标注

技巧提示 ★★★☆☆

平面图的范围比较大，故采用的字高为 800，而立面图形范围比较小，因此采用的字高为 350。

步骤 06 执行“多行文字”命令（MT），分别在图形的下侧拖出矩形文本框，再“文字格式”工具栏中选择“图名”文字样式，设置字高为 1000，标注出平面图图名；再设置字高为 600，标注出立面图图名；再执行“多段线”命令（PL），在图名下侧绘制适当宽度和长度的水平多段线，如图 3-183 所示。

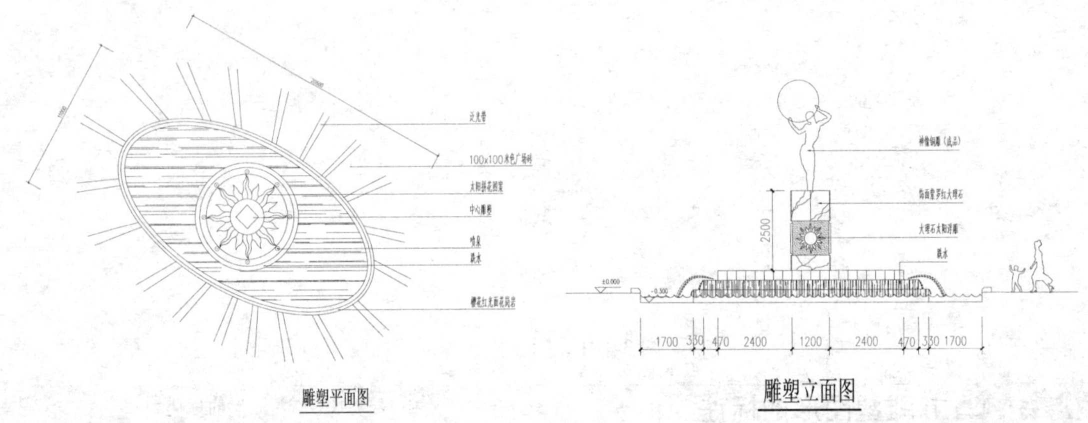

图 3-183　图名标注效果

步骤 07 至此，雕塑图形已经绘制完成，按【Ctrl+S】组合键将文件进行保存。

第 4 章　园林水景的绘制技巧

● **本章导读**

水景，作为园林中一道别样的风景点缀，以它特有的气息与神韵感染着每一个人，它是园林景观和给水排水的有机结合。随着房地产等相关行业的发展，人们对居住环境有了更高的要求，水景逐渐成为居住区园林环境设计的一大亮点，水景的应用技术也得到很快发展，许多技术已大量应用于实践中。如图 4-1 所示为各种类型的园林水景工程摄影图片。

图 4-1　园林水景工程实景

● **本章内容**

跌水平面图的绘制	水景墙平面图的绘制	木桥立面图的绘制
跌水立面图的绘制	水景墙立面图的绘制	木桥 B-B 剖面图的绘制
跌水图形的标注	水景墙剖面图的绘制	木桥图形的标注
喷泉平面图的绘制	水景墙图形的标注	喷水池平面图的绘制
喷泉立面图的绘制	木桥平面图的绘制	喷水池立面图的绘制
喷泉图形的标注	木桥 A-A 剖面图的绘制	喷水池景观图的标注

技巧：102　跌水平面图的绘制

视频：技巧102-绘制跌水平面图.avi
案例：跌水.dwg

技巧概述：跌水沟底为阶梯形，呈瀑布跌落式的水流。有天然跌水和人工跌水，人工跌水主要用于缓解高处落水的冲力。

跌水是园林水景（活水）工程中的一种，一般而言，瀑布是指自然形态的落水景观，多与假山、溪流等结合；而跌水是指规则形态的落水景观，多与建筑、景墙、挡土墙等结合。图 4-2 所示为跌水景观摄影图片。

图 4-2　跌水景观图片

瀑布与跌水表现了水的坠落之美。瀑布之美是原始的、自然的，富有野趣，它更适合于自然山水园林；跌水则更具形式之美和工艺之美，其规则整齐的形态，比较适合于简洁明快的现代园林和城市环境。

接下来通过三个实例的讲解，分别绘制跌水的平面图及立面图，使读者掌握绘制跌水施工图的绘制过程及学习跌水设计的相关知识，其绘制的跌水效果如图 4-3 所示。

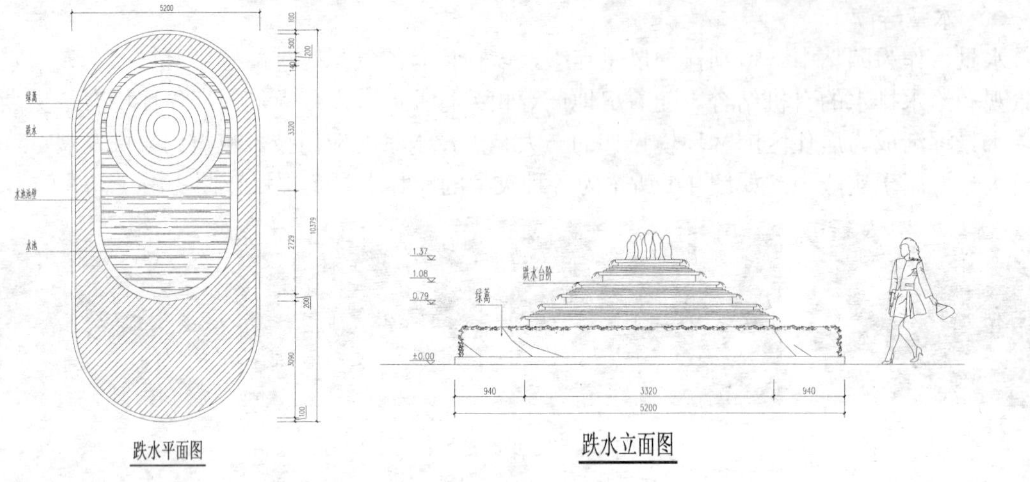

图 4-3　跌水图形效果

步骤 01 正常启动 AutoCAD 2014 软件，在“快速访问”工具栏中，单击“打开”按钮，将本书配套光盘“案例\04\园林样板.dwg”文件打开。

步骤 02 再单击“另存为”按钮，将文件另存为“案例\04\跌水.dwg”文件。

步骤 03 在“图层”下拉列表中，选择“小品轮廓线”图层为当前图层。

步骤 04 执行“圆”命令（C），绘制半径为 2600 和 2000 的两个同心圆；再执行“复制”命令（CO），将 R200 的圆向下复制 2589；将 R2600 的圆向下复制 5179 的距离，如图 4-4 所示。

步骤 05 执行“直线”命令（L），捕捉对应圆象限点绘制连接线，如图 4-5 所示。

步骤 06 执行“修剪”命令（TR），修剪多余的线条，效果如图 4-6 所示。

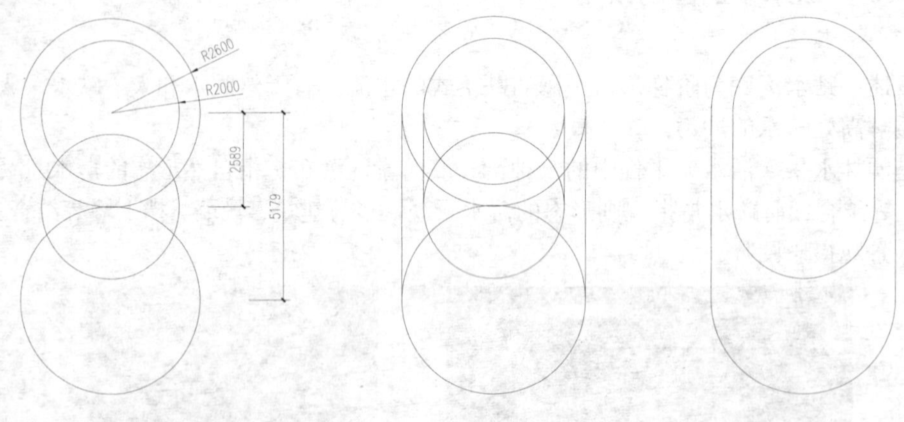

图 4-4　绘制圆　　图 4-5　绘制连线　　图 4-6　修剪效果

步骤 07 执行“合并”命令（J），各将内、外围封闭的各线条组成多段线。

步骤 08 执行“偏移”命令（O），将外围多段线向内偏移 100；将内围多段线向内偏移 200，如图 4-7 所示。

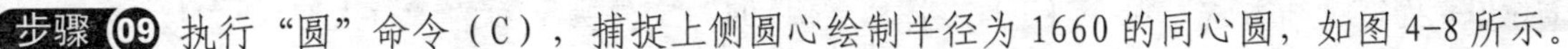

步骤 09 执行“圆”命令（C），捕捉上侧圆心绘制半径为 1660 的同心圆，如图 4-8 所示。

步骤 10 执行“偏移”命令（O），将 R1660 圆依次向内偏移 254、209、209、209、209、209，如图 4-9 所示。

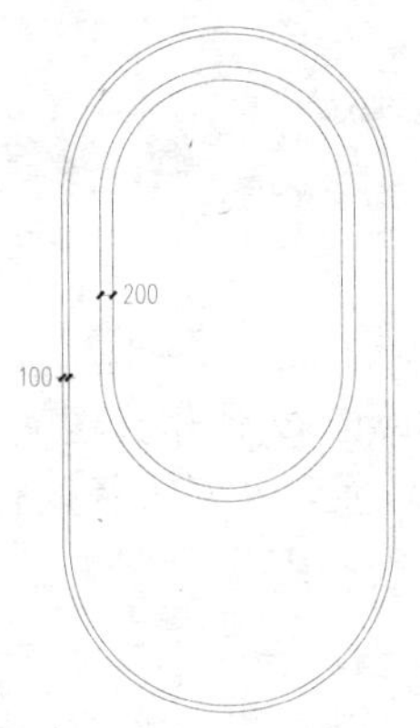

图 4-7 偏移多段线

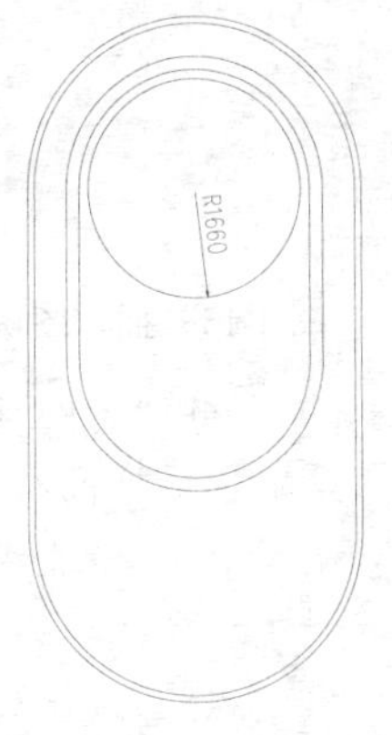

图 4-8 绘制圆

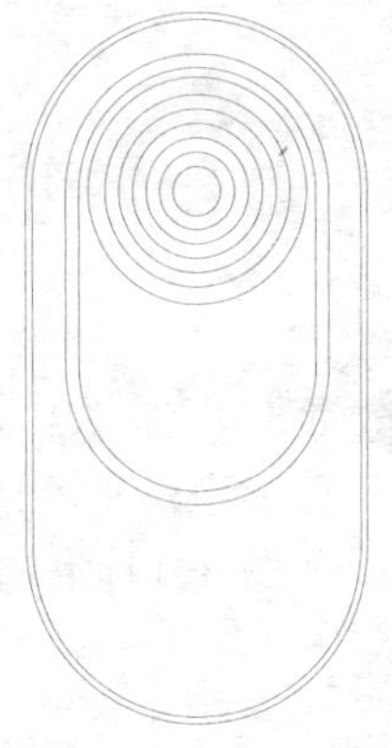

图 4-9 偏移圆

步骤 11 切换至“填充线”图层，执行“图案填充”命令（H），选择图案为“AR-RROOF”，设置比例为 300，对水池进行填充，效果如图 4-10 所示。

步骤 12 重复“填充”命令，选择图案为“ANSI31”，设置比例为 1000，对草坪填充绿篱图例效果，如图 4-11 所示。

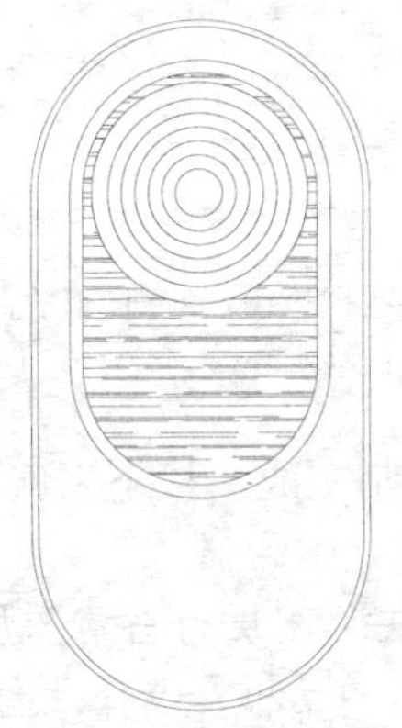

图 4-10 填充水池

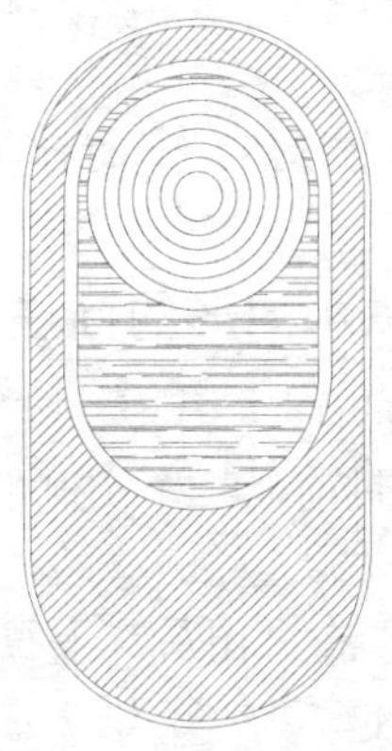

图 4-11 填充绿篱

技巧：103 跌水立面图的绘制

视频：技巧103-绘制跌水立面图.avi
案例：跌水.dwg

技巧概述：前面实例绘制了跌水的平面图，为了全方位的表达出跌水的形态，接下来绘制其立面图。

步骤 01 接上例，在“图层”下拉列表中，选择“小品轮廓线”图层为当前图层。

步骤 02 执行“直线”命令（L），如图 4-12 所示绘制地坪线与台阶。

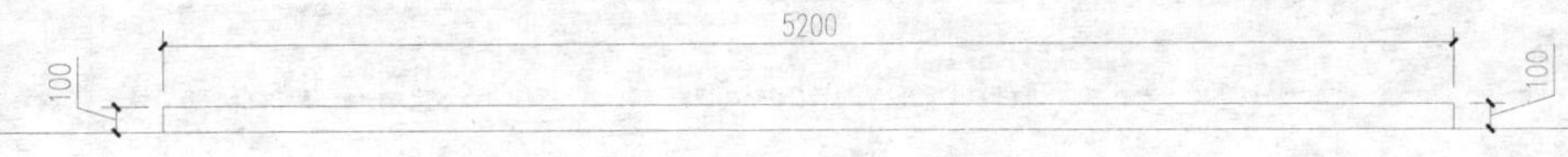

图 4-12 绘制地面和台阶

步骤 03 执行“插入块”命令（I），将“案例\04”文件夹下面的“行人”、“跌水台”、“绿蓠”等外部图块插入到图形中，并通过移动命令摆放相应位置，如图 4-13 所示。

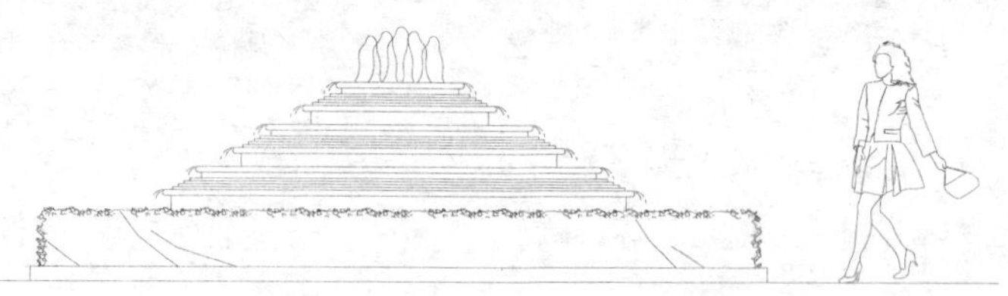

图 4-13 插入图块

步骤 04 重复执行“插入块”命令（I），将“案例\04\标高符号.dwg”文件作为图块插入到图形中；并通过移动和复制等命令将标高符号复制到相应位置，并双击修改标高值，如图 4-14 所示。

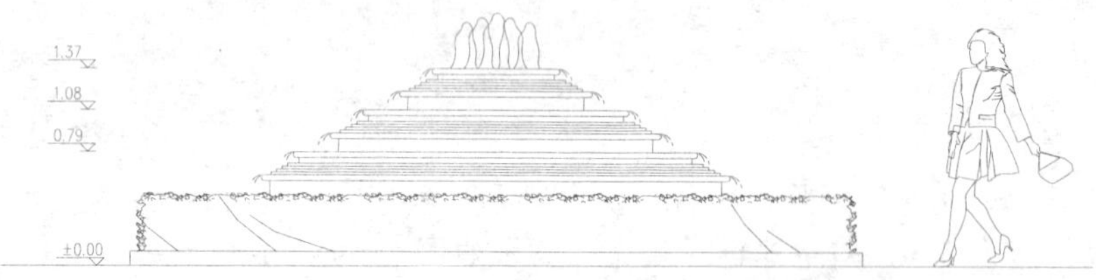

图 4-14 标高标注

技巧提示 ★★★☆☆

左上侧的三个标高符号的标高位置是在跌水台阶的延长线上。

技巧：104 跌水图形的标注

视频：技巧104-跌水图形的标注.avi
案例：跌水.dwg

技巧概述：通过前面三个实例的讲解，跌水图形已经绘制完成，接下来就对图形进行文字及尺寸的标注。

步骤 01 接上例，在“图层”下拉列表中，选择“尺寸标注”图层为当前图层。

步骤 02 执行“标注”命令（D），弹出“标注样式管理器”对话框，选择“园林标注-100”样式为当前标注样式；然后单击“修改”按钮，随后弹出“修改标注样式：园林标注-100”对话框，切换至“调整”选项卡，修改标注的全局比例为 50，如图 4-15 所示。

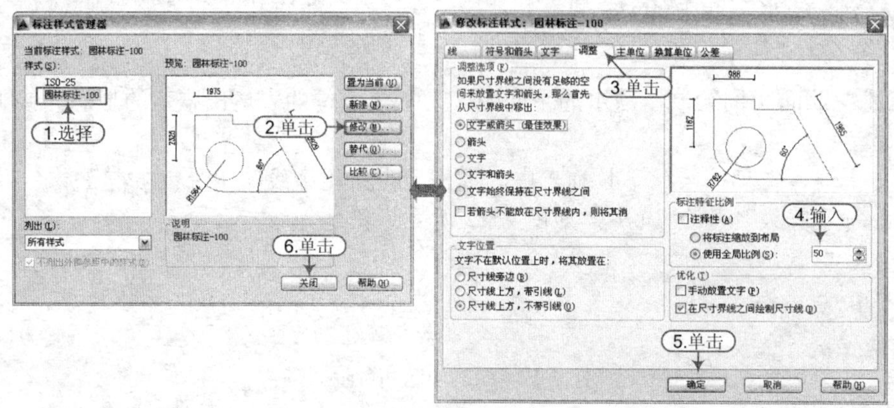

图 4-15 调整标注样式

步骤 03 执行“线形标注”命令（DLI）和“连续标注”命令（DCO），对图形进行尺寸标注。

技巧提示 ★★★★☆

平面图的范围比较大，可调整“园林标注-100”样式的全局比例为 50，来标注平面图形尺寸；而立面图形范围比较小，可调整标注样式的全局比例为 30，来标注立面图形尺寸。

步骤 04 在“图层”下拉列表中，选择“文字标注”图层为当前图层。

步骤 05 执行“引线”命令（LE），在相应位置拖出引线，在选择“图内说明”文字样式，设置字高分别为 300 和 200，对图形进行文字的注释，效果如图 4-16 所示。

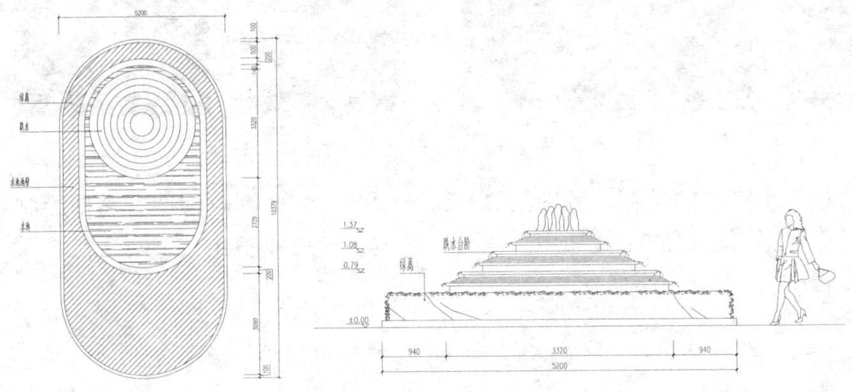

图 4-16　文字与尺寸的标注

技巧提示 ★★★☆☆

平面图的范围比较大，故采用的字高为 300，而立面图形范围比较小，因此采用的字高为 200。

步骤 06 执行“多行文字”命令（MT），分别在图形的下侧拖出矩形文本框，再“文字格式”工具栏中选择“图名”文字样式，设置字高为 400，标注出平面图图名；再设置字高为 250，标注出立面图图名，再执行“多段线”命令（PL），在图名下侧绘制适当宽度和长度的水平多段线，如图 4-17 所示。

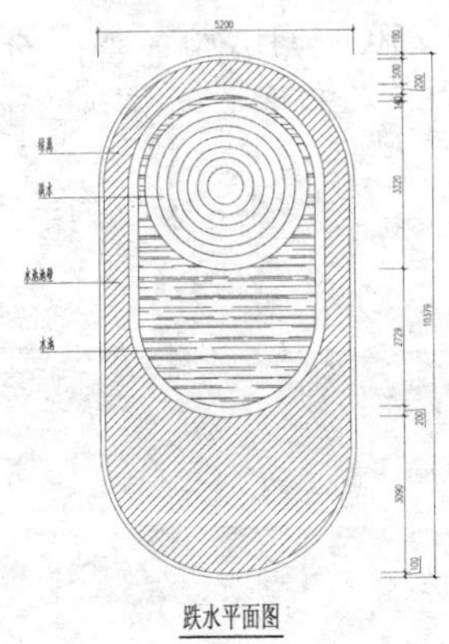

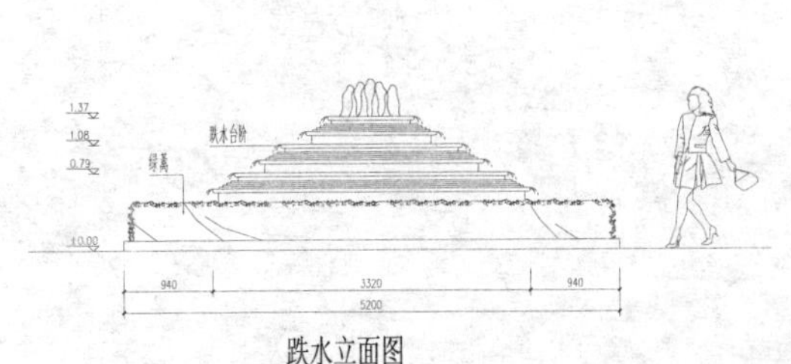

图 4-17　图名标注

步骤 07 至此，跌水图形已经绘制完成，按【Ctrl+S】组合键将文件进行保存。

技巧：105 喷泉平面图的绘制

视频：技巧105-绘制喷泉平面图.avi
案例：喷泉.dwg

技巧概述：喷泉原是一种自然景观，是承压水的地面露头。园林中的喷泉，一般是为了造景的需要，人工建造的具有装饰性的喷水装置。喷泉可以湿润周围空气，减少尘埃，降低气温。喷泉的细小水珠同空气分子撞击，能产生大量的负氧离子。因此，喷泉有益于改善城市面貌和增进居民身心健康。图 4-18 所示为喷泉摄影图片。

图 4-18 喷泉实景图片

接下来通过三个实例的讲解，分别绘制喷泉平面图及立面图，使读者掌握绘制喷泉施工图的绘制过程及学习喷泉设计的相关知识，其绘制的喷泉效果如图 4-19 所示。

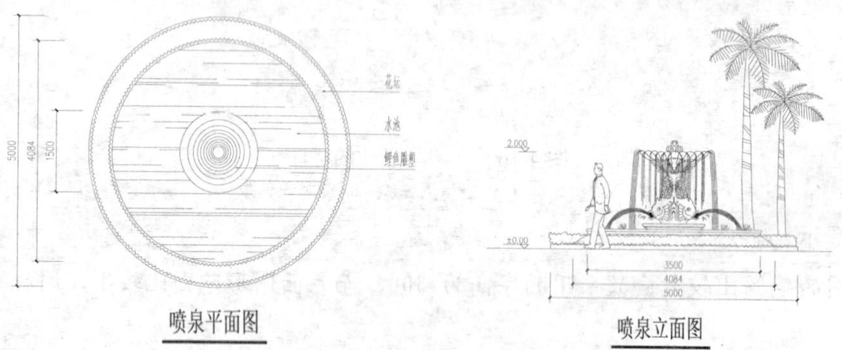

图 4-19 喷泉图形效果

步骤 01 正常启动 AutoCAD 2014 软件，在“快速访问”工具栏中，单击“打开”按钮，将本书配套光盘“案例\04\园林样板.dwg”文件打开。

步骤 02 再单击“另存为”按钮，将文件另存为“案例\04\喷泉.dwg”文件。

步骤 03 在“图层”下拉列表中，选择“小品轮廓线”图层为当前图层。

步骤 04 执行“圆”命令（C），绘制半径为 2500、2042 和 750 的同心圆，如图 4-20 所示。

步骤 05 执行“偏移”命令（O），将内圆以渐变的方式向内进行偏移，如图 4-21 所示。

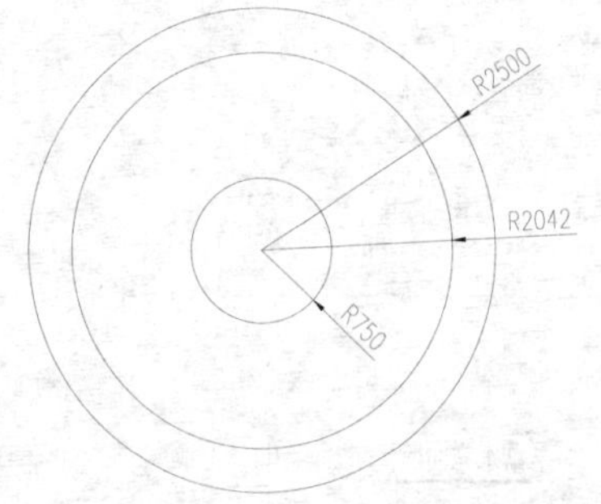

图 4-20 绘制圆

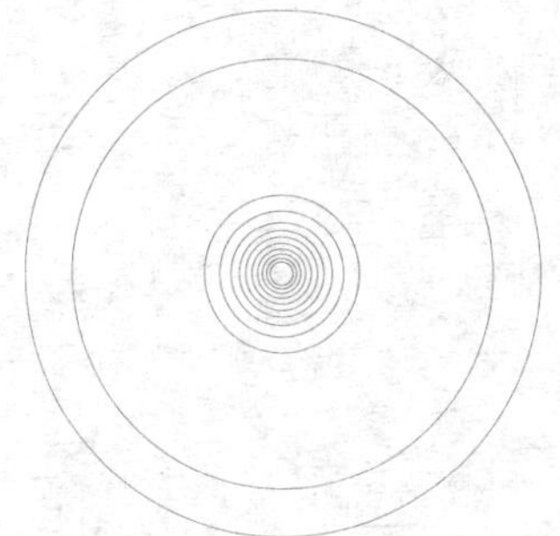

图 4-21 偏移内圆

步骤 06 执行“偏移”命令（O），将两个大圆各偏移 50，如图 4-22 所示。

步骤 07 选择上步偏移的两个圆，在“线型”下拉列表中，设置其线型为“ZIGZAG”；然后执行“线型比例因子”命令（LTS），修改全局比例因子为 200，改变线型以形成绿篱效果如图 4-23 所示。

步骤 08 切换至“填充线”图层，执行“图案填充”命令（H），选择图案为“AR-RROOF”，设置比例为 600，对水池进行填充，效果如图 4-24 所示。

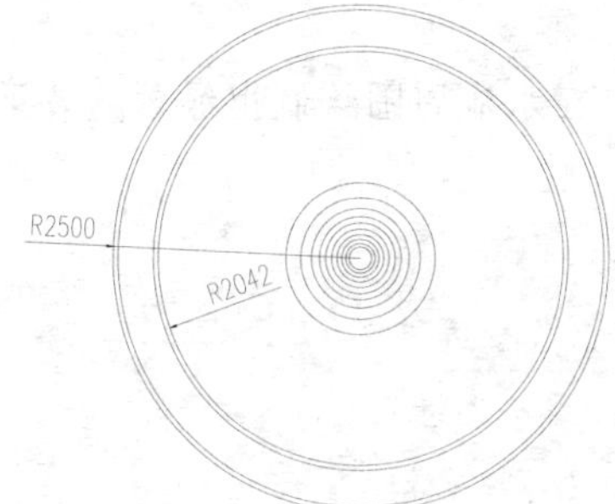

图 4-22 偏移外圆

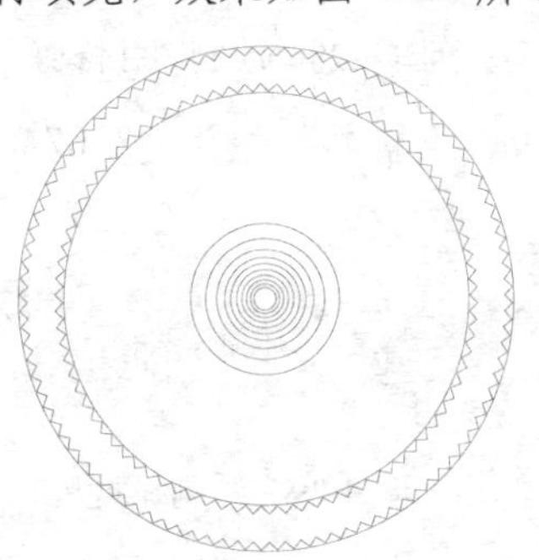

图 4-23 转换偏移圆线型

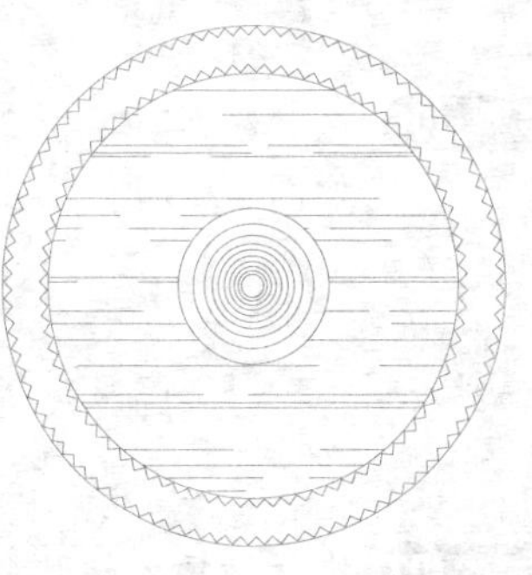

图 4-24 填充图案

技巧：106 喷泉立面图的绘制

视频：技巧106-绘制喷泉立面图.avi
案例：喷泉.dwg

技巧概述：前面实例绘制了喷泉的平面图，为了全方位的表达出喷泉的形态，接下来绘制喷泉立面图。

步骤 01 接上例，在“图层”下拉列表中，选择“小品轮廓线”图层为当前图层。

步骤 02 执行“直线”命令（L），绘制互相垂直的线段；再执行“偏移”命令（O），将垂直线段各向两边偏移 1750、2040、2500；将水平线段向上依次偏移 89、218、58、49，如图 4-25 所示。

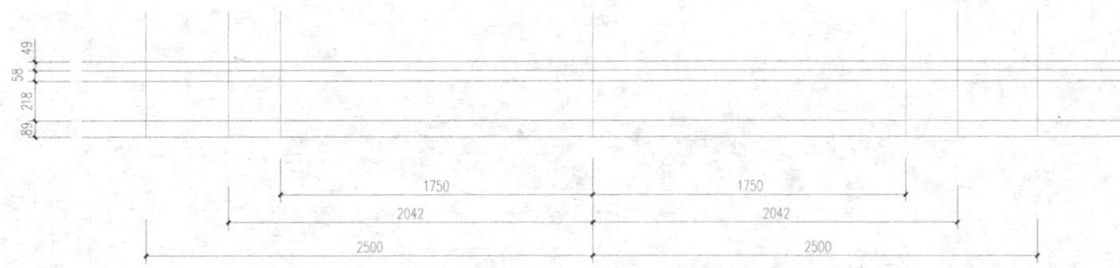

图 4-25 绘制线段

步骤 03 执行“直线”命令（L），连接对角点绘制斜线，如图 4-26 所示。

图 4-26 绘制斜线

步骤 04 执行“修剪”命令（TR），修剪多余的线条，效果如图 4-27 所示。

图 4-27 修剪效果

步骤 05 执行“圆”命令（C）和“修剪”命令（TR），在上侧矩形处绘制半径 24.5 的圆，并进行相应的修剪操作，效果如图 4-28 所示。

图 4-28　绘制圆并修剪

步骤 06 在“线型”下拉列表中，设置其线型为“ZIGZAG”，在水池周围绘制出绿篱丛效果，如图 4-29 所示。

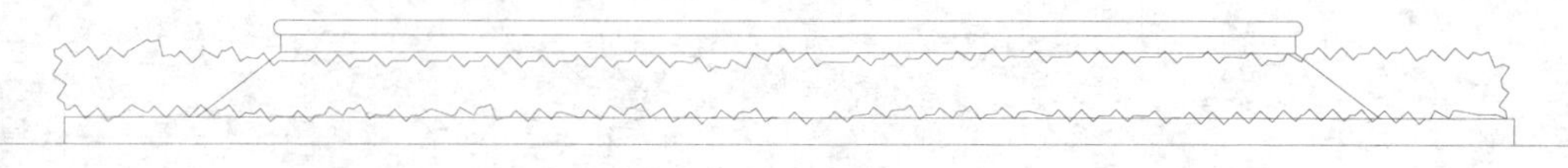

图 4-29　绘制绿篱丛

步骤 07 执行“插入块”命令（I），将“案例\04”文件夹下面的“侧面人物”、“椰树”和“雕塑喷泉”插入到图形中相应位置；再执行“修剪”命令（TR），修剪多余的线条，效果如图 4-30 所示。

图 4-30　插入图块效果

技巧：107 喷泉图形的标注

视频：技巧107-喷泉图形的标注.avi
案例：喷泉.dwg

技巧概述：通过前面实例的讲解，喷泉图形已经绘制完成，接下来就对喷泉图形进行文字及尺寸的标注。

步骤 01 接上例，在“图层”下拉列表中，选择“尺寸标注”图层为当前图层。

步骤 02 执行“标注”命令（D），弹出“标注样式管理器”对话框，选择“园林标注-100”样式为当前标注样式；然后单击“修改”按钮，随后弹出“修改标注样式：园林标注-100”对话框，切换至“调整”选项卡，修改标注的全局比例为 50，如图 4-31 所示。

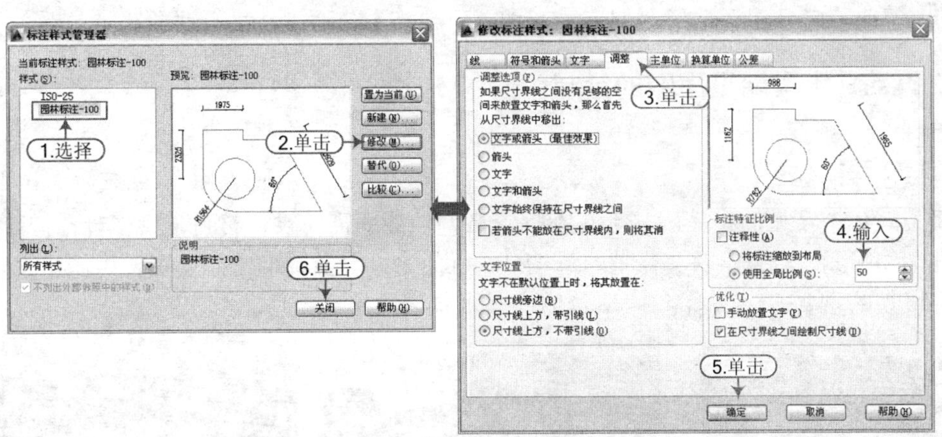

图 4-31　调整标注样式

步骤 03 执行“线形标注”命令（DLI）和“连续标注”命令（DCO），对图形进行尺寸标注。

步骤 04 在“图层”下拉列表中，选择“文字标注”图层为当前图层。

步骤 05 执行“引线”命令（LE），在相应位置拖出引线，在选择“图内说明”文字样式，设置字高为 300，在相应位置进行文字的注释。

步骤 06 再执行“插入块”命令（I），将“案例\04\标高符号.dwg”文件插入到图形中，并复制到相应的位置，再双击文字修改对应的标高值，标注的效果如图 4-32 所示。

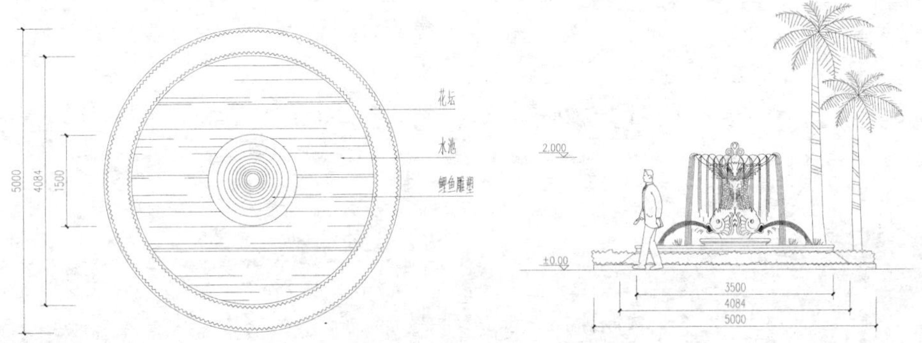

图 4-32　文字及尺寸标注

步骤 07 执行“多行文字”命令（MT），分别在图形的下侧拖出矩形文本框，再“文字格式”工具栏中选择“图名”文字样式，设置字高为 200，标注出图名；再执行“多段线”命令（PL），在图名下侧绘制适当宽度和长度的水平多段线，如图 4-33 所示。

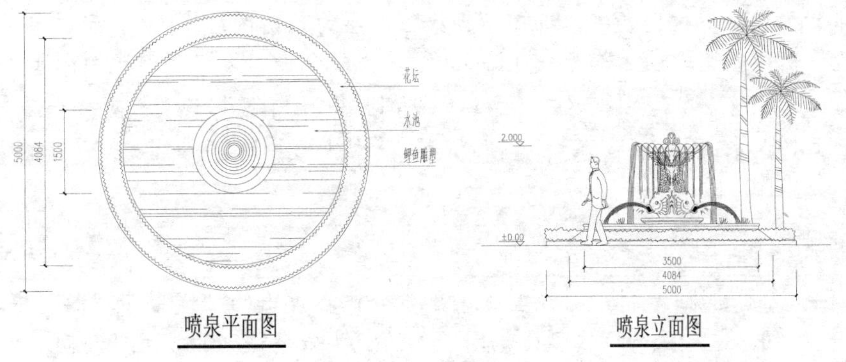

图 4-33　图名标注

步骤 08 至此，喷泉图形已经绘制完成，按【Ctrl+S】组合键将文件进行保存。

技巧：108 水景墙平面图的绘制

视频：技巧108-绘制水景墙平面图.avi
案例：水景墙.dwg

技巧概述：

景墙是园林中常见的小品，其形式不拘一格，功能因需而设，材料丰富多样。除了人们常见的园林中作障景、水景、以及背景的景墙外，近年来，很多城市是把景墙作为城市文化建设、改善市容市貌的重要方式。图 4-34 所示为一些水景墙的摄影图片。

图 4-34 水景墙摄影图片

接下来通过三个实例的讲解，分别绘制水景墙的平面图及立面图，使读者掌握绘制水景墙施工图的绘制过程及学习水景墙设计的相关知识，其绘制的图形效果如图 4-35 所示。

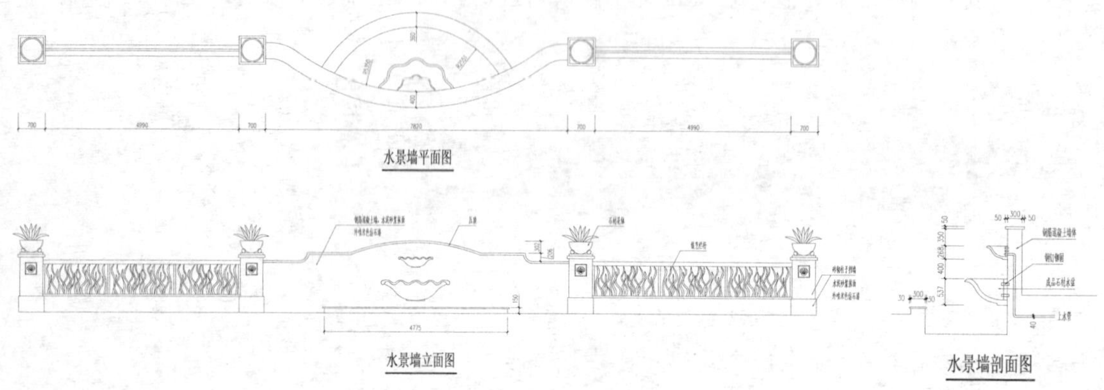

图 4-35 水景墙图形效果

步骤 01 正常启动 AutoCAD 2014 软件，在“快速访问”工具栏中，单击“打开”按钮，将本书配套光盘“案例\04\园林样板.dwg”文件打开。

步骤 02 再单击“另存为”按钮，将文件另存为“案例\04\水景墙.dwg”文件。

步骤 03 在“图层”下拉列表中，选择“轴线”图层为当前图层。

步骤 04 执行“线型比例因子”命令（LTS），根据命令提示设置全局比例因子为 50。

```
命令：LTSCALE                    \\ 线型比例因子命令
输入新线型比例因子：50            \\ 输入新线型比例值
```

技巧提示 ★★★☆☆

用户还可以通过执行“格式|线型”菜单命令，在弹出的“线型管理器”中，设置全局比例因子为 50，这与执行“线型比例因子（LTS）”命令达到的效果是相同的。

步骤 05 执行“直线”命令（L），绘制两条互相垂直的中心轴线；再执行“偏移”命令（O），将水平轴线向上偏移 6280，如图 4-36 所示。

步骤 06 切换至“小品轮廓线”图层，执行“圆”命令（C），以上轴线中心交点绘制半径为 5750 和 5350 的同心圆，以下轴线交点绘制半径为 2911 和 2551 的同心圆，如图 4-37 所示。

步骤 07 执行“偏移”命令（O），将下部水平轴线向上各偏移 1742 和 2142，并转换为“小品轮廓线”图层；再将垂直轴线各向两边偏移 3910，如图 4-38 所示。

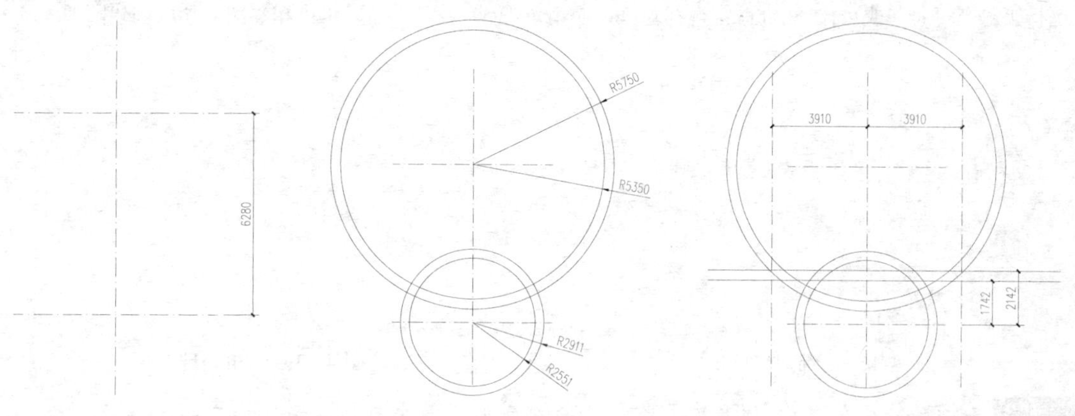

图 4-36　绘制轴线　　图 4-37　绘制圆　　图 4-38　偏移线段

步骤 08 执行“修剪”命令（TR）和“删除”命令（E），修剪删除多余的线条，效果如图 4-39 所示。

步骤 09 执行“圆角”命令（F），设置圆角半径分别为 1200 和 800，对上下角进行圆角处理，如图 4-40 所示。

步骤 10 执行“偏移”命令（O），将水平轴线向上偏移 763；再执行“圆”命令（C），由偏移轴线的交点绘制半径 1019 的圆；再执行“修剪”命令（TR），修剪掉下半圆弧效果如图 4-41 所示。

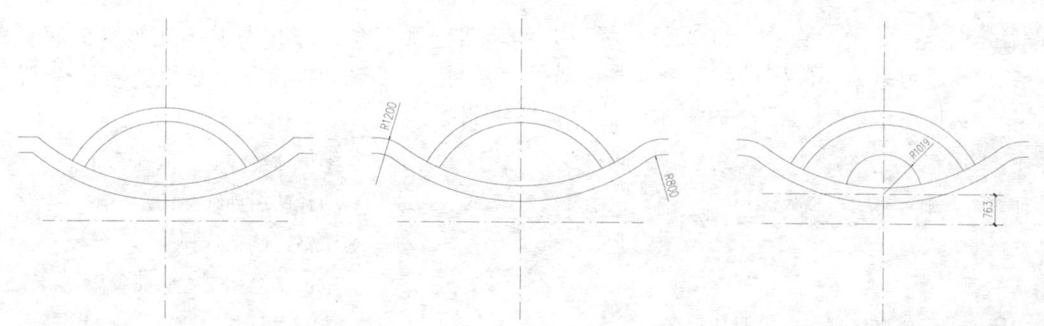

图 4-39　修剪删除效果　　图 4-40　圆角处理　　图 4-41　绘制圆弧

步骤 11 执行“圆”命令（C），在上步 R1019 圆弧上绘制半径为 272 的圆；并通过执行“旋转”命令（RO），将 R272 的圆以 R1019 圆心进行 39° 的旋转复制操作，效果如图 4-42 所示。

步骤 12 执行“删除”命令（E），将 R1019 圆弧删除掉；执行“圆角”命令（F），根据如下命令提示，设置圆角半径为 296，再设置“不修剪”模式，然后依次拾取相邻两个圆上端，以在两个圆之间创建过渡圆弧，如图 4-43 所示。

```
命令: FILLET                                                 \\ 圆角命令
当前设置: 模式 = 修剪, 半径 =0
选择第一个对象或 [放弃(U)/多段线(P)/半径(R)/修剪(T)/多个(M)]: r \\ 选择“半径”项
指定圆角半径 <0>: 296                                         \\ 输入半径值 296
选择第一个对象或 [放弃(U)/多段线(P)/半径(R)/修剪(T)/多个(M)]: t \\ 选择“修剪”项
输入修剪模式选项 [修剪(T)/不修剪(N)] <修剪>: n                \\ 选择“不修剪”项
选择第一个对象或 [放弃(U)/多段线(P)/半径(R)/修剪(T)/多个(M)]:   \\ 单击圆上端
选择第二个对象，或按住 Shift 键选择对象以应用角点或:          \\ 单击相邻圆上端以创建圆弧
```

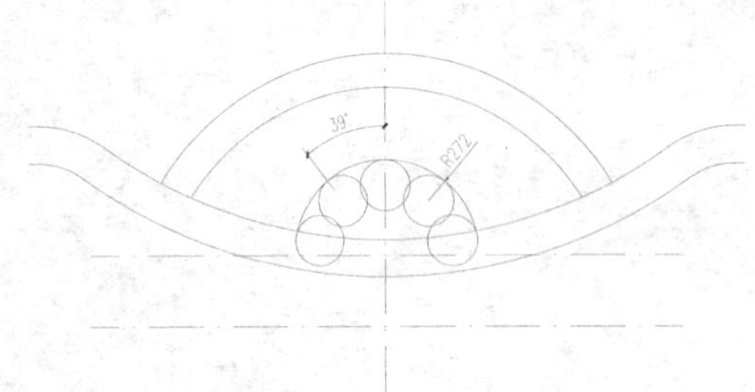

图 4-42　绘制小圆

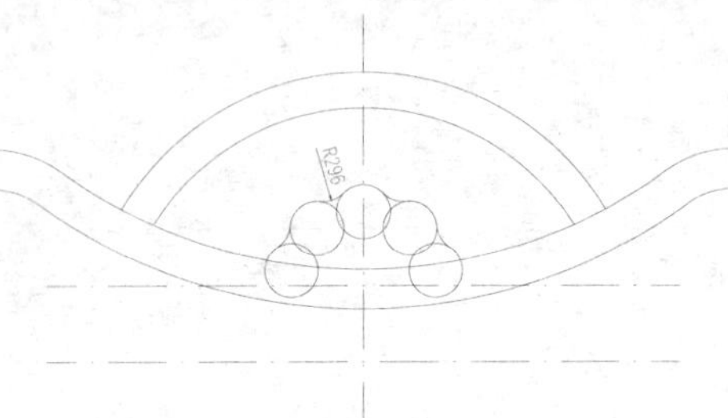

图 4-43　圆角处理

步骤 13 执行“修剪”命令（TR），修剪多余的圆弧，效果如图 4-44 所示。

步骤 14 执行“偏移”命令（O），将修剪好的圆弧各向下偏移 50，效果如图 4-45 所示。

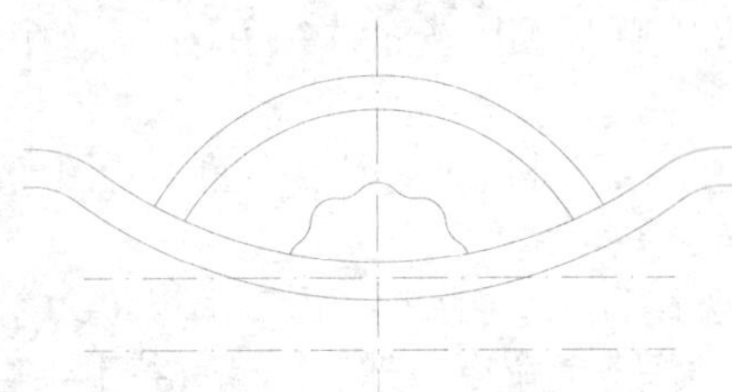

图 4-44　修剪圆弧

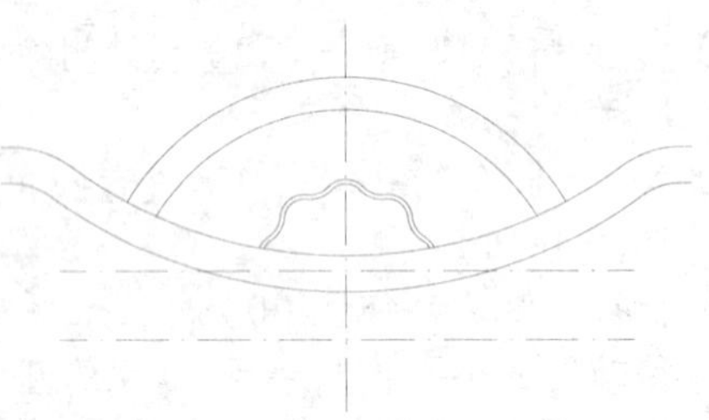

图 4-45　偏移圆弧

步骤 15 执行“缩放”命令（SC），选择上步的两组圆弧对象，指定与其下侧相交的圆弧象限点为基点，再根据如下命令提示选择“复制（C）”项，再输入缩放比例因子为 0.5，以将图形复制出缩小的副本；然后将轴线删除掉，效果如图 4-46 所示。

```
命令: SCALE                                        \\ 缩放命令
选择对象: 指定对角点:总计 18 个                    \\ 选择两组连续弧图形
选择对象:                                          \\ 空格键确认选择
指定基点:                                          \\ 单击下侧相交大圆弧象限点
指定比例因子或 [复制(C)/参照(R)]: c                \\ 选择“复制”项
缩放一组选定对象。
指定比例因子或 [复制(C)/参照(R)]: 0.5              \\ 输入缩放值
```

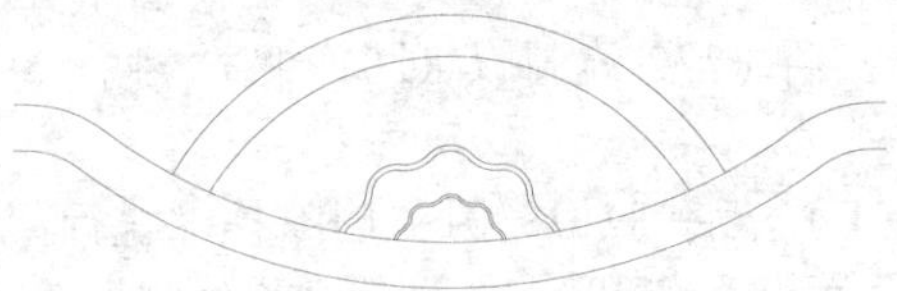

图 4-46　复制缩放

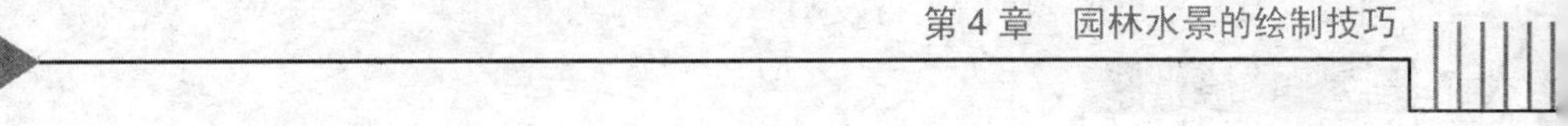

步骤 16 执行“矩形”命令（REC），绘制 700×700 的矩形；再执行“偏移”命令（O），将其向内偏移 50，如图 4-47 所示。

步骤 17 执行“圆”命令（C），以矩形中心为圆心，以中心到矩形边的距离为半径绘制一个内切圆；再执行“偏移”命令（O），将圆向内偏移 30，如图 4-48 所示以形成柱子效果。

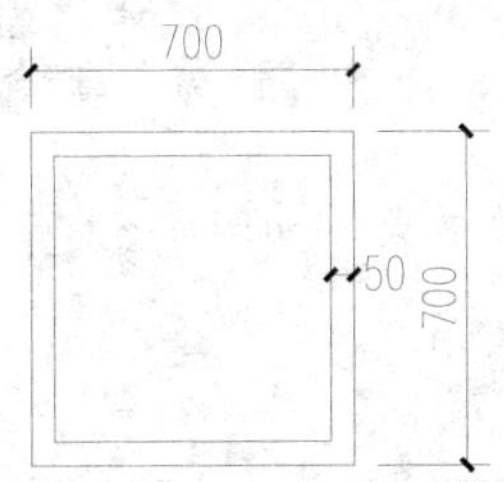

图 4-47　绘制矩形

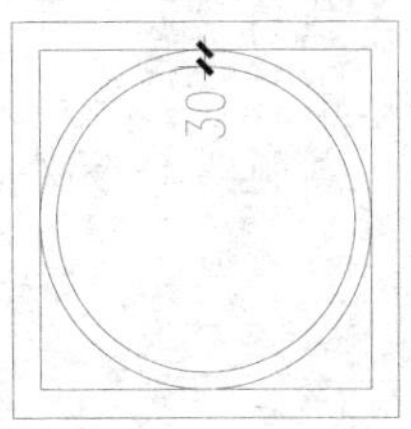

图 4-48　绘制圆

步骤 18 执行“移动”命令（M）和“复制”命令（CO），将绘制好的柱子复制到前面图形对应的位置，如图 4-49 所示。

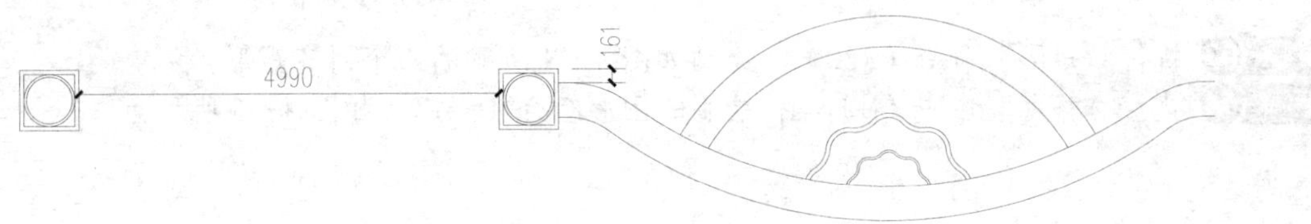

图 4-49　移动复制图形

步骤 19 通过执行“直线”命令（L）和“偏移”命令（O），在柱子之间绘制墙体，如图 4-50 所示。

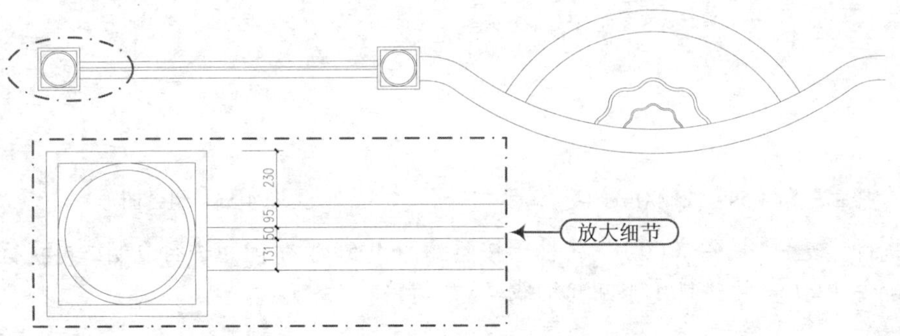

图 4-50　绘制墙体

步骤 20 执行“镜像”命令（MI），将左侧的柱子和墙体镜像到右侧，效果如图 4-51 所示。

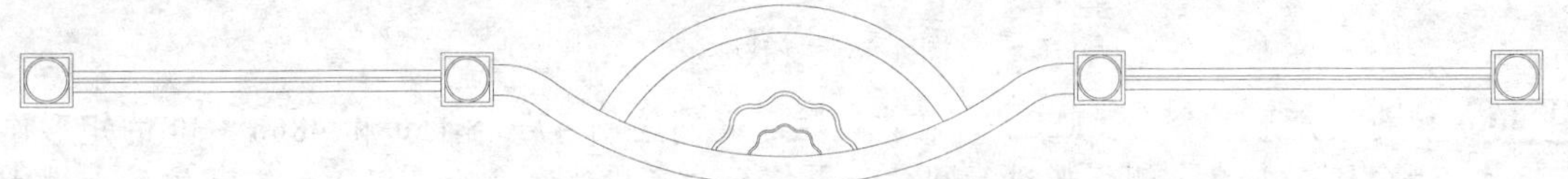

图 4-51　镜像效果

技巧：109 水景墙立面图的绘制

视频：技巧109-绘制水景墙立面图.avi
案例：水景墙.dwg

技巧概述：前面实例绘制了水景墙的平面图，为了全方位的表达出水景墙的形态，接下来绘制水景墙立面图。

步骤 01 接上例，执行“圆”命令（C）、“直线”命令（L）和“修剪”命令（TR），在空白处绘制出花钵轮廓，如图 4-52 所示。

步骤 02 再执行“圆弧”命令（A），在花坛内绘制出植物效果，如图 4-53 所示。

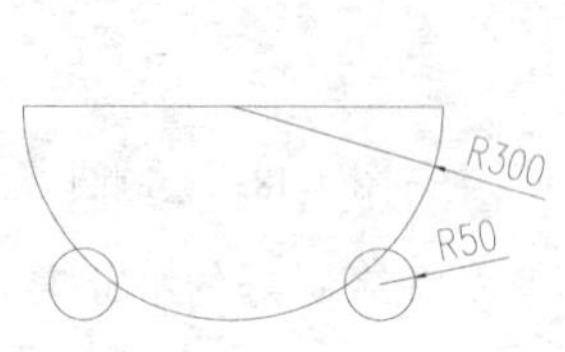

图 4-52 绘制花钵

图 4-53 绘制植物

步骤 03 执行“矩形”命令（REC），绘制如图 4-54 所示的四个对齐矩形。

步骤 04 执行“移动”命令（M），将绘制的图形组合在一起，如图 4-55 所示。

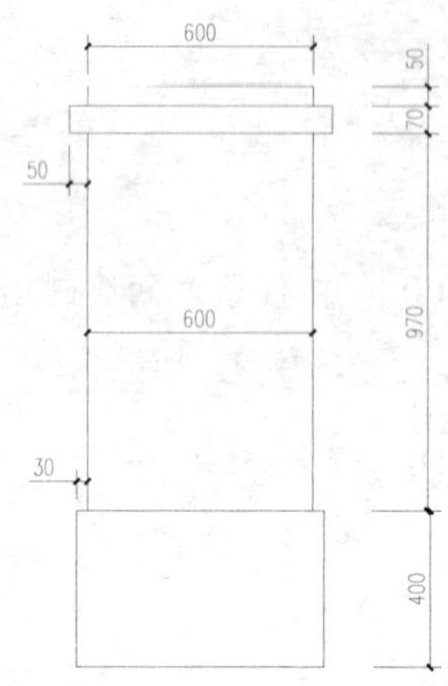

图 4-54 绘制对齐矩形

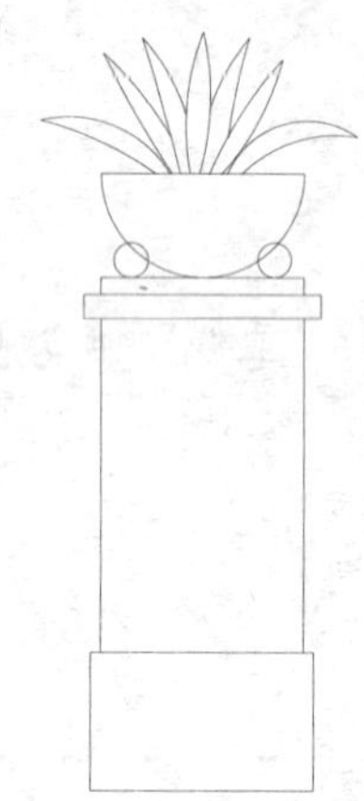

图 4-55 组合图形

步骤 05 执行“复制”命令（CO），将柱子按照如图 4-56 所示间距进行复制；再执行“直线”命令（L），连接柱子下端轮廓线。

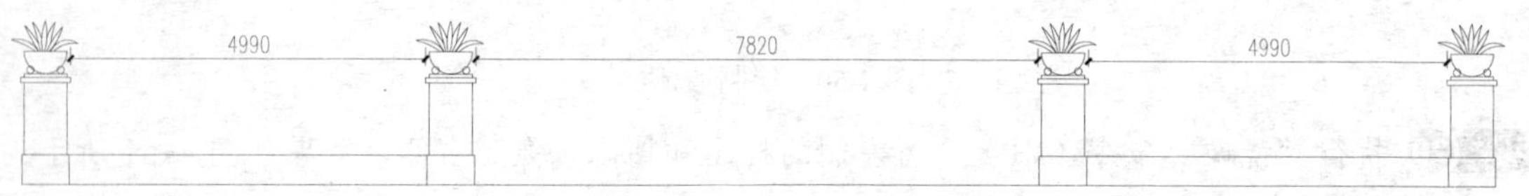

图 4-56 复制柱子

步骤 06 执行“矩形”命令（REC），在内两柱子之间绘制 4775×150 和 4866×30 的矩形作为台阶，并将上侧矩形进行圆角；再执行“多段线”命令（PL），在两柱子上端由右至左绘制出景墙造型，如图 4-57 所示。

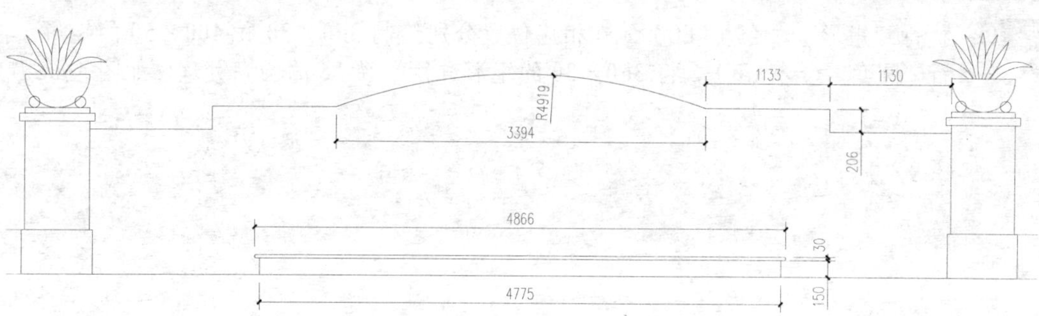

图 4-57　绘制景墙

步骤 07 执行“圆角”命令（F），设置圆角半径为 200，对相应直角进行圆角处理；再执行“偏移”命令（O），将绘制的造型轮廓向下偏移 50，如图 4-58 所示。

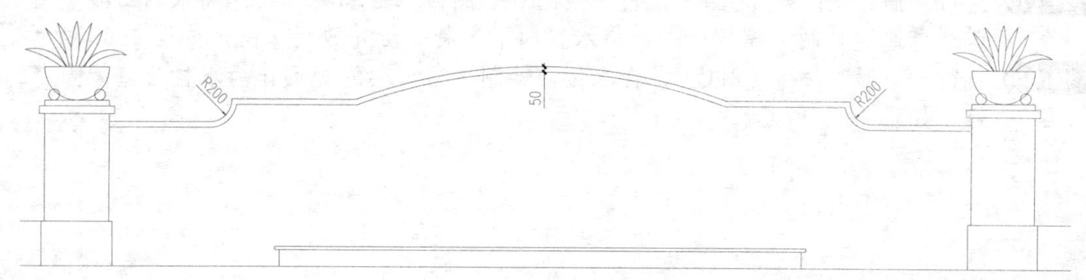

图 4-58　偏移顶部造型

步骤 08 执行“插入块”命令（I），将“案例\04”文件夹下面的“铁艺栏杆”和“石雕”插入到图形中，并通过复制和镜像等命令，摆放到对应的位置，如图 4-59 所示。

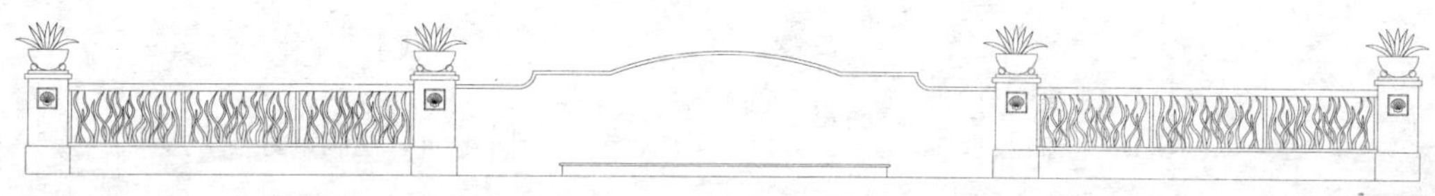

图 4-59　插入图块

步骤 09 再执行“插入块”命令（I），将“案例\04\水盆.dwg”文件插入到中间景墙位置；再通过复制和缩放命令，将水盆向下复制出一份，并放大到 2 倍，效果如图 4-60 所示。

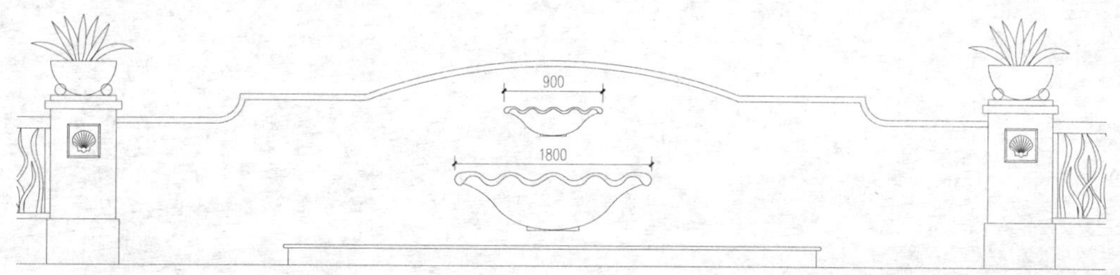

图 4-60　插入水盆

技巧：110　水景墙剖面图的绘制

视频：技巧110-绘制水景墙剖面图.avi
案例：水景墙.dwg

技巧概述：前面两个实例分别绘制了水景墙的平面图和立面图，接下来绘制水景墙剖面图。

步骤 01 接上例，执行“多段线”命令（PL），在空白位置绘制如图 4-61 所示的线段。

步骤 02 执行“矩形”命令（REC），在相应位置分别绘制 360×30 和 400×50 的矩形；再执行“圆角”命令（F），将 360×30 的矩形进行半径 15 的圆角处理，如图 4-62 所示。

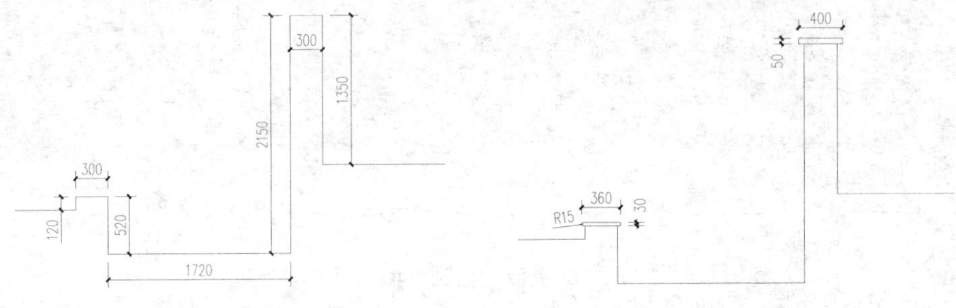

图 4-61 绘制直线 图 4-62 绘制矩形

步骤 03 执行“插入块”命令（I），将“案例\04\侧面水盆.dwg”文件插入到图形中相应位置；再通过复制、缩放命令，将水盆向下复制一份并放大 2 倍，如图 4-63 所示。

步骤 04 执行“矩形”命令（REC），在水盆内绘制适当大小的矩形作为水盆与墙体固定的钢钉，如图 4-64 所示。

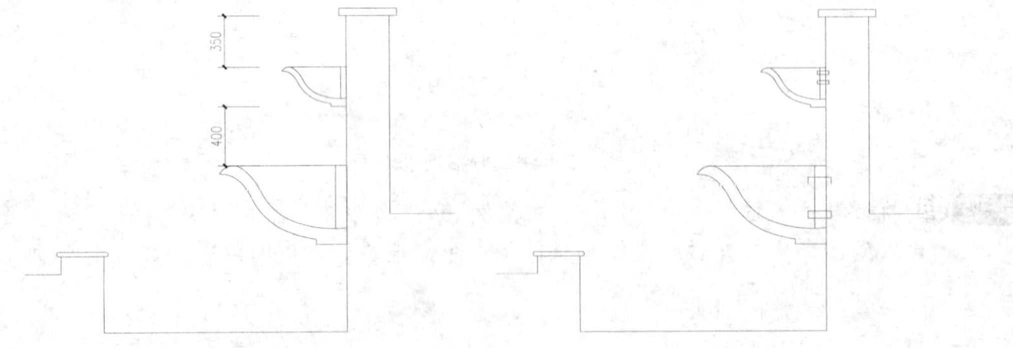

图 4-63 插入水盆 图 4-64 绘制钢钉

步骤 05 执行“直线”命令（L），绘制由水盆引入墙体宽 40 的双线作为供水管，如图 4-65 所示。

步骤 06 执行“圆角”命令（F），分别设置圆角半径为 50 和 10，对水管转弯处进行圆角处理，效果如图 4-66 所示。

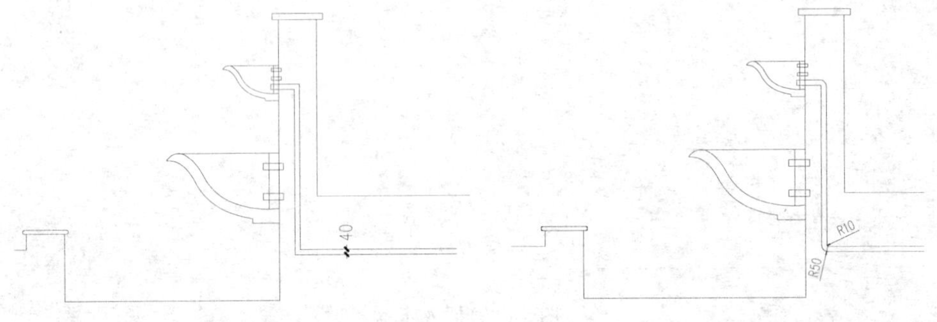

图 4-65 绘制供水管 图 4-66 圆角处理

技巧：111 水景墙图形的标注

视频：技巧111-水景墙图形的标注.avi
案例：水景墙.dwg

技巧概述：通过前面三个实例的讲解，水景墙图形已经绘制完成，接下来对水景墙图形进行文字及尺寸的标注。

步骤 01 接上例，在“图层”下拉列表中，选择“尺寸标注”图层为当前图层。

步骤 02 执行“标注”命令（D），弹出“标注样式管理器”对话框，选择“园林标注-100”样式为当前标注样式；然后单击“修改”按钮，随后弹出“修改标注样式：园林标注-100”对话框，切换至“调整”选项卡，修改标注的全局比例为 40，如图 4-67 所示。

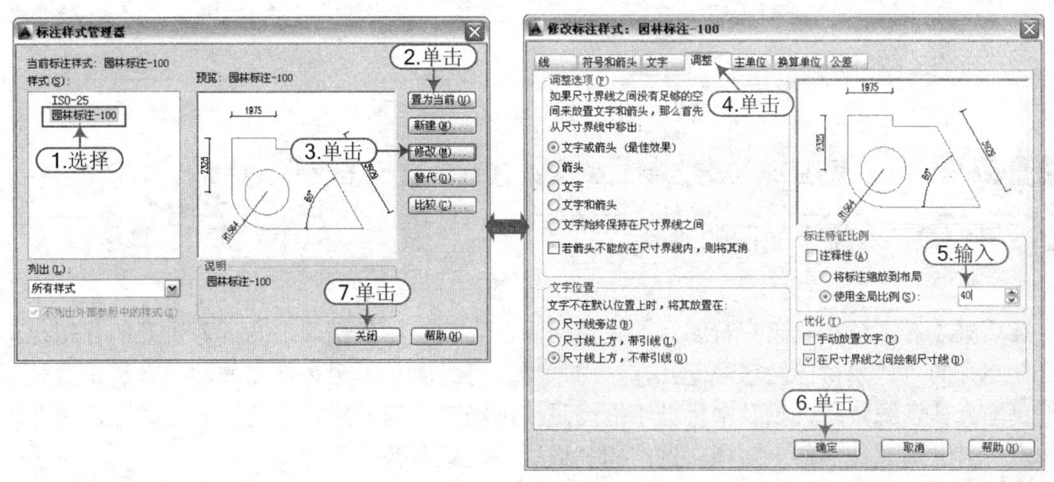

图 4-67　调整标注样式

步骤 03 执行“线形标注”命令（DLI）和“连续标注”命令（DCO），对图形进行尺寸标注。

步骤 04 在“图层”下拉列表中，选择“文字标注”图层为当前图层。

步骤 05 执行“引线”命令（LE），在相应位置拖出引线，在选择“图内说明”文字样式，设置字高为 200，进行文字的注释，效果如图 4-68 所示。

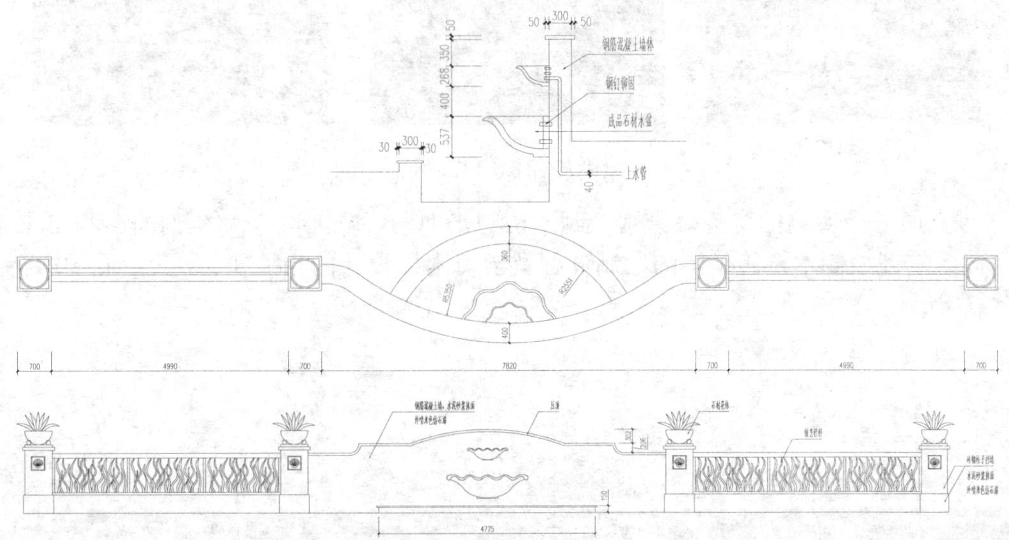

图 4-68　文字及尺寸的标注

步骤 06 执行“多行文字”命令（MT），分别在图形的下侧拖出矩形文本框，再“文字格式”工具栏中选择“图名”文字样式，设置字高为 300，标注出图名；再执行“多段线”命令（PL），在图名下侧绘制适当宽度和长度的水平多段线，如图 4-69 所示。

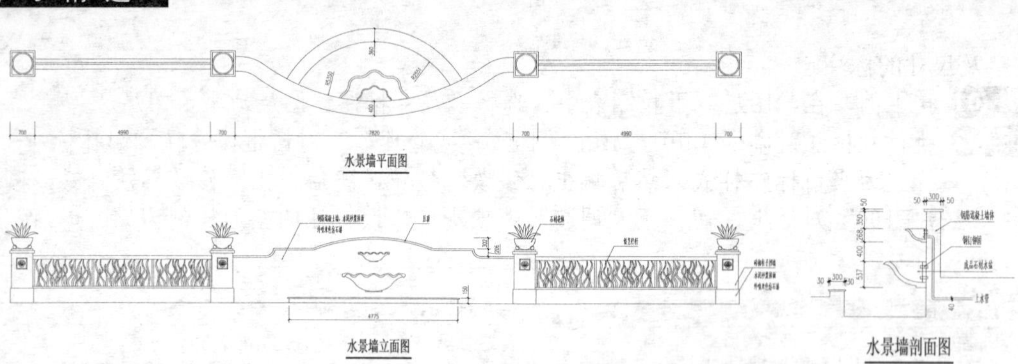

图 4-69　图名标注

步骤 07 至此，水景墙图形已经绘制完成，按【Ctrl+S】组合键将文件进行保存。

技巧：112 木桥平面图的绘制

视频：技巧112-绘制木桥平面图.avi
案例：木桥.dwg

技巧概述：木桥在我国有着悠久的建造历史，它们在古代交通上发挥着重要的作用。但至今保存完好的古代木桥已经寥寥无几，这与木材自身易腐朽、耐久性差的性质有着重要关系。由于我国森林资源匮乏，以及木桥已不能满足我国经济快速发展带来的巨大交通量，因此，传统的木桥已经逐渐被混凝土结构、钢结构等形式的桥梁所替代。

但随着我国加入世贸组织后，可以大量进口木材，近年来再一次兴起了木桥建设的热潮。木桥因为其本身的自然美、造价低、施工简单，受到了人们的喜爱，在很多小区、公园、校园，木桥被广泛建造。图 4-70 所示为木桥摄影图片。

图 4-70　木桥摄影图片

通过下面五个实例的讲解，分别绘制木桥的平面图、立面图、A-A 剖面图和 B-B 剖面图，使读者掌握绘制木桥施工图的绘制过程及学习木桥设计的相关知识，其绘制的木桥效果如图 4-71 所示。

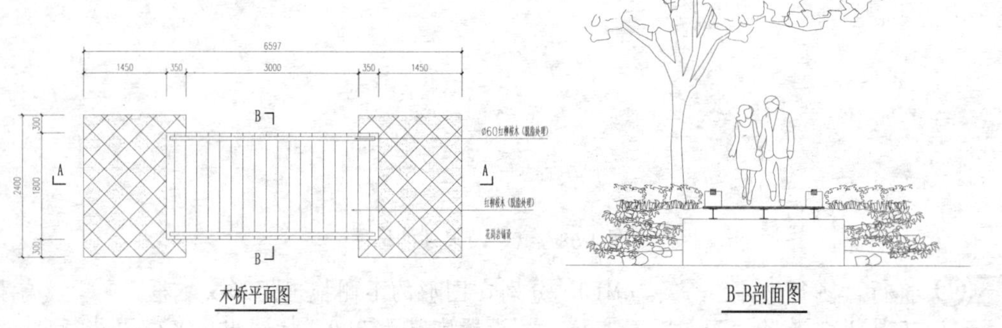

图 4-71　木桥图形效果

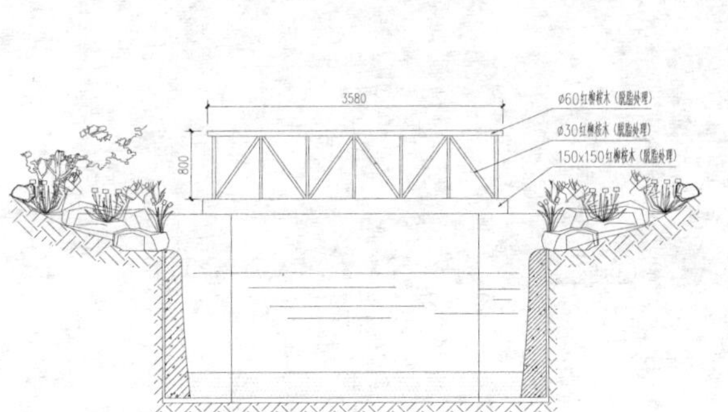

木桥立面图

A-A剖面图

图4-71　木桥图形效果（续）

步骤 01 正常启动 AutoCAD 2014 软件，在“快速访问”工具栏中，单击“打开”按钮，将本书配套光盘“案例\04\园林样板.dwg”文件打开。

步骤 02 再单击“另存为”按钮，将文件另存为“案例\04\木桥.dwg”文件。

步骤 03 在“图层”下拉列表中，选择“小品轮廓线”图层为当前图层。

步骤 04 执行“矩形”命令（REC），绘制1800×2400的矩形；再执行“复制”命令（CO），将其复制出一份，使其间距为3000，如图4-72所示。

步骤 05 通过分解、偏移、修剪等命令，在两矩形之间绘制一个矩形作为桥梁，如图4-73所示。

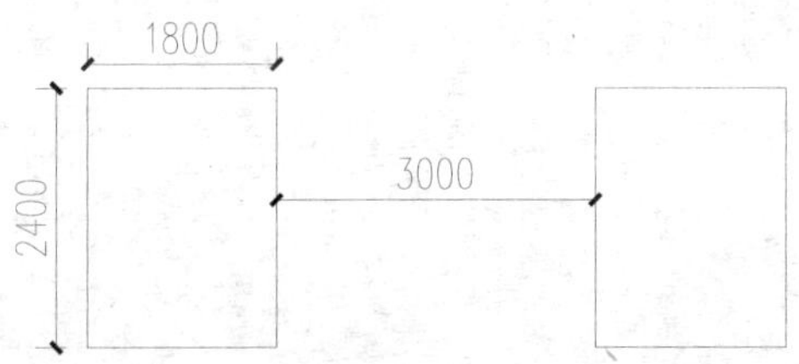

图4-72　绘制矩形

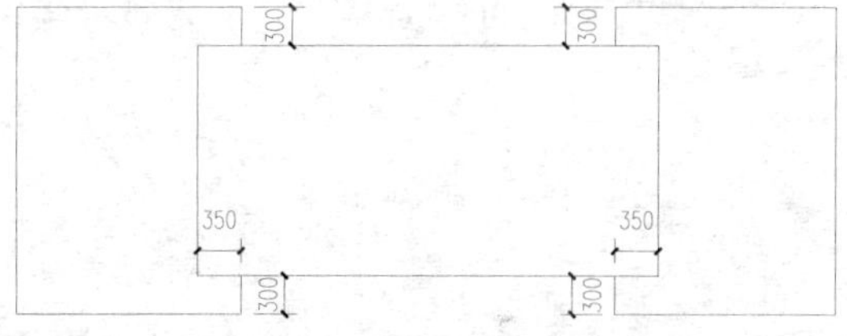

图4-73　偏移、修剪

步骤 06 执行“矩形”命令（REC），绘制3580×60的矩形作为扶手；再通过移动和镜像命令，将扶手放置到桥梁上相应位置，如图4-74所示。

图4-74　绘制扶手

步骤 07 在“图层”下拉列表中，选择“填充线”图层为当前图层。

步骤 08 执行“图案填充”命令（H），在弹出的“图案填充与渐变色”对话框中，选择类型“用户定义”，输入角度为45°，并勾选“双向”，设置间距为300，设置好参数以后，单击“添加拾取点”按钮，依次在桥梁两侧的地板上单击，按空格键回到“图案填充与渐变色”对话框，然后单击“确定”按钮，操作步骤如图4-75所示。

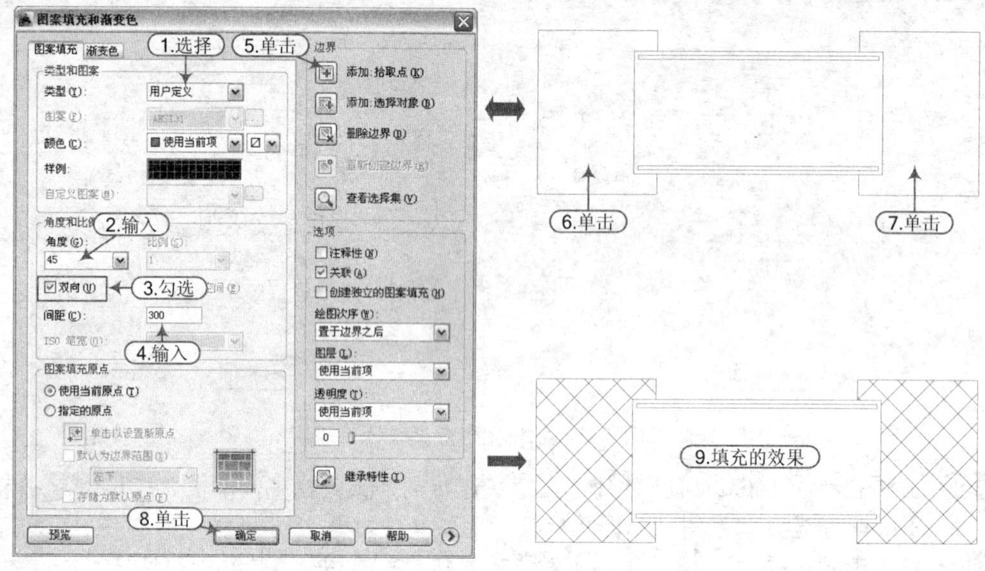

图 4-75　使用用户定义填充

步骤 09 执行“分解”命令（X），将上步填充的图案分解成为线条；再执行“图案填充”命令（H），选择类型为“预定义”，选择图案为“AR-SAND”，设置比例为 50，对格子进行间隔的填充，效果如图 4-76 所示。

步骤 10 同样再执行“图案填充”命令（H），选择类型“用户定义”，输入角度为 90°，输入间距为 200，对桥梁填充木板效果，如图 4-77 所示。

图 4-76　填充格子　　　图 4-77　填充木板效果

步骤 11 切换至“文字标注”图层，执行“多段线”命令（PL），设置全局宽度为 15，分别在图形的相应位置绘制多段线以表示剖切位置；再执行“单行文字”命令（DT），设置字高为 200，在剖切符号位置标注出文字编号，如图 4-78 所示完成剖切符号 A-A 和 B-B 的绘制。

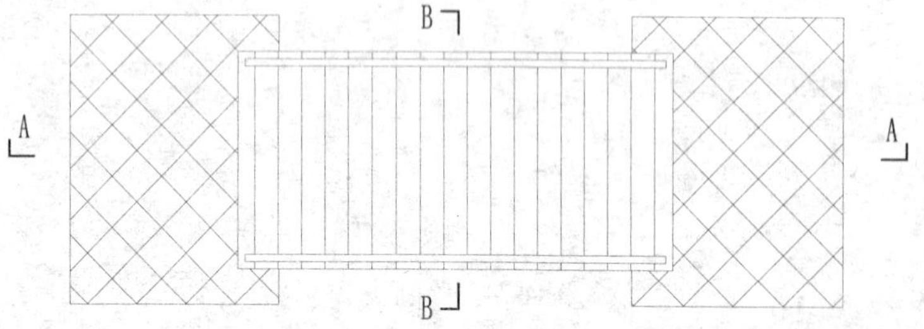

图 4-78　绘制剖切符号

软件技能 ★★★★☆

用户定义填充图案是以线型的方式来对图形进行填充，可以通过“角度”来控制线形倾斜角度，默认方向为水平的平行线，当勾选“双向”后，则形成水平和垂直的网格，其“间距”则控制两两线条之间的距离值。如图 4-79 所示为使用“用户定义”类型“双向”填充，其角度为 45°，间距为 100。

以用户定义填充方式填充图形后，填充的线形图例为一个整体，捕捉不到线条上的特征点，若要如图 4-79 一样需要进行标注来确定图例的间距或角度，怎么办呢？

用户可以执行“选项”命令（OP），弹出“选项”对话框，再切换至“绘图”选项卡中，在“对象捕捉”选项中取消勾选“忽略图案填充对象（I）”单选项，如图 4-80 所示，这样即可以捕捉线条特征点来进行测量。

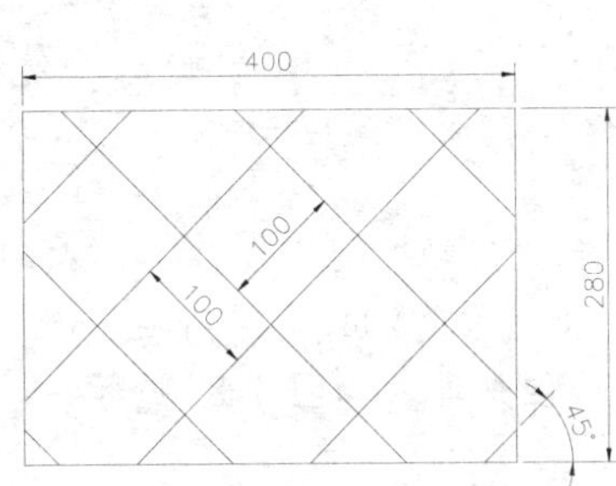

图 4-79　用户定义填充

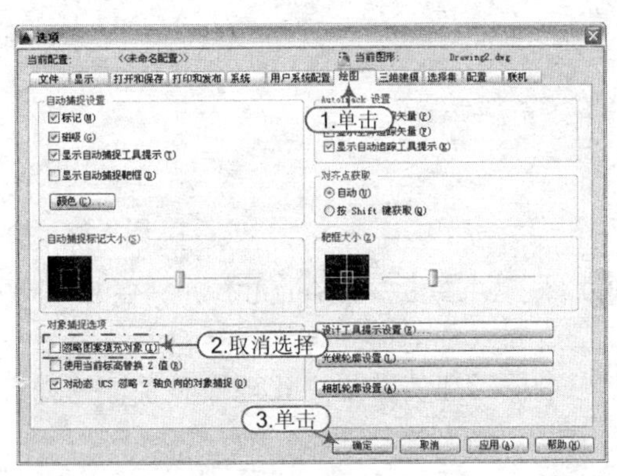

图 4-80　选项设置

技巧：113　木桥A-A剖面图的绘制

视频：技巧113-绘制木桥A-A剖面图.avi
案例：木桥.dwg

技巧概述： 前面实例绘制剖切符号 A-A，接下来根据剖切符号来绘制木桥 A-A 剖面图。

步骤 01 接上例，在“图层”下拉列表中，选择“小品轮廓线”图层为当前图层。

步骤 02 执行“直线”命令（L），由平面图地面轮廓向下绘制垂直投影线；再执行“偏移”命令（O），将投影线各向外偏移 150；然后在投影线上绘制一条水平线，并将水平线依次向下偏移 350、2329、200、200、137，如图 4-81 所示。

步骤 03 执行“修剪”命令（TR），修剪多余的线条，如图 4-82 所示。

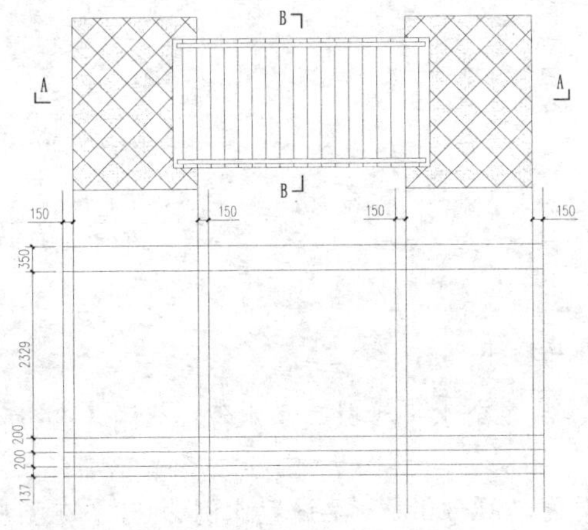

图 4-81　绘制投影线

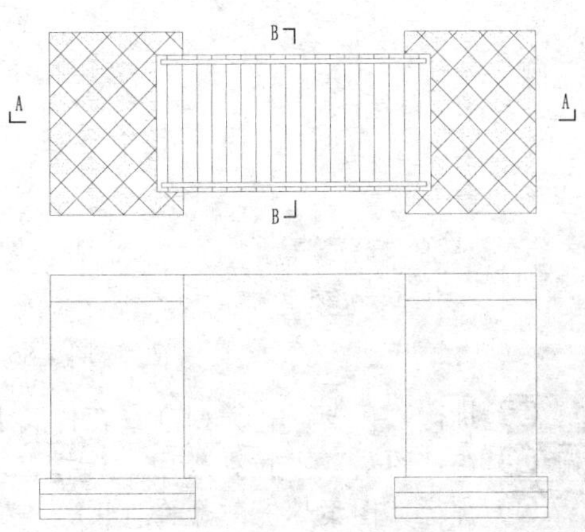

图 4-82　修剪线段

步骤 04 执行“偏移”命令（O），将地坪线向下依次偏移1869、300、60、285；再执行“修剪”命令（TR），修剪出中间水沟底面效果如图4-83所示。

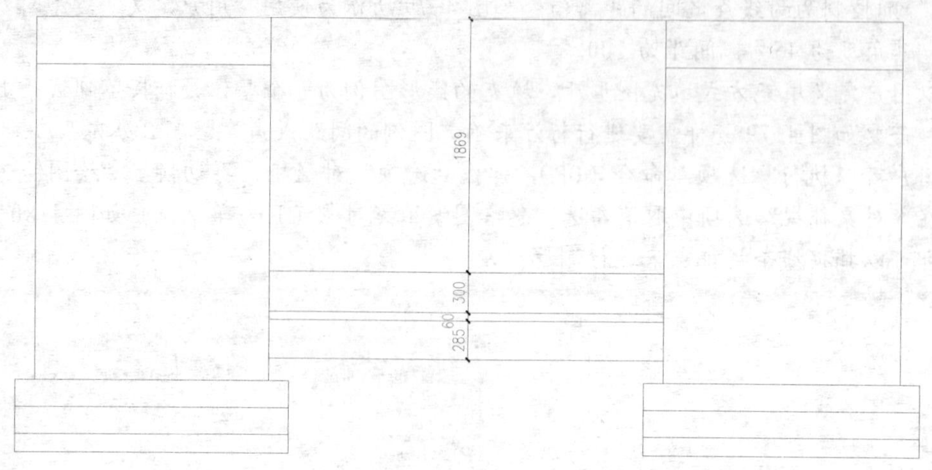

图4-83 绘制水沟

步骤 05 执行“直线”命令（L）、“偏移”命令（O）和“修剪”命令（TR），在图形上侧绘制木桥剖面；再执行“插入块”命令（I），将“案例\04\固定角码.dwg”插入到木桥底部使其固定住地面和桥，并进行复制和镜像处理，如图4-84所示。

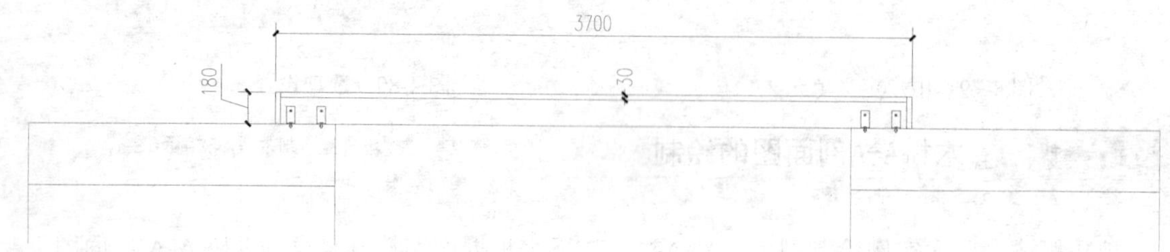

图4-84 绘制剖面木桥

步骤 06 继续执行直线、偏移和修剪等命令，在木桥上绘制扶手栏杆轮廓，如图4-85所示。

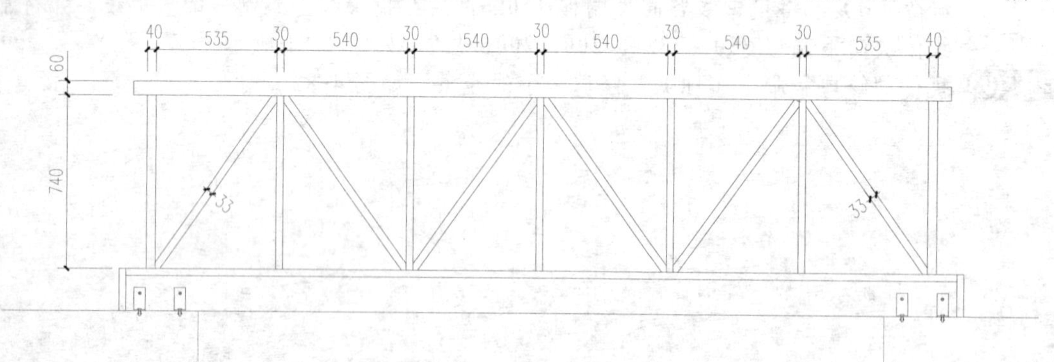

图4-85 绘制木桥栏杆

步骤 07 执行“直线”命令（L），在桥底水沟处绘制多余水平线以表示水位，如图4-86所示。

步骤 08 在“图层”下拉列表中，选择“填充线”图层为当前图层。

步骤 09 执行“图案填充”命令（H），选择图案为“AR-CONC”，设置比例为30，在相应位置填充现浇混凝土图例，如图4-87所示。

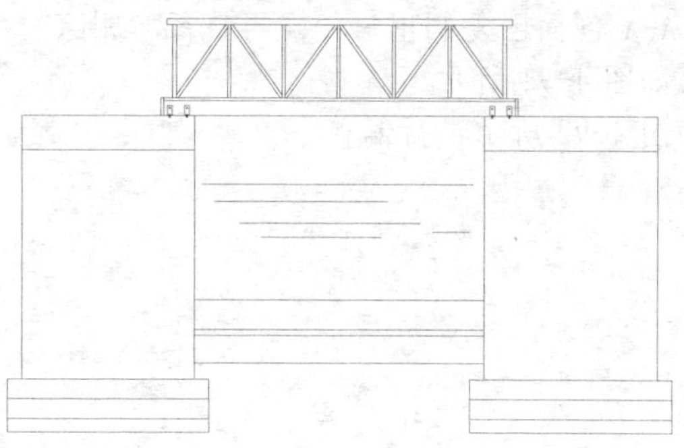

图 4-86　绘制水位

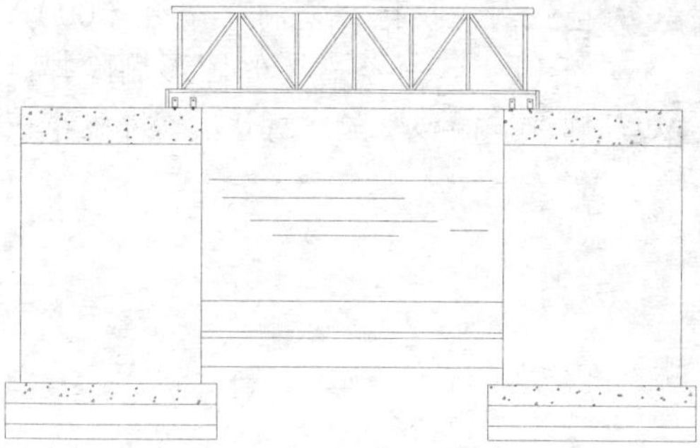

图 4-87　填充现浇混凝土

步骤 10 重复填充命令，选择图案为“EARTH”，设置比例分别为 500 和 1000，在两侧和中间位置填充自然土壤图例，并通过修剪和删除命令，将图例下侧和左右侧线条修剪删除掉，如图 4-88 所示。

步骤 11 重复填充命令，选择图案为“GRAVEL”，设置比例 1000，在两侧大的区域内填充块石图例；再设置比例为 200，在下侧填充鹅卵石图例，如图 4-89 所示。

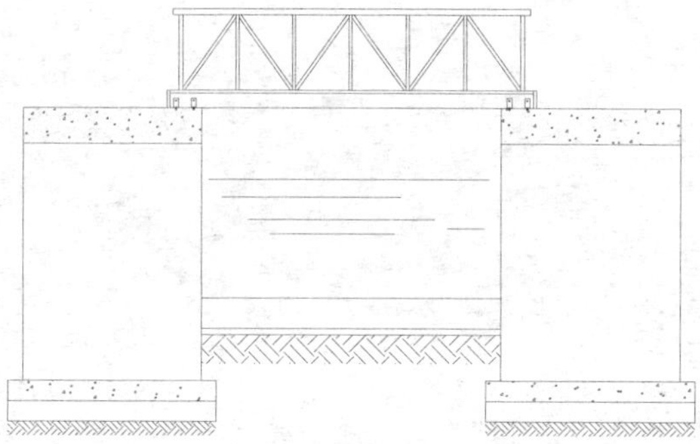

图 4-88　填充自然土壤

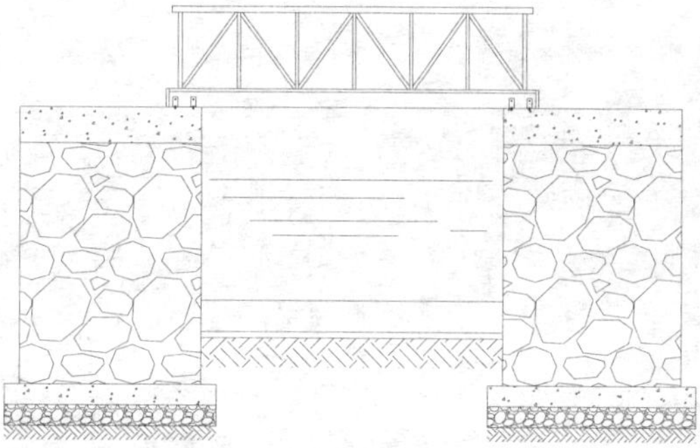

图 4-89　填充石块

步骤 12 最后选择图案为“DOTS”，设置比例为 800，在水沟内填充河底泥浆效果，如图 4-90 所示。

图 4-90　填充河底泥浆

技巧：114　木桥立面图的绘制

视频：技巧114-绘制木桥立面图.avi
案例：木桥.dwg

技巧概述：前面实例绘制木桥 A-A 剖面图，为了全方位的表达出圆亭的形态，接下来绘制圆亭立面图。

步骤 01 接上例，执行“复制”命令（CO），将 A-A 剖面图复制出一份；再执行“删除”命令（E），将不需要的图形删除掉，效果如图 4-91 所示。

步骤 02 执行“偏移”命令（O），将线段按照如图 4-92 所示进行偏移。

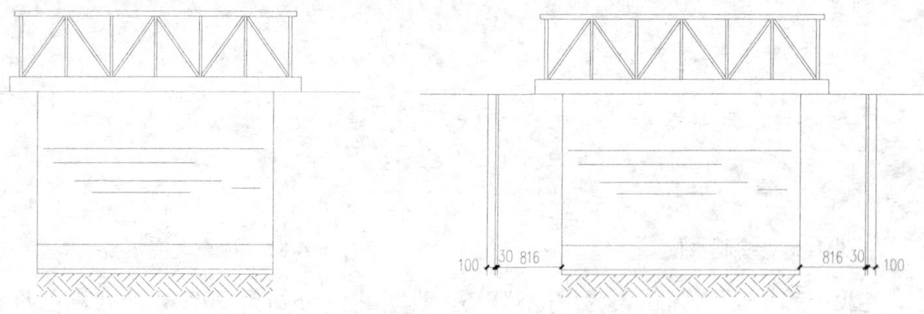

图 4-91　复制并删除效果　　　　图 4-92　偏移线段

步骤 03 切换至“小品轮廓线”图层，执行“多段线”命令（PL），在两侧绘制不规则的两岸轮廓线，如图 4-93 所示。

图 4-93　绘制岸边线

步骤 04 通过执行“延伸”命令（EX）和“修剪”命令（TR），将上步图形修改成如图 4-94 所示图形效果。

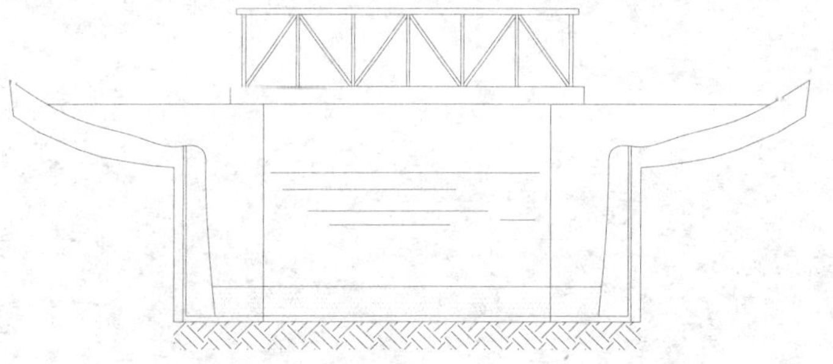

图 4-94　修剪和延伸操作

技巧提示 ★★★☆☆

在选中填充的图案时，会显示图案填充的夹点，通过移动夹点来控制图案填充的范围。

步骤 05 切换至“填充线”图层，执行“图案填充”命令（H），选择图案为“EARTH”，设置比例为 1000，在两侧填充自然土壤图例，并将边线删除掉，效果如图 4-95 所示。

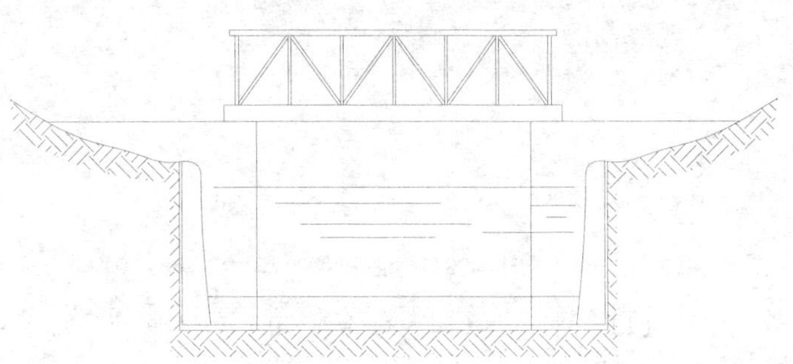

图 4-95　填充土壤

步骤 06 重复填充命令，选择图案为“ANSI31”，设置比例为 500，和图案为“AR-CONC”，设置比例为 30，分别对水沟壁进行填充钢筋混凝土防护墙效果，图 4-96 所示。

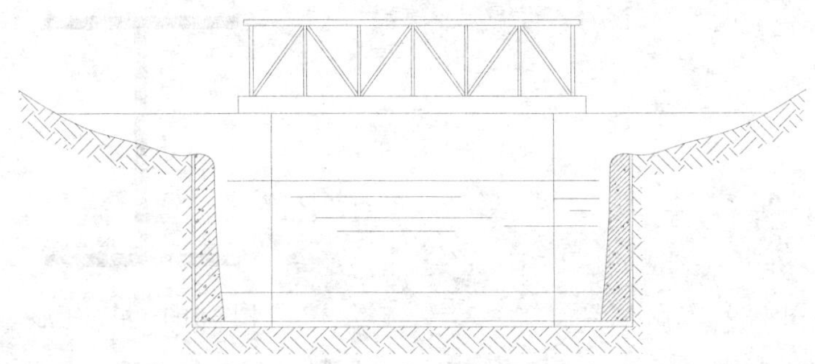

图 4-96　填充钢筋混凝土护墙

步骤 07 切换至“绿化配景线”图层，执行“插入块”命令（I），将“案例\04”文件夹下面的“石头”和“植物”插入到图形中；再通过移动、复制和镜像操作摆放到两岸相应位置，如图 4-97 所示。

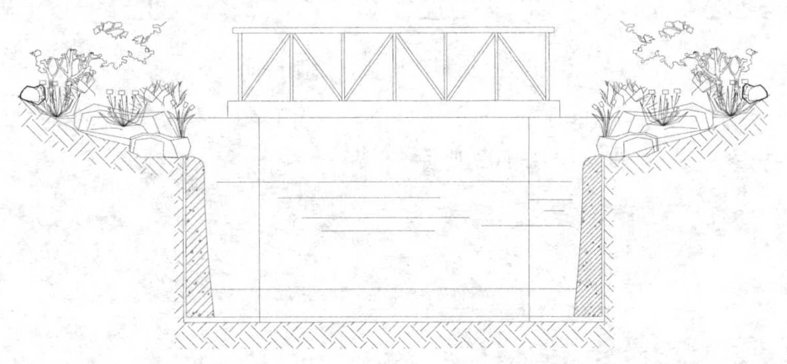

图 4-97　插入图块

技巧：115　木桥B-B剖面图的绘制

视频：技巧115-绘制木桥B-B剖面图.avi
案例：木桥.dwg

技巧概述：木桥平面图中还有一个 B-B 剖切符号，接下来根据剖切符号来绘制木桥 B-B 剖面图。

步骤 01 接上例，在“图层”下拉列表中，选择“小品轮廓线”图层为当前图层。

步骤 02 执行“直线”命令（L），在空白位置绘制地面线和侧面桥墩，如图 4-98 所示。

图 4-98 绘制桥墩

步骤 03 执行“矩形”命令（REC）、“复制”命令（CO）和“移动”命令（M），如图 4-99 所示绘制矩形。

步骤 04 执行“图案填充”命令（H），对矩形填充纯色的图案“SOLTD”，如图 4-100 所示形成五金支撑架效果。

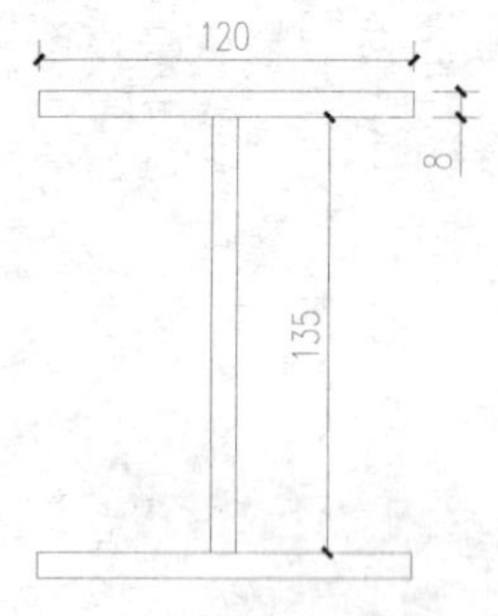

图 4-99 绘制矩形

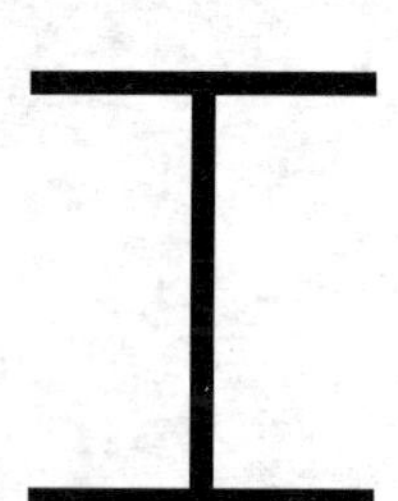

图 4-100 填充矩形

步骤 05 执行“复制”命令（CO），将支撑架向右复制出 750 和 1500；再执行“矩形”命令（REC），在支撑架上绘制 1800×30 的木板面，如图 4-101 所示。

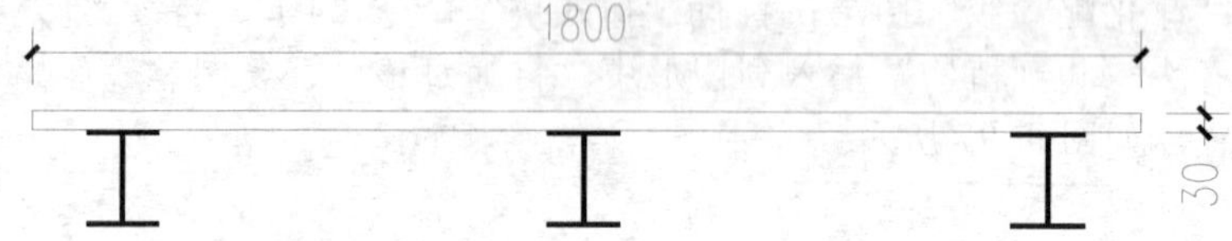

图 4-101 复制支撑架、绘制桥面

步骤 06 执行“矩形”命令（REC）、“移动”命令（M）和“修剪”命令（TR），在木板上端绘制扶手底，效果如图 4-102 所示。

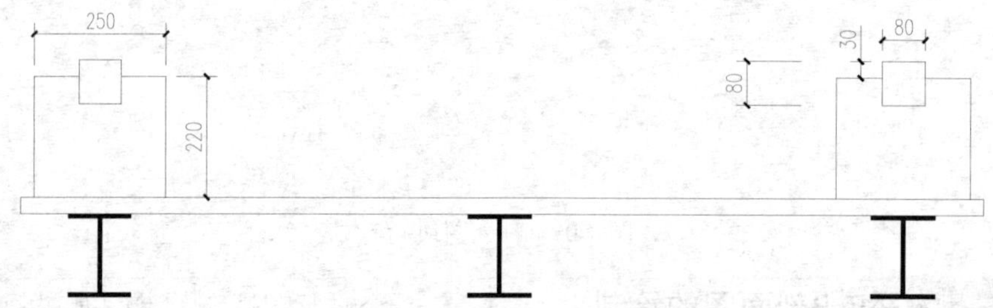

图 4-102 绘制扶手

步骤 07 切换至“填充线”图层，执行“图案填充”命令（H），弹出“图案填充与渐变色”对话框，在“类型”下拉列表中选择“自定义”，选择“自定义”（加载）的图案“WOODFACE”，在设置填充角度为 315°，比例为 100，在相应位置填充木纹图例，效果如图 4-103 所示。

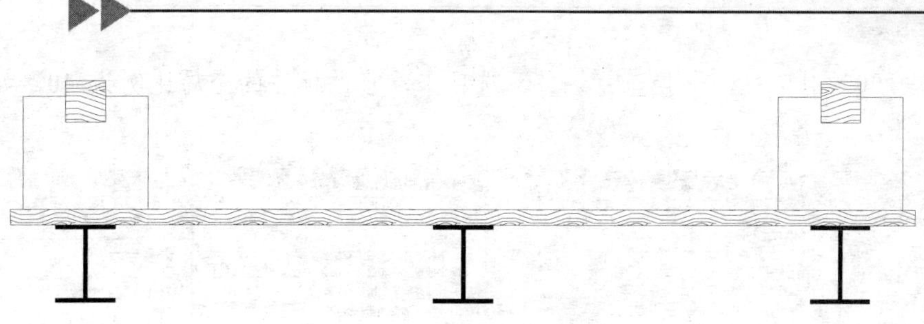

图 4-103　填充木纹图例

技巧提示　★★★☆☆

在前面第 2 章绘制的“拱桥”实例中，已经讲解了如何去加载和使用“WOODFACE.PAT”自定义图案，在这里就不再阐述。

步骤 08 执行“移动”命令（M），将绘制好的剖面桥移动到前面的桥墩上，如图 4-104 所示。

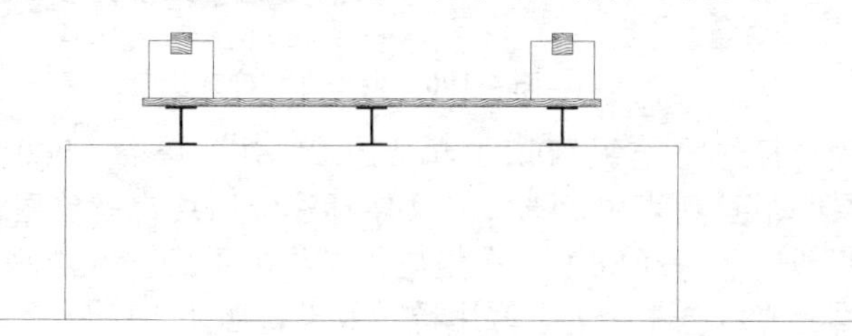

图 4-104　移动组合图形

步骤 09 执行“插入块”命令（I），将“案例\04”文件夹中的“树丛”和“人物”插入到图形中，效果如图 4-105 所示。

图 4-105　插入图形效果

技巧：116　木桥图形的标注

视频：技巧116-木桥图形的标注.avi
案例：木桥.dwg

技巧概述：通过前面四个实例的讲解，木桥图形已经绘制完成，接下来就对图形进行文字及尺寸的标注。

步骤 01 接上例，在“图层”下拉列表中，选择“尺寸标注”图层为当前图层。

步骤 02 执行“标注”命令（D），弹出“标注样式管理器”对话框，选择“园林标注-100”样式为当前标注样式；然后单击“修改”按钮，随后弹出“修改标注样式：园林标注-100”对话框，切换至“调整”选项卡，修改标注的全局比例为 40，如图 4-106 所示。

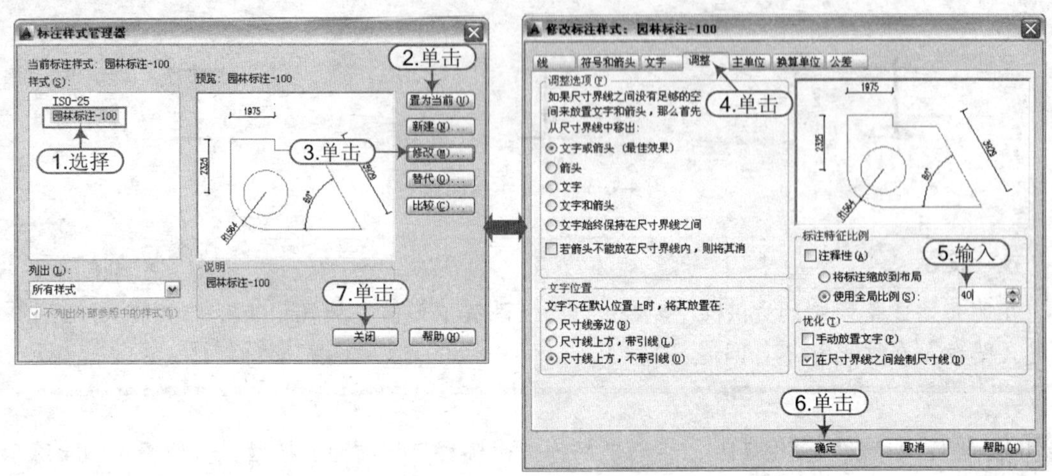

图 4-106　调整标注样式

步骤 03 执行“线形标注”命令（DLI）和“连续标注”命令（DCO），对图形进行尺寸标注。

步骤 04 在“图层”下拉列表中，选择“文字标注”图层为当前图层。

步骤 05 执行“引线”命令（LE），在相应位置拖出引线，在选择“图内说明”文字样式，设置字高为 180，进行文字的注释，效果如图 4-107 所示。

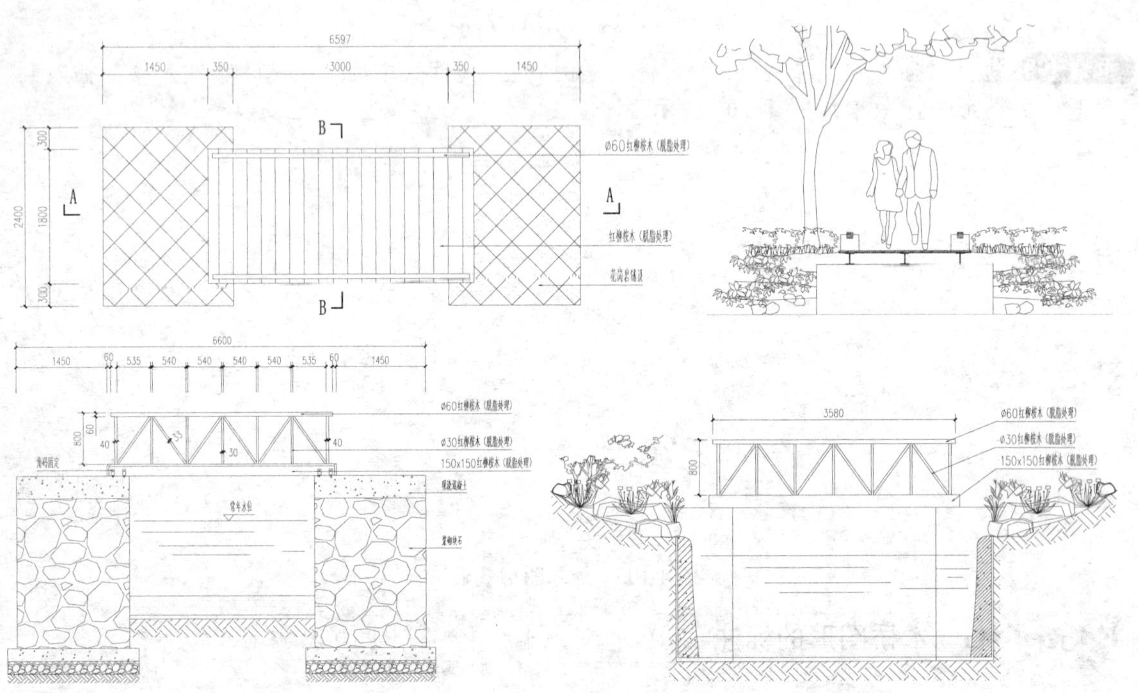

图 4-107　文字及尺寸标注效果

步骤 06 执行“多行文字”命令（MT），分别在图形的下侧拖出矩形文本框，再“文字格式”工具栏中选择“图名”文字样式，设置字高为 200，标注出图名；再执行“多段线”命令（PL），在图名下侧绘制适当宽度和长度的水平多段线，如图 4-108 所示。

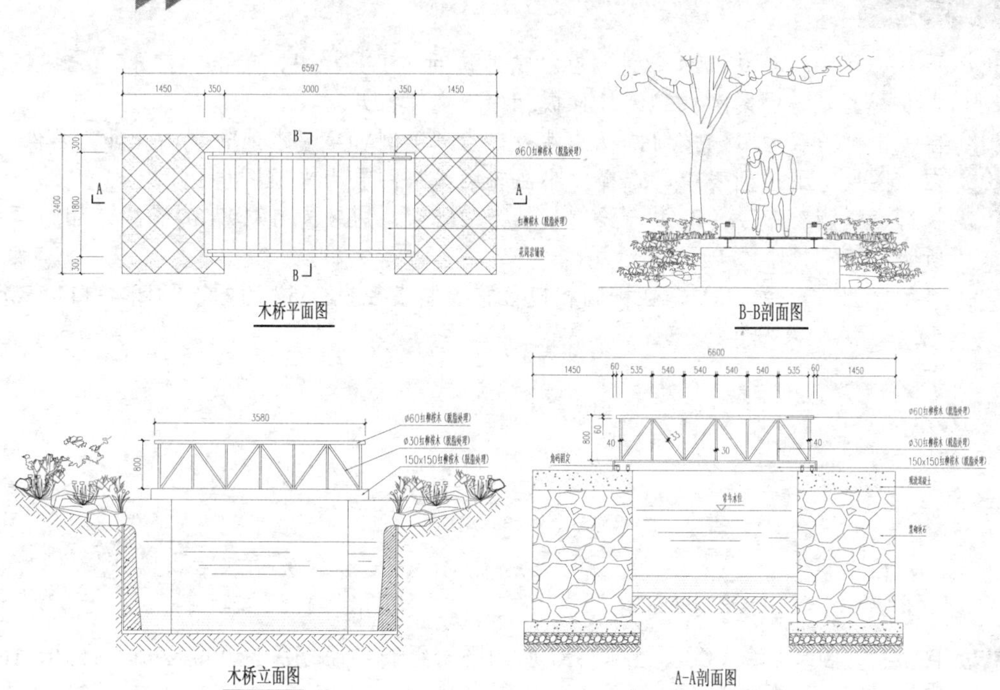

图 4-108　图名标注

步骤 07 至此，图形已经绘制完成，按【Ctrl+S】组合键将文件进行保存。

技巧：117　喷水池平面图的绘制

视频：技巧117-绘制喷水池平面图.avi
案例：喷水池景观图.dwg

技巧概述：通过下面三个实例的讲解，分别绘制喷水池平面图和喷水景观立面图，使读者掌握绘制喷水景观施工图的绘制过程及技巧，其绘制的喷水景观图形效果如图 4-109 所示。

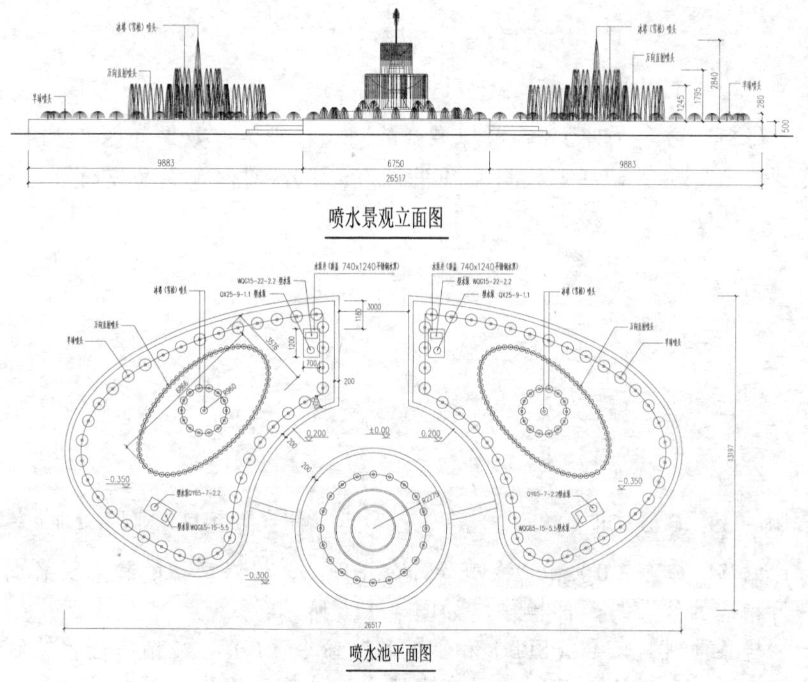

图 4-109　喷水景观图形效果

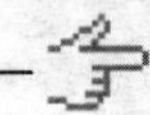

步骤 01 正常启动 AutoCAD 2014 软件，在“快速访问”工具栏中，单击“打开”按钮，将本书配套光盘“案例\04\园林样板.dwg”文件打开。

步骤 02 再单击“另存为”按钮，将文件另存为“案例\04\喷水池景观图.dwg”文件。

步骤 03 在“图层”下拉列表中，选择“小品轮廓线”图层为当前图层。

步骤 04 执行“椭圆”命令（EL），绘制长轴为 26517，短轴为 13197 的椭圆，如图 4-110 所示。

步骤 05 执行“圆”命令（C），在椭圆相应位置绘制半径为 3357 的圆，如图 4-111 所示。

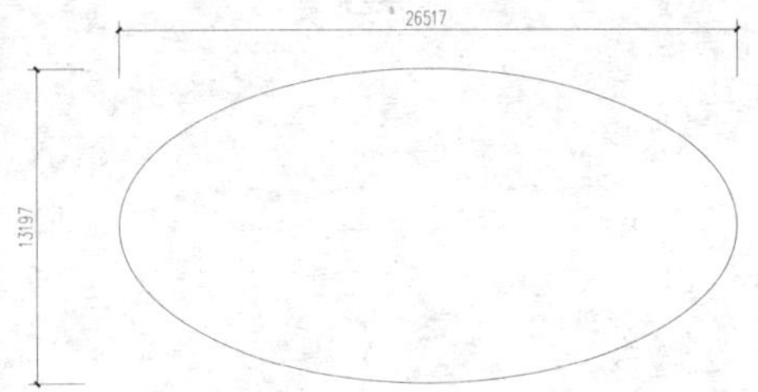

图 4-110　绘制椭圆

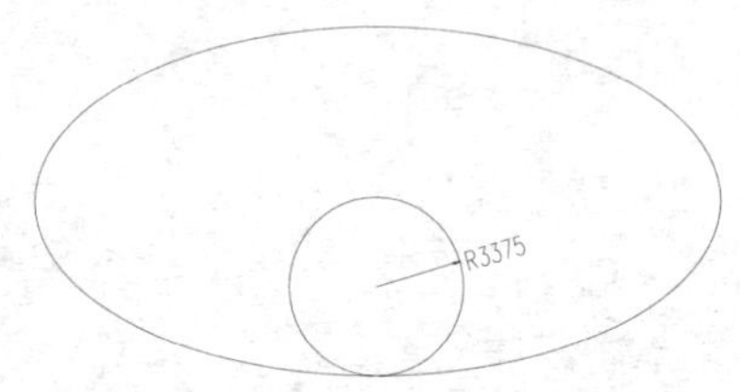

图 4-111　绘制圆

步骤 06 再执行“圆”命令（C），由 R3357 圆的圆心绘制半径分别为 900、960、1590、1650、3175 和 5376 的同心圆，如图 4-112 所示。

步骤 07 执行“直线”命令（L），绘制椭圆短轴垂直线；再执行“偏移”命令（O），将垂直线段各向两侧偏移 1500，如图 4-113 所示。

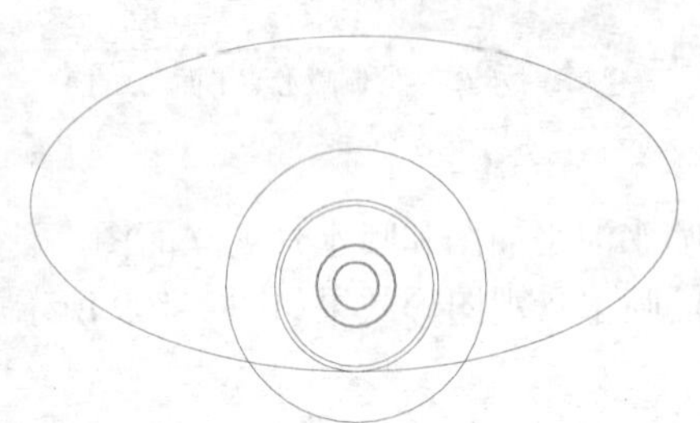

图 4-112　绘制同心圆

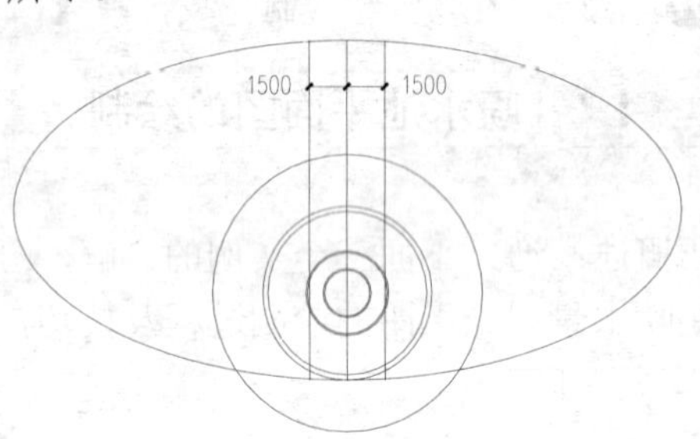

图 4-113　绘制线段

步骤 08 执行“修剪”命令（TR），修剪掉多余的圆弧与线条，效果如图 4-114 所示。

步骤 09 执行“圆角”命令（F），设置圆角半径为 2200，对两个尖角进行圆角处理，效果如图 4-115 所示。

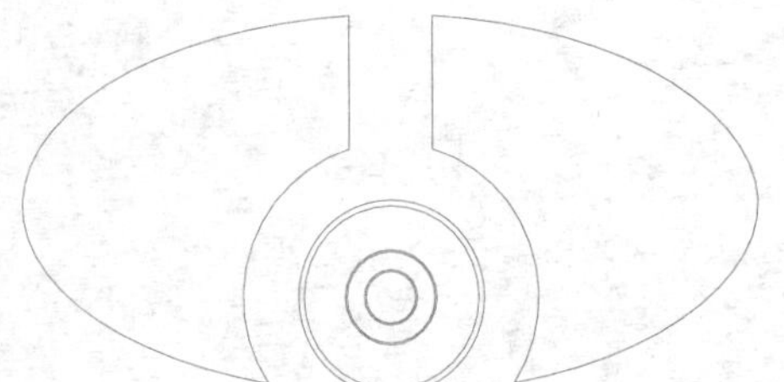

图 4-114　修剪效果

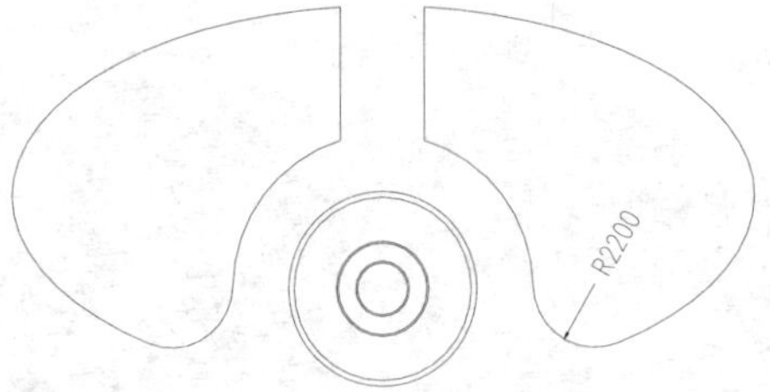

图 4-115　圆角处理

步骤 10 执行“偏移”命令（O）和“修剪”命令（TR），将修剪掉的轮廓线各向内偏移 200，再进行相应的修剪与延伸操作，如图 4-116 所示。

步骤 11 执行“样条曲线”命令（SPL）和“偏移”命令（O），在相应位置绘制宽 300 的两组样条曲线，如图 4-117 所示以完成喷水池外轮廓的绘制。

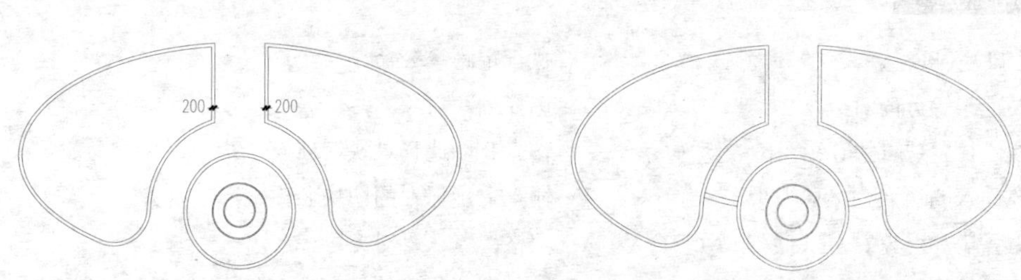

图 4-116　偏移图形　　　　图 4-117　绘制样条曲线

前面已经绘制好了喷水池的轮廓，接下来绘制喷水池中的“喷泉和喷头”平面图。

步骤 12 执行“偏移”命令（O），将多段线轮廓向内偏移 700，且转换为“轴线”图层；再执行“合并”命令（J），将组成该轴线的各线条元素合并成为一条样条曲线，如图 4-118 所示。

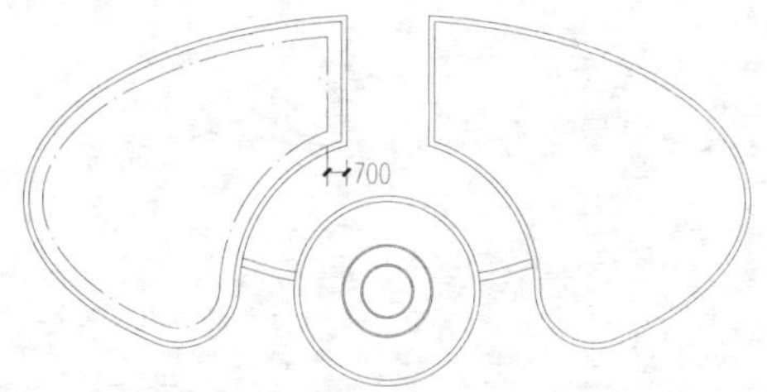

图 4-118　偏移出轴线

> **技巧提示**　★★★★☆
>
> 若转换为“轴线”图层后，显示不出来轴线单点划线效果，可执行“线型比例因子”命令（LTS），调整新的线型比例为 100。

步骤 13 绘制“半球喷头”，执行“圆”命令（C），绘制半径 250 和 50 的同心圆；再执行“创建块”命令（B），将绘制的同心圆以圆心为基点保存名为“半球喷头”的内部图块，如图 4-119 所示。

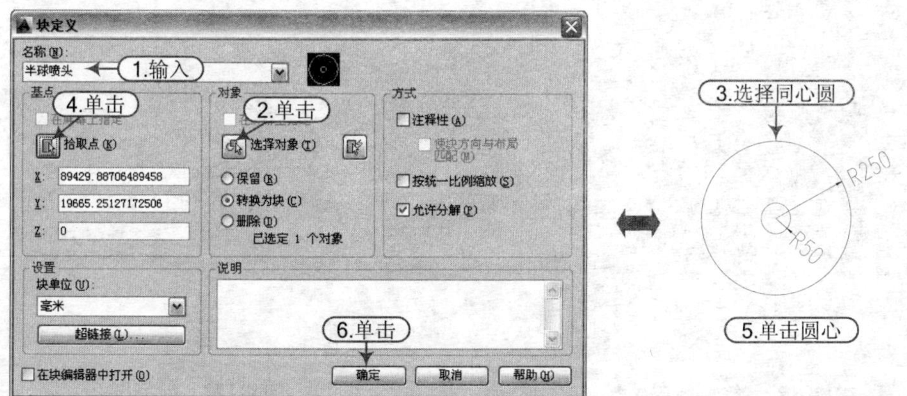

图 4-119　保存“半球喷头”图块

步骤 14 执行“定距等分”命令（ME），选择前面偏移 700 的轴线，根据如下命令提示，选择“块（B）”项，输入块名为“半球喷头”，再指定等分距离为 857，如图 4-120 所示。

命令: MEASURE	\\ 执行定距等分命令
选择要定距等分的对象:	\\ 选择轴线对象
指定线段长度或 [块(B)]: b	\\ 输入 B 以选择“块”项
输入要插入的块名: 半球喷头	\\ 输入上步保存的图块名称“半球喷头”
是否对齐块和对象? [是(Y)/否(N)] <Y>:	\\ 空格键默认“对齐”
指定线段长度: 857	\\ 输入等分线段的长度为 857, 以等分该轴线

步骤 15 切换至“轴线”图层, 执行“圆”命令 (C), 由同心圆圆心绘制半径为 8824 的圆, 如图 4-121 所示。

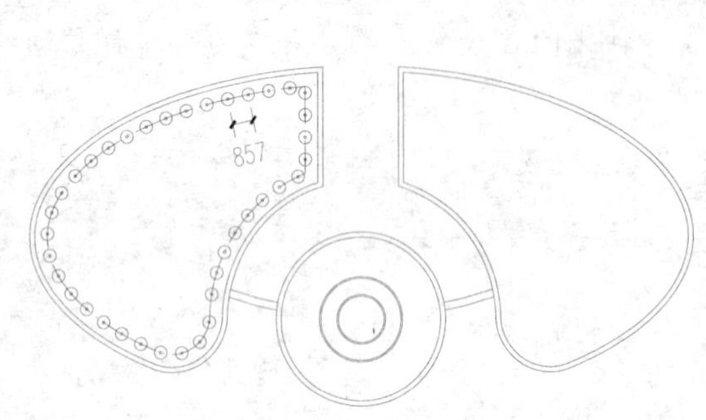

图 4-120　以定距插入图块

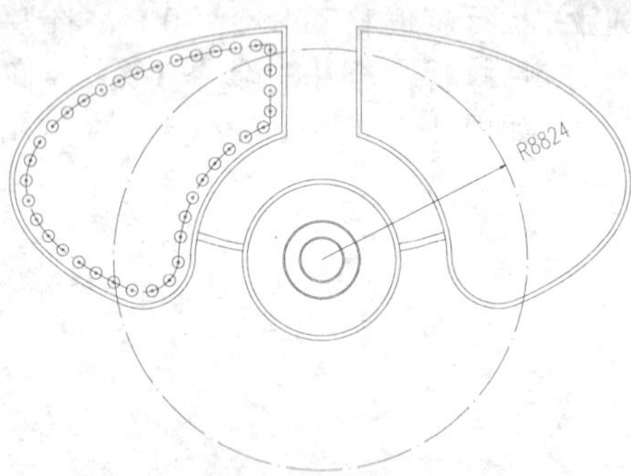

图 4-121　绘制辅助圆

技巧提示 ★★★★☆

“定距等分”是指在所选对象上按指定距离绘制多个等分点, 该“等分点”可能是“点”对象, 也可以是某“图块”对象。

步骤 16 再执行“直线”命令 (L), 由象限点和圆心绘制半径线; 再执行“旋转”命令 (RO), 将半径线旋转复制 56°, 如图 4-122 所示。

步骤 17 执行“圆”命令 (C), 由圆和线段的交点绘制一个半径 960 的圆, 如图 4-123 所示。

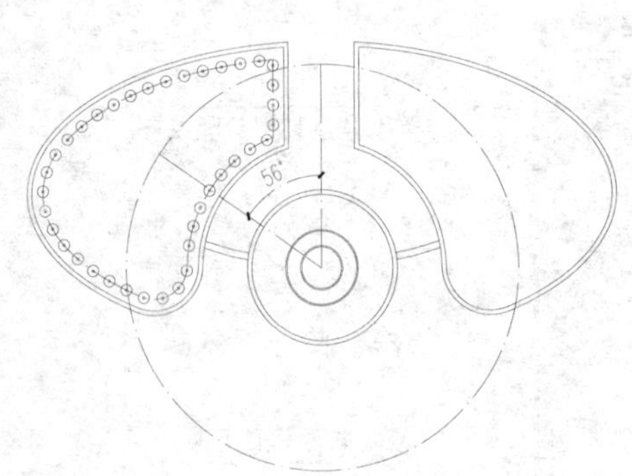

图 4-122　绘制线段

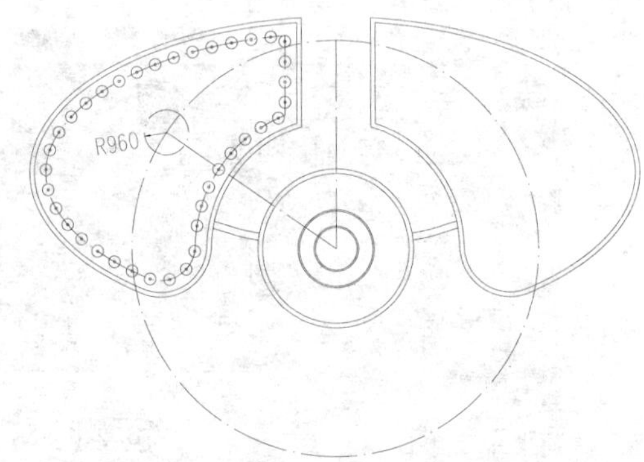

图 4-123　绘制圆

步骤 18 执行“删除”命令 (E), 将辅助的线段和圆删除掉, 效果如图 4-124 所示。

步骤 19 绘制“冰塔喷头”。切换至“小品轮廓线”图层, 执行“圆”命令 (C), 绘制半径为 150 和 50 的同心圆如图 4-125 所示; 再执行“创建块”命令 (B), 根据前面创建内部图块的方法, 将该同心圆保存名为“冰塔喷头”的内部图块。

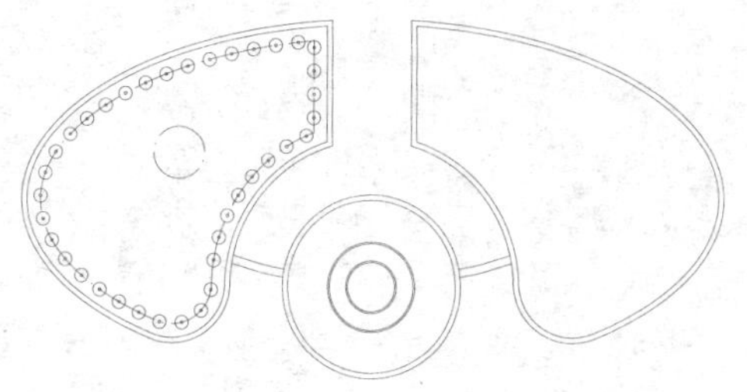

图 4-124　删除不需要图形

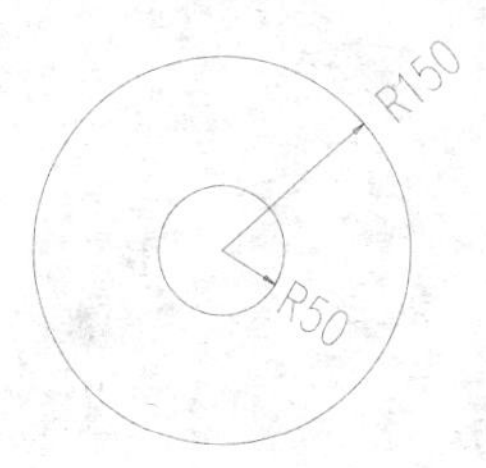

图 4-125　绘制并保存“冰塔喷头”图块

步骤 20 执行“定数等分”命令（DIV），选择 R960 的轴线圆，根据如下命令提示选择“块（B）”项，输入块名为“冰塔喷头”，再输入等分数量为 14，按空格键以等分图块；再执行“复制”命令（CO），将其中一个“冰塔喷头”复制到 R960 圆心处，效果如图 4-126 所示。

```
命令：DIVIDE                                  \\ 执行定数等分命令
选择要定数等分的对象：                          \\ 选择 R960 的圆
输入线段数目或 [块(B)]：b                       \\输入 B 以选择“块”项
输入要插入的块名：冰塔喷头                       \\ 输入上步保存的图块名称“冰塔喷头”
是否对齐块和对象？[是(Y)/否(N)] <Y>：           \\ 空格键默认
输入线段数目：20                                \\ 输入等分数量为 20，以等分该圆
```

技巧提示　★★★☆☆

创建定数等分点指在对象上放置等分点，以将选择的对象等分为指定的几段。

步骤 21 执行“圆”命令（C），由下侧同心圆圆心绘制半径 2275 的圆，且转换为“轴线”图层，如图 4-127 所示。

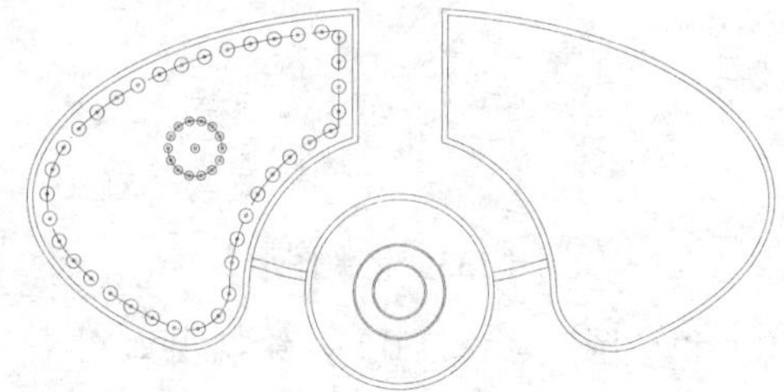

图 4-126　以定数等分插入图块

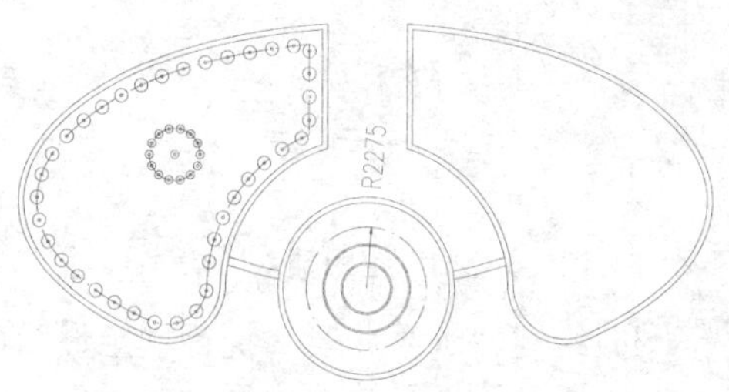

图 4-127　绘制圆

步骤 22 执行“定数等分”命令（DIV），根据前面的方法，将上步绘制的轴线圆，以“冰塔喷头”图块等分成 20 段，如图 4-128 所示。

步骤 23 执行“椭圆”命令（EL），绘制长轴为 6866，短轴为 3576 的椭圆；再执行“旋转”命令（RO），将其旋转 44°，效果如图 4-129 所示。

步骤 24 执行“移动”命令（M），将椭圆以椭圆心移动到 R960 轴线圆的圆心处，如图 4-130 所示。

步骤 25 绘制“直射喷头”。切换至“小品轮廓线”图层，执行“圆”命令（C），绘制半径为 100 和 25 的同心圆如图 4-131 所示；再执行“创建块”命令（B），根据前面创建内部图块的方法，将该同心圆保存名为“直射喷头”的内部图块。

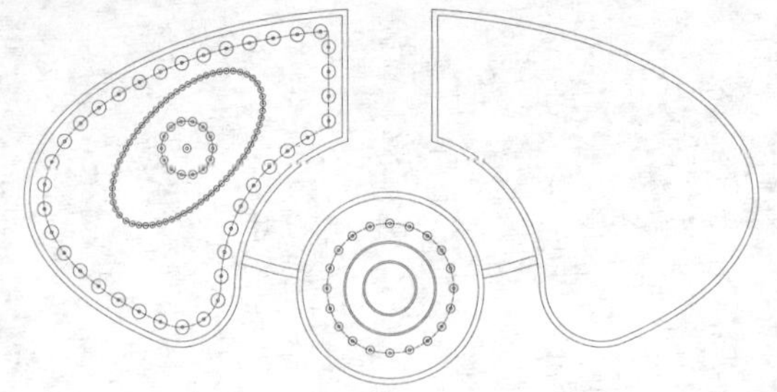

图 4-128 以定数等分插入图块

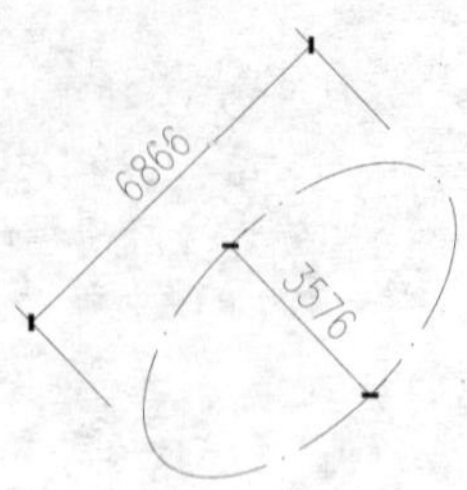

图 4-129 绘制椭圆

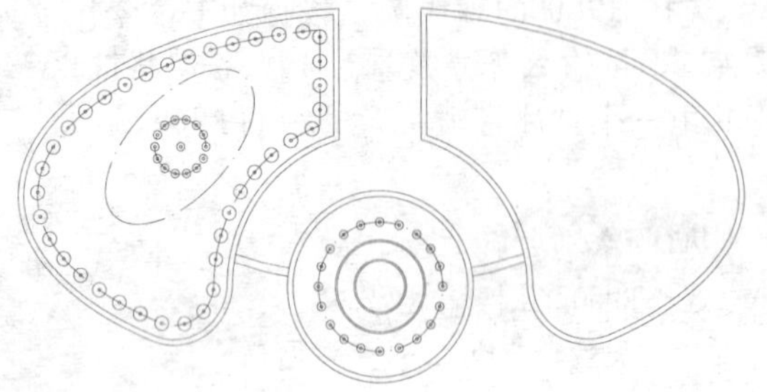

图 4-130 移动椭圆

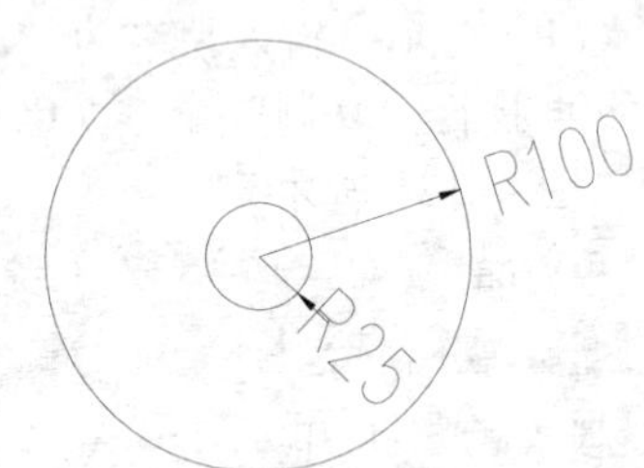

图 4-131 绘制并保存“直射喷头”图块

步骤 26 执行“定距等分”命令（ME），选择前面绘制的轴线椭圆，根据命令提示选择“块(B)”项，输入块名为“直射喷头”，再指定等分距离为 250，空格键等分效果如图 4-132 所示。

步骤 27 执行“镜像”命令（MI），将左侧的喷头、喷泉图形以中间圆上、下象限点为轴镜像到右侧，效果如图 4-133 所示。

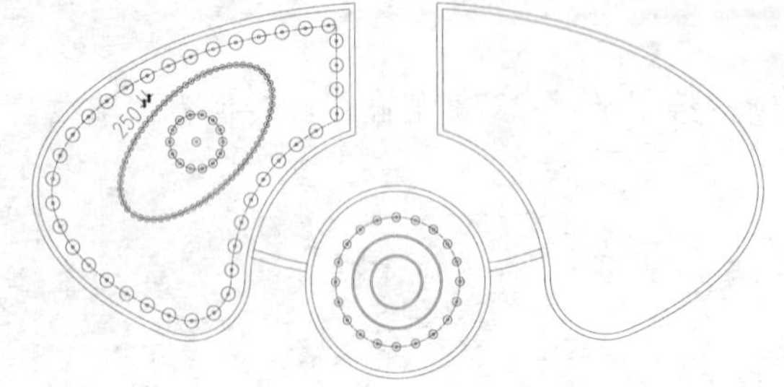

图 4-132 以定距插入图块

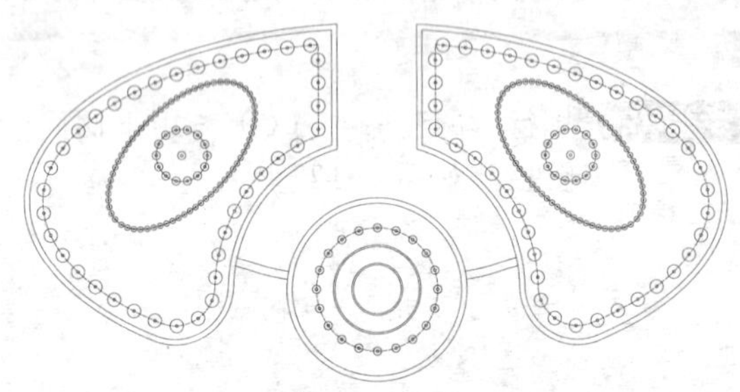

图 4-133 镜像图形

步骤 28 绘制“水泵井”。执行“矩形”命令（REC）和“圆”命令（C），绘制出如图 4-134 所示的图形作为水泵井。

步骤 29 通过执行“移动”命令（M）、“复制”命令（CO）、“旋转”命令（RO）和“镜像”命令（MI），将水泵井复制到图形相应位置处，效果如图 4-135 所示。

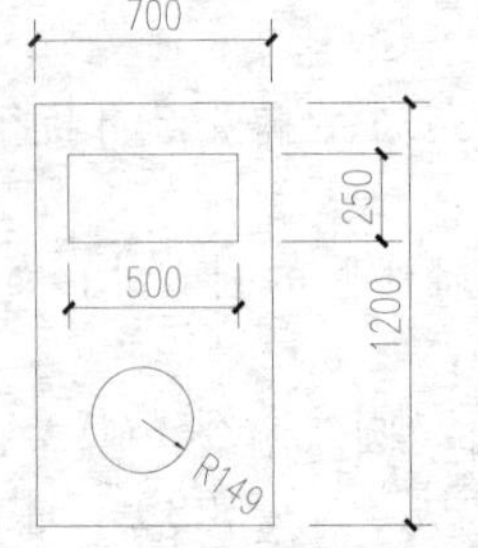

图 4-134 绘制“水泵井”

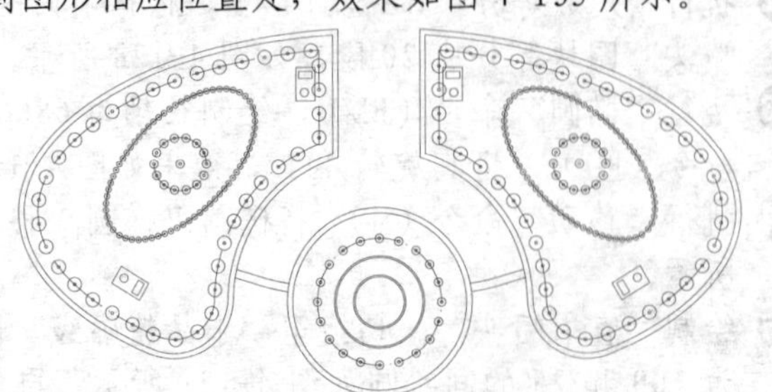

图 4-135 复制图形

技巧：118　喷水池立面图的绘制

视频：技巧118-绘制喷水池立面图.avi
案例：喷水池景观图.dwg

技巧概述：上一实例绘制好了喷水池平面图，接下来在该平面图的基础上通过绘制垂直投影线，来绘制出其立面图。

步骤 01 接上例，执行“直线”命令（L），根据平、立面图对应关系，捕捉平面图相应象限点向上绘制垂直投影线；然后在投影线上绘制一条水平线；再执行“偏移”命令（O），将水平线向上偏移 500、10 和 40，如图 4-136 所示。

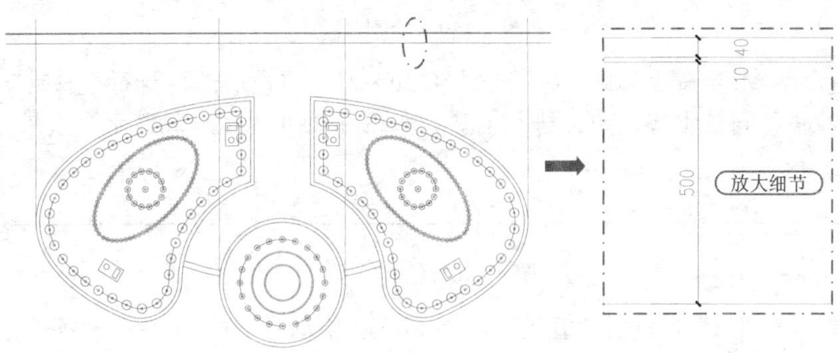

图 4-136　绘制投影线

步骤 02 执行“修剪”命令（TR），修剪掉多余的线条；再执行“编辑多段线”命令（PE），根据如下提示将最下侧水平线转换为宽度为 30 的多段线，以形成地坪线效果如图 4-137 所示。

```
    命令: PEDIT                                      \\ 编辑多段线命令
    选择多段线或 [多条(M)]:                          \\ 选择下侧水平线
    选定的对象不是多段线                             \\ 提示所选对象不是多段线
    是否将其转换为多段线? <Y>                        \\ 空格键默认将水平线转换为多段线
    输入选项 [闭合(C)/合并(J)/宽度(W)/编辑顶点(E)/拟合(F)/样条曲线(S)/非曲线化(D)/线型生成(L)/
反转(R)/放弃(U)]: w                                  \\ 选择（宽度）项
    指定所有线段的新宽度: 30                         \\ 输入宽度为 30
    输入选项 [闭合(C)/合并(J)/宽度(W)/编辑顶点(E)/拟合(F)/样条曲线(S)/非曲线化(D)/线型生成(L)/
反转(R)/放弃(U)]: *取消*                             \\ 空格键退出
```

图 4-137　修剪线段、转换多段线

步骤 03 执行“圆”命令（C）和“修剪”命令（TR），在上端矩形两侧绘制出半圆，如图 4-138 所示。

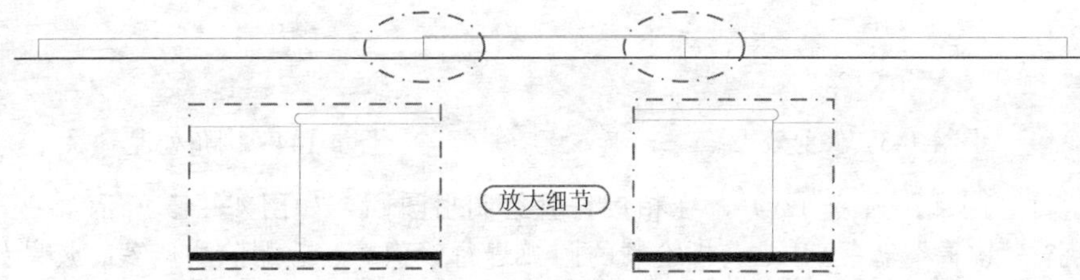

图 4-138　圆角操作

步骤 04 执行“偏移”命令（O）、“修剪”命令（TR）和“镜像”命令（MI），在中间相应位置绘制出两层台阶，如图 4-139 所示。

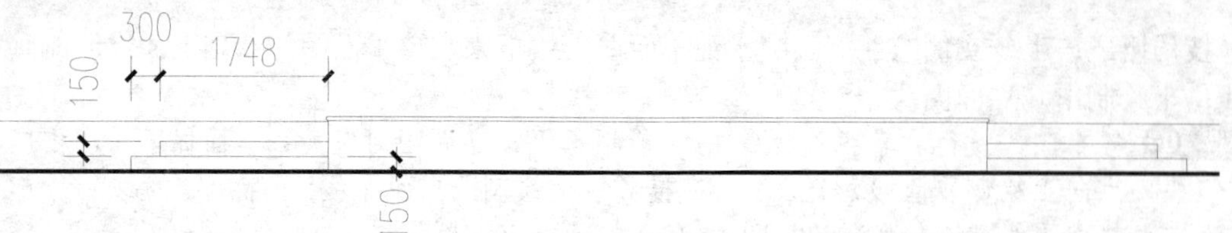

图 4-139　绘制台阶

步骤 05 执行“矩形”命令（REC），绘制 4320×256 的矩形；再执行“移动”命令（M），将其移动到最上端以中点进行对齐，如图 4-140 所示形成跌水台效果。

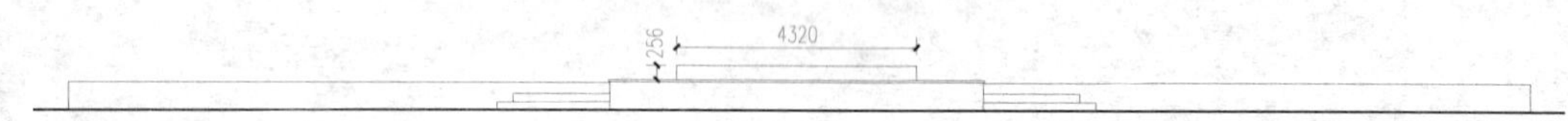

图 4-140　绘制跌水台

步骤 06 绘制“水盆 1”，执行“直线”命令（L），绘制呈“T”字型的两条互相垂直的线段；且将垂直线段转换为“轴线”图层，如图 4-141 所示。

步骤 07 执行“偏移”命令（O），将垂直中心线各向两边依次偏移 288、36、144、180、468，且将偏移的线段转换为“小品轮廓线”图层，如图 4-142 所示。

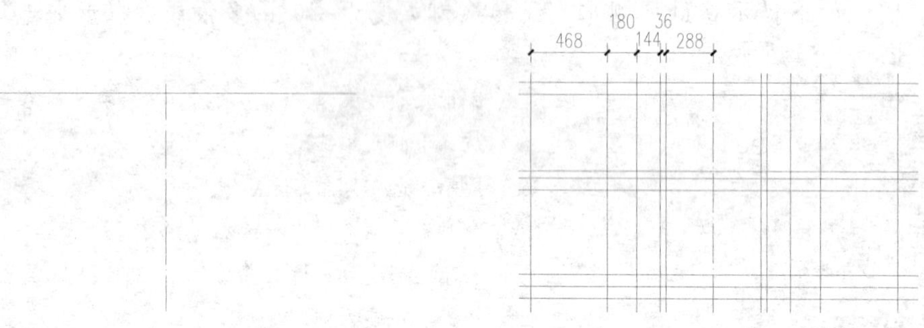

图 4-141　绘制 T 字辅助线　　　　图 4-142　偏移线段

步骤 08 执行“修剪”命令（TR），修剪多余的线条，效果如图 4-143 所示。

步骤 09 执行“圆角”命令（F），设置圆角半径为 36，对相应矩形进行圆角处理，效果如图 4-144 所示。

图 4-143　修剪效果　　　　图 4-144　圆角处理

步骤 10 执行“圆弧”命令（A），在相应位置绘制出圆弧，如图 4-145 所示。

步骤 11 执行“镜像”命令（MI），将绘制的圆弧进行镜像；然后删除中心线，效果如图 4-146 所示。

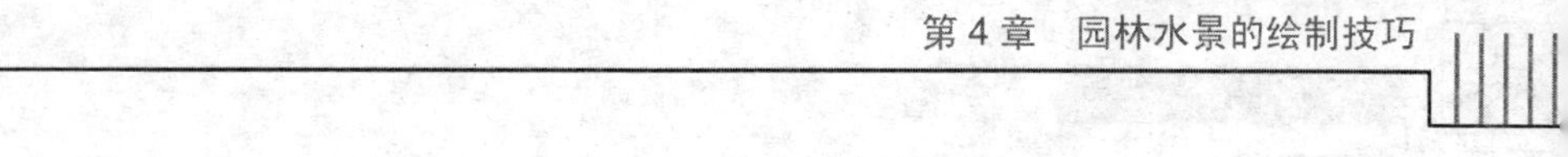

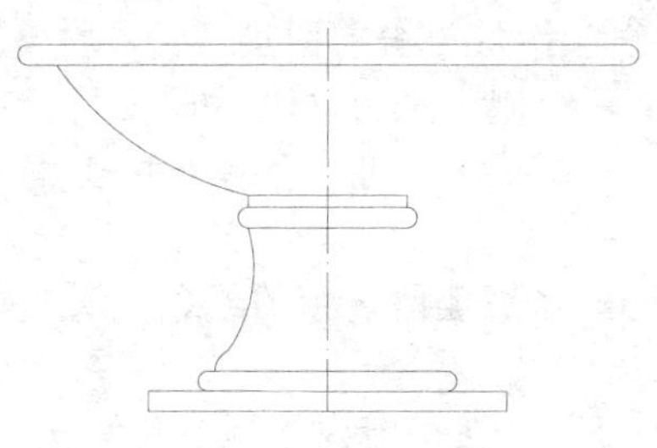

图 4-145　绘制圆弧

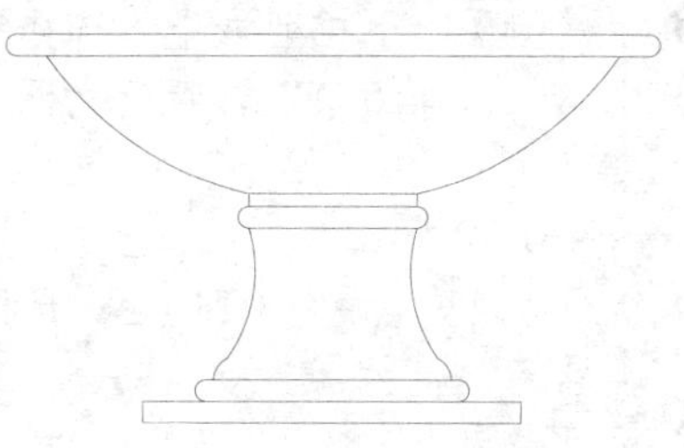

图 4-146　镜像圆弧

步骤 12 绘制“水盆 2”，执行“直线”命令（L）和“偏移”命令（O），绘制如图 4-147 所示的线段。

步骤 13 执行“修剪”命令（TR），修剪掉多余的线段，效果如图 4-148 所示。

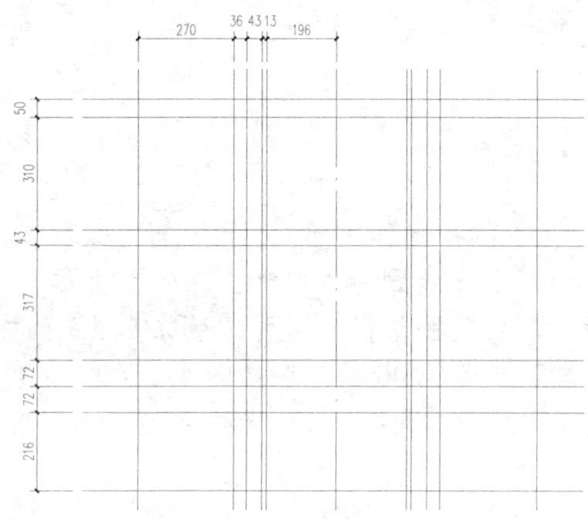

图 4-147　绘制线段

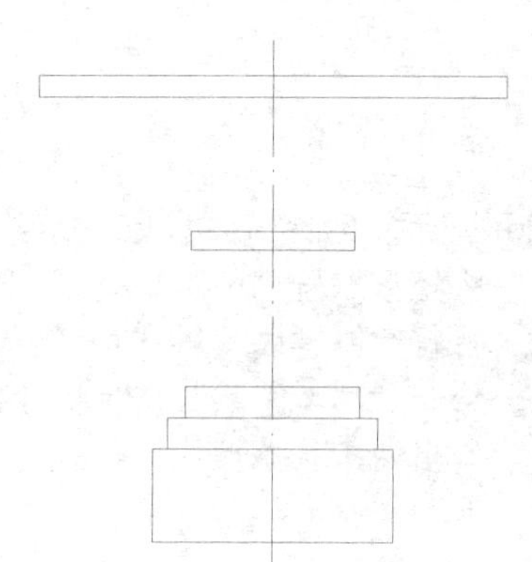

图 4-148　修剪效果

步骤 14 执行“圆角”命令（F），对相应矩形进行圆角，其圆角值为矩形高度的一半，如图 4-149 所示。

步骤 15 执行“样条曲线”命令（SPL）、“圆弧”命令（A）和“镜像”命令（MI），绘制水盆弧形轮廓；然后执行“删除”命令（E），将中心线删除掉，效果如图 4-150 所示。

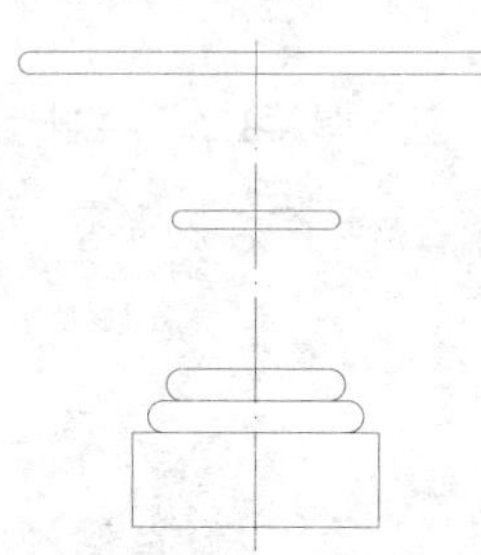

图 4-149　圆角处理

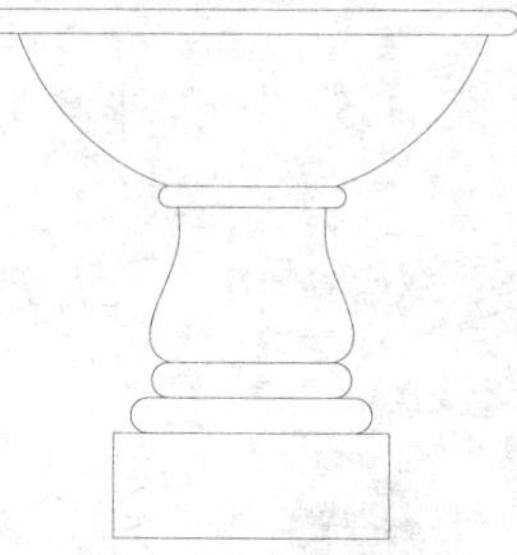

图 4-150　绘制弧形

步骤 16 执行“移动”命令（M），将绘制好的两个水盆分别移动到水池上，效果如图 4-151 所示。

图 4-151　移动水盆

步骤 17 在“图层”下拉列表中，选择“水体轮廓线”图层为当前图层。

步骤 18 绘制“半球喷泉”，执行“圆”命令（C），绘制半径为 250 的圆；再执行“直线”命令（L）和“偏移”命令（O），绘制水平直径线，再将直径线向上偏移 20，如图 4-152 所示。

步骤 19 执行“修剪”命令（TR）和“删除”命令（E），修剪删除多余的线条，效果如图 4-153 所示。

步骤 20 执行“圆弧”命令（A）和“镜像”命令（MI），在半圆内绘制多条圆弧，形成喷水效果如图 4-154 所示。

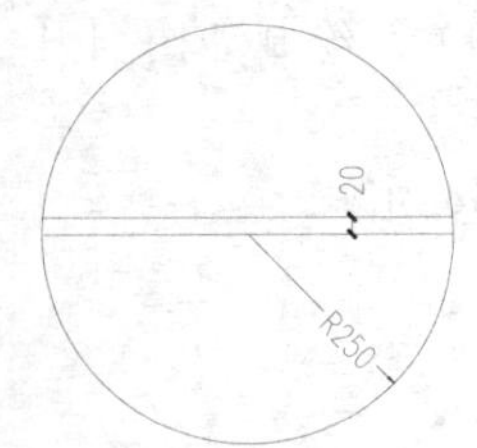

图 4-152 绘制圆和直线

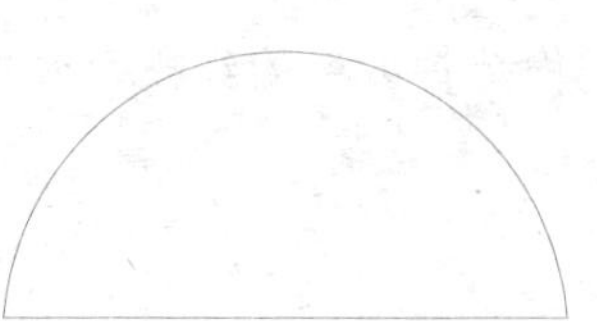

图 4-153 修剪处理

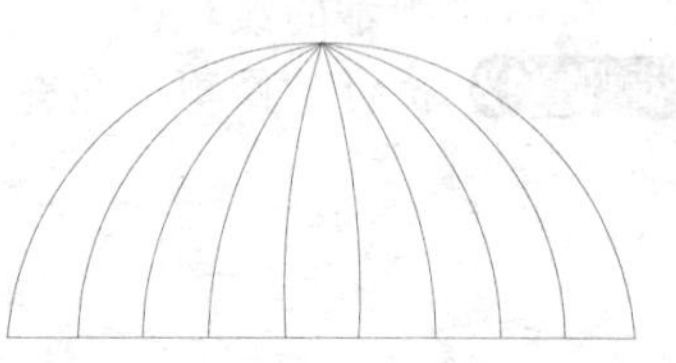

图 4-154 绘制圆弧

步骤 21 执行“矩形”命令（REC），绘制 30×255 的矩形作为喷头；再执行“移动”命令（M），将矩形放置到喷水中下侧，然后将辅助水平线删除掉，如图 4-155 所示。

步骤 22 执行“创建块”命令（B），将上步绘制好的图形保存名为“半球喷泉”的内部图块。

步骤 23 绘制“冰塔喷泉”，执行“样条曲线”命令（SPL），在如图 4-156 所示范围之内绘制出两条样条曲线；再执行“创建块”命令（B），将其保存名为“冰塔喷泉”的内部图块。

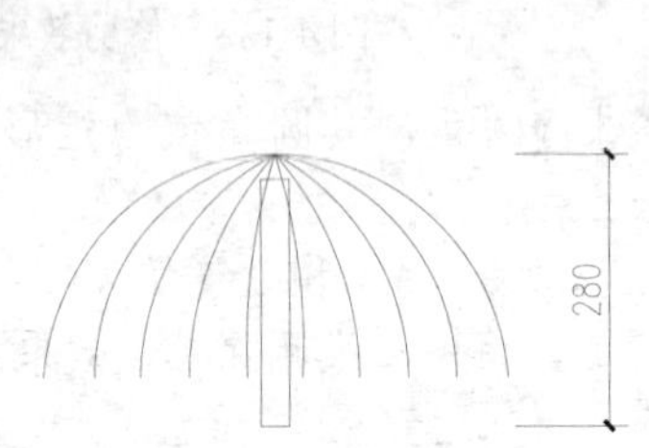

图 4-155 绘制的半球喷泉

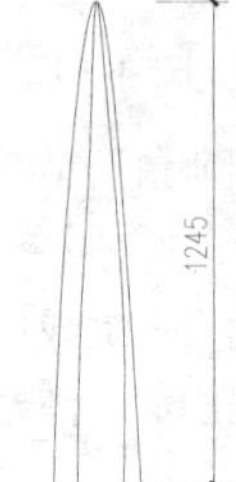

图 4-156 绘制“冰塔喷泉”

步骤 24 通过移动、复制等命令，将绘制的“半球喷泉”和“冰塔喷泉”布置到水池上侧相应位置处，效果如图 4-157 所示。

图 4-157 布置喷泉效果

技巧提示 

由于“水体轮廓线”图层设置的线型为虚线线型“DASHED”，在这里需要调整其全局比例因子（命令为 LTS）为 1000。

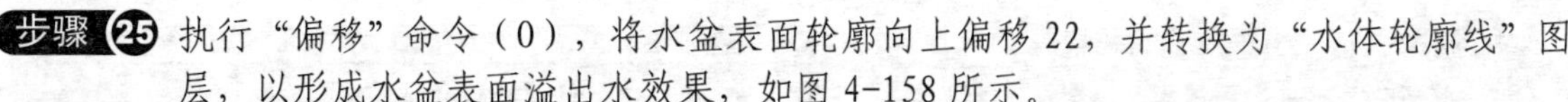

步骤 25 执行“偏移”命令（O），将水盆表面轮廓向上偏移 22，并转换为“水体轮廓线”图层，以形成水盆表面溢出水效果，如图 4-158 所示。

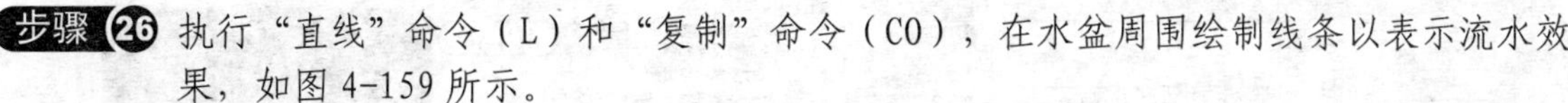

步骤 26 执行“直线”命令（L）和“复制”命令（CO），在水盆周围绘制线条以表示流水效果，如图 4-159 所示。

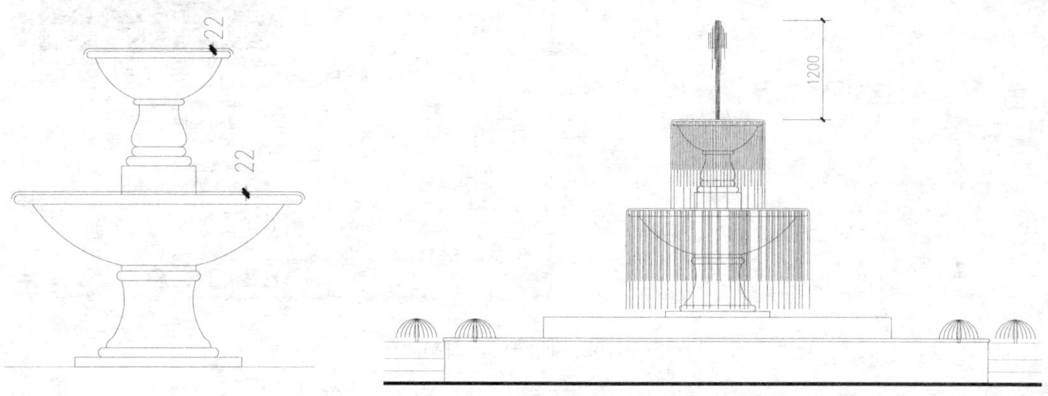

图 4-158　偏移水盆表面线　　图 4-159　绘制直流水

步骤 27 执行“样条曲线”命令（SPL），在高 400 的范围之内绘制另一种喷泉水形式，如图 4-160 所示。

步骤 28 执行“移动”命令（M）和“复制”命令（CO），将上步喷水样式复制到中间跌水池周围，效果如图 4-161 所示。

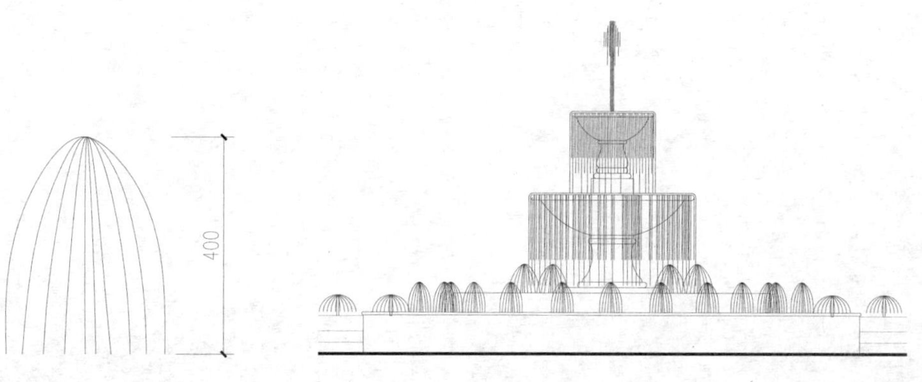

图 4-160　绘制喷泉水　　图 4-161　布置喷泉

技巧：119　喷水池景观图的标注

视频：技巧119-标注喷水池景观图.avi
案例：喷水池景观图.dwg

技巧概述：通过前面四个实例的讲解，木桥图形已经绘制完成，接下来就对图形进行文字及尺寸的标注。

步骤 01 接上例，在“图层”下拉列表中，选择“尺寸标注”图层为当前图层。

步骤 02 执行“标注”命令（D），弹出“标注样式管理器”对话框，选择“园林标注-100”样式为当前标注样式；然后单击“修改”按钮，随后弹出“修改标注样式：园林标注-100”对话框，切换至“调整”选项卡，修改标注的全局比例为 80，如图 4-162 所示。

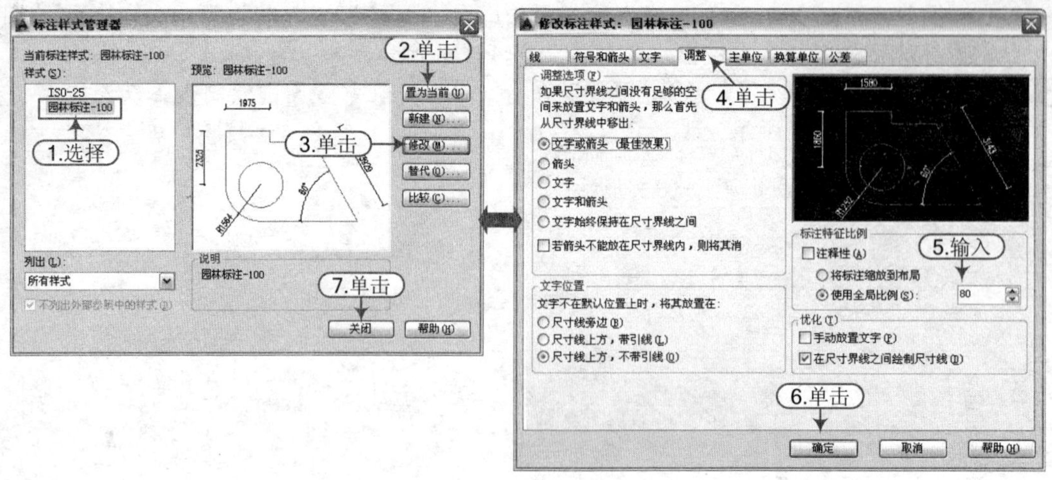

图 4-162　调整标注样式

步骤 03 执行“线形标注”命令（DLI）、“连续标注”命令（DCO）、“对齐标注”命令（DAL）和“半径标注”命令（DRA），对图形进行尺寸的标注如图 4-163 所示。

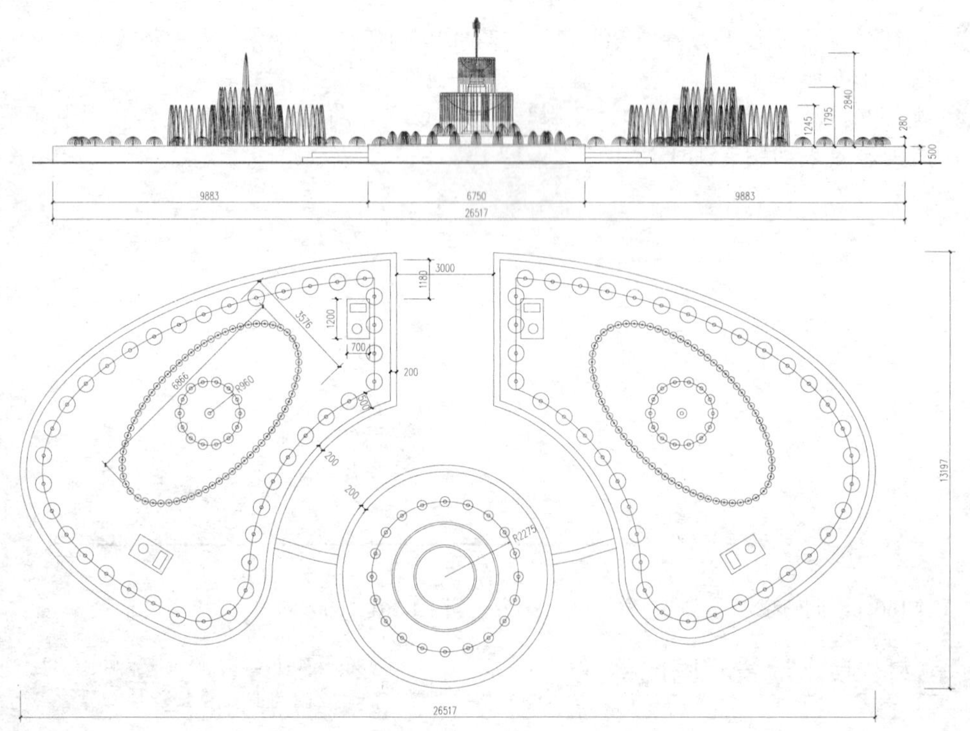

图 4-163　尺寸标注

步骤 04 在“图层”下拉列表中，选择“文字标注”图层为当前图层。

步骤 05 执行“引线”命令（LE），在相应位置拖出引线，在选择“图内说明”文字样式，设置字高为 350，在相应位置进行文字的注释；再执行“插入块”命令（I），将“案例\04\标高符号.dwg”文件插入到图形中，再通过移动、缩放和复制命令将标高符号复制到相应位置，并双击以修改对应的标高值，效果如图 4-164 所示。

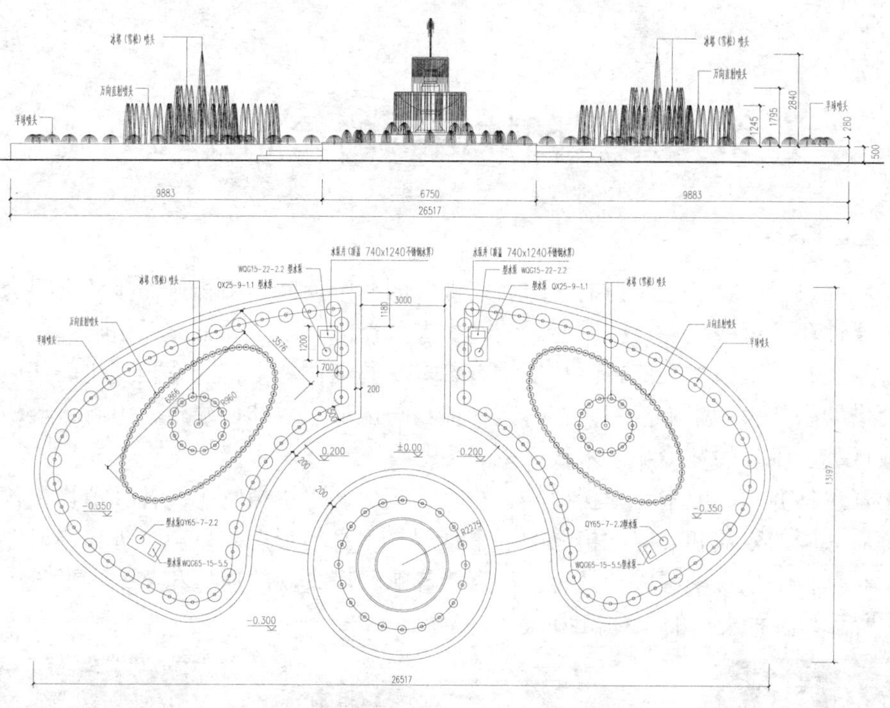

图 4-164　文字标注效果

步骤 06 执行“多行文字”命令（MT），分别在图形的下侧拖出矩形文本框，再“文字格式”工具栏中选择“图名”文字样式，设置字高为 200，标注出图名；再执行“多段线”命令（PL），在图名下侧绘制适当宽度和长度的水平多段线，如图 4-165 所示。

步骤 07 至此，喷水景观图形已经绘制完成，按【Ctrl+S】组合键将文件进行保存。

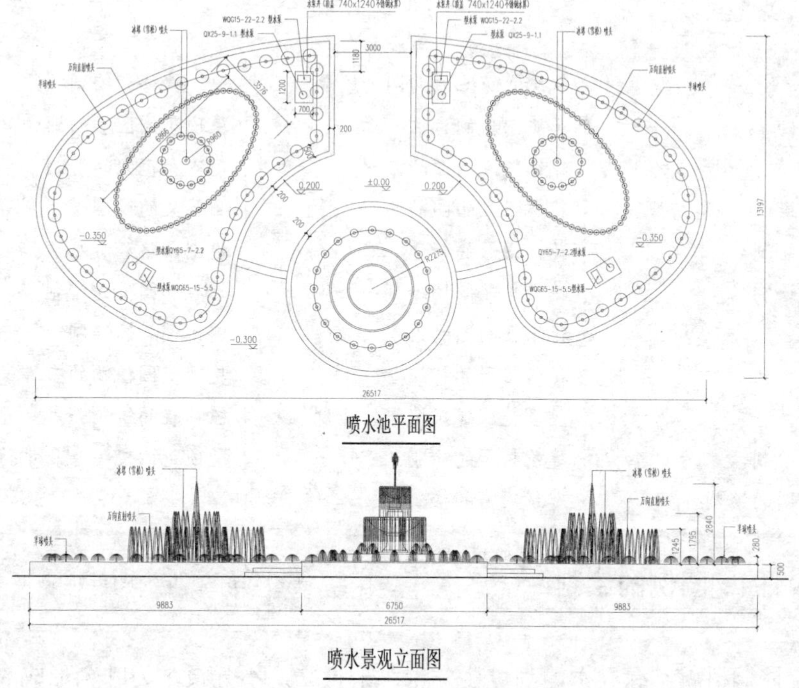

图 4-165　图名标注

第 5 章　园林植物的绘制技巧

- **本章导读**

植物是园林设计中富有生命力的题材，在现代园林中，园林植物作为园林空间构成的要素之一，其重要性和不可替代性日益明显。园林生态效益的体现主要依靠以植物群落景观为主体的自然生态系统和人工植物群落。园林植物有着多变的形体和丰富的季相变化，其他的构景要素无不需要借助园林植物来丰富和完善，园林植物与地形、水体、建筑、山石、雕塑等有机配置，将形成优美、雅静的环境和艺术效果。

植物要素包括乔木、灌木、攀援植物、花卉、草坪、水生植物等。各种植物在各自适宜的位置上发挥着共同的效益和功能。植物的四季景观，本身的形态、色彩、香味、习性等都是园林造景的题材。植物景观配置成功与否，将直接影响环境景观的质量和艺术水平。

图 5-1 所示为各种类型的园林植物。

图 5-1　园林植物

- **本章内容**

棕榈图例的绘制	台阶式花池立面图的绘制	建筑楼梯的绘制
串钱柳图例的绘制	花池图形的标注	屋顶花园区域的划分
樱花图例的绘制	花钵侧立面图的绘制	花池和花架的绘制
贴便海棠图例的绘制	花钵正立面图的绘制	品茶桌的绘制
造型绿蓠图例的绘制	花钵图形的标注	绘制园路和水池
红花继木图例的绘制	花坛平面图的绘制	景石和园桥的绘制
立面花丛的绘制	花坛立面图的绘制	园林铺装的绘制
立面桃树的绘制	花坛图形的标注	屋顶花园植物的布置
立面竹林的绘制	屋顶花园建筑墙体的绘制	植物表的绘制
种植设计小品的绘制	建筑柱子的绘制	屋顶花园文字及尺寸的标注
台阶式花池平面图的绘制	建筑门窗的绘制	

技巧：120　棕榈图例的绘制

视频：技巧120-绘制棕榈图例.avi
案例：棕榈.dwg

技巧概述：棕榈树属常绿乔木，高可达 7 米；干直立，不分枝，为叶鞘形成的棕衣所包；叶子大，集生干顶，掌状深裂，叶柄有细刺；夏初开花，肉穗花序生于叶间，具有黄色佛焰苞；

淡蓝黑色近球形核果，有白粉。树干圆柱形，常残存有老叶柄及其下部的叶峭。它原产我国，除西藏外我国秦岭以南地区均有分布，常用于庭院、路边及花坛之中，适于四季观赏。木材可以制器具，叶可制扇、帽等工艺品，根可入药。图 5-2 所示为棕榈实物图片。

本实例通过绘制一个棕榈植物图例，使读者掌握棕榈植物的绘制过程及绘制技巧，其绘制的棕榈图例效果如图 5-3 所示。

图 5-2　棕榈实物图片

图 5-3　棕榈图例

步骤 01 正常启动 AutoCAD 2014 软件，系统自动创建空白文件。

步骤 02 在“快速访问”工具栏中，单击“保存”按钮，将其保存为“案例\05\棕榈.dwg”文件。

步骤 03 执行“图层特性管理”命令（LA），弹出“图层特性管理器”对话框，单击“新建图层”按钮，图层设置区列表框中将出现一个名为“图层 1”的新图层，并且“名称”栏下的名称处于可编辑状态，输入新名称为“棕榈”，然后在空白处单击确认名称的输入，命名效果如图 5-4 所示。

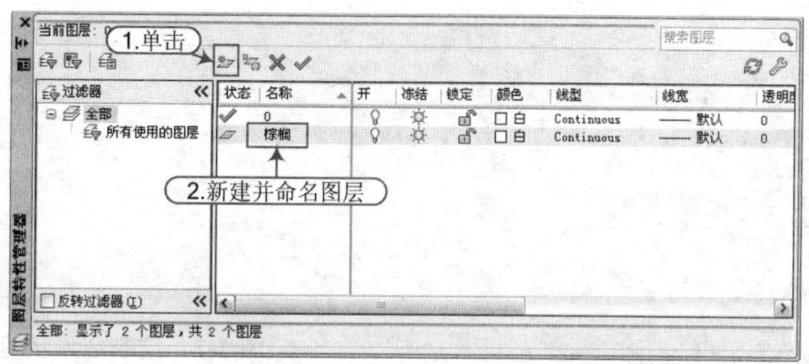

图 5-4　新建并命名图层

软件技能 ★★★★☆

在 CAD 中绘制任何对象都是在图层上进行的，图层将不同的图形对象重叠在一起绘制成为一幅完整的图形，不同图层上的图形对象是独立的，可对图层上的对象进行编辑，而不影响其他图层上的图形效果。

AutoCAD 2014 对图层的管理是在“图层特性管理器”中进行的。系统默认的图层为 0 层，在绘图过程中，如果用户要使用更多的图层来组织图层，就需要先创建新图层，默认情况下，创建的图层依次以图层 1、2、3…进行命名的，用户可根据自己的需要来命名图层。

步骤 04 单击“棕榈”图层“颜色”特性图标□白，弹出“选择颜色”对话框。在标准颜色区单击选择绿色作为图层颜色，然后单击“确定”按钮，完成图层颜色的设置，如图 5-5 所示。

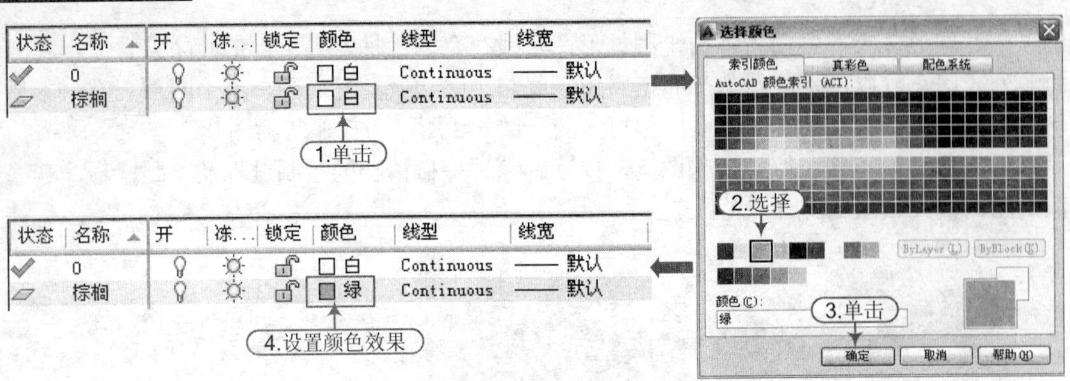

图 5-5　设置图层颜色

技巧提示 ★★★☆☆

默认图层"线型"和"线宽"的方法同设置图层"颜色"的方法类似，即在该图层对应的"线型"或"线宽"特性图标处单击，然后在弹出的对话框中选择需要的"线型"和"线宽"即可。

步骤 05 设置好"棕榈"图层特性以后，单击✔按钮，以将"棕榈"图层设置为当前图层。

步骤 06 执行"圆"命令（C），绘制半径为 1300 的圆，如图 5-6 所示。

步骤 07 执行"圆弧"命令（A），在圆内绘制多个圆弧作为树叶，如图 5-7 所示。

图 5-6　绘制圆

图 5-7　绘制圆弧状树叶

步骤 08 执行"阵列"命令（AR），选择上步绘制的树叶图形，选择"极轴"阵列，设置圆心为阵列中心点，再输入项目数为 10，阵列的效果如图 5-8 所示。

步骤 09 执行"删除"命令（E），将圆删除掉，效果如图 5-9 所示。

图 5-8　阵列树叶

图 5-9　删除圆效果

步骤 10 至此，棕榈植物图例已经绘制完成，按【Ctrl+S】组合键进行保存。

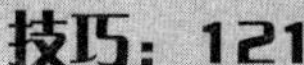

技巧：121　串钱柳图例的绘制

视频：技巧121-绘制串钱柳图例.avi
案例：串钱柳.dwg

技巧概述： 串钱柳，别名：垂枝红千层、瓶刷子树、多花红千层、红瓶刷。开花形状相似红色奶瓶毛刷故又称为红毛刷，图 5-10 所示为串钱柳实物图片。枝条柔软下垂，有如垂柳，原产于澳洲，引进台湾后，有人依其树形称为西洋柳。串钱柳属桃金娘科、红千层属的常绿小乔木，花朵为红色，红丝很长，围成一圈圈的长串花朵。串钱柳每年三月进入花期每棵树上绽放数十朵红色花朵，好像一支支的红色奶瓶刷挂在树上柔软的枝条迎风摇曳，婀娜多姿，鲜红的花瓣衬托绿叶，美艳醒目。

本实例通过绘制一个串钱柳植物图例，使读者掌握串钱柳植物的绘制过程及绘制技巧，其绘制的串钱柳图例效果如图 5-11 所示。

图 5-10　串钱柳实物图片

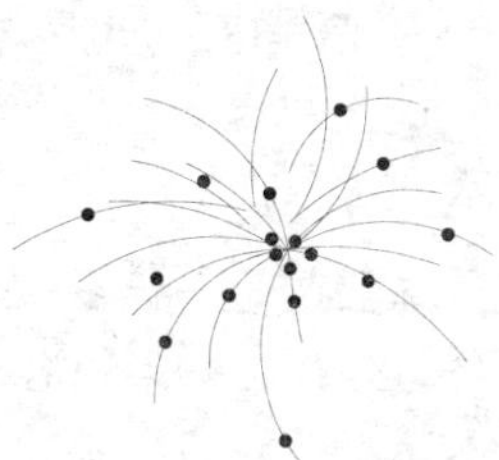

图 5-11　串钱柳图例

步骤 01 正常启动 AutoCAD 2014 软件，系统自动创建空白文件。

步骤 02 在“快速访问”工具栏中，单击“保存”按钮，将其保存为“案例\05\串钱柳.dwg”文件。

步骤 03 执行“图层特性管理”命令（LA），在弹出的“图层特性管理器”对话框中新建如图 5-12 所示的“串钱柳”图层，并设置为当前图层。

✔	串钱柳	💡	☼	🔓	■ 绿	Continuous	—— 默认	0

图 5-12　新建图层

步骤 04 执行“圆”命令（C），绘制半径为 1100 的圆，如图 5-13 所示。

步骤 05 执行“圆弧”命令（A），以圆心为中心绘制多条圆弧，如图 5-14 所示。

图 5-13　绘制圆

图 5-14　绘制圆弧

步骤 06 执行“圆环”命令（DO），根据如下命令提示来设置圆环的内、外直径，然后在圆弧上多次单击以绘制多个实心圆环，如图 5-15 所示。

```
命令: DONUT                              \\ 启动圆环命令
指定圆环的内径 <0.5000>: 0               \\ 指定圆环内径值 0
指定圆环的外径 <1.0000>: 60              \\ 指定圆环外径值 60
```

```
指定圆环的中心点或 <退出>:                      \\ 随意在圆弧上单击
指定圆环的中心点或 <退出>:                      \\ 继续在圆弧上单击
指定圆环的中心点或 <退出>:                      \\ 继续多次在圆弧上单击
```

步骤 07 执行“删除”命令（E），将不需要的圆删除掉，效果如图 5-16 所示。

步骤 08 至此，串钱柳植物图例已经绘制完成，按【Ctrl+S】组合键进行保存。

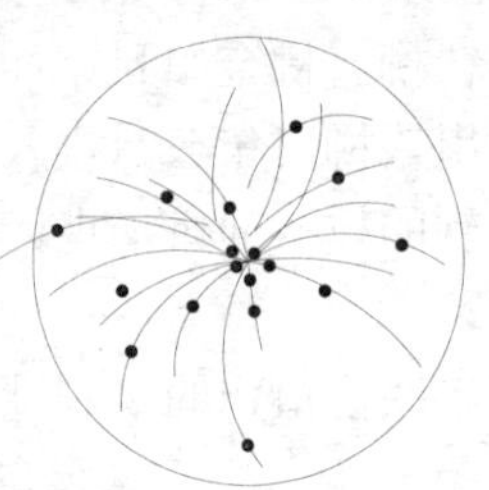

图 5-15　绘制圆环

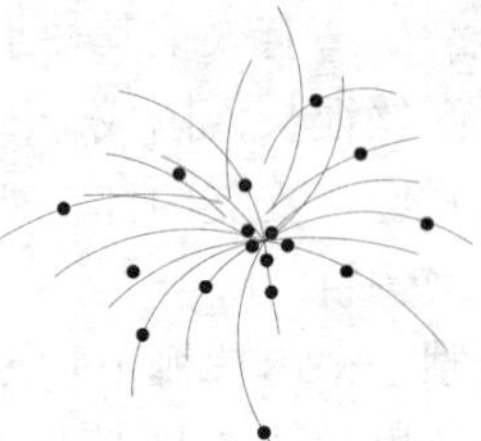

图 5-16　删除圆效果

技巧提示 ★★★★☆

圆环在实质上也是一种多段线，使用“圆环（Donut）”命令可以绘制圆环，圆环可以有任意的内径与外径，如果内径与外径相等，则圆环就是一个普通的圆；如果内径为 0，则圆环为一个实心填充圆，如图 5-17 所示。

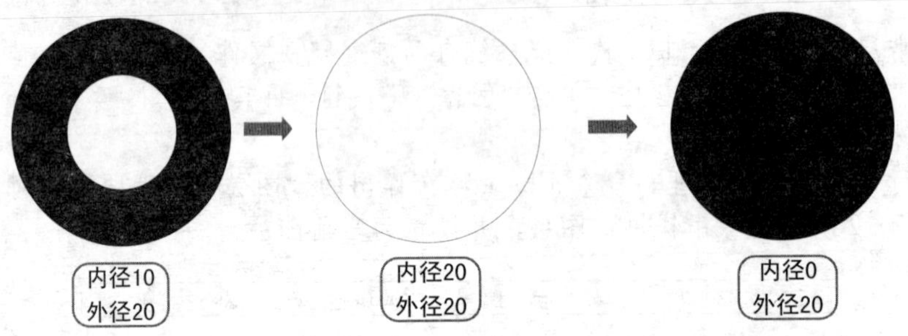

图 5-17　圆环的几种方式

技巧技示 ★★★☆☆

命令“FILL”可以控制圆环是否填充，其命令提示如下，效果如图 5-18 和图 5-19 所示。

```
命令: FILL
输入模式 [开(ON)/关(OFF)] <开>: ON              \\ 选择开表示填充，选择关表示不填充。
```

图 5-18　填充的圆环

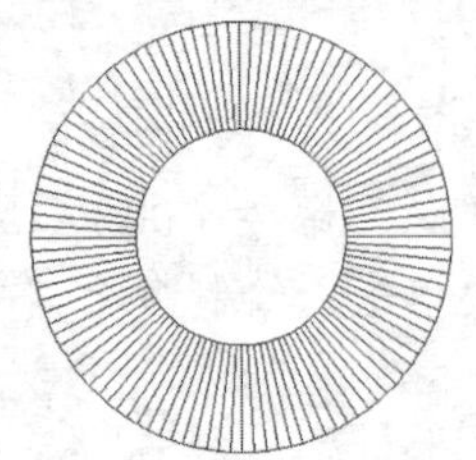

图 5-19　不填充的圆环

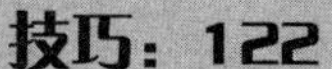

技巧：122　樱花图例的绘制

视频：技巧122-绘制樱花图例.avi
案例：樱花.dwg

技巧概述：樱花，一般指的是蔷薇科樱属植物的花朵统称，原产北半球温带环喜马拉雅山地区，在世界各地都有栽培。花每支三朵到五朵，成伞状花序，花瓣先端缺刻，花色多为白色、粉红色。花 3 月与叶同放或叶后开花，樱花花色幽香艳丽，常用于园林观赏，产地浙江、上海、江苏、安徽、山东等。图 5-20 所示为樱花实物图片。

樱花可分单瓣和复瓣两类。单瓣类能开花结果，复瓣类多半不结果。有 3 种樱属植物（如欧洲甜樱桃）的果实大而甜，因此可以作为食用的水果——樱桃，其他樱属植物的果实则不适合食用。

本实例通过绘制一个樱花植物图例，使读者掌握樱花植物的绘制过程及绘制技巧，其绘制的樱花图例效果如图 5-21 所示。

图 5-20　樱花实物图片

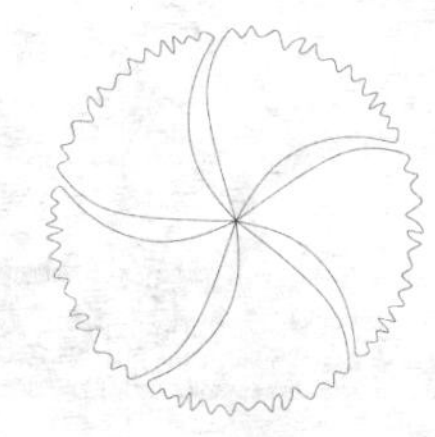

图 5-21　樱花图例

步骤 01 正常启动 AutoCAD 2014 软件，系统自动创建空白文件。

步骤 02 在“快速访问”工具栏中，单击“保存”按钮，将其保存为“案例\05\樱花.dwg”文件。

步骤 03 执行“图层特性管理”命令（LA），在弹出的“图层特性管理器”对话框中新建如图 5-22 所示的“樱花”图层，并设置为当前图层。

✓	樱花				■绿	Continuous	—— 默认	0

图 5-22　新建图层

步骤 04 执行“圆”命令（C），绘制半径为 1000 的圆，如图 5-23 所示。

步骤 05 执行“样条曲线”命令（SPL），在圆内绘制样条曲线，如图 5-24 所示。

步骤 06 执行“阵列”命令（AR），选择绘制的样条曲线，指定圆心为阵列中心点，进行项目数为 5 的极轴阵列；然后执行“删除”命令（E），将圆删除掉，效果如图 5-25 所示。

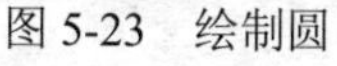

图 5-23　绘制圆

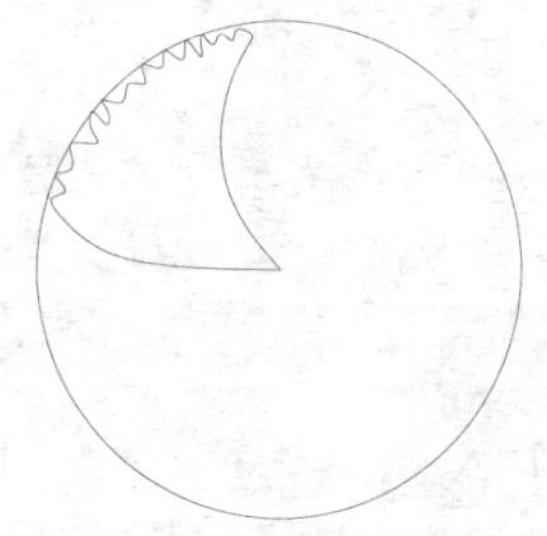

图 5-24　绘制样条曲线

图 5-25　樱花图例

步骤 07 至此，樱花植物图例已经绘制完成，按【Ctrl+S】组合键进行保存。

技巧：123 贴梗海棠图例的绘制

视频：技巧123-绘制贴梗海棠图例.avi
案例：贴梗海棠.dwg

技巧概述：贴梗海棠，是蔷薇科木瓜属植物，其枝秆丛生，枝上有刺，其花梗极短，花朵紧贴在枝干上，故名。其花朵鲜润丰腴、绚烂耀目，是庭园中主要春季花木之一，既可在园林中单株栽植布置花境，亦可成行栽植作花篱，又可作盆栽观赏，是理想的花果树桩盆景材料。果实叫皱皮木瓜，作中药材使用时简称木瓜，是我国特有的珍稀水果之一，具有很高的药用价值和食用价值。产于浙江、安徽、河南、江苏、山东、河北等地。图 5-26 所示为贴梗海棠实物图片。

本实例通过绘制一个贴梗海棠植物图例，使读者掌握贴梗海棠植物的绘制过程及绘制技巧，其绘制的贴梗海棠图例效果如图 5-27 所示。

图 5-26 贴梗海棠实物图片

图 5-27 贴梗海棠图例

步骤 01 正常启动 AutoCAD 2014 软件，系统自动创建空白文件。

步骤 02 在“快速访问”工具栏中，单击“保存”按钮，将其保存为“案例\05\贴梗海棠.dwg”文件。

步骤 03 执行“图层特性管理”命令（LA），在弹出的“图层特性管理器”对话框中新建如图 5-28 所示的“贴梗海棠”图层，并设置为当前图层。

✓ 贴梗海棠	💡 ☼ 🔓 ■绿 Continuous —— 默认 0

图 5-28 新建图层

步骤 04 执行“圆”命令（C），绘制半径为 50 和 1000 的同心圆，如图 5-29 所示。

步骤 05 执行“直线”命令（L），在圆上绘制如图 5-30 所示不规则斜线段。

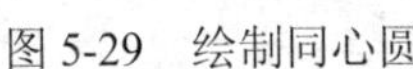
图 5-29 绘制同心圆

图 5-30 绘制线段

步骤 06 执行“阵列”命令（AR），选择上步绘制的斜线段，以圆心进行项目数为 5 的极轴阵列，效果如图 5-31 所示。

步骤 07 执行“修剪”命令（TR），修剪掉多余的圆弧，效果如图 5-32 所示。

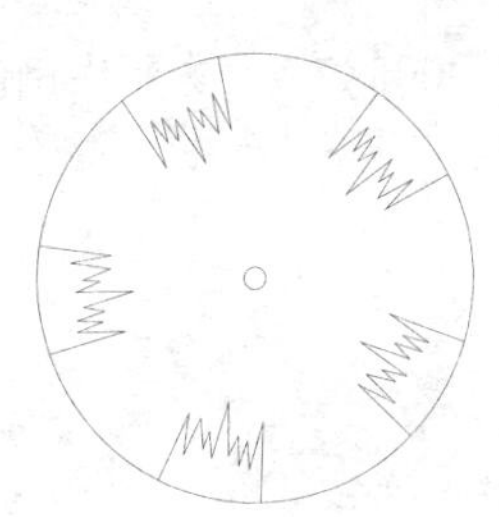

图 5-31　阵列线段

图 5-32　修剪圆弧

步骤 08 至此，贴梗海棠植物图例已经绘制完成，按【Ctrl+S】组合键进行保存。

技巧：124　造型绿蓠的绘制

视频：技巧124-绘制造型绿蓠图例.avi
案例：造型绿蓠.dwg

技巧概述：绿蓠是单位庭园内不可缺少的种植类型，既有观赏价值，又是区域间道路旁的隔离带，绿化中常见的绿蓠有平面绿蓠，园型绿蓠和造型（或造字）绿篱三种。这些绿篱中常种植的树种有：山子甲、福建茶、黄心梅等。图 5-33 所示为绿篱实物图片。

图 5-33　绿蓠实物图片

本实例通过绘制一个造型绿蓠，使读者掌握造型绿蓠的绘制过程及绘制技巧，其绘制的造型绿蓠效果如图 5-34 所示。

步骤 01 正常启动 AutoCAD 2014 软件，系统自动创建空白文件。在“快速访问”工具栏中，单击“打开”按钮，将“案例\05\花坛轮廓.dwg”文件打开如图 5-35 所示。

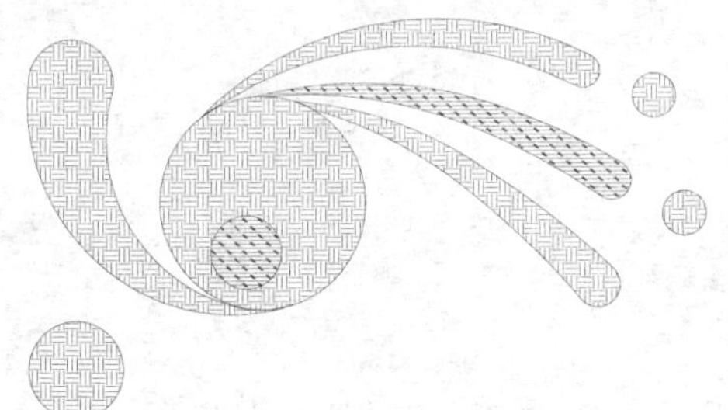

图 5-34　造型绿蓠

图 5-35　打开的文件

步骤 02 再单击“另存为”按钮，将文件另存为“案例\05\造型绿蓠.dwg”文件。

步骤 03 执行“图层特性管理”命令（LA），在弹出的“图层特性管理器”对话框中新建如图 5-36 所示的“绿蓠”图层，并设置为当前图层。

✓ 绿蓠	💡 ☼ 🔓 ■ 绿	Continuous	—— 默认	0

图 5-36　新建图层

步骤 04 执行“图案填充”命令（H），选择图案为“EARTH”，设置比例为 5，在相应位置填充山子甲树种种植范围，如图 5-37 所示。

步骤 05 重复执行“图案填充”命令（H），选择图案为“CORK”，设置比例为 4，在相应位置填充黄心梅种植范围，如图 5-38 所示。

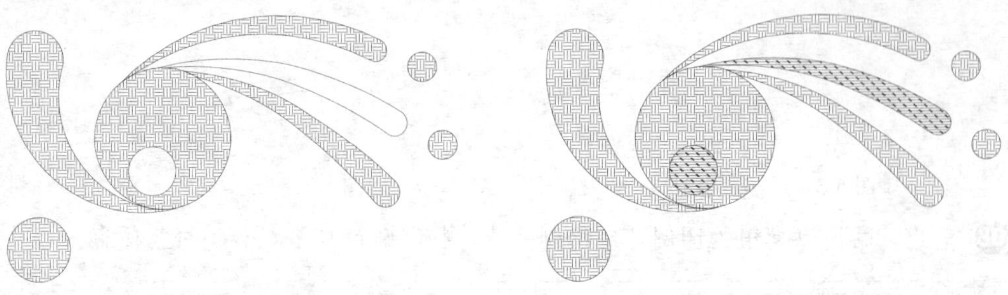

图 5-37　填充山子甲种植区　　　　图 5-38　填充黄心梅种植区

步骤 06 至此，造型绿蓠已经绘制完成，按【Ctrl+S】组合键进行保存。

技巧：125　红花继木图例的绘制

视频：技巧125-绘制红花继木图例.avi
案例：红花继木.dwg

技巧概述：红花继木，又名：红继木、红梽木、红桎木、红继花、红梽花、红桎花。红花继木，为金缕梅科、继木属继木的变种，常绿灌木或小乔木。树皮暗灰或浅灰褐色，多分枝。嫩枝红褐色，密被星状毛。叶革质互生，卵圆形或椭圆形，长 2～5cm，先端短尖，基部圆而偏斜，不对称，两面均有星状毛，全缘，暗红色。花瓣 4 枚，紫红色线形长 1～2cm，花 3～8 朵簇生于小枝端。蒴果褐色，近卵形。花期 4～5 月，花期长，约 30～40 天，国庆节能再次开花。花 3～8 朵簇生在总梗上呈顶生头状花序，紫红色。果期 8 月。主要分布于长江中下游及以南地区、印度北部。花、根、叶可药用。图 5-39 所示为红花继木实物图片。

本实例通过绘制一个红花继木图例，使读者掌握红花继木的绘制过程及绘制技巧，其绘制的红花继木效果如图 5-40 所示。

图 5-39　红花继木实物图片

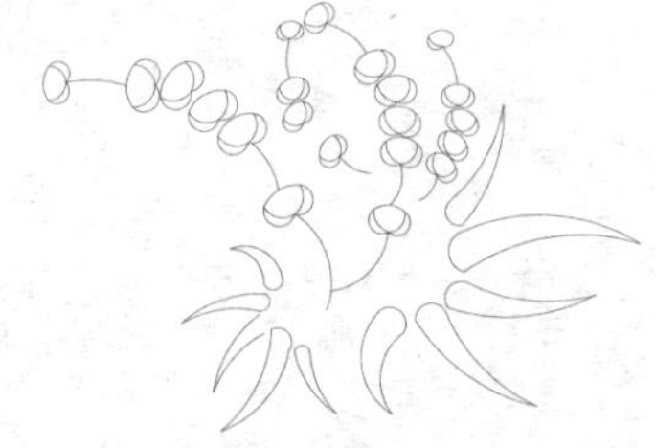

图 5-40　红花继木图例

步骤 01 正常启动 AutoCAD 2014 软件，系统自动创建空白文件。

步骤 02 在“快速访问”工具栏中，单击“保存”按钮，将其保存为“案例\05\红花继木.dwg”文件。

步骤 03 执行“图层特性管理”命令（LA），在弹出的“图层特性管理器”对话框中新建如图 5-41 所示的“红花继木”图层，并设置为当前图层。

✔	红花继木				■ 绿	Continuous	—— 默认	0

图 5-41　新建图层

步骤 04 执行“圆”命令（C），绘制半径 1200 的圆，如图 5-42 所示。

> **技巧提示**　★★★☆☆
>
> 绘制圆的目的是为了控制后面绘制的“红花继木”图例的大小范围。

步骤 05 执行“圆弧”命令（A），以三点来绘制一段圆弧如图 5-43 所示。

步骤 06 按空格键重复命令，继续由上步圆弧的顶点绘制一段圆弧如图 5-44 所示。

图 5-42　绘制圆

图 5-43　绘制圆弧

图 5-44　绘制圆弧

步骤 07 再重复圆弧命令，绘制一个圆弧与前面两个圆弧闭合，如图 5-45 所示形成一片树叶。

步骤 08 根据前面的方法，绘制多片树叶效果如图 5-46 所示。

步骤 09 通过执行“圆弧”命令（A），绘制多条圆弧以组成一个花朵，如图 5-47 所示。

图 5-45　绘制的树叶

图 5-46　绘制多片树叶

图 5-47　绘制花朵

步骤 10 通过执行“复制”命令（CO）、“旋转”命令（RO）和“缩放”命令（SC），将花朵进行相应复制操作，并通过旋转和缩放命令调整其大小和位置，效果如图 5-48 所示。

步骤 11 执行“圆弧”命令（A），连接花朵以绘制花茎，如图 5-49 所示。

步骤 12 执行“删除”命令（E），将辅助圆删除掉，效果如图 5-50 所示。

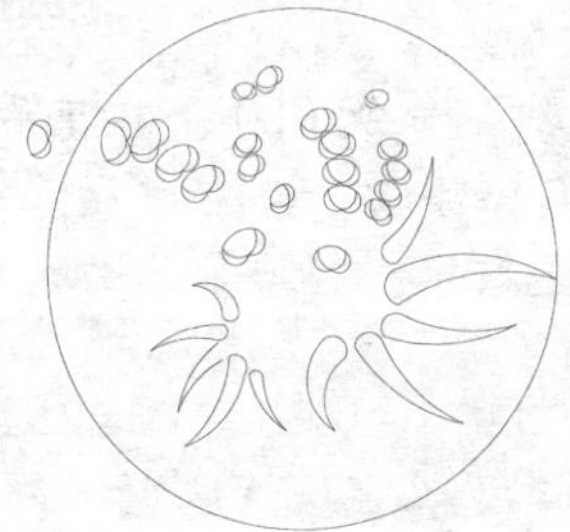

图 5-48　复制花朵

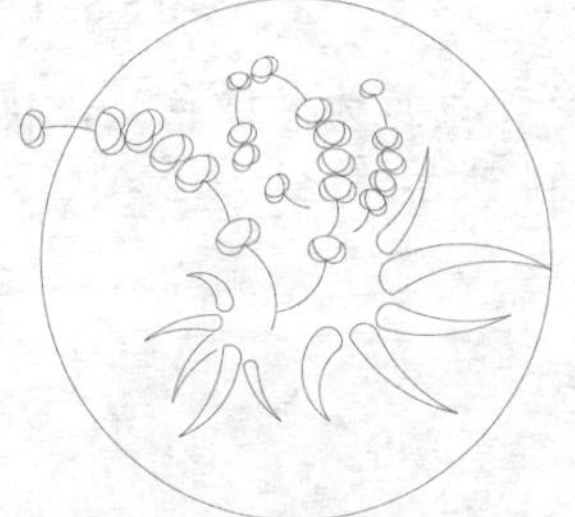

图 5-49　绘制连接茎

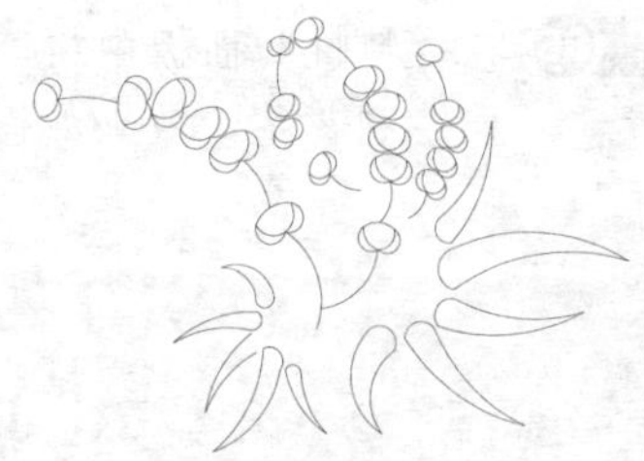

图 5-50　删除圆

步骤 13 至此，红花继木已经绘制完成，按【Ctrl+S】组合键进行保存。

技巧：126 立面花丛的绘制

视频：技巧126-绘制立面花丛.avi
案例：立面花丛.dwg

技巧概述： 本实例主要讲解花丛立面图的绘制方法，其绘制的图形效果如图 5-51 所示。

图 5-51　立面花丛图形效果

步骤 01 正常启动 AutoCAD 2014 软件，在“快速访问”工具栏中，单击“打开”按钮，将本书配套光盘“案例\05\园林样板.dwg”文件打开。

步骤 02 再单击“另存为”按钮，将文件另存为“案例\05\立面花丛.dwg”文件。

步骤 03 在“图层”下拉列表中，选择“绿化配景线”图层为当前图层。

步骤 04 在“特性”面板中将“颜色”设置为“洋红”，执行“直线”命令（L），在如图 5-52 所示范围内绘制线段以表示花朵。

> **技巧提示**　★★★☆☆
>
> 此步可以先绘制一个 70×70 的辅助矩形，然后在使用“直线”命令在矩形内绘制花朵图形。

步骤 05 执行“复制”命令（CO），将花朵进行复制操作，效果如图 5-53 所示。

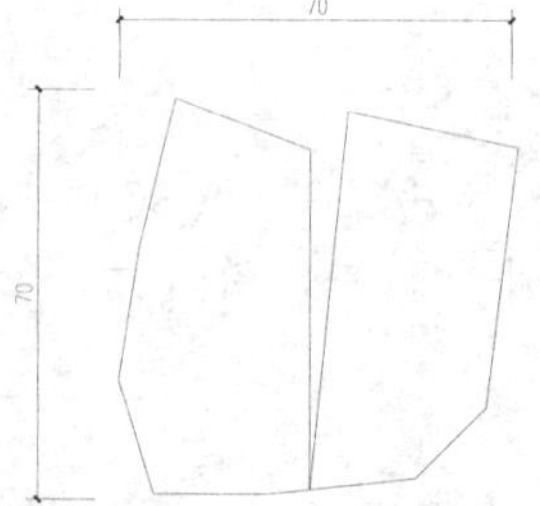

图 5-52　绘制花朵

图 5-53　复制花朵

步骤 06 在“特性”面板中将“颜色”设置为“绿色”，执行“直线”命令（L），在花朵下面绘制花茎，效果如图 5-54 所示。

图 5-54　绘制花茎

步骤 07 至此，立面花丛已经绘制完成，按【Ctrl+S】组合键进行保存。

技巧：127 立面桃树的绘制

视频：技巧127-绘制立面桃树.avi
案例：立面桃树.dwg

技巧概述： 本实例主要讲解立面桃树的绘制方法，其绘制的立面桃树图形效果如图 5-55 所示。

图 5-55　绘制的立面桃树

步骤 01 正常启动 AutoCAD 2014 软件，在“快速访问”工具栏中，单击“打开”按钮，将本书配套光盘“案例\05\园林样板.dwg”文件打开。

步骤 02 再单击“另存为”按钮，将文件另存为“案例\05\立面桃树.dwg”文件。

步骤 03 在“图层”下拉列表中，选择“绿化配景线”图层为当前图层。

步骤 04 执行“多段线”命令（PL），在如图 5-56 所示的范围内绘制多段线以表示树干与树枝效果。

步骤 05 执行“图案填充”命令（H），选择图案为“SOLTD”，对树干填充纯色效果，如图 5-57 所示。

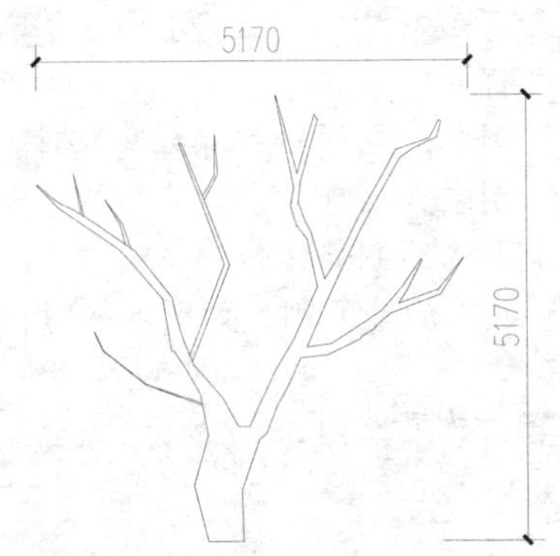

图 5-56　绘制树干与树枝

图 5-57　图案填充

步骤 06 在“特性”面板中将“颜色”设置为“红色”；执行“圆弧”命令（A），如图 5-58 所示绘制桃花。

步骤 07 执行“复制”命令（CO），将绘制的桃花复制到各个树枝上，效果如图 5-59 所示。

步骤 08 至此，立面桃树已经绘制完成，按【Ctrl+S】组合键进行保存。

图 5-58　绘制桃花

图 5-59　复制桃花

技巧：128　立面竹林的绘制

视频：技巧128-绘制立面竹林.avi
案例：立面竹林.dwg

技巧概述：本实例主要讲解立面竹林的绘制方法，其绘制的立面竹林图形效果如图 5-60 所示。

图 5-60　绘制的立面竹林

步骤 01 正常启动 AutoCAD 2014 软件，在“快速访问”工具栏中，单击“打开”按钮，将本书配套光盘“案例\05\园林样板.dwg”文件打开。

步骤 02 再单击“另存为”按钮，将文件另存为“案例\05\立面竹林.dwg”文件。

步骤 03 在“图层”下拉列表中，选择“绿化配景线”图层为当前图层。

步骤 04 执行“直线”命令（L），在如图 5-61 所示范围内绘制斜线段。

步骤 05 执行“复制”命令（CO），将上步绘制的图形进行层叠复制，如图 5-62 所示形成竹竿效果。

步骤 06 根据这样的方法，绘制出多条不同大小的竹竿，效果如图 5-63 所示。

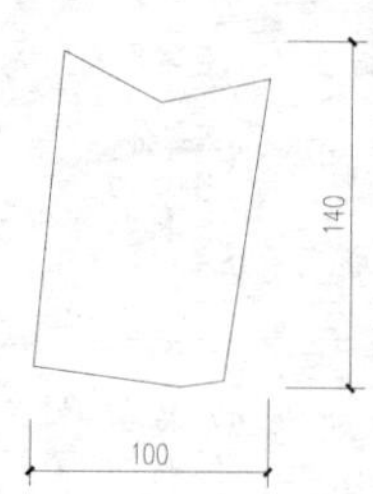

图 5-61　绘制斜线

图 5-62　复制得到竹竿

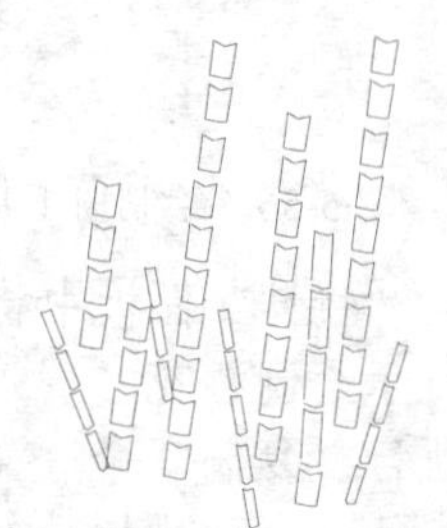
图 5-63　绘制多条竹竿

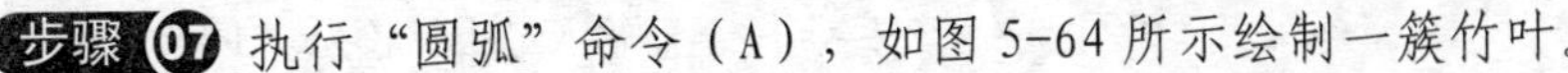

步骤 07 执行“圆弧”命令（A），如图 5-64 所示绘制一簇竹叶。

步骤 08 执行“复制”命令（CO），将绘制的竹叶复制到竹杆上方，效果如图 5-65 所示。

步骤 09 执行“多段线”命令（PL），在竹子底绘制出不规则的线条以表示竹子的倒影，如图 5-66 所示。

图 5-64　绘制竹叶

图 5-65　复制竹叶

图 5-66　绘制倒影

步骤 10 至此，立面竹林已经绘制完成，按【Ctrl+S】组合键进行保存。

技巧：129　种植设计小品的绘制

视频：技巧129-种植设计小品绘制.avi
案例：种植设计小品.dwg

技巧概述： 本实例主要讲解如何在园林中绘制种植小品，其绘制图形效果如图 5-67 所示。

步骤 01 正常启动 AutoCAD 2014 软件，在“快速访问”工具栏中，单击“打开”按钮，将本书配套光盘“案例\05\园林道路.dwg”文件打开，如图 5-68 所示。

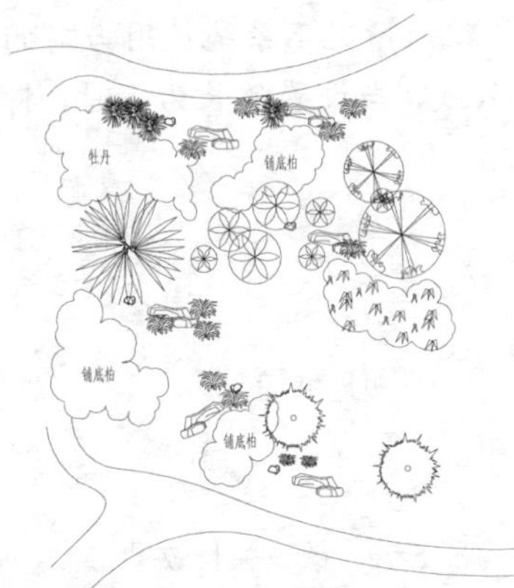

图 5-67　种植小品效果

图 5-68　打开的图形

步骤 02 再单击“另存为”按钮，将文件另存为“案例\05\种植设计小品.dwg”文件。

步骤 03 在“图层”下拉列表中，选择“植物”图层为当前图层。

步骤 04 选择“绘图｜修订云线”菜单命令，根据如下命令提示设置好“弧长”，移动鼠标绘制出如图 5-69 所示的云线。

```
命令：_revcloud                                         \\ 云线命令
最小弧长：0.5   最大弧长：0.5   样式：普通              \\ 当前模式
指定起点或 [弧长(A)/对象(O)/样式(S)] <对象>：a          \\ 选择“弧长”项
```

```
指定最小弧长 <0.5>: 0.1                                   \\ 输入最小弧长为 0.1
指定最大弧长 <0.1>:                                       \\ 空格键默认最大弧长为 0.1
指定起点或 [弧长(A)/对象(O)/样式(S)] <对象>:               \\ 单击起点
沿云线路径引导十字光标...                                  \\ 鼠标拖动则绘出云线
```

步骤 05 执行“插入块”命令（I），将“案例\05\植物图例.dwg”文件插入到图形中，如图 5-70 所示。

图 5-69　绘制云线

	南天竹		鸡爪槭
	夏冬草		白皮松
	菠萝花		菲白竹
	桧柏		

图 5-70　插入植物图例

软件技能 ★★★★☆

修订云线是由连续圆弧组成的多段线，绘制修订云线的命令是“REVCLOUD”，执行该命令后，在“沿云线路径引导十字光标...”提示下，移动鼠标即可绘制修订云线，当光标移动到起点位置时，系统会自动将终点与起点重合，形成一个闭合的云线对象。

命令行中各选项含义如下：

- 弧长（A）：用于设定最小弧长和最大弧长，默认情况下系统使用当前的弧长绘制云线对象，如图 5-71 所示为弧长为 0.5 的云线，当设置弧长为 5 时，将会出现如图 5-72 所示情况。

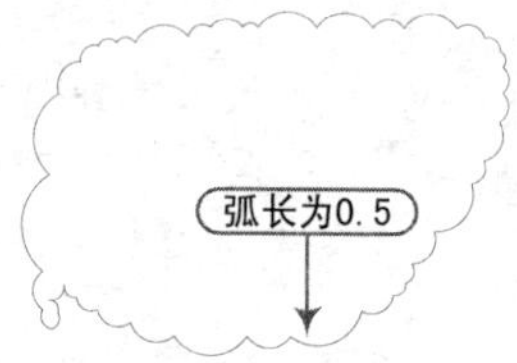

图 5-71　绘制的云线

图 5-72　改变弧长效果

- 样式（S）：用于选择绘制云线的圆弧样式，分“普通”和“手绘”两种，默认情况下系统使用普通样式。它们的区别在于手绘线宽大、普通线宽为常规线宽，如图 5-73 所示。

图 5-73　手绘、普通云线的比较

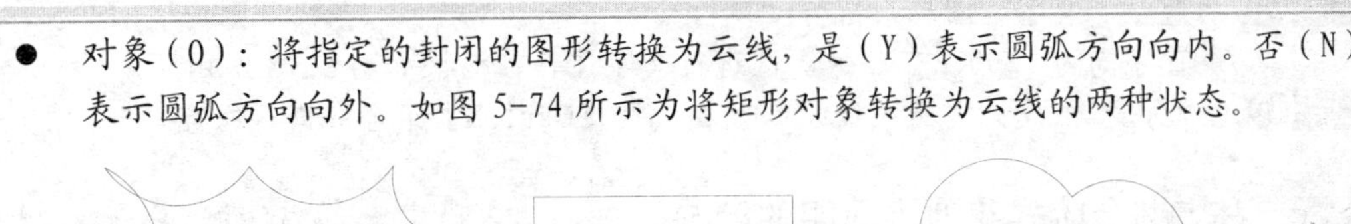

- 对象（O）：将指定的封闭的图形转换为云线，是（Y）表示圆弧方向向内。否（N）表示圆弧方向向外。如图 5-74 所示为将矩形对象转换为云线的两种状态。

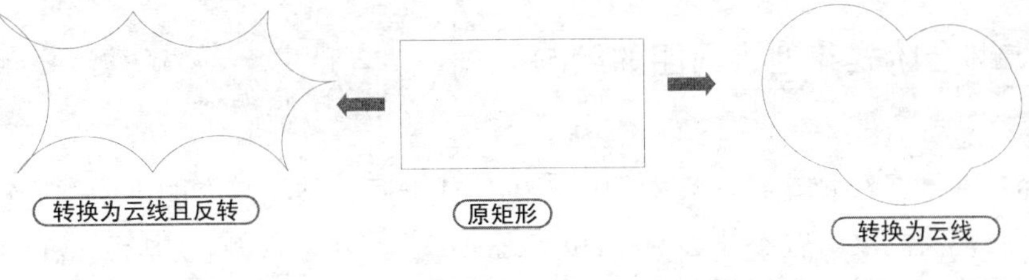

图 5-74　矩形对象转换云线两种方式

步骤 06 执行“复制”命令（CO），将“菲白竹”复制到云线内，形成竹林绿蓠效果，如图 5-75 所示。

步骤 07 再通过“复制”命令（CO）和“缩放”命令（SC），将其他植物复制到如图 5-76 所示位置，并进行适当的放大处理。

图 5-75　绘制竹林

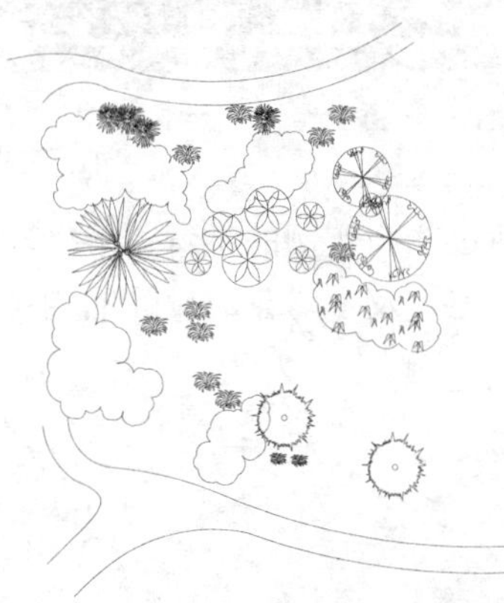

图 5-76　复制其他植物

步骤 08 执行“插入块”命令（I），将“案例\05\石头.dwg”文件按照 1∶3 的比例插入到图形中；再通过执行“复制”命令（CO）和“旋转”命令（RO），将石头复制到相应位置，如图 5-77 所示。

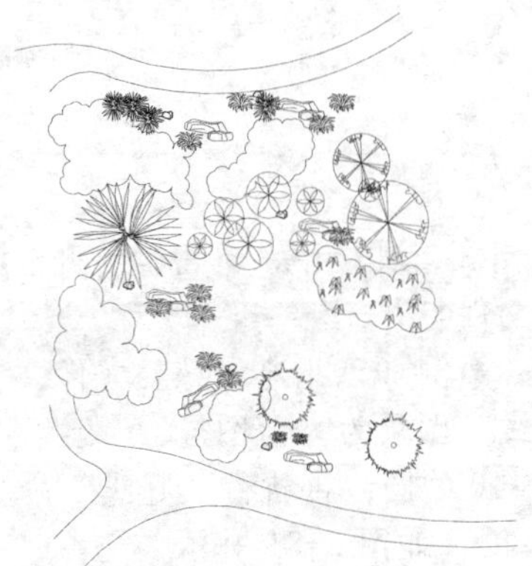

图 5-77　插入石头

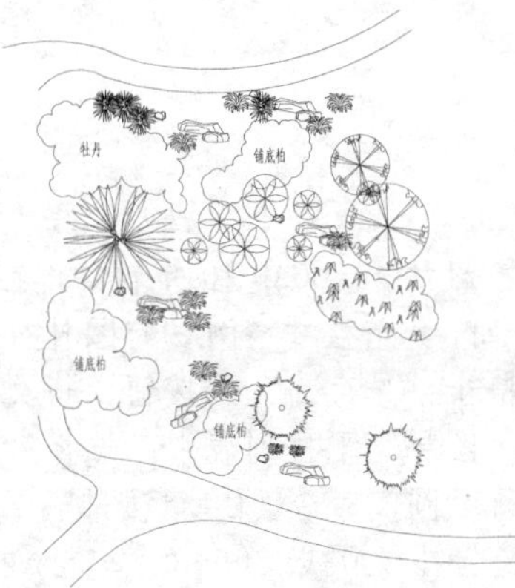

图 5-78　文字注释绿蓠区

步骤 09 切换至“文字”图层，执行“多行文字”命令（MT），选择“图内说明”文字样式，设置字高为 1200，在各绿蓠区进行文字注释，效果如图 5-78 所示。

步骤 10 至此，种植设计小品已经绘制完成，按【Ctrl+S】组合键进行保存。

技巧：130 台阶式花池平面图的绘制

视频：技巧130-绘制花池平面图.avi
案例：花池.dwg

技巧概述：花池是种植花卉或灌木的用砖砌体或混凝土结构围合的小型构造物。池内填种植土，设排水孔，其高度一般不超过 600mm。花池常位于城市公园、广场等人群集中的、较大型开放空间环境中，花池是公园里最灵动、最吸引人的地方，因此花池的设计一定要新颖、别致、美观。图 5-79 所示为花池的摄影图片。

图 5-79 花池实物图片

接下来通过三个实例的讲解，分别绘制台阶式花池平面图及立面图，使读者掌握绘制花池施工图的绘制过程及学习花池设计的相关知识，其绘制的花池效果如图 5-80 所示。

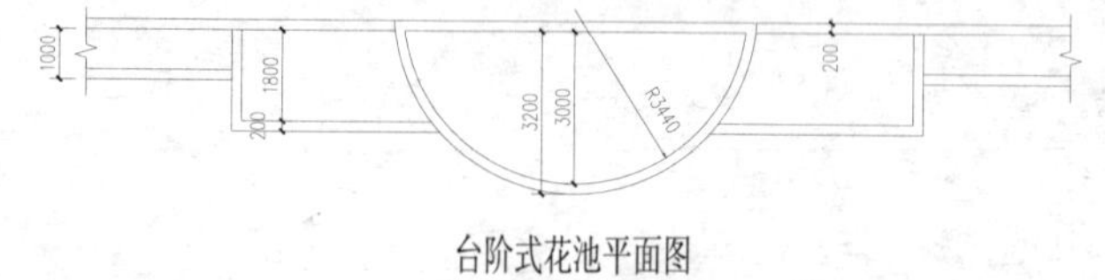

台阶式花池平面图

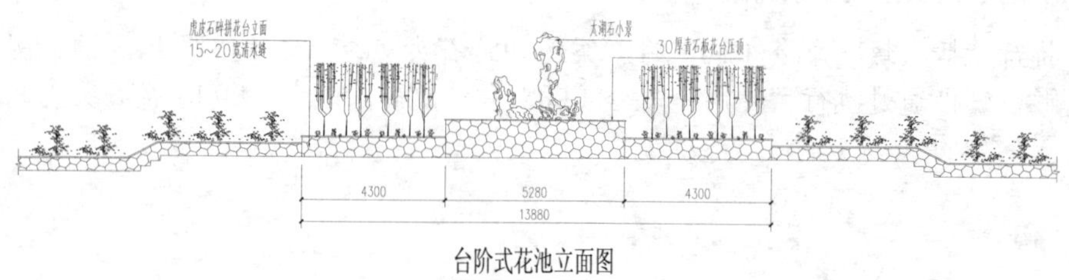

台阶式花池立面图

图 5-80 台阶式花池图形效果

步骤 01 正常启动 AutoCAD 2014 软件，在“快速访问”工具栏中，单击“打开”按钮，将本书配套光盘“案例\05\园林样板.dwg”文件打开。

步骤 02 再单击“另存为”按钮，将文件另存为“案例\05\花池.dwg”文件。

步骤 03 在“图层”下拉列表中，选择“小品轮廓线”图层为当前图层。

步骤 04 执行“圆”命令（C），绘制一个半径为 3440 的圆；再执行“直线”命令（L），在距离圆下象限点 3000 的位置绘制一水平线段，如图 5-81 所示。

步骤 05 执行“修剪”命令（TR），修剪多余的圆弧，效果如图 5-82 所示。

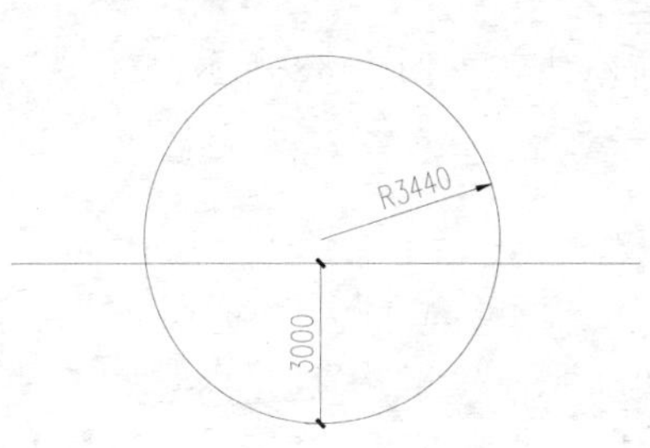

图 5-81　绘制圆和直线

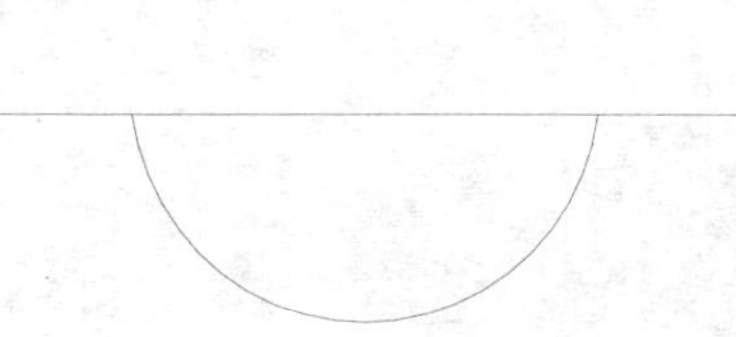

图 5-82　修剪圆

步骤 06 执行“偏移”命令（O），将直线和圆弧各向外偏移 200，如图 5-83 所示。

步骤 07 通过执行“延伸”命令（EX）和“修剪”命令（TR），完成如图 5-84 所示效果。

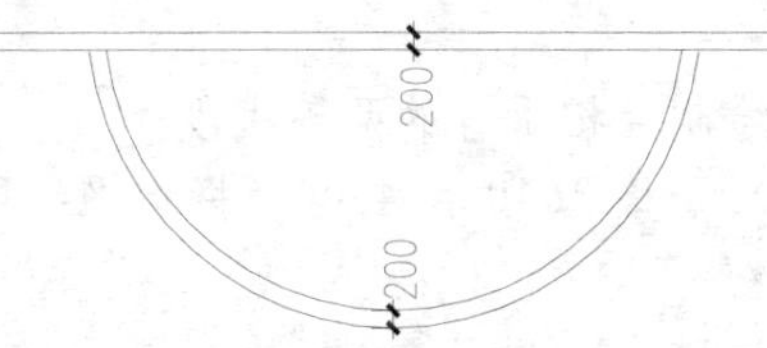

图 5-83　偏移操作

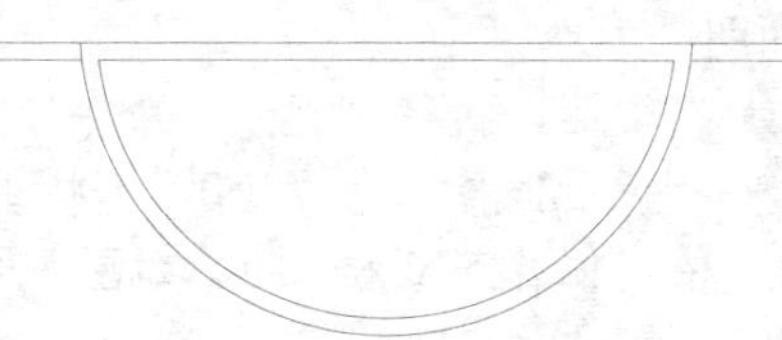

图 5-84　修剪、延伸

步骤 08 执行“直线”命令（L），由圆心绘制一条垂直线段；执行“偏移”命令（O），将垂直线段各向两边偏移 6940；再将下侧的水平线段向下偏移 2000；再通过修剪命令，完成如图 5-85 所示图形效果。

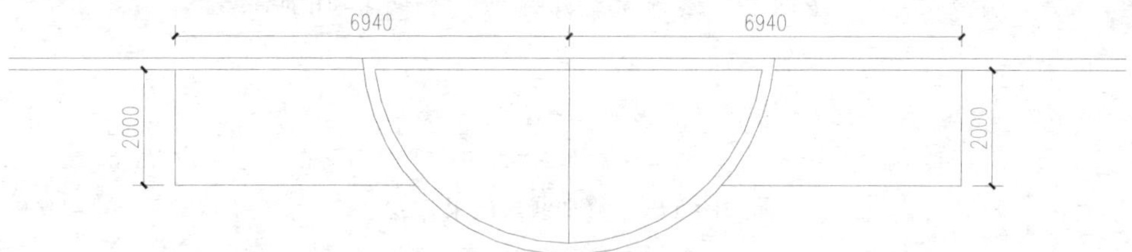

图 5-85　直线、偏移、修剪

步骤 09 执行“删除”命令（E），将中间垂直线段删除；再执行“偏移”命令（O），将上步绘制的两条线段各向内偏移 200，并进行相应的修剪，效果如图 5-86 所示。

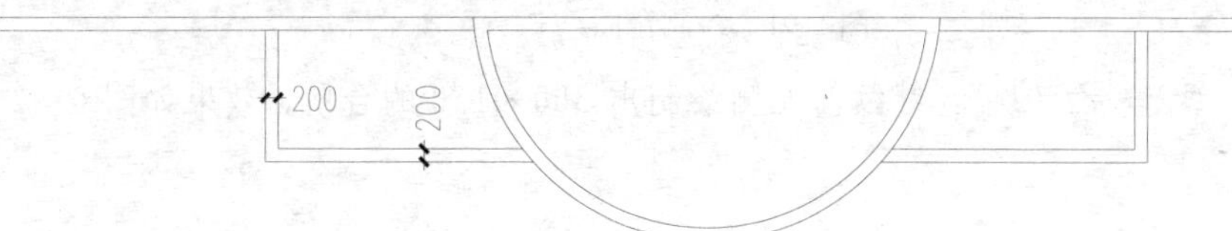

图 5-86　偏移线段

步骤 10 执行“偏移”命令（O）和“修剪”命令（TR），将水平线段向下依次偏移 800 和 200，如图 5-87 所示。

图 5-87　偏移线段

步骤 11 执行“多段线”命令（PL），在两边绘制折断线，如图 5-88 所示。

图 5-88　绘制折断线

技巧：131　台阶式花池立面图的绘制

视频：技巧131-绘制花池立面图.avi
案例：花池.dwg

技巧概述：前面实例绘制了花池的平面图，为了全方位的表达出花池的形态，接下来绘制花池立面图。

步骤 01 接上例，执行“直线”命令（L），在空白区绘制互相垂直的两条线段。

步骤 02 执行“偏移”命令（O），将垂直线段向左依次偏移 2640 和 4300，将水平线段向上依次偏移 570 和 510，如图 5-89 所示。

图 5-89　绘制线段

步骤 03 执行“修剪”命令（TR），修剪多余线条效果如图 5-90 所示。

图 5-90　修剪线段效果

步骤 04 执行“偏移”命令（O）和“修剪”命令（TR），如图 5-91 所示绘制出台面效果。

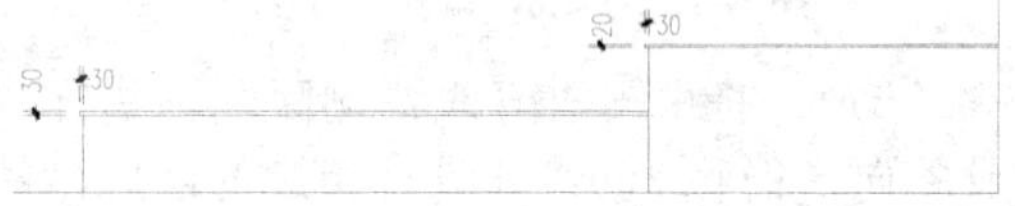

图 5-91　绘制台面

步骤 05 执行“直线”命令（L），继续向左侧绘制出 300×150 的台阶，效果如图 5-92 所示。

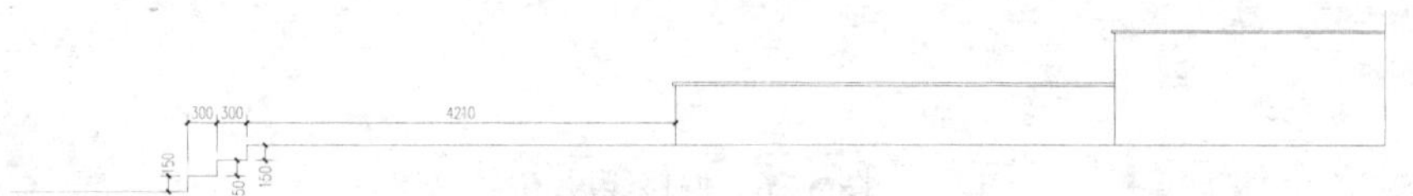

图 5-92　绘制台阶

步骤 06 执行“直线”命令（L），过台阶轮廓绘制一条斜线；再执行“偏移”命令（O），将线段各向上偏移 370 和 30，如图 5-93 所示。

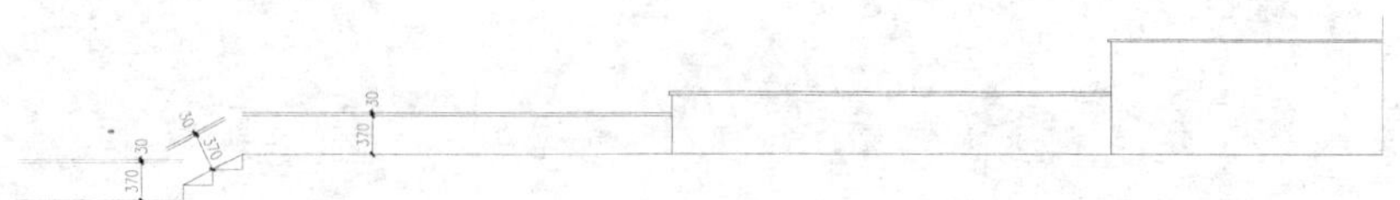

图 5-93　偏移线段

步骤 07 执行“倒角”命令（CHA）；将偏移的线段进行 0° 倒角操作；再执行“删除”命令（E），将台阶上的斜线删除，效果如图 5-94 所示。

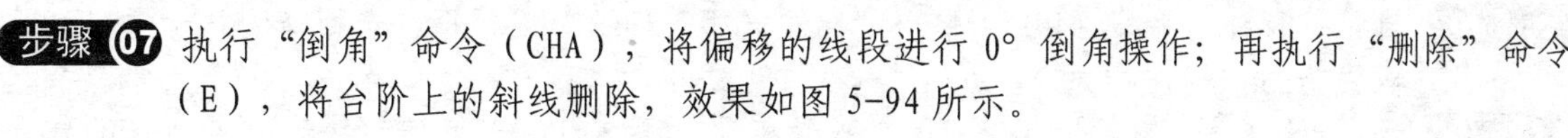

图 5-94　倒角处理

步骤 08 执行“镜像”命令（MI），将绘制的图形以垂直中线进行左右镜像，效果如图 5-95 所示。

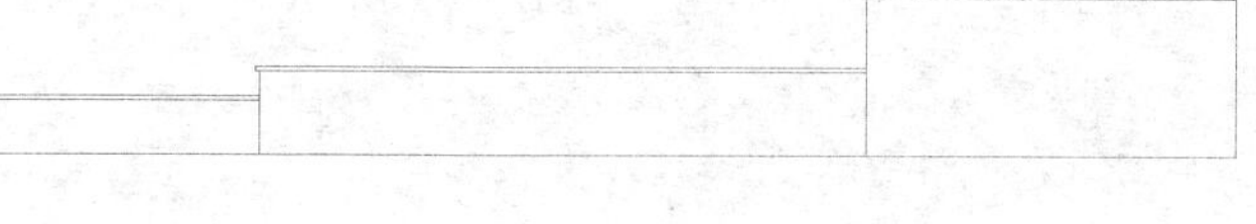

图 5-95　镜像图形

步骤 09 执行“删除”命令（E），将垂直中线删除掉；再执行“多段线”命令（PL），在两侧绘制折断线，效果如图 5-96 所示。

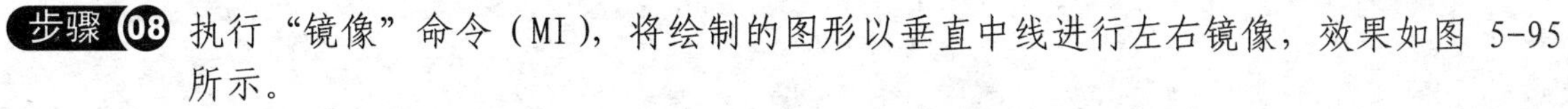

图 5-96　绘制折断线

步骤 10 执行“图案填充”命令（H），选择图案为“HONEY”，设置角度为 45°，比例为 1500，对花台立面填充碎花石效果，如图 5-97 所示。

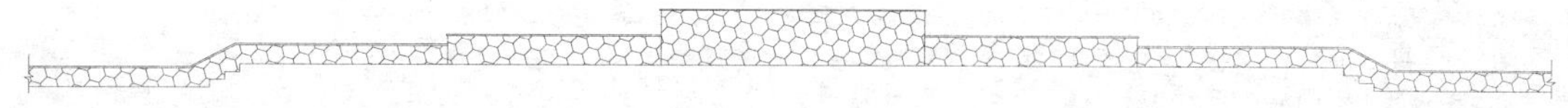

图 5-97　填充图案

步骤 11 切换至“绿化配景线”图层，执行“插入块”命令（I），将“案例\05”文件夹下面的“树木”、“立面植物”、“景石”分别插入到图形中；再通过复制和镜像操作将图形摆放如图 5-98 所示位置。

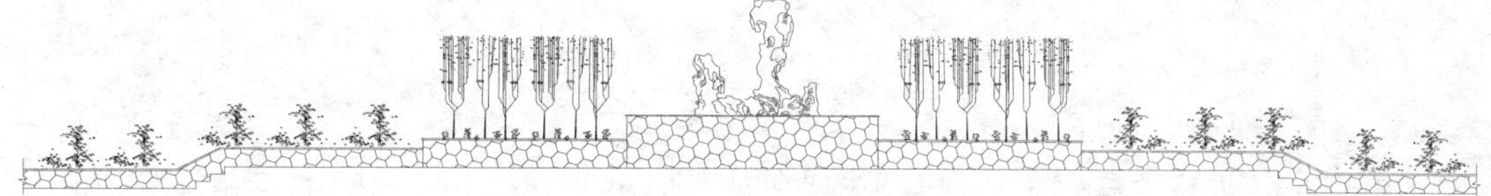

图 5-98　插入图块

技巧：132　花池图形的标注

视频：技巧132-花池图形的标注.avi
案例：花池.dwg

技巧概述：通过前面两个实例的讲解，花池图形已经绘制完成，接下来就对花池图形进行文字及尺寸的标注。

步骤 01 接上例，在“图层”下拉列表中，选择“尺寸标注”图层为当前图层。

步骤 02 执行“标注”命令（D），弹出“标注样式管理器”对话框，选择“园林标注-100”样式为当前标注样式。

步骤 03 执行“线形标注”命令（DLI）、“连续标注”命令（DCO）和“半径标注”命令（DRA），对图形进行尺寸标注，如图 5-99 所示。

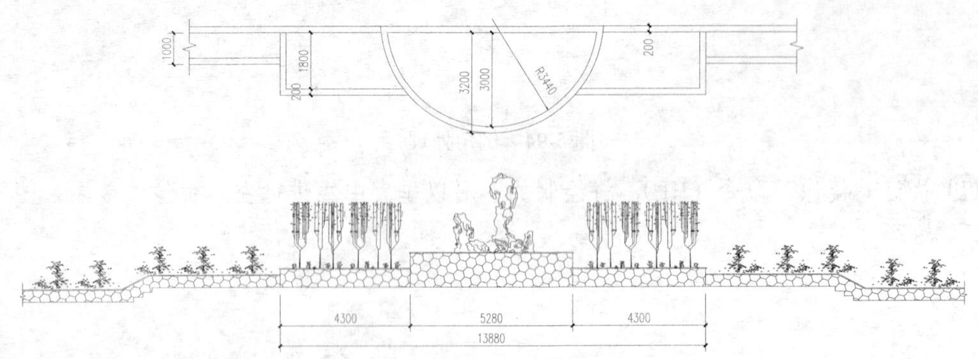

图 5-99　尺寸标注

步骤 04 在“图层”下拉列表中，选择“文字标注”图层为当前图层。

步骤 05 执行“引线”命令（LE），在相应位置拖出引线，在选择“图内说明”文字样式，设置字高为 500，进行文字的注释，效果如图 5-100 所示。

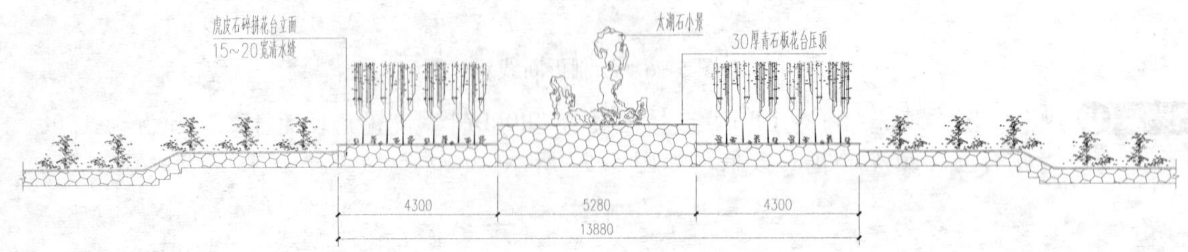

图 5-100　引线注释

步骤 06 执行“多行文字”命令（MT），分别在图形的下侧拖出矩形文本框，再“文字格式”工具栏中选择“图名”文字样式，设置字高为 200，标注出图名；再执行“多段线”命令（PL），在图名下侧绘制适当宽度和长度的水平多段线，如图 5-101 所示。

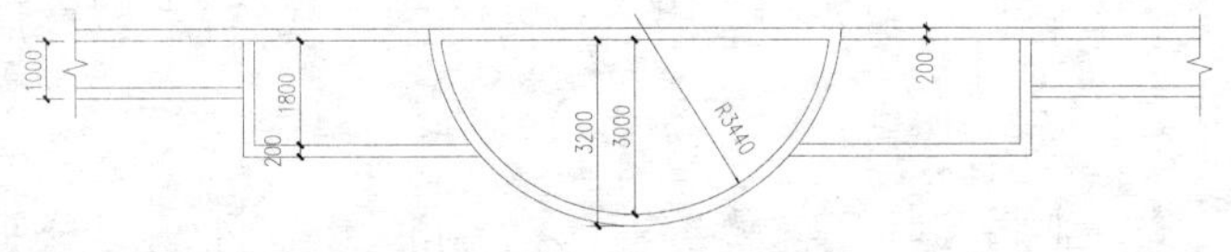

台阶式花池平面图

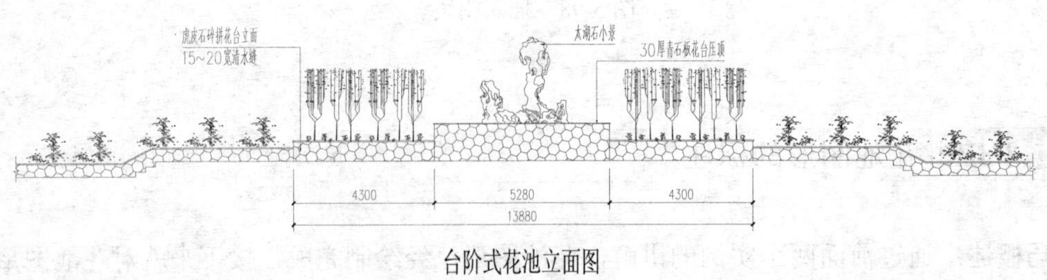

台阶式花池立面图

图 5-101　图名标注效果

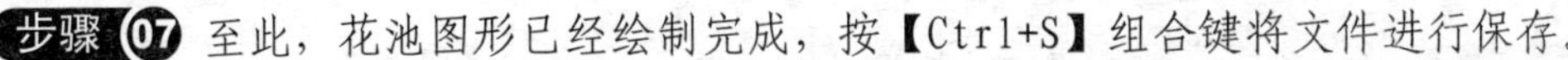

步骤 07 至此，花池图形已经绘制完成，按【Ctrl+S】组合键将文件进行保存。

技巧：133　花钵侧立面图的绘制

视频：技巧133-绘制花钵侧立面图.avi
案例：花钵.dwg

技巧概述： 花钵是种花用的器皿，摆设用的器皿，为口大底端小的倒圆台或倒棱台形状，质地多为砂岩、泥、瓷、塑料及木制品。图 5-102 所示为花钵的摄影图片。

图 5-102　花钵摄影图片

接下来通过三个实例的讲解，分别绘制花钵侧立面图及正立面图，使读者掌握绘制花钵施工图的绘制过程及学习花钵设计的相关知识，其绘制的花钵效果如图 5-103 所示。

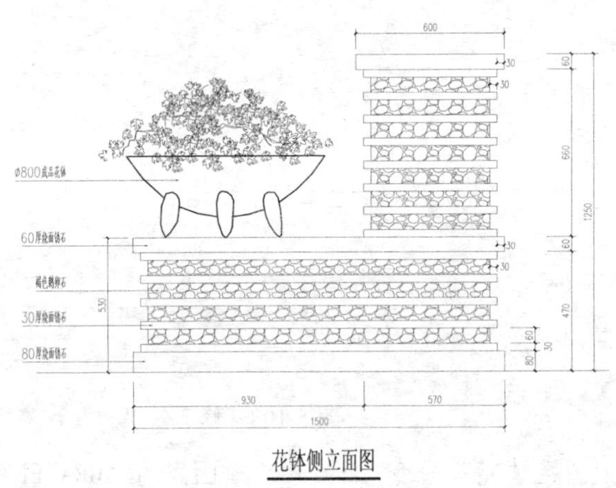

花钵侧立面图

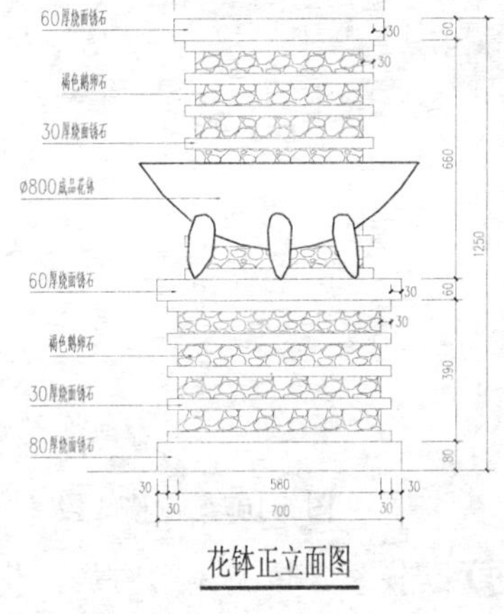

花钵正立面图

图 5-103　花钵图形效果

步骤 01 正常启动 AutoCAD 2014 软件，在“快速访问”工具栏中，单击“打开”按钮，将本书配套光盘“案例\05\园林样板.dwg”文件打开。

步骤 02 再单击“另存为”按钮，将文件另存为“案例\05\花钵.dwg”文件。

步骤 03 在“图层”下拉列表中，选择“小品轮廓线”图层为当前图层。

步骤 04 执行“直线”命令（L），绘制两条互相垂直的线段；再执行“偏移”命令（O），将垂直线段各向两边偏移 690、720、750；将水平线段依次向上偏移 80、30、60、30、60、30、60、30、60、30、60，如图 5-104 所示。

步骤 05 执行“修剪”命令（TR），修剪掉多余的线条，效果如图 5-105 所示。

步骤 06 执行“偏移”命令（O），将垂直中线向右偏移 450，如图 5-106 所示。

步骤 07 执行“删除”命令（E），将原垂直中心线删除掉，将偏移的垂直线段向上拉长。再执行“偏移”命令（O），按照如图 5-107 所示将线段进行偏移。

步骤 08 执行“修剪”命令（TR），修剪多余的线条，效果如图 5-108 所示。

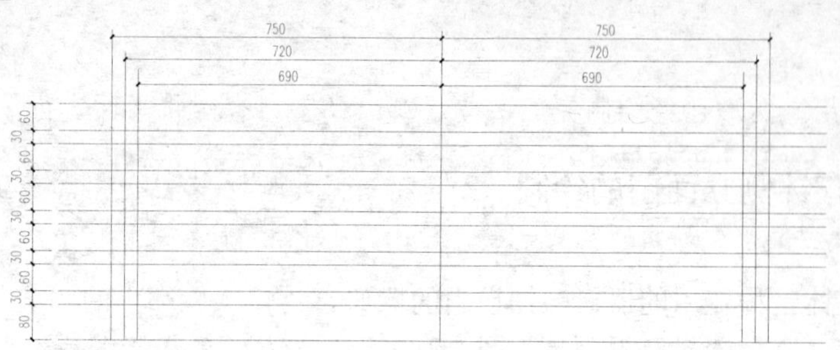

图 5-104　绘制线段

图 5-105　修剪效果

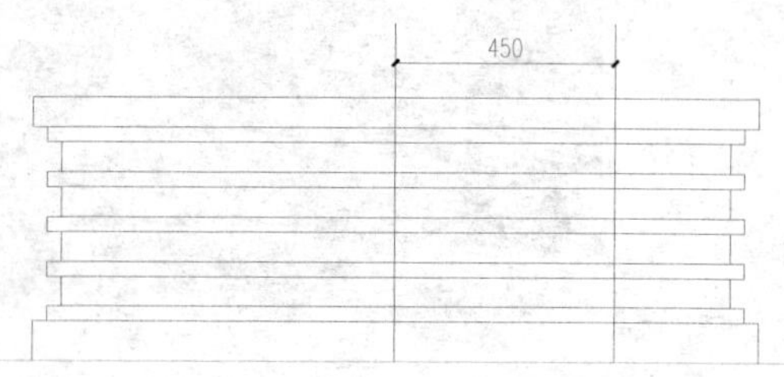

图 5-106　偏移线段

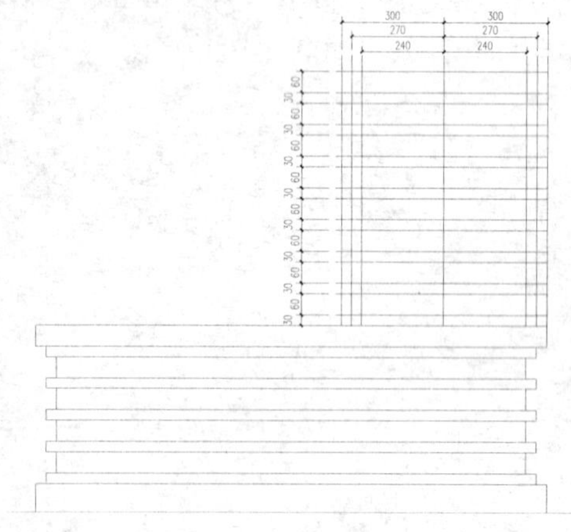

图 5-107　偏移线段

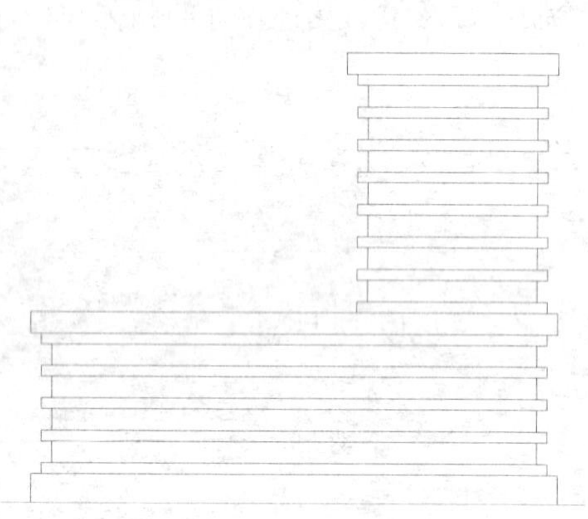

图 5-108　修剪效果

步骤 09 切换至“填充线”图层，执行“图案填充”命令（H），选择图案为“GRAVEL”，设置比例为 100，在相应位置填充卵石效果，如图 5-109 所示。

步骤 10 执行“插入块”命令（I），将“案例\05\成品花钵.dwg”文件插入到图形中，效果如图 5-110 所示。

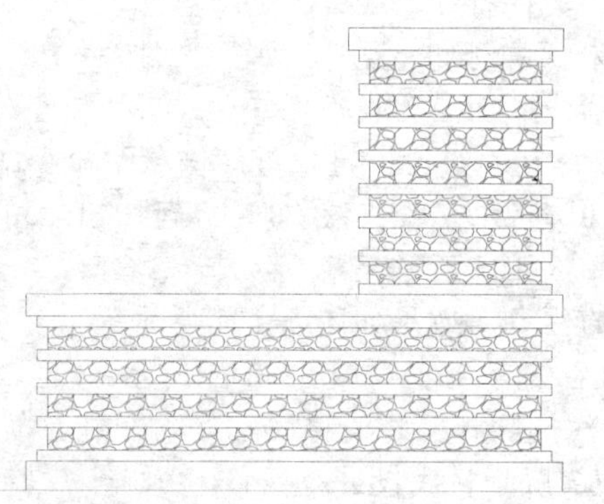

图 5-109　填充图案

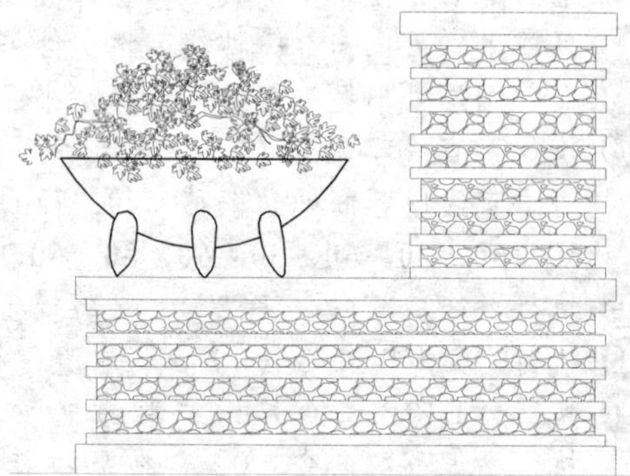

图 5-110　插入花钵

技巧：134　花钵正立面图的绘制

视频：技巧134-绘制花钵正立面图.avi
案例：花钵.dwg

技巧概述：前面实例绘制了花钵的侧立面图，接下来绘制花钵的正立面图。

步骤 01 接上例，执行“复制”命令（CO），将侧立面图复制出一份；再执行“删除”命令（E），将花钵图形删除掉。

步骤 02 执行“拉伸”命令（S），如图 5-111 所示交叉框选长台面 A-B 范围，然后任意指定一点为基点，向右指引鼠标并输入 800，以得到图形向右缩短 800 的效果。

```
命令：_stretch                                        \\ 启动拉伸命令
以交叉窗口或交叉多边形选择要拉伸的对象...
选择对象：                                            \\ 框选 AB 范围的对象
选择对象：                                            \\ 按回车键结束选择
指定基点或 [位移(D)] <位移>：                         \\ 指定任意点为基点
指定第二个点或 <使用第一个点作为位移>：               \\ 向右拖动输入 800 并空格键确定
```

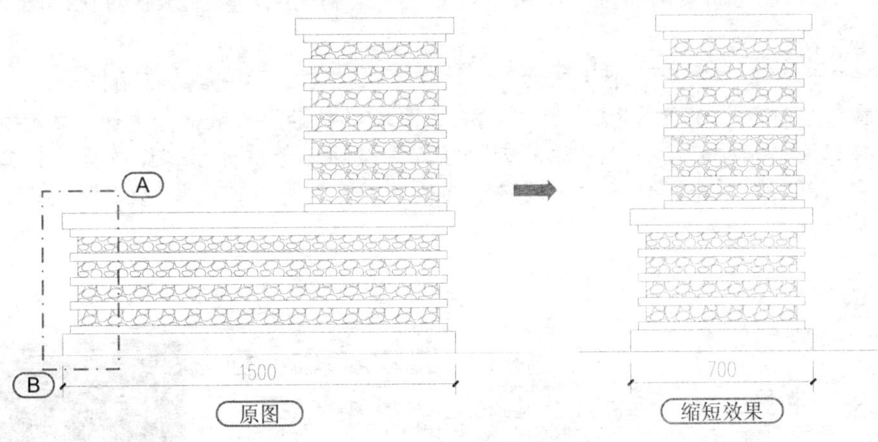

图 5-111　拉伸操作

> **技巧提示**　★★★☆☆
>
> 使用“拉伸”命令，可以按指定的方向和角度拉长或缩短实体，也可以调整对象大小，使其在一个方向上或按比例增大或缩小。
>
> 想要得到拉伸的效果，关键在于用交叉窗口方式或者交叉多边形方式选择对象，且必须使拉伸对象部分处于窗口之中，则对象在窗口的端点移动而窗口以外的端点保持不动，这样才能达到拉伸变形的目的。如果用其他方式选择对象，将会整体移动对象，效果等同于移动命令。

步骤 03 执行“移动”命令（M），将上下两图形中间对齐，效果如图 5-112 所示。

步骤 04 执行“插入块”命令（I），将“案例\05\成品花钵.dwg”文件插入到图形相应位置；再通过执行“分解”命令（X）和“删除”命令（E），将花钵上的植物删除掉，效果如图 5-113 所示。

步骤 05 执行“修剪”命令（TR），修剪掉花钵图形内被遮挡部分，如图 5-114 所示。

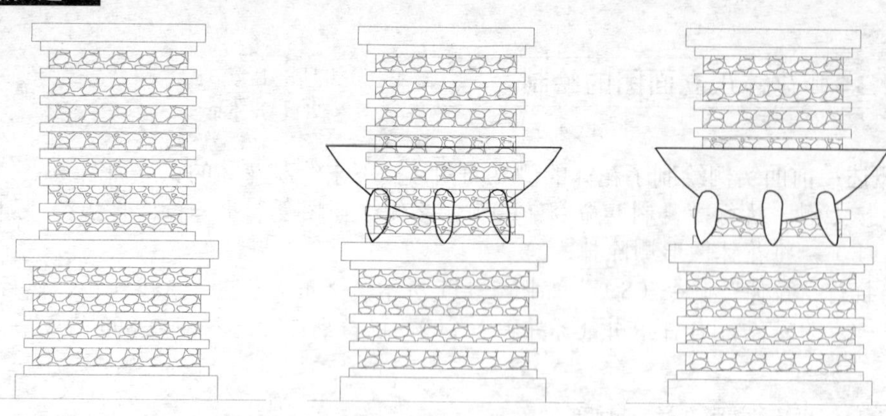

图 5-112　移动图形　　图 5-113　插入图块　　图 5-114　修剪图形

技巧：135 花钵图形的标注

视频：技巧135-花钵图形的标注.avi
案例：花钵.dwg

技巧概述：通过前面实例的讲解，花钵图形已经绘制完成，接下来就对花钵图形进行文字及尺寸的标注。

步骤 01 接上例，在“图层”下拉列表中，选择“尺寸标注”图层为当前图层。

步骤 02 执行“标注”命令（D），弹出“标注样式管理器”对话框，选择“园林标注-100”样式为当前标注样式；然后单击“修改”按钮，随后弹出“修改标注样式：园林标注-100”对话框，切换至“调整”选项卡，修改标注的全局比例为 10，如图 5-115 所示。

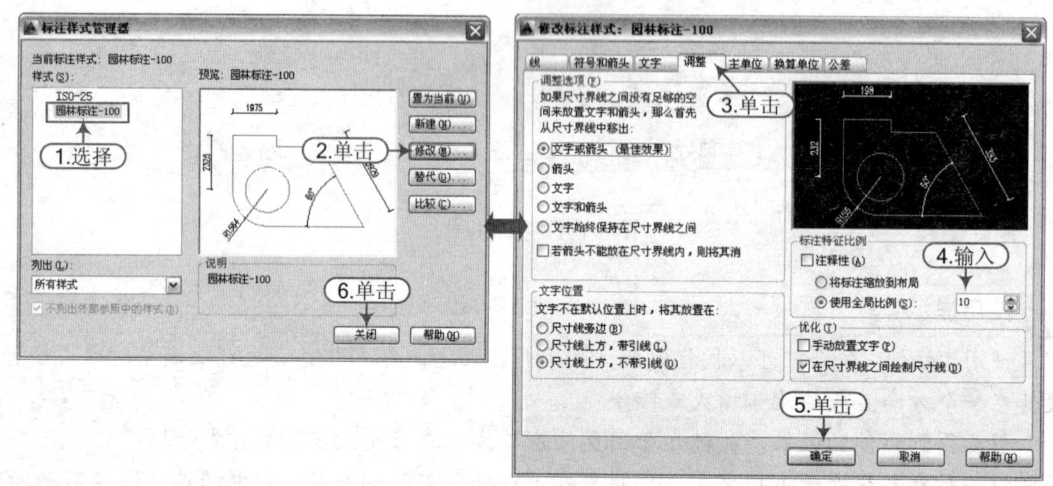

图 5-115　调整标注样式

步骤 03 执行“线形标注”命令（DLI）和“连续标注”命令（DCO），对图形进行尺寸标注。

步骤 04 在“图层”下拉列表中，选择“文字标注”图层为当前图层。

步骤 05 执行“引线”命令（LE），在相应位置拖出引线，在选择“图内说明”文字样式，设置字高为 50，进行文字的注释，效果如图 5-116 所示。

步骤 06 执行“多行文字”命令（MT），分别在图形的下侧拖出矩形文本框，再“文字格式”工具栏中选择“图名”文字样式，设置字高为 70，标注出图名；再执行“多段线”命令（PL），在图名下侧绘制适当宽度和长度的水平多段线，如图 5-117 所示。

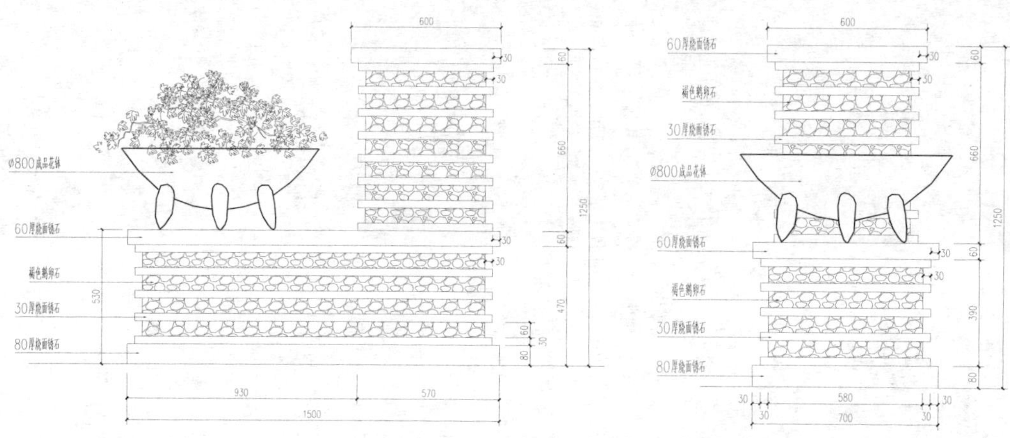

图 5-116　文字及尺寸的标注

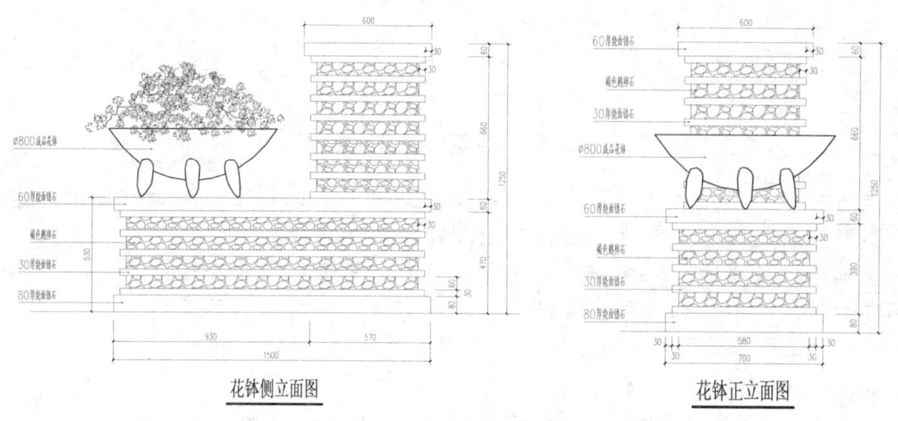

图 5-117　图名标注效果

步骤 07 至此，花钵图形已经绘制完成，按【Ctrl+S】组合键将文件进行保存。

技巧：136　花坛平面图的绘制

视频：技巧136-绘制花坛平面图.avi
案例：花坛.dwg

技巧概述：花坛是在一定范围的畦地上按照整形式或半整形式的图案栽植观赏植物以表现花卉群体美的园林设施。在具有几何形轮廓的植床内，种植各种不同色彩的的花卉，运用花卉的群体效果来表现图案纹样或观盛花时绚丽景观的花卉运用形式，以突出色彩或华丽的额纹样来表示装饰效果。图 5-118 所示为花坛摄影图片效果。

图 5-118　花坛摄影图片

接下来通过三个实例的讲解，分别绘制花坛平面图及立面图，使读者掌握绘制花坛施工图的绘制过程及学习花坛设计的相关知识，其绘制的花坛效果如图 5-119 所示。

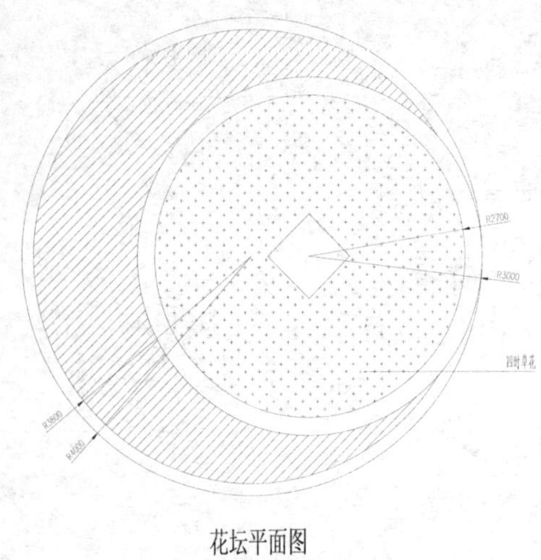

花坛平面图

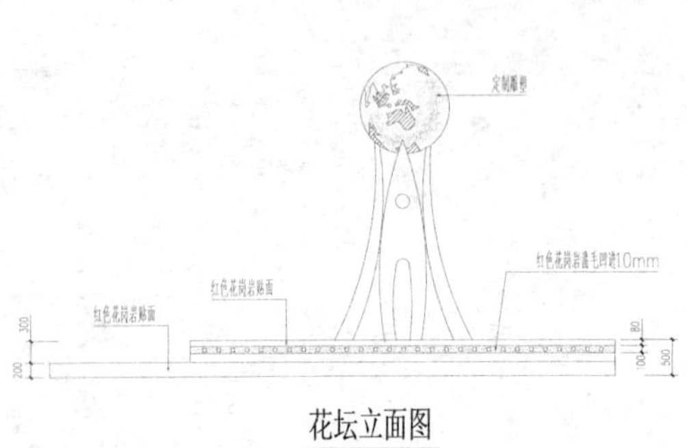

花坛立面图

图 5-119　花坛图形效果

步骤 01 正常启动 AutoCAD 2014 软件，在“快速访问”工具栏中，单击“打开”按钮，将本书配套光盘“案例\05\园林样板.dwg”文件打开。

步骤 02 再单击“另存为”按钮，将文件另存为“案例\05\花坛.dwg”文件。

步骤 03 在“图层”下拉列表中，选择“小品轮廓线”图层为当前图层。

步骤 04 执行“圆”命令（C），绘制半径分别为 2700、3000、3800、4000 的 4 个同心圆，如图 5-120 所示。

步骤 05 执行“移动”命令（M），将两组圆以右象限点进行对齐；再执行“修剪”命令（TR），修剪掉多余圆弧，效果如图 5-121 所示。

步骤 06 执行“矩形”命令（REC），绘制 1000×1000 的矩形；再执行“旋转”命令（RO），将其旋转 45°；再执行“移动”命令（M），将矩形以中心点与最小圆圆心对齐，效果如图 5-122 所示。

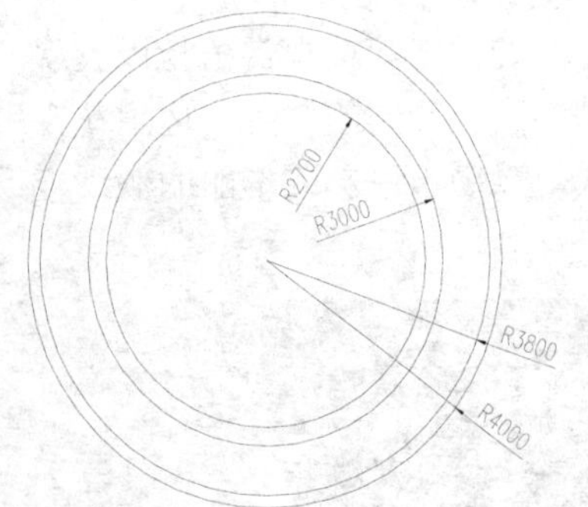

图 5-120　绘制圆

图 5-121　移动圆

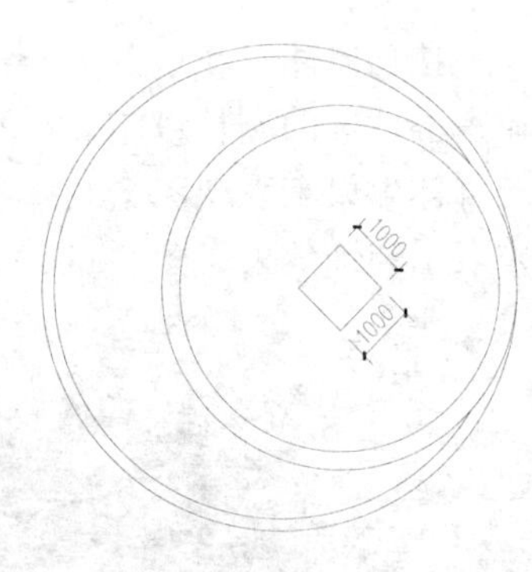

图 5-122　绘制矩形

步骤 07 切换至“填充线”图层，执行“图案填充”命令（H），选择图案为“GRASS”，设置比例为 500，在内圆内填充以形成“四时草花”绿蓠区域，如图 5-123 所示。

步骤 08 重复填充命令，执行“图案填充”命令（H），选择图案为“ANSI31”，设置比例为 1000，在三环内进行填充，效果如图 5-124 所示。

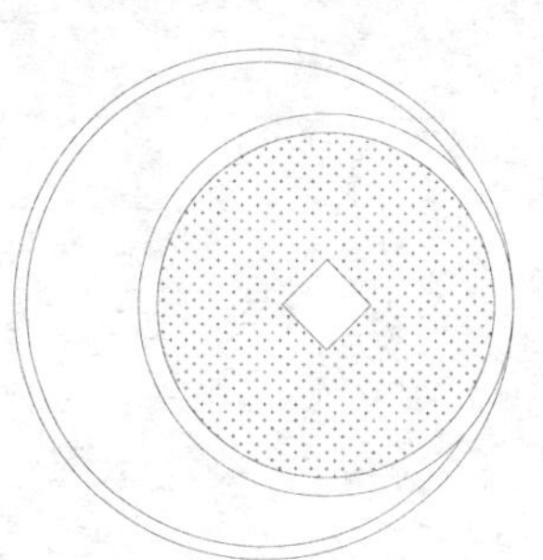

图 5-123　填充“GRASS”图案

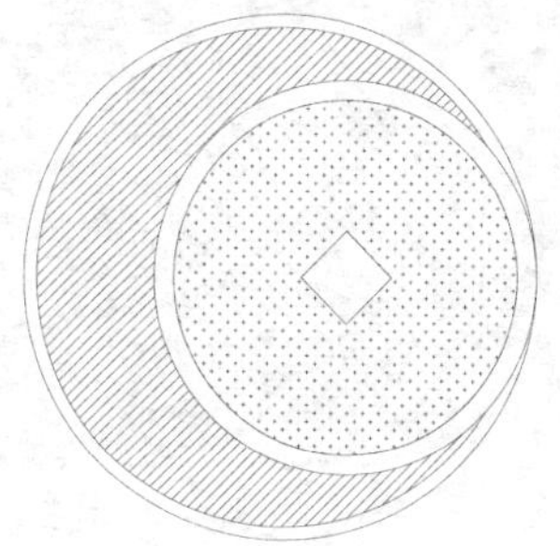

图 5-124　填充“ANSI31”图案

技巧：137　花坛立面图的绘制

视频：技巧137-绘制花坛立面图.avi
案例：花坛.dwg

技巧概述：前面实例绘制了花坛的平面图，为了全方位的表达出花坛的形态，接下来绘制花坛立面图。

步骤 01 接上例，在“图层”下拉列表中，选择“小品轮廓线”图层为当前图层。

步骤 02 执行“直线”命令（L），由平面图轮廓向下绘制投影线；再执行“直线”命令（L），在投影线上绘制一水平线；再执行“偏移”命令（O），将水平线向上偏移 200 和 300，如图 5-125 所示。

步骤 03 执行“修剪”命令（TR），修剪掉多余的线条，效果如图 5-126 所示。

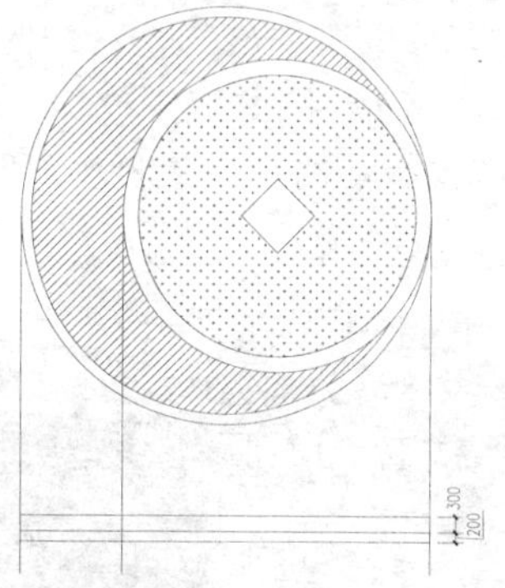

图 5-125　绘制线段

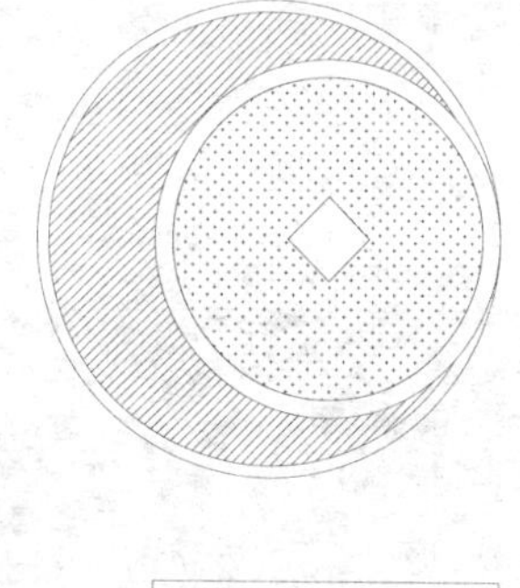

图 5-126　修剪效果

步骤 04 执行“偏移”命令（O），将上水平线向下偏移 80 和 100；再执行“矩形”命令（REC），绘制 50×50 的矩形，并通过移动和复制命令，将矩形以 150 的距离由中间向两边进行复制，效果如图 5-127 所示。

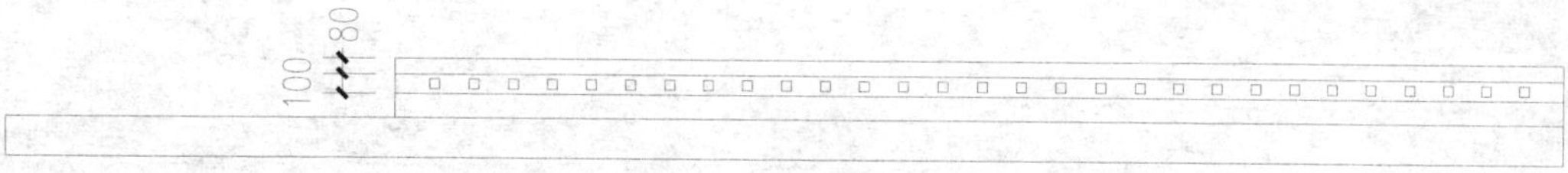

图 5-127　绘制矩形和线段

步骤 05 切换至“填充线”图层，执行“图案填充”命令（H），选择图案为“AR-SAND”，设置比例为 20，在矩形范围进行填充，如图 5-128 所示。

图 5-128　填充图案

步骤 06 执行“插入块”命令（I），将“案例\05\雕塑.dwg”文件插入到图形中，如图 5-129 所示。

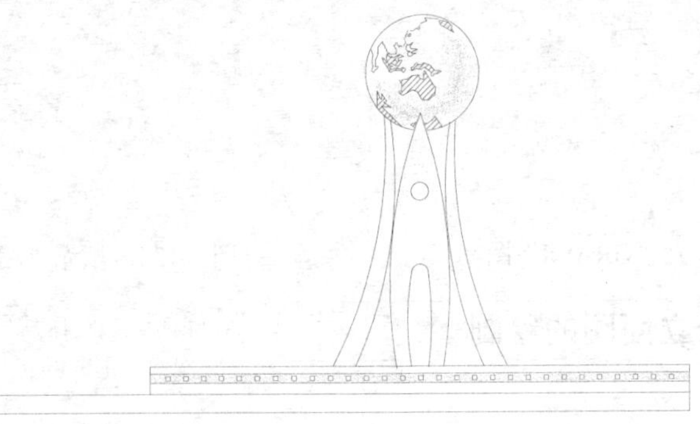

图 5-129 插入雕塑图块

技巧：138 花坛图形的标注

视频：技巧138-花坛图形的标注.avi
案例：花坛.dwg

技巧概述：通过前面实例的讲解，花坛图形已经绘制完成，接下来对花坛图形进行文字及尺寸的标注。

步骤 01 接上例，在“图层”下拉列表中，选择“尺寸标注”图层为当前图层。

步骤 02 执行“标注”命令（D），弹出“标注样式管理器”对话框，选择“园林标注-100”样式为当前标注样式；然后单击“修改”按钮，随后弹出“修改标注样式：园林标注-100”对话框，切换至“调整”选项卡，修改标注的全局比例为 40，如图 5-130 所示。

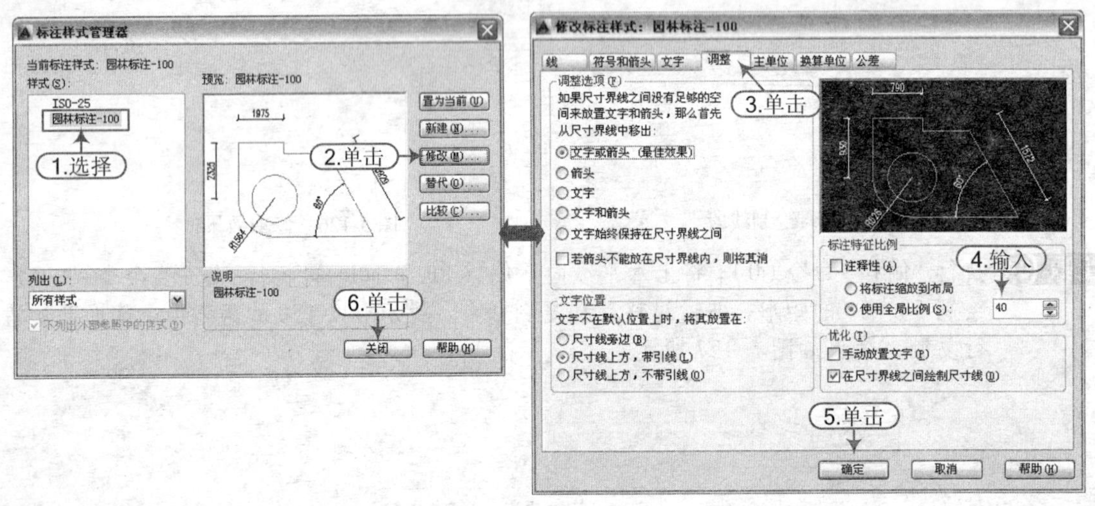

图 5-130 调整标注样式

步骤 03 执行“线形标注”命令（DLI）、“连续标注”命令（DCO）和“半径标注”命令（DRA），对图形进行尺寸的标注。

步骤 04 在“图层”下拉列表中，选择“文字标注”图层为当前图层。

步骤 05 执行“引线”命令（LE），在相应位置拖出引线，选择“图内说明”文字样式，设置字高为 250，进行文字的注释，效果如图 5-131 所示。

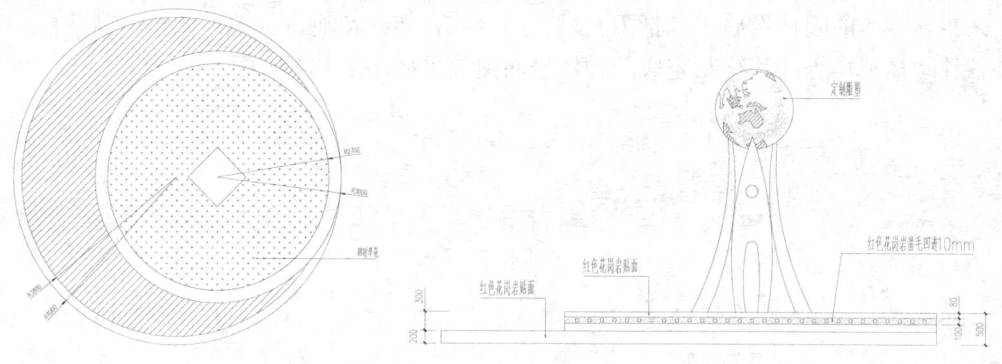

图 5-131　文字和尺寸标注

步骤 06 执行“多行文字”命令（MT），分别在图形的下侧拖出矩形文本框，再“文字格式”工具栏中选择“图名”文字样式，设置字高为 200，标注出图名；再执行“多段线”命令（PL），在图名下侧绘制适当宽度和长度的水平多段线，如图 5-132 所示。

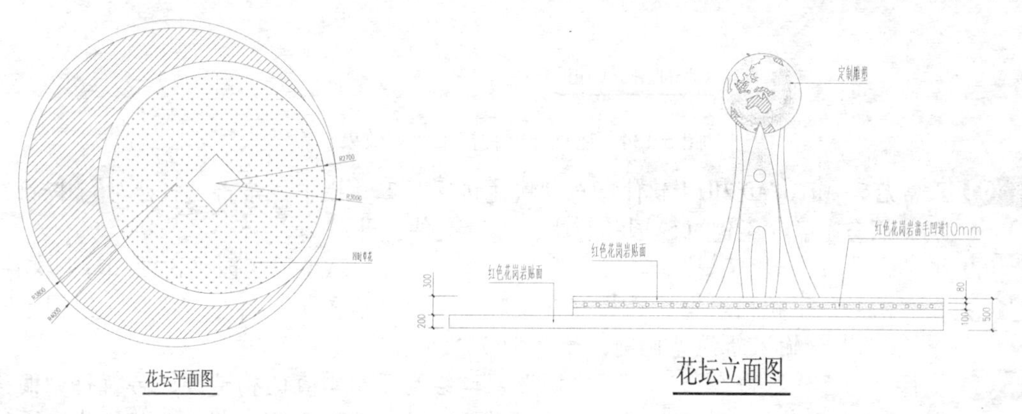

图 5-132　图名标注

步骤 07 至此，花坛图形已经绘制完成，按【Ctrl+S】组合键将文件进行保存。

技巧：139　屋顶花园建筑墙体的绘制

视频：技巧139-屋顶花园建筑墙体的绘制.avi
案例：屋顶花园种植平面图.dwg

技巧概述： 屋顶花园具有降温隔热的功能，它不但能美化环境，净化空气、改善局部小气候，而且能丰富城市的俯仰景观，补偿建筑物占用的绿化地面，从而大大提高了城市的绿化覆盖率，是一种值得大力推广的屋面形式，图 5-133 为屋顶花园 3D 效果图片。

图 5-133　屋顶花园 3D 效果图

通过前面对园林植物的学习，由本实例开始，我们来学习一个屋顶花园平面图的绘制方法与技巧，首先绘制该建筑的轴线、墙体、柱、楼梯、门和窗等，然后在绘制好的建筑屋顶面的

基础上来布置相应的园林设施，包括阳光棚、地台、花架、花池、水池、园桥、品茶桌、石板路以及各种园林植物等；其绘制完成的种植平面图效果如图 5-134 所示。

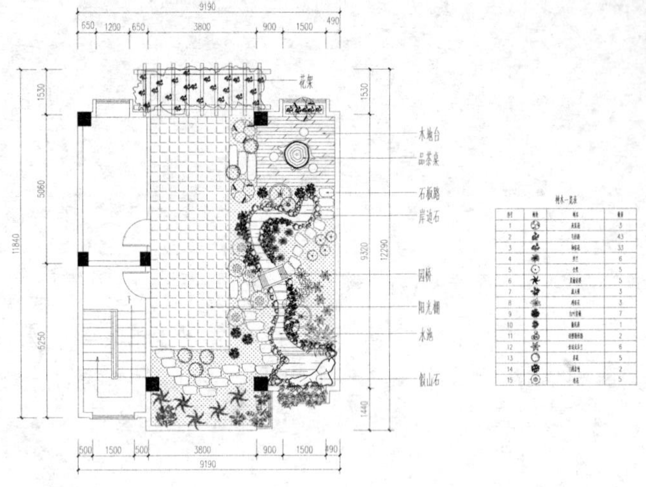

图 5-134　屋顶花园种植平面图效果

步骤 01 正常启动 AutoCAD 2014 软件，在“快速访问”工具栏中，单击“打开”按钮，将本书配套光盘“案例\05\园林样板.dwg”文件打开。

步骤 02 再单击“另存为”按钮，将文件另存为“案例\05\屋顶花园平面图.dwg”文件。

步骤 03 在“图层”下拉列表中，选择“轴线”图层为当前图层。执行“线型比例因子”命令（LTS），输入新线型比例因子为 100。

步骤 04 执行“构造线”命令（XL），在图形窗口绘制互相垂直的构造线；再执行“偏移”命令（O），将水平构造线向右依次偏移 2410、3800、2800；将垂直构造线向下依次偏移 1440、5060、4260、900、450，如图 5-135 所示。

步骤 05 执行“修剪”命令（TR），对绘制的轴线进行编辑，效果如图 5-136 所示。

图 5-135　绘制轴线

图 5-136　修剪轴线

步骤 06 执行“图层特性管理”命令（LA），新建“墙柱”图层，并设置为当前图层，如图 5-137 所示。

图 5-137　新建图层

步骤 07　执行“格式|多线样式”菜单命令，弹出“多线样式”对话框，单击对话框中的“新建”按钮，系统将自动弹出“创建新的多线样式”对话框，在“新样式名”文本框中输入需要创建的多线样式名称“180”，再单击“继续”按钮，如图 5-138 所示。

步骤 08　随后弹出“新建多线样式：180”对话框，在左侧“封口”选项组中，设置多线两端的封口形式为“直线”，并勾选“起点”和“端点”项；在“图元”选项组中，修改偏移量为 90 和-90，然后单击“确定”按钮，如图 5-139 所示。

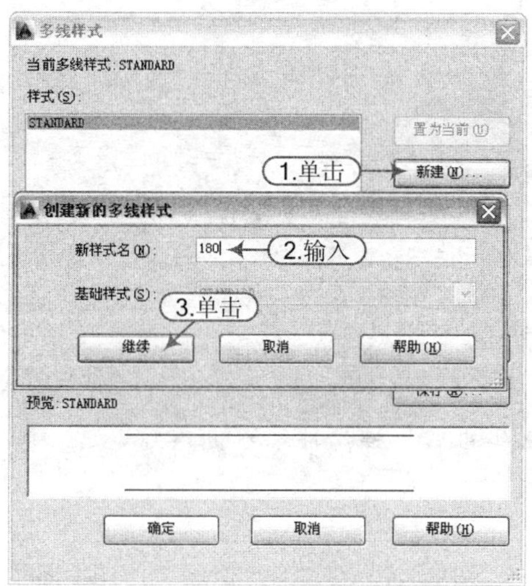

图 5-138　创建多线样式

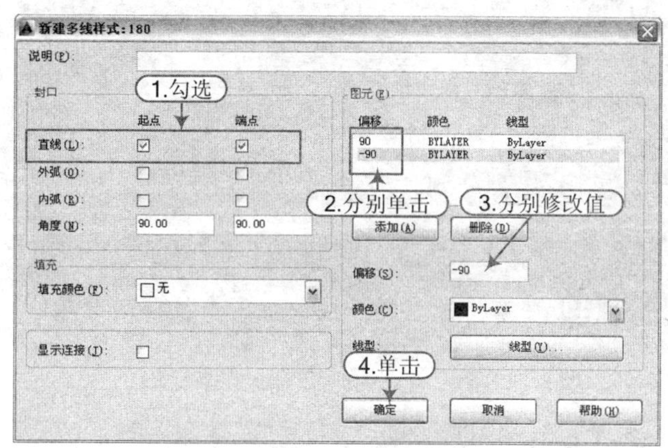

图 5-139　设置多线参数

专业技能　★★★☆☆

“多线”是一种组合图形，由许多条平行线组合而成，各条平行线之间的距离和数目可以随意的调整。多线与直线绘制相似点，都是指定一个起点和端点；与直线不同点是，一条多线可以一次性绘制多条平行线。

在绘制多线之前，首先应当设置所需的多线样式，根据实际需求的不同，用户可随意设置当前的多线样式。

在【新建多线样式：XX】对话框中，用户可以在“说明”中输入对多线样式的说明，如用途、创建者、创建时间等；在“封口”中选择起点和终点的闭合形式，有直线、外弧和内弧 3 种形式，它们的区别如图 5-140 所示，其中内弧封口必须由 4 条及 4 条以上的直线组成。

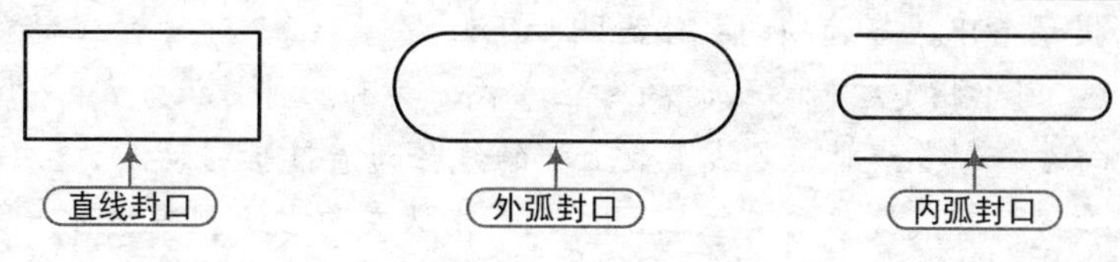

图 5-140　封口的形式

步骤 09 执行“多线”命令（ML），根据如下命令提示选择“对正（J）”项，设置对正类型为“无（Z）”；再选择“比例（S）”项，设置比例为1；再选择“样式（ST）”项，输入样式名为“180”。设置好多线后分别捕捉轴线交点来绘制出一段多线墙体，效果如图 5-141 所示。

```
命令：MLINE                                                \\ 多线命令
当前设置：对正 = 上，比例 = 10.00，样式 = STANDARD          \\ 当前多线设置
指定起点或 [对正(J)/比例(S)/样式(ST)]： j                  \\ 输入“J”，以选择“对正”项
输入对正类型 [上(T)/无(Z)/下(B)] <无>： z                  \\ 输入“Z”，以选择“无”项
当前设置：对正 = 无，比例 = 10.00，样式 = STANDARD
指定起点或 [对正(J)/比例(S)/样式(ST)]： s                  \\ 输入“S”，以选择“比例”项
输入多线比例 <1.00>：                                      \\ 输入比例值为 1
当前设置：对正 = 无，比例 = 1.00，样式 = STANDARD
指定起点或 [对正(J)/比例(S)/样式(ST)]： st                 \\ 输入“ST”，以选择“样式”项
输入多线样式名或 [?]： 180                                 \\ 输入上步创建的样式名“180”
当前设置：对正 = 无，比例 = 1.00，样式 = 180                \\ 设置好的多线
指定起点或 [对正(J)/比例(S)/样式(ST)]：                    \\ 单击轴线上的点
指定下一点： <正交 开>                                     \\ 继续捕捉并单击点
指定下一点或 [放弃(U)]：                                   \\ 继续捕捉并单击点
```

步骤 10 按空格键重复多线命令，系统自动继承上一多线设置，继续捕捉交点绘制出另一段多线，效果如图 5-142 所示。

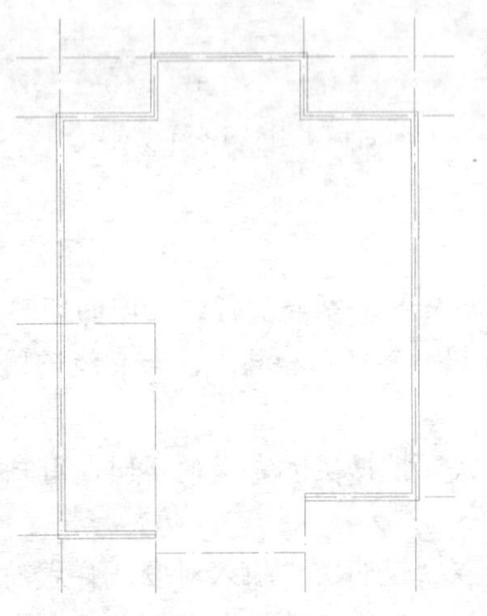

图 5-141 绘制多线 1

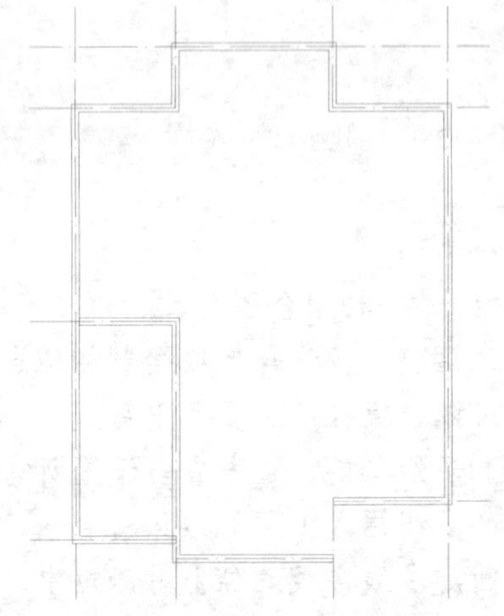

图 5-142 绘制多线 2

软件技能 ★★★★☆

在多线命令提示行中，各选项的具体说明如下：

- 对正(J)：用于指定绘制多线时的对正方式，共有三种对正方式：“上（T）”是指从左向右绘制多线时，多线上最上端的线会随着鼠标移动；“无（Z）”是指多线的中心将随着鼠标移动；“下（B）”是指从左向右绘制多线时，多线上最下端的线会随着鼠标移动。其三种对正方式的效果比较，如图 5-143 所示。

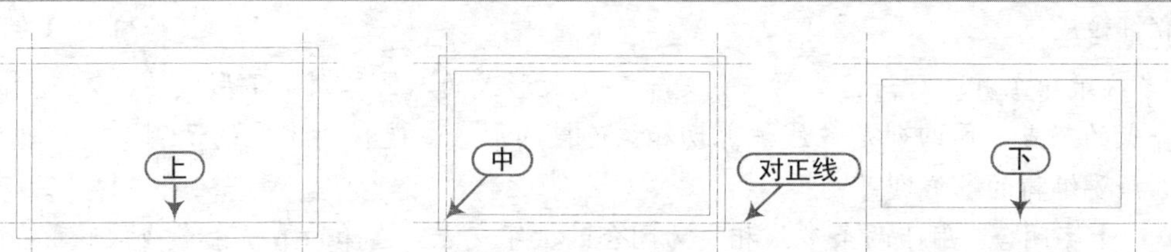

图 5-143　不同的对正方式

- 比例(S)：此选项用于设置多线的平行线之间的距离。可输入 0、正值或负值，输入 0 时各平行线就重合，输入负值时平行线的排列将倒置。其不同比例的多线效果比较，如图 5-144 所示。

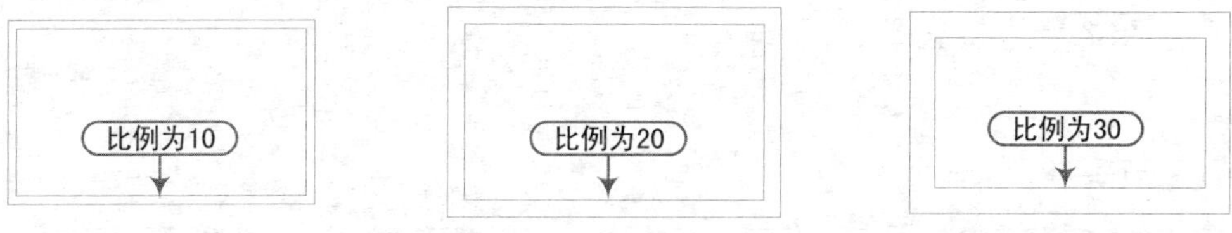

图 5-144　不同比例的多线

除了新建比例样式以设置多线的偏移量外，在绘图过程中还可以使用默认的（STANDARD）样式，由于其偏移值为 0.5 和-0.5mm，多线的间距为 1，在使用该样式时根据需要来设置多线比例值。若要绘制 180mm 厚的墙体对象，可以设置多线的比例为 180，绘制出来的多线间距则为 180mm。

步骤 11 双击任意多线，则弹出“多线编辑工具”对话框，在该对话框中提供了 12 种关于多线的编辑方法。单击“T 形打开”按钮，根据提示依次选择如图 5-145 所示位置的第一条和第二条多线，以将多线进行打开。

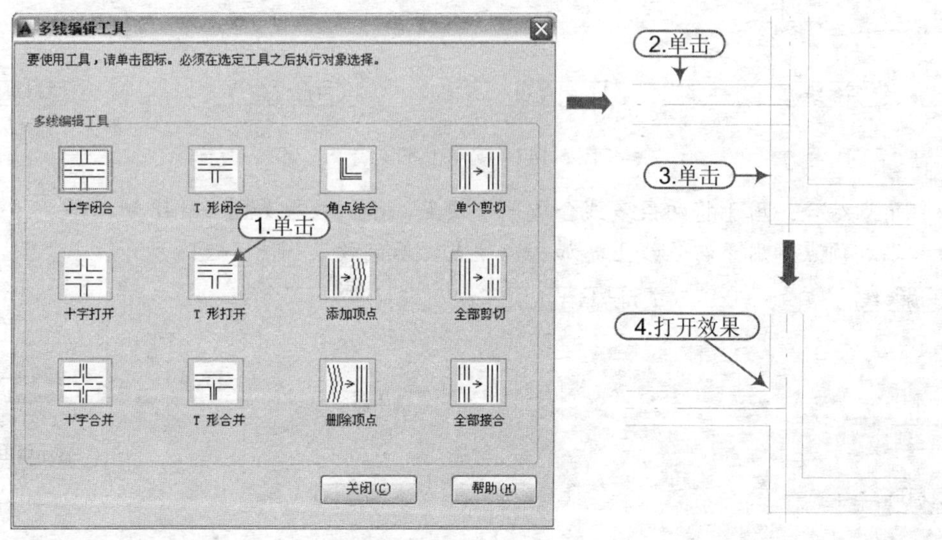

图 5-145　编辑多线

软件技能 ★★★★★

“多线编辑工具”对话框中第一列是十字交叉形式的，第二列是T形式的，第三列是拐角结合点的节点，第四列是多线被剪切和被连接的形式。选择所需要的示例图形，然后在图中选择要编辑的多线即可。

- 十字闭合：用于两条多线相交为闭合的十字交点。选择的第一条多线被修剪，选择的第二条多线保存原状。
- 十字打开：用于两条多线相交为打开的十字交点。选择的第一条多线的内部和外部元素都被打断，选择的第二条多线的外部元素被打断。
- 十字合并：用于两条多线相交为合并的十字交点。选择的第一条多线和第二条多线的外部元素都被修剪，示例效果如图 5-146 所示。

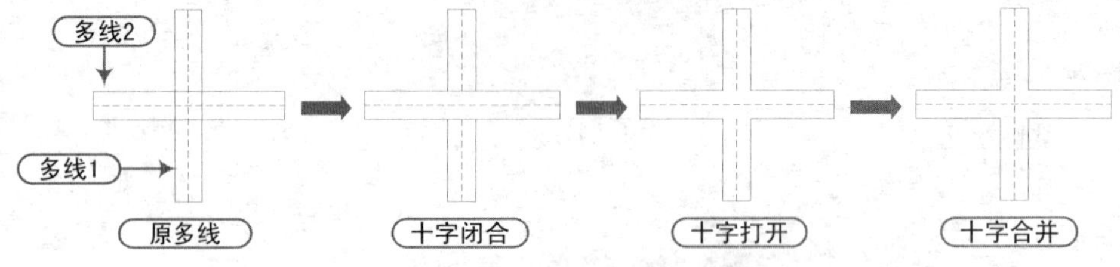

图 5-146　编辑十字多线

- T 形闭合：用于两条多线相交闭合的 T 形交点。选择的第一条多线被修剪，第二条保持原状。
- T 形打开：用于两条多线相交为打开的 T 形交点。选择的第一条多线被修剪，第二条多线与第一条相交的外部元素被打断。
- T 形合并：用于两条多线相交为合并的 T 形交点。选择的第一条多线的内部元素被打断，第二条多线与第一条相交的外部元素被打断，示例效果如图 5-147 所示。

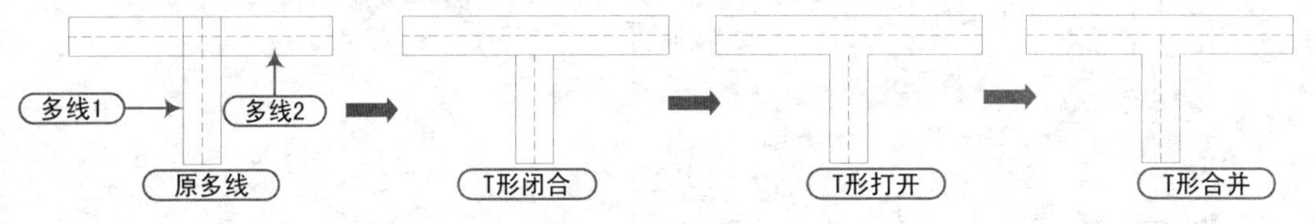

图 5-147　编辑十字多线

- 角点结合：用于将两条多线合成一个顶点，示例效果如图 5-148 所示。
- 添加顶点：用于在多线上添加一个顶点，示例效果如图 5-149 所示。

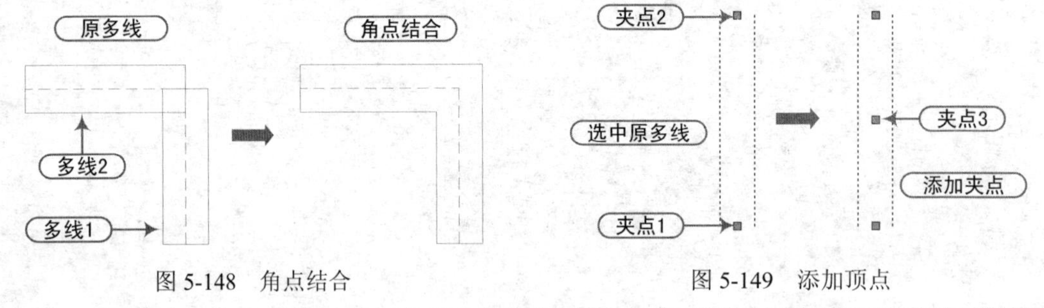

图 5-148　角点结合　　　图 5-149　添加顶点

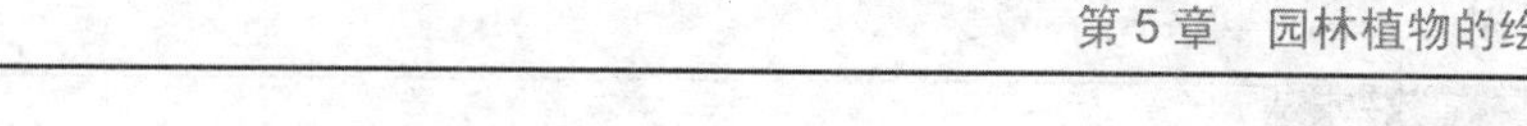

- 删除顶点：用于将多线上的一个顶点删除，示例效果如图 5-150 所示。
- 单个剪切：通过指定两个点使多线的一条线打断。
- 全部剪切：用于通过指定两个点使多线的所有线打断，如图 5-151 所示。
- 全部结合：用于被全部剪切的多线全部连接，示例效果如图 5-152 所示。

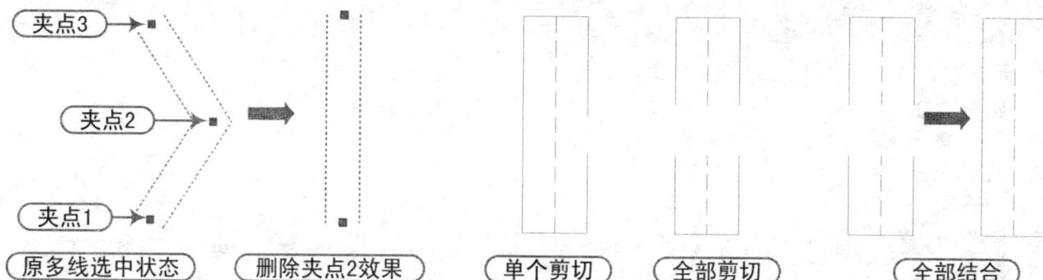

图 5-150　删除顶点　　图 5-151　剪切多线　　图 5-152　全部结合

在处理十字相交和 T 型相交的多线时，用户应当注意选择多线时的顺序，如果选择顺序不恰当，可能会得不到所想要的结果。

步骤 12 再执行“直线”命令（L）和“偏移”命令（O），捕捉墙体轮廓绘制出宽 120 的内墙，如图 5-153 所示。

技巧：140　建筑柱子的绘制

视频：技巧140-建筑柱子的绘制.avi
案例：屋顶花园种植平面图.dwg

技巧概述：本实例继续对屋顶花园的绘制进行讲解，内容包括柱子的绘制方法，其操作步骤如下。

步骤 01 执行“矩形”命令（REC），绘制 368×480 和 368×480 的两个矩形；再执行“图案填充”命令（H），设置图案为“SOLTD”，对矩形进行填充以作为柱子如图 5-154 所示。

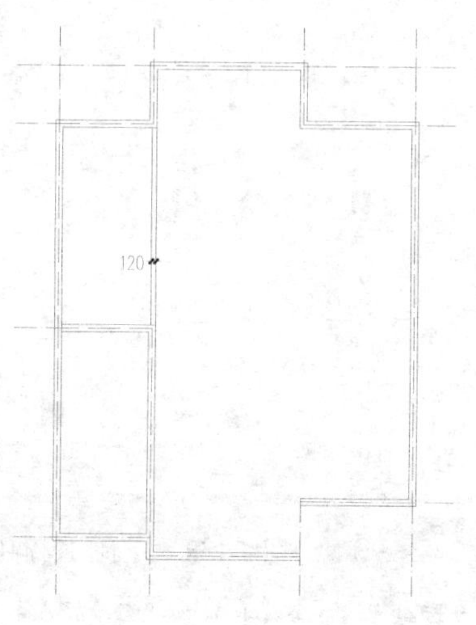

图 5-153　绘制内墙

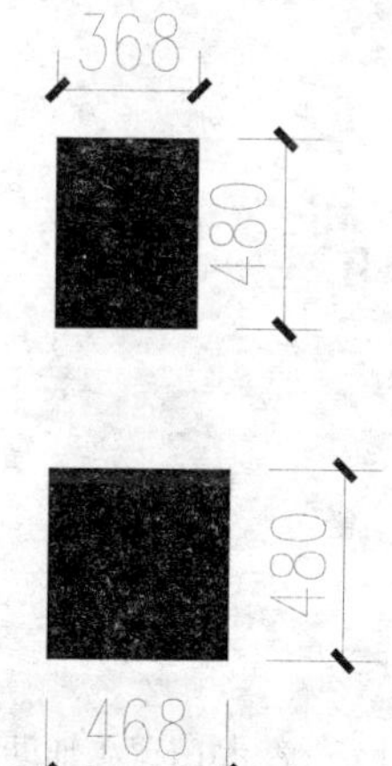

图 5-154　绘制柱子

步骤 02 执行“移动”命令（M）和“复制”命令（CO），将绘制的 368×480 的柱子移动到相应墙体位置，效果如图 5-155 所示。

步骤 03 同样的将绘制的 368×480 的柱子移动到其他相应的墙体位置，效果如图 5-156 所示。

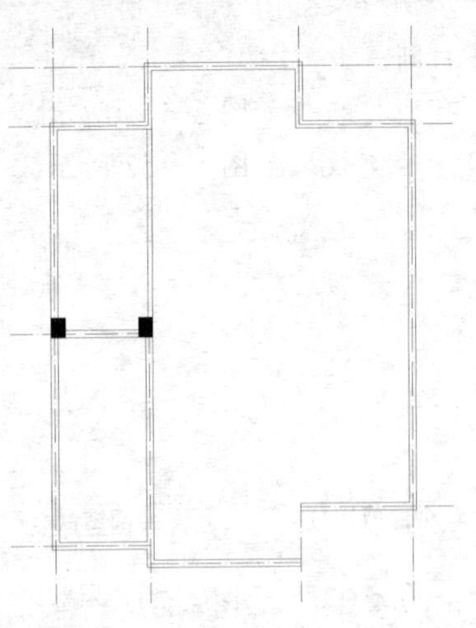

图 5-155 放置柱子

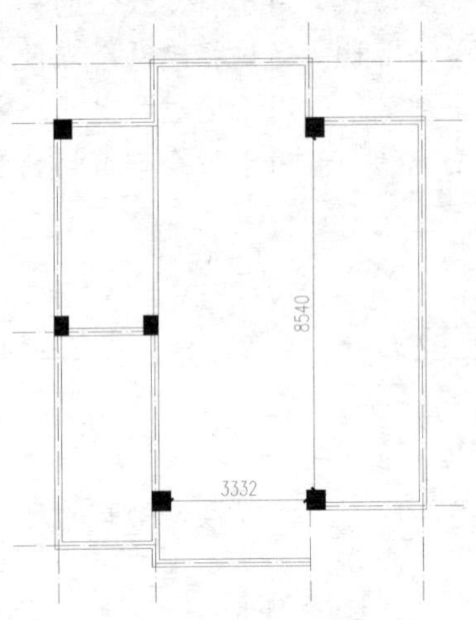

图 5-156 放置其他柱子

技巧：141 建筑门窗的绘制

视频：技巧141-建筑门窗的绘制.avi
案例：屋顶花园种植平面图.dwg

技巧概述：本实例继续对屋顶花园的绘制进行讲解，内容包括如何在墙体上开启门窗洞口以及门和窗的绘制方法，其操作步骤如下。

步骤 01 执行“偏移”命令（O）和“延伸”命令（EX），如图 5-157 所示将相应轴线进行偏移和延伸操作；再执行“直线”命令（L）和“偏移”命令（O），在内墙处绘制出线段。

步骤 02 执行“修剪”命令（TR），修剪掉多余的墙体以开启门窗洞口；然后在“图层”下拉列表中，单击“轴线”图层上的💡按钮，以关闭该图层显示，效果如图 5-158 所示。

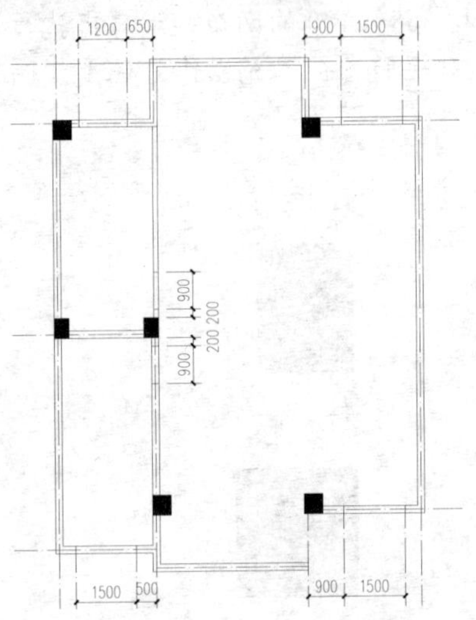

图 5-157 绘制门窗洞辅助线

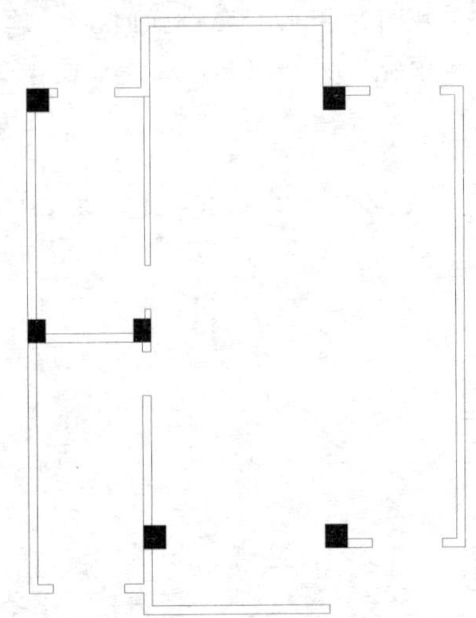

图 5-158 开启门窗洞口

步骤 03 在宽 1200 的左上侧窗洞口，通过执行“直线”命令（L）、“分解”命令（X）和“修剪”命令（TR），绘制出飘出的窗体轮廓，如图 5-159 所示。

步骤 04 根据同样的方法，在其他窗洞口位置绘制出飘窗外轮廓，如图 5-160 所示。

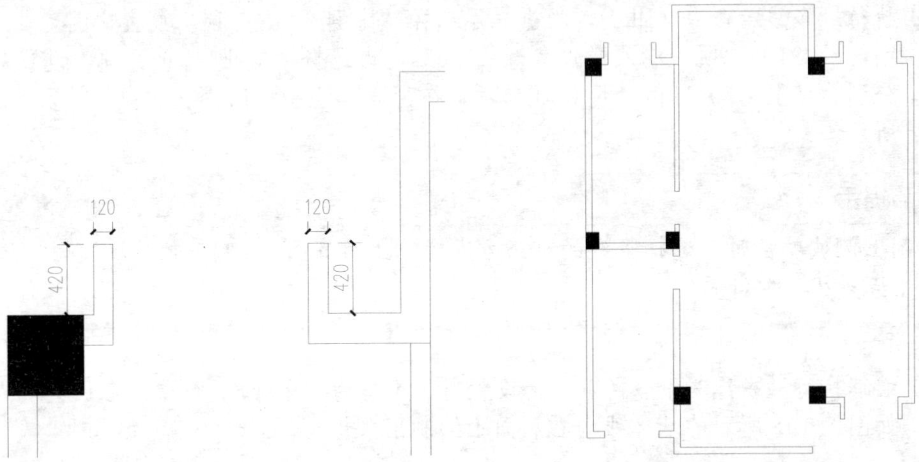

图 5-159　绘制飘窗轮廓　　　　图 5-160　绘制完成的飘窗外轮廓

步骤 05 同样的通过“直线”、“分解”和“修剪”等命令，在左下侧洞口绘制出凸窗轮廓，如图 5-161 所示。

图 5-161　绘制凸窗轮廓

步骤 06 执行“图层特性管理”命令（LA），如图 5-162 所示新建“门窗”图层，并设置为当前图层。

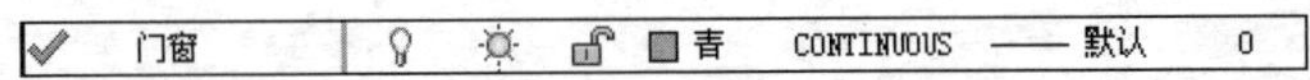

图 5-162　新建图层

步骤 07 执行“格式|多线样式”菜单命令，根据前面创建多线样式的方法，创建名为“120”的多线样式，并设置其图元偏移量为 60、15、-15、-60，如图 5-163 所示。

图 5-163　创建多线样式

步骤 08 执行“多线”命令（ML），根据提示选择“比例（S）”项，设置比例为 1；再选择“样式（ST）”项，输入样式名为“120”，再选择“对正（J）”项，设置对正类型分别为“上（T）”和“下（B）”项，在窗洞口绘制出四线玻璃窗，效果如图 5-164 所示。

技巧提示 ★★★☆☆

绘制上侧玻璃窗时，选择多线的对正方式为“上对齐”；绘制下侧玻璃窗时，选择多线的对正方式为“下对齐”。

步骤 09 继续执行“多线”命令（ML），设置对正类型为“下（B）”项，在正交模式下捕捉如图 5-165 所示的墙体线向右和向上绘制出落地窗。

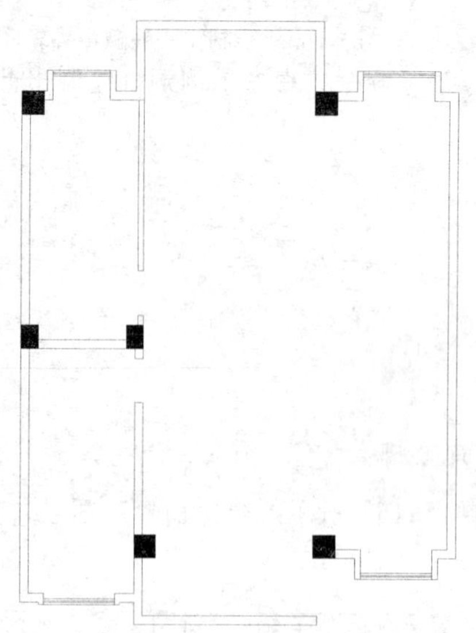

图 5-164　绘制玻璃窗

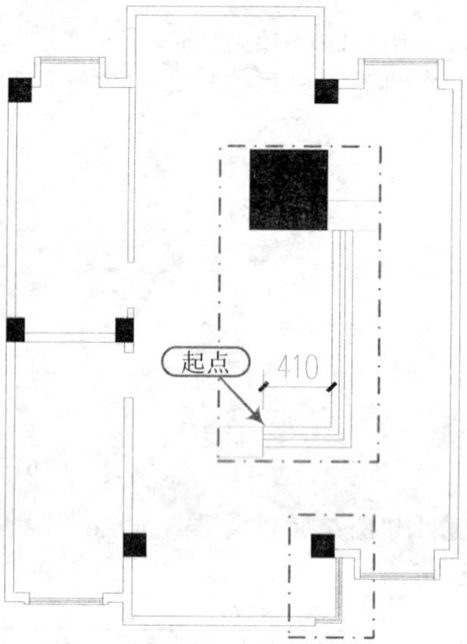

图 5-165　绘制落地窗

步骤 10 绘制“单开门”，执行“矩形”命令（REC），绘制 900×40 的矩形，如图 5-166 所示。

步骤 11 执行“圆”命令（C），以矩形右上角点为圆心，绘制半径 900 的圆；再执行“直线”命令（L），由圆心和象限点绘制半径线，如图 5-167 所示。

步骤 12 执行“修剪”命令（TR）和“删除”命令（E），将多余的圆弧和线段修剪删除掉，效果如图 5-168 所示。

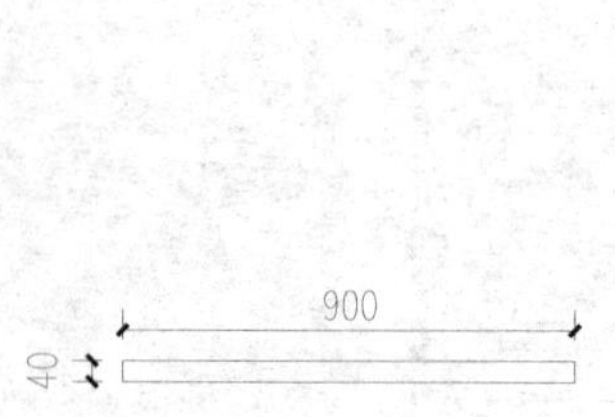

图 5-166　绘制矩形

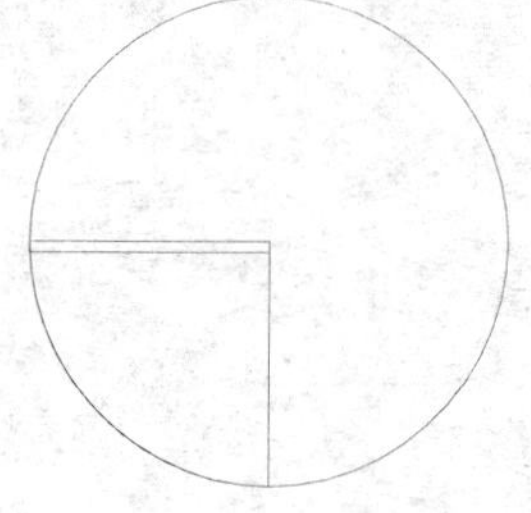

图 5-167　绘制圆和直线

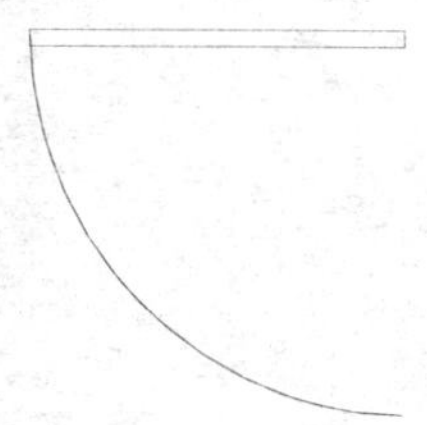

图 5-168　修剪删除

步骤 13 执行“移动”命令（M）和“镜像”命令（MI），将绘制的单开门安装到门洞口，效果如图 5-169 所示。

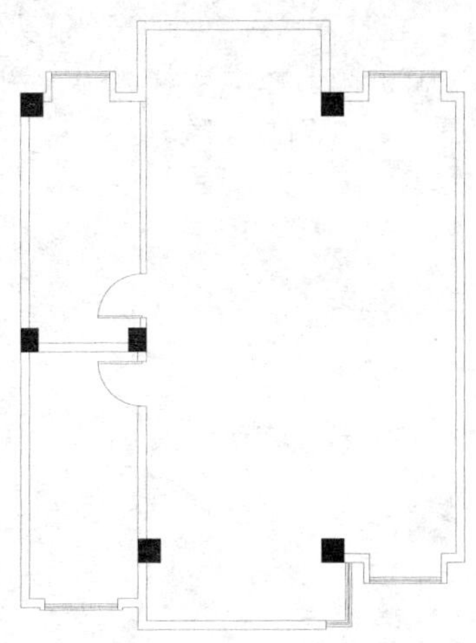

图 5-169　安装门效果

技巧：142　建筑楼梯的绘制

视频：技巧142-建筑楼梯的绘制.avi
案例：屋顶花园种植平面图.dwg

技巧概述：本实例继续对屋顶花园的绘制进行讲解，内容包括建筑顶层楼梯的绘制方法及技巧，其操作步骤如下。

步骤 01 接上例，执行“图层特性管理”命令（LA），新建“楼梯”图层，并设置为当前图层，如图 5-170 所示。

楼梯				绿	CONTINUOUS	—— 默认	0

图 5-170　新建图层

步骤 02 执行“直线”命令（L）和“偏移”命令（O），在如图 5-171 所示的楼梯间位置绘制出宽 280 的楼梯踏步和宽 1200 的休息平台。

步骤 03 执行“偏移”命令（O），将上、下侧踏步线各向外偏移 60；再执行“直线”命令（L），捕捉中点绘制一条垂直中线；再执行“偏移”命令（O），将垂直中线各向两侧偏移出 50 和 110 的距离，如图 5-172 所示。

步骤 04 执行“修剪”命令（TR），修剪多余的线条，如图 5-173 所示。

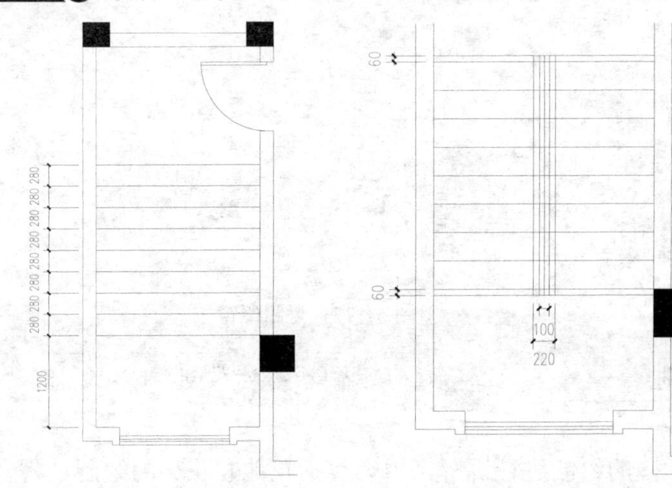

图 5-171　绘制楼梯段

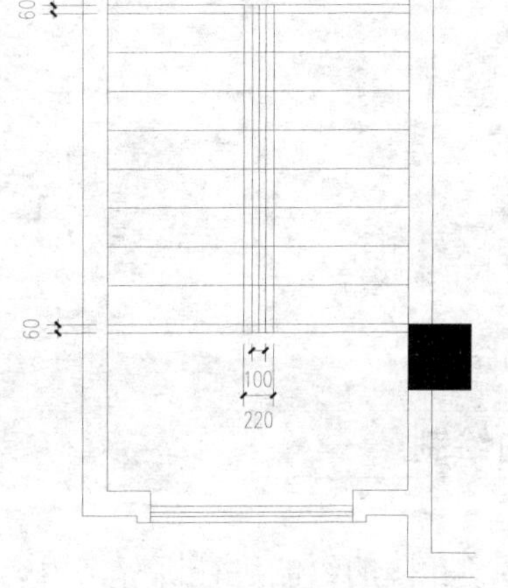

图 5-172　绘制偏移线段

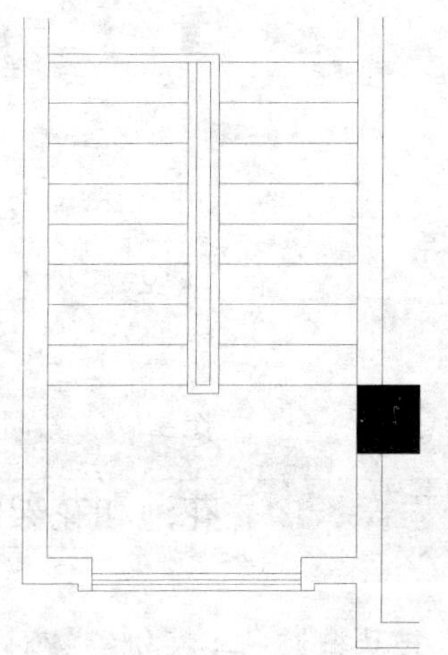

图 5-173　修剪处理

步骤 05 执行“直线”命令（L），在楼梯段上绘制一个箭头指引符号，如图 5-174 所示。

步骤 06 执行“多行文字”命令（MT），选择文字样式为“图内说明”，设置字高为 300，在箭头的起端注写文字“下”，如图 5-175 所示。

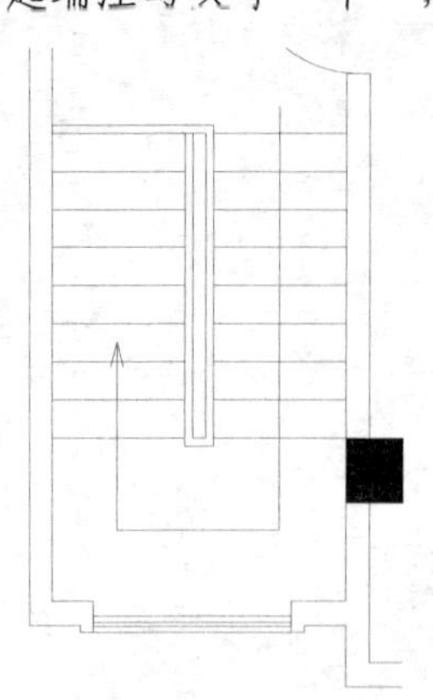

图 5-174　绘制指引符号

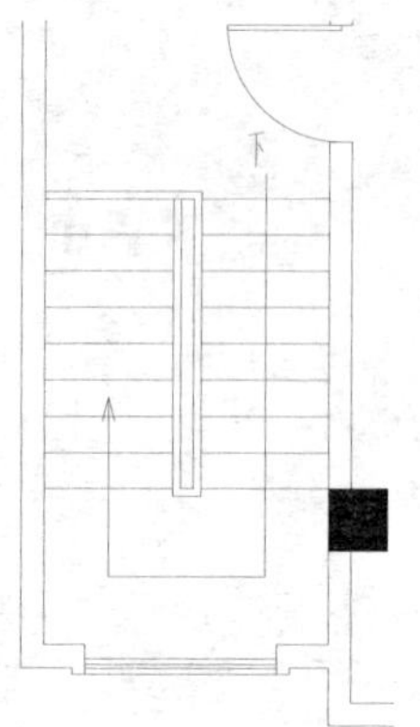

图 5-175　标注起始端文字

技巧：143 屋顶花园区域的划分

视频：技巧143-屋顶花园区域的划分.avi
案例：屋顶花园种植平面图.dwg

技巧概述：本实例继续对屋顶花园的绘制进行讲解，内容包括屋顶花园阳光棚与地台区域轮廓的绘制，操作步骤如下。

步骤 01 接上例，在“图层”下拉列表中，选择“设计范围线”图层为当前图层。

步骤 02 执行“直线”命令（L），在图中绘制相应的线段，为屋顶花园分隔区域，如图 5-176 所示。

步骤 03 再重复“直线”命令（L），在各飘窗处绘制封闭的线段，如图 5-177 所示。

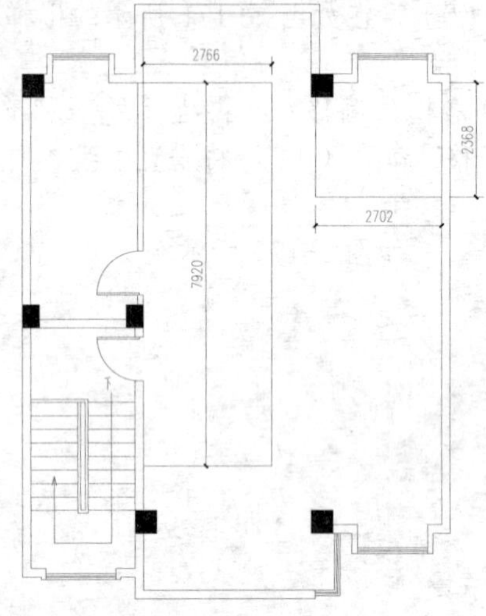

图 5-176　绘制划分线

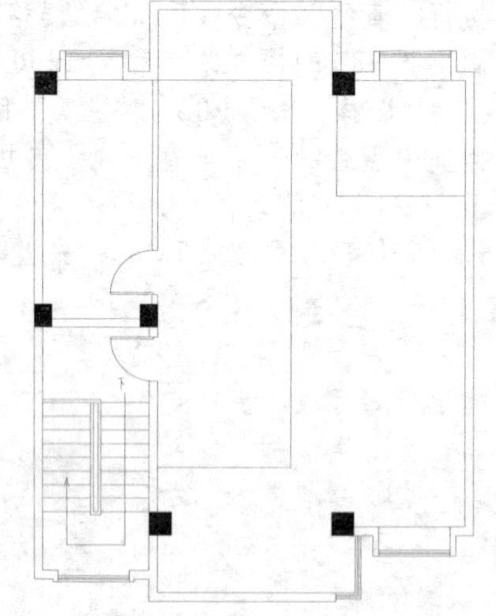

图 5-177　封闭飘窗

技巧：144 花池和花架的绘制

视频：技巧144-花池和花架的绘制.avi
案例：屋顶花园种植平面图.dwg

技巧概述：本实例继续对屋顶花园的绘制进行讲解，内容包括花池和花架的绘制过程及技巧。

步骤 01 接上例，在“图层”下拉列表中，选择“小品轮廓线”图层为当前图层。

步骤 02 绘制“花池”，执行“矩形”命令（REC），捕捉右上侧飘窗内轮廓绘制一个矩形；再执行“偏移”命令（O），将矩形向内偏移 100，如图 5-178 所示。

步骤 03 绘制“花架”，执行“矩形”命令（REC），绘制一个 4769×150 的矩形作为花架横梁；再执行“复制”命令（CO），将矩形向下复制出 1200，如图 5-179 所示。

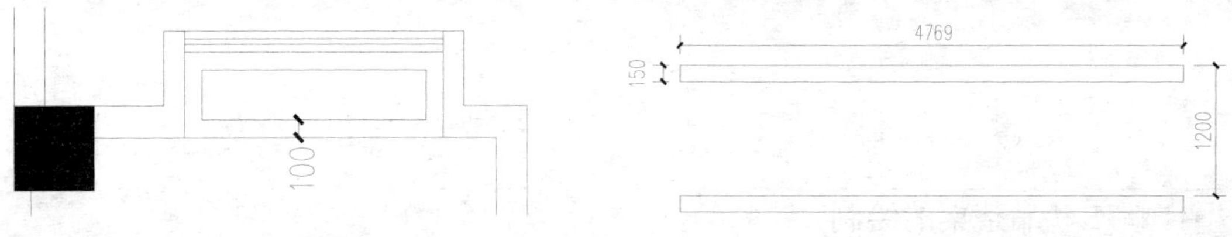

图 5-178　绘制花池　　　　图 5-179　绘制花架横梁

步骤 04 执行“矩形”命令（REC），绘制一个 102×1769 的矩形作为木枋；执行“移动”命令（M），将矩形移动到前面横梁相应位置，如图 5-180 所示。

步骤 05 执行“阵列”命令（AR），选择木枋为阵列对象，根据如下命令提示将“木枋”进行 1 行 9 列，列间距为 502 的矩形阵列，如图 5-181 所示。

```
命令：ARRAY                                    \\ 阵列命令
选择对象：指定对角点：找到 1 个                 \\ 选择木枋对象
选择对象：                                      \\ 空格键确认选择
输入阵列类型 [矩形(R)/路径(PA)/极轴(PO)] <矩形>: R        \\ 输入 R 以选择“矩形阵列”项
类型 = 矩形  关联 = 是
选择夹点以编辑阵列或 [关联(AS)/基点(B)/计数(COU)/间距(S)/列数(COL)/行数(R)/层数(L)/退出(X)]
<退出>: col                                     \\ 输入 COL 以选择“列数”项
输入列数数或 [表达式(E)] <4>: 9                  \\ 输入列数为 9
指定 列数 之间的距离或 [总计(T)/表达式(E)] <153>: 502      \\ 输入列间距为 502
选择夹点以编辑阵列或 [关联(AS)/基点(B)/计数(COU)/间距(S)/列数(COL)/行数(R)/层数(L)/退出(X)]
<退出>: r                                       \\ 输入 R 以选择“行数”
输入行数数或 [表达式(E)] <3>: 1                  \\ 输入阵列行数为 1 行
指定 行数 之间的距离或 [总计(T)/表达式(E)]:                \\ 空格键默认项
指定 行数 之间的标高增量或 [表达式(E)] <0>:                \\ 空格键默认项
选择夹点以编辑阵列或 [关联(AS)/基点(B)/计数(COU)/间距(S)/列数(COL)/行数(R)/层数(L)/退出(X)]
<退出>:                                         \\ 空格键退出
```

图 5-180　绘制花架纵梁　　　　图 5-181　阵列纵梁

步骤 06 执行“云线”命令（revcloud），在花架内绘制绿篱区域，如图 5-182 所示。

步骤 07 执行“移动”命令（M），将绘制的花架移动到建筑相应墙体处，如图 5-183 所示。

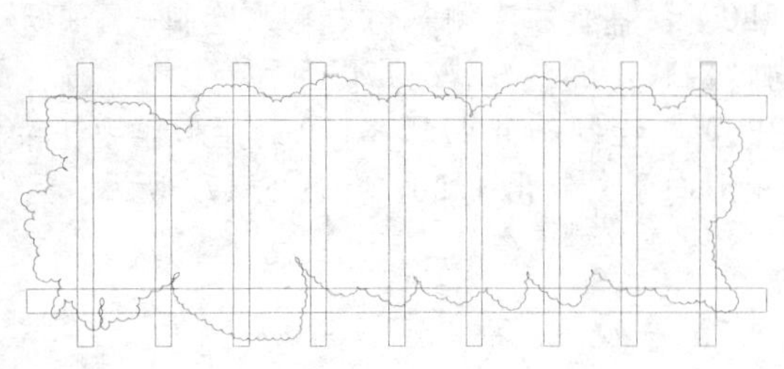

图 5-182　绘制云母

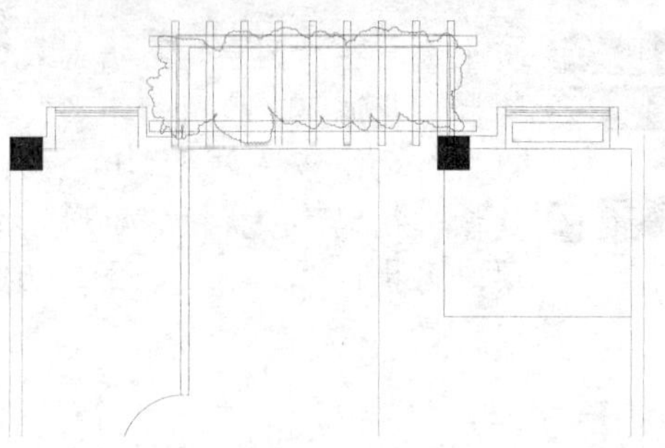

图 5-183　移动花架

技巧：145　品茶桌的绘制

视频：技巧145-品茶桌的绘制.avi
案例：屋顶花园种植平面图.dwg

技巧概述：本实例继续对屋顶花园的绘制进行讲解，内容包括品茶桌的绘制过程及绘制技巧。

步骤 01 执行“圆”命令（C），绘制一个半径为 700 的圆；再执行“多段线”命令（PL），在圆内绘制出品茶桌的外形轮廓线条，如图 5-184 所示。

步骤 02 执行“删除”命令（E），将 R700 的圆删除；再执行“多段线”命令（PL），在品茶桌轮廓内部绘制出多条轮廓线条，且适当地调整最外轮廓多段线的宽度，如图 5-185 所示。

步骤 03 执行“圆”命令（C），绘制一个半径为 150 的圆作为圆凳；再执行“复制”命令（CO），将圆凳围绕茶桌复制出两个，如图 5-186 所示。

图 5-184　绘制品茶桌外轮廓

图 5-185　绘制内部轮廓

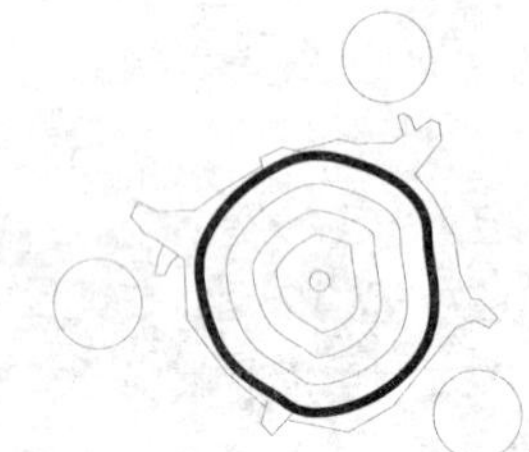

图 5-186　绘制圆凳

步骤 04 执行“移动”命令（M），将绘制好的品茶桌移动到“地台”上，如图 5-187 所示。

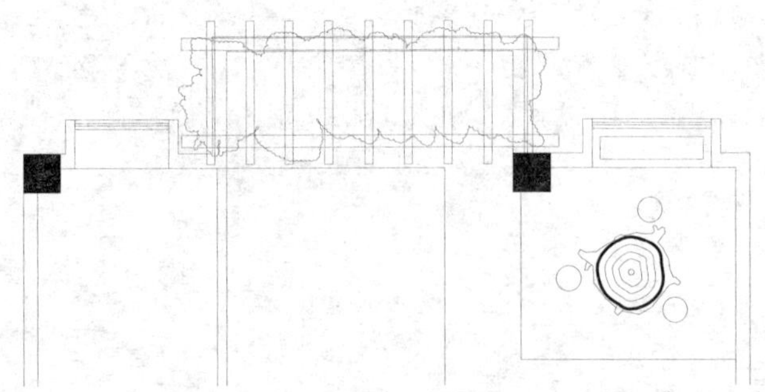

图 5-187　放置品茶桌

技巧：146　绘制园路和水池

视频：技巧146-园路和水池的绘制.avi
案例：屋顶花园种植平面图.dwg

技巧概述：本实例继续对屋顶花园的绘制进行讲解，内容包括屋顶花园园路和水池的绘制过程及技巧，其操作步骤如下。

步骤 01 接上例，在“图层”下拉列表中，选择“水体轮廓线”图层为当前图层。

步骤 02 执行“样条曲线”命令（SPL）和“圆弧”命令（A），在图中相应位置绘制出水池的外围轮廓线，如图 5-188 所示。

步骤 03 执行“多段线”命令（PL），在如图 5-189 所示范围之内绘制出不规则的线条作为板石。

步骤 04 切换至“道路线”图层，通过复制、移动、缩放、旋转等命令，将绘制的板石块布置到图中相应位置处，使其成为屋顶花园中的园路，效果如图 5-190 所示。

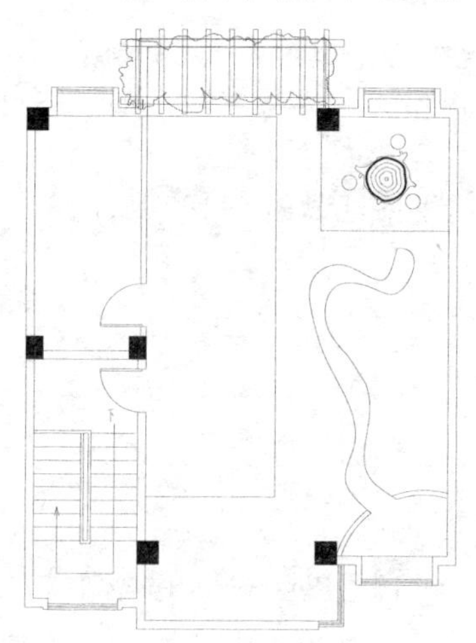

图 5-188　绘制水池

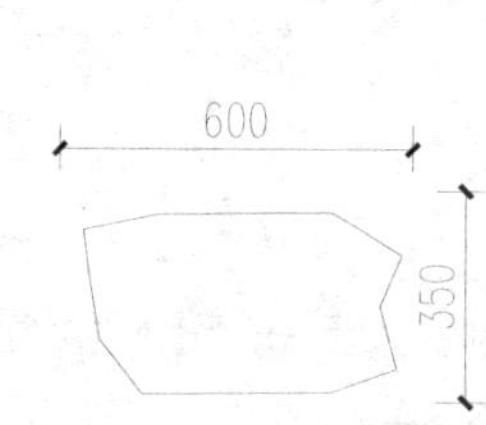

图 5-189　绘制板石

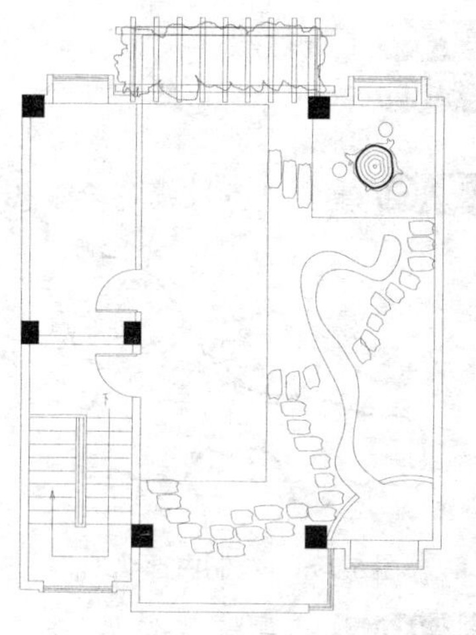

图 5-190　完成的园路

技巧：147　景石和园桥的绘制

视频：技巧147-景石和园桥的绘制.avi
案例：屋顶花园种植平面图.dwg

技巧概述：本实例继续对屋顶花园的绘制进行讲解，主要讲解水池边的景石和过水池的园桥的绘制方法及技巧。

步骤 01 接上例，在“图层”下拉列表中，选择“小品轮廓线”图层为当前图层。

步骤 02 绘制“园桥”，执行“矩形”命令（REC），绘制一个的矩形，如图 5-191 所示。

步骤 03 执行“分解”命令（X），将矩形分解打散；执行“偏移”命令（O），将上下水平边各向内偏移 70，再将垂直边各向内偏移 50、50、50、50，如图 5-192 所示。

步骤 04 执行“修剪”命令（TR），修剪偏移的线段，效果如图 5-193 所示。

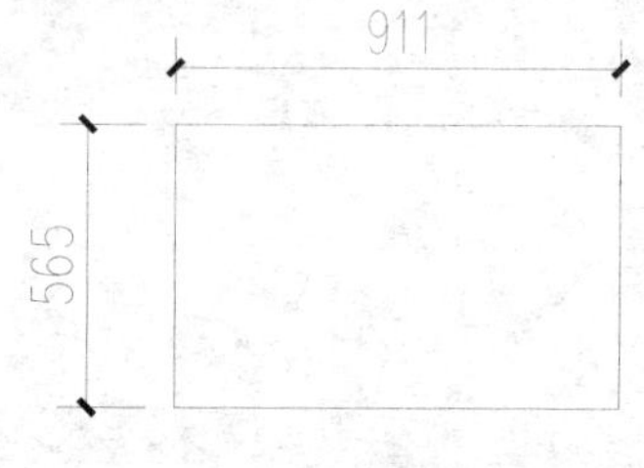

图 5-191　绘制矩形

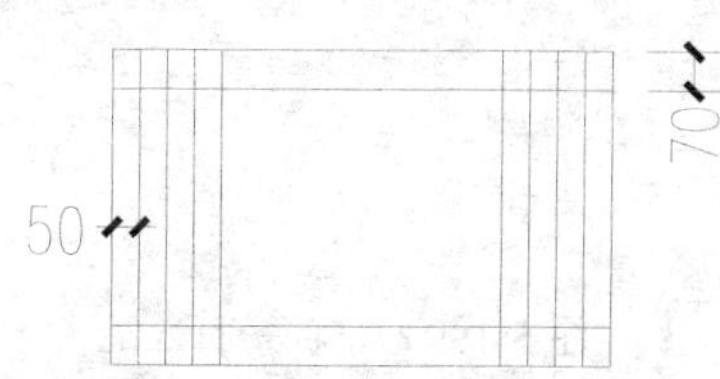

图 5-192　分解偏移矩形边

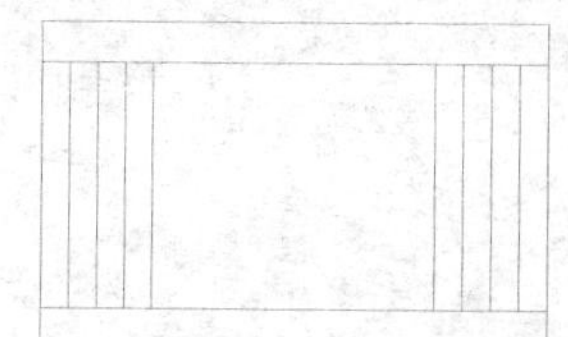

图 5-193　修剪效果

步骤 05 执行“旋转”命令（RO），将绘制好的园桥旋转 22°；再执行“移动”命令（M），将其移动到水池上；再执行“修剪”命令（TR），修剪掉多余的样条曲线，效果如图 5-194 所示。

步骤 06 绘制“假山石”，执行“多段线”命令（PL），绘制出水池中假山石外轮廓线，并双击多段线调整一定的宽度，如图 5-195 所示。

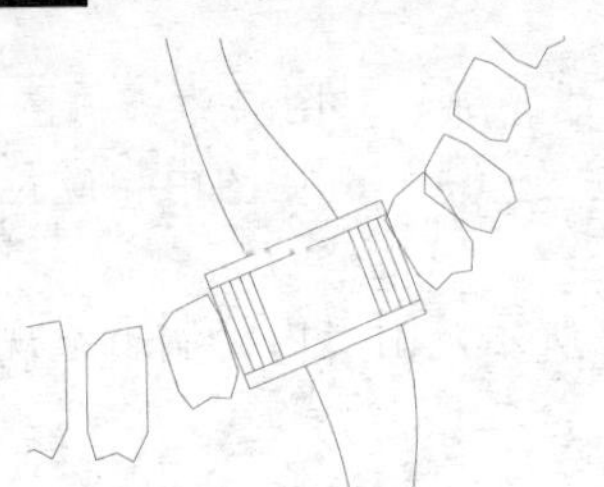

图 5-194　旋转移动园桥

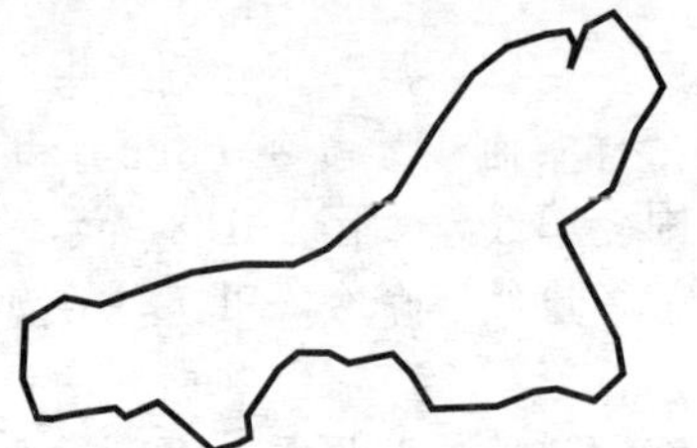

图 5-195　绘制假山石

步骤 07 再执行“多段线”命令（PL），在其内部绘制出纹理线条，如图 5-196 所示。

步骤 08 执行“多段线”命令（PL），绘制几个不规则的图形作为“岸边石”，如图 5-197 所示。

步骤 09 重复“多段线”命令（PL），绘制出岸边石内部纹理线条，如图 5-198 所示。

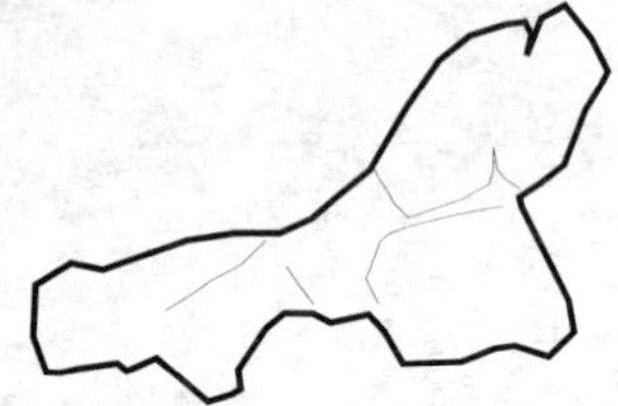

图 5-196　绘制内部纹理

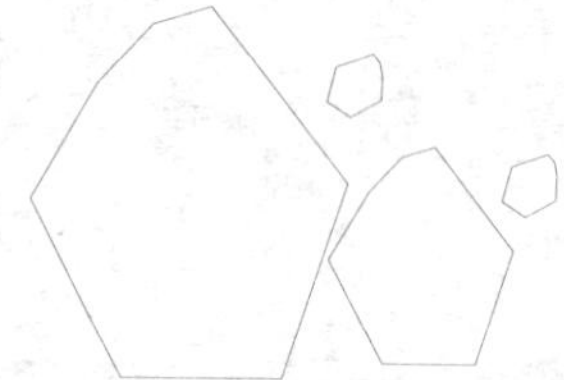

图 5-197　绘制岸边石轮廓

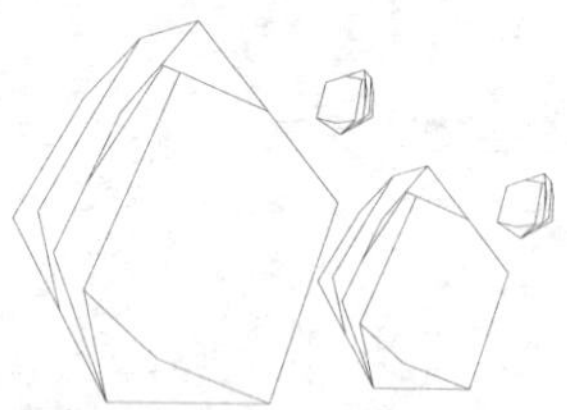

图 5-198　绘制内部纹理

步骤 10 结合复制、移动、缩放、旋转等命令，将绘制好的“假山石”和“岸边石”布置到水池岸边及水池内相应位置处，布置后的效果如图 5-199 所示。

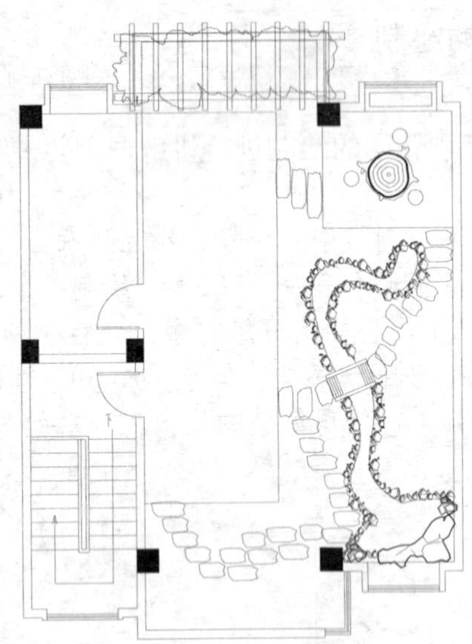

图 5-199　布置景石效果

技巧：148　园林铺装的绘制

视频：技巧148-园林铺装的绘制.avi
案例：屋顶花园种植平面图.dwg

技巧概述：本实例继续对屋顶花园的绘制进行讲解，其中包括阳光棚、地台、水池、绿地等区域的铺装过程及绘制技巧。

步骤 01 接上例，在“图层”下拉列表中，选择“铺装分隔线”图层为当前图层。

步骤 02 执行“图案填充”命令（H），选择图案为“AR-RROOF”，设置比例为 400，对水池

内部填充水流效果，如图 5-200 所示。

步骤 03 继续执行“图案填充”命令（H），为品茶区的地台填充“DOLMIT”图案，填充比例为 500，以表示“木地台”效果，如图 5-201 所示。

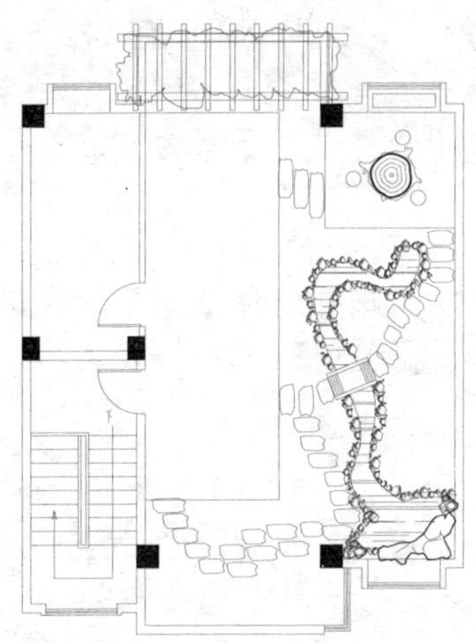

图 5-200　填充水池

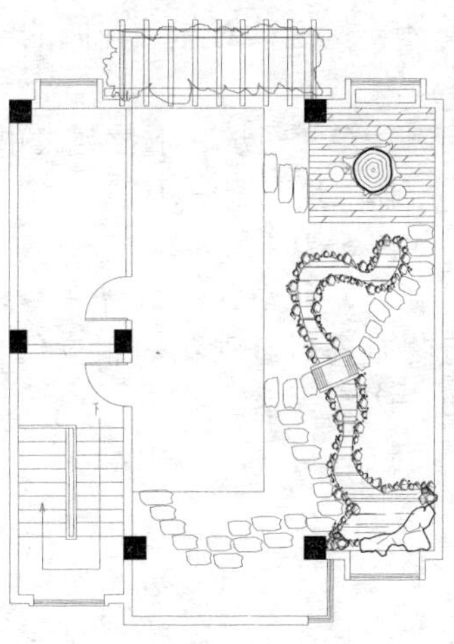

图 5-201　填充木地台

技巧提示　★★★☆☆

在对相应区域填充图案时，由于填充区域内的图形数量过多，需要花费很多的时间去分析其内部数据，从而增加不必要的工作量。

在这里作者推荐更快速的填充方法：在填充图案之前，首先利用“多段线”命令，围绕需要填充的区域绘制出封闭的多段线；然后再利用“图案填充”命令（H），选择多段线和多段线内部的封闭对象来进行填充，填充好该区域后再将辅助多段线删除掉即可。

步骤 04 继续执行“图案填充”命令（H），选择图案为“ANGLE”，设置比例为 1200，对“阳光棚”区域进行填充，如图 5-202 所示。

步骤 05 再执行“图案填充”命令（H），选择图案为“GRASS”，设置比例为 100，对屋顶花园相应区域填充“草地”效果，如图 5-203 所示。

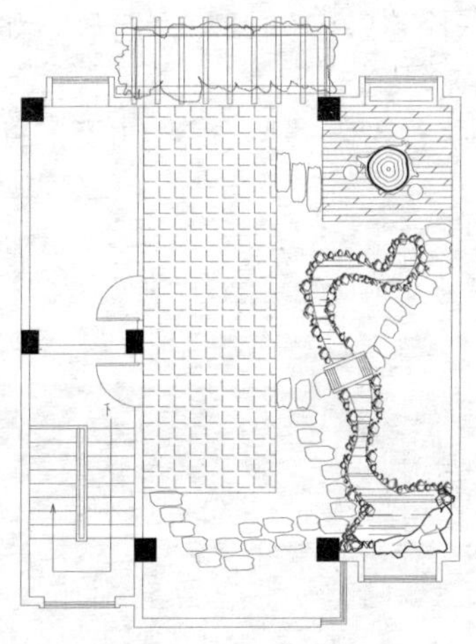

图 5-202　填充阳光棚

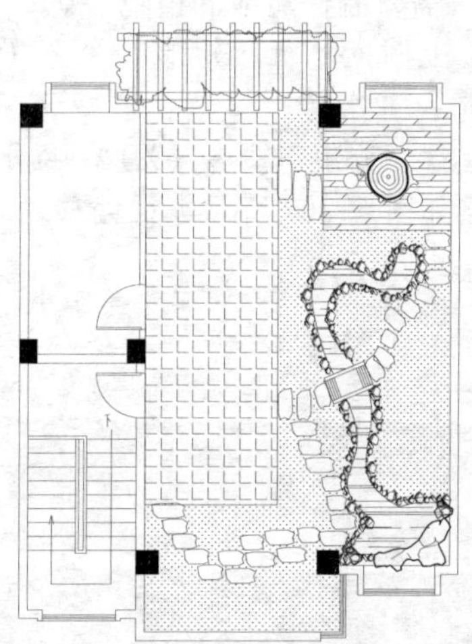

图 5-203　填充草地

技巧：149 屋顶花园植物的布置

视频：技巧149-植物的布置.avi
案例：屋顶花园种植平面图.dwg

技巧概述：本实例继续对屋顶花园的绘制进行讲解，主要讲解屋顶花园各类植物及花卉的布置方法及技巧。

步骤 01 接上例，在“图层”下拉列表中，选择“绿化配景线”图层为当前图层。

步骤 02 执行“插入块”命令（I），将“案例\05\花卉图例.dwg”文件插入到图形中空白位置，如图 5-204 所示。

步骤 03 通过复制、移动、缩放等命令，根据屋顶花园花卉的种植数量，将花卉图例中各种植物布置到屋顶花园相应位置处，并根据需要调整植物的大小，布置后的效果如图 5-205 所示。

屋顶花园花卉图例			
	灰茉莉		红叶紫薇
	毛杜鹃		散尾葵
	和雀花		造型勒杜鹃
	丝兰		金边龙舌兰
	含笑		茶花
	美丽针葵		观音竹
	旅人蕉		桂花
	鸡蛋花		

图 5-204 插入的花卉图例

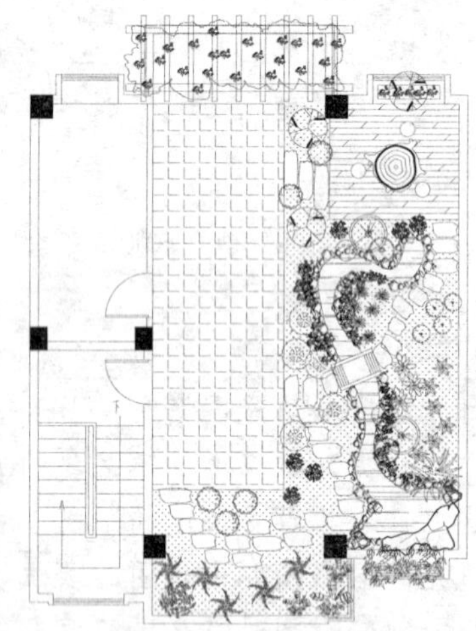

图 5-205 布置图例效果

技巧：150 植物表的绘制

视频：技巧150-植物表的绘制.avi
案例：屋顶花园种植平面图.dwg

技巧概述：前面实例已经为屋顶花园布置好了植物以及花卉，为了全面地表达出植物的种类及数量等，需要制作对应的植物表。

步骤 01 接上例，执行“矩形”命令（REC），绘制一个 4925×6001 的矩形，如图 5-206 所示。

步骤 02 执行“分解”命令（X），将矩形分解掉；再执行“偏移”命令（O），将矩形边按照如图 5-207 所示进行偏移。

图 5-206 绘制矩形

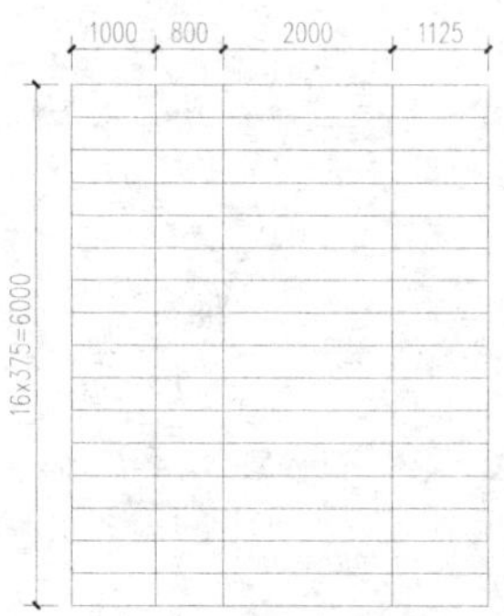

图 5-207 偏移线段

步骤 03 在“图层”下拉列表中，选择“文字标注”图层为当前图层。

步骤 04 执行“多行文字”命令（MT），选择“图内说明”文字样式，设置文字高度为 200，在花卉表格中输入相关的文字内容；再设置字高为 300，在表格上输入表格的标题。

步骤 05 再执行“复制”命令（CO），将各花卉图例复制到表格中的相应位置，其完成的效果如图 5-208 所示。

树木一览表

序号	树块	树名	数量
1		灰茉莉	3
2		毛杜鹃	43
3		和雀花	33
4		丝兰	6
5		含笑	5
6		美丽针葵	5
7		旅人蕉	3
8		鸡蛋花	3
9		红叶紫薇	7
10		散尾葵	1
11		造型勒杜鹃	2
12		金边龙舌兰	6
13		茶花	5
14		观音竹	2
15		桂花	5

图 5-208　绘制的植物表

技巧：151　屋顶花园文字及尺寸的标注

视频：技巧151-文字及尺寸的标注.avi
案例：屋顶花园种植平面图.dwg

技巧概述： 本实例继续对屋顶花园的绘制进行讲解，主要讲解屋顶花园文字及尺寸的标注方法及技巧。

步骤 01 接上例，在“图层”下拉列表中，选择“尺寸标注”图层为当前图层。

步骤 02 执行“标注”命令（D），弹出“标注样式管理器”对话框，选择“园林标注-100”样式为当前标注样式；然后单击“修改”按钮，随后弹出“修改标注样式：园林标注-100”对话框，切换至“调整”选项卡，修改标注的全局比例为 80，如图 5-209 所示。

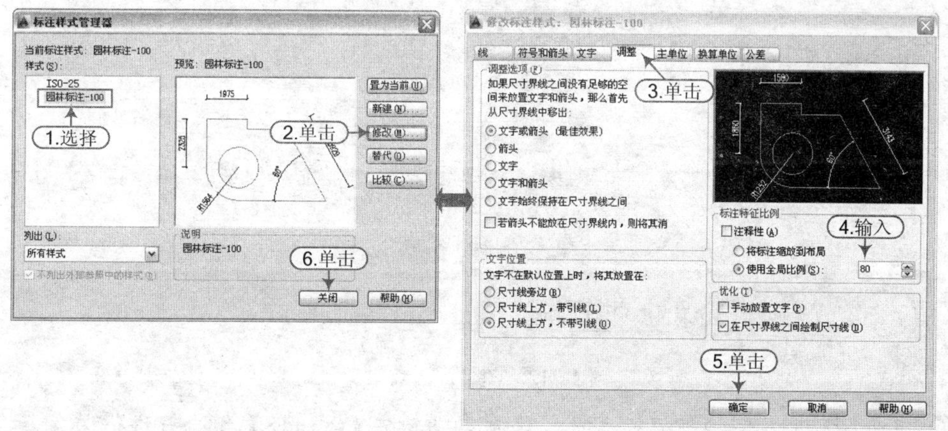

图 5-209　调整标注样式

步骤 03 在“图层”下拉列表中，单击“轴线”图层栏上的暗色💡，以将“轴线”图层显示出来。

步骤 04 执行“线形标注”命令（DLI）和“连续标注”命令（DCO），对图形进行尺寸标注，如图 5-210 所示。

步骤 05 在“图层”下拉列表中，将“轴线”图层隐藏，将“文字标注”图层为当前图层。

步骤 06 执行“引线”命令（LE），在相应位置拖出引线，在选择“图内说明”文字样式，设置字高为 500，进行文字的注释，效果如图 5-211 所示。

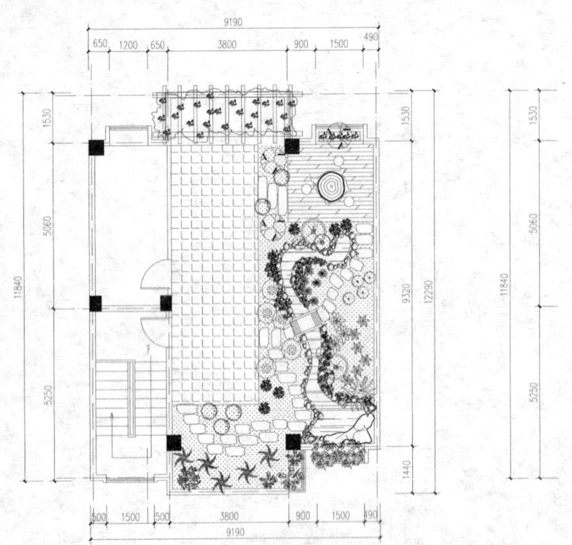

图 5-210 标注尺寸　　　　图 5-211 标注文字注释

步骤 07 执行“多行文字”命令（MT），在图形的下侧拖出矩形文本框，再“文字格式”工具栏中选择“图名”文字样式，设置字高为 600，标注出图名；再执行“多段线”命令（PL），在图名下侧绘制适当宽度和长度的水平多段线，如图 5-212 所示。

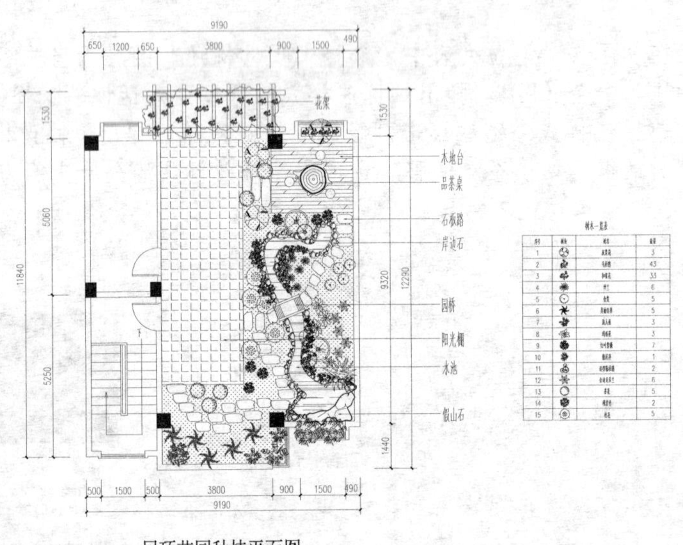

图 5-212 图名标注效果

步骤 08 至此，屋顶花园种植平面图已经绘制完成，按【Ctrl+S】组合键进行保存。

第 6 章　园林道路的绘制技巧

● 本章导读

园路指园林中的道路工程，包括园路布局、路面层结构和地面铺装等设计。园林道路是园林的组成部分，起着组织空间、引导游览、交通联系并提供休闲场所的作用。它像脉络一样，把园林的各个景区联盛整体。园林道路本身又是园林风景的组成部分，蜿蜒起伏的曲线，丰富的寓意，精美的图案，都给人以美的享受。

图 6-1 所示为各种类型的园林道路图片。

图 6-1　园林道路图片预览

● 本章内容

青石板洒汀步平面图的绘制	嵌草砖步道大样图的绘制	庭院铺装图的绘制
青石板洒汀步 A-A 剖面图的绘制	嵌草砖步道剖面图的绘制	城市道路景观图的绘制
青石板洒汀步图形的标注	嵌草砖步道图形的标注	城市道路景观图的标注
卵石路铺装平面图的绘制	园路铺装图的绘制	道路平台平面图的绘制
卵石路铺装 B-B 剖面图的绘制	广场铺装图的绘制	道路平台立面图的绘制
嵌草砖步道平面图的绘制	车行道路的绘制	道路平台图形的标注

技巧：152　青石板汀步平面图的绘制

视频：技巧152-绘制青石板汀步平面图.avi
案例：青石板汀步.dwg

技巧概述：汀步又称步石、飞石。浅水中按一定间距布设块石，使其微露水面或路面，便于游人跨步而过。园林中运用这种古老的渡水设施，质朴自然，别有情趣。图 6-2 所示为园林汀步的摄影图片。

图 6-2　园林汀步摄影图片

接下来通过三个实例的讲解，分别绘制青石板汀步平面图及剖面图，使读者掌握绘制青石板汀步的绘制过程及技巧，其绘制的青石板汀步效果如图 6-3 所示。

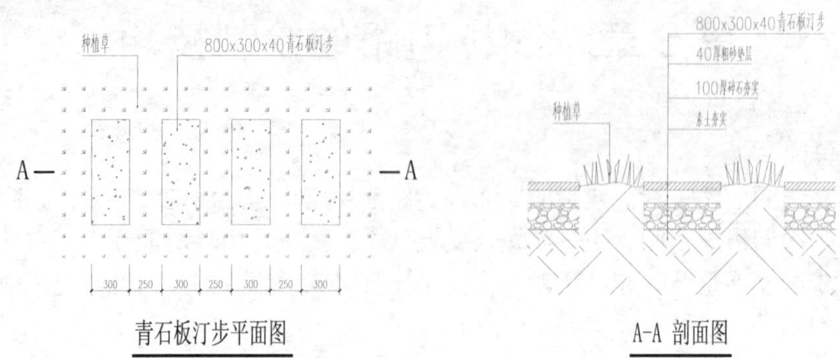

图 6-3　青石板汀步图形效果

步骤 01 正常启动 AutoCAD 2014 软件，在“快速访问”工具栏中，单击“打开”按钮，将本书配套光盘“案例\06\园林样板.dwg”文件打开。

步骤 02 再单击“另存为”按钮，将文件另存为“案例\06\青石板汀步.dwg”文件。

步骤 03 在“图层”下拉列表中，选择“小品轮廓线”图层为当前图层。

步骤 04 执行“矩形”命令（REC），绘制 2500×1300 的矩形，如图 6-4 所示。

步骤 05 执行“分解”命令（X），将上一步所绘制的矩形进行分解；再执行“偏移”命令（O）。按照如图 6-5 所示进行偏移。

图 6-4　绘制矩形

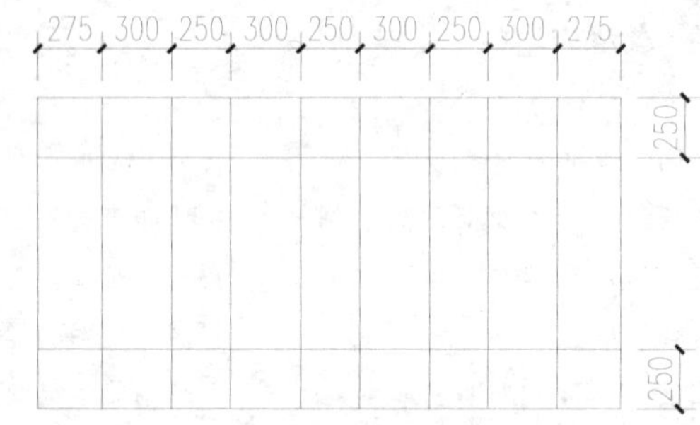

图 6-5　分解偏移

步骤 06 执行“修剪”命令（TR），修剪多余的线条，效果如图 6-6 所示。

步骤 07 切换至“铺装分隔线”图层，执行“图案填充”命令（H），选择图案为“GRASS”，设置比例为 160，角度为 45°，在外围填充种植草效果，如图 6-7 所示。

图 6-6　修剪效果

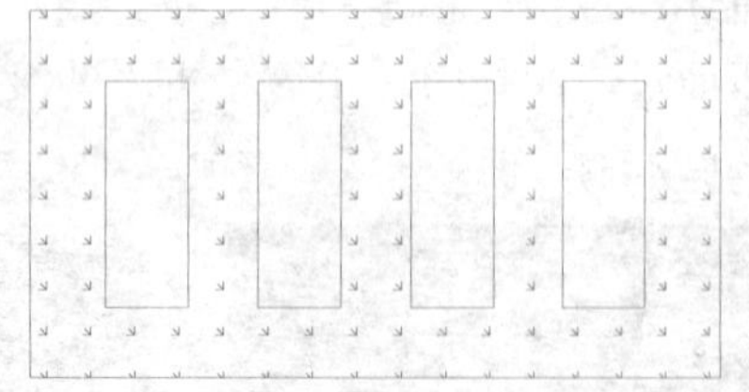

图 6-7　填充种植草

步骤 08 重复填充命令，选择图案为“AR-CONC”，设置比例为 20，在四个矩形填充青石板汀步效果，如图 6-8 所示。

步骤 09 再执行“删除”命令（E），将外矩形四条边删除，效果如图 6-9 所示。

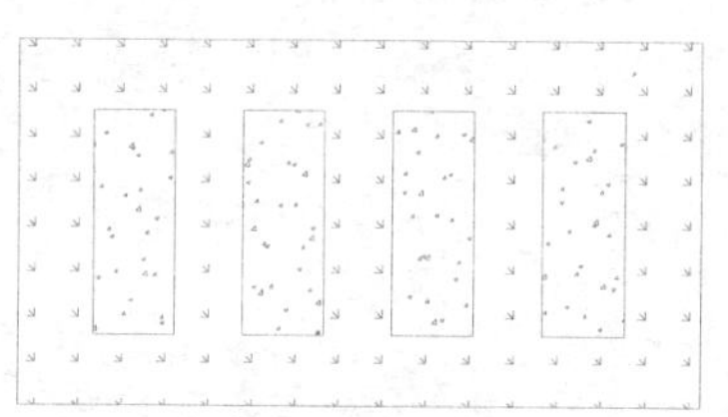

图 6-8　填充石板

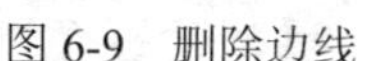

图 6-9　删除边线

步骤 10 执行“多段线”命令（PL），设置全局宽度为 20，在图形左右侧绘制适当长度的水平多段线，以表示断面符号如图 6-10 所示。

步骤 11 再执行“多行文字”命令（MT），选择字体为“宋体”，设置字高为 150，在断面符号位置标注出文字“A”，如图 6-11 所示。

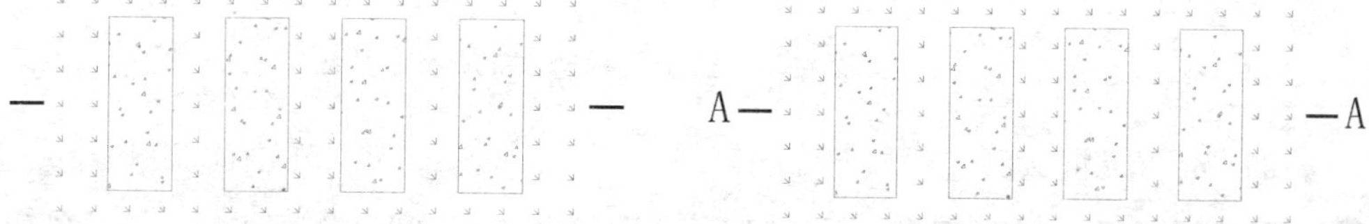

图 6-10　绘制断面符号　　图 6-11　文字注释剖切编号

技巧：153　青石板汀步A-A剖面图的绘制

视频：技巧153-绘制A-A剖面图.avi
案例：青石板汀步.dwg

技巧概述：上一实例中绘制了 A-A 剖切符号，接下来根据该剖切符号绘制青石板汀步 A-A 剖面图。

步骤 01 接上例，在“图层”下拉列表中，选择“剖面图结构线”图层为当前图层。

步骤 02 执行“矩形”命令（REC），绘制 1200×430 的矩形。

步骤 03 执行“分解”命令（X）和“偏移”命令（O），将上水平边依次向下偏移 30、50、100、100；将左垂直边依次向右偏移 200、250、300、250，如图 6-12 所示。

步骤 04 执行“修剪”命令（TR），修剪掉多余的线条，效果如图 6-13 所示。

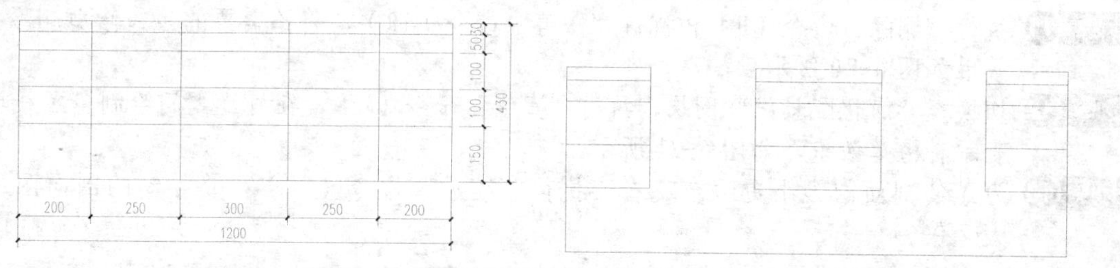

图 6-12　偏移线段　　图 6-13　修剪效果

步骤 05 执行“样条曲线”命令（SPL），在汀步之间绘制不规则地面线，如图 6-14 所示。

步骤 06 切换至“填充线”图层，执行“图案填充”命令（H），选择图案为“ANSI31”，设置比例为 100，对第一层填充青石板效果，如图 6-15 所示。

步骤 07 重复填充命令，选择图案为“DOTS”，设置比例为 200，对第二层填充粗沙效果，如图 6-16 所示。

步骤 08 继续执行“图案填充”命令（H），选择图案为“GRAVEL”，设置比例为 80，对第三层填充石块效果，如图 6-17 所示。

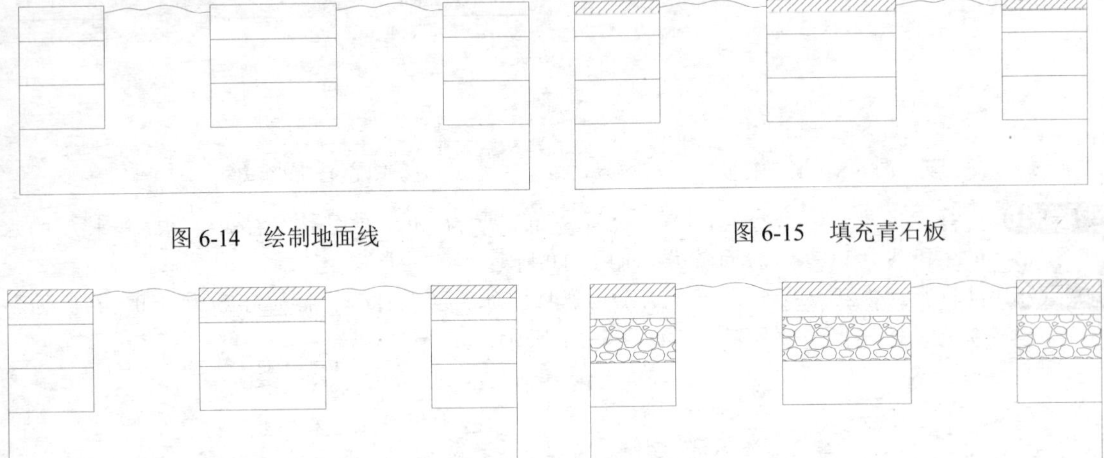

图 6-14　绘制地面线　　　　图 6-15　填充青石板

图 6-16　填充粗沙图例　　　　图 6-17　填充石块图例

步骤 09 重复填充命令，选择图案为“EARTH”，设置比例为 500，角度为 45°，对第四层填充土壤效果，如图 6-18 所示。

步骤 10 再执行“图案填充”命令（H），选择图案为“EARTH”，设置比例为 1500，角度为 45°，和图案“DOTS”，设置比例为 1000，角度为 45°，均对最大区域填充自然土壤效果，如图 6-19 所示。

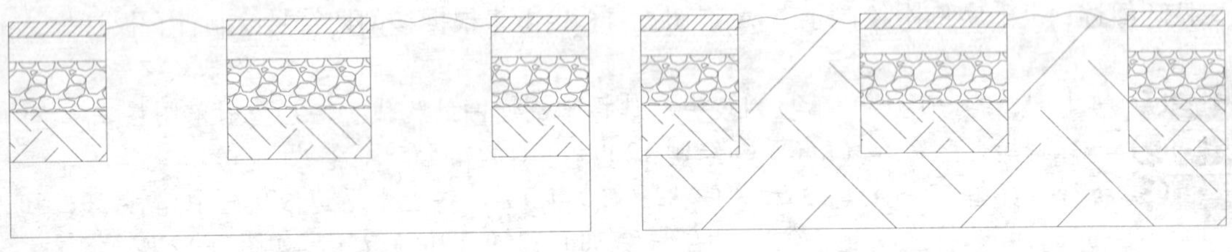

图 6-18　填充土壤　　　　图 6-19　填充自然土壤

步骤 11 执行“删除”命令（E）和执行“修剪”命令（TR），将不需要的边线修剪删除掉，效果如图 6-20 所示。

步骤 12 切换至“绿化配景线”图层，执行“直线”命令（L），在汀步之间绘制多条线段以表示种植草效果，如图 6-21 所示。

步骤 13 为了使剖面图大小更适合观看，执行“缩放”命令（SC），将绘制的剖面图形放大 2 倍。

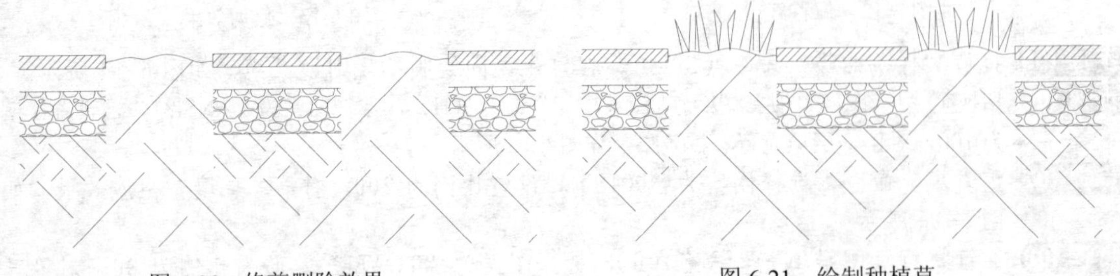

图 6-20　修剪删除效果　　　　图 6-21　绘制种植草

技巧：154　青石板汀步图形的标注

视频：技巧154-青石板汀步图形的标注.avi
案例：青石板汀步.dwg

技巧概述：通过前面两个实例的讲解，青石板汀步图形已经绘制完成，接下来就对其进行文字及尺寸的标注。

步骤 01 接上例，在“图层”下拉列表中，选择“尺寸标注”图层为当前图层。

步骤 02 执行“标注”命令（D），弹出“标注样式管理器”对话框，选择“园林标注-100”样式为当前标注样式；然后单击“修改”按钮，随后弹出“修改标注样式：园林标注-100”对话框，切换至“调整”选项卡，修改标注的全局比例为 20。

步骤 03 执行“线形标注”命令（DLI）、“连续标注”命令（DCO），对图形进行尺寸标注。

步骤 04 在“图层”下拉列表中，选择“文字标注”图层为当前图层。

步骤 05 执行“引线”命令（LE），在相应位置拖出引线，在选择“图内说明”文字样式，设置字高为 120，进行文字的注释，效果如图 6-22 所示。

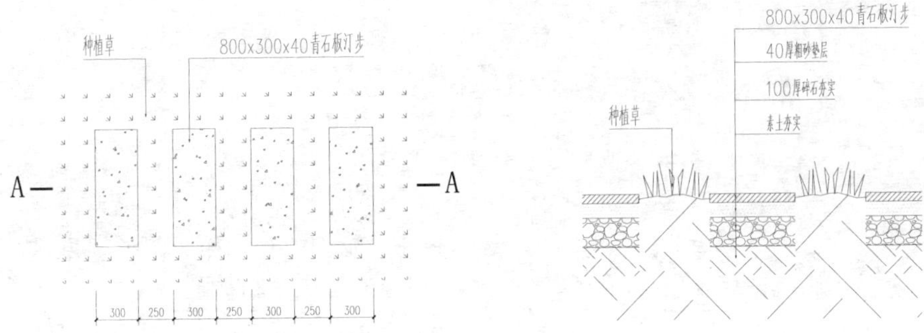

图 6-22　文字及尺寸的标注

步骤 06 执行“多行文字”命令（MT），分别在图形的下侧拖出矩形文本框，再“文字格式”工具栏中选择“图名”文字样式，设置字高为 200，标注出图名；再执行“多段线”命令（PL），在图名下侧绘制适当宽度和长度的水平多段线，如图 6-23 所示。

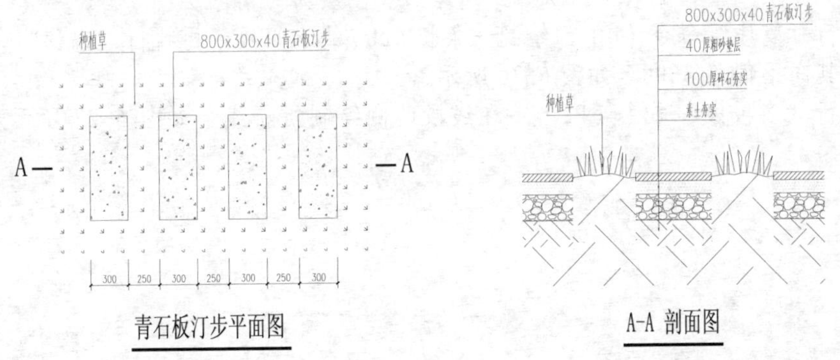

图 6-23　图名标注效果

步骤 07 至此，青石板汀步图形已经绘制完成，按【Ctrl+S】组合键将文件进行保存。

技巧：155　卵石路铺装平面图的绘制

视频：技巧155-绘制卵石路铺装平面图.avi
案例：卵石路铺装.dwg

技巧概述：在园林道路设计中，经常会见到一些用鹅卵石铺设的路面，这些卵石健身道不仅为游人提供锻炼的平台，同时也为园林设计增添了一道别样的风景。图 6-24 所示为卵石人行道摄影图片。

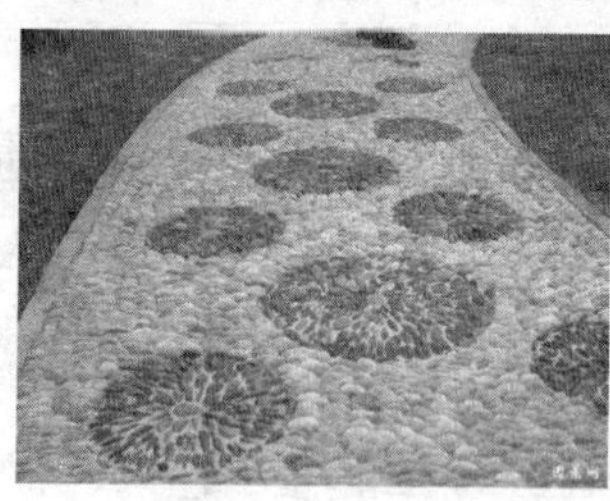

图 6-24　卵石路摄影图片

接下来两个实例通过绘制一段卵石健身道的平面图及剖面图，使读者掌握卵石铺装道路的绘制过程及技巧，效果如图 6-25 所示。

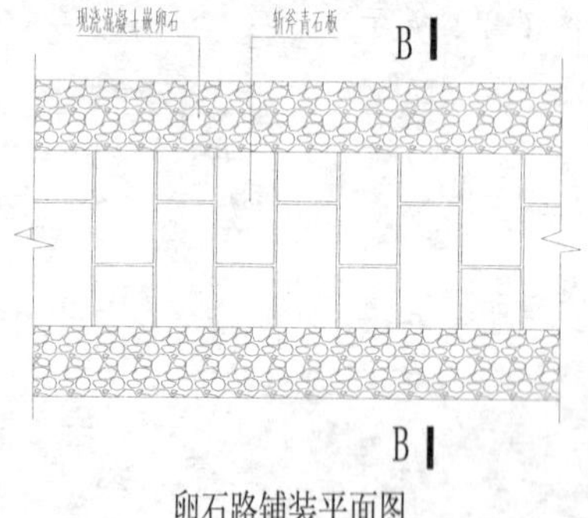

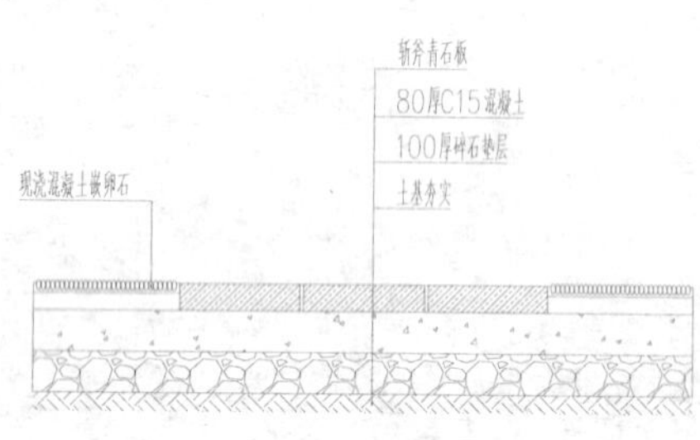

图 6-25　卵石铺装图形效果

步骤 01 正常启动 AutoCAD 2014 软件，在“快速访问”工具栏中，单击“打开”按钮，将本书配套光盘“案例\06\园林样板.dwg”文件打开。

步骤 02 再单击“另存为”按钮，将文件另存为“案例\06\卵石铺装.dwg”文件。

步骤 03 在“图层”下拉列表中，选择“道路线”图层为当前图层。

步骤 04 执行“直线”命令（L），绘制一条长 6200 的水平线；再执行“偏移”命令（O），将其向下偏移 3600，如图 6-26 所示。

步骤 05 执行“多段线”命令（PL），在线段两侧绘制折断线，如图 6-27 所示形成断开的道路。

图 6-26　绘制线段

图 6-27　绘制折断线

步骤 06 执行“偏移”命令（O），将道路边线各向内偏移 800，以形成分隔如图 6-28 所示。

步骤 07 切换至“铺装分隔线”图层，执行“图案填充”命令（H），选择图案为“AR-816C”，设置比例为 90，角度为 90°，在相应位置填充青石板铺装效果，如图 6-29 所示。

图 6-28　偏移线段

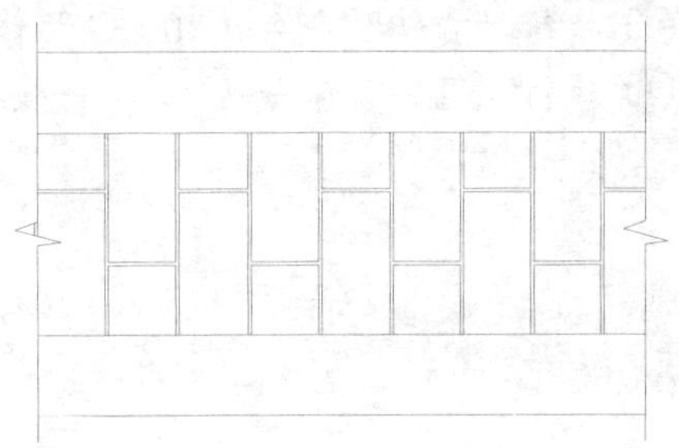

图 6-29　填充青石板铺路

步骤 08 重复填充命令，选择图案为“GRAVEL”，设置比例为 400，在道路两侧填充卵石铺装效果，如图 6-30 所示。

步骤 09 执行“多段线”命令（PL），设置全局宽度为 80，在道路上下侧绘制适当的多段线以形成断面符号。

步骤 10 再执行“多行文字”命令（MT），选择字体为“宋体”，设置字高为 400，在断面符号处注写文字“B”，以形成剖切编号如图 6-31 所示。

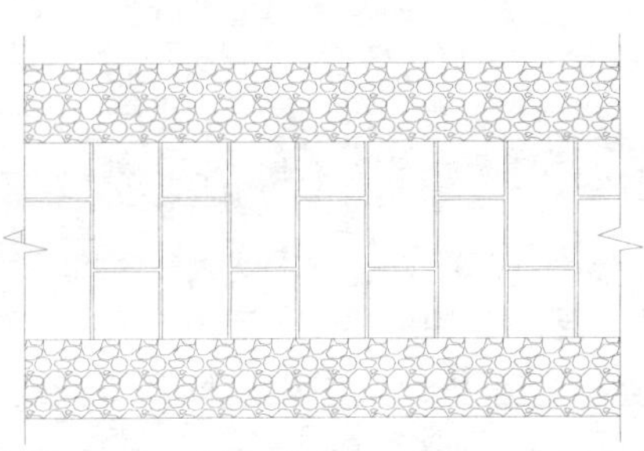

图 6-30　填充卵石铺路

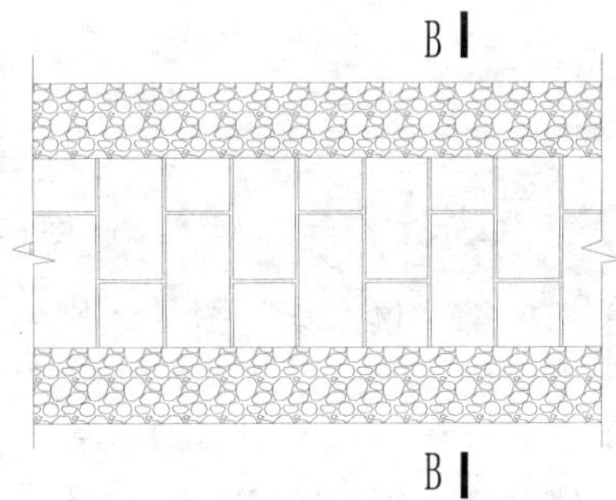

图 6-31　绘制剖切符号

技巧：156　卵石路铺装B-B剖面图的绘制

视频：技巧156-绘制B-B剖面图.avi
案例：卵石路铺装.dwg

技巧概述：根据前一实例绘制的平面图及部切符号位置，接下来绘制卵石路 B-B 剖面图。

步骤 01 接上例，在“图层”下拉列表中，选择“剖面图结构线”图层为当前图层。

步骤 02 执行“直线”命令（L），由平面图轮廓向右绘制投影线，然后在投影线上绘制一条垂直线段；再执行“偏移”命令（O），将垂直线段依次向右偏移 55、90、220、220、100，如图 6-32 所示。

步骤 03 执行“修剪”命令（TR），修剪多余的线条，效果如图 6-33 所示。

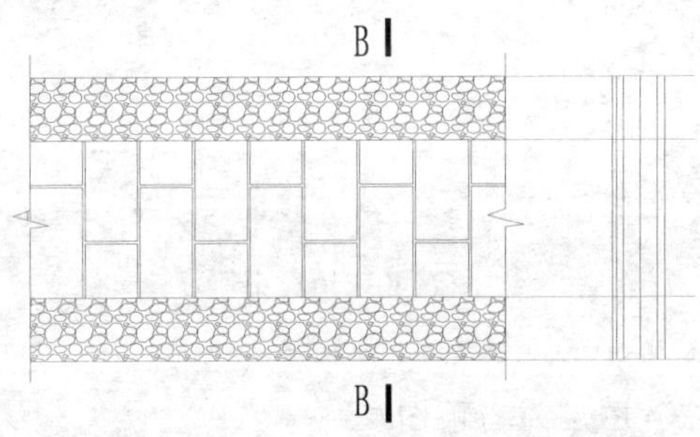

图 6-32　绘制投影线

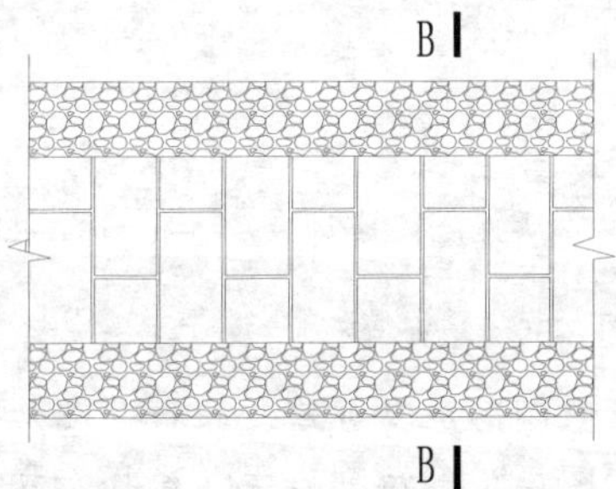

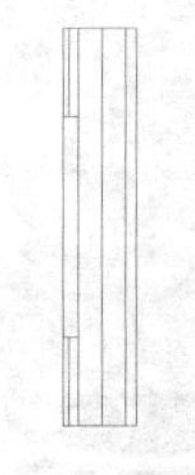

图 6-33　修剪效果

步骤 04 执行“旋转”命令（RO），将修剪好的剖面图形旋转-90°，效果如图 6-34 所示。

步骤 05 执行“偏移”命令（O），将线段按照如图 6-35 所示进行偏移，以形成道路中间的青石板。

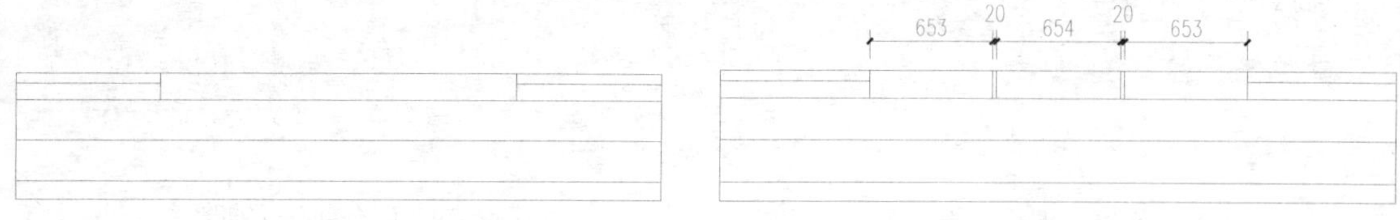

图 6-34　旋转图形　　图 6-35　偏移线段

步骤 06 执行“椭圆”命令（EL），绘制适当大小的椭圆；再通过复制命令将椭圆复制形成道路两侧的卵石铺路效果，如图 6-36 所示。

图 6-36　绘制卵石铺路

步骤 07 切换至“填充线”图层，执行“图案填充”命令（H），选择图案为“ANSI33”，设置比例为 180，在相应位置填充青石板图例效果，如图 6-37 所示。

步骤 08 重复填充命令，选择图案为“AR-CONC”，设置比例为 35，在相应位置填充混凝土图例效果，如图 6-38 所示。

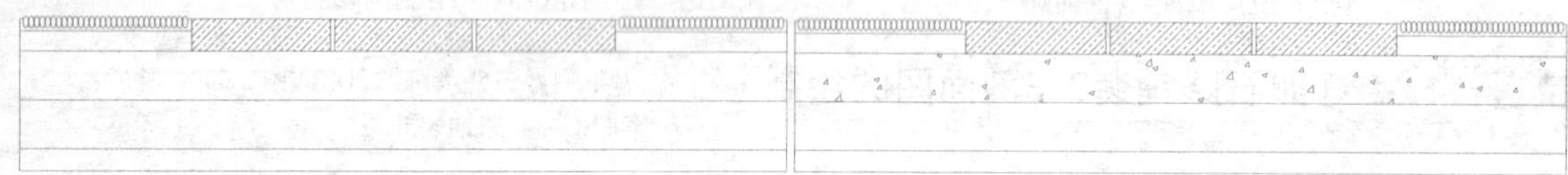

图 6-37　填充青石板　　图 6-38　填充混凝土

步骤 09 再执行“图案填充”命令（H），选择图案为“GRAVEL”，设置比例为 300，在相应位置填充碎石图例效果，如图 6-39 所示。

步骤 10 再重复填充命令，选择图案为“EARTH”，设置比例为 500，角度为 45°，在相应位置填充土壤基层图例；再执行“删除”命令（E），将下侧的边线删除掉，效果如图 6-40 所示。

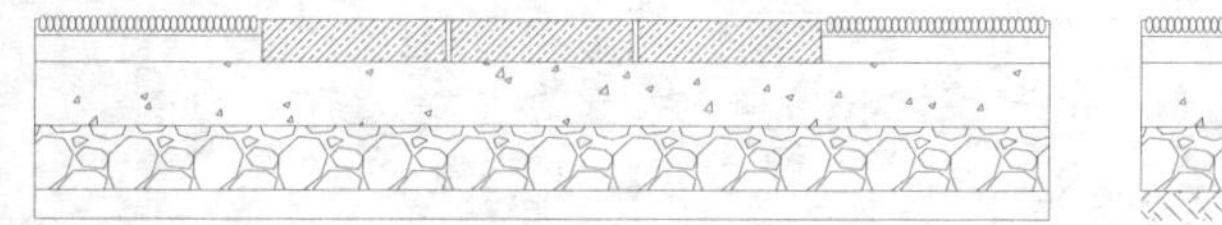

图 6-39　填充碎石　　图 6-40　填充土壤

步骤 11 为了使图形更易观看，执行“缩放”命令（SC），将剖面图形放大 2 倍。

步骤 12 在“图层”下拉列表中，选择“文字标注”图层为当前图层。

步骤 13 执行“引线”命令（LE），在相应位置拖出引线，在选择“图内说明”文字样式，设置字高为 300，进行文字的注释，效果如图 6-41 所示。

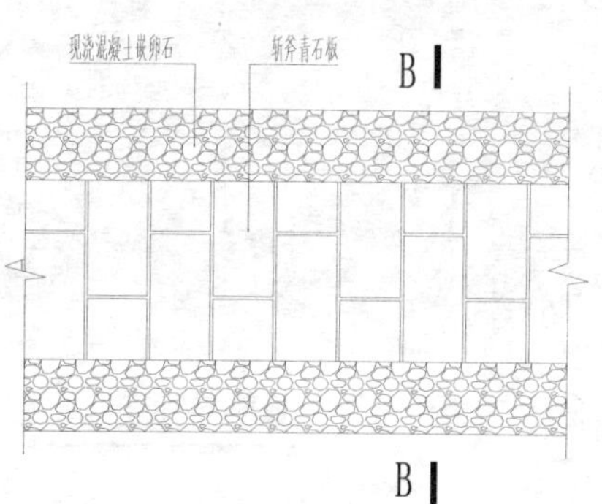

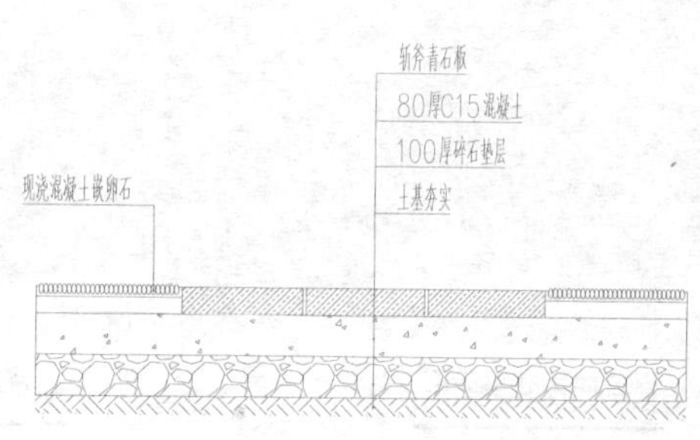

图 6-41　文字及尺寸的标注

步骤 14 执行“多行文字”命令（MT），分别在图形的下侧拖出矩形文本框，再“文字格式”工具栏中选择“图名”文字样式，设置字高为 70，标注出图名；再执行“多段线”命令（PL），在图名下侧绘制适当宽度和长度的水平多段线，如图 6-42 所示。

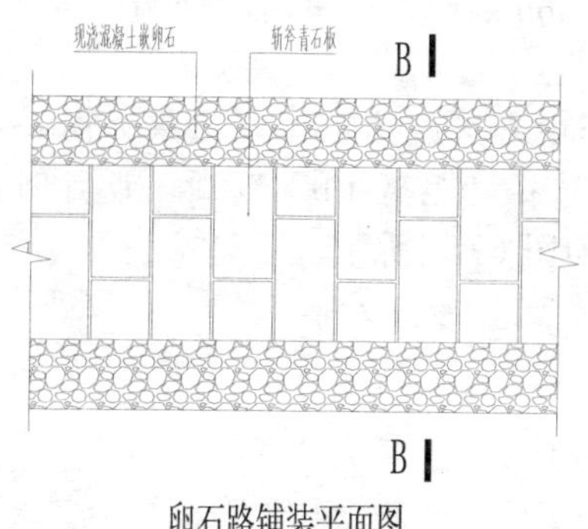

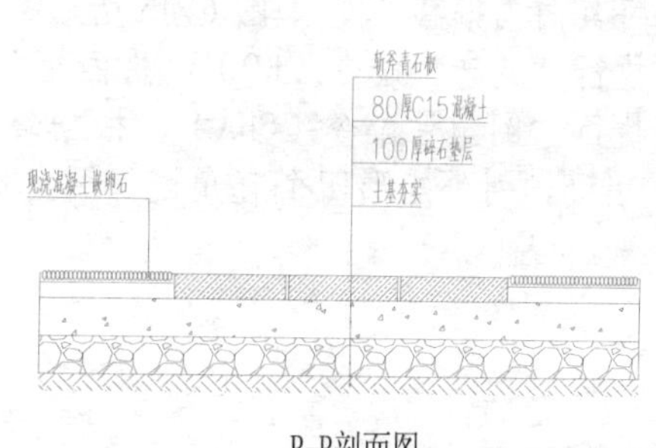

图 6-42　图名标注效果

步骤 15 至此，卵石路铺装图已经绘制完成，按【Ctrl+S】组合键将文件进行保存。

技巧：157　嵌草砖步道平面图的绘制

视频：技巧157-绘制嵌草砖步道平面图.avi
案例：嵌草砖步道.dwg

技巧概述： 嵌草路面属于透水透气性铺地之一种。有两种类型，一种为在块料路面铺装时，在块料与块料之间，留有空隙，在其间种草，如冰裂纹嵌草路、空心砖纹嵌草路、人字纹嵌草路等；另一种是制作成可以种草的各种纹样的混凝土路面砖。图 6-43 所示为嵌草砖路面摄影图片。

图 6-43　嵌草砖路面摄影图片

接下来四个实例通过绘制嵌草砖步道的平面图、大样图及剖面图，使读者掌握嵌草砖步道的绘制过程及技巧，效果如图 6-44 所示。

嵌草砖铺装平面图

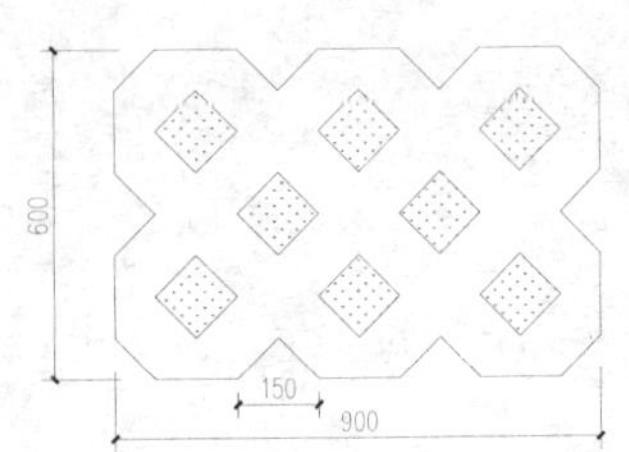

嵌草砖铺装大样图

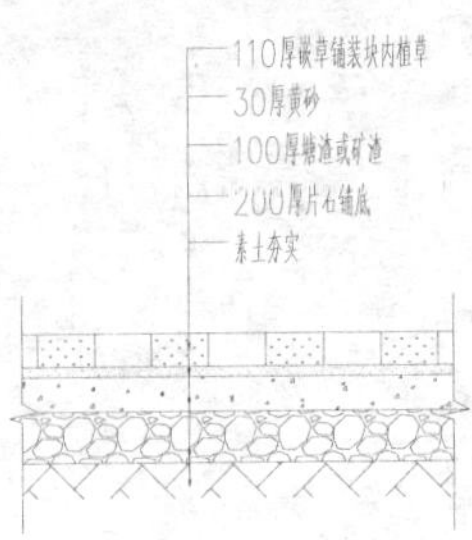

嵌草砖铺装剖面图

图 6-44　嵌草砖步道图形效果

步骤 01 正常启动 AutoCAD 2014 软件，在“快速访问”工具栏中，单击“打开”按钮，将本书配套光盘“案例\06\园林样板.dwg”文件打开。

步骤 02 再单击“另存为”按钮，将文件另存为“案例\06\嵌草砖步道.dwg”文件。

步骤 03 在“图层”下拉列表中，选择“铺装分隔线”图层为当前图层。

步骤 04 执行“矩形”命令（REC），绘制一个 300×300 的矩形；再执行“偏移”命令（O），将其向内偏移 97，如图 6-45 所示。

步骤 05 执行“旋转”命令（RO），将内矩形以矩形中心点旋转 45°，效果如图 6-46 所示。

步骤 06 执行“倒角”命令（CHA），根据命令提示选择“距离（D）”项，设置倒角距离均为 75，对外矩形四个直角进行倒角处理，如图 6-47 所示。

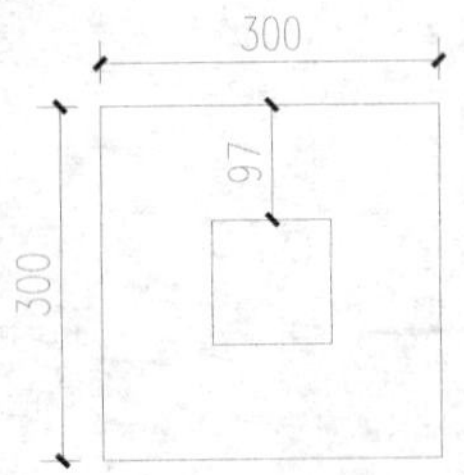

图 6-45　绘制偏移矩形

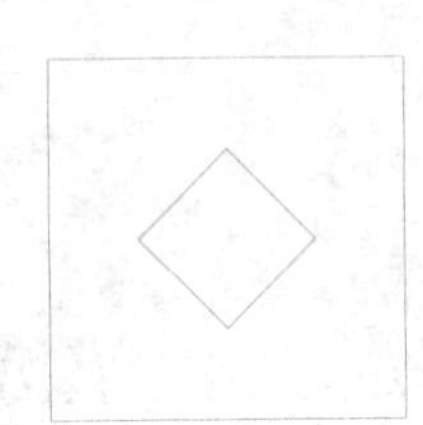

图 6-46　旋转小矩形

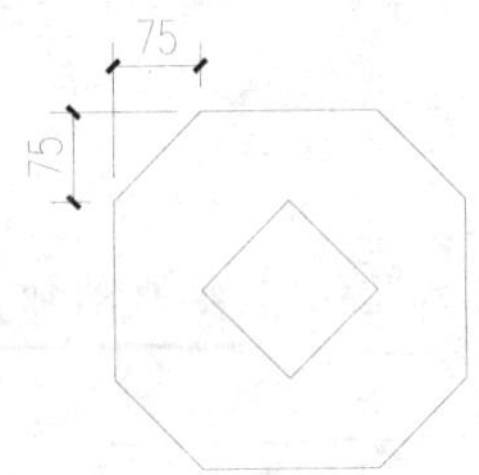

图 6-47　倒角处理

步骤 07 执行“复制”命令（CO），将绘制好的图形向右复制出 5 份，如图 6-48 所示。

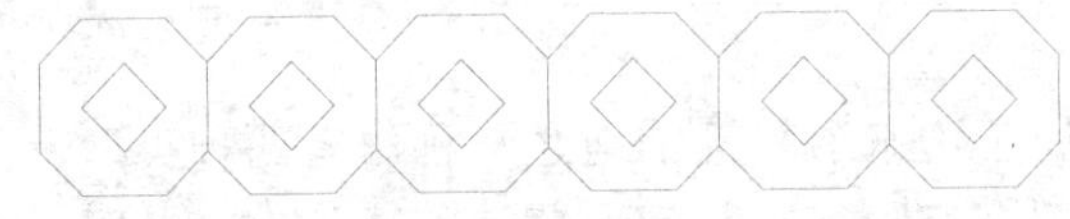

图 6-48　复制图形

步骤 08 重复“复制”命令（CO），再将上步图形向上复制出 3 份，如图 6-49 所示。

步骤 09 执行“修剪”命令（TR），修剪掉多余的重合边，效果如图 6-50 所示。

图 6-49　向上复制图形

图 6-50　修剪效果

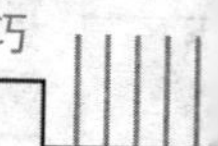

技巧：158 嵌草砖步道大样图的绘制

视频：技巧158-绘制嵌草砖步道大样图.avi
案例：嵌草砖步道.dwg

技巧概述：为了使读者能够更精确了解嵌草砖的规格，接下来绘制嵌草砖的大样图。

步骤 01 接上例，执行“复制”命令（CO），将绘制好的平面图的 1/4 图形复制出来，效果如图 6-51 所示。

步骤 02 执行“图案填充”命令（H），选择图案为“GRASS”，设置比例为 20，在中间矩形位置填充种植草效果，如图 6-52 所示。

步骤 03 切换至“尺寸标注”图层，执行“标注”命令（D），弹出“标注样式管理器”对话框，选择“园林标注-100”样式为当前标注样式；然后单击“修改”按钮，随后弹出“修改标注样式：园林标注-100”对话框，切换至“调整”选项卡，修改标注的全局比例为 25。

步骤 04 执行“线形标注”命令（DLI），对图形进行尺寸的标注，如图 6-53 所示。

图 6-51　复制的图形

图 6-52　填充图案

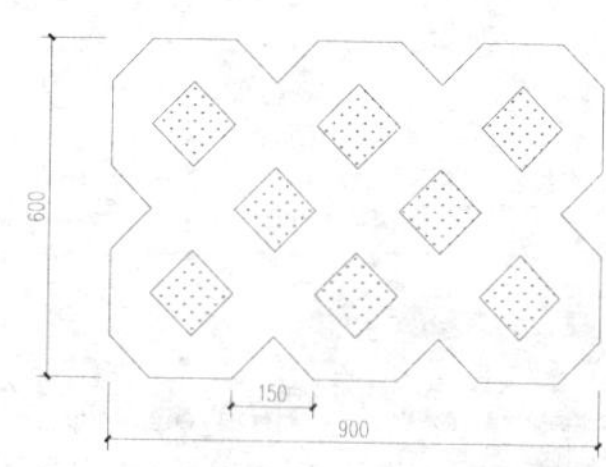

图 6-53　尺寸标注

步骤 05 为了使图形更易于观看，执行“缩放”命令（SC），将图形放大 2 倍；再执行“文字编辑”命令（ED）命令，将放大后的尺寸标注文字改回原图 6-53 的尺寸标注值。

技巧：159 嵌草砖步道剖面图的绘制

视频：技巧159-绘制嵌草砖步道剖面图.avi
案例：嵌草砖步道.dwg

技巧概述：前面两个实例分别讲解了嵌草砖步道平面图及大样图，接下来绘制嵌草砖步道的剖面图。

步骤 01 在“图层”下拉列表中，选择“剖面结构线”图层为当前图层。

步骤 02 执行“直线”命令（L），绘制长 800 的水平线段；再执行“偏移”命令（O），将其依次向下偏移 60、19、63、94、65，如图 6-54 所示。

步骤 03 执行“直线”命令（L）和“偏移”命令（O），在最上层绘制均分线，如图 6-55 所示。

图 6-54　绘制直线

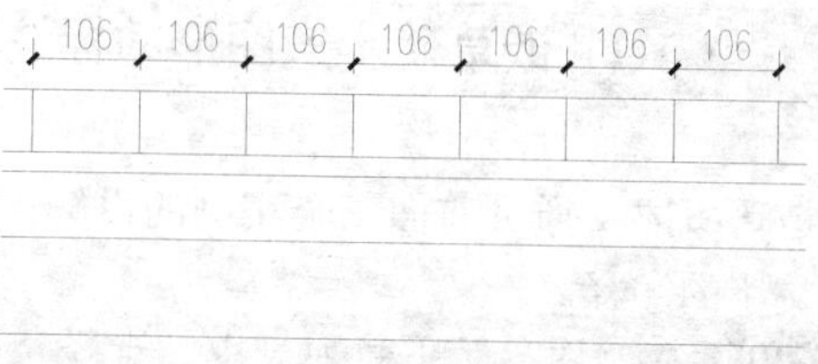

图 6-55　绘制分隔线

步骤 04 执行“多段线”命令（PL），在线段的两侧绘制出折断线，如图 6-56 所示。

步骤 05 切换至“填充线”图层，执行“图案填充”命令（H），选择图案为“GRASS”，设置比例为 20，在最上层填充种植草效果，如图 6-57 所示。

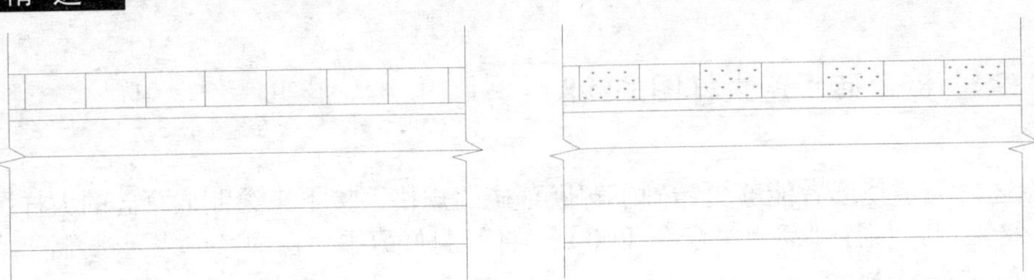

图 6-56　绘制折断线　　　　图 6-57　填充种植草

步骤 06 重复填充命令，选择图案为“AR-SAND”，设置比例为 6，在第二层填充种砂浆效果，如图 6-58 所示。

步骤 07 继续执行“图案填充”命令（H），选择图案为“AR-CONC”，设置比例为 9，在第三层填充石渣效果，如图 6-59 所示。

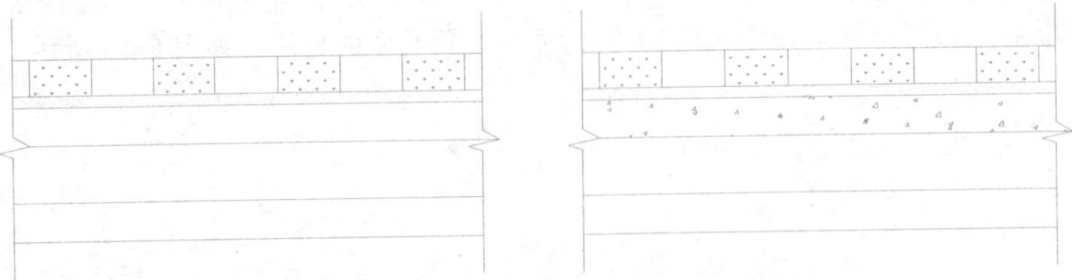

图 6-58　填充砂浆　　　　图 6-59　填充石渣

步骤 08 继续执行“图案填充”命令（H），选择图案为“GRAVEL”，设置比例为 100，在第四层填充片石效果，如图 6-60 所示。

步骤 09 继续执行“图案填充”命令（H），选择图案为“AR-HBONE，设置比例为 15，在底层填充素土效果；然后执行“删除”命令（E），将最底边水平线删除掉，效果如图 6-61 所示。

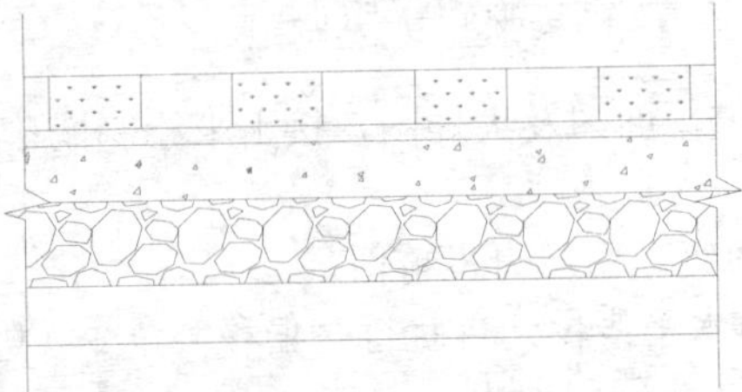

图 6-60　填充片石

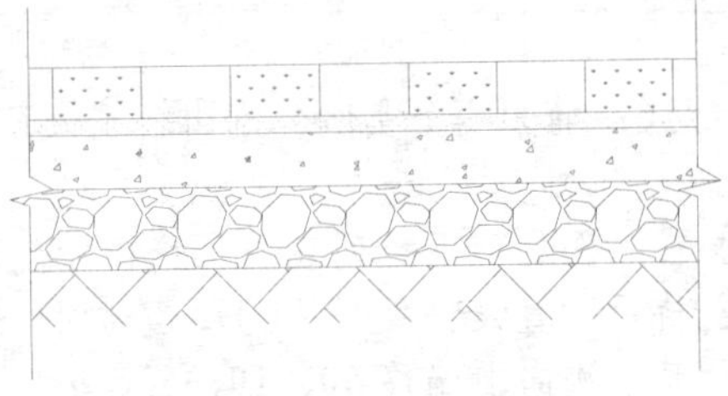

图 6-61　填充素土

技巧：160　嵌草砖步道图形的标注

视频：技巧160-嵌草砖步道图形的标注.avi
案例：嵌草砖步道.dwg

技巧概述：通过前面三个实例的讲解，嵌草砖步道图形已经基本绘制完成，接下来对图形进行文字的注释。

步骤 01 在“图层”下拉列表中，选择“文字标注”图层为当前图层。

步骤 02 执行“引线”命令（LE），选择“图内说明”文字样式，设置字高为 120，在剖面图相应位置进行材料的注释。

步骤 03 再执行“多行文字”命令（MT），选择“图名”文字样式，设置字高为 120，各在图形的下方标注出图名；再执行“多段线”命令（PL），在图名的下侧绘制出适当宽度与长度的多段线，如图 6-62 所示。

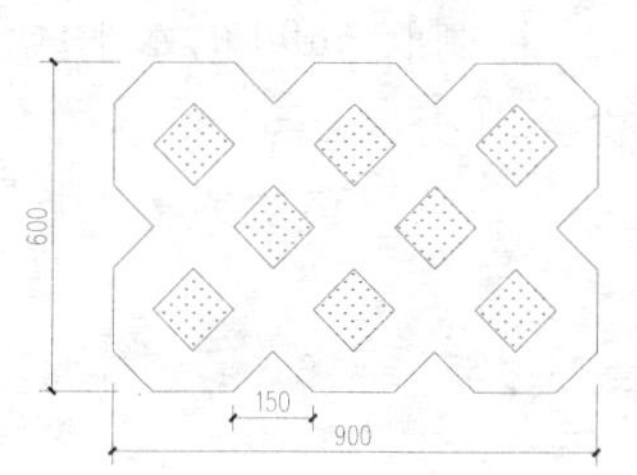

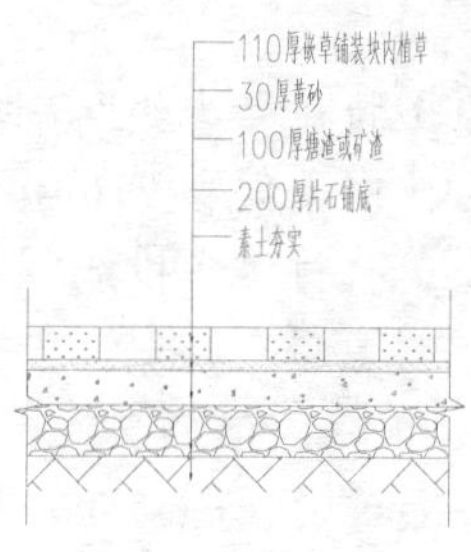

图 6-62　文字注释效果

步骤 04 至此，嵌草砖步道铺装图已经绘制完成，按【Ctrl+S】组合键将文件进行保存。

技巧：161　园路铺装图的绘制

视频：技巧161-绘制园路铺装图.avi
案例：园路铺装图.dwg

技巧概述：园路铺装是指在园林环境中运用自然或者人工的铺地材料，按照一定的方式铺设于地面形成的地表形式。作为园林景观的一个有机组成部分，园林铺装主要通过对园路、广场等进行不同形式的印象组合，贯穿游人游览过程的始终，在营造空间的整体形象上具有极为重要的影响。图 6-63 所示为园路铺装的摄影图片。

图 6-63　园路铺装摄影图片

本实例通过绘制一段园林道路的铺装大样图，使读者掌握绘制园林铺装图的绘制过程及技巧，其绘制的园路铺装图效果如图 6-64 所示。

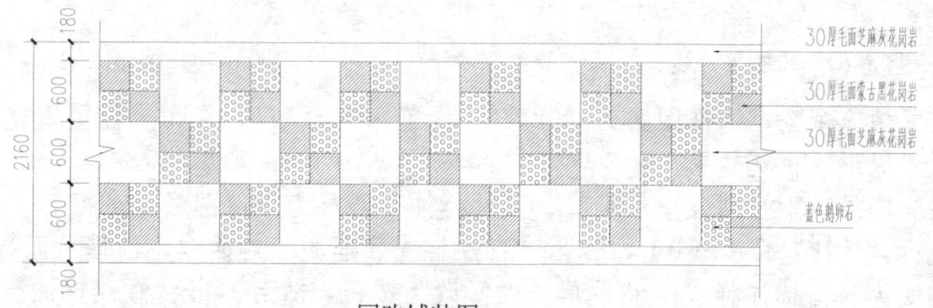

图 6-64　园路铺装图形效果

步骤 01 正常启动 AutoCAD 2014 软件，在“快速访问”工具栏中，单击“打开”按钮，将本书配套光盘“案例\06\园林样板.dwg”文件打开。

步骤 02 再单击“另存为”按钮，将文件另存为“案例\06\园路铺装图.dwg”文件。

步骤 03 在“图层”下拉列表中，选择“道路线”图层为当前图层。

步骤 04 执行“直线”命令（L），绘制长 6600 的水平线；再执行“偏移”命令（O），将其向下偏移 2160，如图 6-65 所示。

步骤 05 执行“多段线”命令（PL），在线段两端绘制折断线，形成如图 6-66 所示的断开的道路。

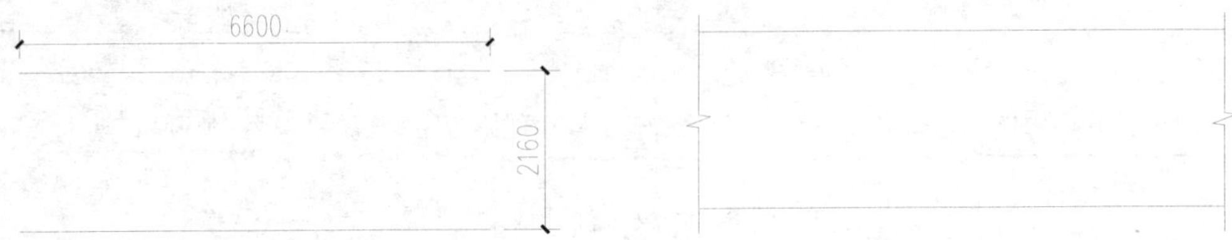

图 6-65　绘制线段　　　　图 6-66　绘制折断线

步骤 06 执行“偏移”命令（O），将道路线各向内偏移 180，如图 6-67 所示。

步骤 07 执行“偏移”命令（O），将线段再按照 600 的单位进行偏移，效果如图 6-68 所示。

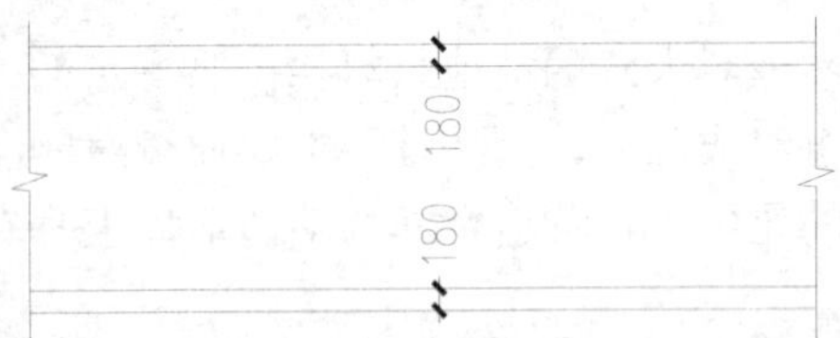

图 6-67　偏移线段

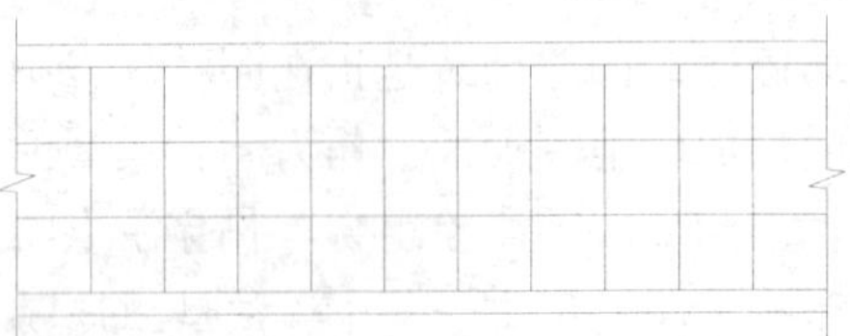

图 6-68　偏移线段

步骤 08 再执行“直线”命令（L），在内部相应格子内绘制平分线，如图 6-69 所示。

步骤 09 切换至“填充线”图层，执行“图案填充”命令（H），选择图案为“ANSI31”，设置比例为 220，在相应位置填充，如图 6-70 所示。

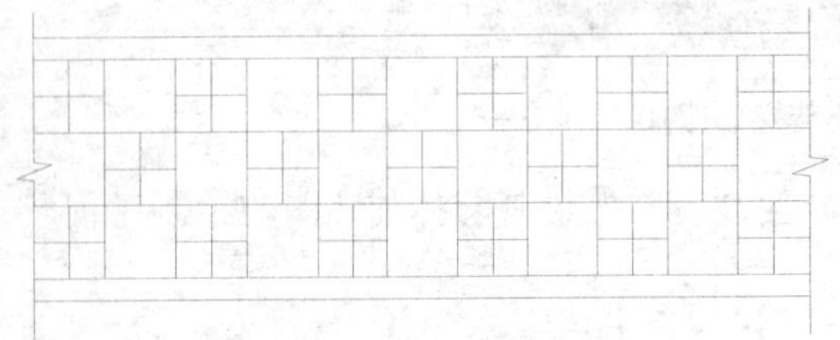

图 6-69　绘制平分线

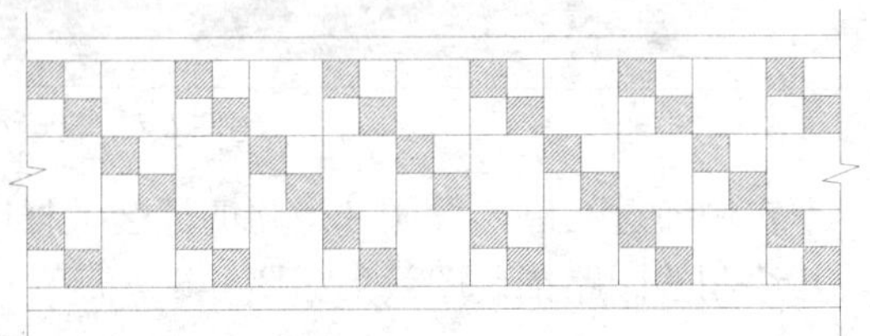

图 6-70　填充图案

步骤 10 重复填充命令，选择图案为“HEX”，设置比例为 180，在相应位置填充，如图 6-71 所示以形成拼花效果。

步骤 11 在“图层”下拉列表中，选择“尺寸标注”图层为当前图层。

步骤 12 执行“标注”命令（D），弹出“标注样式管理器”对话框，选择“园林标注-100”样式为当前标注样式；然后单击“修改”按钮，随后弹出“修改标注样式：园林标注-100”对话框，切换至“调整”选项卡，修改标注的全局比例为 50。

步骤 13 执行“线形标注”命令（DLI）、“连续标注”命令（DCO），对图形进行尺寸的标注如图 6-72 所示。

步骤 14 在“图层”下拉列表中，选择“文字标注”图层为当前图层。

步骤 15 执行“引线”命令（LE），在相应位置拖出引线，选择“图内说明”文字样式，设置字高为 250，进行文字的注释，效果如图 6-73 所示。

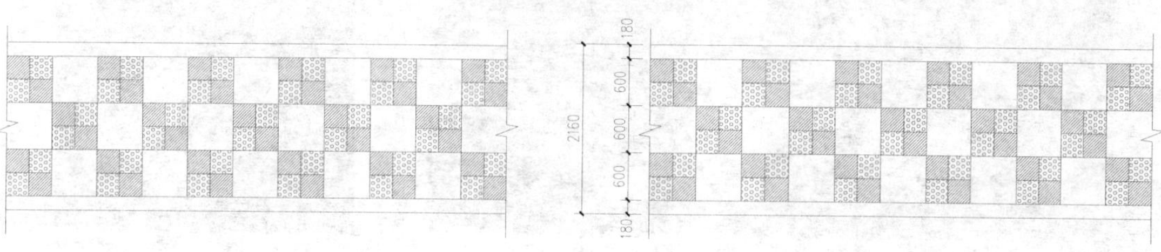

图 6-71　填充卵石　　　图 6-72　尺寸标注

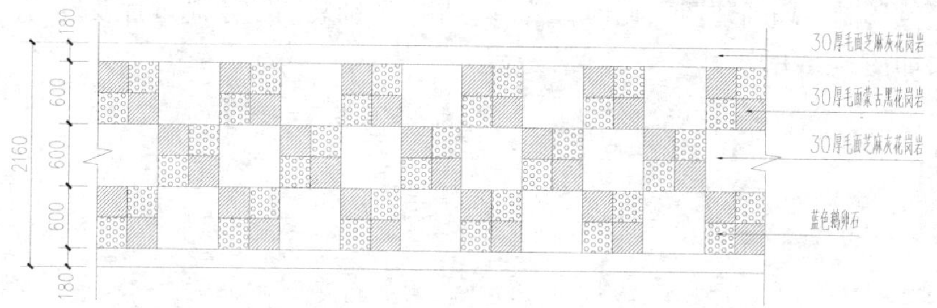

图 6-73　文字和尺寸标注

步骤 16 执行“多行文字”命令（MT），分别在图形的下侧拖出矩形文本框，再“文字格式”工具栏中选择“图名”文字样式，设置字高为 200，标注出图名；再执行“多段线”命令（PL），在图名下侧绘制适当宽度和长度的水平多段线，如图 6-74 所示。

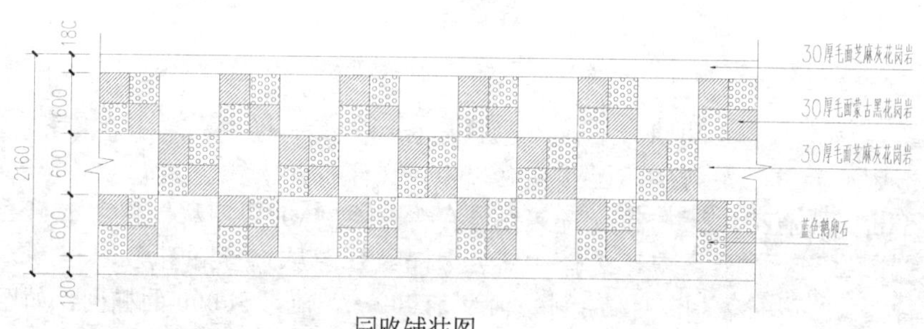

图 6-74　图名标注

步骤 17 至此，园路铺装图形已经绘制完成，按【Ctrl+S】组合键将文件进行保存。

技巧：162　广场铺装图的绘制

视频：技巧162-绘制广场铺装图.avi
案例：广场铺装图.dwg

技巧概述：在城市的空间环境设计中，城市的客厅——广场的地面铺装设计是非常重要的。城市广场是城市精华所在，被誉为城市的客厅。从整体上看，整个城市就好比一幢大的居住建筑，那么街道就是这个建筑的通道，建筑物的室内空间可以相当于各个私密性较强的卧室或书房，能够称得上客厅的就是城市广场了。

广场地面精心设计的目的在于强化广场空间的特色魅力，突出广场的性格。广场地面铺装形式、各设计要素的确定应该以广场的功能性质为前提。城市广场的性质取决于它在城市中的位置与环境、相关主体建筑与主体标志物以及其功能等性质。图 6-75 所示为各种类型的广场铺装摄影图片。

图 6-75　广场铺装摄影图片

本实例通过绘制广场铺装图，使读者掌握绘制广场铺装图的绘制过程及技巧，其绘制的广场铺装图效果如图 6-76 所示。

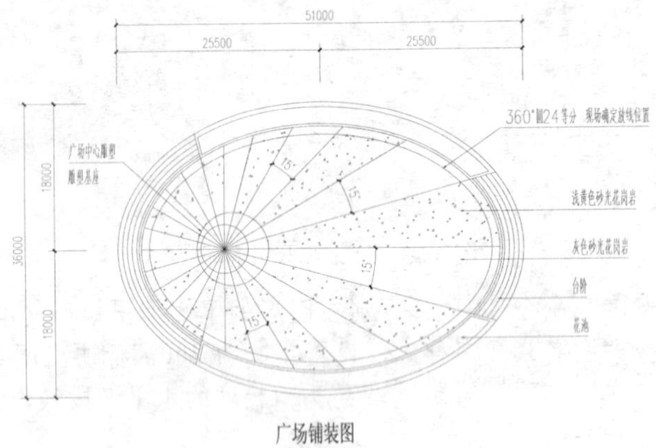

图 6-76　铺装图形效果

步骤 01 正常启动 AutoCAD 2014 软件，在“快速访问”工具栏中，单击“打开”按钮，将本书配套光盘“案例\06\园林样板.dwg”文件打开。

步骤 02 再单击“另存为”按钮，将文件另存为“案例\06\广场铺装图.dwg”文件。

步骤 03 在“图层”下拉列表中，选择“铺装分隔线”图层为当前图层。

步骤 04 执行“椭圆”命令（EL），绘制长轴为 51000，短轴为 36000 的椭圆，如图 6-77 所示。

步骤 05 执行“偏移”命令（O），将椭圆向内依次偏移 600、600、600、600、600 和 1000，如图 6-78 所示。

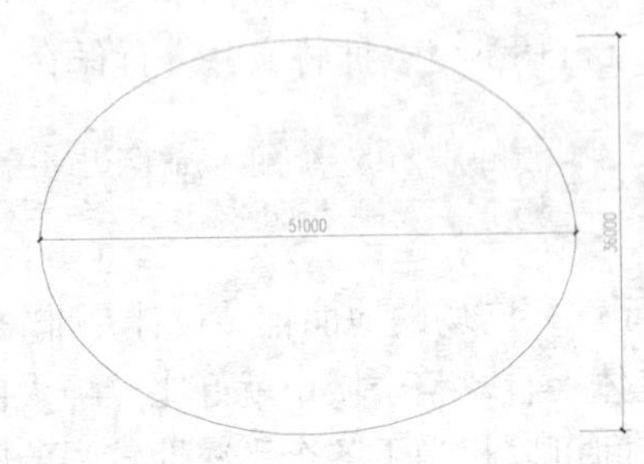

图 6-77　绘制椭圆

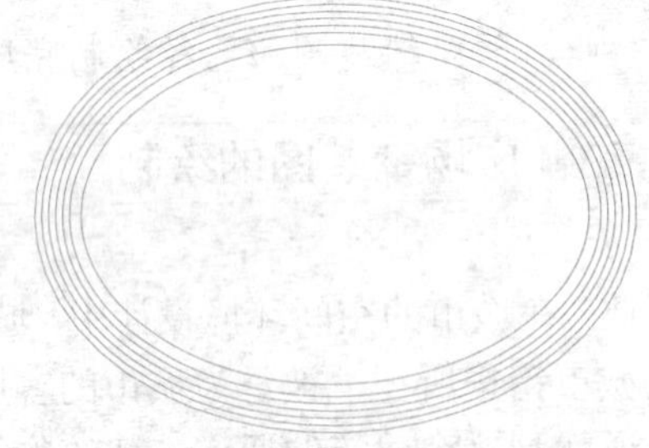

图 6-78　偏移椭圆

步骤 06 执行“直线”命令（L），过椭圆象限点绘制互垂直的线段，并转换为“道路中心线”图层如图 6-79 所示。

步骤 07 执行“偏移”命令（O），将垂直中心线向左偏移 11000；再执行“圆”命令（C），以偏移的交点绘制半径 4500 的圆，如图 6-80 所示。

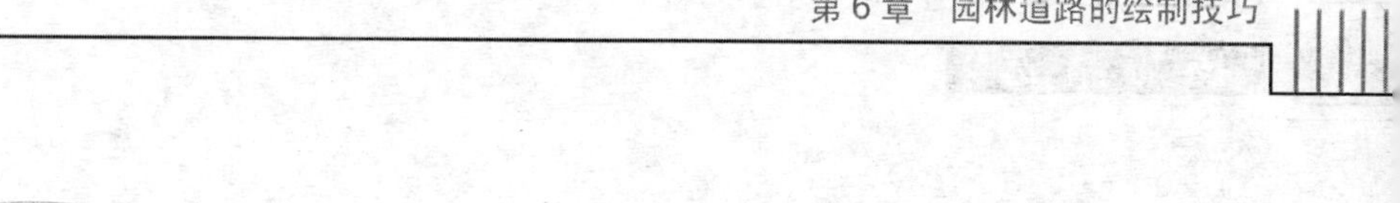

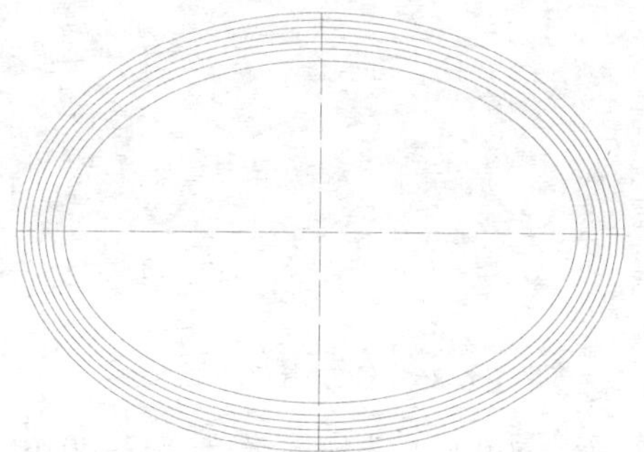

图 6-79 绘制垂直线段

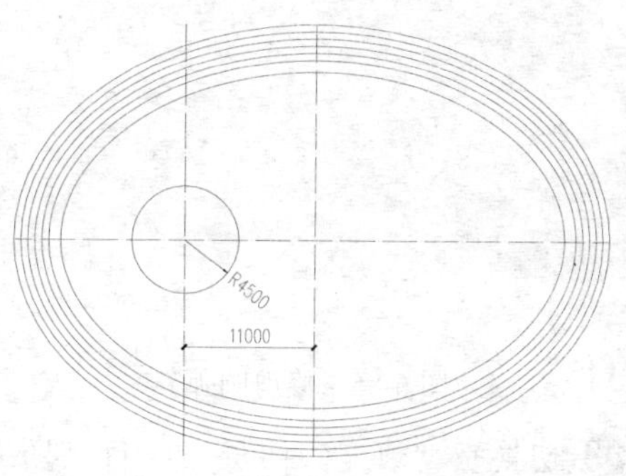

图 6-80 偏移线段绘制圆

步骤 08 同样的执行“偏移”命令（O），将垂直中心线再向左偏移 12000；再执行“圆”命令（C），以偏移的交点绘制半径 3000 的圆，如图 6-81 所示。

步骤 09 执行“直线”命令（L），过小圆圆心向上绘制一条垂直线段，如图 6-82 所示。

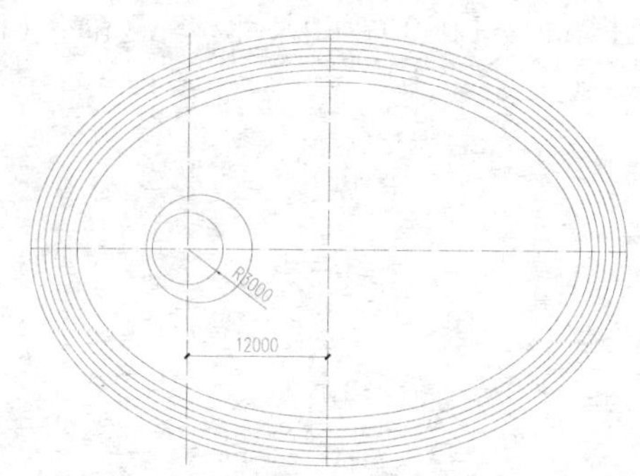

图 6-81 绘制圆

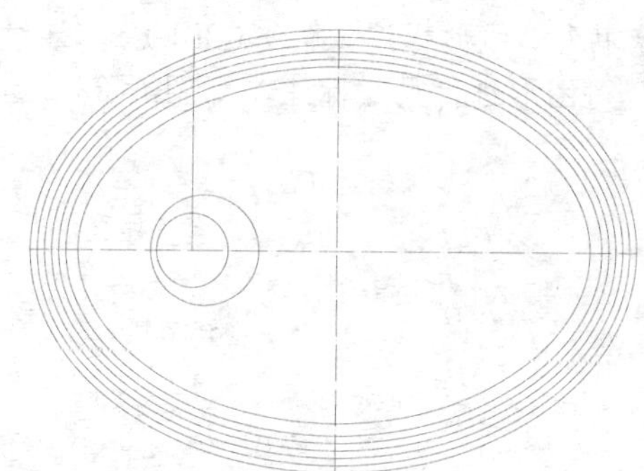

图 6-82 绘制垂直线段

步骤 10 执行“阵列”命令（AR），选择上步绘制的线段，以小圆圆心为阵列中心，进行项目数为 24 的极轴阵列，效果如图 6-83 所示。

步骤 11 执行“分解”命令（X），将阵列的图形分解掉；再执行“延伸”命令（EX），将阵列的线段延伸至与外椭圆相交；再将中心线删除掉，如图 6-84 所示。

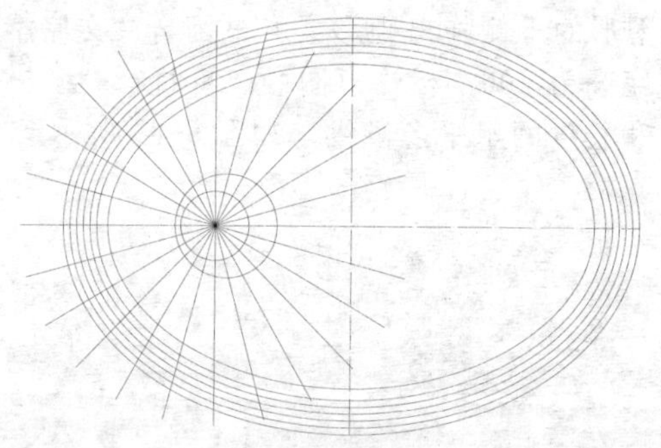

图 6-83 极轴阵列

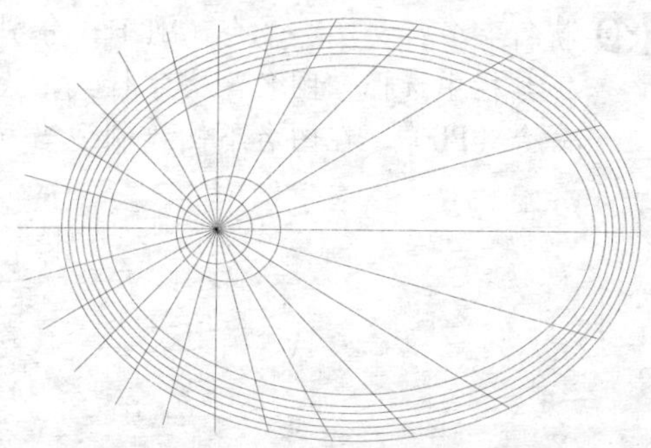

图 6-84 分解延伸线段

步骤 12 执行“修剪”命令（TR），修剪多余的线条与圆弧，效果如图 6-85 所示。

步骤 13 执行“偏移”命令（O），在修剪掉的椭圆空白位置，将椭圆弧和线段各向内偏移 300，并进行对应的修剪，以形成花池效果如图 6-86 所示。

图 6-85　修剪圆弧

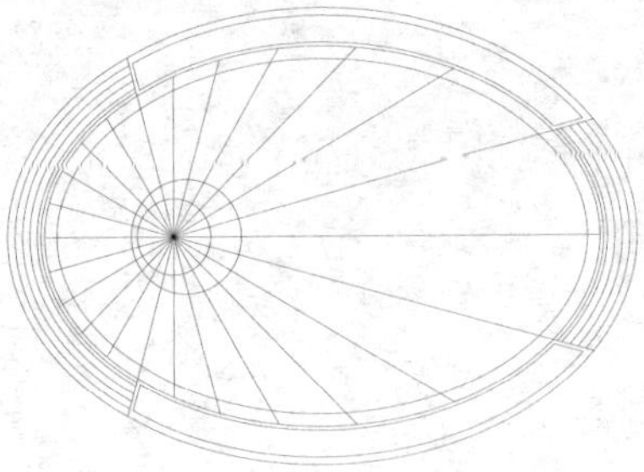

图 6-86　绘制出花池

步骤 14 切换至“填充”图层，执行“图案填充”命令（H），选择图案为“AR-CONC”，设置比例为 300，在相应位置进行填充，如图 6-87 所示。

步骤 15 在“图层”下拉列表中，选择“尺寸标注”图层为当前图层。

步骤 16 执行“标注”命令（D），弹出“标注样式管理器”对话框，选择“园林标注-100”样式为当前标注样式；然后单击“修改”按钮，随后弹出“修改标注样式：园林标注-100”对话框，切换至“调整”选项卡，修改标注的全局比例为 400。

步骤 17 执行“线形标注”命令（DLI）、“连续标注”命令（DCO）和“尺寸标注”命令（DAN），对图形进行尺寸标注，如图 6-88 所示。

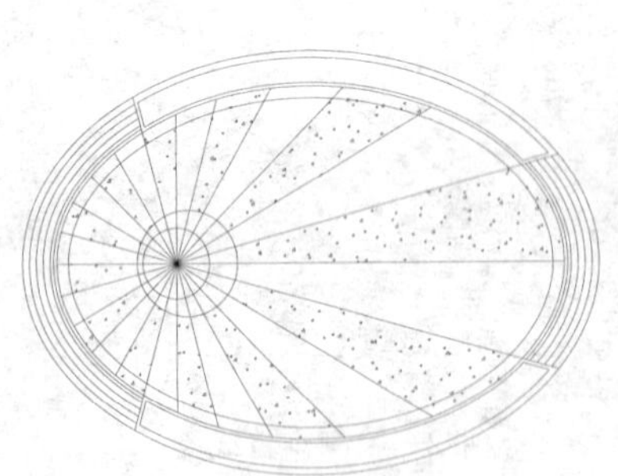

图 6-87　填充图案

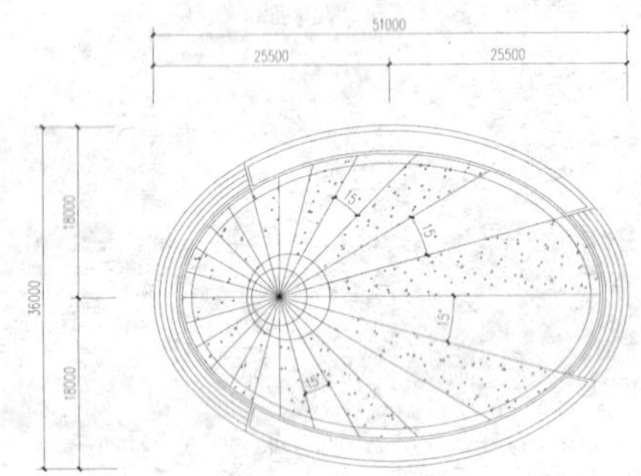

图 6-88　尺寸标注

步骤 18 在“图层”下拉列表中，选择“文字标注”图层为当前图层。

步骤 19 执行“引线”命令（LE），在相应位置拖出引线，选择“图内说明”文字样式，设置字高为 2000，进行文字的注释。

步骤 20 执行“多行文字”命令（MT），分别在图形的下侧拖出矩形文本框，再“文字格式”工具栏中选择“图名”文字样式，设置字高为 200，标注出图名；再执行“多段线”命令（PL），在图名下侧绘制适当宽度和长度的水平多段线，如图 6-89 所示。

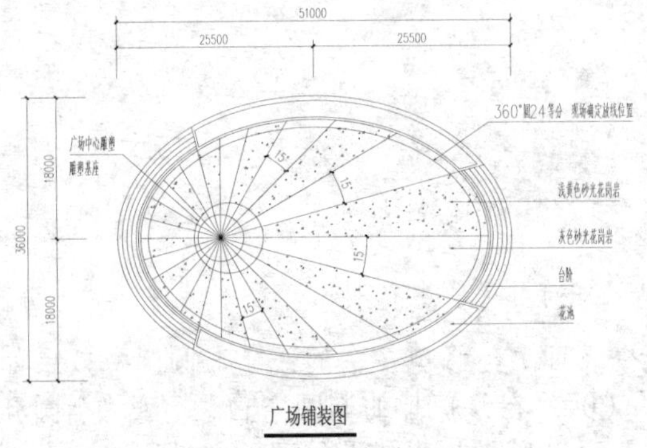

图 6-89　文字标注

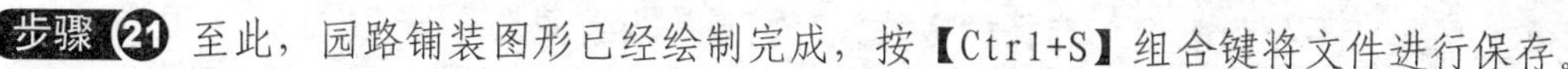

步骤 21 至此，园路铺装图形已经绘制完成，按【Ctrl+S】组合键将文件进行保存。

技巧：163　车行道路的绘制

视频：技巧163-绘制车行道路图.avi
案例：车行道路图.dwg

技巧概述：城市车行道路的功能特点是交通频繁、交通量大，持续性使用道路时间长，有一定的市容、景观要求，因而要求道路完好率高，维修周期长，有足够的强度，承受行车载荷引起的垂直变形和水平变态、磨损和疲劳；有足够的稳定性，保证路面在各种气候、水文条件下保持稳定的强度；平整度好，以减少行车阻力和颠簸，提高车速；粗糙，保持轮胎与路面间有足够的摩擦阻力，以充分发挥车辆的有效牵引力，保证行车安全；清洁，不能采用松散材料铺筑而产生扬尘和噪声。

目前，城市道路普遍采用沥青路面或水泥混凝土路面。随着我国城市道路建设的快速发展，经济水平的不断提高，采用彩色沥青等景观材料进行城市道路铺装具有很好的发展前景。既可满足人们对道路景观越来越高的要求，又可以充分发挥景观铺装的交通功能，提高道路交通的安全性。

图 6-90 所示为各种类型的车行道摄影图片。

图 6-90　车行道摄影图片

本实例通过绘制一段园林道路的铺装大样图，使读者掌握绘制园林铺装图的绘制过程及技巧，其绘制的园路铺装图效果如图 6-91 所示。

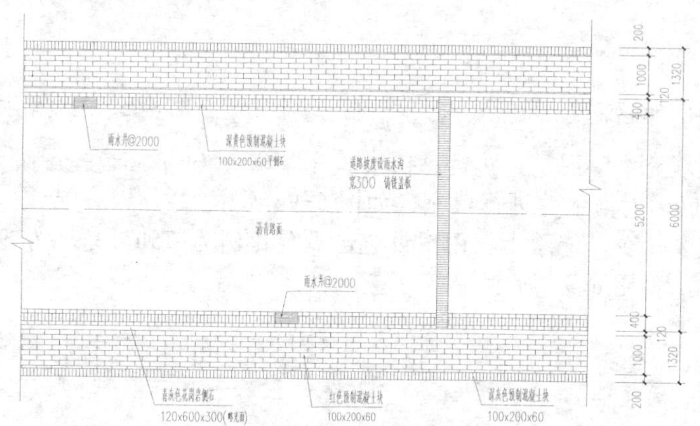

图 6-91　铺装图形效果

步骤 01 正常启动 AutoCAD 2014 软件，在“快速访问”工具栏中，单击“打开”按钮，将本书配套光盘“案例\06\园林样板.dwg”文件打开。

步骤 02 再单击“另存为”按钮，将文件另存为“案例\06\车行道路图.dwg”文件。

步骤 03 在“图层”下拉列表中，选择“道路线”图层为当前图层。

步骤 04 执行“直线”命令（L），绘制长约为15000的水平线；再执行“偏移”命令（O），将其向下依次偏移4320、4320，且将中间线段转换为“道路中心线”图层，如图6-92所示。

步骤 05 执行“多段线”命令（PL），在线段两侧绘制折断线，如图6-93所示。

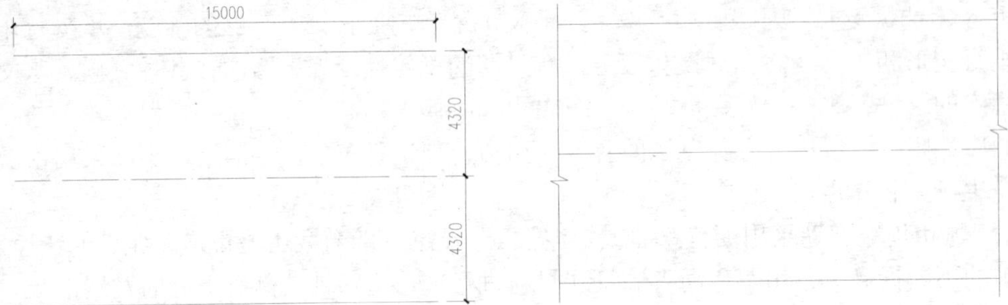

图6-92　绘制线段　　图6-93　绘制折断线

步骤 06 执行“偏移”命令（O），将两侧的道路线各向内依次偏移200、1000、120、100、200、100，如图6-94所示。

步骤 07 执行“偏移”命令（O）和“修剪”命令（TR），在图形中绘制出雨水井位置，如图6-95所示。

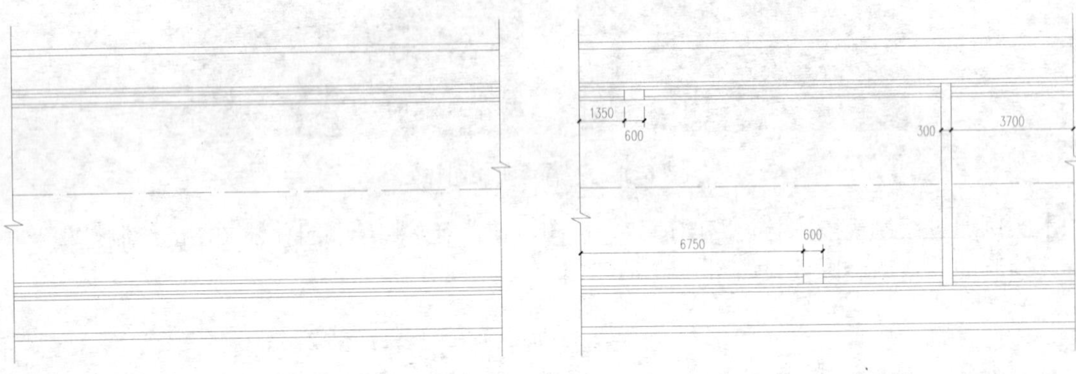

图6-94　偏移线段　　图6-95　绘制雨水井

步骤 08 切换至“填充线”图层，执行“图案填充”命令（H），选择图案为“LINE”，设置比例为500，对雨水井进行填充，如图6-96所示。

步骤 09 空格键重复命令，继承上一图案设置，调整比例为750，角度为90°，在相应区域进行填充，如图6-97所示。

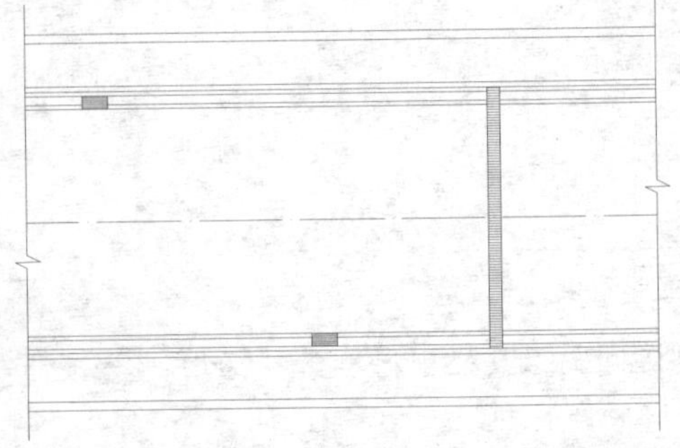

图6-96　填充雨水井

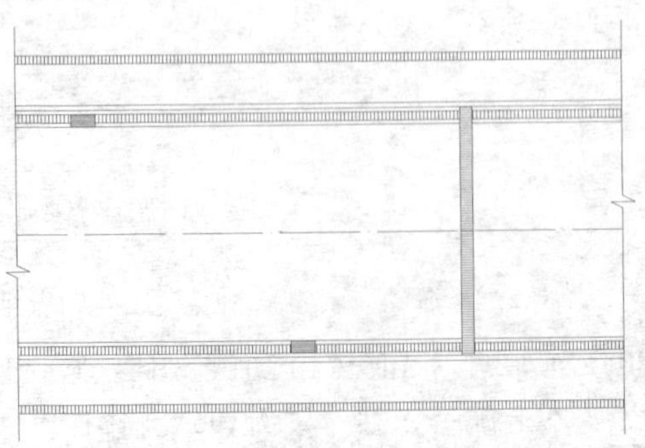

图6-97　填充“LINE”图案

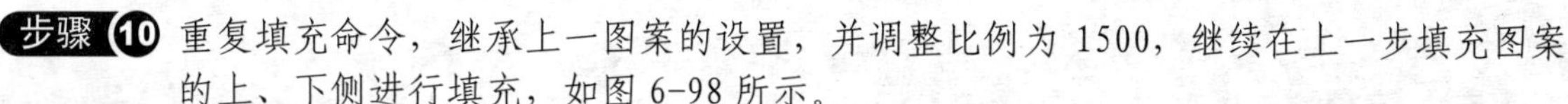

步骤 10 重复填充命令，继承上一图案的设置，并调整比例为 1500，继续在上一步填充图案的上、下侧进行填充，如图 6-98 所示。

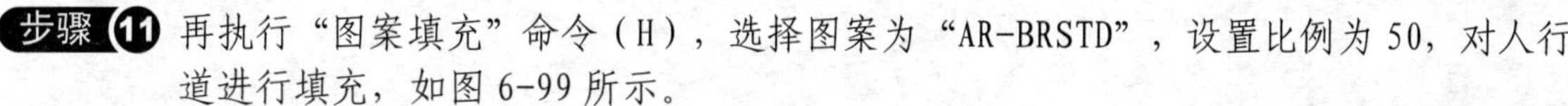

步骤 11 再执行“图案填充”命令（H），选择图案为“AR-BRSTD”，设置比例为 50，对人行道进行填充，如图 6-99 所示。

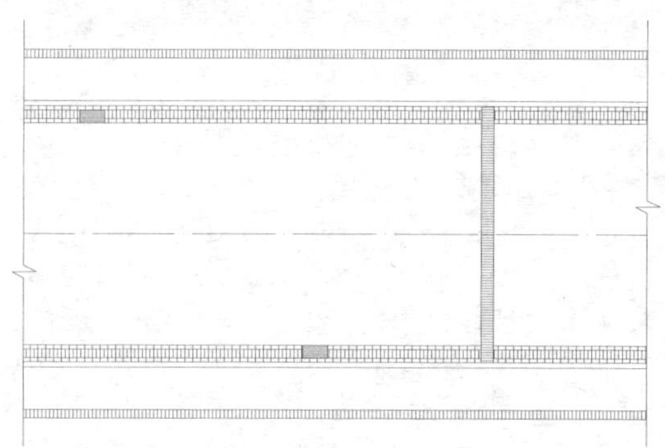

图 6-98　填充“LINE”图案

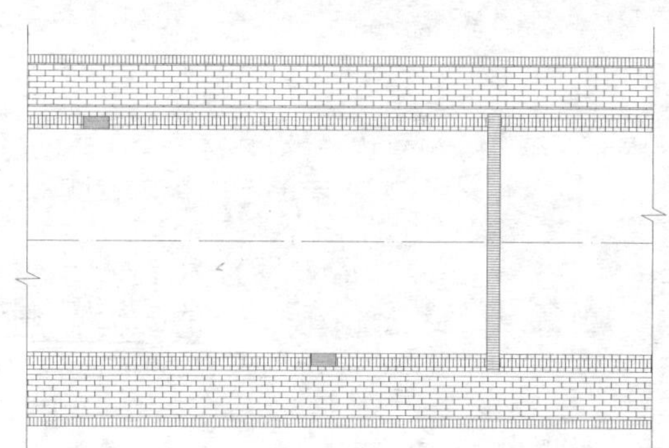

图 6-99　填充“AR-BRSTD”图案

步骤 12 在“图层”下拉列表中，选择“尺寸标注”图层为当前图层。

步骤 13 执行“标注”命令（D），弹出“标注样式管理器”对话框，选择“园林标注-100”样式为当前标注样式。

步骤 14 执行“线形标注”命令（DLI）和“连续标注”命令（DCO），对图形进行尺寸的标注如图 6-100 所示。

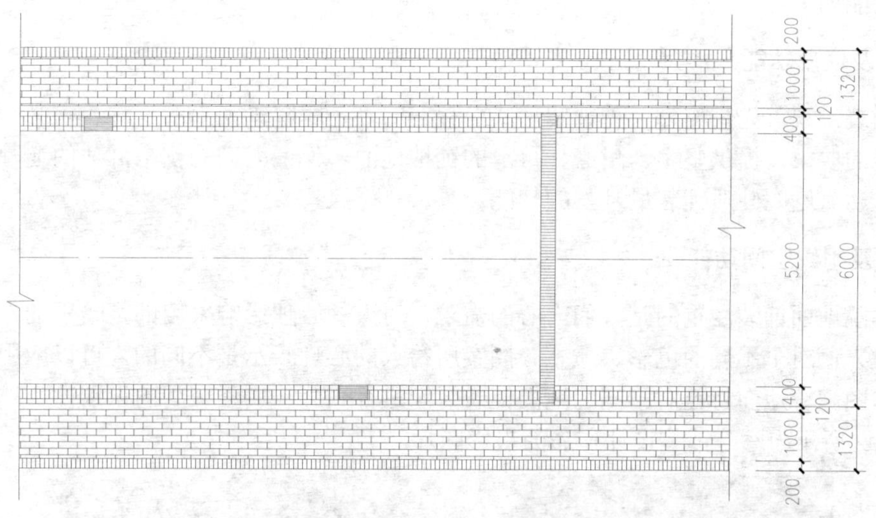

图 6-100　尺寸标注

步骤 15 在“图层”下拉列表中，选择“文字标注”图层为当前图层。

步骤 16 执行“引线”命令（LE），在相应位置拖出引线，选择“图内说明”文字样式，设置字高为 350，进行文字的注释。

步骤 17 执行“多行文字”命令（MT），分别在图形的下侧拖出矩形文本框，再“文字格式”工具栏中选择“图名”文字样式，设置字高为 500，标注出图名；再执行“多段线”命令（PL），在图名下侧绘制适当宽度和长度的水平多段线，如图 6-101 所示。

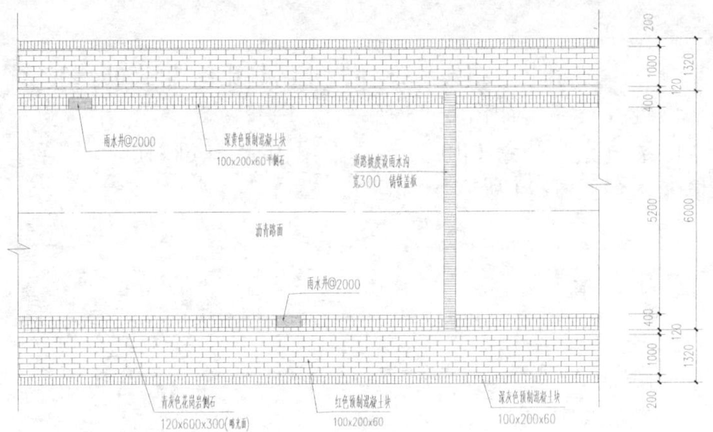

6m沥青道路平面图

图 6-101　文字标注

步骤 18 至此，车行道路铺装图形已经绘制完成，按【Ctrl+S】组合键将文件进行保存。

技巧：164　庭院铺装图的绘制

视频：技巧164-绘制庭院铺装图.avi
案例：庭院铺装图.dwg

技巧概述： 随着庭院建设的迅猛发展，硬质铺装景观越来越得到人们的注意和重视，庭院中的硬质铺装才是人们真正活动的场所所在。它承载着人们休闲、娱乐和学习，是人们与大自然亲近和交流的处所，所以它的艺术性和实用性越来越被人们所重视和关注。庭院硬质铺装景观设计的功能如下。

1.休息及使用功能

硬质铺装景观首先是作为一种铺装形式而存在的，是庭院景观中的一种。它必须满足对地面使用性能的要求，提供坚实、耐磨、抗滑的铺地地面，保证人们的安全舒适的通行、休闲、娱乐，这是私家庭院硬质铺装最基本的功能。

2.分割及组织空间功能

私家庭院地面铺装注重的是人们内心的需求，对人的心理影响采用的是暗示的方式来分割组织空间。人们对于不同的色彩、质感、图案所给人的心理暗示是不同的，可以应用不同的材料、色彩、图案等地面特征对不同的地面铺装区间进行划分，加强空间的识别性。

图 6-102 所示为庭院铺装设计作品的摄影图片。

图 6-102　庭院铺装摄影图片

本实例通过绘制某庭院的铺装大样图，使读者掌握绘制庭院铺装图的绘制过程及技巧，其

绘制的庭院铺装图效果如图 6-103 所示。

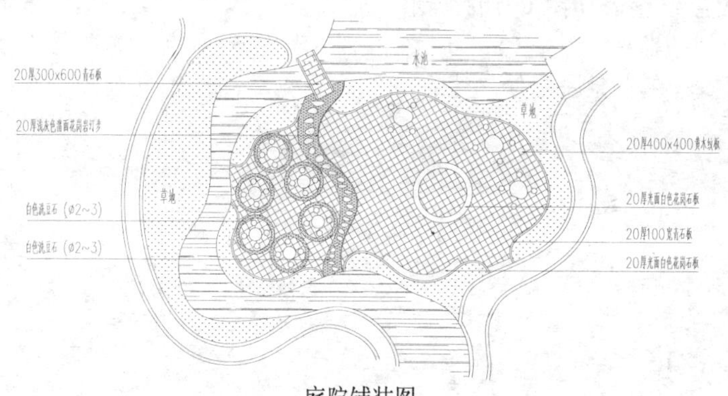

图 6-103　庭院铺装图形效果

步骤 01 正常启动 AutoCAD 2014 软件，在“快速访问”工具栏中，单击“打开”按钮，将本书配套光盘“案例\06\庭院平面图.dwg”文件打开，如图 6-104 所示。

步骤 02 再单击“另存为”按钮，将文件另存为“案例\06\庭院铺装图.dwg”文件。

步骤 03 在“图层”下拉列表中，选择“道路线”图层为当前图层。

步骤 04 执行“样条曲线”命令（SPL），在相应位置绘制出不规则的汀步石效果，如图 6-105 所示。

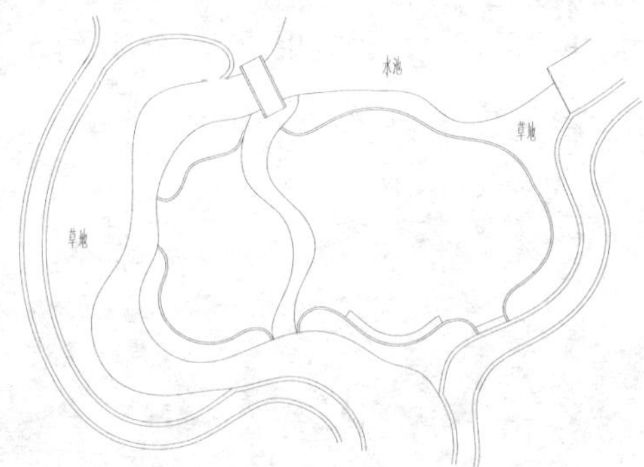

图 6-104　打开的平面图

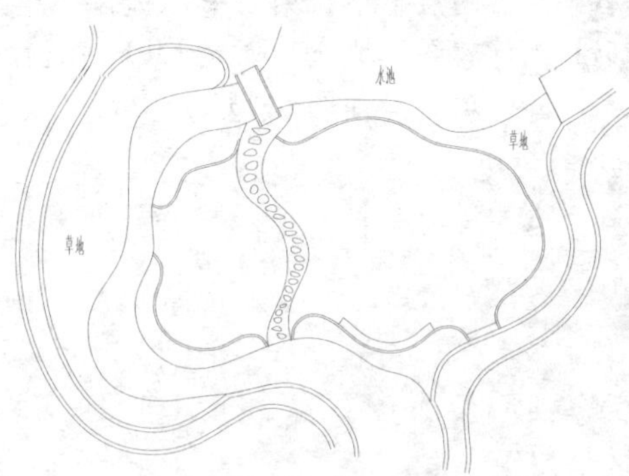

图 6-105　绘制汀步石

步骤 05 在“图层”下拉列表中，选择“小品轮廓线”图层为当前图层。

步骤 06 执行“圆”命令（C），绘制半径 200、500 和 600 的同心圆，如图 6-106 所示。

步骤 07 重复圆命令，在圆内绘制半径为 88 的石凳，并进行对应的极轴阵列，效果如图 6-107 所示。

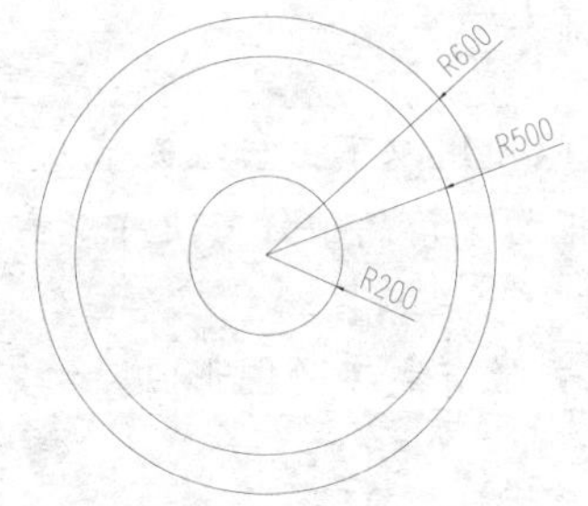

图 6-106　绘制同心圆

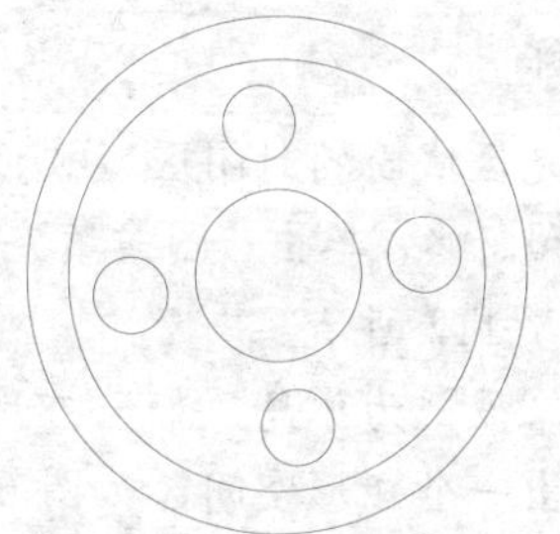

图 6-107　绘制阵列圆

技 巧 精 选

步骤 08 执行“移动”命令（M）和“复制”命令（CO），将上步绘制的石凳和石桌图形复制到庭院相应位置，如图 6-108 所示。

步骤 09 再执行“样条曲线”命令（SPL），在右侧区域绘制不规则的自然石桌面；再执行“圆”命令（C），在坐凳周围绘制半径 88 的石凳；并通过复制等命令，完成如图 6-109 所示效果。

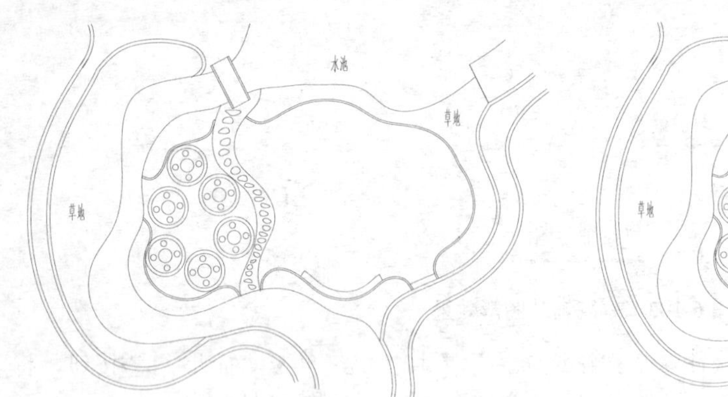

图 6-108 绘制的石凳石桌

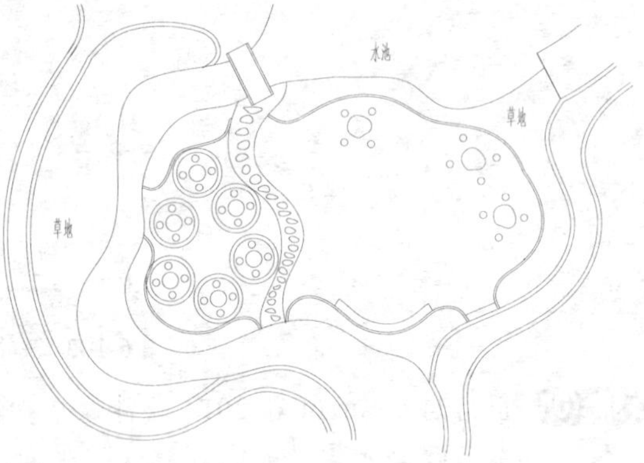

图 6-109 绘制自然石

步骤 10 执行“圆”命令（C），在相应位置绘制半径 750 和半径 925 的同心圆作为中心雕塑，如图 6-110 所示。

步骤 11 在“图层”下拉列表中，选择“填充线”图层为当前图层。

步骤 12 执行“图案填充”命令（H），选择图案为“GRASS”，设置比例为 150，在草地位置进行填充，如图 6-111 所示。

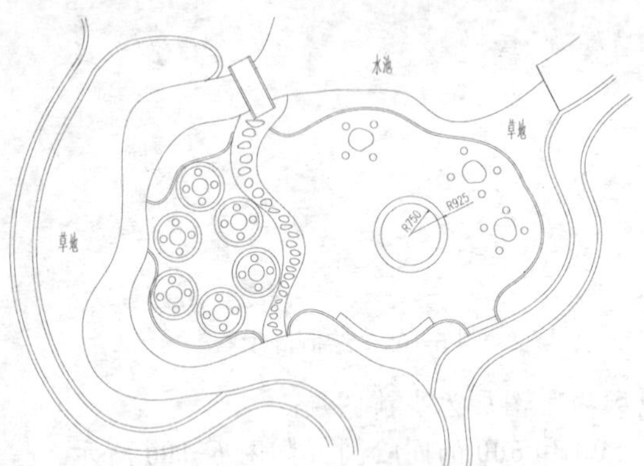

图 6-110 绘制雕塑

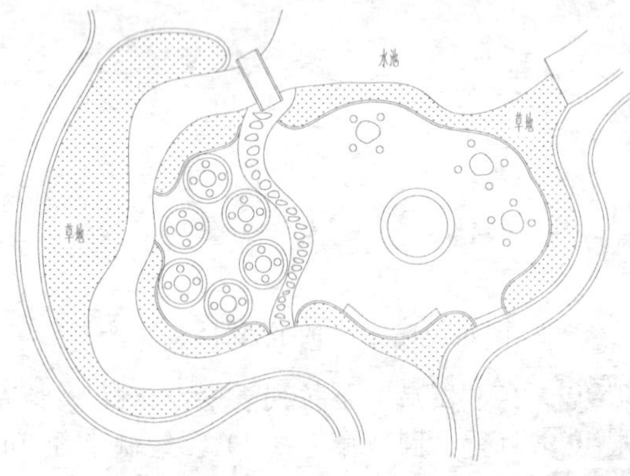

图 6-111 填充草地

软件技能 ★★★★☆

图案填充区域内的封闭区域被称作孤岛，用户可以使用以下三种填充样式填充孤岛：普通、外部和忽略，单击“图案填充和渐变色”对话框右下角的按钮，便可以看到“孤岛”选项，如图 6-112 所示。

文字对象被视为孤岛，如果打开了孤岛检测，填充带有文字的图形时，填充的图案将围绕文字留出一个矩形空间，如图 6-113 所示。

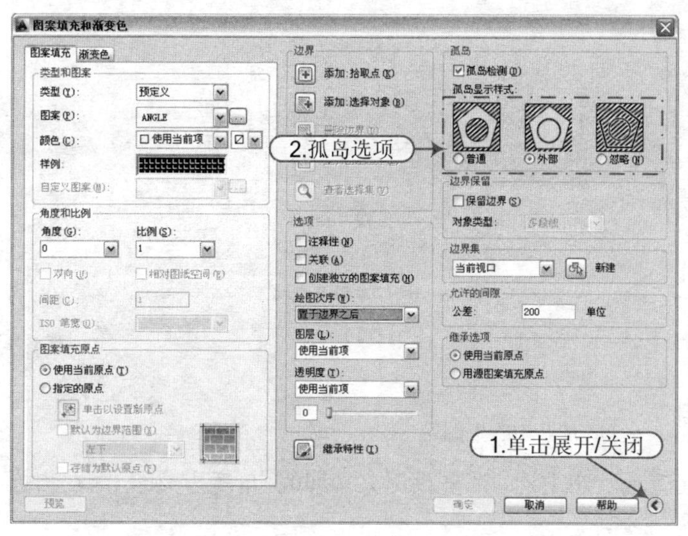

图 6-112　孤岛选项

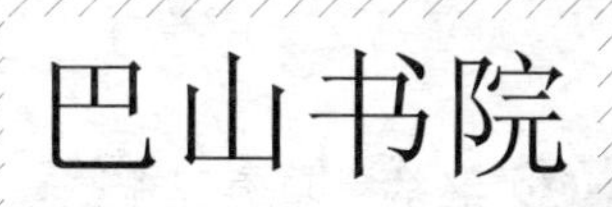

图 6-113　填充文字

步骤 13 继续“填充”命令，选择图案为“AR-RROOF”，设置比例为 400，在水池位置进行填充，如图 6-114 所示。

专业技能 ★★★☆☆

由于水池上、下区域未封闭，未封闭的区域是不能进行图案填充的。可先使用直线命令在未封闭端绘制直线，然后再来进行图案填充，最后再将辅助直线删除掉即可。

步骤 14 继续“填充”命令，选择图案为“AR-B816”，设置比例为 20，角度为 28°，对水池上的桥梁进行填充，如图 6-115 所示。

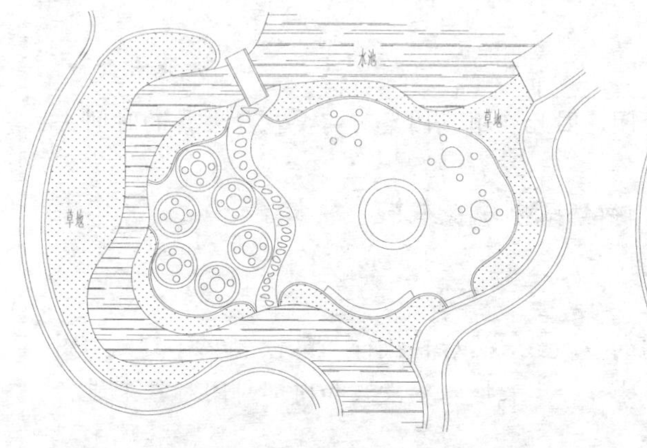

图 6-114　填充水池

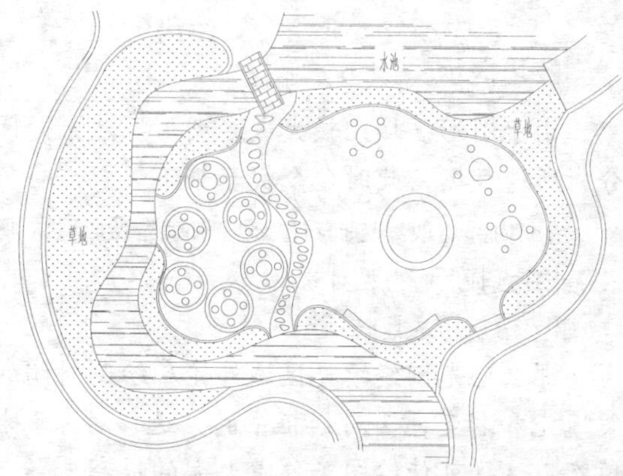

图 6-115　填充桥梁

步骤 15 继续“填充”命令，选择图案为“HEX”，设置比例为 250，对汀步区域和石凳、石桌外围进行填充，如图 6-116 所示。

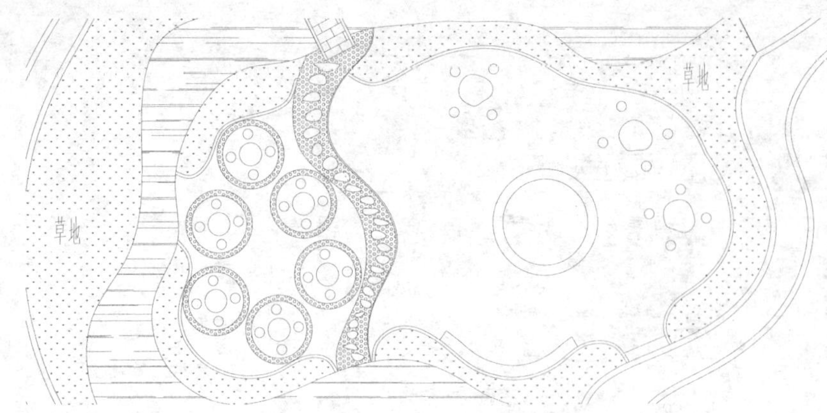

图 6-116　填充“HEX”图案

步骤 16 继续“填充”命令，选择图案为“NET”，设置比例为 1500，角度为 30°，在相应位置进行填充，如图 6-117 所示。

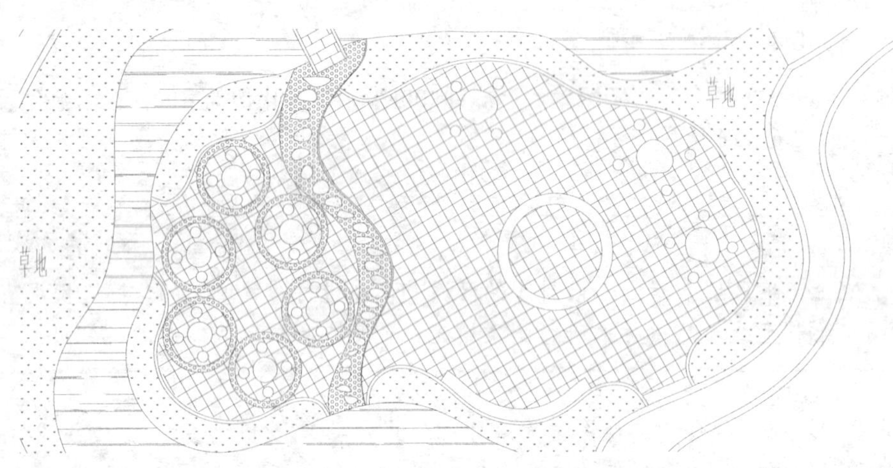

图 6-117　填充“NET”图案

技巧提示 ★★★★☆

由于图形区域比较大或者图形区域未封闭，因此在填充图案时需要花费大量的时间去分析所选数据，此时命令提示如下：

```
拾取内部点或 [选择对象(S)/删除边界(B)]: 正在选择所有对象...
正在选择所有可见对象...
正在分析所选数据...
```

那么可先围绕填充区域外轮廓绘制封闭的多段线，然后再执行“填充”命令，通过“图案填充和渐变色”对话框中的“选择对象”按钮，来拾取多段线和内部封闭对象来进行填充，这样可使绘图工作量大大的提高。

步骤 17 在“图层”下拉列表中，选择“文字标注”图层为当前图层。

步骤 18 执行“引线”命令（LE），在相应位置拖出引线，选择“图内说明”文字样式，设置字高为 400，对相应位置进行文字的注释，效果如图 6-118 所示。

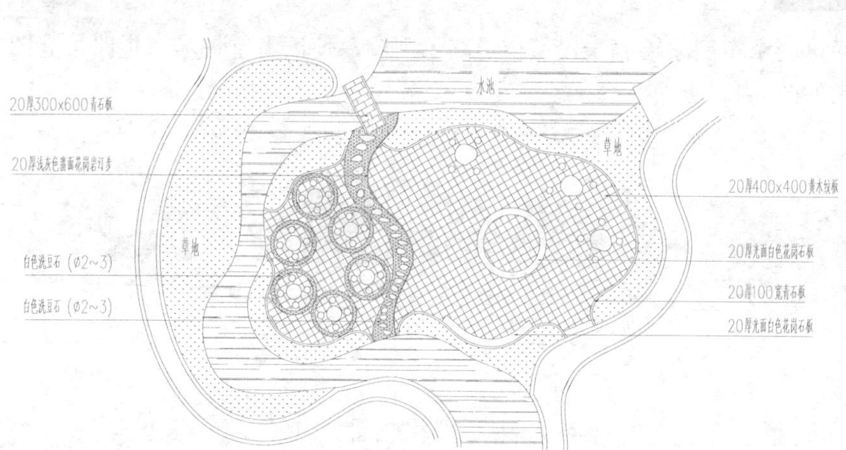

图 6-118　文字标注

步骤 19 执行“多行文字”命令（MT），分别在图形的下侧拖出矩形文本框，再“文字格式”工具栏中选择“图名”文字样式，设置字高为 500，标注出图名；再执行“多段线”命令（PL），在图名下侧绘制适当宽度和长度的水平多段线，如图 6-119 所示。

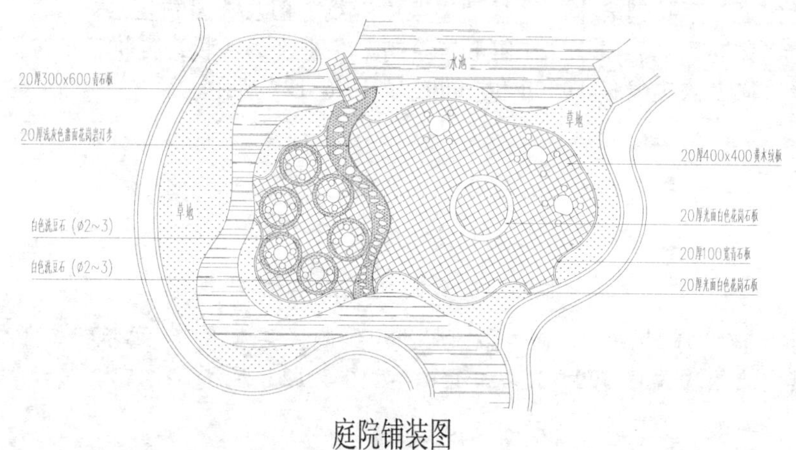

图 6-119　图名标注

步骤 20 至此，庭院铺装图形已经绘制完成，按【Ctrl+S】组合键将文件进行保存。

技巧：165　城市道路景观图的绘制

视频：技巧165-绘制城市道路景观图.avi
案例：城市道路景观图.dwg

技巧概述：通达城市的各地区，供城市内交通运输及行人使用，便于居民生活、工作及文化娱乐活动，并与市外道路连接负担着对外交通的道路。图 6-120 所示为城市道路的摄影图片。

图 6-120　摄影图片

接下来通过两个实例来绘制一段城市道路景观图，使读者掌握城市道路景观图的绘制过程及技巧，效果如图 6-121 所示。

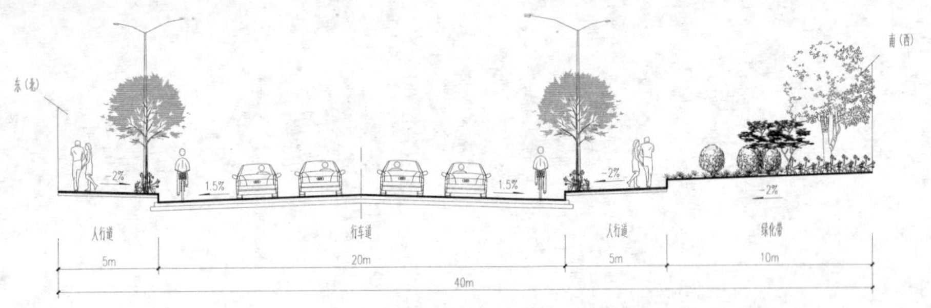

图 6-121　城市道路景观图形效果

步骤 01 正常启动 AutoCAD 2014 软件，在“快速访问”工具栏中，单击“打开”按钮，将本书配套光盘“案例\06\园林样板.dwg”文件打开。

步骤 02 再单击“另存为”按钮，将文件另存为“案例\06\城市道路景观图.dwg”文件。

步骤 03 在“图层”下拉列表中，选择“道路中心线”图层为当前图层。

步骤 04 执行“直线”命令（L），在图形区绘制一条垂直的线段；再执行“偏移”命令（O），将线段向左依次偏移 10000 和 5000，如图 6-122 所示。

图 6-122　绘制垂直的中心线

步骤 05 执行“直线”命令（L），在道路中心线上绘制一条水平线；再执行“偏移”命令（O）。将其向上依次偏移 300、100 和 150，如图 6-123 所示。

图 6-123　绘制水平中心线

步骤 06 在“图层”下拉列表中，选择“道路线”图层为当前图层。

步骤 07 执行“直线”命令（L），捕捉相交点绘制出道路线，如图 6-124 所示。

图 6-124　绘制道路线

步骤 08 执行“删除”命令（E），将不需要的中心线删除掉，效果如图 6-125 所示。

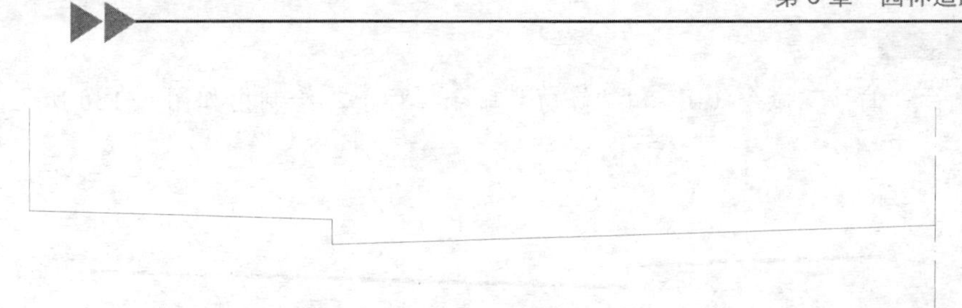

图 6-125　删除多余的中心线

步骤 09 执行“偏移”命令（O），将线段按照 200 的距离进行偏移，如图 6-126 所示。

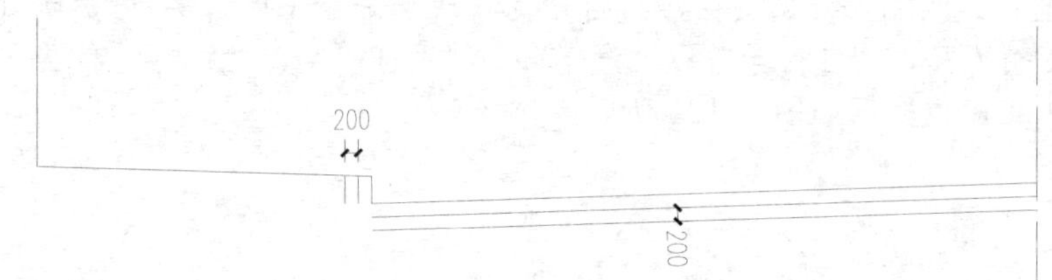

图 6-126　偏移线段

步骤 10 通过执行“延伸”命令（EX）和“修剪”命令（TR），对线段进行编辑，以绘制出如图 6-127 所示效果。

图 6-127　延伸、修剪

步骤 11 同样的，执行“偏移”命令（O）、“延伸”命令（EX）和“修剪”命令（TR），将左侧的斜线进行偏移，并进行相应的编辑，效果如图 6-128 所示。

图 6-128　偏移线段

步骤 12 执行“多段线”命令（PL），设置全局宽度为 75，捕捉表面轮廓绘制出多段线，如图 6-129 所示。

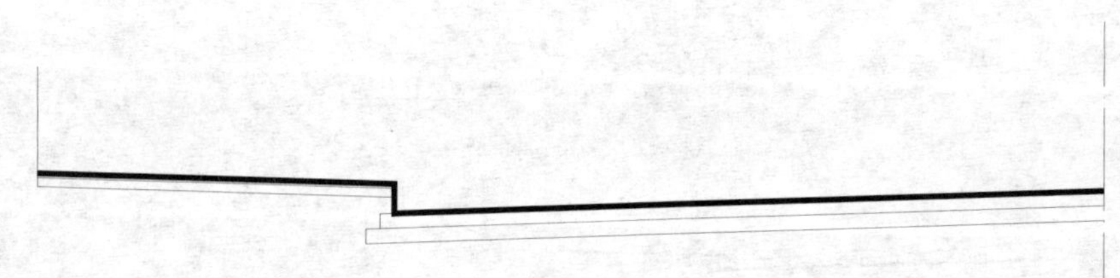

图 6-129　绘制多段线

步骤 13 执行“偏移”命令（O）和“修剪”命令（TR），绘制出如图 6-130 所示的道路。

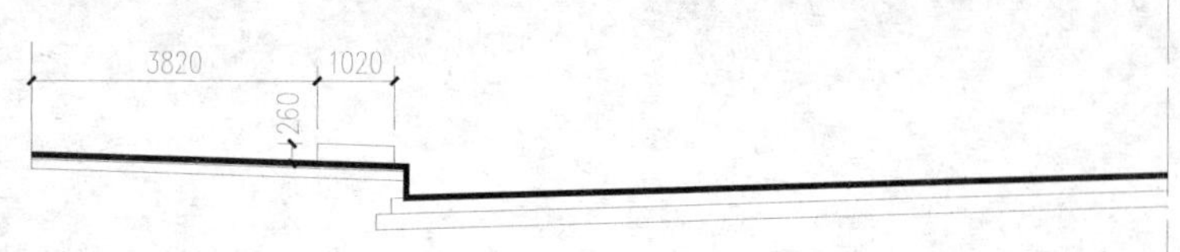

图 6-130　绘制道路轮廓

步骤 14 切换至“其他配景线”图层，执行“插入块”命令（I），将“案例\06”文件夹下面的“行人”、“自行车”、“汽车”、“毛杜鹃”、“路灯”和“乔木 1”插入到图形中相应位置，如图 6-131 所示。

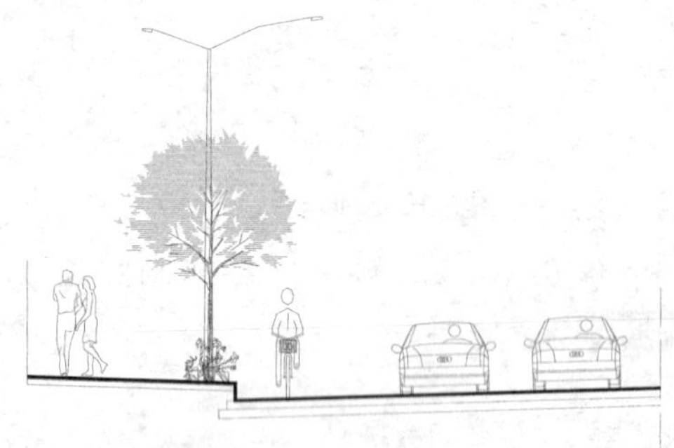

图 6-131　插入并摆放图块

步骤 15 执行“镜像”命令（MI），将中心线以左的全部图形以中心线为镜像轴线进行左右镜像，效果如图 6-132 所示。

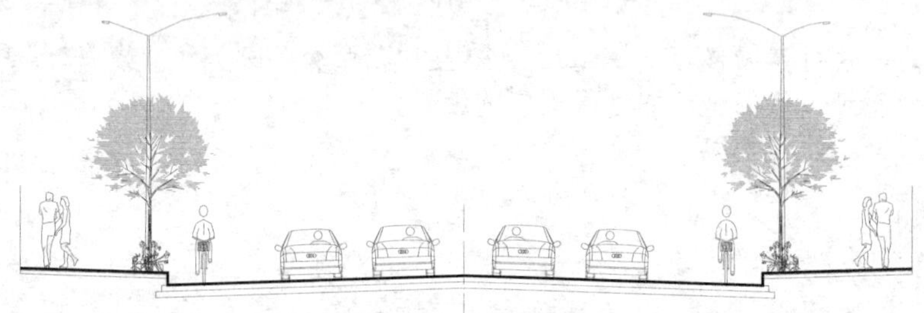

图 6-132　镜像图形

步骤 16 切换至“道路线”图层，执行“直线”命令（L）和“偏移”命令（O），在右侧绘制出如图 6-133 所示线段。

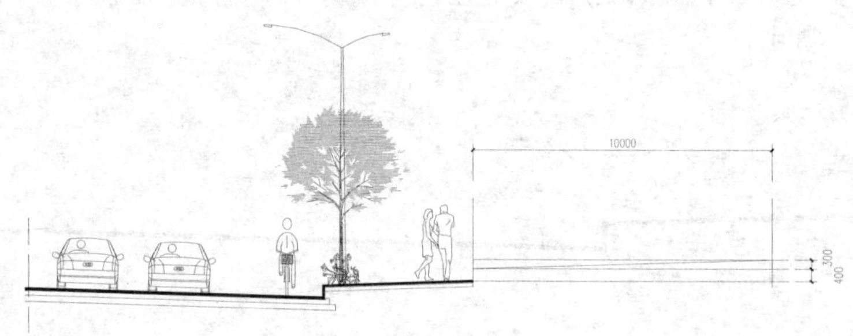

图 6-133　绘制偏移线段

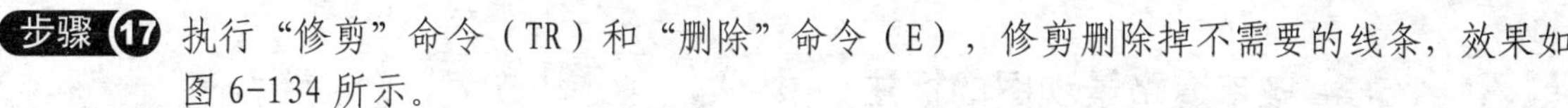

步骤 17 执行“修剪”命令（TR）和“删除”命令（E），修剪删除掉不需要的线条，效果如图 6-134 所示。

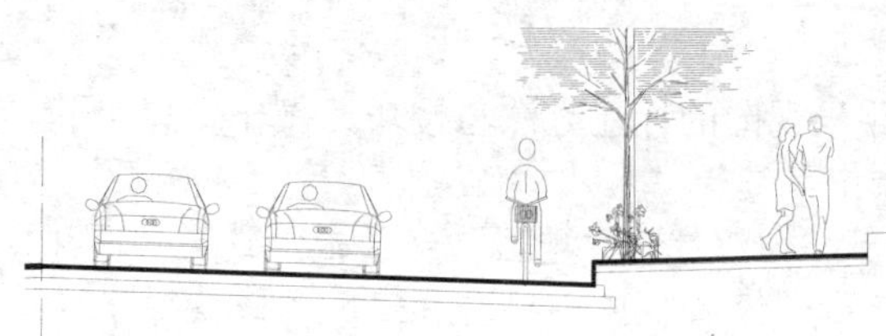

图 6-134　修剪删除效果

步骤 18 执行“多段线”命令（PL），捕捉线段勾画出路面轮廓，如图 6-135 所示。

图 6-135　绘制多段线

步骤 19 切换至“其他配景线”图层，执行“插入块”命令（I），将“案例\06”文件夹下面的“乔木 2”、“乔木 3”、“乔木 4”和“种植草”插入并放置到右侧的道路上相应位置；再执行“复制”命令（CO），将植物进行相应的复制，效果如图 6-136 所示。

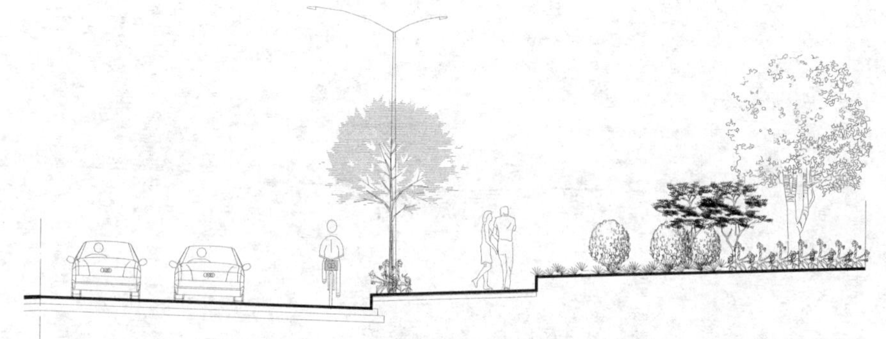

图 6-136　布置植物效果

步骤 20 执行“直线”命令（L）和“延伸”命令（EX），在两侧分隔垂线上侧绘制斜线，以表示折断效果，如图 6-137 所示。

图 6-137　绘制两侧折断线

技巧：166 城市道路景观图的标注

视频：技巧166-标注城市道路景观图.avi
案例：城市道路景观图.dwg

技巧概述：本实例主要讲解城市道路景观图的标注方法与技巧，操作步骤如下。

步骤 01 接上例，在“图层”下拉列表中，选择“尺寸标注”图层为当前图层。

步骤 02 执行“标注”命令（D），弹出“标注样式管理器”对话框，选择“园林标注-100”样式为当前标注样式；然后单击“修改”按钮，随后弹出“修改标注样式：园林标注-100”对话框，切换至“调整”选项卡，修改标注的全局比例为 150。

步骤 03 执行“线形标注”命令（DLI）、“连续标注”命令（DCO），对图形进行尺寸标注，效果如图 6-138 所示。

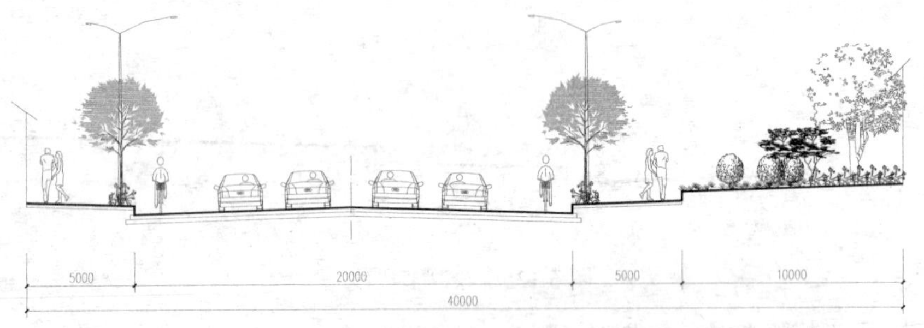

图 6-138 尺寸标注效果

步骤 04 执行“文字编辑”命令（ED）命令，将标注的文字修改成为以“米（m）”为单位的值，效果如图 6-139 所示。

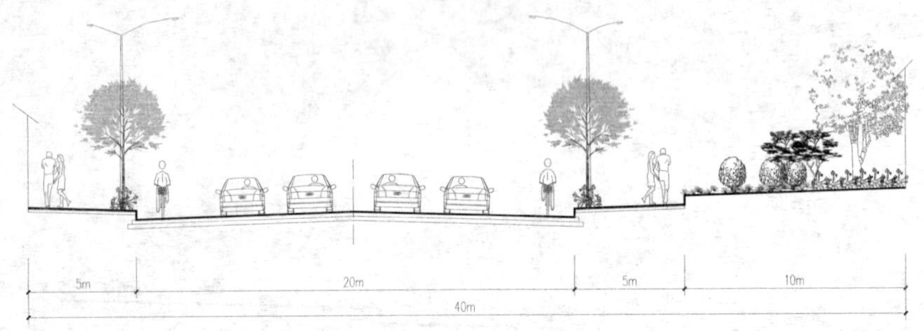

图 6-139 修改标注文字

步骤 05 在“图层”下拉列表中，选择“文字标注”图层为当前图层。

步骤 06 执行“多段线”命令（PL），设置全局宽度为 0，顺着坡道绘制长约为 1500 的斜方向箭头，如图 6-140 所示。

步骤 07 执行“图案填充”命令（H），对箭头内部填充纯色“SOLTD”图案，如图 6-141 所示。

图 6-140 绘制多段线箭头

图 6-141 填充图案

步骤 08 执行“多行文字”命令（MT），选择“图内说明”文字样式，设置字高为 500，在箭头上标注出倾斜坡度值，如图 6-142 所示。

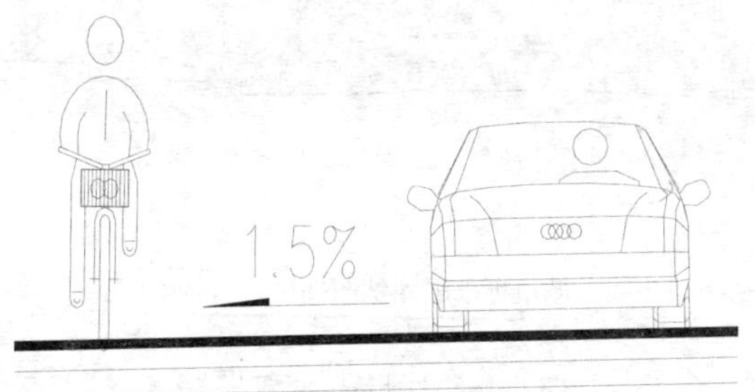

图 6-142　文字标注坡度值

步骤 09 根据同样的方法，或者通过复制、镜像等操作将坡度符号复制到其他位置，并修改对应的坡度值，效果如图 6-143 所示。

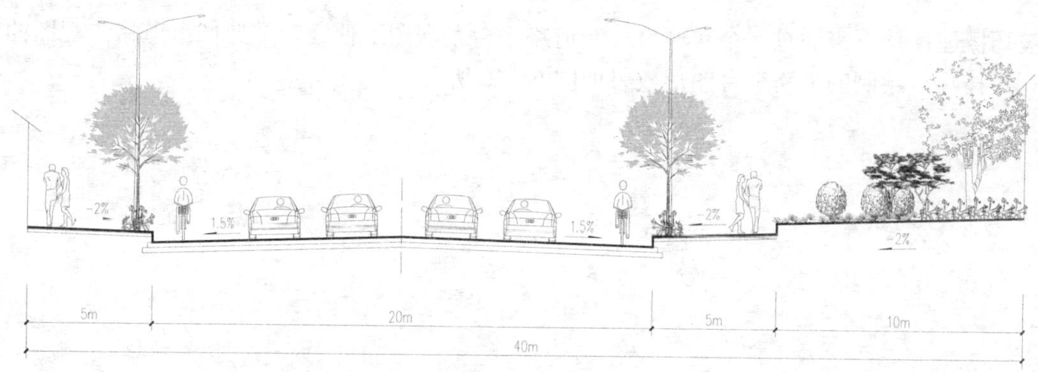

图 6-143　坡度标注效果

步骤 10 执行“多行文字”命令（MT），选择“图内说明”文字样式，设置字高为 700，在图形相应位置进行文字的注释，效果如图 6-144 所示。

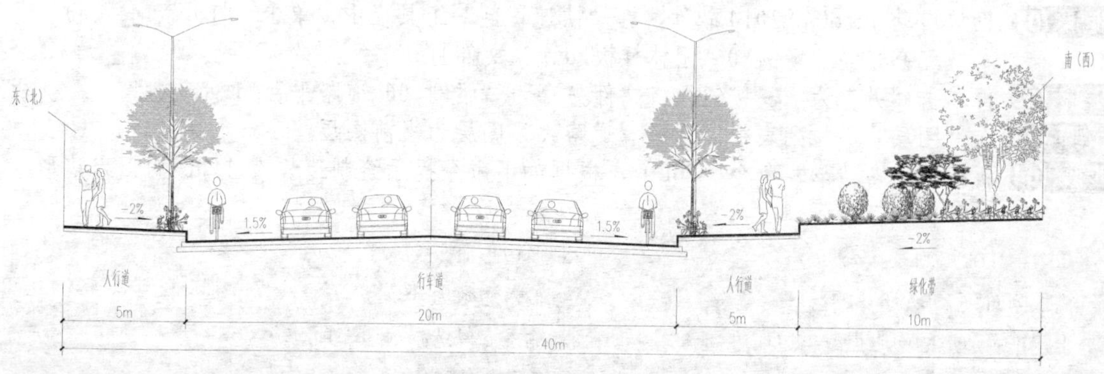

图 6-144　文字标注

步骤 11 执行“多行文字”命令（MT），分别在图形的下侧拖出矩形文本框，再“文字格式”工具栏中选择“图名”文字样式，设置字高为 1000，标注出图名；再执行“多段线”命令（PL），在图名下侧绘制适当宽度和长度的水平多段线，如图 6-145 所示。

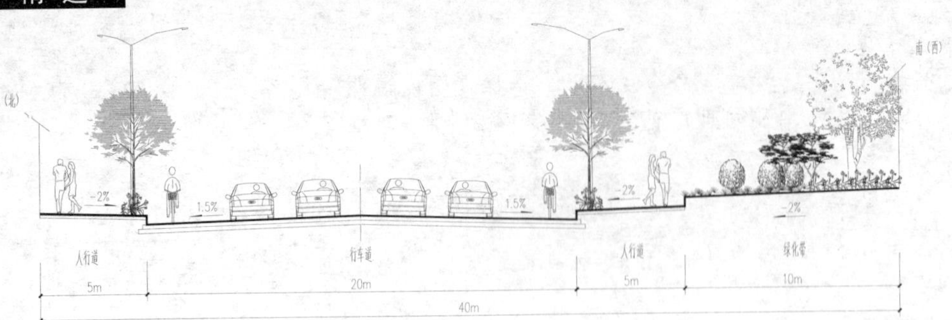

图 6-145　图名标注效果

步骤 12 至此，城市道路景观图形已经绘制完成，按【Ctrl+S】组合键将文件进行保存。

技巧：167　道路平台平面图的绘制

视频：技巧167-道路平台平面图的绘制.avi
案例：道路平台.dwg

技巧概述：接下来通过三个实例来绘制道路平台景观图，使读者掌握城市道路景观图的绘制过程及技巧，绘制的道路平台图形效果如图 6-146 所示。

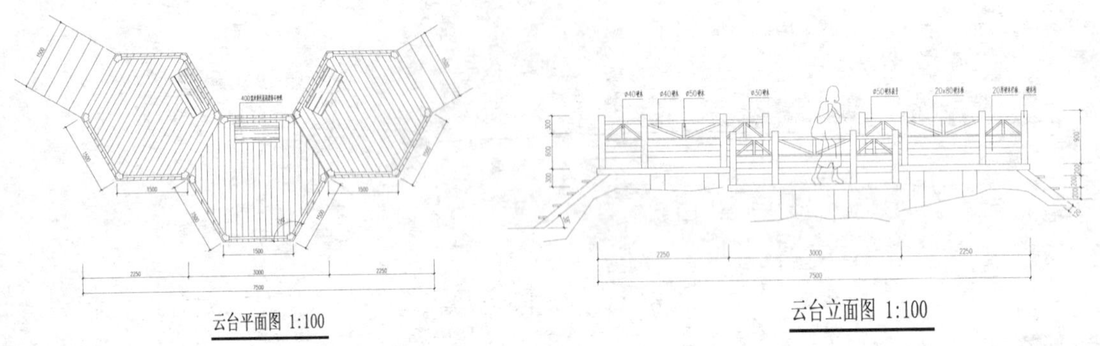

图 6-146　道路平台图形效果

步骤 01 正常启动 AutoCAD 2014 软件，在“快速访问”工具栏中，单击“打开”按钮，将本书配套光盘“案例\06\园林样板.dwg”文件打开。

步骤 02 再单击“另存为”按钮，将文件另存为“案例\06\道路平台.dwg”文件。

步骤 03 在“图层”下拉列表中，选择“道路线”图层为当前图层。

步骤 04 执行“正多边形”命令（POL），根据如下命令提示绘制边长为 1500 的正六边形，如图 6-147 所示。

```
命令： POLYGON                              \\ 多边形命令
输入侧面数 <4>: 6                           \\ 输入边数为 6
指定正多边形的中心点或 [边(E)]: e           \\ 输入 e 以选择“边”项
指定边的第一个端点:                         \\ 任意指定一点
指定边的第二个端点: 1500                    \\ 水平拖动并动态输入边长为 1500
```

步骤 05 执行“偏移”命令（O），将多边形向内依次偏移 30 和 100，且转换为“小品轮廓线”，如图 6-148 所示。

步骤 06 在“图层”下拉列表中，选择“小品轮廓线”图层为当前图层。

步骤 07 执行“直线”命令（L），连接相对边的中点绘制中线，如图 6-149 所示。

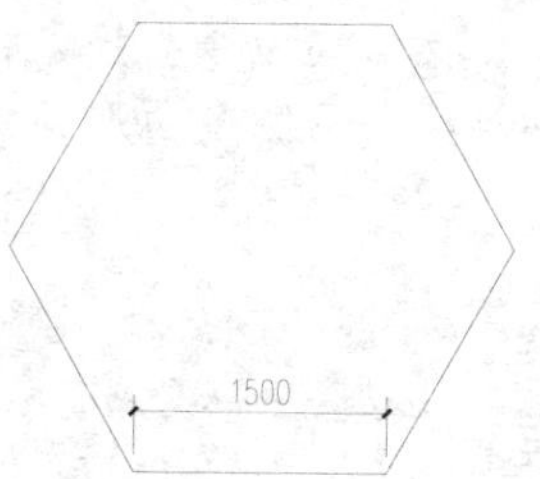

图 6-147　绘制多边形

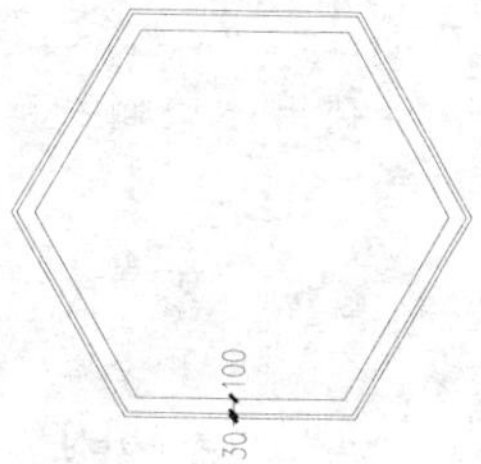

图 6-148　偏移多边形

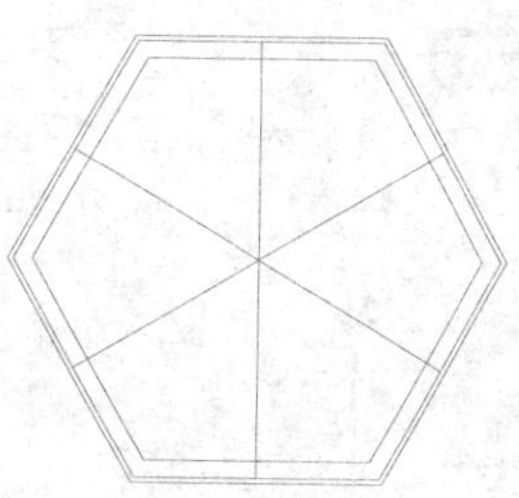
图 6-149　绘制中线

步骤 08 执行“偏移”命令（O），将上步绘制的中线各向两边偏移 625，如图 6-150 所示。

步骤 09 执行“修剪”命令（TR），修剪掉多余的线条，效果如图 6-151 所示。

步骤 10 执行“复制”命令（CO），将图形进行复制，如图 6-152 所示。

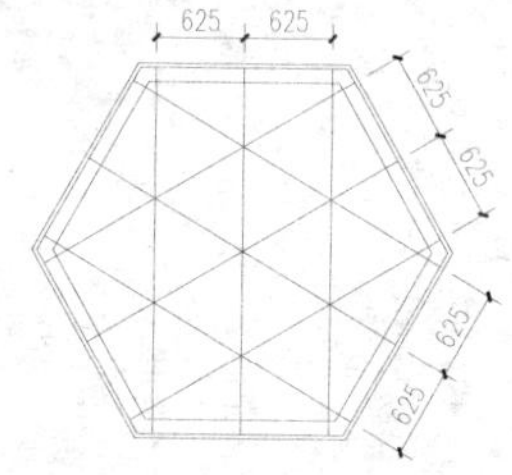

图 6-150　偏移中线

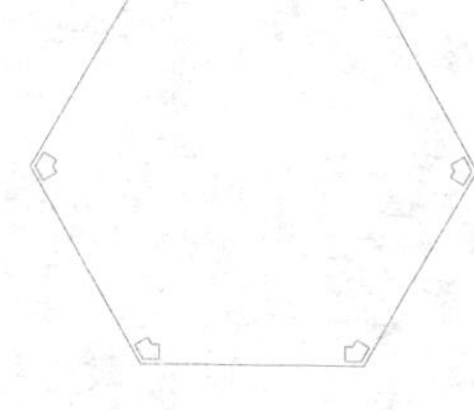
图 6-151　修剪效果

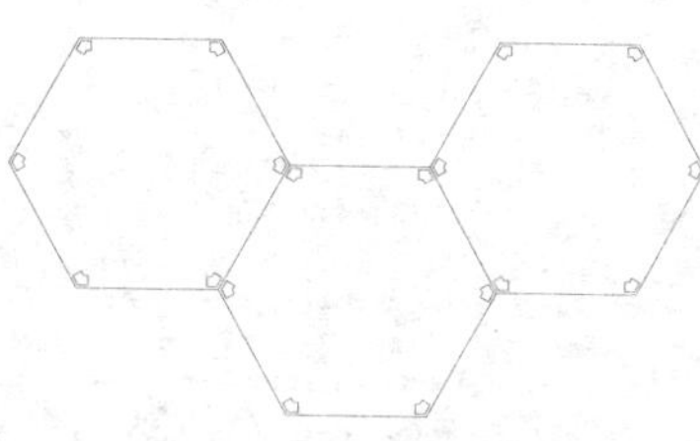
图 6-152　复制图形

步骤 11 执行“直线”命令（L），捕捉相应线段中点绘制出中点连接线，如图 6-153 所示。

步骤 12 执行“偏移”命令（O），将中线各向两边偏移 25，以形成 50 宽的“扶手栏杆”；然后将原中线删除掉，效果如图 6-154 所示。

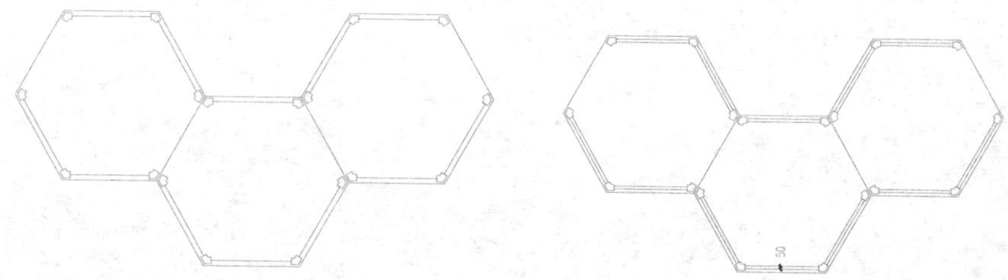

图 6-153　绘制线段　　图 6-154　绘制栏杆

步骤 13 执行“矩形”命令（REC），绘制 950×400 的矩形作为“坐凳”；再执行“移动”命令（M），将其移动到如图 6-155 所示相应位置。

步骤 14 结合执行“复制”命令（CO）、“旋转”命令（RO）和“移动”命令（M），将“坐凳”复制出两份，然后将两个“坐凳”图形分别旋转 60° 和 120°，再放置到如图 6-156 所示位置。

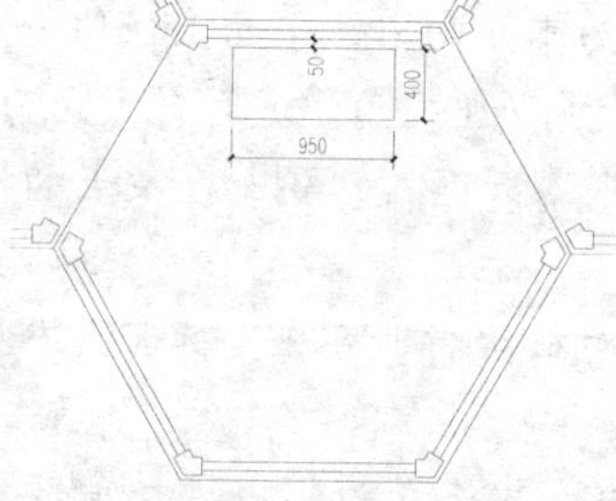

图 6-155　绘制坐凳

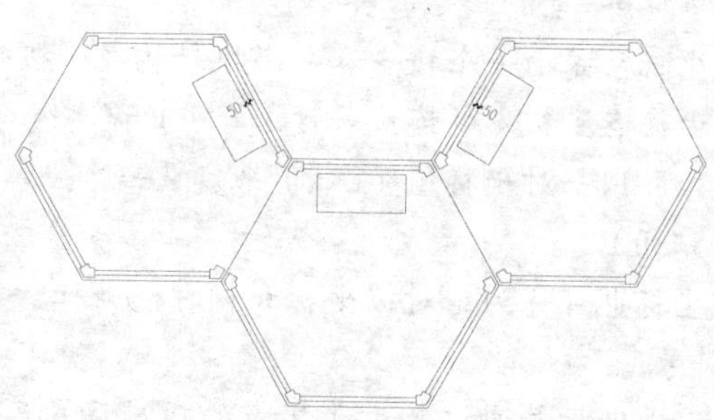

图 6-156　绘制其他坐凳

步骤 15 执行“直线”命令（L），捕捉右上侧多边形的顶点为起点，然后在命令行输入相对极轴坐标值“@1020<30”，以绘制出一条斜线；然后再将斜线向下侧多边形顶点进行复制，如图 6-157 所示。

```
命令: LINE                                  \\ 绘制直线
指定第一个点:                               \\ 单击多边形右上顶点
指定下一点或 [放弃(U)]: @1630<150           \\ 输入相对极轴坐标值@1630<150
```

步骤 16 执行“直线”命令（L）和“偏移”命令（O），以多边形边绘制一条斜线；然后将斜线向右上以 300 的距离偏移出 2 层台阶，如图 6-158 所示。

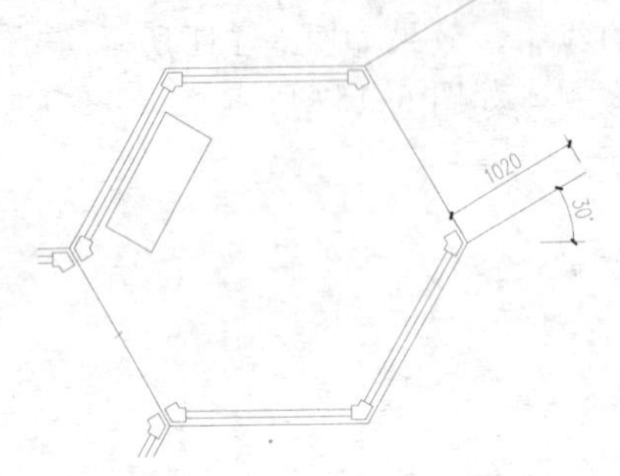

图 6-157　绘制斜线

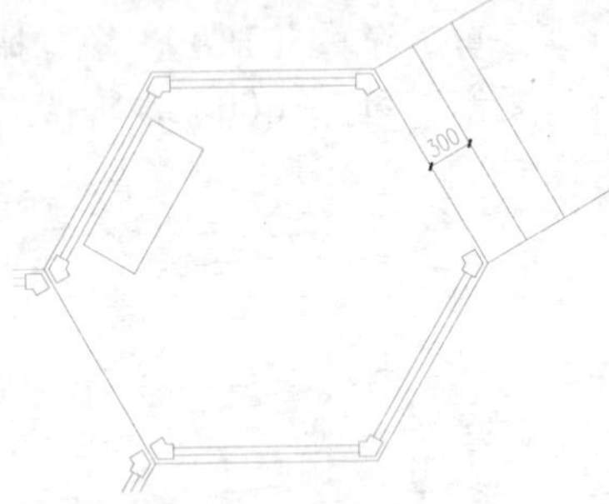

图 6-158　绘制台阶

步骤 17 根据同样的方法，执行“直线”命令（L），捕捉左上侧多边形顶点为起点，输入相对极轴坐标值“@1630<150”以绘制出一条斜线；然后将斜线向左下顶点复制，如图 6-159 所示。

步骤 18 同样再执行“直线”命令（L）和“偏移”命令（O），在斜线上绘制宽 300 的线条以形成 4 层台阶，如图 6-160 所示效果。

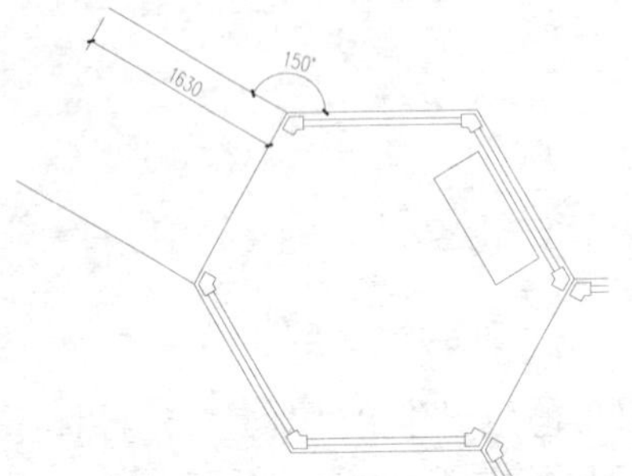

图 6-159　绘制斜线

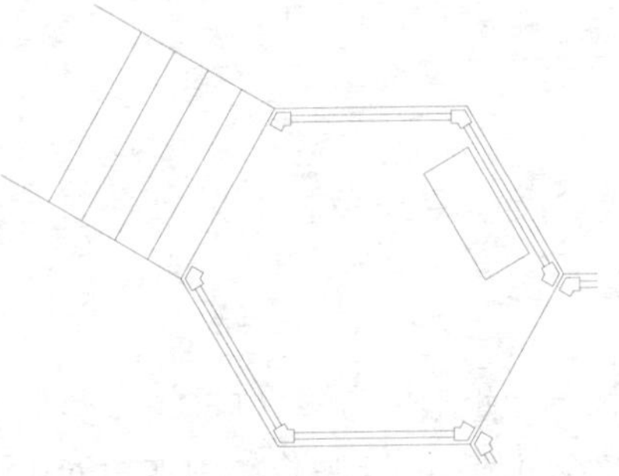
图 6-160　绘制左侧台阶

软件技能 ★★★★★

极坐标系是由一个极点和一个极轴构成，极轴的方向为水平向右。平面上任何一点 P 都可以由该点到极点的连线长度 L（>0）和连线与极轴的交角 a（极角，逆时针方向为正）所定义，即用一对坐标值（L<a）来定义一个点，其中“<”表示角度。例如，某点的极坐标为（5<30）。

极坐标也可分为绝对极坐标和相对极坐标。要指定相对极坐标，可在坐标前面添加一个 @ 符号。

● 极坐标是通过相对于极点的距离和角度来定义的，其格式为：距离 < 角度。绝

对极坐标以原点（0，0）为极点。如输入“10<20”，表示距原点 10，方向 20 度的点。

- 相对极坐标是以上一个操作点为极点，其格式为：@距离＜角度。如输入“@10<20”，表示该点距上一点的距离为 10，和上一点的连线与 x 轴成 20°。

步骤 19 在“图层”下拉列表中，选择“填充线”图层为当前图层。

步骤 20 执行“图案填充”命令（H），选择图案为“LINE”，设置比例为 1000，角度为 90°，在中间多边形内部进行拾取与填充，如图 6-161 所示。

步骤 21 空格键重复命令，自动继承上一步的参数设置，调整角度为 60°，在左上侧多边形内进行填充，如图 6-162 所示。

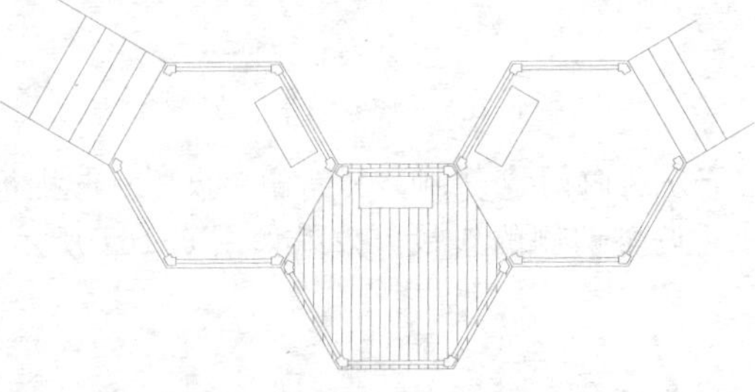

图 6-161 填充中间多边形

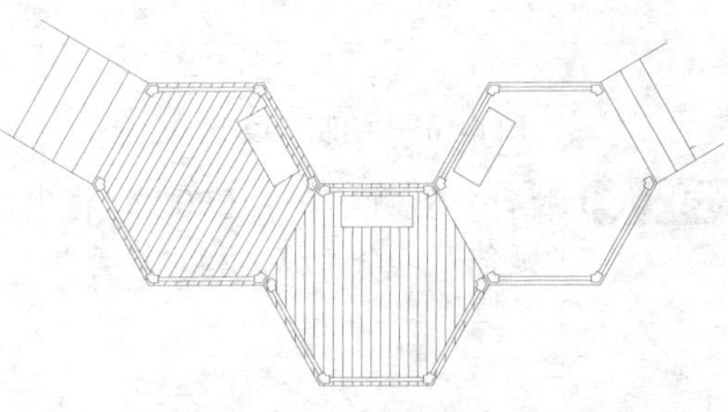

图 6-162 填充左侧多边形

步骤 22 再次重复填充命令，调整角度为 120°，在右上侧多边形内部进行填充，如图 6-163 所示。

步骤 23 再执行“图案填充”命令（H），选择图案为“AR-RROOF”，设置比例为 180，分别设置角度为 0°、60° 和 120°，对三个坐凳进行填充，效果如图 6-164 所示。

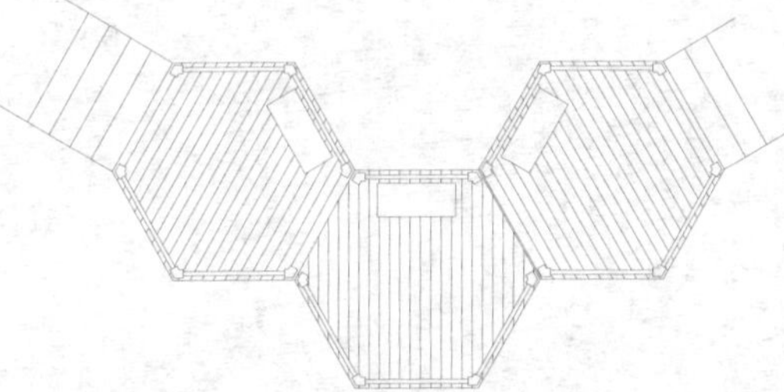

图 6-163 填充右侧多边形

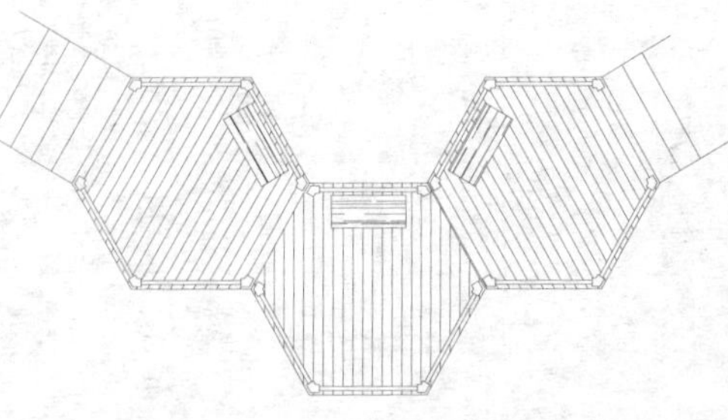

图 6-164 填充坐凳

技巧提示 ★★★☆☆

在设置填充角度来填充“坐凳”时，中间“坐凳”的填充角度为 0°，左侧的填充角度为 120°，右侧的填充角度为 60°。

技巧：168 道路平台立面图的绘制

视频：技巧168-道路平台立面图的绘制.avi
案例：道路平台.dwg

技巧概述：前面实例绘制好了道路平台的平面图，接下来我们根据平面图轮廓来绘制其立面图。

步骤 01 接上例，在“图层”下拉列表中，选择“道路线”图层为当前图层。

步骤 02 执行“直线”命令（L），捕捉平面图轮廓向下绘制投影线；然后在投影线上绘制一条水平线；再执行“偏移”命令（O），将水平线依次向下偏移600、100、200、100，然后将中间4条垂直线段和最上侧水平线转换为“小品轮廓线”图层，如图6-165所示。

步骤 03 执行“修剪”命令（TR），修剪掉多余的线条，效果如图6-166所示。

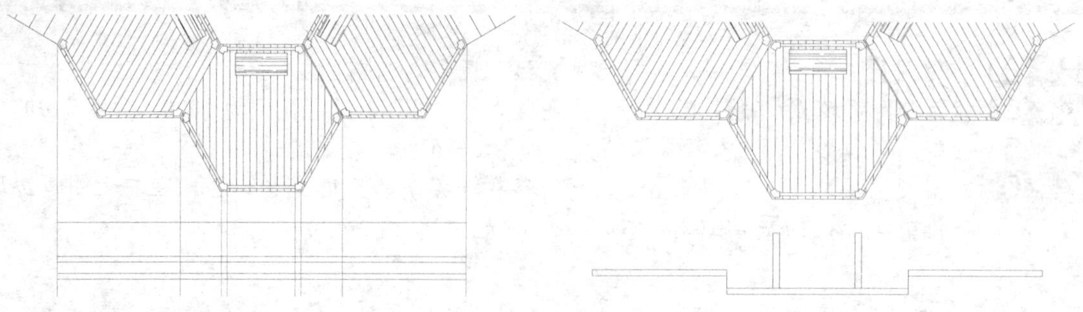

图6-165　绘制线段　　　　图6-166　修剪结果

步骤 04 执行“复制”命令（CO），将中间两个柱子分别向两边复制，其间距为625；再执行“延伸”命令（EX）和“修剪”命令（TR），调整两侧的线段，效果如图6-167所示。

图6-167　复制柱子

步骤 05 执行“偏移”命令（O）和“修剪”命令（TR），在柱子之间绘制出立面栏杆轮廓，且将偏移的线段全转换为“小品轮廓线”图层，如图6-168所示。

图6-168　偏移线段

步骤 06 在“图层”下拉列表中，选择“小品轮廓线”图层为当前图层。

步骤 07 执行“直线”命令（L），在如图6-169所示的柱子之间绘制中线与对角线。

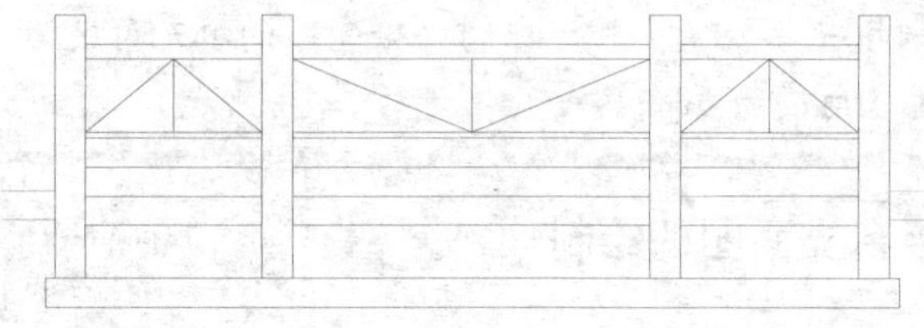

图6-169　绘制线段

步骤 08 执行“偏移”命令（O），将中间的中线各向两边偏移25，将两条斜线各向两侧偏移

20；然后再执行“修剪”命令（TR）和“删除”命令（E），将原线段删除，再修剪掉多余的斜线条，效果如图6-170所示。

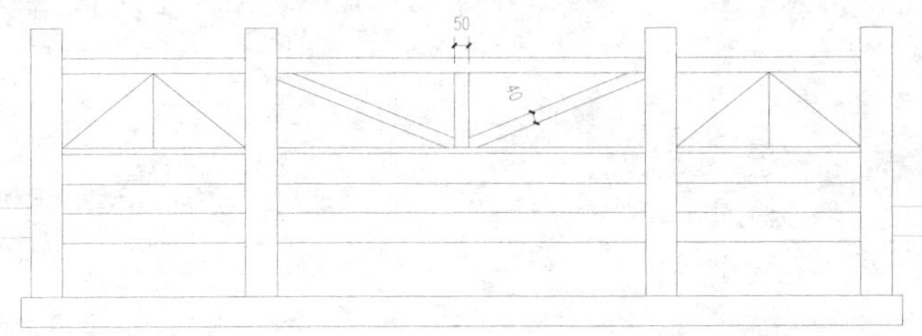

图6-170 绘制硬木方

步骤 09 同样的通过偏移、删除和修剪等命令，在两侧柱子之间绘制出如图6-171所示图形效果。

图6-171 绘制两侧硬木方

步骤 10 执行“复制”命令（CO），将绘制好的栏杆复制到两侧的台阶上，如图6-172所示效果。

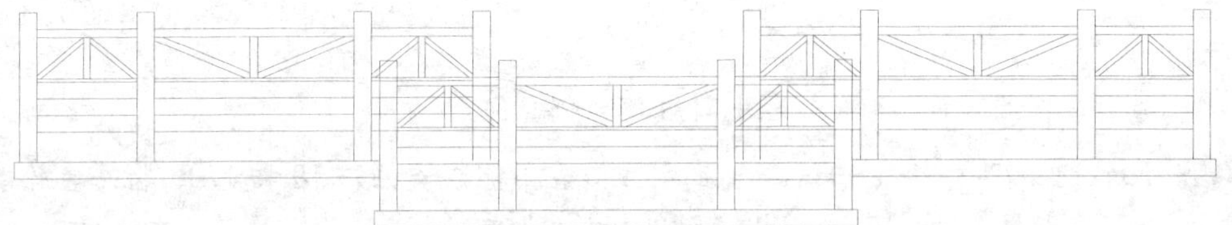

图6-172 复制栏杆

技巧提示 ★★★☆☆

由于组成栏杆的线条比较多，选择和复制操作中比较麻烦，这里可执行“编组”命令（G），先将组成栏杆的线条编组成为一个整体，再来进行复制操作。若要将编组后的图形打散，请使用“解组”命令（UNG），而“分解”命令（X），对编组对象不起任何作用。

步骤 11 执行“修剪”命令（TR），修剪掉后面被遮挡的部分线条，效果如图6-173所示。

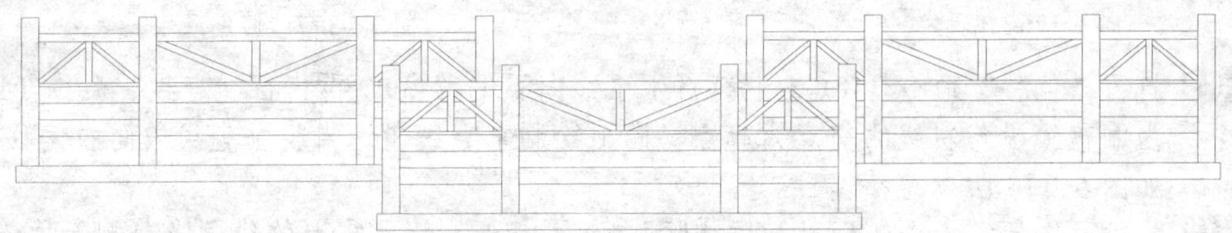

图6-173 修剪相应线条

步骤 12 在“图层”下拉列表中，选择“建筑线”图层为当前图层。

步骤 13 执行“直线”命令（L）和“偏移”命令（O），在平台的下侧绘制出钢筋柱子，如图 6-174 所示。

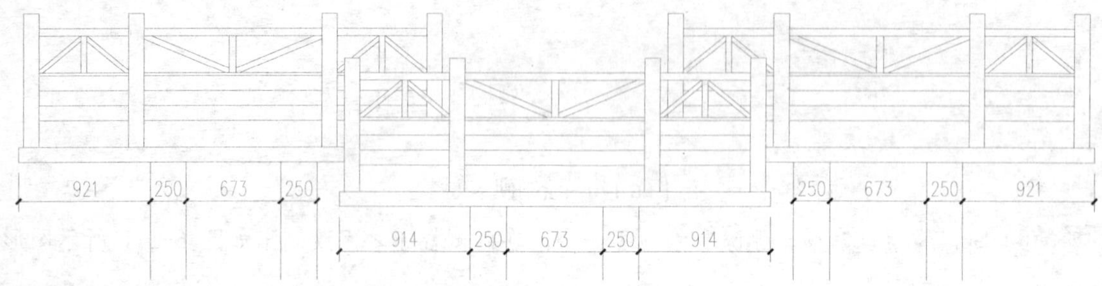

图 6-174　绘制钢筋柱子

步骤 14 在“图层”下拉列表中，选择“道路线”图层为当前图层。

步骤 15 执行“构造线”命令（XL），根据命令提示选择“角度”项，设置角度为-38°，在右侧平台的下侧角点处单击，以绘制一条辅助线，如图 6-175 所示。

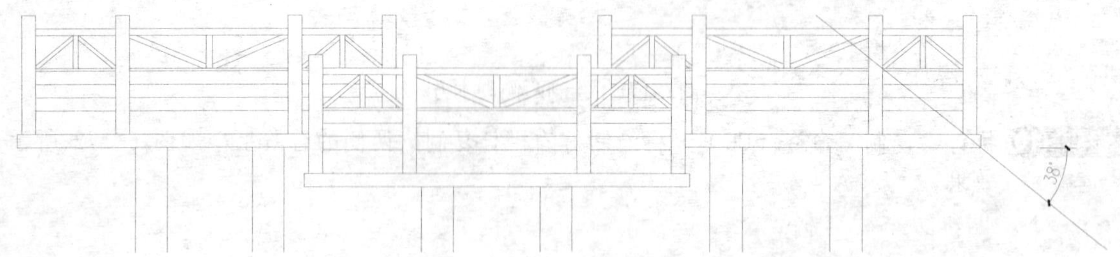

图 6-175　绘制构造线

步骤 16 执行“偏移”命令（O），将辅助斜线向左下侧依次偏移 19 和 120；将平台轮廓线向下依次偏移 100、200 和 200，如图 6-176 所示。

步骤 17 执行“修剪”命令（TR），修剪掉多余的线条，效果如图 6-177 所示。

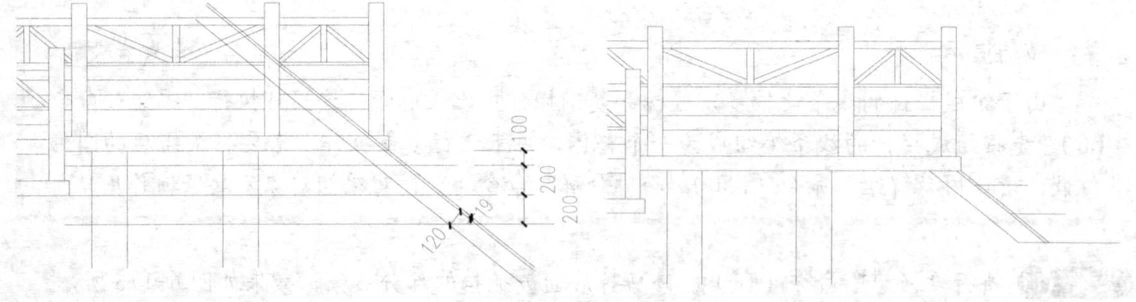

图 6-176　偏移线条　　　　图 6-177　修剪效果

步骤 18 执行“偏移”命令（O），继续将水平线向下偏移 30；再执行“直线”命令（L），由偏移线段与斜线的交点为起点，向下绘制垂直线段；再将垂直线段向右偏移 90，如图 6-178 所示。

步骤 19 执行“修剪”命令（TR）和“删除”命令（E），将不需要的线条修剪删除掉，形成“台阶踏步”效果如图 6-179 所示。

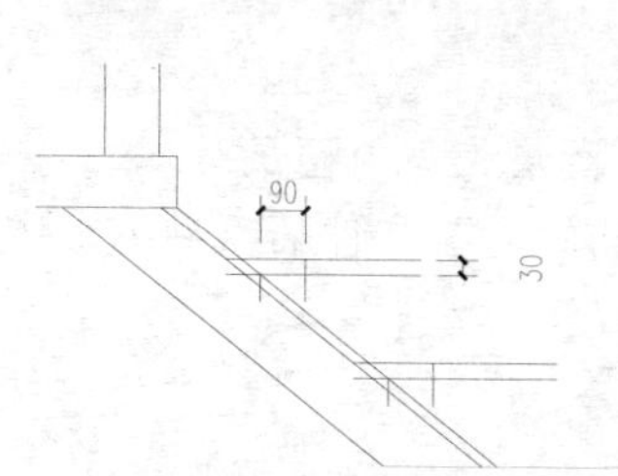

图 6-178　偏移线段

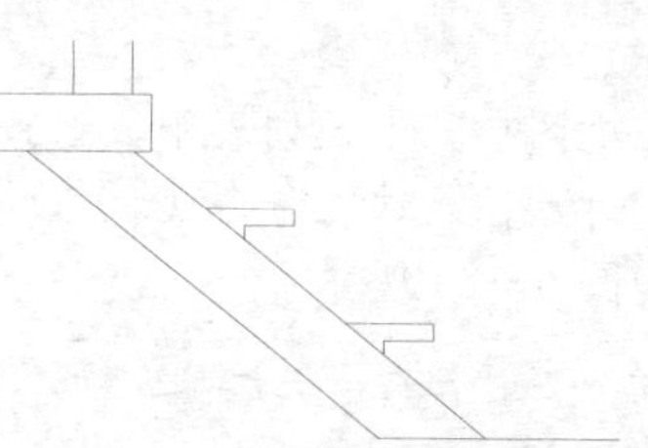

图 6-179　修剪出台阶

步骤 20 执行“镜像”命令（MI），将右侧绘制好的梯段镜像到左侧，效果如图 6-180 所示。

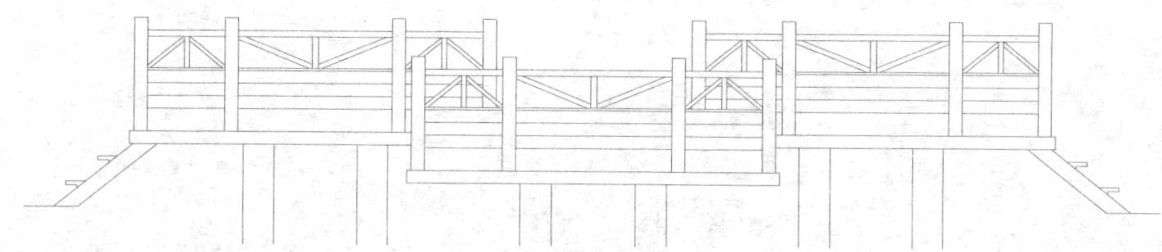

图 6-180　镜像梯段

步骤 21 执行“移动”命令（M），将左侧梯段的水平线向下移动 400；再执行“延伸”命令（EX），将斜线进行延伸操作，如图 6-181 所示。

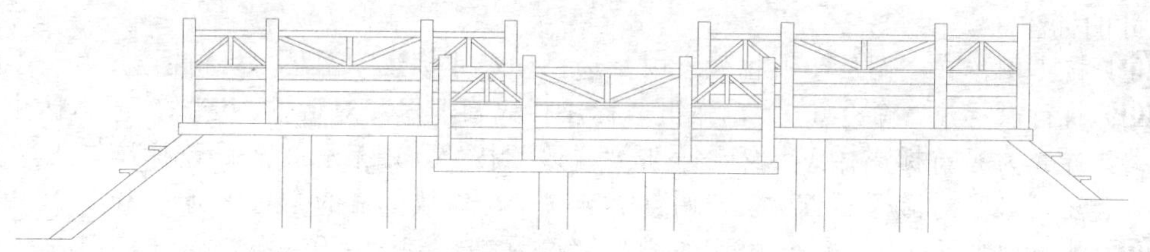

图 6-181　移动延伸操作

步骤 22 执行“复制”命令（CO），将台阶踏步向下复制两份，如图 6-182 所示。

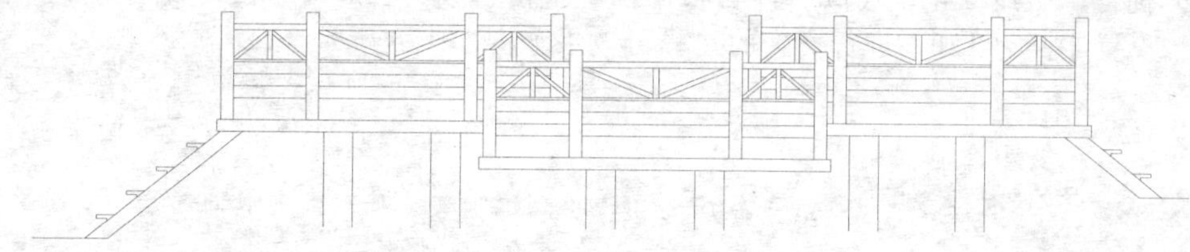

图 6-182　复制踏步

步骤 23 切换至“绿化配景线”图层，执行“多段线”命令（PL），在图形的下侧绘制多条多段线；然后执行“修剪”命令（TR），修剪掉长出来部分线条，效果如图 6-183 所示。

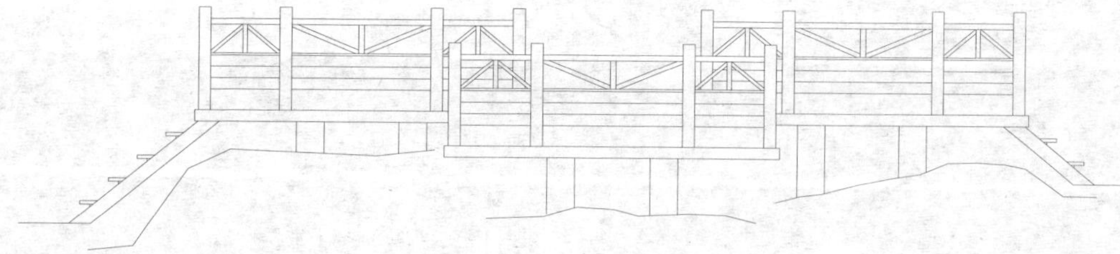

图 6-183　绘制多段线

步骤 24 在“图层”下拉列表中，选择“人物配景线”图层为当前图层。

步骤 25 执行“插入块”命令（I），将“案例\06\人物.dwg”文件插入到图形中相应位置，如图 6-184 所示。

图 6-184 插入人物

技巧：169 道路平台图形的标注

视频：技巧169-道路平台图形的标注.avi
案例：道路平台.dwg

技巧概述： 通过前面两个实例的讲解，道路平台图形已经绘制完成，接下来就对其进行文字及尺寸的标注。

步骤 01 接上例，在“图层”下拉列表中，选择“尺寸标注”图层为当前图层。

步骤 02 执行“标注”命令（D），弹出“标注样式管理器”对话框，选择“园林标注-100”样式为当前标注样式；然后单击“修改”按钮，随后弹出“修改标注样式：园林标注-100”对话框，切换至“调整”选项卡，修改标注的全局比例为 30。

步骤 03 执行“线形标注”命令（DLI）、“连续标注”命令（DCO）、“对齐标注”命令（DAL）和“角度标注”命令（DAN），对图形进行尺寸的标注。

步骤 04 在“图层”下拉列表中，选择“文字标注”图层为当前图层。

步骤 05 执行“引线”命令（LE），在相应位置拖出引线，在选择“图内说明”文字样式，设置字高为 120，进行文字的注释，效果如图 6-185 所示。

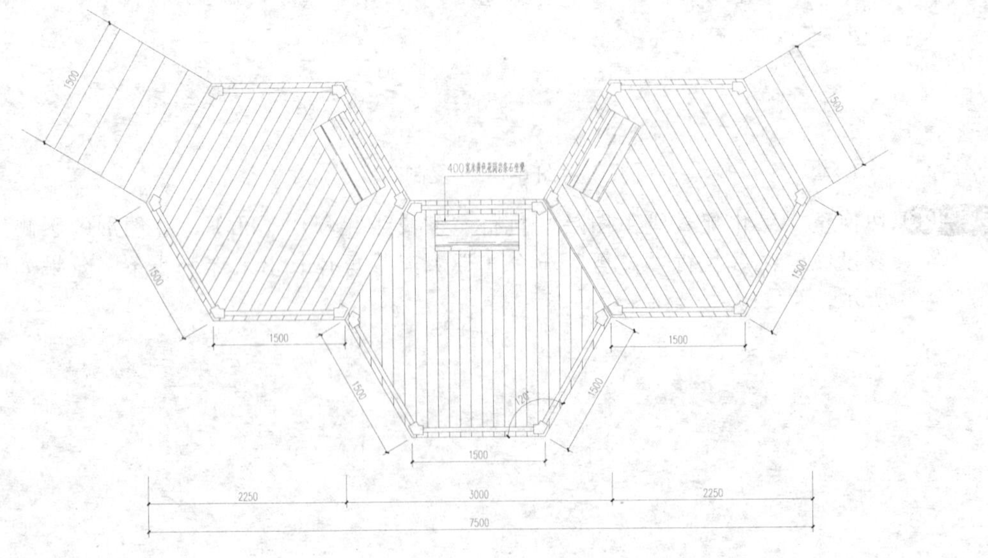

图 6-185 文字及尺寸的标注

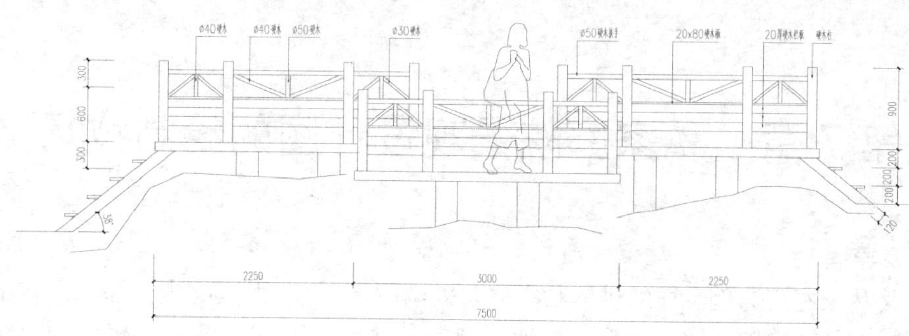

图 6-185　文字及尺寸的标注（续）

步骤 06 执行“多行文字”命令（MT），分别在图形的下侧拖出矩形文本框，再“文字格式”工具栏中选择“图名”文字样式，设置字高为 200，标注出图名；再执行“多段线”命令（PL），在图名下侧绘制适当宽度和长度的水平多段线，如图 6-186 所示。

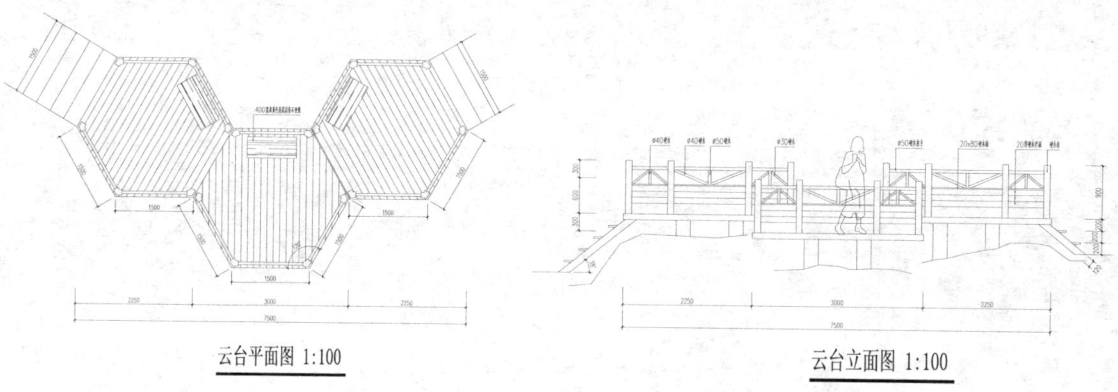

图 6-186　图名标注效果

步骤 07 至此，道路平台图形已经绘制完成，按【Ctrl+S】组合键将文件进行保存。

第 7 章　私家庭院景观设计图的绘制技巧

● 本章导读

本章以某私家庭院为例，详细讲解私家庭院外围围墙轴线、围墙墙柱、围墙、花槽、景石、花架、石凳、石桌、庭院道路、地台、泳池、健身器材、园林铺装以及园林植物的绘制方法与技巧，其绘制完成的私家庭院景观设计图效果如图 7-1 所示。

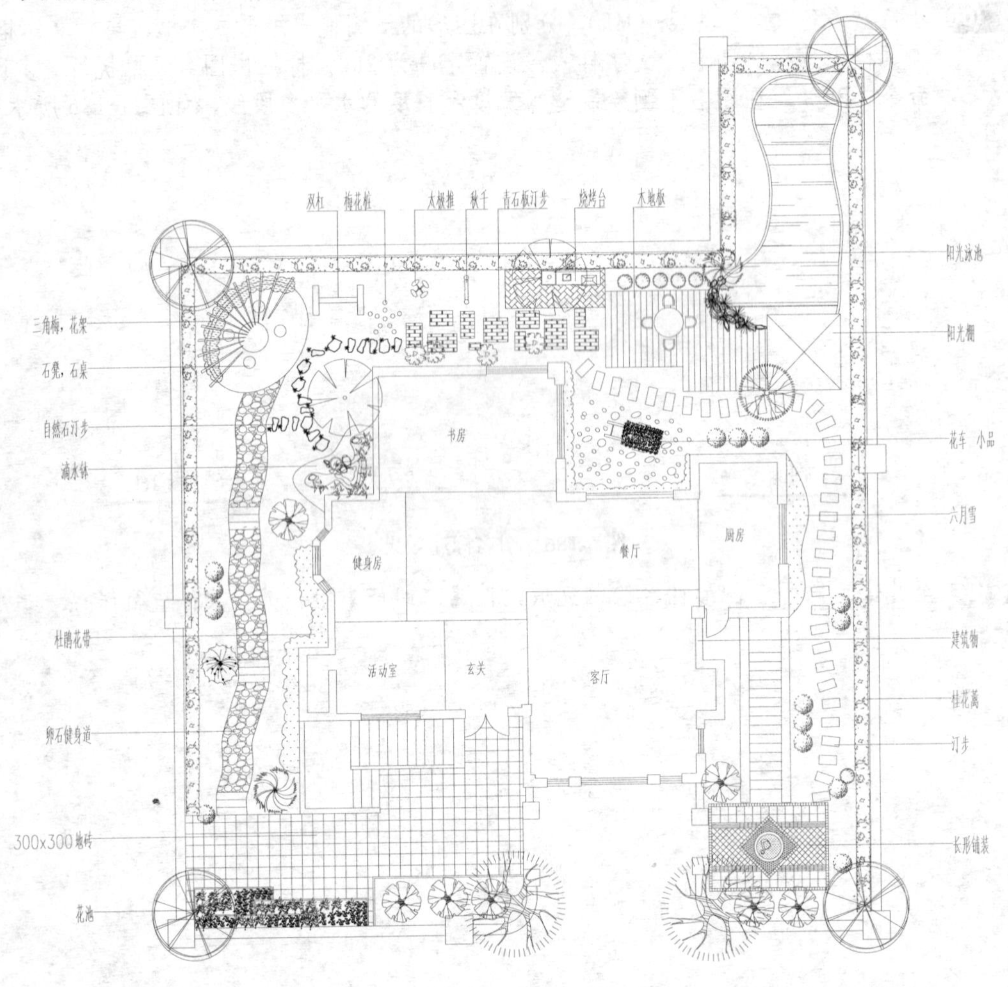

图 7-1　私家庭院景观平面图效果

● 本章内容

私家庭院围墙轴线的绘制	自然景石的绘制	园林铺装的绘制
私家庭院围墙墙柱的绘制	花架、石凳及石桌的绘制	健身器材的绘制
私家庭院围墙的绘制	道路的绘制	园林植物的绘制
私家庭院花槽的绘制	地台和阳光泳池的绘制	景观设计图文字的标注

技巧：170 私家庭院围墙轴线的绘制

视频：技巧170-私家庭院围墙轴线的绘制.avi
案例：私家庭院景观设计图.dwg

技巧概述：在绘制私家庭院景观设计图之前，首先要定位该庭院的范围，即绘制围墙。围墙需要通过绘制轴线来定位墙柱及围墙体的位置。

步骤 01 正常启动 AutoCAD 2014 软件，在“快速访问”工具栏中，单击“打开”按钮，将本书配套光盘“案例\07\园林样板.dwg”文件打开。

步骤 02 再单击“另存为”按钮，将其另存为“案例\07\私家庭院景观设计图.dwg”文件。

步骤 03 在“图层”下拉列表中，选择“轴线”图层为当前图层。执行“线型比例因子”命令（LTS），输入新线型比例因子为 100。

步骤 04 执行“直线”命令（L），在图形区域绘制出如图 7-2 所示的轴线。

步骤 05 执行“偏移”命令（O）和“修剪”命令（TR），将轴线进行相应的偏移和修剪操作，如图 7-3 所示。

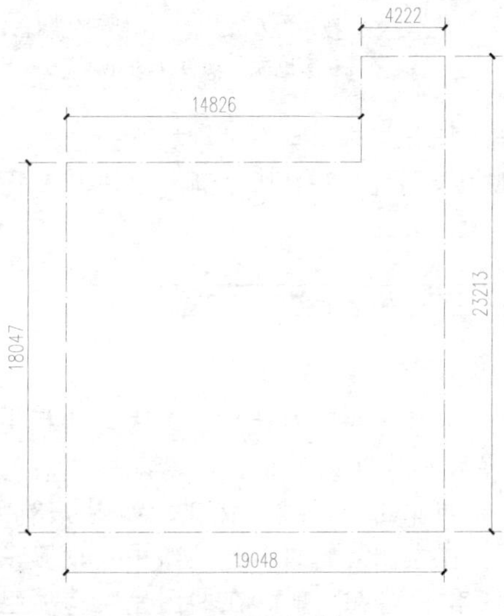

图 7-2　绘制轴线

图 7-3　偏移修剪轴线

技巧：171 私家庭院围墙墙柱的绘制

视频：技巧171-围墙墙柱的绘制.avi
案例：私家庭院景观设计图.dwg

技巧概述：上一实例中绘制出了轴线，接下来在轴线上绘制出墙柱。

步骤 01 接上例，执行“图层特性管理”命令（LA），如图 7-4 所示新建“墙柱”图层，并设置为当前图层。

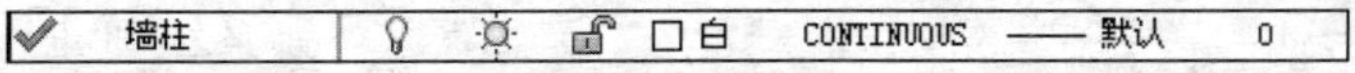

✔ 墙柱	□白 CONTINUOUS —— 默认 0

图 7-4　新建图层

步骤 02 执行“矩形”命令（REC），绘制 750×750 的矩形作为墙柱。

步骤 03 通过执行“移动”命令（M）和“复制”命令（CO），将上步绘制的墙柱复制到轴线相应位置，如图 7-5 所示。

步骤 04 执行“矩形”命令（REC），绘制 450×450 的矩形作为门柱；再通过移动、复制和修剪等命令，将门柱放置到轴线相应位置，如图 7-6 所示。

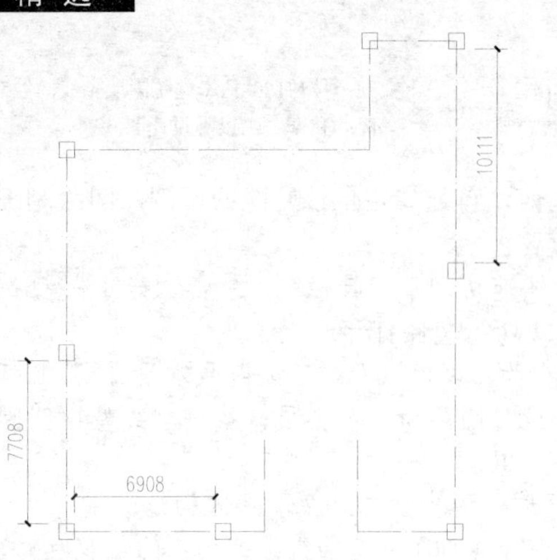

图 7-5 偏移线段

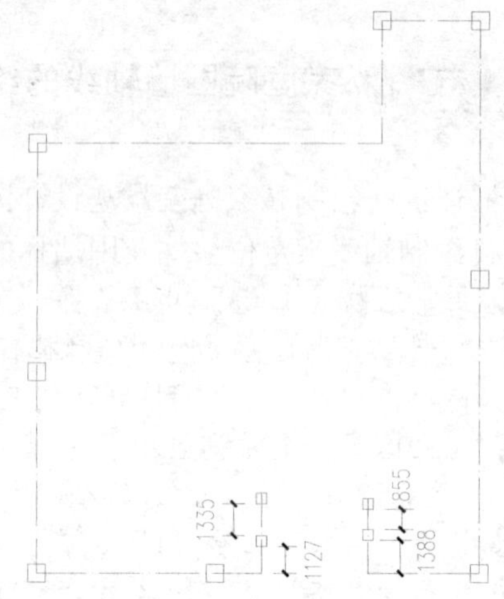

图 7-6 修剪效果

技巧：172 私家庭院围墙的绘制

视频：技巧172-私家庭院围墙的绘制.avi
案例：私家庭院景观设计图.dwg

技巧概述： 本实例通过多线命令来围绕轴线绘制围墙，具体操作过程如下。

步骤 01 接上例，执行“图层特性管理”命令（LA），如图 7-7 所示新建“围墙”图层，并设置为当前图层。

围墙	💡	☼	🔓	□白	CONTINUOUS	—— 默认	0

图 7-7 新建图层

步骤 02 执行“格式|多线样式”菜单命令，弹出“多线样式”对话框，单击对话框中的“新建”按钮，系统将自动弹出“创建新的多线样式”对话框，在“新样式名”文本框中输入需要创建的多线样式名称“280”，再单击“继续”按钮，如图 7-8 所示。

步骤 03 随后弹出“新建多线样式：280”对话框，在左侧“封口”选项组中，设置多线两端的封口形式为“直线”，并勾选“起点”和“端点”项；在“图元”选项组中，修改偏移量为 140 和-140，然后单击“确定”按钮，如图 7-9 所示。

图 7-8 创建多线样式

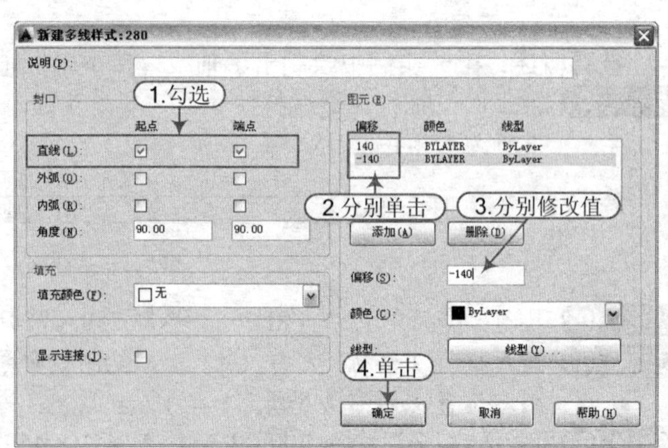

图 7-9 设置多线参数

步骤 04 执行“多线”命令（ML），根据如下命令提示选择“对正（J）”项，设置对正类型为“无（Z）”；再选择“比例（S）”项，设置比例为 1；再选择“样式（ST）”项，输入样式名为“280”。设置好多线后分别捕捉轴线与柱子的交点来绘制出多线墙体，效果如图 7-11 所示。

```
命令: MLINE                                            \\ 多线命令
当前设置: 对正 = 无，比例 = 1.00，样式 = STANDARD        \\ 当前多线设置
指定起点或 [对正(J)/比例(S)/样式(ST)]:  j                \\ 输入“J”，以选择“对正”项
输入对正类型 [上(T)/无(Z)/下(B)] <无>:  z               \\ 输入“Z”，以选择“无”项
当前设置: 对正 = 无，比例 = 1.00，样式 = STANDARD
指定起点或 [对正(J)/比例(S)/样式(ST)]:  s                \\ 输入“S”，以选择“比例”项
输入多线比例 <1.00>:                                    \\ 输入比例值为 1
当前设置: 对正 = 无，比例 = 1.00，样式 = STANDARD
指定起点或 [对正(J)/比例(S)/样式(ST)]:  st               \\ 输入“ST”，以选择“样式”项
输入多线样式名或 [?]:  280                              \\ 输入上步创建的样式名“280”
当前设置: 对正 = 无，比例 = 1.00，样式 = 280             \\ 设置好的多线
指定起点或 [对正(J)/比例(S)/样式(ST)]:                   \\ 单击轴线上的点
指定下一点:   <正交 开>                                  \\ 继续捕捉并单击点
指定下一点或 [放弃(U)]:                                  \\ 继续捕捉并单击点
```

步骤 05 在“图层”下拉列表中，单击“轴线”图层上的按钮，以关闭该图层显示，关闭后的图形效果如图 7-12 所示。

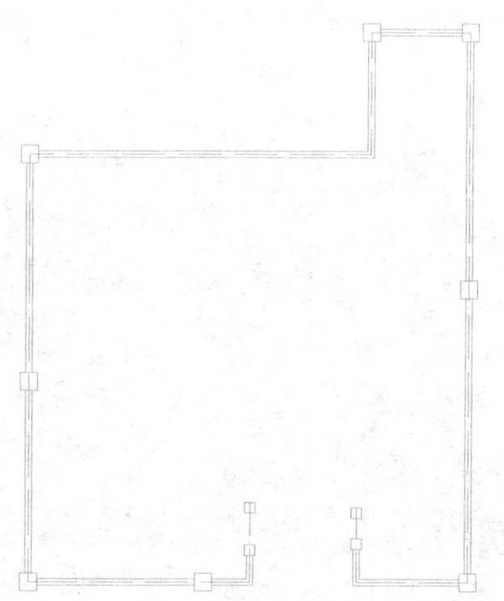

图 7-11　绘制多线

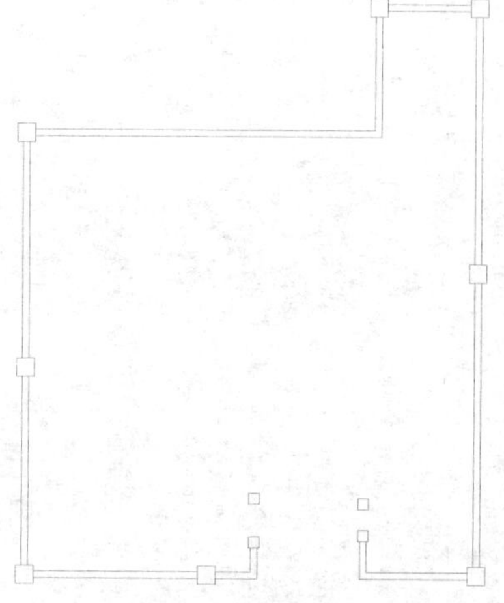

图 7-12　隐藏图层效果

步骤 06 执行“分解”命令（X），将入口处的两段转折墙体分解掉；再执行“圆角”命令（F），设置圆角半径分别为 700 和 980，对内外直角进行圆角处理，效果如图 7-13 所示。

技巧：173　私家庭院花槽的绘制

视频：技巧173-私家庭院花槽的绘制.avi
案例：私家庭院景观设计图.dwg

技巧概述： 本实例首先插入建筑物，然后绘制庭院的花槽，具体操作如下。

步骤 01 接上例，执行“插入块”命令（I），将“案例\07\建筑物.dwg”文件插入到图形中相应位置，如图 7-14 所示。

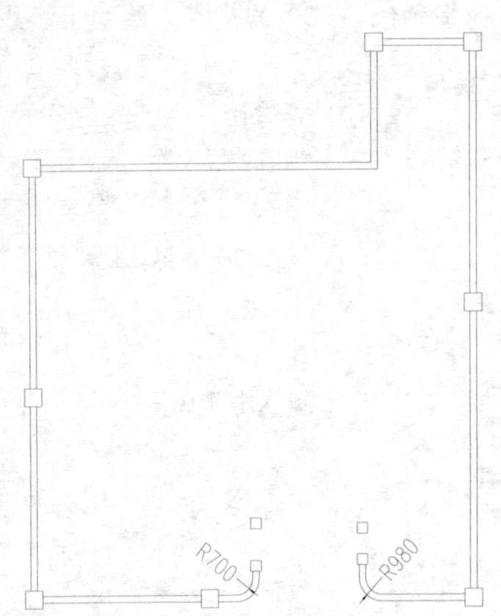

图 7-13　圆角效果

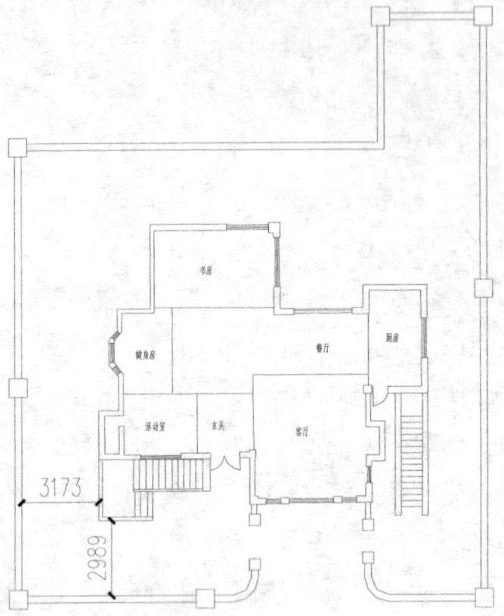

图 7-14　插入建筑物

步骤 02 切换至“铺装分隔线”图层，执行“直线”命令（L），过建筑轮廓和柱子轮廓绘制封闭线，如图 7-15 所示。

步骤 03 切换至“小品轮廓线”图层，通过直线、偏移和修剪等命令，在左下角绘制出如图 7-16 所示的花槽。

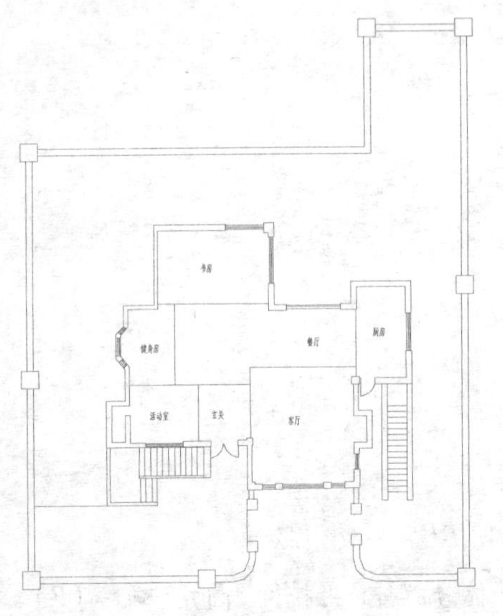

图 7-15　绘制封闭线

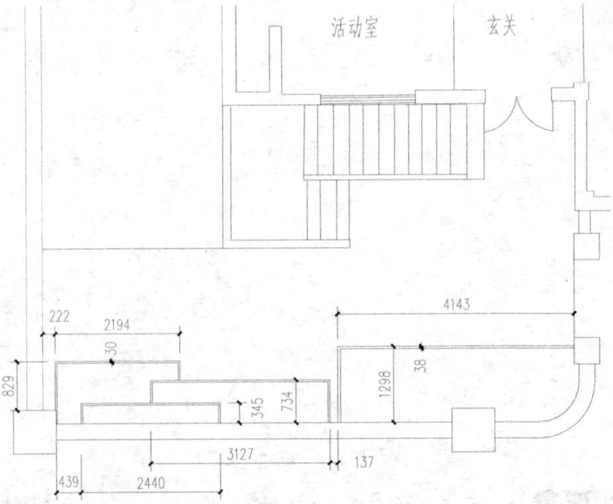

图 7-16　绘制花槽

步骤 04 执行“多段线”命令（PL），围绕围墙内墙体轮廓绘制一条多段线；再执行“偏移”命令（O），将多段线向内偏移 430，然后将源多段线删除，如图 7-17 所示。

步骤 05 切换至“绿化配景线”图层，执行“插入块”命令（I），将“案例\07\桂花蔼.dwg”文件插入到图形中；再通过缩放、旋转、移动和复制等操作，将“桂花蔼”围绕多段线进行布置，然后将多段线删除掉，效果如图 7-18 所示。

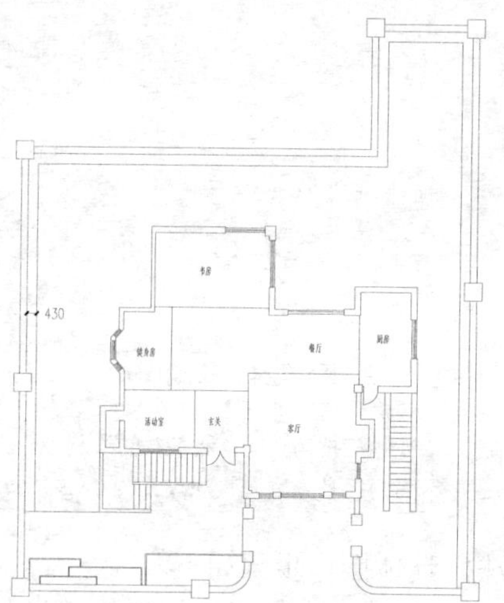

图 7-17　绘制多段线

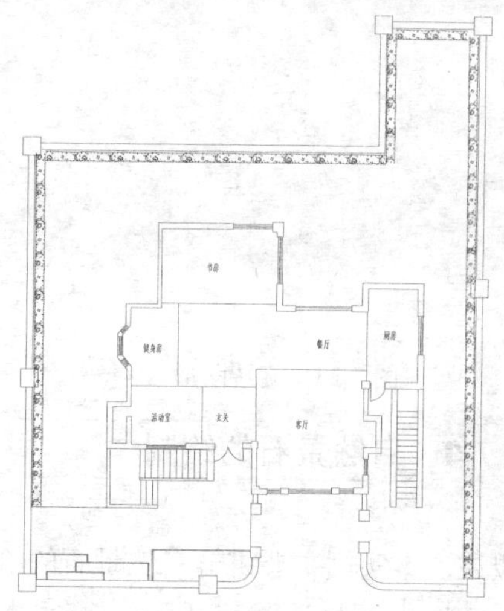

图 7-18　插入桂花离

步骤 06 执行“样条曲线”命令（SPL），在建筑物外围绘制如图 7-19 所示的样条曲线以形成植被区。

步骤 07 执行“图案填充”命令（H），选择图案为“SWAMP”，设置比例为 200，在植被区填充植物，如图 7-20 所示。

步骤 08 执行“椭圆”命令（EL）和“复制”命令（CO），在如图 7-21 所示的植被位置绘制适当大小的椭圆以形成鹅卵石。

步骤 09 执行“矩形”命令（REC），如图 7-22 所示绘制多个对齐的矩形，以形成花车效果。

步骤 10 执行“旋转”命令（RO），将花车旋转-15°，如图 7-23 所示。

步骤 11 执行“移动”命令（M），将花车移动到鹅卵石中间；然后将被摭挡的石头删除掉，效果如图 7-24 所示。

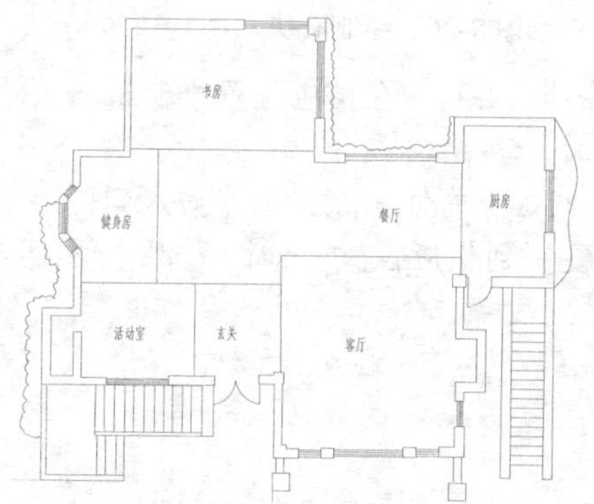

图 7-19　绘制植被区

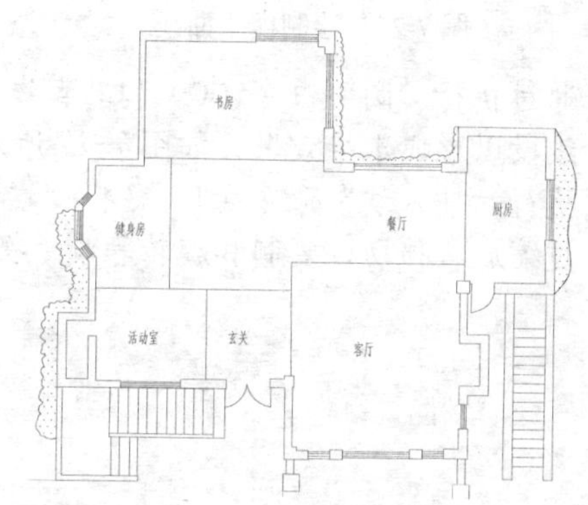

图 7-20　填充植物图例

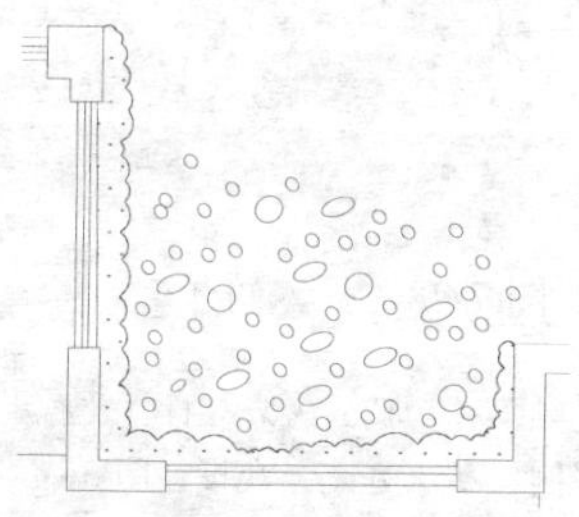

图 7-21　绘制椭圆

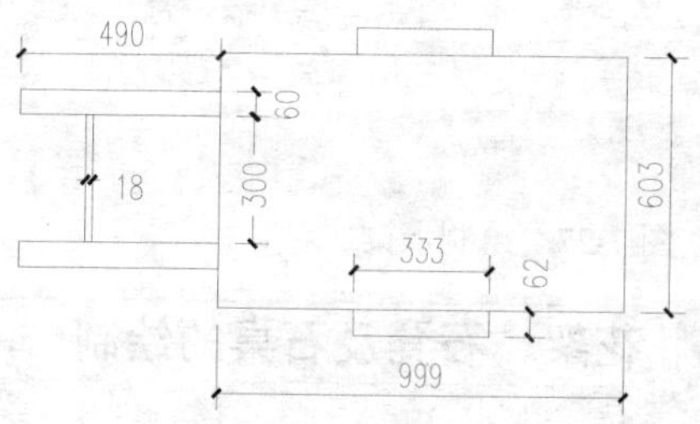

图 7-22　绘制矩形

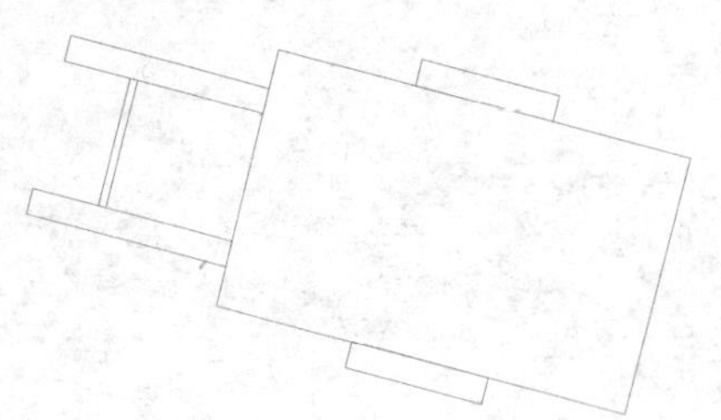

图 7-23 旋转图形

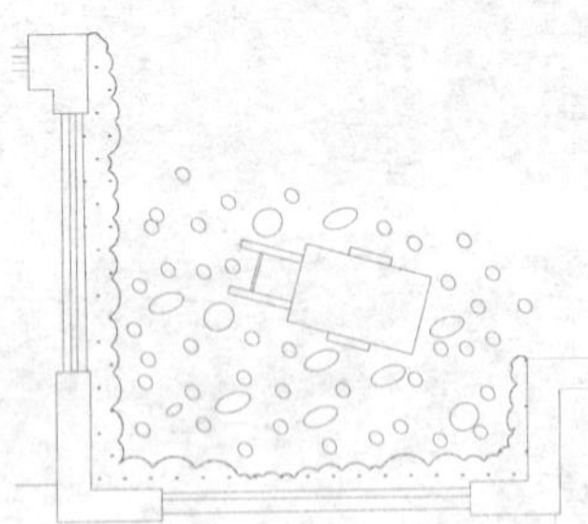

图 7-24 移动图形

技巧：174 自然景石的绘制

视频：技巧174-自然景石的绘制.avi
案例：私家庭院景观设计图.dwg

技巧概述： 本实例主要讲解自然景石的绘制方法，具体操作步骤如下。

步骤 01 接上例，执行“样条曲线”命令（SPL），在建筑左上侧相应区域绘制出如图 7-25 所示的样条曲线。

步骤 02 执行“多段线”命令（PL），设置全局宽度为 1，绘制一些不规则多边形以表示石块，如图 7-26 所示。

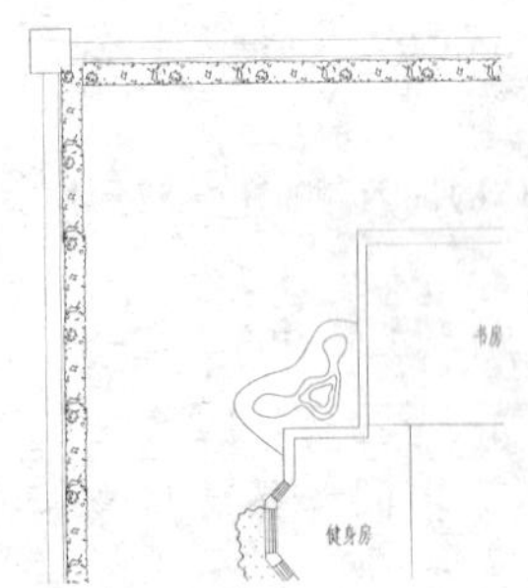

图 7-25 绘制样条曲线

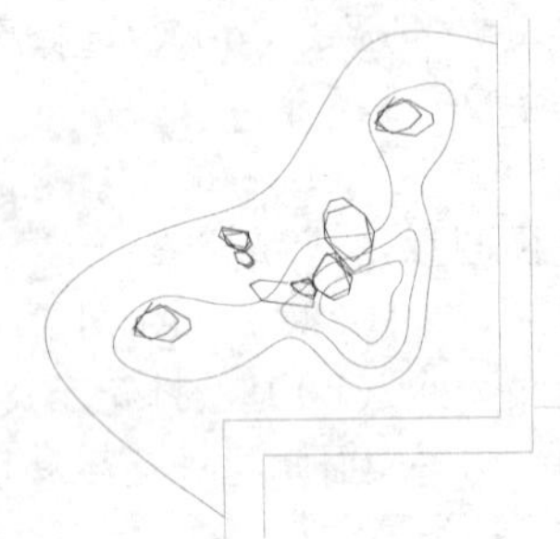

图 7-26 绘制石块

步骤 03 通过执行“圆”命令（C）和“直线”命令（L），在相应位置绘制适当大小的圆和线段以形成水渠效果，如图 7-27 所示。

步骤 04 执行“插入块”命令（I），将“案例\07\粉单竹.dwg”文件插入到图形中；再通过缩放、移动、复制和旋转等命令将其复制到相应位置，如图 7-28 所示。

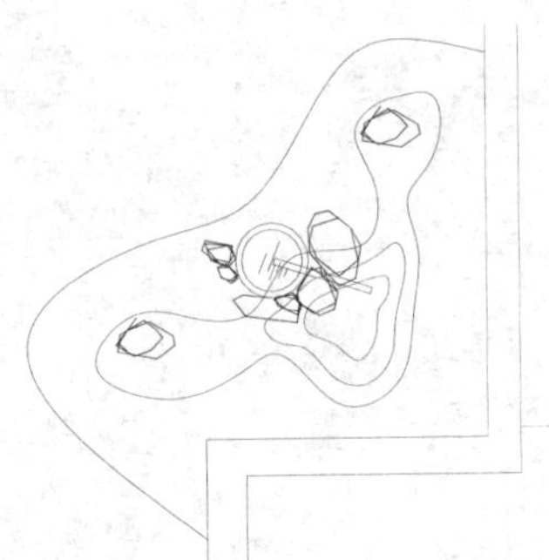

图 7-27 绘制水渠

图 7-28 插入竹子

技巧：175 花架、石凳及石桌的绘制

视频：技巧175-花架、石凳及石桌的绘制.avi
案例：私家庭院景观设计图.dwg

技巧概述： 本实例主要讲解花架、石凳及石桌等小品的绘制方法，具体操作如下。

步骤 01 接上例，在“图层”下拉列表中，选择“小品轮廓线”图层为当前图层。

步骤 02 执行“椭圆”命令（EL），在空白区域绘制出如图 7-29 所示的椭圆。

步骤 03 执行“偏移”命令（O），将椭圆向外偏移 240，再向内分别偏移 96 和 1000，如图 7-30 所示。

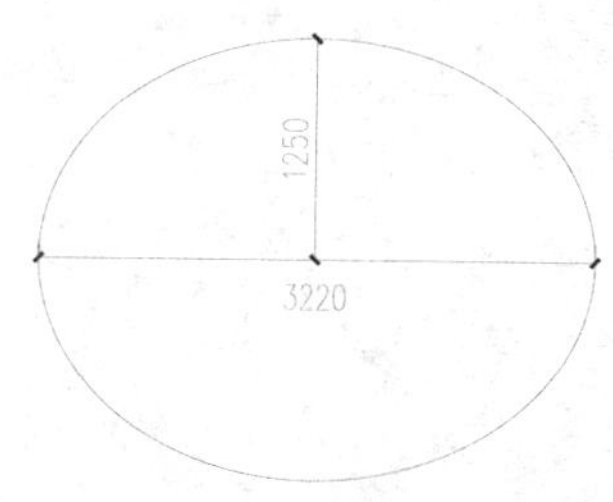

图 7-29　绘制椭圆

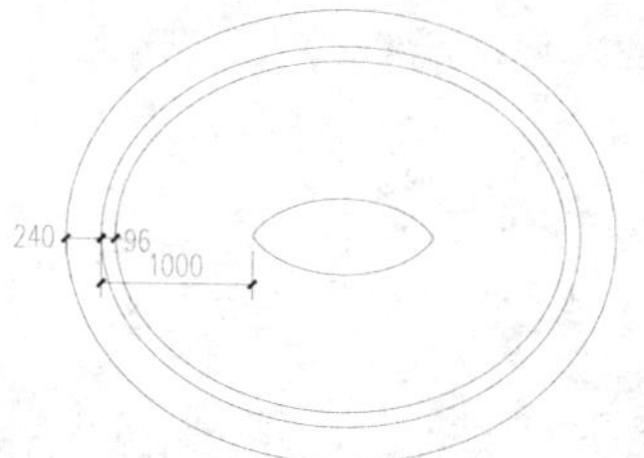

图 7-30　偏移椭圆

步骤 04 执行“直线”命令（L），过圆心向左绘制角度为 3° 的斜线段；再执行“旋转”命令（RO），将线段以圆心复制旋转 2°，如图 7-31 所示。

步骤 05 执行“阵列”命令（AR），选择上步绘制的两条线段，根据如下提示选择“极轴”阵列项，指定圆心为旋转中心点，再选择“填充角度（F）项”，输入角度为-170°；再选择“项目（I）”项，输入项目数为 13，阵列效果如图 7-32 所示。

```
命令: ARRAY                                        \\ 阵列命令
选择对象: 指定对角点: 找到 2 个                    \\ 选择两条斜线
选择对象:                                          \\ 空格键确认选择
输入阵列类型 [矩形(R)/路径(PA)/极轴(PO)] <极轴>:
                                                   \\ 空格键默认<极轴>
类型 = 极轴  关联 = 是
指定阵列的中心点或 [基点(B)/旋转轴(A)]:            \\ 指定椭圆圆心
选择夹点以编辑阵列或 [关联(AS)/基点(B)/项目(I)/项目间角度(A)/填充角度(F)/行(ROW)/层(L)/旋转项目(ROT)/退出(X)] <退出>: f      \\ 输入 F 以选择“填充角度”项
指定填充角度(+=逆时针、-=顺时针)或 [表达式(EX)] <360>: -170
                                                   \\ 输入-170
选择夹点以编辑阵列或 [关联(AS)/基点(B)/项目(I)/项目间角度(A)/填充角度(F)/行(ROW)/层(L)/旋转项目(ROT)/退出(X)] <退出>: i      \\ 输入 I 以选择“项目”项
输入阵列中的项目数或 [表达式(E)] <6>: 13            \\ 输入项目数 13
选择夹点以编辑阵列或 [关联(AS)/基点(B)/项目(I)/项目间角度(A)/填充角度(F)/行(ROW)/层(L)/旋转项目(ROT)/退出(X)] <退出>:         \\ 空格键退出
```

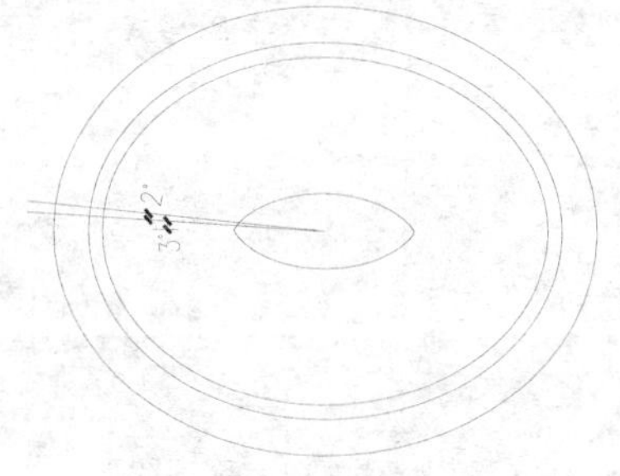

图 7-31　绘制斜线

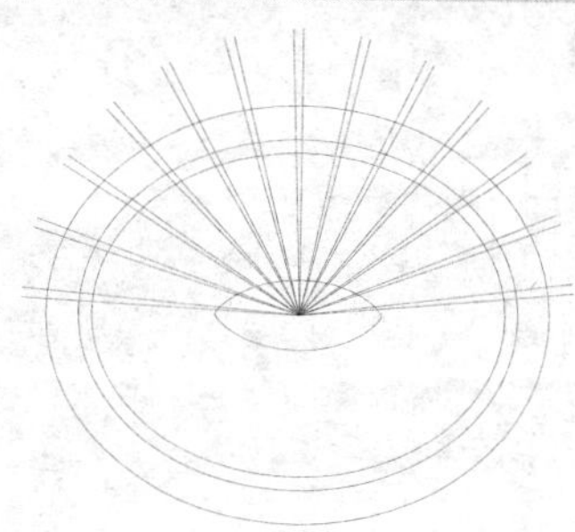
图 7-32　阵列斜线

步骤 06 执行“修剪”命令（TR），修剪掉多余的线条和圆弧，效果如图 7-33 所示。

步骤 07 执行“圆”命令（C），在椭圆内绘制半径 400 和 160 的圆作为石凳和石桌，再执行“复制”命令（CO），将石凳进行复制，并修剪掉花架遮挡的部分圆弧，效果如图 7-34 所示。

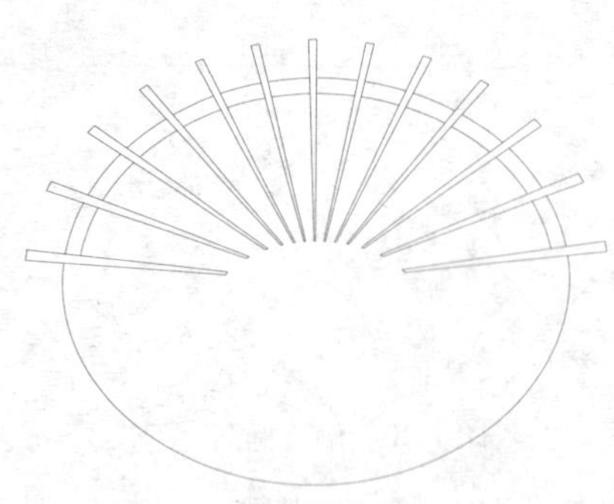

图 7-33 修剪效果

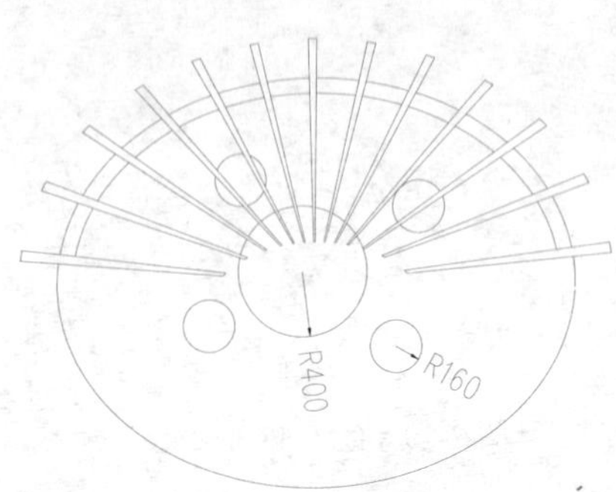

图 7-34 绘制石凳、石桌

步骤 08 切换至“绿化配景线”图层，执行“圆弧”命令（A），绘制首尾相连的圆弧以表示绿蓠轮廓，如图 7-35 所示。

步骤 09 执行“图案填充”命令（H），选择图案为“DASH”，设置比例为 500，角度为 300，对圆弧进行填充，效果如图 7-36 所示。

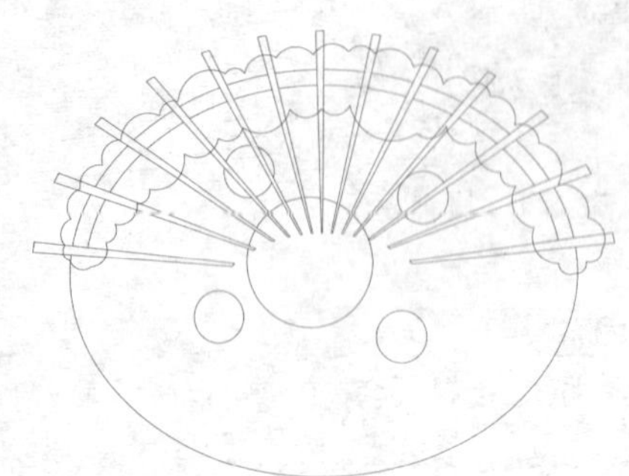

图 7-35 绘制圆弧

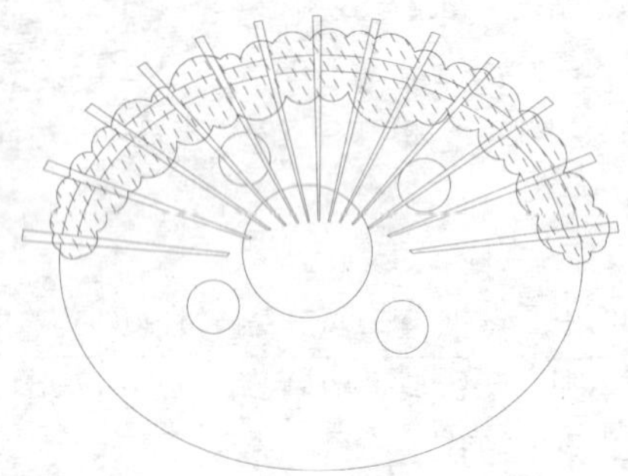

图 7-36 填充图案

步骤 10 执行“旋转”命令（RO），将上步图形旋转 51°，如图 7-37 所示。

步骤 11 再执行“移动”命令（M），将其以椭圆圆心为基点移动到庭院内对应位置，效果如图 7-38 所示。

图 7-37 旋转图形

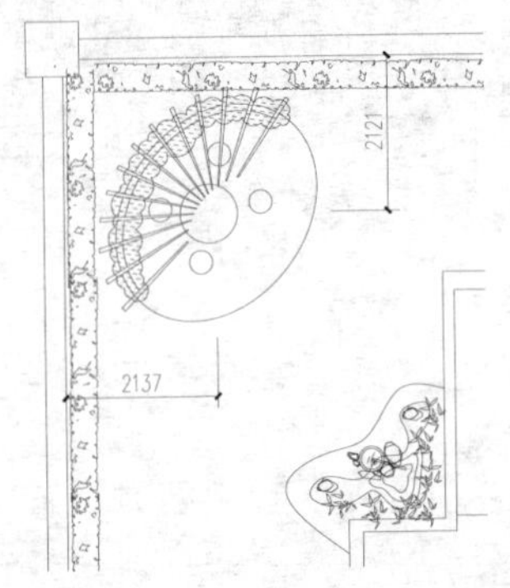

图 7-38 移动图形

技巧：176　庭院道路的绘制

视频：技巧176-绘制庭院道路.avi
案例：私家庭院景观设计图.dwg

技巧概述：本实例主要讲解庭院道路的绘制，其中包括卵石健身道、自然石汀步、青石板汀步等，具体操作如下。

步骤 01 在“图层”下拉列表中，选择“道路线”图层为当前图层。

步骤 02 执行“样条曲线”命令（SPL），由花架小品向下绘制样条曲线；再执行“偏移”命令（O），将样条曲线偏移 830，如图 7-39 所示。

步骤 03 执行“直线”命令（L）和“偏移”命令（O），在样条曲线上绘制宽度为 200 的台阶，如图 7-40 所示。

步骤 04 执行“图案填充”命令（H），选择图案为“GRAVEL”，设置比例为 500，在相应位置填充卵石效果，如图 7-41 所示。

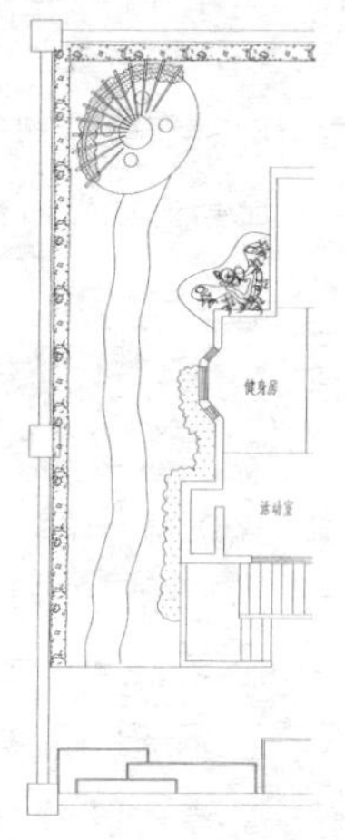

图 7-39　绘制道路线

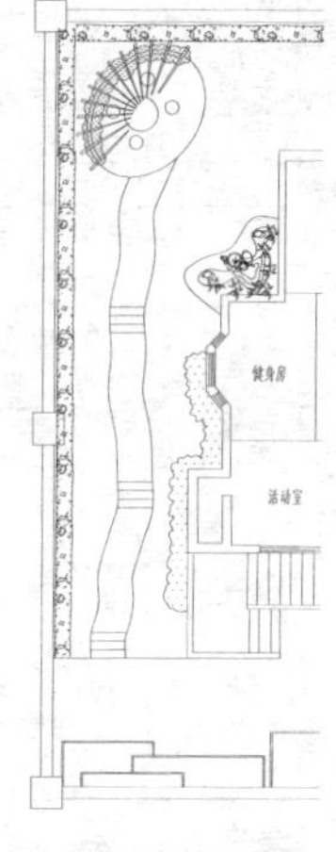

图 7-40　绘制台阶

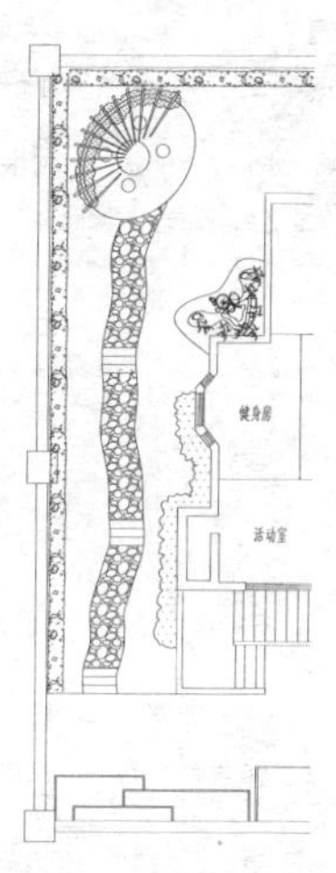

图 7-41　填充卵石

步骤 05 执行“多段线”命令（PL），设置全局宽度为 9，在花架和石景周围绘制自然石汀步，效果如图 7-42 所示。

步骤 06 再执行“矩形”命令（REC），在自然石汀步右侧绘制适当尺寸的矩形作为不规则的石板汀步，如图 7-43 所示。

步骤 07 执行“样条曲线”命令（SPL），在建筑物右侧绘制出如图 7-44 所示的样条曲线。

步骤 08 执行“矩形”命令（REC），绘制 480×240 的矩形；再执行“旋转”命令（RO），将其旋转 6°；然后执行“移动”命令（M），将旋转的矩形移动到样条曲线的下方，如图 7-45 所示。

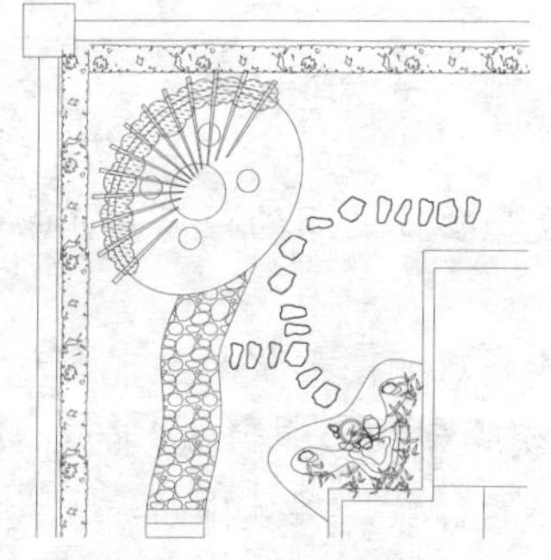

图 7-42　绘制汀步

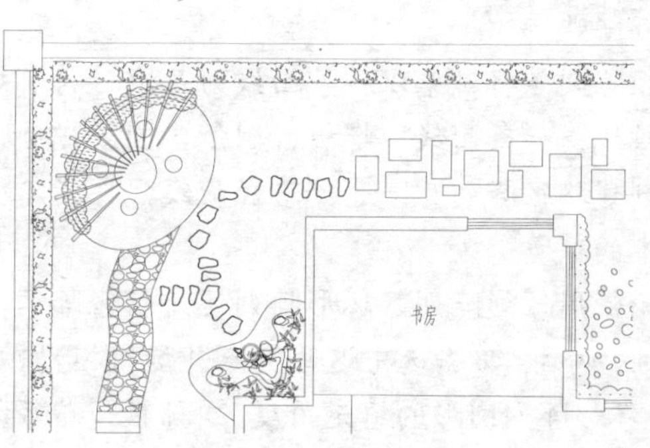

图 7-43　绘制石板

步骤 09 执行"阵列"命令（AR），选择矩形对象，根据命令提示，再选择"路径（PA）"项，拾取样条曲线为阵列的路径，再选择"项目（I）"项，输入项目间距为 500，再输入项目数为，阵列效果如图 7-46 所示。

```
命令: ARRAY                                                     \\ 阵列命令
选择对象: 找到 1 个                                              \\ 选择矩形
选择对象:  输入阵列类型 [矩形(R)/路径(PA)/极轴(PO)]: PA            \\ 输入 PA 选择"路径"项
类型 = 路径   关联 = 是
选择路径曲线: 指定对角点:                                         \\ 拾取样条曲线
选择夹点以编辑阵列或 [关联(AS)/方法(M)/基点(B)/切向(T)/项目(I)/行(R)/层(L)/对齐项目(A)/Z 方
向(Z)/退出(X)] <退出>: i                                         \\ 输入 I 以选择"项目"项
指定沿路径的项目之间的距离或 [表达式(E)] <754>: 500                \\ 输入项目间距为 500
最大项目数 = 36                                                  \\ 提示可阵列的最大项目
指定项目数或 [填写完整路径(F)/表达式(E)] <36>: 35                  \\ 输入项目数为 35
选择夹点以编辑阵列或 [关联(AS)/方法(M)/基点(B)/切向(T)/项目(I)/行(R)/层(L)/对齐项目(A)/Z 方
向(Z)/退出(X)] <退出>:                                           \\ 空格键退出命令
```

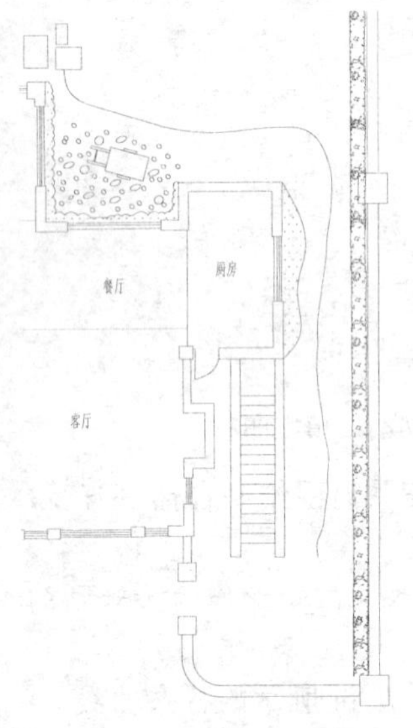

图 7-44　绘制样条曲线

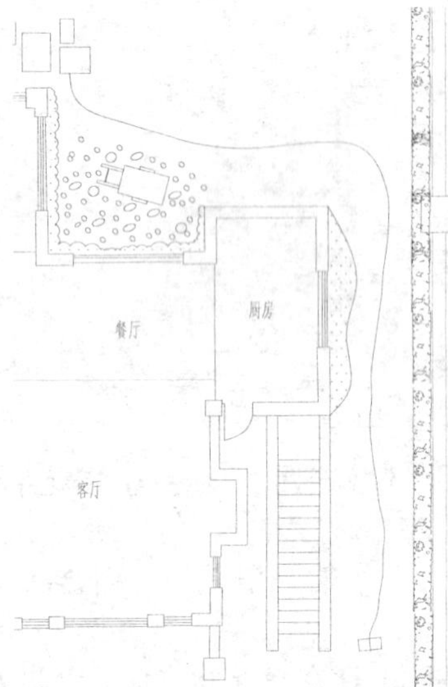

图 7-45　绘制矩形

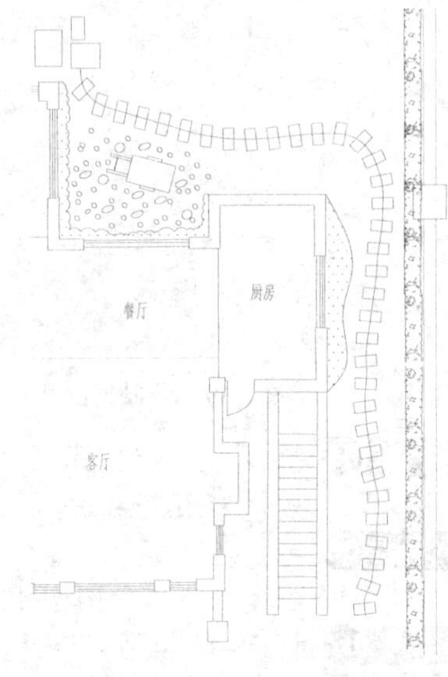

图 7-46　路径阵列汀步

软件技能： ★★★☆☆

路径阵列是将对象以一条曲线为基准进行有规律地复制（路径可以是直线、多段线、三维多段线、样条曲线、螺旋、圆弧、圆或椭圆）。

在创建路径阵列时，选择路径曲线，再指定项目数量和项目之间的距离，可以控制阵列中副本的数量。

无论使用矩形阵列、环形阵列还是路径阵列，选择阵列后的图形将会呈现多种夹点，如图 7-47 所示。单击选中这些夹点并进行拖动，可以改变阵列矩形阵形图形的行数/列数/间距、环形阵列图形的填充角度/项目数、路径阵列图形的行数、层数排列等方式。

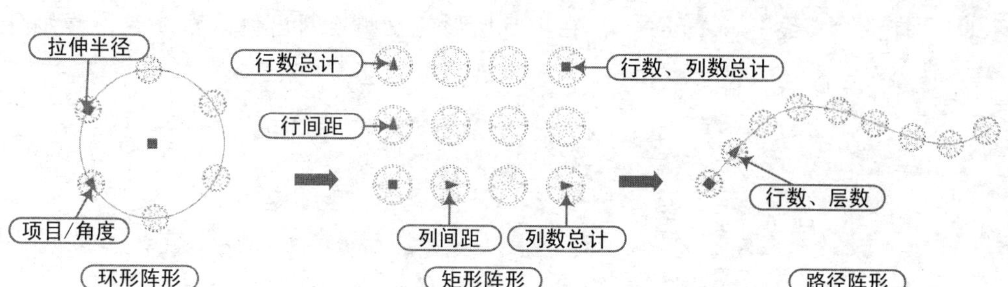

图 7-47　阵列图形的夹点

技巧：177　地台和阳光泳池的绘制

视频：技巧177-地台和阳光泳池的绘制.avi
案例：私家庭院景观设计图.dwg

技巧概述：本实例主要讲解木地台和阳光泳池的绘制方法，具体操作如下。

步骤 01 接上例在“图层”下拉列表中，选择“小品轮廓线”图层为当前图层。

步骤 02 执行“矩形”命令（REC），绘制 2000×2000 的矩形；再执行“直线”命令（L），连接矩形对角点，如图 7-48 所示完成阳光棚的绘制。

步骤 03 执行“样条曲线”命令（SPL），由阳光棚向上绘制一条样条曲线；再执行“偏移”命令（O），将样条曲线偏移 65，如图 7-49 所示以形成泳池轮廓。

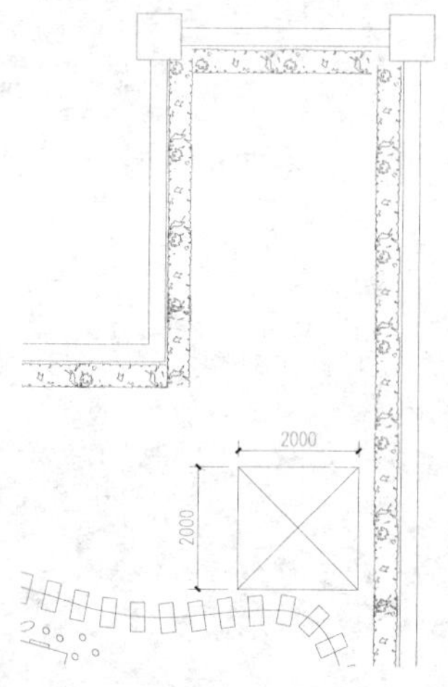

图 7-48　绘制阳光棚

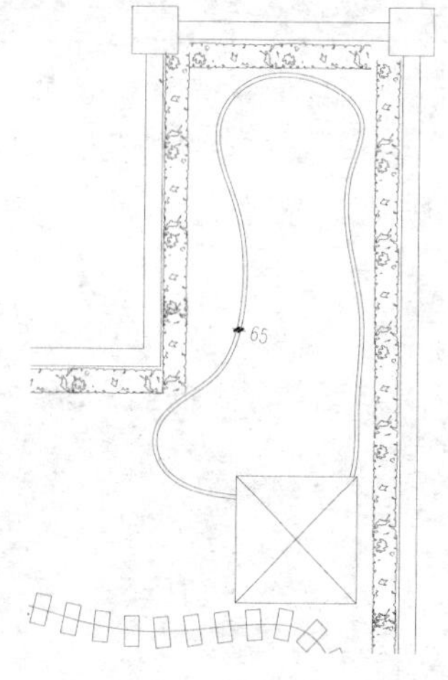

图 7-49　绘制泳池

步骤 04 执行“多段线”命令（PL），按如图 7-50 所示绘制出石块。

步骤 05 根据同样的方法，在泳池周围绘制出石块群效果如图 7-51 所示。

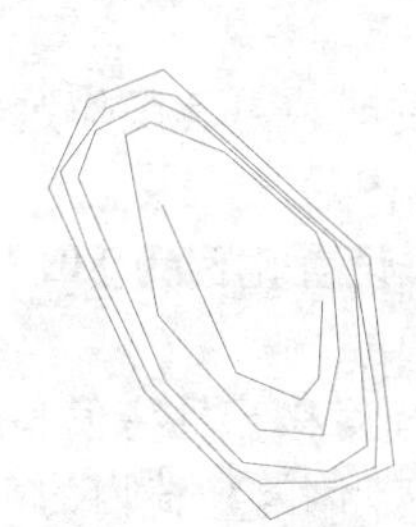

图 7-50　绘制石块

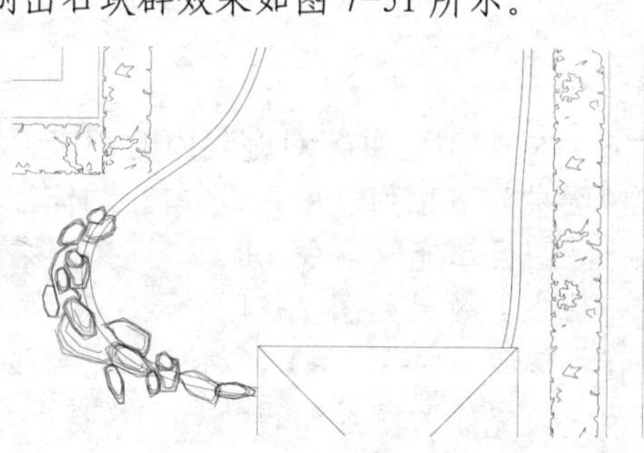

图 7-51　绘制的石群

步骤 06 再执行“直线”命令（L），在上步图形的左侧绘制出休闲木地台轮廓如图 7-52 所示。

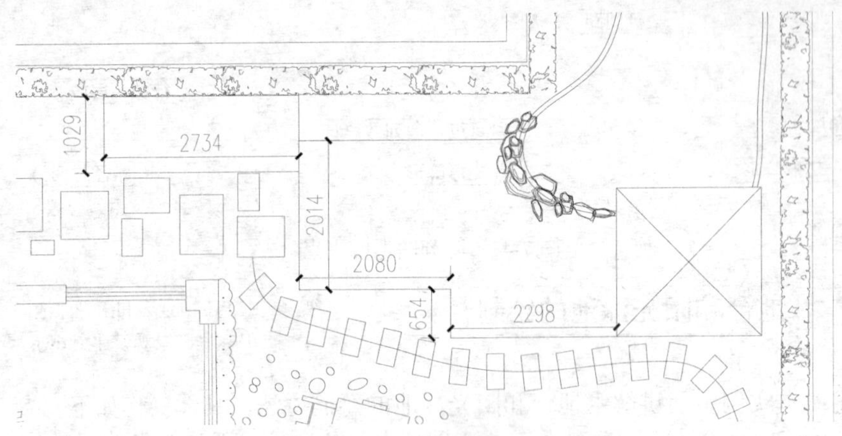

图 7-52 绘制地台

步骤 07 执行“插入块”命令（I），将“案例\07\休闲坐椅.dwg、烧烤架.dwg”文件插入到图形中相应位置，如图 7-53 所示。

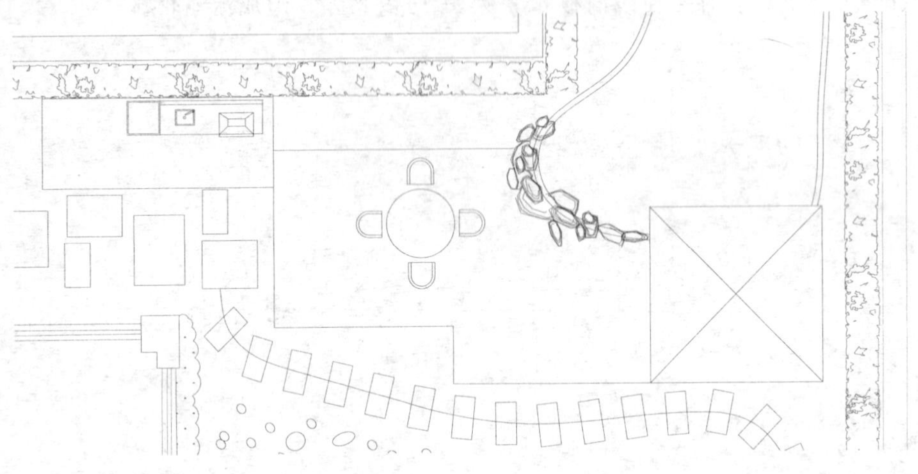

图 7-53 插入图块

技巧：178 园林铺装的绘制

视频：技巧178-园林铺装的绘制.avi
案例：私家庭院景观设计图.dwg

技巧概述：本实例主要讲解对庭院内的相应区域进行相关的材质铺装，其操作过程如下。

步骤 01 在“图层”下拉列表中，选择“水体轮廓线”图层为当前图层。

步骤 02 执行“图案填充”命令（H），选择图案为“AR-RROOF”，设置比例为 80，在泳池内进行填充，效果如图 7-54 所示。

步骤 03 执行“偏移”命令（O），将地台轮廓线以 160 的距离进行偏移，且将偏移的线段转换为“填充线”图层；再执行“修剪”命令（TR），修剪掉休闲坐椅内的多余线条，如图 7-55 所示形成木地板铺装。

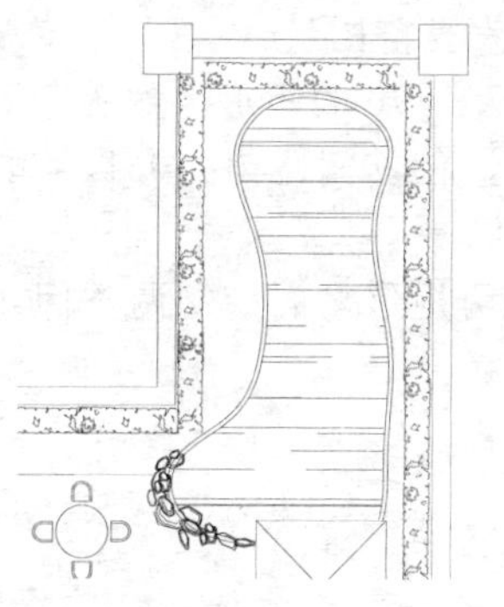

图 7-54　填充水体

图 7-55　绘制木地板

步骤 04 执行“图案填充”命令（H），选择图案为“AR-HBONE”，设置比例为 30，在烧烤架处的地板进行填充如图 7-56 所示。

步骤 05 重复填充命令，选择图案为“BRSTONE”，设置比例为 300，对青石板汀步进行填充如图 7-57 所示。

图 7-56　填充“AR-HBONE”图案

图 7-57　填充青石板汀步

步骤 06 执行“图案填充”命令（H），选择类型为“用户定义”，勾选“双向”，设置间距为 300，为左下侧大门入口填充 300×300 的地砖，如图 7-58 所示。

步骤 08 执行“插入块”命令（I），将“案例\07\地面拼花.dwg”文件插入到右下侧大门入口处，如图 7-59 所示。

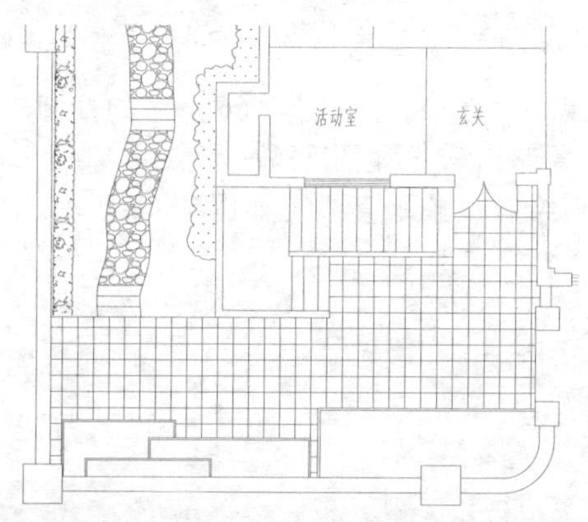

图 7-58　填充地砖

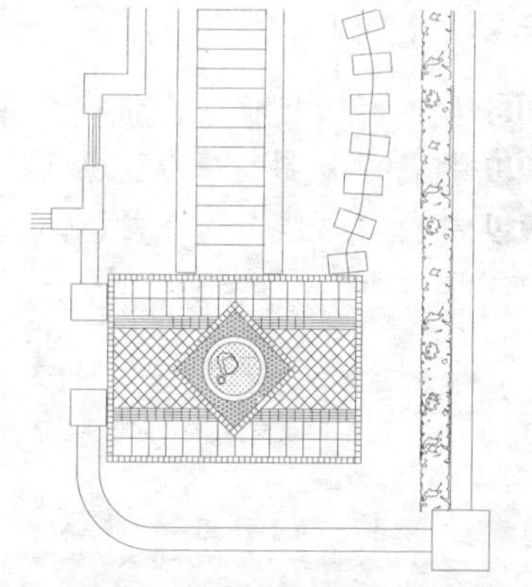

图 7-59　插入地面拼花

技巧：179　健身器材的绘制

视频：技巧179-健身器材的绘制.avi
案例：私家庭院景观设计图.dwg

技巧概述：本实例主要讲解庭院内健身器材的绘制方法，其操作过程如下。

技巧精选

步骤 01 在“图层”下拉列表中，选择“小品轮廓线”图层为当前图层。

步骤 02 绘制“双杠”，执行“矩形”命令（REC），绘制 167×790 的矩形，如图 7-60 所示。

步骤 03 执行“复制”命令（CO），将矩形向右复制出一份，使其间距为 1061，如图 7-61 所示。

步骤 04 执行“直线”命令（L）和“偏移”命令（O），在两矩形之间绘制两条间距为 144 的线段，如图 7-62 所示。

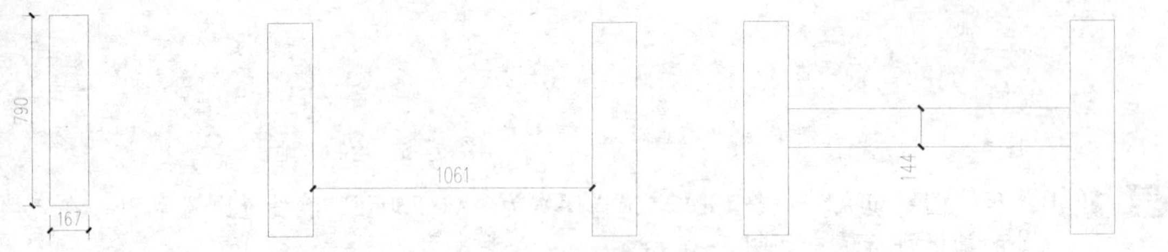

图 7-60　绘制矩形　　图 7-61　复制矩形　　图 7-62　绘制的“双杠”

步骤 05 绘制“梅花桩”，执行“圆”命令（C），绘制半径为 57 的圆；再执行“复制”命令（CO），将其向上按照如图 7-63 所示尺寸依次进行复制。

步骤 06 执行“阵列”命令（AR），选择上侧的两个圆，选择“极轴”阵列项，指定下侧圆圆心为阵列中心，输入项目数为 5，阵列效果如图 7-64 所示。

步骤 07 绘制“秋千”，执行“矩形”命令（REC），绘制 89×520 的矩形；再执行“圆”命令（C），绘制半径 60 的圆；再通过移动和复制命令，将圆按照如图 7-65 所示进行放置。

图 7-63　绘制圆　　图 7-64　绘制的“梅花桩”　　图 7-65　绘制的“秋千”

步骤 08 绘制“太极推”，执行“椭圆”命令（EL），绘制出如图 7-66 所示的椭圆。

步骤 09 执行“复制”命令（CO），将椭圆向上复制出一份如图 7-67 所示。

步骤 10 执行“直线”命令（L），过椭圆象限点绘制一条垂直线，如图 7-68 所示。

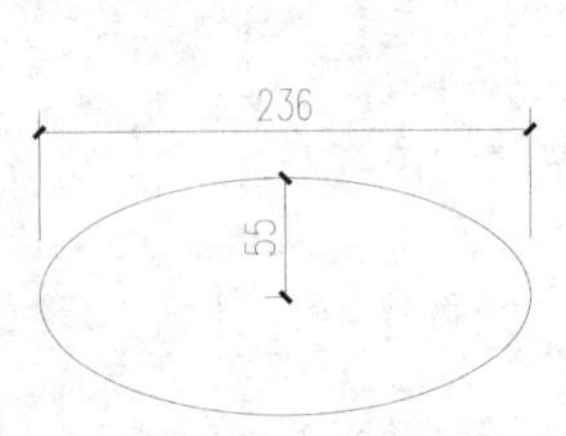

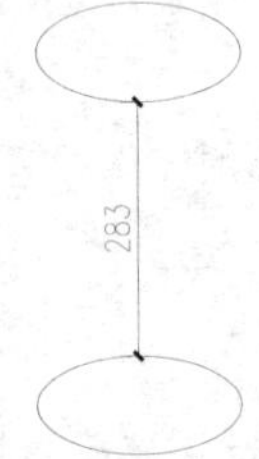

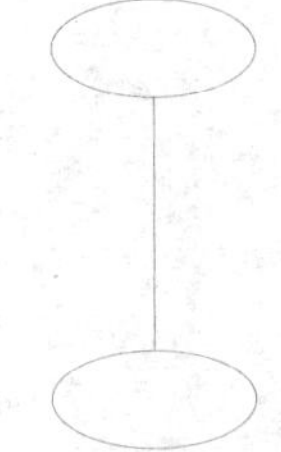

图 7-66　绘制椭圆　　图 7-67　复制椭圆　　图 7-68　绘制线段

步骤 11 执行“圆”命令（C），以直线中点为圆心绘制半径 23 和 12 的同心圆，如图 7-69 所示。

步骤 12 执行“偏移”命令（O），将线段各向两侧偏移 10；再将源线段删除掉，效果如

图 7-70 所示。

步骤 13 执行"旋转"命令（RO），选择两个椭圆和两条线段，指定同心圆圆心为旋转基点，选择"复制（C）"项，输入角度为 90°，复制旋转效果如图 7-71 所示。

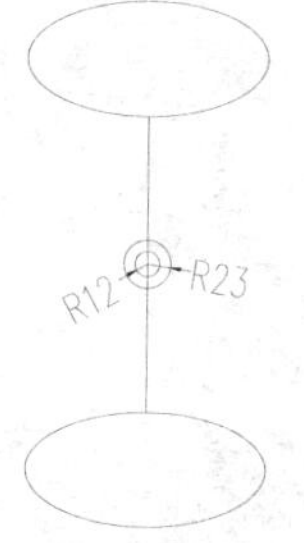

图 7-69　绘制同心圆

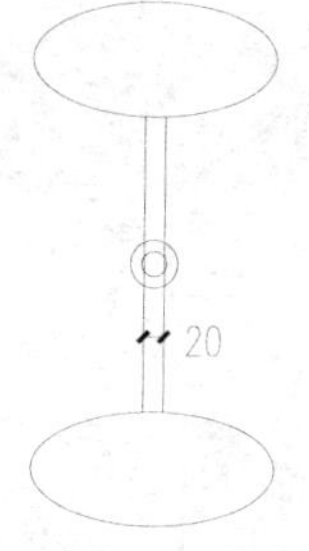

图 7-70　偏移线段

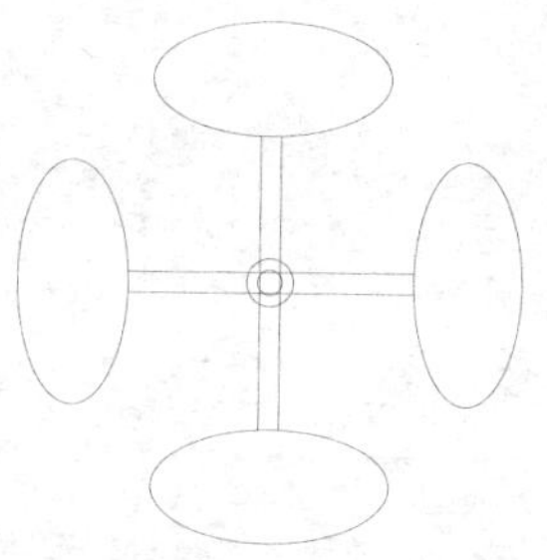
图 7-71　复制旋转

步骤 14 执行"修剪"命令（TR），修剪多余的线条，效果如图 7-72 所示。

步骤 15 执行"圆角"命令（F），设置圆角半径为 70 和 90，对线条进行圆角处理，如图 7-73 所示。

步骤 16 执行"旋转"命令（RO），将图形旋转 37°，效果如图 7-74 所示。

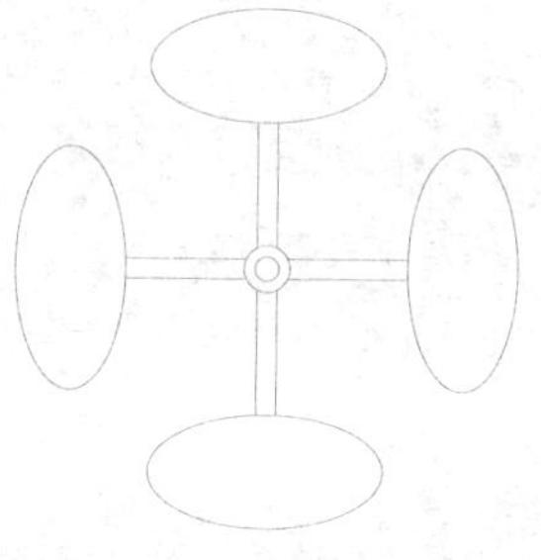
图 7-72　修剪效果

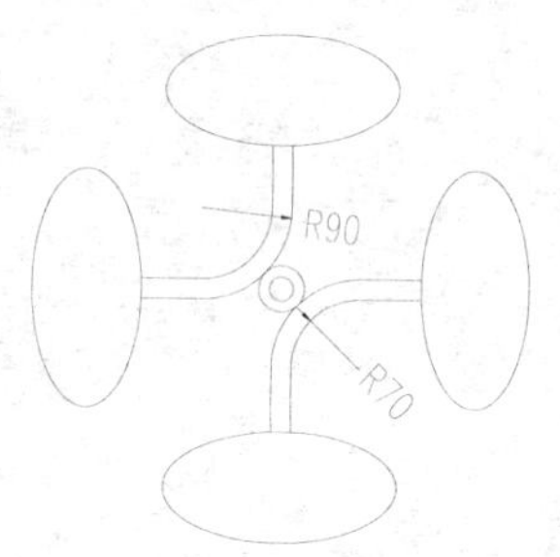

图 7-73　圆角操作

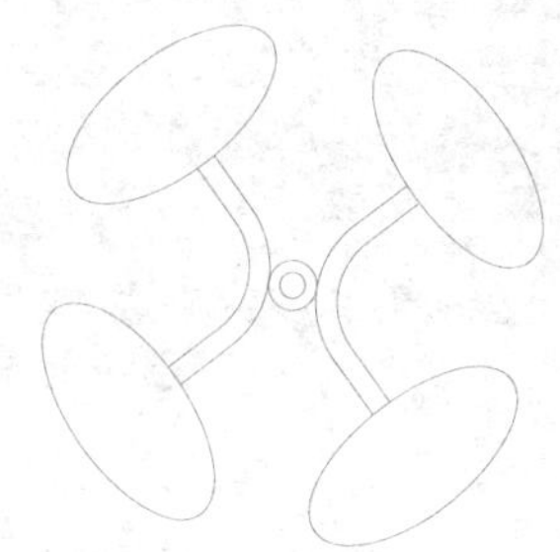
图 7-74　绘制的"太极推"

步骤 17 执行"移动"命令（M），将前面绘制好的各健身器材移动到如图 7-75 所示位置。

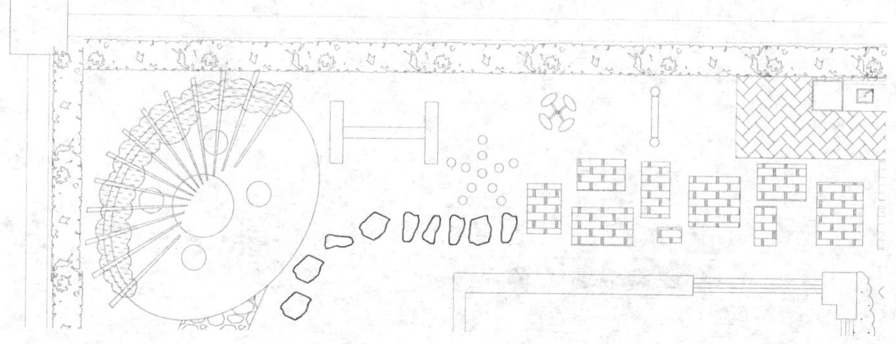
图 7-75　移动健身器材

技巧：180　园林植物的绘制

视频：技巧180-园林植物的绘制.avi
案例：私家庭院景观设计图.dwg

技巧概述：本实例主要讲解为庭院内相应区域配置相关的植物，其操作过程如下。

步骤 01 在"图层"下拉列表中，选择"绿化配景线"图层为当前图层。

步骤 02 执行"插入块"命令（I），将"案例\07\植物图例.dwg"文件插入到图形中空白位置，如图 7-76 所示。

步骤 03 结合“分解”、“复制”、“旋转”和“缩放”等命令，将“红花继木”和“毛杜鹃”布置到花车内，如图 7-77 所示。

	大叶黄杨球		悬铃木		桂花树
	茶梅		山茶		散尾葵
	桃树		合欢		蜘蛛百合
	梅花树		红花继木		毛杜鹃
	金脉爵床		希美莉		

图 7-76 插入的植物表

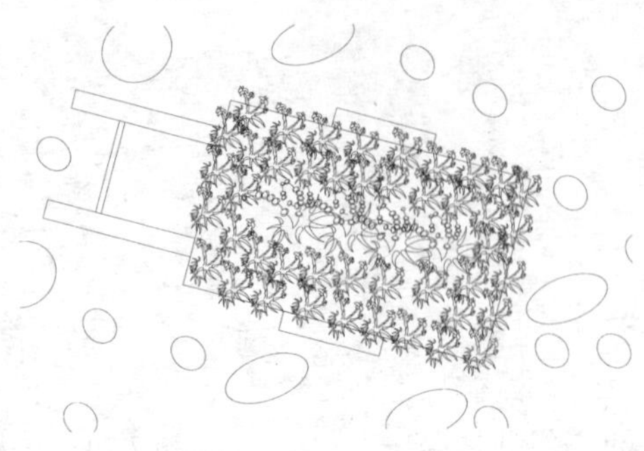

图 7-77 布置花车

步骤 04 根据同样的方法，通过“复制”和“缩放”等命令，根据庭院植物种植需要，将植物表中各种植物布置到庭院相应位置处，并根据需要对植物大小进行缩放，布置效果如图 7-78 所示。

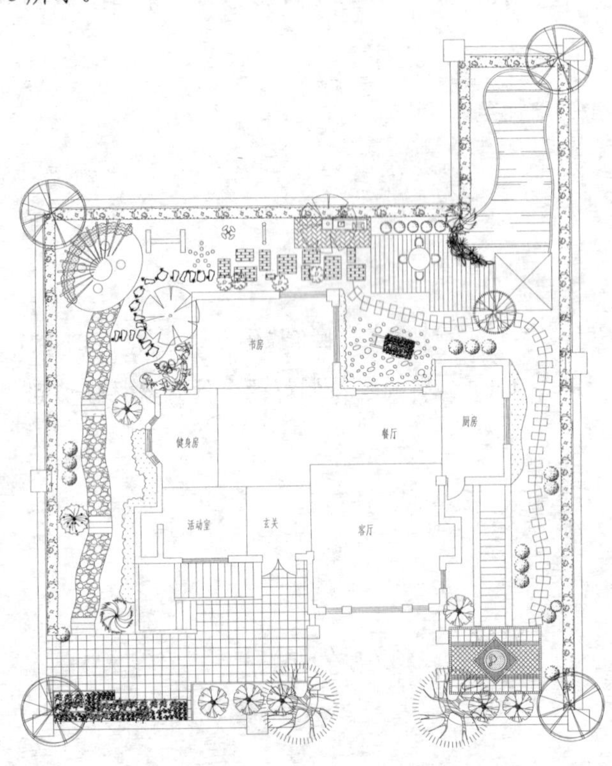

图 7-78 布置庭院花卉

技巧：181 景观设计图文字的标注

视频：技巧181-相关文字的标注.avi
案例：私家庭院景观设计图.dwg

技巧概述： 本实例主要讲解对绘制完成的庭院景观平面图进行相应文字说明标注，其操作过程如下。

步骤 01 在“图层”下拉列表中，选择“文字标注”图层为当前图层。

步骤 02 执行“引线”命令（LE），在相应位置拖出引线，选择“图内说明”文字样式，设置字高为 500，对相应位置进行文字的注释；再执行“删除”命令（E），将汀步中的作为路径的样条曲线删除掉，效果如图 7-79 所示。

步骤 03 至此，私家庭院景观设计平面图已经绘制完成，按【Ctrl+S】组合键将文件进行保存。

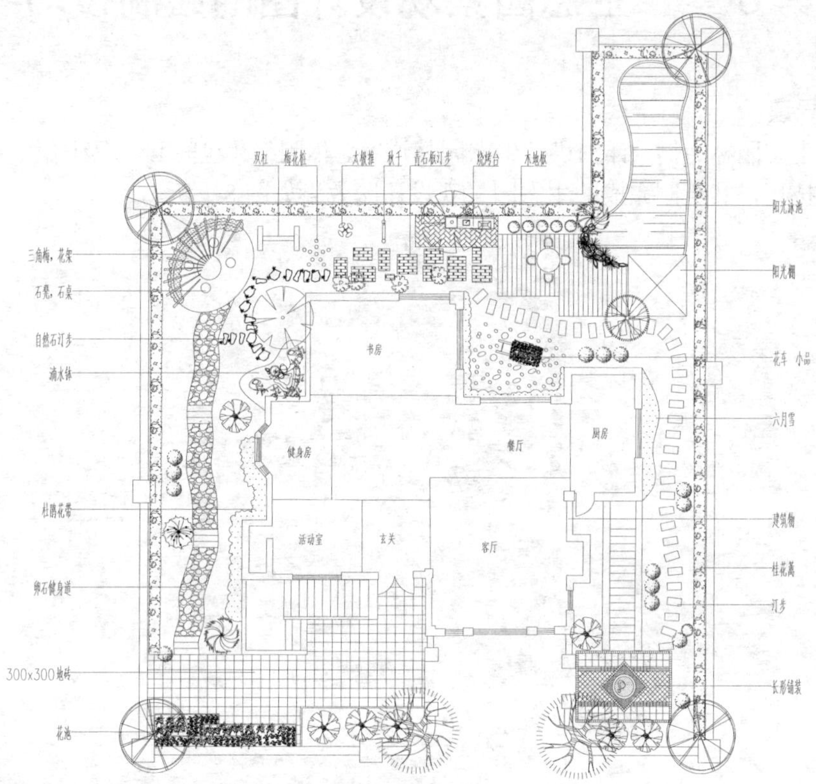

图 7-79　文字标注

第 8 章　生态园景观设计图的绘制技巧

● **本章导读**

本章以某生态园林为例，详细讲解生态园林道路、休闲亭（包间），以及园内一些园林景观的绘制方法与技巧，其绘制完成的生态园景观设计图效果如图 8-1 所示。

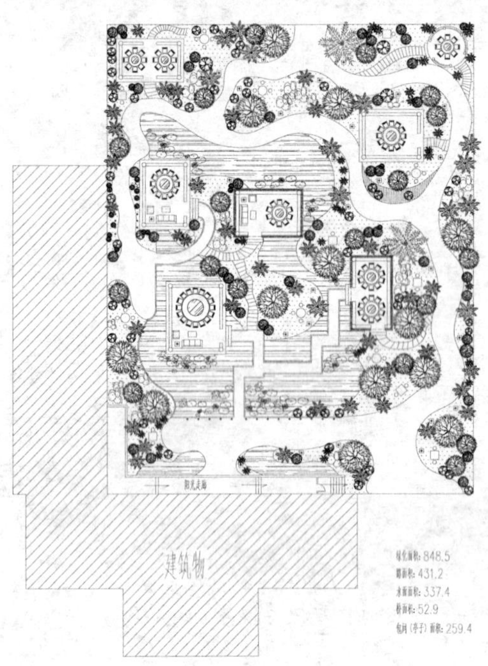

图 8-1　生态园林景观平面图效果

● **本章内容**

生态园林水池的绘制	生态园亭 4 的绘制	生态园林设施的绘制
生态园亭 1 的绘制	生态园亭 5 的绘制	生态园林绿化的绘制
生态园亭 2 的绘制	生态园亭 6 的绘制	生态园林阳光走廊的绘制
生态园亭 3 的绘制	生态园亭 7 的绘制	生态园林文字的标注

技巧：182　生态园林水池的绘制

视频：技巧182-生态园林水池的绘制.avi
案例：生态园林景观设计图.dwg

技巧概述：本实例主要讲解生态园林水池区域的绘制过程，具体操作如下。

步骤 01 正常启动 AutoCAD 2014 软件，在“快速访问”工具栏中，单击“打开”按钮，将本书配套光盘“案例\08\生态园林原始平面图.dwg”文件打开，如图 8-2 所示。

步骤 02 再单击“另存为”按钮，将文件另存为“案例\08\生态园林景观设计图.dwg”文件。

步骤 03 在“图层”下拉列表中，选择“水体轮廓线”图层为当前图层，并设置其颜色为“索引颜色：250”。

步骤 04 执行“图案填充”命令（H），选择图案为“AR-RROOF”，设置比例为 800，在相应位置填充水池效果，如图 8-3 所示。

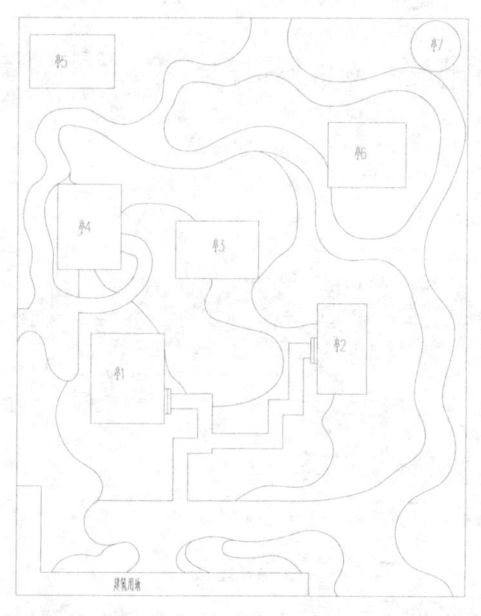

图 8-2 打开的图形

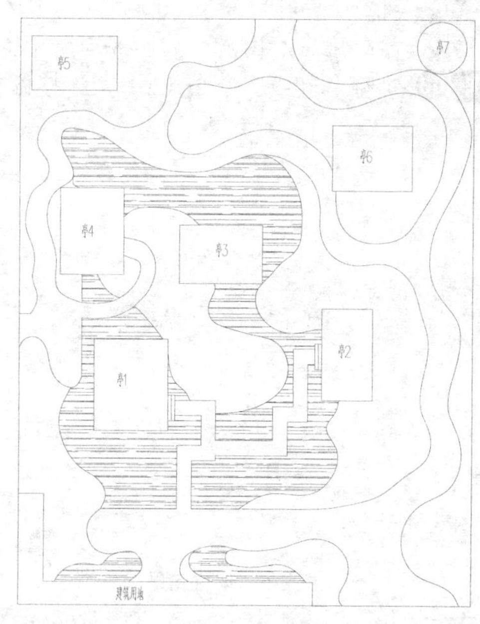

图 8-3 填充水池

步骤 05 执行“偏移”命令（O），将水池边各向外偏移出 100；再通过延伸、修剪、直线等命令，如图 8-4 所示绘制出水池护栏。

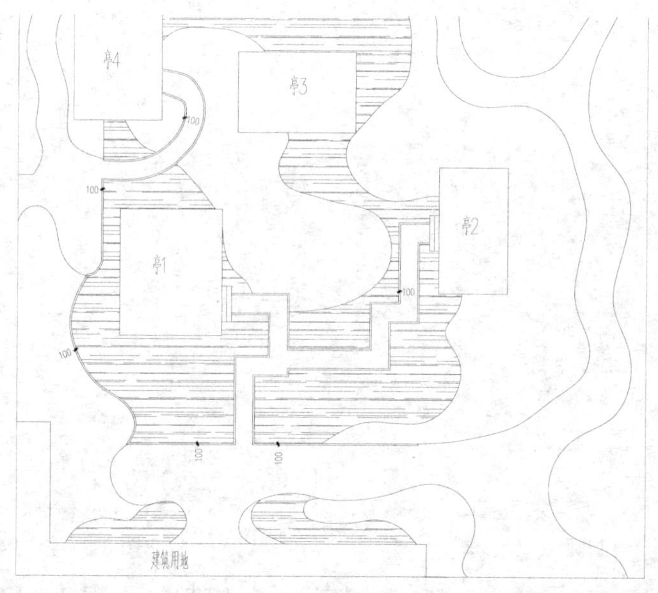

图 8-4 绘制护栏

技巧：183 生态园亭1的绘制

视频：技巧183-亭1的绘制.avi
案例：生态园林景观设计图.dwg

技巧概述：根据生态园林原始平面图可知，该生态园内共有 7 个分区亭，接下来讲解亭 1 的绘制方法与技巧，操作步骤如下。

步骤 01 接上例，在“图层”下拉列表中，选择“小品轮廓线”图层为当前图层。

步骤 02 执行“偏移”命令（O），将亭 1 区域轮廓线向内依次偏移 350 和 300，并转换为“小品轮廓线”图层，如图 8-5 所示。

步骤 03 执行“直线”命令（L），连接偏移线段的对角点，如图 8-6 所示。

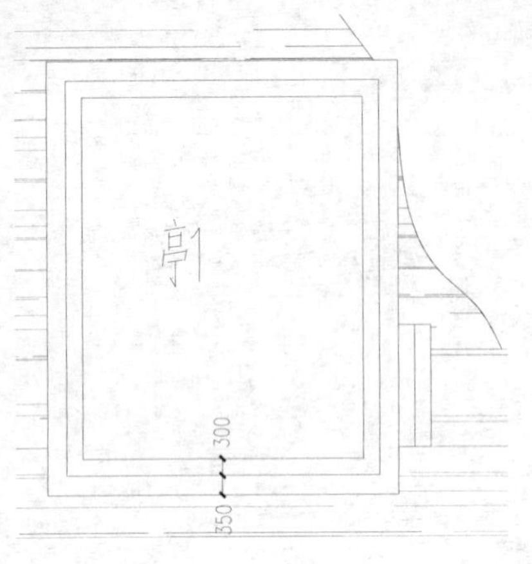

图 8-5 偏移轮廓

图 8-6 连接对角线

步骤 04 执行“圆”命令（C），绘制半径为 225 的圆作为柱子；再通过执行“移动”命令（M）和“复制”命令（CO），将圆以圆心为基点移动并复制到斜线的中点上，如图 8-7 所示。

步骤 05 执行“修剪”命令（TR）和“删除”命令（E），修剪删除不需要的线条，效果如图 8-8 所示。

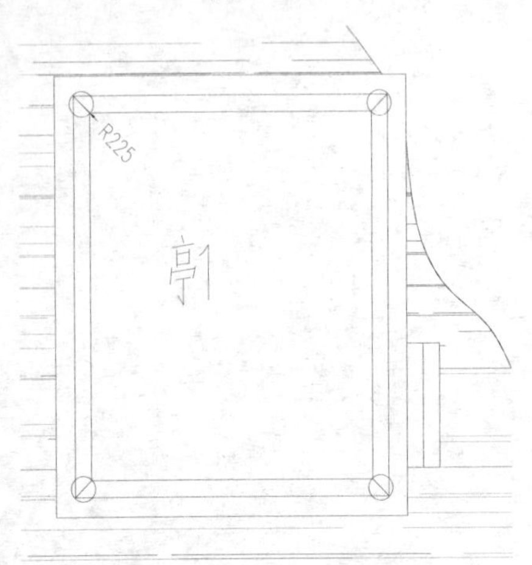

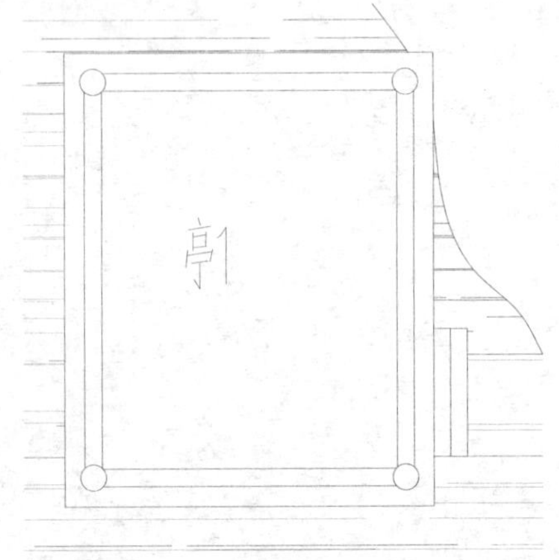

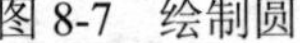

图 8-7 绘制圆

图 8-8 修剪效果

步骤 06 通过执行“偏移”命令（O）和“修剪”命令（TR），如图 8-9 所示绘制出入口。

步骤 07 绘制“3 米大圆桌”，执行“圆”命令（C），绘制半径分别为 1500、1475、875、863 的圆，如图 8-10 所示。

步骤 08 执行“图案填充”命令（H），选择图案为“AR-RROOF”，设置比例为 600，角度为 45°，对内圆填充玻璃转台，效果如图 8-11 所示。

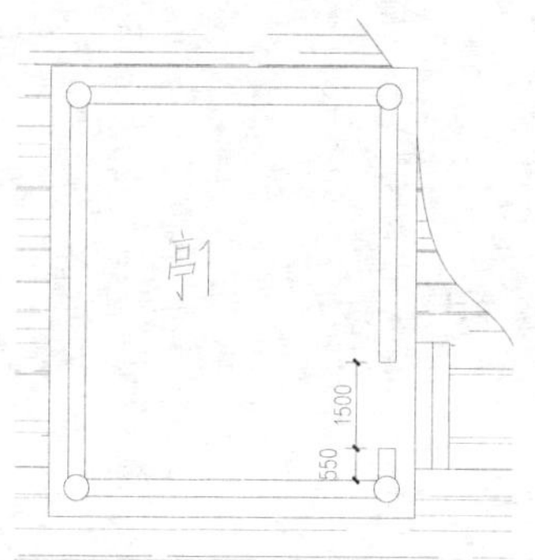

图 8-9　开启入口

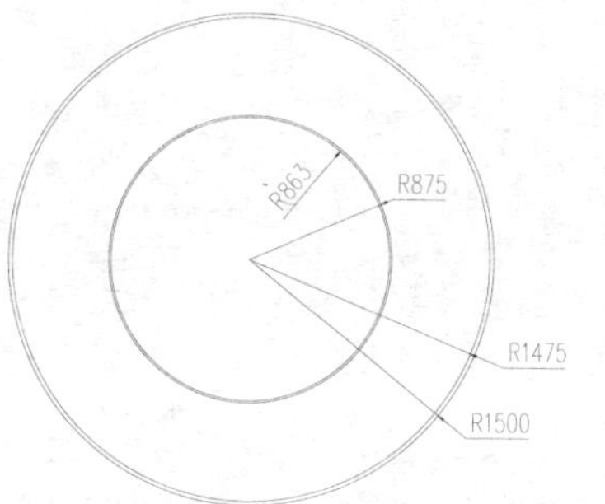

图 8-10　绘制同心圆

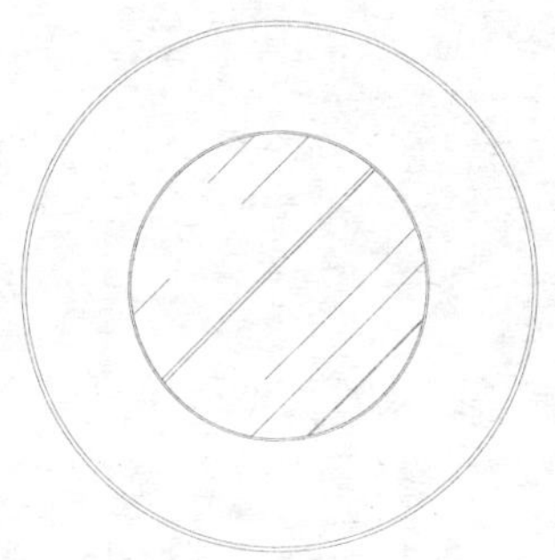

图 8-11　填充玻璃图例

步骤 09 执行“创建块”命令（B），弹出“块定义”对话框，按照如图 8-12 所示步骤进行操作，以将“3 米圆桌”定义为内部图块。

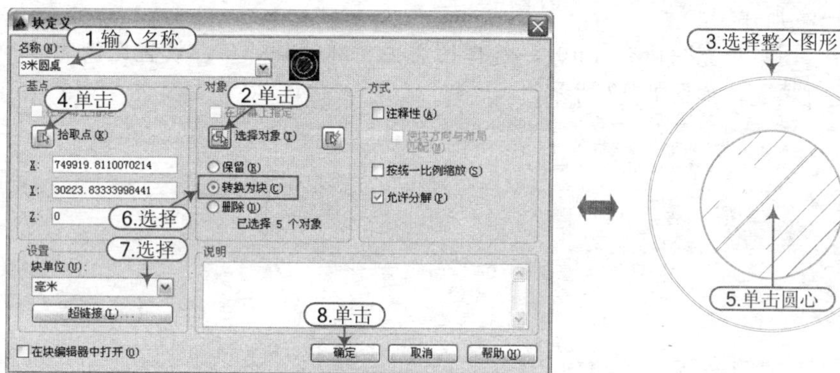

图 8-12　定义内部图块

软件技能　★★★★☆

图块的创建就是将图形中选定的一个或几个图形对象组合成一个整体，并为其取名保存，这样它就被视作一个实体对象在图形中随时进行调用和编辑，即所谓的“内部图块”。在定义好块以后，无论是外部块还是内部块，用户都可以重复插入块从而提高绘图效率。

在“对象栏”中包含三个选项：

- 若选中“对象”栏中的“保留”单选按钮，则被定义为图块的源对象仍然以原格式保留在绘图区中；
- 若选中“转换为块”单选按钮，则在定义内部块后，绘图区中被定义为图块的源对象同时被转换为图块；
- 若选中“删除”单选按钮，则在定义内部块后，将删除绘图区中被定义为图块的源对象。

步骤 10 绘制“座椅”，执行“矩形”命令（REC），绘制 550×580 的矩形；再通过执行“分解”命令（X）和“偏移”命令（O），将矩形边进行偏移，如图 8-13 所示。

步骤 11 执行“修剪”命令（TR），将多余的线条修剪掉；再执行“圆角”命令（F），设置圆角半径为 15，设置修剪模式为“不修剪（N）”，对如图 8-14 所示两个角进行圆角处理。

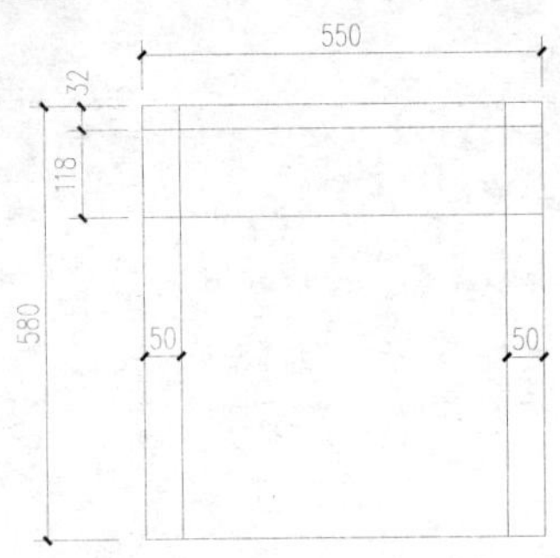

图 8-13　绘制矩形并偏移

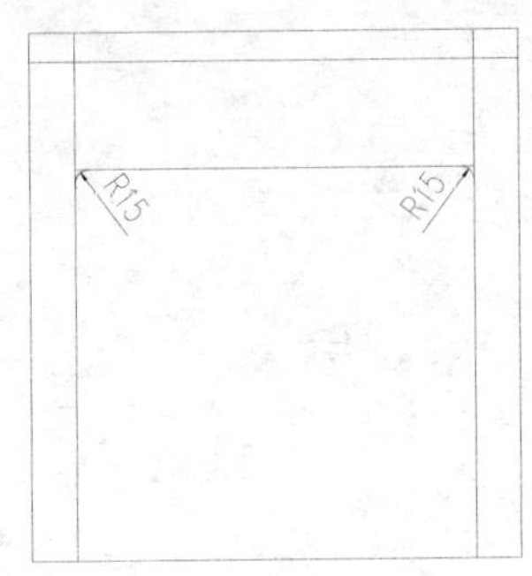

图 8-14　修剪、圆角操作

步骤 12 执行“偏移”命令（O），将下水平线向下偏移 10；再执行“圆弧”命令（A），以三点绘制一段圆弧，如图 8-15 所示。

步骤 13 执行“修剪”命令（TR）和“删除”命令（E），修剪删除不需要的线条，效果如图 8-16 所示。

步骤 14 执行“图案填充”命令（H），选择图案为“AR-RSHKE”，设置比例为 5，对座椅靠背进行填充，如图 8-17 所示。

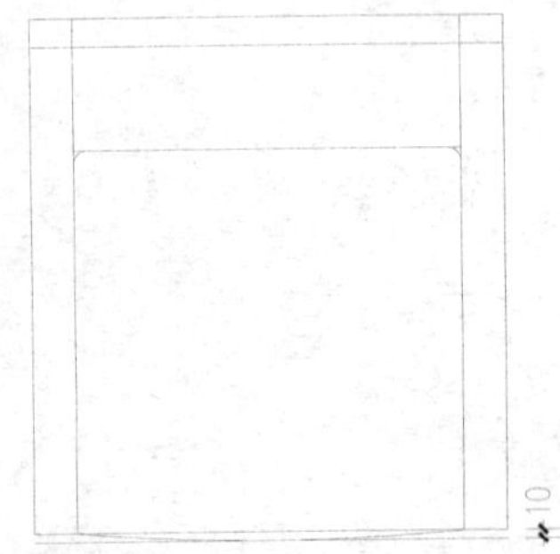

图 8-15　偏移线段绘制圆弧

图 8-16　修剪删除效果

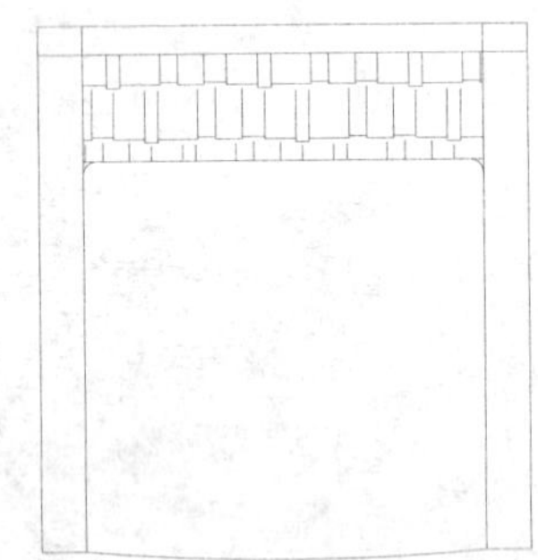

图 8-17　填充图例

步骤 15 根据前面保存“内部块”的方法，执行“创建块”命令（B），将绘制的“座椅”图形保存为内部图块。

步骤 16 执行“移动”命令（M），将绘制好的座椅移动到圆桌的上侧，如图 8-18 所示。

步骤 17 执行“阵列”命令（AR），选择座椅图形，根据提示选择“极轴（PO）”项，指定圆桌圆心为阵列中心点，设置项目数为 16，以形成“16 人餐桌”，效果如图 8-19 所示。

图 8-18　移动图形

图 8-19　环形阵列效果

步骤 18 绘制“三人沙发”，执行“矩形”命令（REC），绘制 2215×900 的矩形；再执行“分解”命令（X）和“偏移”命令（O），将矩形边按照如图 8-20 所示进行偏移。

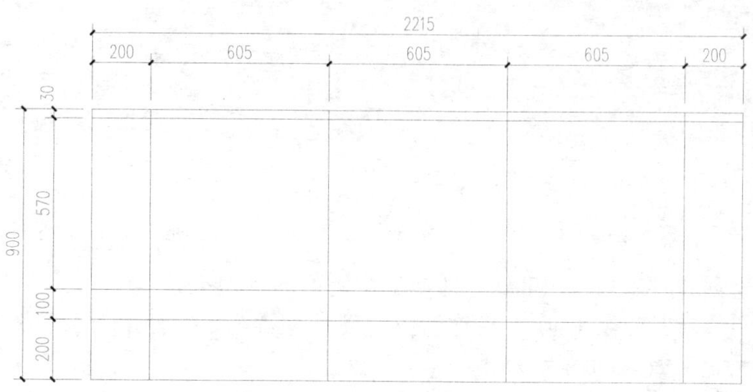

图 8-20　绘制矩形并偏移

步骤 19 执行“修剪”命令（TR），修剪多余的线条效果如图 8-21 所示。

步骤 20 执行“圆角”命令（F），设置圆角半径为 30，对相应直角进行圆角处理，效果如图 8-22 所示。

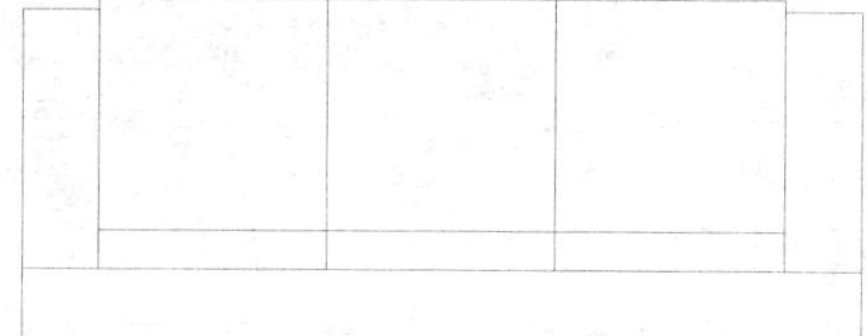

图 8-21　修剪效果

图 8-22　圆角处理

步骤 21 绘制“单人沙发”，执行“矩形”命令（REC），绘制 750×850 的矩形；再执行“分解”命令（X）和“偏移”命令（O），将矩形各边各向内偏移 100，如图 8-23 所示。

步骤 22 执行“修剪”命令（TR），修剪多余的线条，效果如图 8-24 所示。

步骤 23 执行“圆角”命令（F），继承上一圆角参数（圆角半径 30），对相应直角进行圆角处理，如图 8-25 所示。

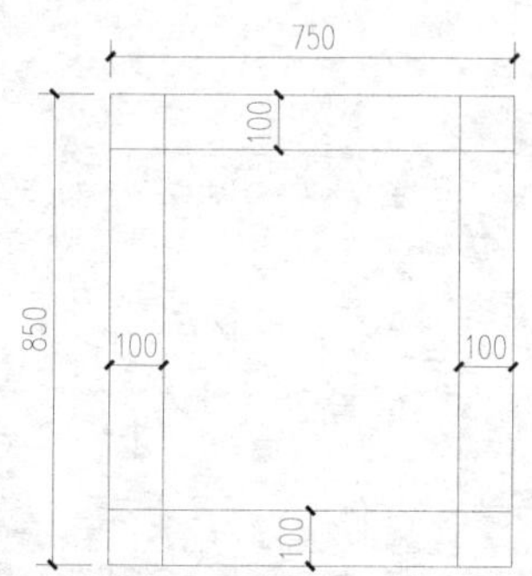

图 8-23　绘制矩形并偏移

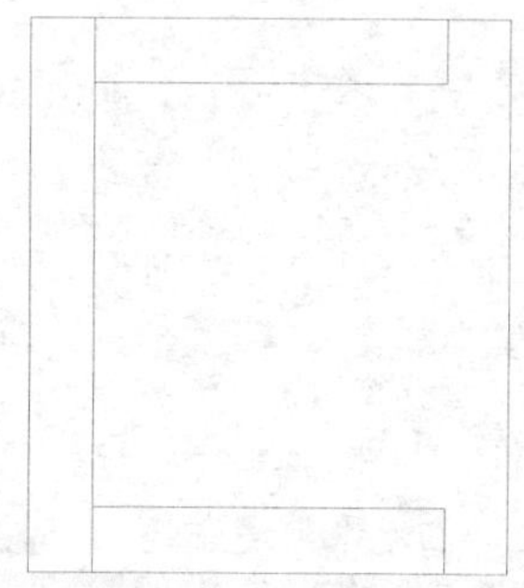

图 8-24　修剪效果

图 8-25　圆角处理

步骤 24 绘制“台灯”，通过矩形、直线和圆命令，绘制出如图 8-26 所示的台灯。

步骤 25 执行“移动”命令（M），将绘制的图形进行组合；再执行“矩形”命令（REC），在沙发中间绘制 900×600 的矩形作为茶几，绘制完成“组合沙发”效果如图 8-27 所示。

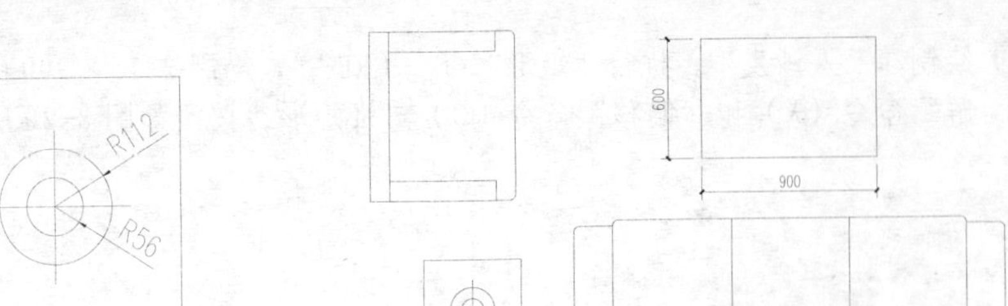

图 8-26　绘制台灯　　　　图 8-27　完成的“组合沙发”

步骤 26 执行“创建块”命令（B），将上步绘制好的“组合沙发”保存为内部图块。

步骤 27 执行“移动”命令（M），将绘制的“16 人餐桌”和“组合沙发”分别移动到“亭 1”相应位置，效果如图 8-28 所示。

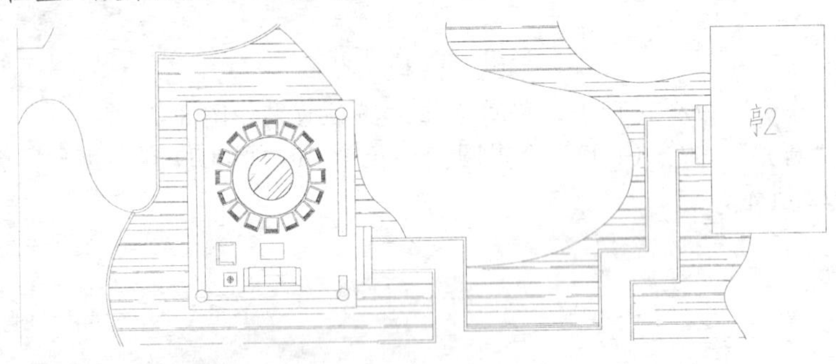

图 8-28　布置“亭 1”家具效果

技巧：184　生态园亭2的绘制

视频：技巧184-亭2的绘制.avi
案例：生态园林景观设计图.dwg

技巧概述：本实例主要讲解生态园亭 2 的绘制方法，其操作过程如下。

步骤 01 接上例，选择“亭 2”区域轮廓线，然后在“图层”下拉列表中选择“轴线”图层，以将区域实线转换为点画轴线如图 8-29 所示。

步骤 02 执行“偏移”命令（O），将轴线向外依次偏移 56 和 60；向内依次偏移 84、60、340，且将偏移得到的线段转换为“小品轮廓线”图层，如图 8-30 所示。

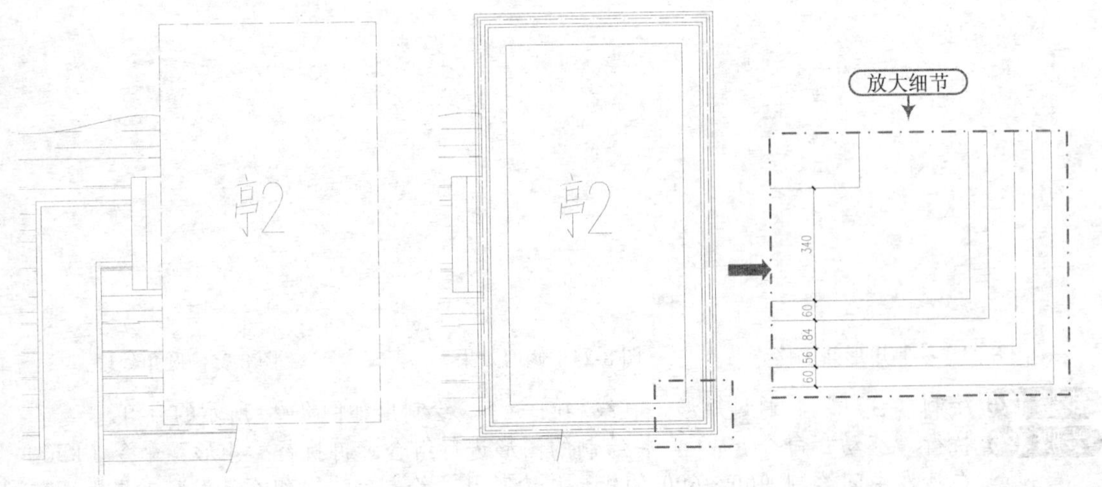

图 8-29　转换线型效果　　　　图 8-30　偏移矩形

步骤 03 执行“分解”命令（X）、“偏移”命令（O）和“修剪”命令（TR），如图 8-31 所示开启入口。

步骤 04 执行“圆”命令（C），绘制半径为 225 的圆作为柱子；再通过执行“直线”命令（L），连接宽 340 的两矩形对角点以绘制斜线；然后执行“移动”命令（M），将圆放置到斜线中点上；再执行“修剪”命令（TR）和“删除”命令（E），完成如图 8-32 所示效果。

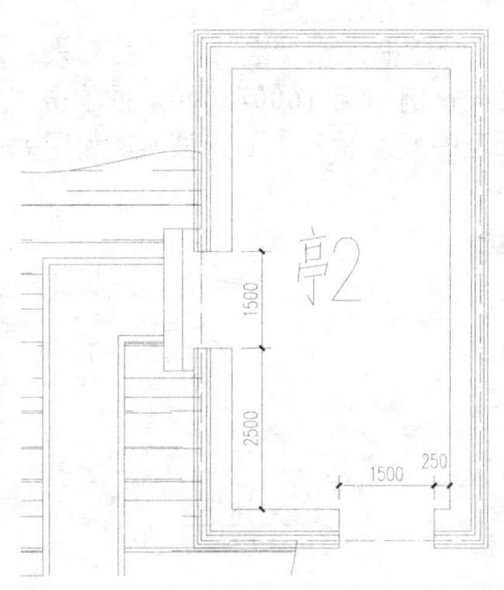

图 8-31　开启入口

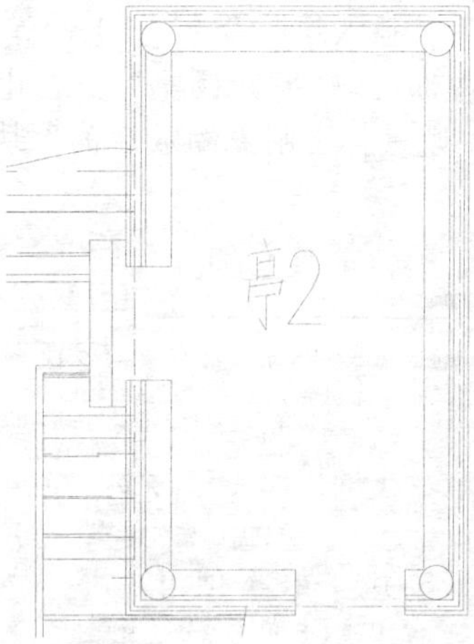

图 8-32　绘制柱子

步骤 05 执行“直线”命令（L）、“偏移”命令（O）和“修剪”命令（TR），在相应位置绘制出宽 40 和 60 的线段，如图 8-33 所示。

步骤 06 切换至“填充线”图层，执行“图案填充”命令（H），选择图案为“ANSI32”，设置比例为 250，设置角度分别为 135° 和 45°，对相应位置进行填充，效果如图 8-34 所示。

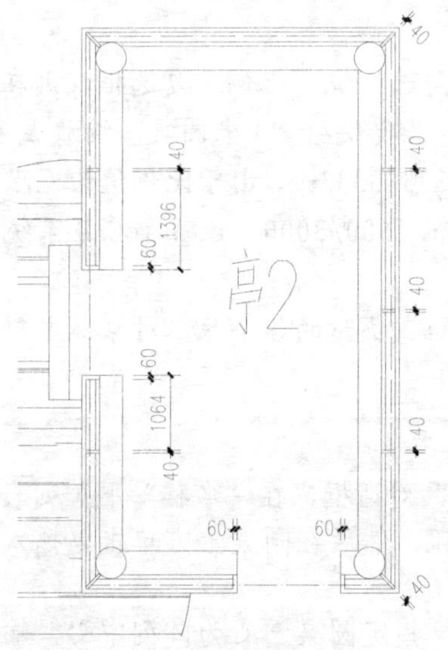

图 8-33　绘制线段

图 8-34　图案填充

技巧提示 ★★★★☆

由于“ANSI32”图案的线条本为倾斜 45°，若是填充为垂直的线条即设置填充角度为 45°（45°+45°=90°垂直线）；填充为水平的线条需要设置填充角度为 135°（45°+135°=180° 水平线）。

步骤 07 执行“插入块”命令（I），弹出“插入”对话框，在“名称”下拉列表中选择保存的内部图块“3 米圆桌”，在比例栏中输入比例值为 1600/3000，再单击“确定”按钮，则鼠标上附着缩放后的图块，在空白区单击以插入 1.6 米圆桌，如图 8-35 所示。

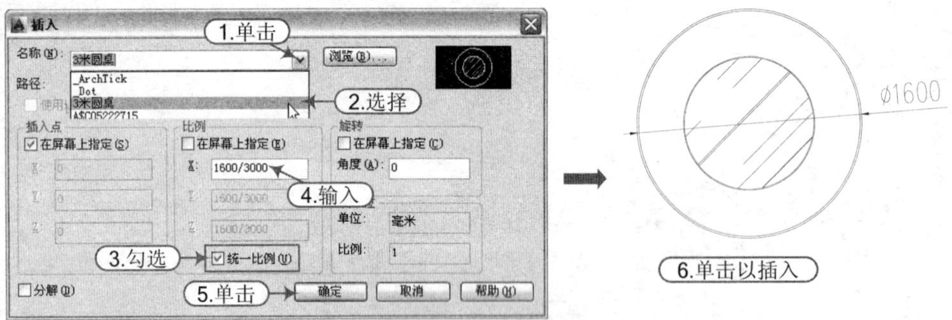

图 8-35 按比例插入内部图块

软件技能 ★★★★☆

当使用“创建块”命令（B）保存内部图块后，再使用“插入块”命令（I），在“插入”对话框的“名称”下拉列表中，将会看到保存的该内部图块，如前面创建的“3 米圆桌”。

在“比例”栏中可设置插入图块的缩放比例，勾选“统一比例”复选框，则在 X、Y、Z 轴方向上的比例均相同。AutoCAD 自带运算功能，若要使原“3 米圆桌”缩放成为“1.6 米圆桌”其缩放比例应该为 1600 ÷ 3000 = 0. 5333333333333…，由于比例值为无限循环小数，运算起来就比较麻烦了，那么可直接输入参数比 1600/3000，让 AutoCAD 系统自行去运算。

当勾选“分解”复选框，可将插入的块分解成组成块时的各个基本对象。当勾选时插入的比例只能为统一比例。

步骤 08 再执行“插入块”命令（I），弹出“插入”对话框，在“名称”下拉列表中选择保存的内部图块“座椅”，单击“确定”按钮，然后在圆桌上方单击以插入，效果如图 8-36 所示。

步骤 09 执行“阵列”命令（AR），选择座椅图形，指定圆桌圆心为阵列中心，输入项目数为 10，阵列出“十人餐桌”效果如图 8-37 所示。

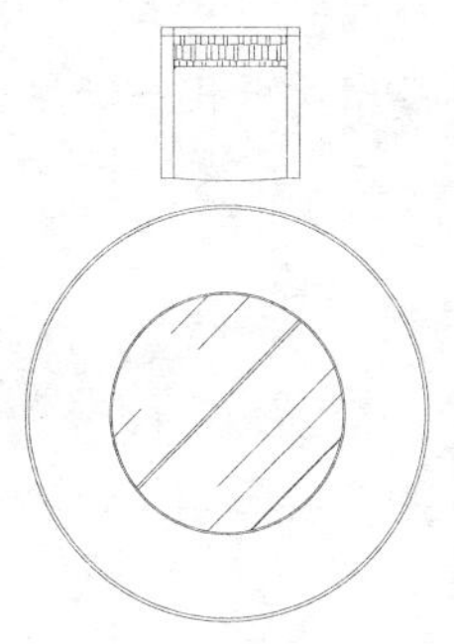

图 8-36　插入座椅

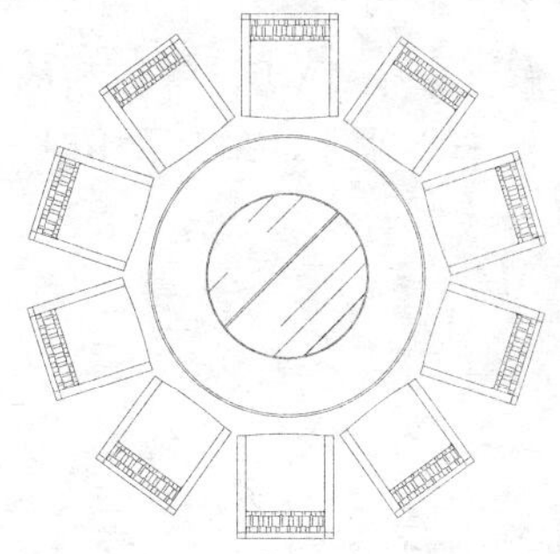

图 8-37　完成的“十人餐桌”

步骤 10 执行“移动”命令（M）和“复制”命令（CO），将“十人圆桌”放置到亭 2 内，如图 8-38 所示。

步骤 11 切换至“道路线”图层，执行“直线”命令（L）、“偏移”命令（O）和“修剪”命令（TR），在亭 2 下侧入口绘制宽 300、1800 的两级台阶，如图 8-39 所示。

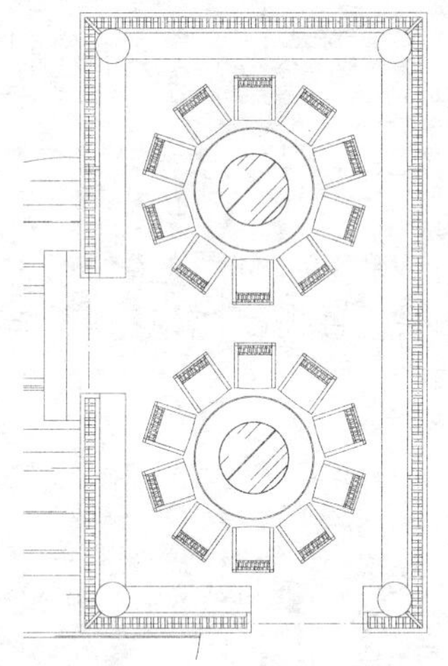

图 8-38　放置餐桌

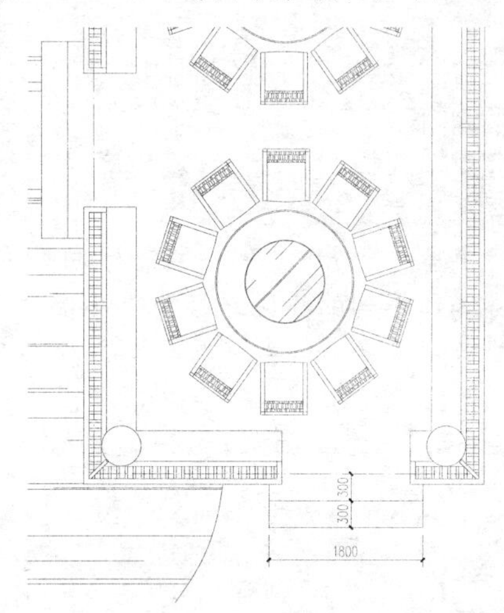

图 8-39　绘制台阶

步骤 12 执行“样条曲线”命令（SPL），由台阶向右侧的道路绘制两条样条曲线，形成休闲小径；再执行“直线”命令（L），在两样条曲线之间绘制一条线段，如图 8-40 所示。

步骤 13 再通过执行“阵列”命令（AR），选择该线段，设置阵列方式为“路径”阵列，选择上侧样条曲线为路径曲线，再根据命令提示选择“项目（I）”项，输入项目间距为 500，再输入项目数为 14，阵列效果如图 8-41 所示。

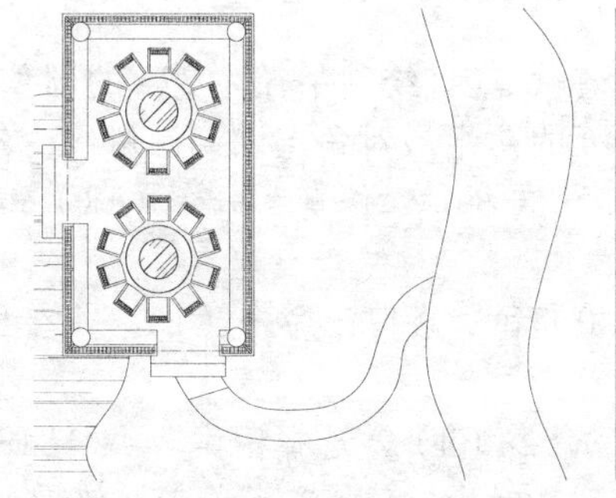

图 8-40　绘制休闲路径曲线

图 8-41　路径阵列

步骤 14 执行“分解”命令（X），将阵列的图形分解打散操作；再执行“修剪”命令（TR），修剪掉长出来的部分，效果如图 8-42 所示。

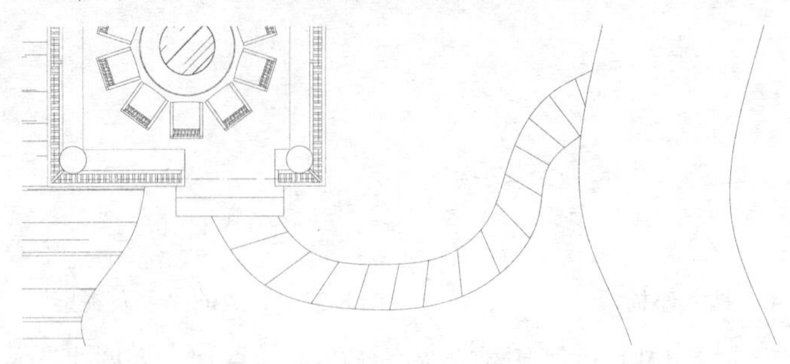

图 8-42　分解、修剪操作

技巧：185 生态园亭3的绘制

视频：技巧185-亭3的绘制.avi
案例：生态园林景观设计图.dwg

技巧概述：本实例主要讲解生态园亭 3 的绘制方法，与上一实例中亭 2 的绘制方法大致相同，其操作过程如下。

步骤 01 接上例，选择“亭 3”区域轮廓线，然后在“图层”下拉列表中选择“轴线”图层，以将区域实线转换为点画轴线如图 8-43 所示。

步骤 02 执行“偏移”命令（O），将轴线向外依次偏移 56 和 60；向内依次偏移 84、60、340，且将偏移得到的线段转换为“小品轮廓线”图层；再执行“修剪”命令（TR），修剪掉矩形内多余的图案与线条，如图 8-44 所示。

图 8-43　转换线型效果

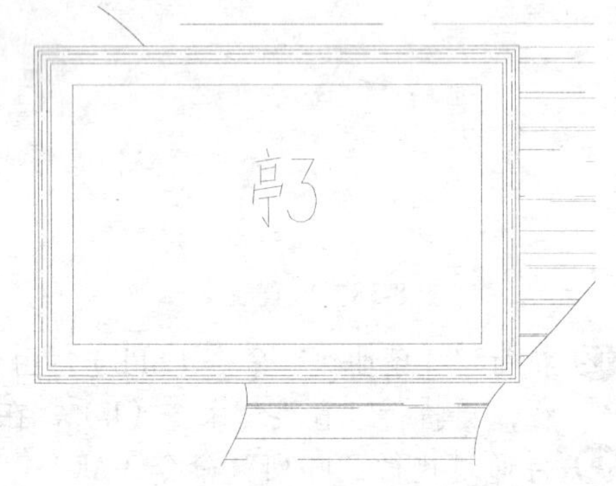

图 8-44　偏移矩形

步骤 03 执行“分解”命令（X）、“偏移”命令（O）和“修剪”命令（TR），如图 8-45 所示开启入口。

步骤 04 切换至“小品轮廓线”图层，执行“圆”命令（C），绘制半径为 225 的圆作为柱子；再通过执行“直线”命令（L），连接宽 340 的两矩形对角点以绘制斜线；然后执行“移动”命令（M），将圆放置到斜线中点上；再执行“修剪”命令（TR）和“删除”命令（E），完成如图 8-46 所示效果。

步骤 05 执行“直线”命令（L）、“偏移”命令（O）和“修剪”命令（TR），在相应位置绘制出宽 40 的线段，如图 8-47 所示。

步骤 06 切换至“填充线”图层，执行“图案填充”命令（H），选择图案为“ANSI32”，设置比例为 250，设置角度分别为 135° 和 45°，对相应位置进行填充，效果如图 8-48 所示。

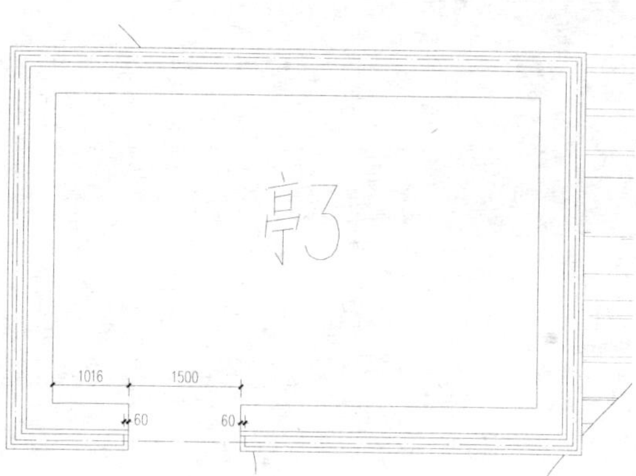

图 8-45　开启入口

图 8-46　绘制柱子

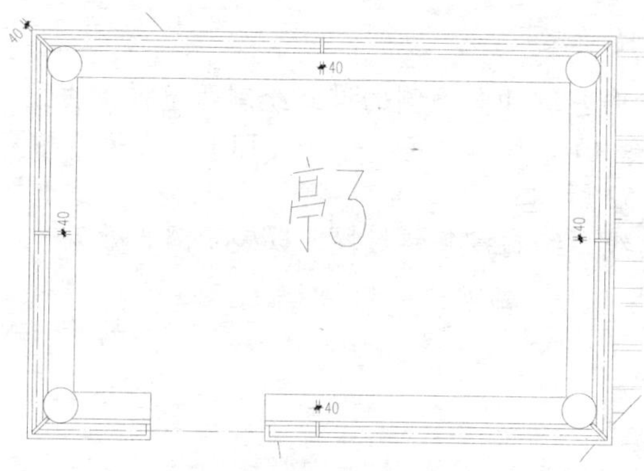

图 8-47　绘制线段

图 8-48　图案填充

步骤 07 执行“复制”命令（CO），将亭 2 内的“十人餐桌”复制到亭 3 内，效果如图 8-49 所示。

步骤 08 再执行“插入块”命令（I），将内部图块“组合沙发”插入到图形中；再通过旋转和移动命令，将其旋转-90°，再移动到亭 3 内，效果如图 8-50 所示。

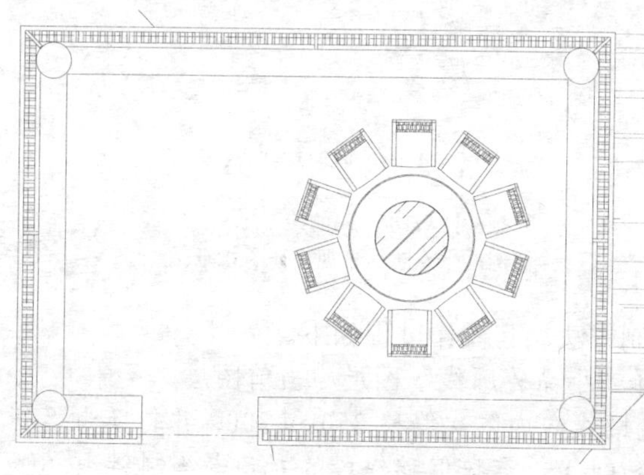

图 8-49　布置餐桌

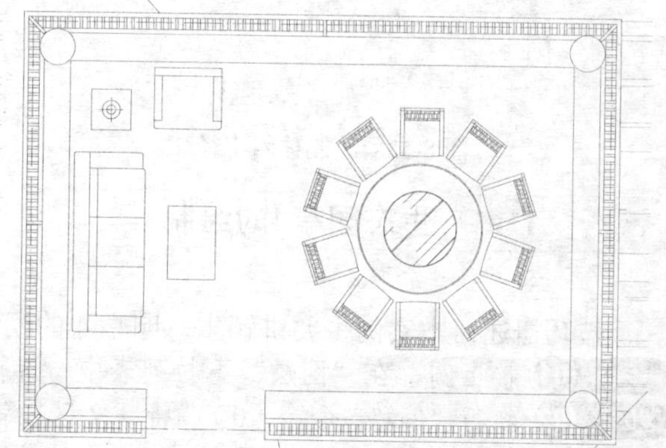

图 8-50　插入组合沙发

步骤 09 切换至“道路线”图层，执行“直线”命令（L）、“偏移”命令（O）和“修剪”命令（TR），在亭 3 下侧入口绘制宽 300、长 1800 的两级台阶，如图 8-51 所示。

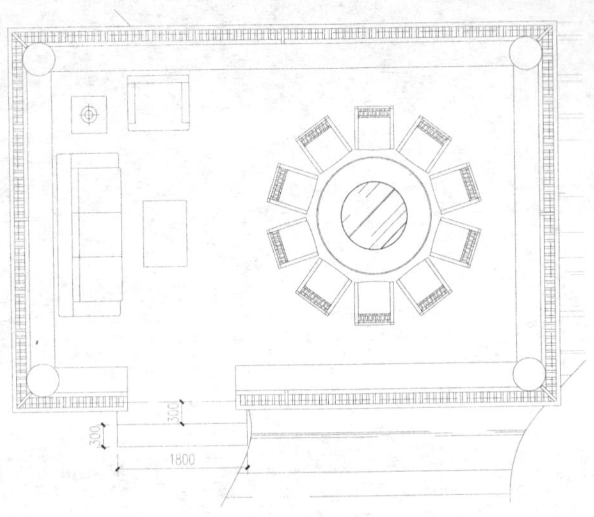

图 8-51　绘制台阶

步骤 10 执行“样条曲线”命令（SPL），由台阶向左侧和向下侧的道路绘制两组样条曲线，形成两条休闲小径；再执行“直线”命令（L）和“修剪”命令（TR），在道路相交处，对水池护栏进行编辑，效果如图 8-52 所示。

步骤 11 执行“直线”命令（L），在两组样条曲线上绘制多条斜线段，以表示踏步效果，如图 8-53 所示。

图 8-52　绘制休闲小径

图 8-53　绘制小径踏步

技巧：186　生态园亭4的绘制

视频：技巧186-亭4的绘制.avi
案例：生态园林景观设计图.dwg

技巧概述： 本实例主要讲解生态园亭 4 的绘制方法，其操作过程如下。

步骤 01 接上例，在“图层”下拉列表中，选择“小品轮廓线”图层为当前图层。

步骤 02 执行“偏移”命令（O），将亭 2 区域轮廓线向内依次偏移 350 和 300，并转换为“小品轮廓线”图层；再执行“直线”命令（L），连接偏移线段的对角点绘制斜线，如图 8-54 所示。

步骤 03 执行“圆”命令（C），以斜线中点分别绘制半径为 225 的圆作为柱子，如图 8-55 所示。

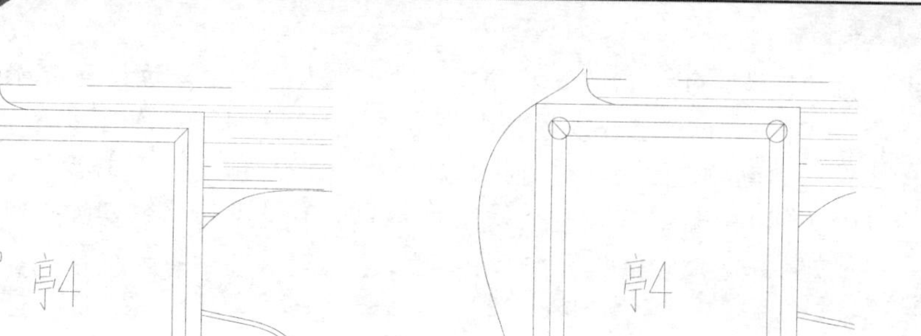

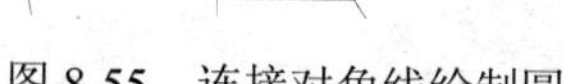

图 8-54　偏移轮廓　　　　图 8-55　连接对角线绘制圆

步骤 04 执行“修剪”命令（TR）和“删除”命令（E），修剪删除不需要的线条，效果如图 8-56 所示。

步骤 05 通过执行“偏移”命令（O）和“修剪”命令（TR），如图 8-57 所示绘制出入口。

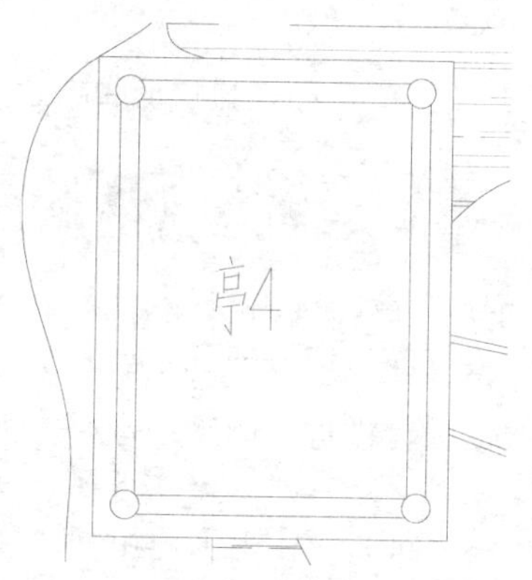

图 8-56　修剪效果

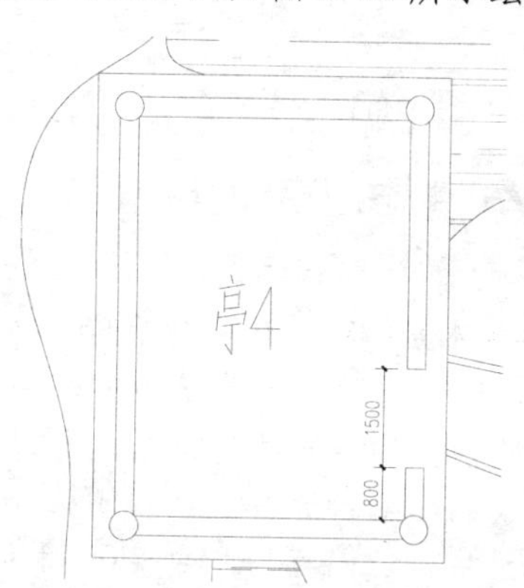

图 8-57　绘制入口

步骤 06 执行“插入块”命令（I），弹出“插入”对话框，在“名称”下拉列表中选择保存的内部图块“3 米圆桌”，在比例栏中输入比例值为 1900/3000，再单击“确定”按钮，则鼠标上附着缩放后的图块，在空白区单击以插入 1.9 米圆桌，如图 8-58 所示。

步骤 07 再执行“插入块”命令（I），弹出“插入”对话框，在“名称”下拉列表中选择保存的内部图块“座椅”，单击“确定”按钮，然后在圆桌上方单击以插入，效果如图 8-59 所示。

步骤 08 执行“阵列”命令（AR），选择座椅图形，指定圆桌圆心为阵列中心，输入项目数为 12，阵列出“十二人餐桌”效果如图 8-60 所示。

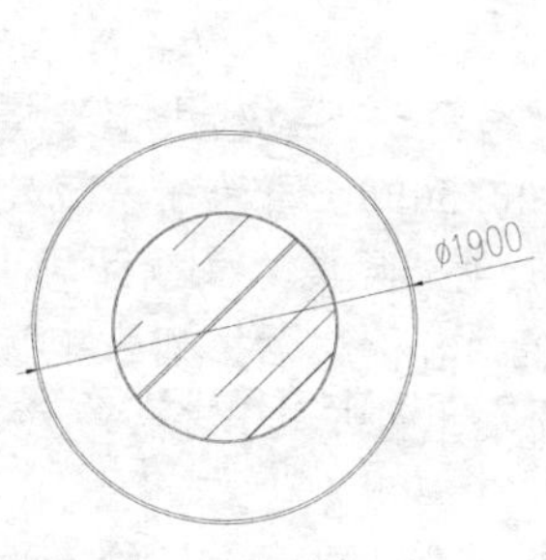

图 8-58　按比例插入图块

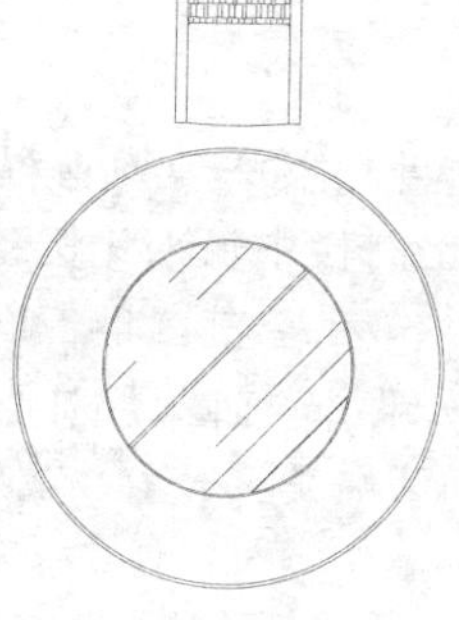

图 8-59　插入座椅

图 8-60　绘制的“十二人餐桌”

步骤 09 执行"移动"命令（M），将绘制的"十二人餐桌"移动到亭 4 内；再执行"插入块"命令（I），将"组合沙发"内部图块插入到亭 4 内，如图 8-61 所示。

步骤 10 切换至"道路"图层，通过执行"直线"命令（L）、"偏移"命令（O）和"修剪"命令（TR），在亭 4 入口处绘制长 2200、宽 300 的三级台阶，如图 8-62 所示。

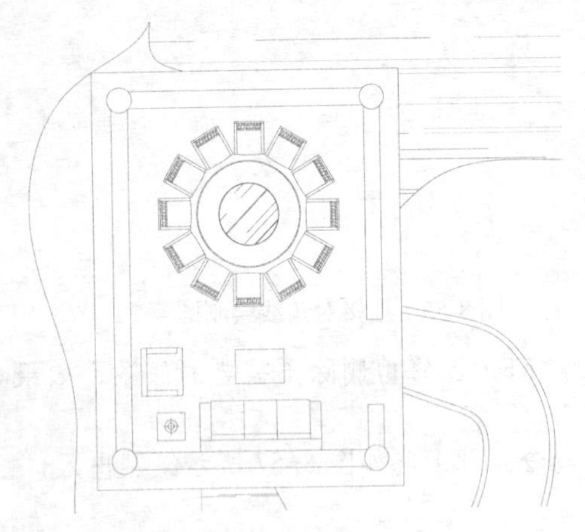

图 8-61　布置亭 4 家具

图 8-62　绘制入口台阶

技巧：187　生态园亭5的绘制

视频：技巧187-亭5的绘制.avi
案例：生态园林景观设计图.dwg

技巧概述：本实例主要讲解生态园亭 5 的绘制方法，其操作过程如下。

步骤 01 接上例，在"图层"下拉列表中，选择"小品轮廓线"图层为当前图层。

步骤 02 参照前面的绘制亭的方法，通过偏移、直线、圆、修剪、删除等命令，如图 8-63 所示绘制出亭轮廓。

步骤 03 通过执行"偏移"命令（O）和"修剪"命令（TR），在上下侧中间位置如图 8-64 所示绘制出入口。

图 8-63　绘制亭轮廓

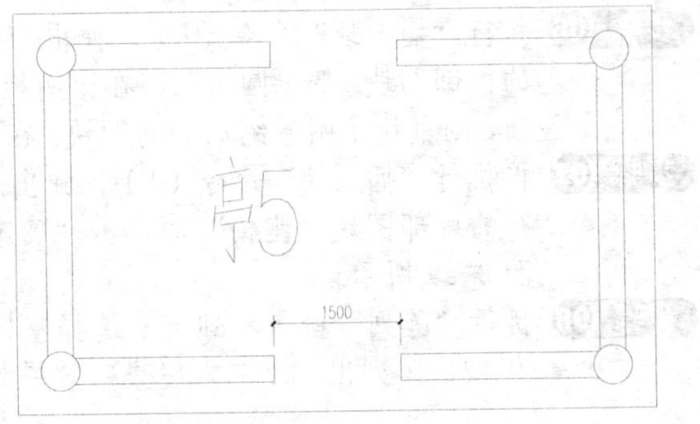

图 8-64　开启入口

步骤 04 执行"插入块"命令（I），弹出"插入"对话框，在"名称"下拉列表中选择保存的内部图块"3 米圆桌"，在比例栏中输入比例值为 1400/3000，再单击"确定"按钮，则鼠标上附着缩放后的图块，在空白区单击以插入 1.4 米圆桌，如图 8-65 所示。

步骤 05 再执行"插入块"命令（I），弹出"插入"对话框，在"名称"下拉列表中选择保存的内部图块"座椅"，单击"确定"按钮，然后在圆桌上方单击以插入，效果如图 8-66 所示。

步骤 06 执行"阵列"命令（AR），选择座椅图形，指定圆桌圆心为阵列中心，输入项目数为 8，阵列出“八人餐桌”，效果如图 8-67 所示。

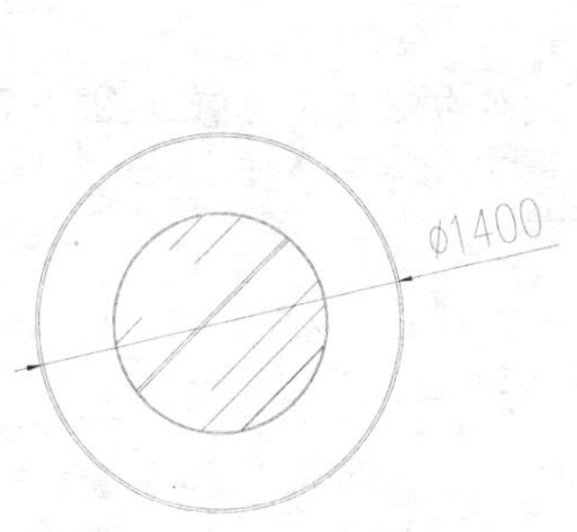

图 8-65　按比例插入图块

图 8-66　插入座椅

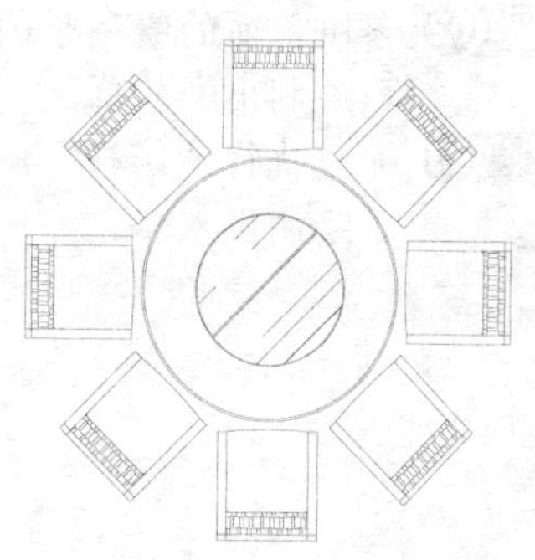

图 8-67　绘制的“八人餐桌”

步骤 07 执行“移动”命令（M）和“复制”命令（CO），将绘制的“八人餐桌”摆放到亭 5 内，效果如图 8-68 所示。

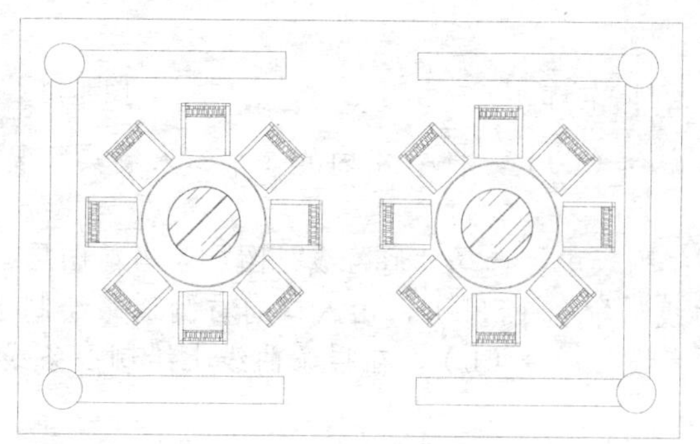

图 8-68　布置亭 5 家具

步骤 08 在“图层”下拉列表中，选择“道路线”图层为当前图层。

步骤 09 执行“样条曲线”命令（SPL），分别由入口绘制出两组样条曲线，形成休闲小径，如图 8-69 所示。

步骤 10 再执行“直线”命令（L），在样条曲线上绘制多条线段，以形成小径的踏步，如图 8-70 所示。

图 8-69　绘制小径

图 8-70　绘制踏步

技巧：188　生态园亭6的绘制

视频：技巧188-亭6的绘制.avi
案例：生态园林景观设计图.dwg

技巧概述：本实例主要讲解生态园亭 6 的绘制方法，其操作过程如下。

步骤 01 在“图层”下拉列表中，选择“小品轮廓线”图层为当前图层。

步骤 02 参照前面的绘制亭的方法，通过偏移、直线、圆、修剪、删除等命令，如图 8-71 所示绘制出亭轮廓。

步骤 03 通过执行“偏移”命令（O）和“修剪”命令（TR），在右侧相应位置如图 8-72 所示绘制出入口。

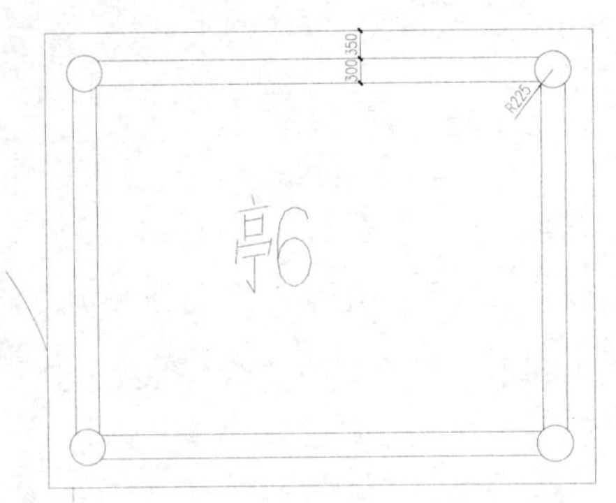

图 8-71 绘制亭轮廓

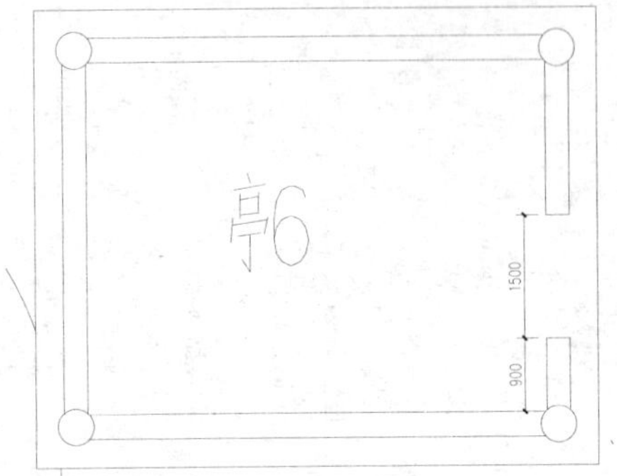

图 8-72 开启入口

步骤 04 执行“复制”命令（CO），将亭 4 内的“十二人餐桌”复制到亭 6 内，如图 8-73 所示。

步骤 05 在“图层”下拉列表中，选择“道路线”图层为当前图层。

步骤 06 执行“样条曲线”命令（SPL），由入口向右侧道路绘制出样条曲线，形成休闲小径；再执行“直线”命令（L），在样条曲线上绘制多条线段，以形成小径的踏步，如图 8-74 所示。

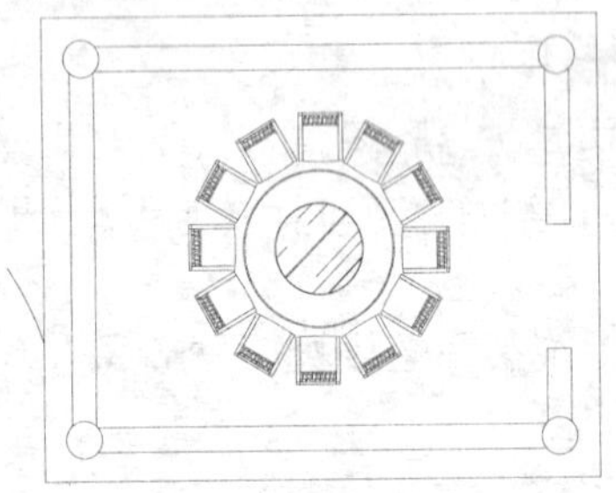

图 8-73 布置家具设施

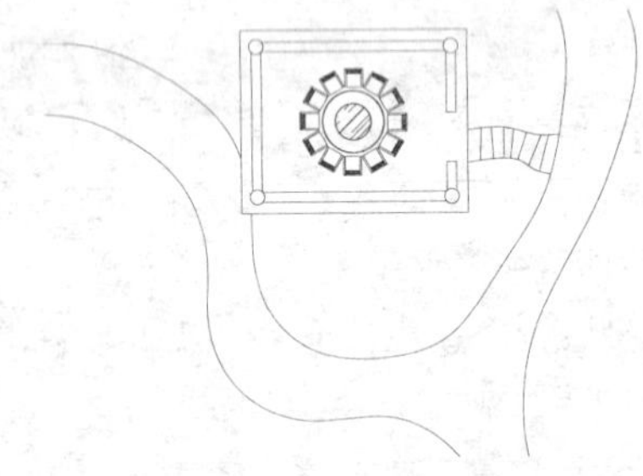

图 8-74 绘制休闲小径

步骤 07 执行“样条曲线”命令（SPL），在亭 6 下侧绘制出如图 8-75 所示样条曲线。

步骤 08 切换至“填充线”图层，执行“图案填充”命令（H），选择图案为“ANSI31”，设置比例为 1500，角度为 45°，对月牙状位置填充木地板效果，如图 8-76 所示。

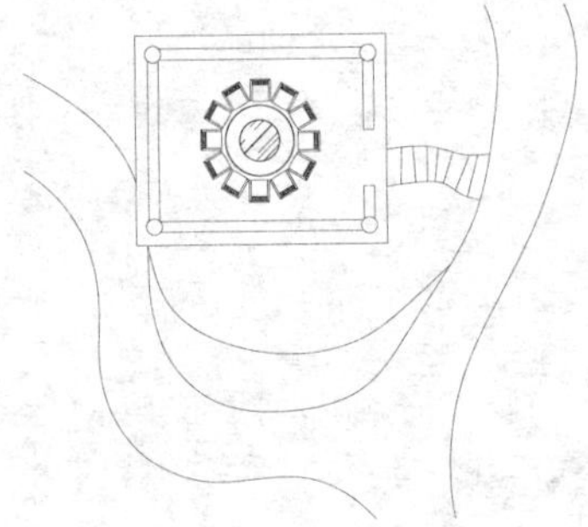

图 8-75 绘制样条曲线

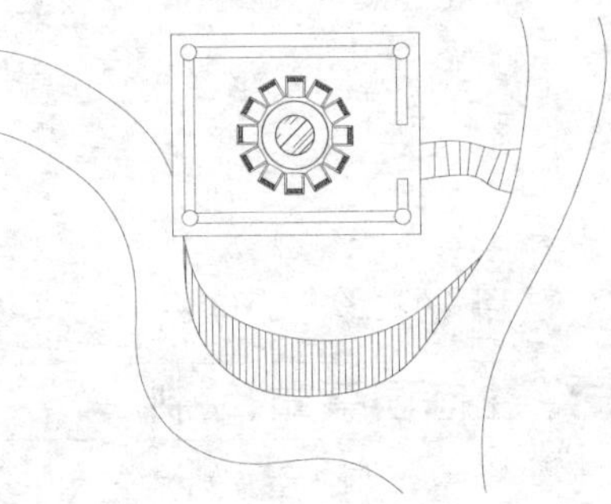

图 8-76 填充图案

技巧：189　生态园亭7的绘制

视频：技巧189-亭7的绘制.avi
案例：生态园林景观设计图.dwg

技巧概述：本实例主要讲解生态园亭 7 的绘制方法，其操作过程如下。

步骤 01 在“图层”下拉列表中，选择“小品轮廓线”图层为当前图层。

步骤 02 执行“圆”命令（C），由亭 7 轮廓圆圆心绘制半径 2000 的同心圆；再执行“直线”命令（L），由象限点和圆心绘制一条垂直线段，如图 8-77 所示。

步骤 03 执行“阵列”命令（AR），将绘制的垂直线段以圆心进行极轴阵列，其项目数为 6，效果如图 8-78 所示。

步骤 04 执行“旋转”命令（RO），将阵列的图形以圆心旋转 10°，如图 8-79 所示。

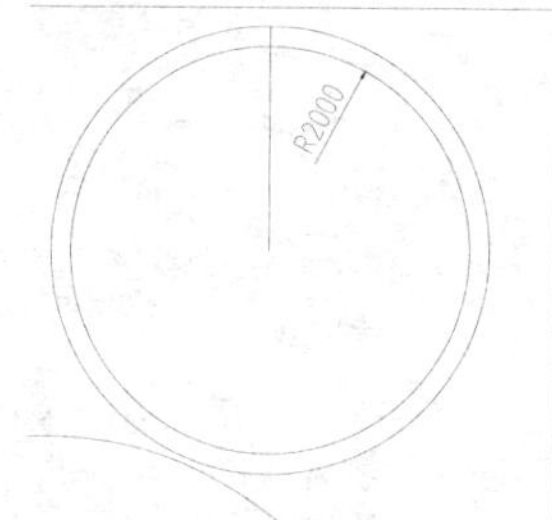

图 8-77　绘制圆和直线

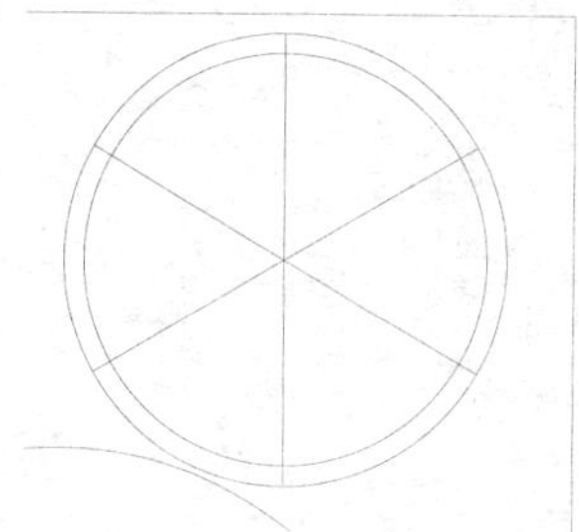

图 8-78　阵列线段

图 8-79　旋转线段

步骤 05 执行“圆”命令（C），由圆心和线段的交点分别绘制半径 125 的圆作为柱子，如图 8-80 所示。

步骤 06 执行“删除”命令（E），将阵列的线条和 R2000 的圆删除掉；如图 8-81 所示。

步骤 07 执行“偏移”命令（O），将轮廓圆向内依次偏移 150 和 100；再执行“修剪”命令（TR），修剪掉多余的圆弧，效果如图 8-82 所示。

图 8-80　绘制柱子

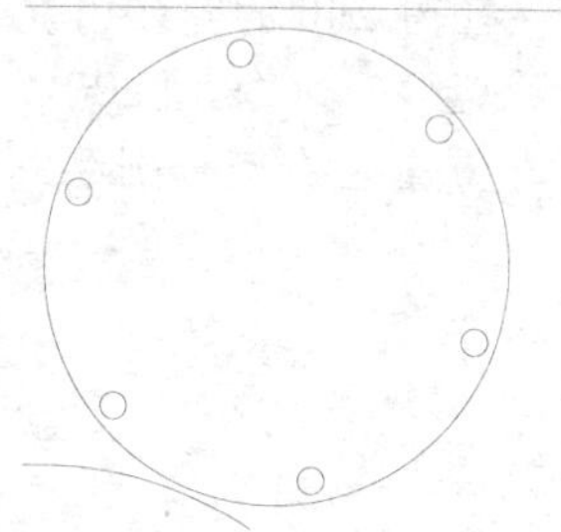

图 8-81　删除辅助图形

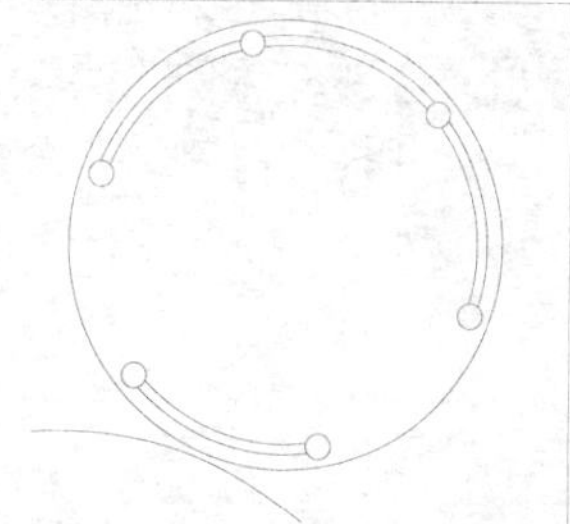

图 8-82　偏移修剪圆弧

步骤 08 执行“偏移”命令（O），将轮廓圆向外偏移 300；再执行“直线”命令（L）和“旋转”命令（RO），由圆心绘制出如图 8-83 所示角度的线段，并转换为“道路线”图层。

步骤 09 执行“修剪”命令（TR）和“删除”命令（E），修剪出如图 8-84 所示台阶轮廓。

步骤 10 执行“复制”命令（CO），将亭 5 的“八人餐桌”复制到圆亭内，如图 8-85 所示。

步骤 11 切换至“道路线”图层，执行“样条曲线”命令（SPL）和“直线”命令（L），如图 8-86 所示由台阶绘制出两条休闲小径。

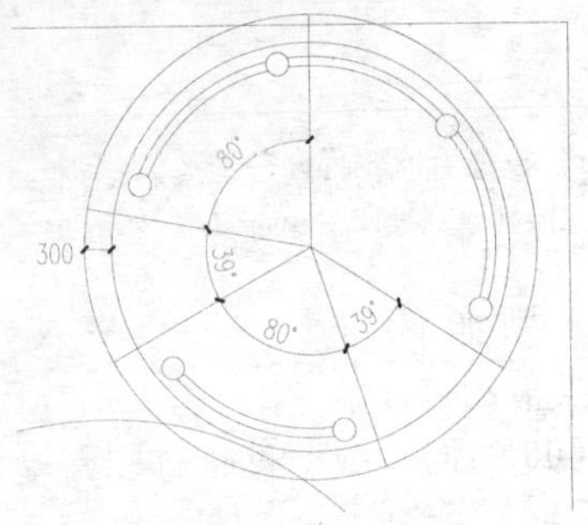

图 8-83　偏移圆、绘制线段

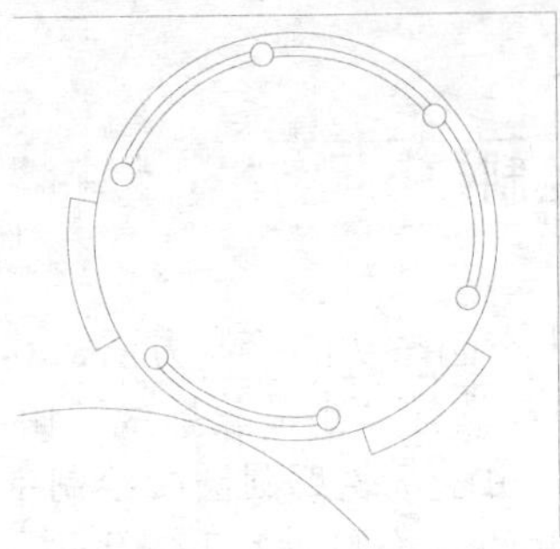
图 8-84　绘制的台阶

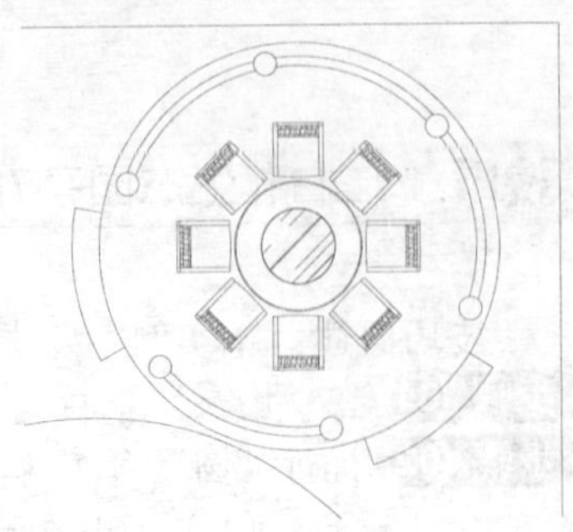
图 8-85　布置餐桌

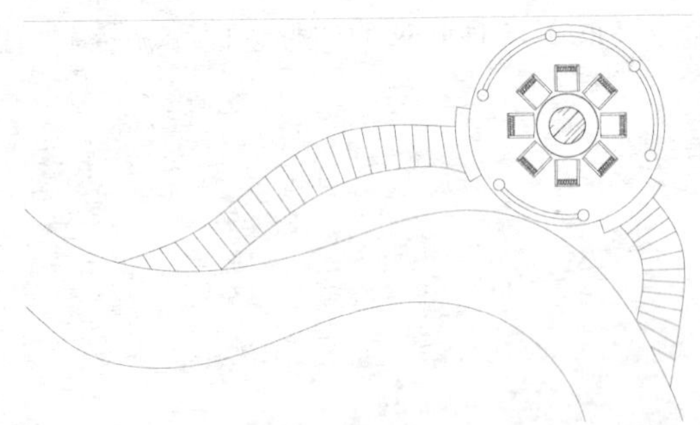
图 8-86　绘制休闲小径

技巧：190　生态园林设施的绘制

视频：技巧190-园林设施的绘制.avi
案例：生态园林景观设计图.dwg

技巧概述：本实例主要讲解生态园林设施的绘制方法，其中包括景观灯、休闲座椅等，其操作过程如下。

步骤 01 在“图层”下拉列表中，选择“小品轮廓线”图层为当前图层。

步骤 02 绘制“休闲圆桌”，执行“圆”命令（C），绘制一个半径为 500 的圆作为休闲圆桌；然后在桌子周围绘制四个半径为 200 的圆作为凳子，如图 8-87 所示。

步骤 03 绘制“休闲方桌”，执行“矩形”命令（REC），绘制 900×900 的矩形作为方桌；再执行“圆”命令（C），在方桌左右侧分别绘制半径 200 的圆作为凳子，如图 8-88 所示。

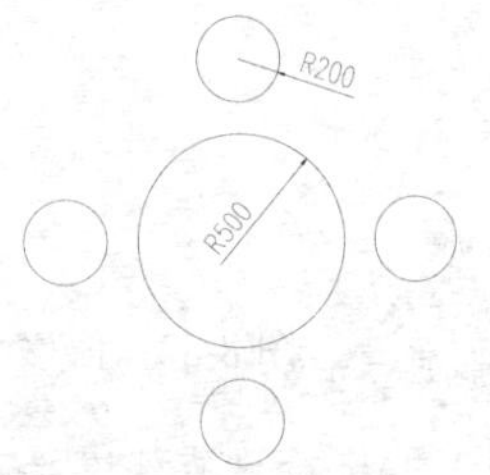

图 8-87　绘制“休闲圆桌”

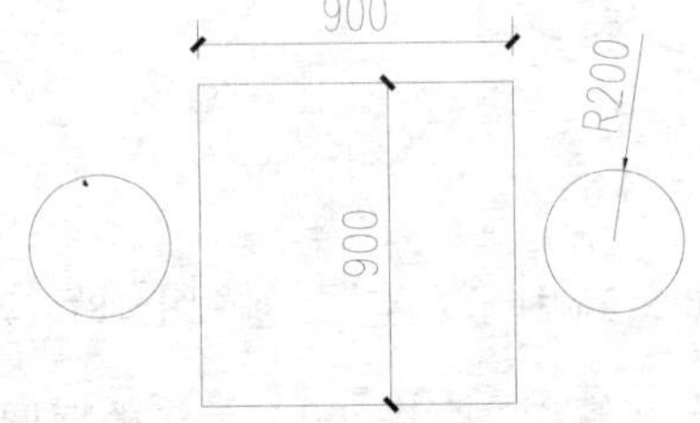

图 8-88　绘制“休闲方桌”

步骤 04 执行“圆”命令（C）和“直线”命令（L），如图 8-89 所示绘制出“路灯”。

步骤 05 执行“复制”命令（CO），将路灯复制出一份；再执行“矩形”命令（REC），绘制 450×450 的矩形；再执行“移动”命令（M），将矩形中心与圆心对齐，如图 8-90 所示形成“景观灯”。

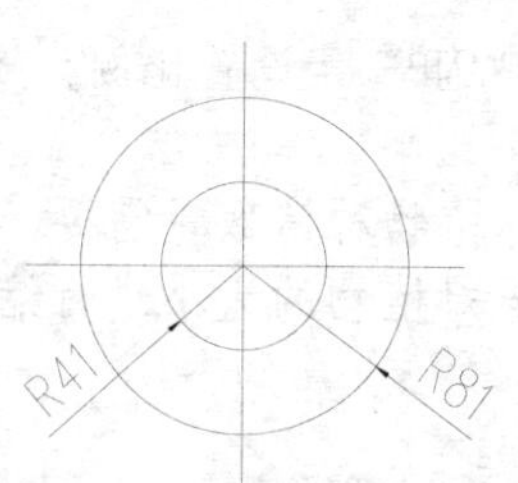

图 8-89 绘制“路灯”

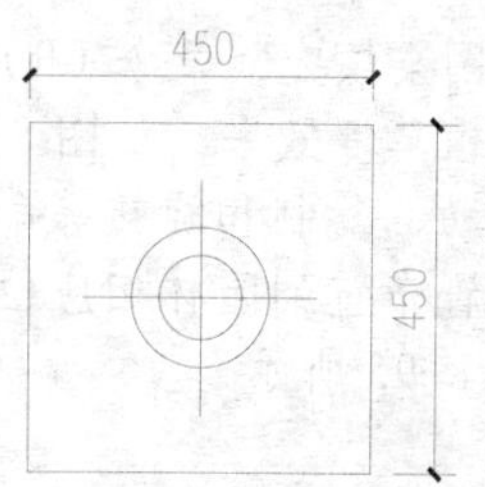

图 8-90 绘制“景观灯”

步骤 06 通过移动、复制和旋转等命令，将绘制好的“休闲圆桌”和“休闲方桌”布置到生态园林相应位置，如图 8-91 所示。

步骤 07 执行“移动”命令（M）和“复制”命令（CO），将绘制的路灯和景观灯布置到园林相应位置，如图 8-92 所示。

图 8-91 布置休闲桌

图 8-92 布置灯具设施

技巧：191 生态园林绿化的绘制

视频：技巧191-园林绿化的绘制.avi
案例：生态园林景观设计图.dwg

技巧概述：本实例主要讲解生态园林绿化植物的绘制方法，其操作过程如下。

步骤 01 在“图层”下拉列表中，选择“绿化配景线”图层为当前图层。

步骤 02 执行“插入块”命令（I），将“案例\08\绿化图例.dwg”文件插入到图形中，如图 8-93 所示。

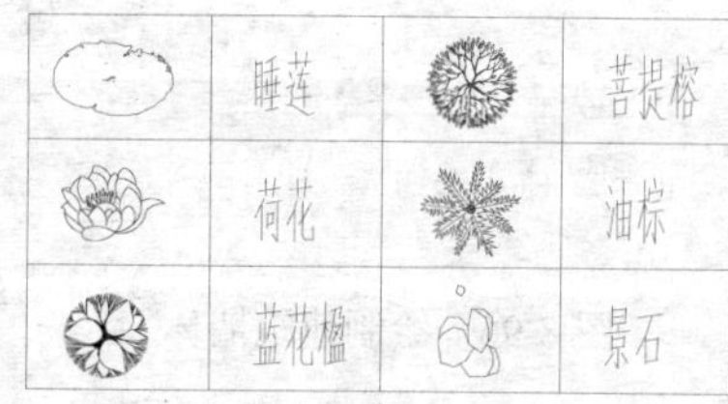

图 8-93 插入的图块

步骤 03 执行"图案填充"命令（H），选择图案为"SWAMP"，设置比例为 500，在相应位置填充种植草坪效果，如图 8-94 所示。

步骤 04 通过移动、复制和旋转等命令，根据生态园林植物种植数量需要，将图例表中各种植物配置布置到园林相应位置处，并根据需要对植物的大小进行缩放，布置后的效果如图 8-95 所示。

图 8-94 填充草坪

图 8-95 布置绿化设施

技巧：192 生态园林阳光走廊的绘制

视频：技巧192-阳光走廊的绘制.avi
案例：生态园林景观设计图.dwg

技巧概述：本实例主要讲解建筑用地中阳光走廊的绘制方法，其操作过程如下。

步骤 01 在"图层"下拉列表中，选择"建筑线"图层为当前图层。

步骤 02 执行"偏移"命令（O）和"修剪"命令（TR），将建筑用地轮廓线进行对应的偏移和修剪操作，形成建筑墙体的厚度，如图 8-96 所示。

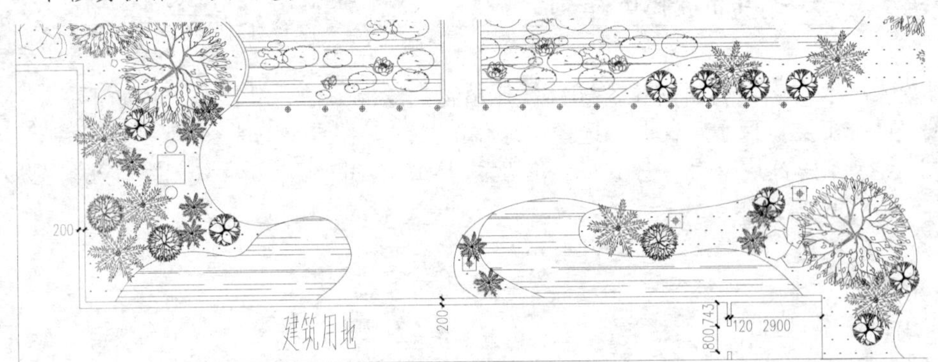

图 8-96 绘制建筑墙体

步骤 03 执行"偏移"命令（O）和"修剪"命令（TR），绘制出台阶轮廓；再执行"直线"命令（L），绘制出指引坡度符号，如图 8-97 所示。

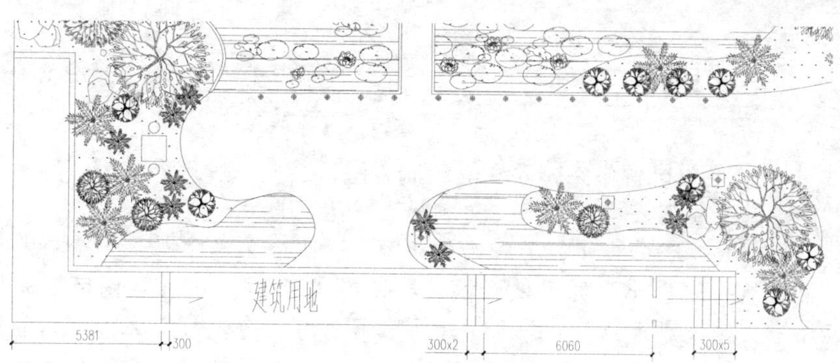

图 8-97　绘制台阶

步骤 04 执行“矩形”命令（REC）和“圆弧”命令（A），在如图 8-98 所示绘制出 800 的单开门。

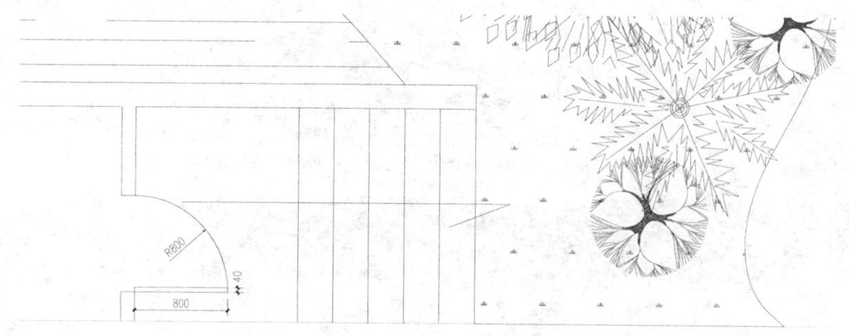

图 8-98　绘制单开门

步骤 05 执行“多段线”命令（PL），在生态园林的左、下侧绘制出如图 8-99 所示的建筑外围线。

步骤 06 切换至“填充线”图层，执行“图案填充”命令（H），选择图案为“ANSI31”，设置比例为 250，对建筑范围进行填充；再双击文字“建筑用地”，修改为“阳光走廊”，效果如图 8-100 所示。

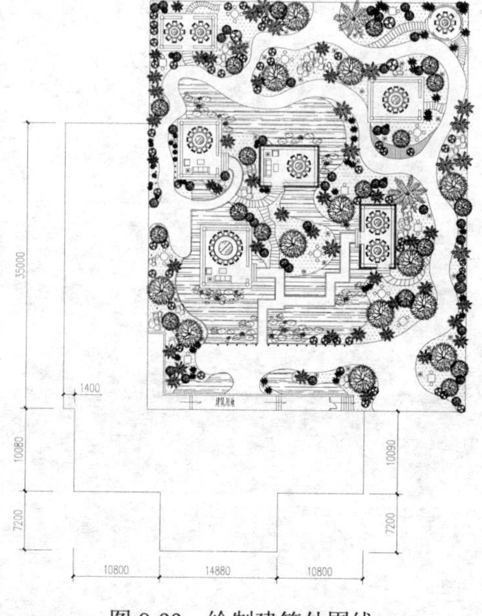

图 8-99　绘制建筑外围线

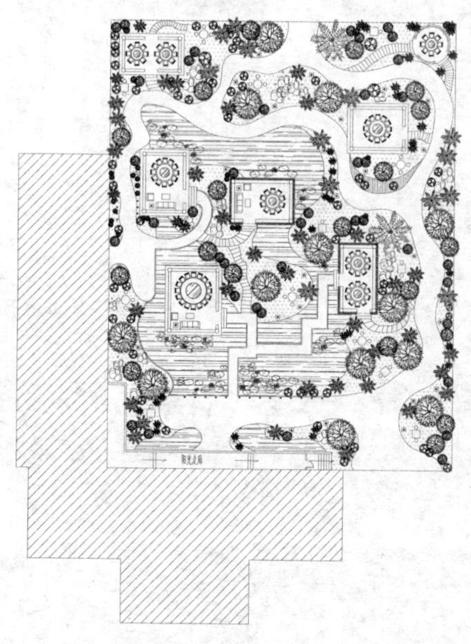

图 8-100　填充建筑范围

技巧：193 生态园林文字的标注

视频：技巧193-生态园文字标注.avi
案例：生态园林景观设计图.dwg

技巧概述：本实例主要讲解生态园亭 2 的绘制方法，其操作过程如下。

步骤 01 在“图层”下拉列表中，选择“文字标注”图层为当前图层。

步骤 02 执行“多行文字”命令（MT），选择“图内说明”文字样式，设置字高为 1200，在右下侧位置标注出生态园用地面积；再设置字高为 3000，在图案填充的建筑物位置，注写文字“建筑物”，并通过矩形和修剪等命令，修剪掉文字内的图案，效果如图 8-101 所示。

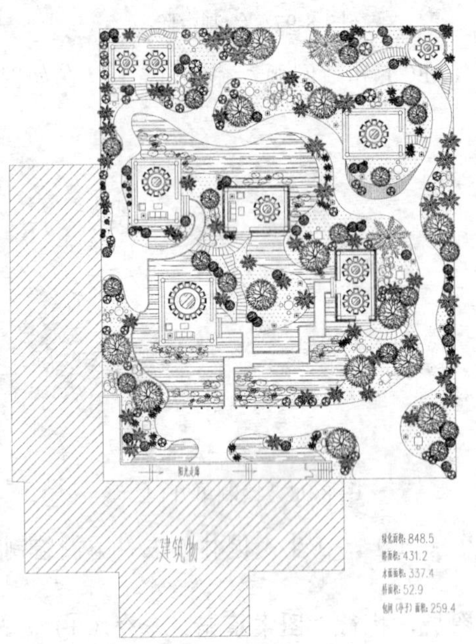

图 8-101　文字标注效果

步骤 03 至此，生态园林景观设计图已经绘制完成，按【Ctrl+S】组合键将文件进行保存。

第 9 章　办公楼景观施工图的绘制技巧

● 本章导读

本章以某办公楼园林景观设计为例，详细讲解了道路、建筑物、设计小品、景观亭、停车场、雕塑广场以及园内一些园林景观的绘制方法与技巧，其绘制完成的办公楼景观设计总平面图效果如图 9-1 所示。

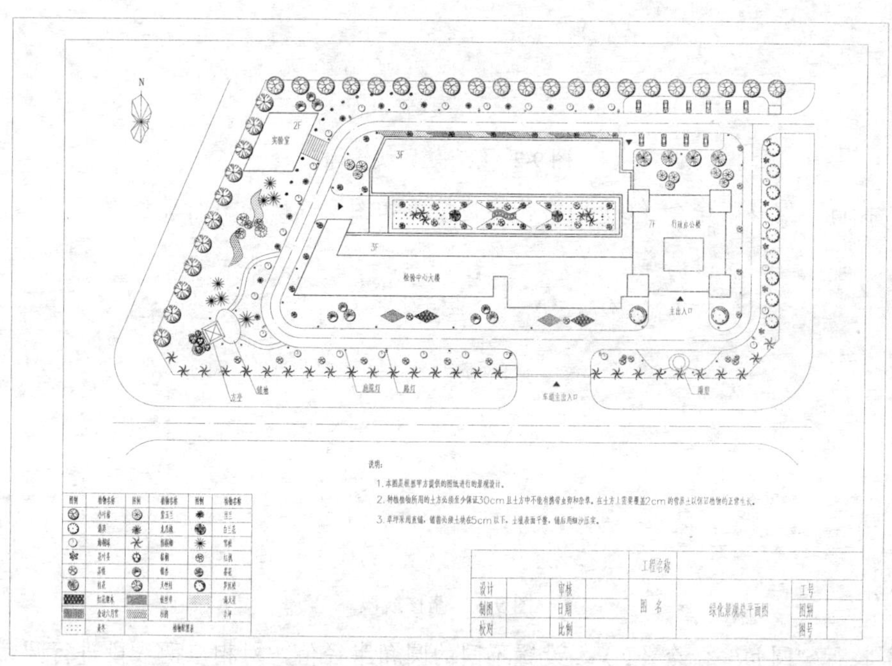

图 9-1　办公楼景观设计总平面图效果

● 本章内容

办公楼外围道路的绘制	中心花坛的绘制	园林灯具的绘制
行政办公楼的绘制	休闲小径的绘制	乔灌木的绘制
检验中心大楼的绘制	休闲凉亭的绘制	景观图文字的标注
实验室的绘制	景石的绘制	指北针的绘制
门卫室的绘制	雕塑的绘制	完善花卉表
停车场的绘制	地被植物的绘制	A3 图框的绘制

技巧：194　办公楼外围道路的绘制

视频：技巧194-办公楼外围道路的绘制.avi
案例：办公楼景观设计图.dwg

技巧概述： 本实例主要讲解办公楼外围道路的绘制过程，具体操作如下。

步骤 01 正常启动 AutoCAD 2014 软件，在“快速访问”工具栏中，单击“打开”按钮，将本书配套光盘“案例\09\园林样板.dwg”文件打开。

步骤 02 再单击“另存为”按钮，将文件另存为“案例\09\办公楼景观设计图.dwg”文件。

步骤 03 在“图层”下拉列表中，选择“道路线”图层为当前图层。

步骤 04 执行“直线”命令（L），按照如图 9-2 所示效果绘制出办公楼外围道路线轮廓。

图 9-2　绘制道路线轮廓

步骤 05 执行“偏移”命令（O），将轮廓边按照如图 9-3 所示进行编移。

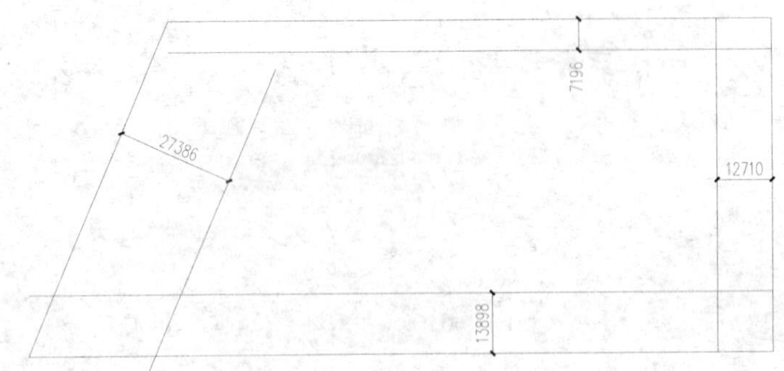

图 9-3　偏移线段

步骤 06 执行“圆角”命令（F），设置不同的圆角半径值，对相应两线段进行圆角处理，效果如图 9-4 所示。

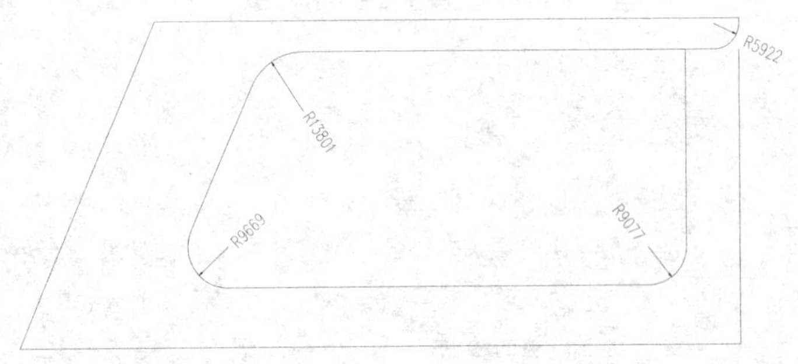

图 9-4　圆角处理

技巧提示 ★★★☆☆

在对右上侧线段进行圆角时，可先执行“打断”命令（BR），将右侧垂直线段进行打断，然后将打断后上侧线条进行圆角。

步骤 07 执行“偏移”命令（O）和“修剪”命令（TR），将中间的线段各依次向内偏移 2250 和 2250，并将中间线条转换为“道路中心线”图层，如图 9-5 所示。

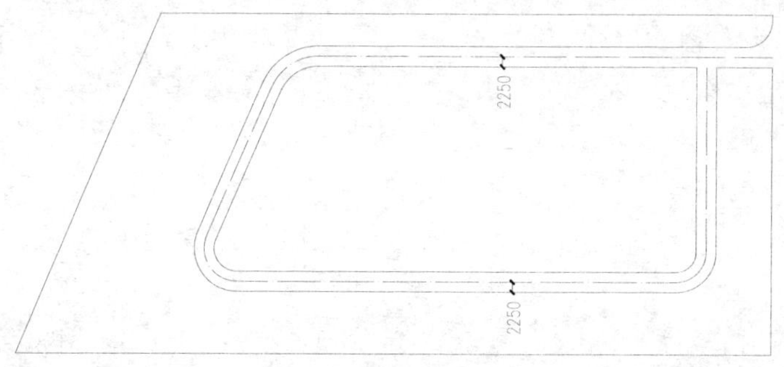

图 9-5　偏移道路线

步骤 08 执行“圆角”命令（F），设置相应的圆角半径值，对对应的直角进行圆角处理，效果如图 9-6 所示。

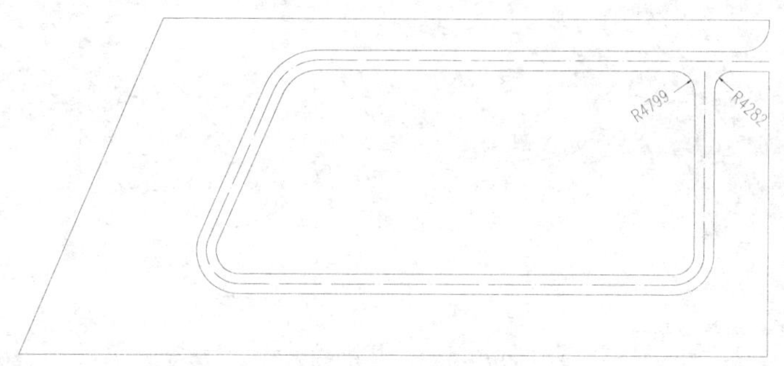

图 9-6　圆角处理

步骤 09 执行“偏移”命令（O）、“修剪”命令（TR）和“圆角”命令（F），在如图 9-7 所示位置绘制道路入口。

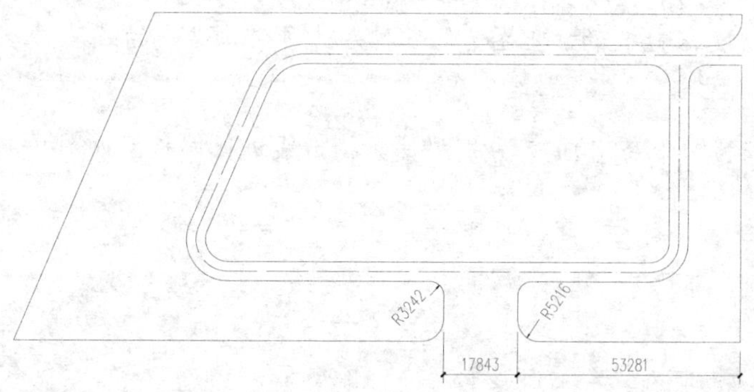

图 9-7　绘制道路入口

步骤 10 执行“偏移”命令（O），将外轮廓线向内进行偏移；再执行“修剪”命令（TR），修剪多余的线条，效果如图 9-8 所示。

步骤 11 执行“构造线”命令（XL），根据如下命令行提示选择“角度（A）项”，设置角度分别为-59° 和 47°，然后单击相应通过点以绘制构造线，如图 9-9 所示。

图 9-8　偏移轮廓线

命令：XLINE	\\ 执行"构造线"命令
指定点或［水平(H)/垂直(V)/角度(A)/二等分(B)/偏移(O)]：a	\\ 选择"角度（A)"选项
输入构造线的角度（0）或［参照(R)]：-59	\\ 输入的角度-59
指定通过点：	\\ 单击左侧角点

图 9-9　绘制角度构造线

软件技能 ★★★★☆

向两个方向无限延伸的直线，可用做创建其他对象的参照，称之为构造线。可以放置在三维空间的任何地方，主要用于绘制辅助、轴线或中心线等。

由于构造线是无限延长的，上图为修剪掉两边多余构造线的效果。

步骤 12 执行"偏移"命令（O），分别将两条构造线进行偏移，如图 9-10 所示。

图 9-10　偏移构造线

步骤 13 执行"修剪"命令（TR），修剪多余的线条，效果如图 9-11 所示。

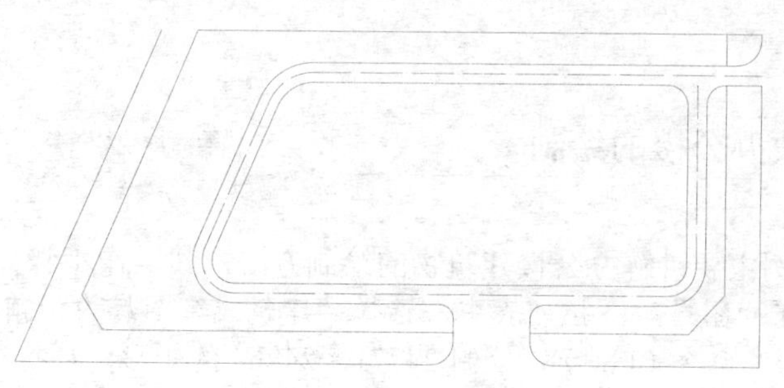

图 9-11　修剪效果

步骤 14 执行“圆角”命令（F），设置不同的圆角半径值，对最下侧的两个角进行圆角处理，如图 9-12 所示。

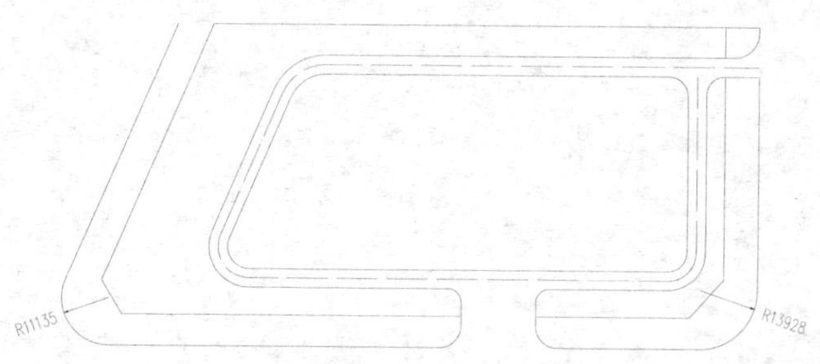

图 9-12　圆角处理

步骤 15 执行“偏移”命令（O），将最下侧水平线向下偏移 3915，并转换为“道路中心线”图层，如图 9-13 所示。

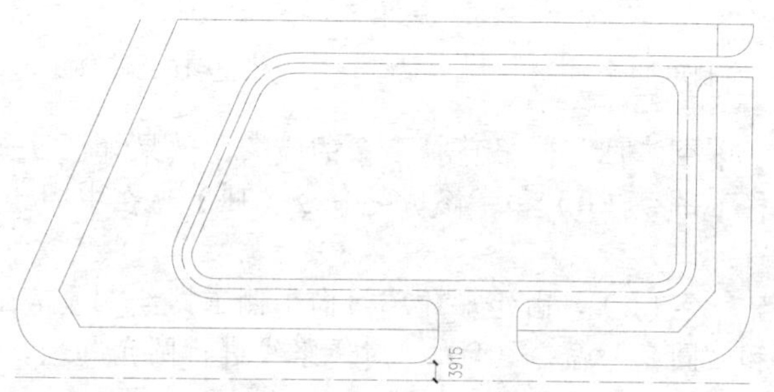

图 9-13　偏移线段

步骤 16 执行“镜像”命令（MI），选择最下边的道路线，以下侧的道路中心线进行上下镜像；再执行“打断”命令（BR），打断两侧圆弧的一部分，效果如图 9-14 所示。

图 9-14　镜像、打断操作

技巧：195 行政办公楼的绘制

视频：技巧195-行政办公楼的绘制.avi
案例：办公楼景观设计图.dwg

技巧概述：本实例主要讲解办公楼建筑物的绘制方法，其操作步骤如下。

步骤 01 接上例，在“图层”下拉列表中，选择“建筑线”图层为当前图层。

步骤 02 执行“矩形”命令（REC），绘制 24771×24964 的矩形；再执行“移动”命令（M），将矩形放置到如图 9-15 所示位置。

步骤 03 执行“偏移”命令（O），将矩形向内偏移 1240；再执行“矩形”命令（REC），由矩形四个角分别向内绘制 5059×5169 的四个矩形，如图 9-16 所示。

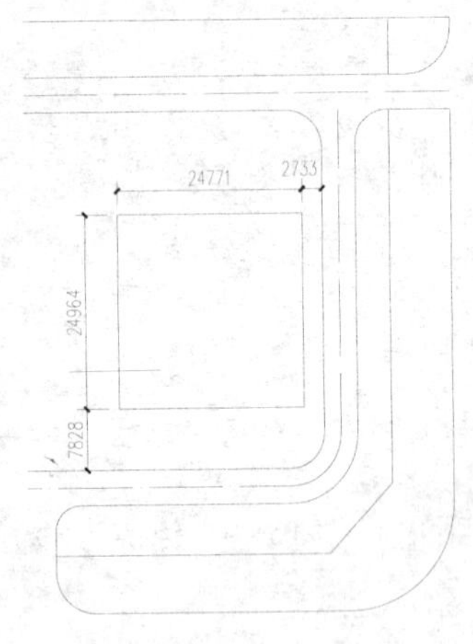

图 9-15　绘制矩形

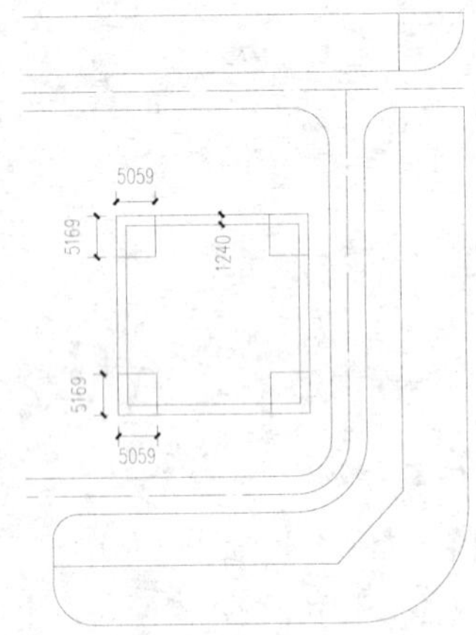

图 9-16　偏移矩形，绘制小矩形

步骤 04 执行“修剪”命令（TR），修剪掉多余的线条，效果如图 9-17 所示。

步骤 05 再执行“偏移”命令（O）和“修剪”命令（TR），在中间绘制出如图 9-18 所示的矩形。

步骤 06 执行“直线”命令（L），由矩形轮廓线向下侧道路绘制垂直道路线；再执行“修剪”命令（TR）和“圆角”命令（F），对道路线进行圆角处理，如图 9-19 所示。

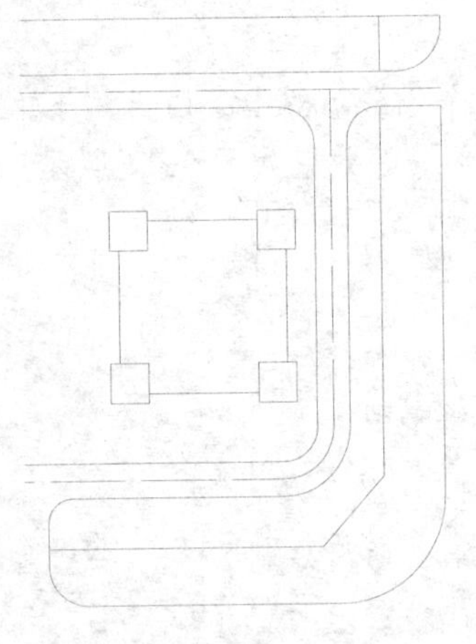

图 9-17　修剪效果

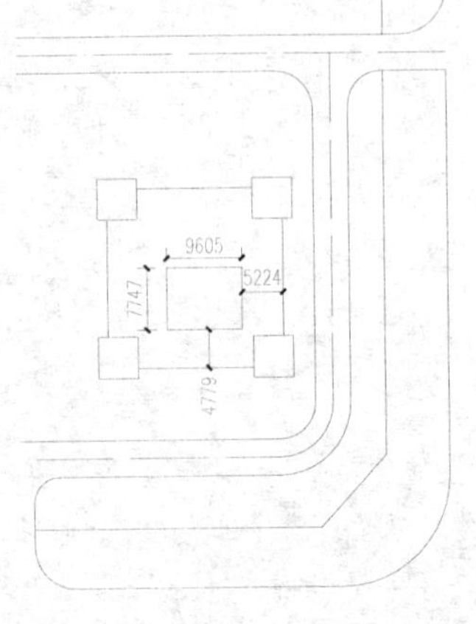

图 9-18　绘制矩形

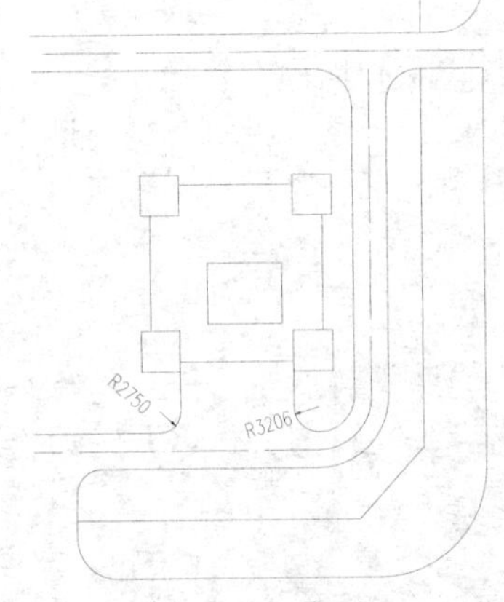

图 9-19　绘制道路入口

技巧：196　检验中心大楼的绘制

视频：技巧196-检验中心大楼的绘制.avi
案例：办公楼景观设计图.dwg

技巧概述：本实例主要讲解检验中心大楼轮廓的绘制方法，其操作过程如下。

步骤 01 执行“多段线”命令（PL），捕捉绘制的建筑物轮廓向左绘制出如图 9-20 所示多段线轮廓。

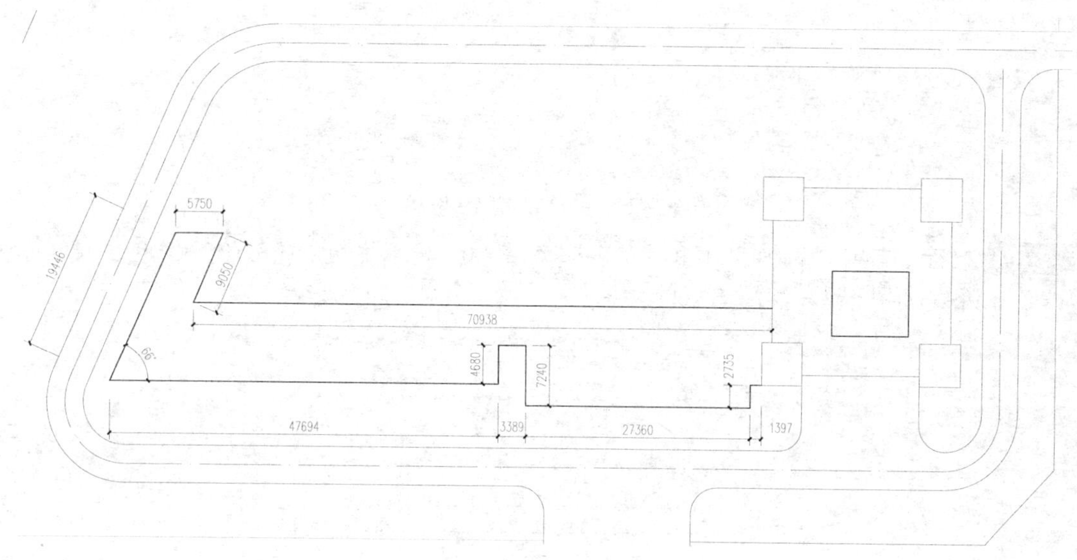

图 9-20　绘制建筑物轮廓线

步骤 02 继续执行“多段线”命令（PL），在上侧绘制出建筑物轮廓，如图 9-21 所示。

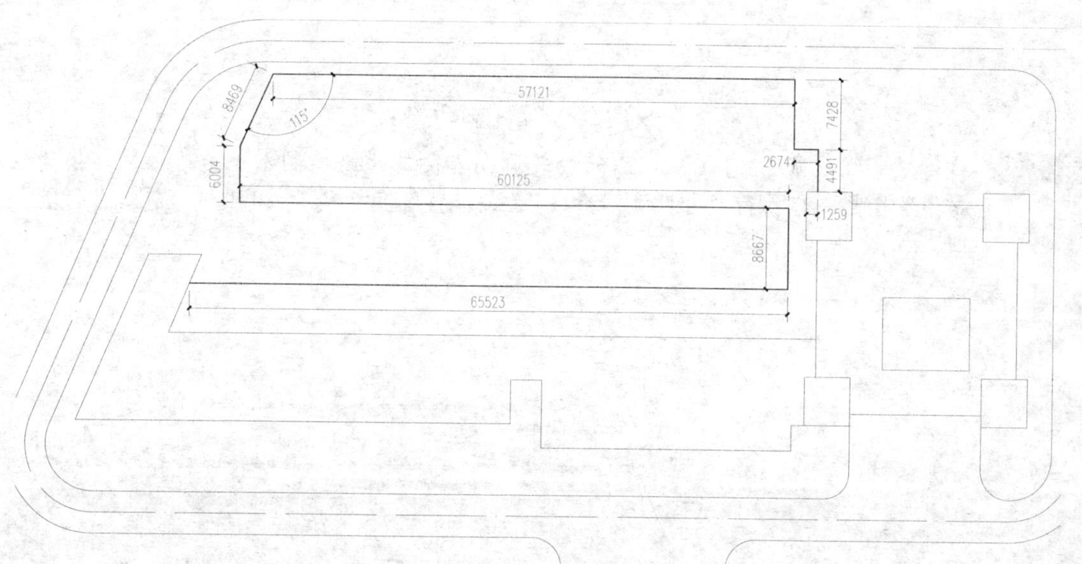

图 9-21　绘制建筑物轮廓线

步骤 03 执行“偏移”命令（O），将上步绘制的建筑物轮廓线向内偏移 570，如图 9-22 所示。

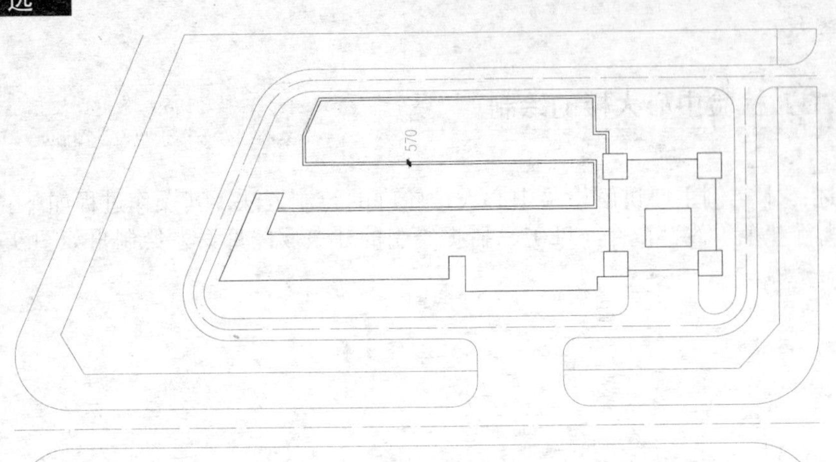

图 9-22 偏移建筑物轮廓线

步骤 04 执行“直线”命令（L）和“偏移”命令（O），捕捉相应轮廓绘制间距为 4604 的线条，如图 9-23 所示。

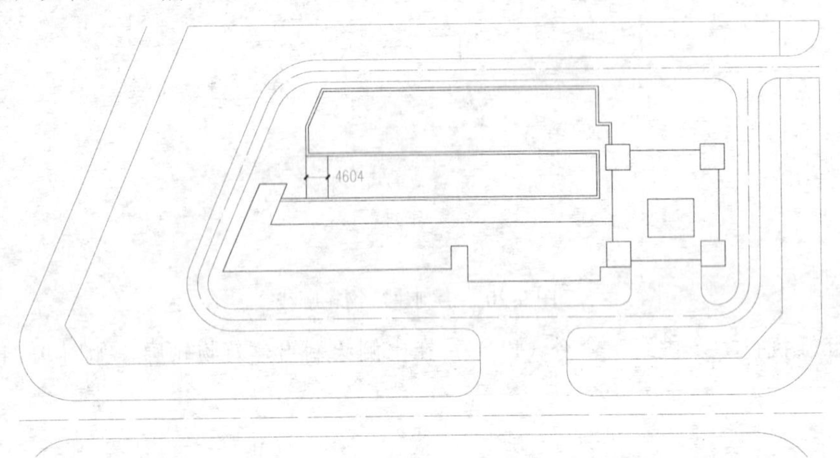

图 9-23 绘制建筑物轮廓线

步骤 05 执行“直线”命令（L），由建筑物轮廓向左侧的道路绘制水平线段，且转换为“道路线”图层；再执行“圆角”命令（F），设置圆角半径为 2000，对道路进行圆角处理，如图 9-24 所示。

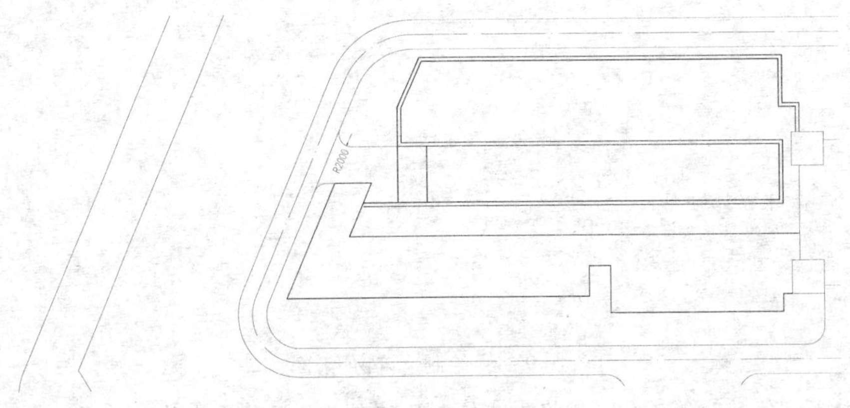

图 9-24 绘制道路入口

技巧：197　实验室的绘制

视频：技巧197-实验室的绘制.avi
案例：办公楼景观设计图.dwg

技巧概述：本实例主要讲解实验室的绘制方法，其操作过程如下。

步骤 01 执行“偏移”命令（O）和“修剪”命令（TR），将左上侧线段按照如图 9-25 所示进行偏移且转换为“建筑线”图层，再修剪掉相交以外的部分线条。

步骤 02 再执行“直线”命令（L）和“偏移”命令（O），由建筑物向右侧的道路绘制出长 4777、宽 550 的台阶，如图 9-26 所示。

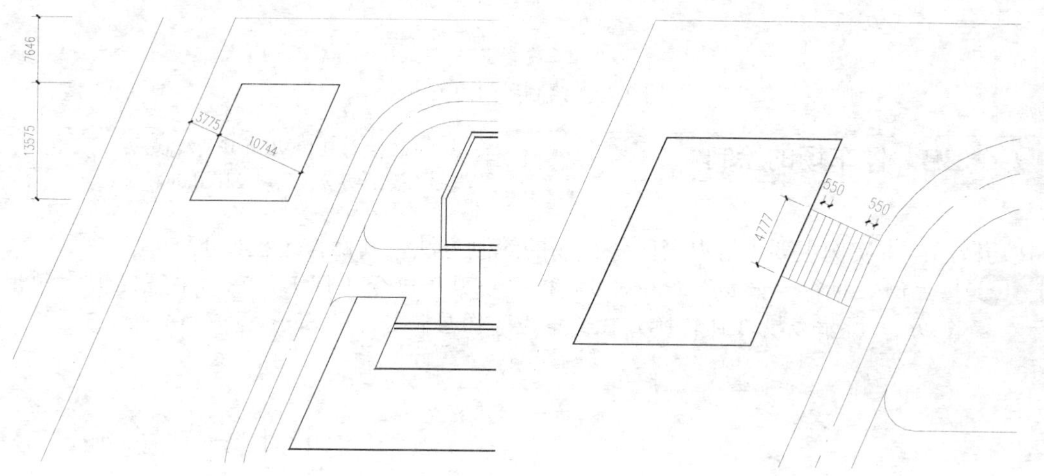

图 9-25　绘制建筑轮廓线　　图 9-26　绘制台阶

技巧：198　门卫室的绘制

视频：技巧198-门卫室的绘制.avi
案例：办公楼景观设计图.dwg

技巧概述：本实例主要讲解入口处的门卫室的绘制方法，其操作过程如下。

步骤 01 接上例，执行“矩形”命令（REC），在下侧道路入口外绘制 4059×2715 的矩形作为门卫室，如图 9-27 所示。

步骤 02 执行“直线”命令（L），在门卫室右侧的道路中绘制宽的两条线段以表示减速坡道，如图 9-28 所示。

图 9-27　绘制前门卫室　　图 9-28　绘制减速坡道

步骤 03 执行“矩形”命令（REC），在右上侧的道路入口处绘制 3000×2000 的矩形作为后门卫室，如图 9-29 所示。

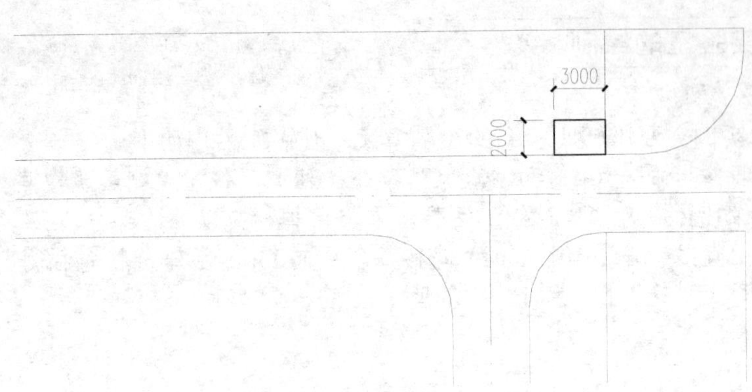

图 9-29 绘制后门门卫室

技巧：199 停车场的绘制

视频：技巧199-停车场的绘制.avi
案例：办公楼景观设计图.dwg

技巧概述：本实例主要讲解办公区停车场的绘制方法，其操作过程如下。

步骤 01 接上例，执行“偏移”命令（O）和“修剪”命令（TR），在门卫室左侧绘制出如图 9-30 所示线段，且转换为“道路线”图层。

图 9-30 绘制道路分隔线

步骤 02 执行“圆角”命令（F），设置圆角半径为 2000，对上侧的两直角进行圆角处理，如图 9-31 所示。

图 9-31 圆角处理

步骤 03 切换至“道路线”图层，执行“直线”命令（L），捕捉建筑物轮廓绘制出如图 9-32 所示道路分隔线。

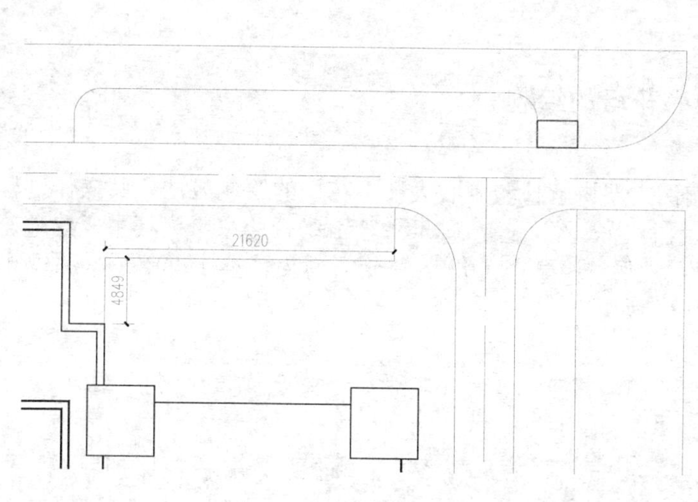

图 9-32　直线命令

步骤 04 执行“圆角”命令（F），设置圆角半径为 1000，对道路进行圆角处理，如图 9-33 所示。

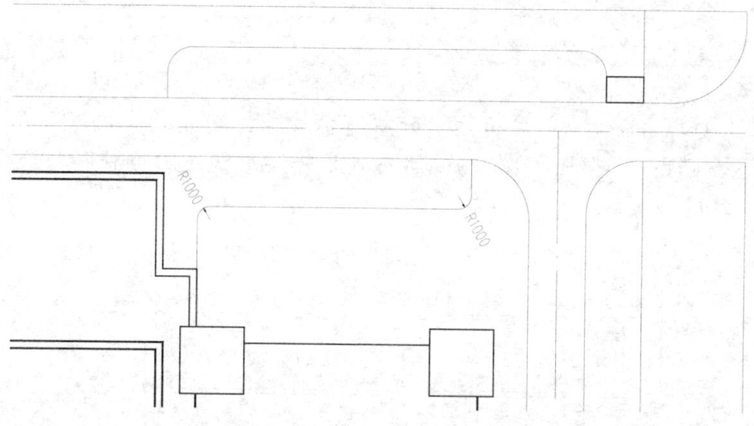

图 9-33　圆角处理

步骤 05 在“图层”下拉列表中，选择“小品轮廓线”图层为当前图层。

步骤 06 执行“插入块”命令（I），将“案例\09\汽车.dwg”文件插入图形中；再通过“复制”命令（CO）、“镜像”命令（MI）和“移动”命令（M），将汽车图块布置到停车场内，如图 9-34 所示。

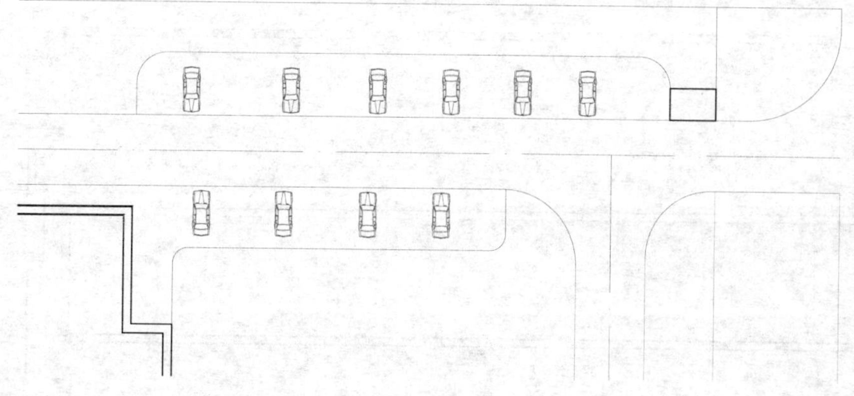

图 9-34　布置汽车

技巧：200 中心花坛的绘制

视频：技巧200-中心花坛的绘制.avi
案例：办公楼景观设计图.dwg

技巧概述：本实例主要讲解检验中心大楼中花坛的绘制方法，其操作过程如下。

步骤01 接上例，执行“矩形”命令（REC），围绕检验中心大楼中间空地轮廓线绘制一个矩形；再执行“偏移”命令（O），将矩形向内偏移1000，再将源矩形对象删除掉，效果如图9-35所示。

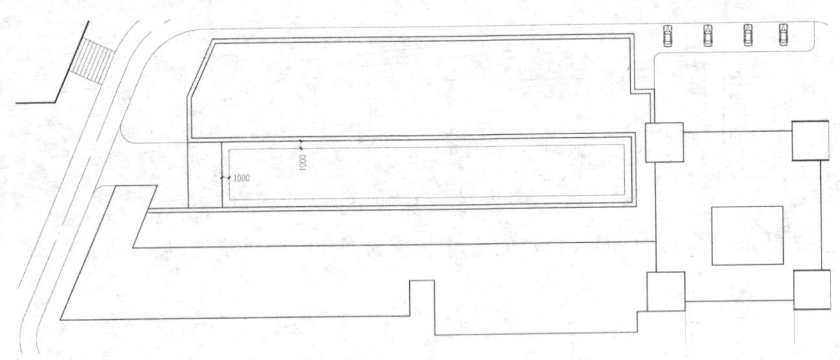

图9-35 绘制矩形

步骤02 执行“分解”命令（X），将矩形分解打散操作；再执行“偏移”命令（O）和“修剪”命令（TR），按照如图9-36所示效果将矩形边进行偏移和修剪操作。

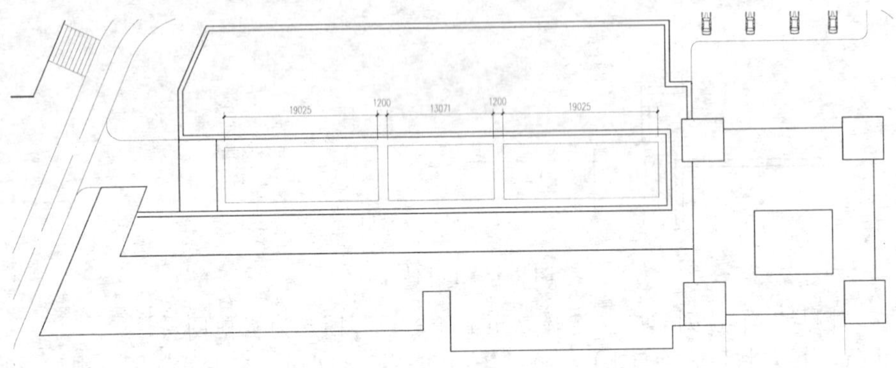

图9-36 偏移修剪

步骤03 执行“偏移”命令（O），按照如图9-37所示将线段进行偏移。

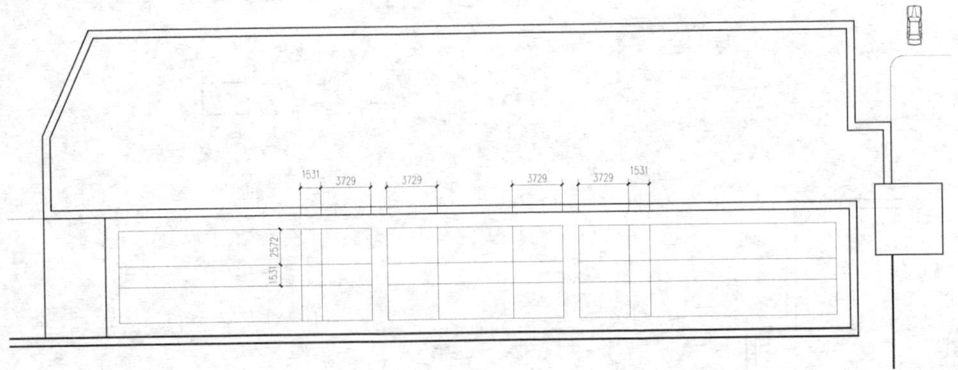

图9-37 偏移线段

步骤 04 执行“偏移”命令（O），再将上、下水平线各向中间偏移 356；再执行“直线”命令（L），连接对应角点绘制斜线，如图 9-38 所示。

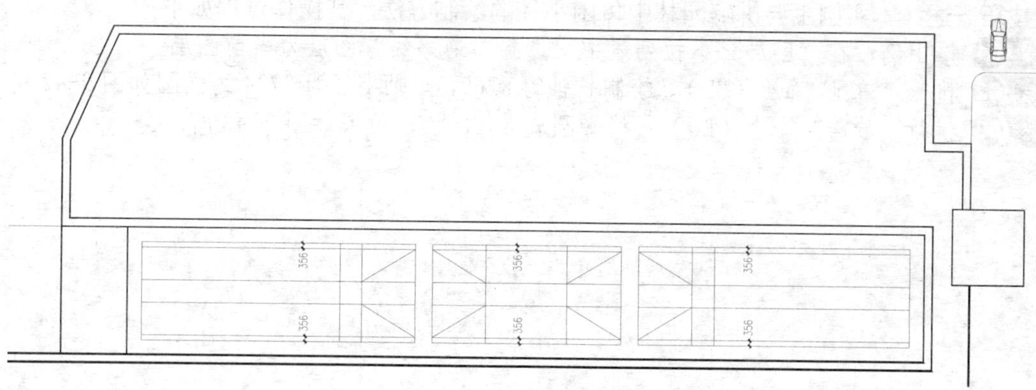

图 9-38　偏移线段，绘制对角线

步骤 05 执行“修剪”命令（TR）和“删除”命令（E），修剪删除多余的线条，效果如图 9-39 所示。

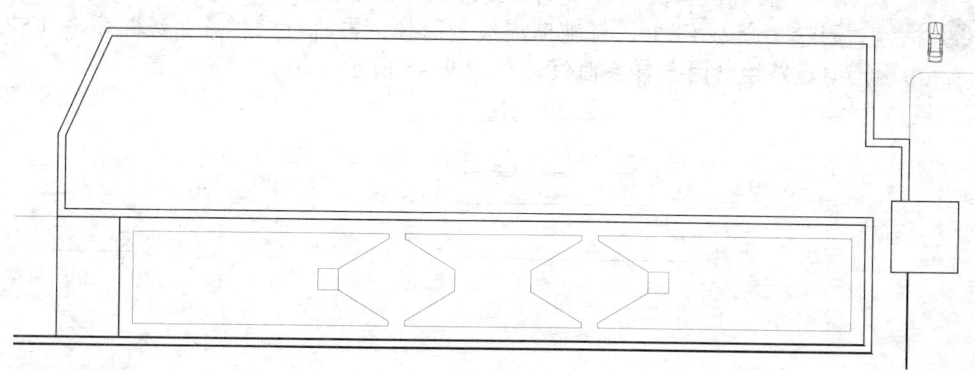

图 9-39　修剪删除效果

步骤 06 执行“样条曲线”命令（SPL）和“偏移”命令（O），在中间花坛处绘制出样条曲线，如图 9-40 所示。

步骤 07 执行“矩形”命令（REC），在中间样条曲线处绘制 400×700 的矩形作为青石板；再执行“复制”命令（CO），将矩形按照中间曲线为路径进行复制，然后删除中间的样条曲线，效果如图 9-41 所示。

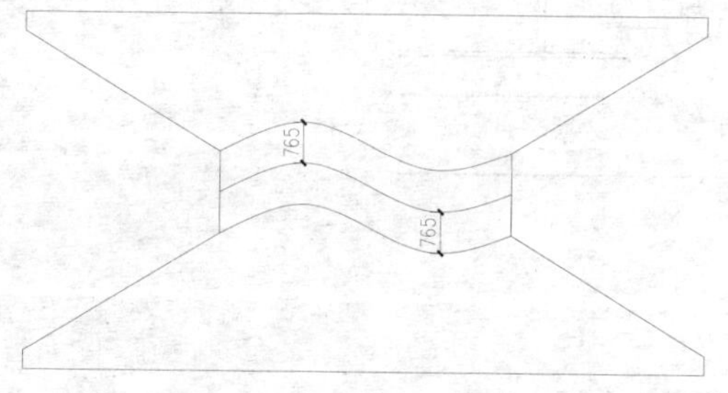

图 9-40　绘制样条曲线

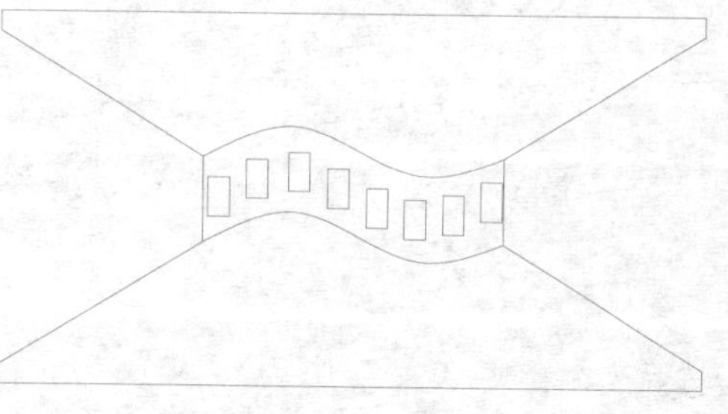

图 9-41　绘制青石板汀步

技巧：201 休闲小径的绘制

视频：技巧201-休闲小径的绘制.avi
案例：办公楼景观设计图.dwg

技巧概述：本实例主要讲解园林中休闲小径的绘制方法，其操作过程如下。

步骤 01 接上例，在“图层”下拉列表中，选择“道路线”图层为当前图层。

步骤 02 执行“椭圆”命令（EL），绘制长轴为 8269，短轴半径为 2724 的椭圆如图 9-42 所示。

步骤 03 执行“旋转”命令（RO），将椭圆旋转 111°，效果如图 9-43 所示。

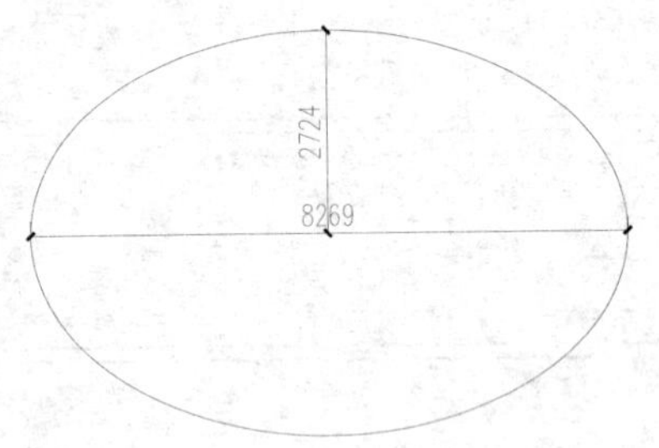

图 9-42 绘制椭圆

图 9-43 旋转椭圆

步骤 04 执行“直线”命令（L），由建筑轮廓向道路线绘制一条辅助虚线；再执行“移动”命令（M），将椭圆以圆心移动到辅助虚线的中点上，如图 9-44 所示。

步骤 05 执行“删除”命令（E），将辅助虚线删除掉；再执行“样条曲线”命令（SPL），由椭圆向道路绘制两条样条曲线，如图 9-45 所示。

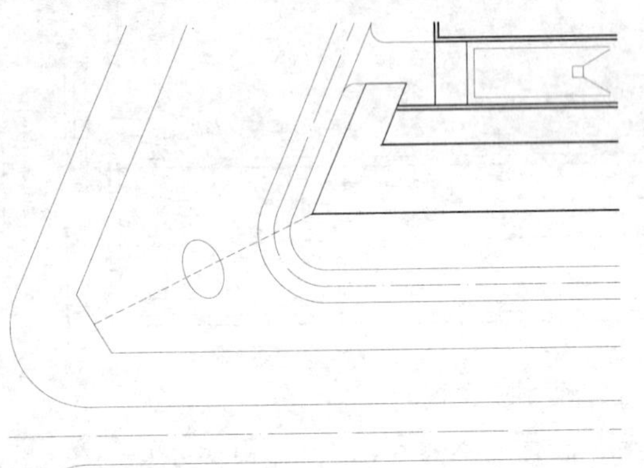

图 9-44 移动图形

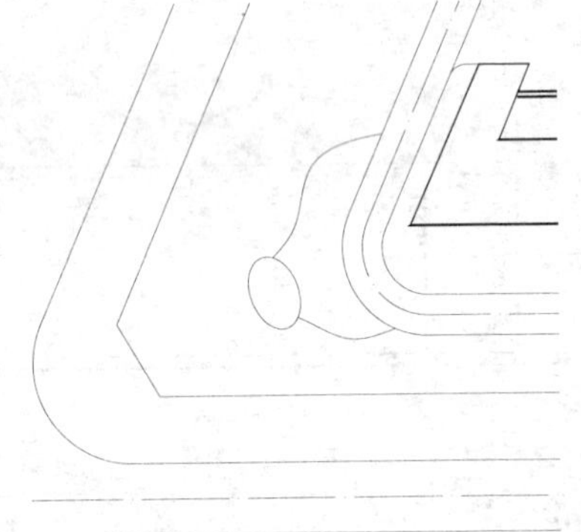

图 9-45 绘制样条曲线

步骤 06 执行“偏移”命令（O）和“修剪”命令（TR），将样条曲线各向内偏移 1000，形成 1 米宽的休闲小径，如图 9-46 所示。

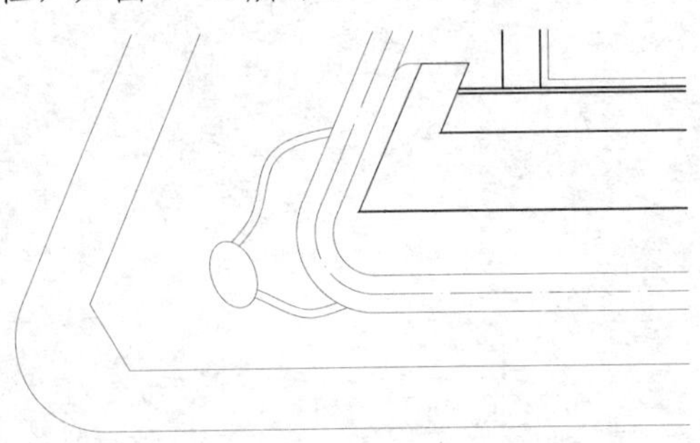

图 9-46 绘制的休闲小径

技巧：202 休闲凉亭的绘制

视频：技巧202-休闲凉亭的绘制.avi
案例：办公楼景观设计图.dwg

技巧概述：本实例主要讲解休闲凉亭的绘制方法，其操作过程如下。

步骤 01 在“图层”下拉列表中，选择“小品轮廓线”图层为当前图层。

步骤 02 执行“矩形”命令（REC），绘制 4200×4200 的矩形；再执行“偏移”命令（O），将矩形向内偏移 600，如图 9-47 所示绘制。

步骤 03 执行“直线”命令（L），连接对角点绘制斜线，如图 9-48 所示绘制。

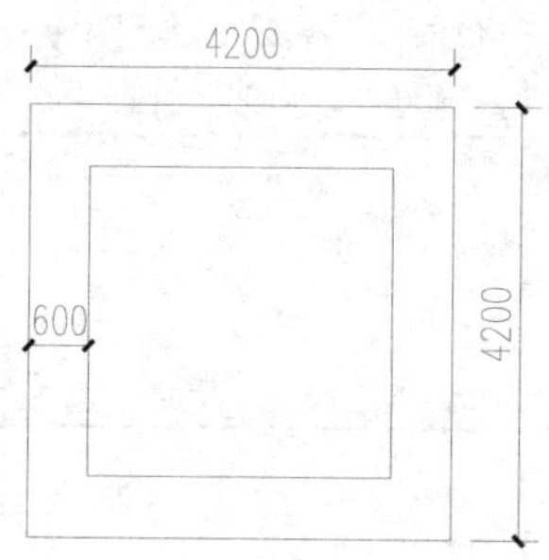

图 9-47　绘制矩形

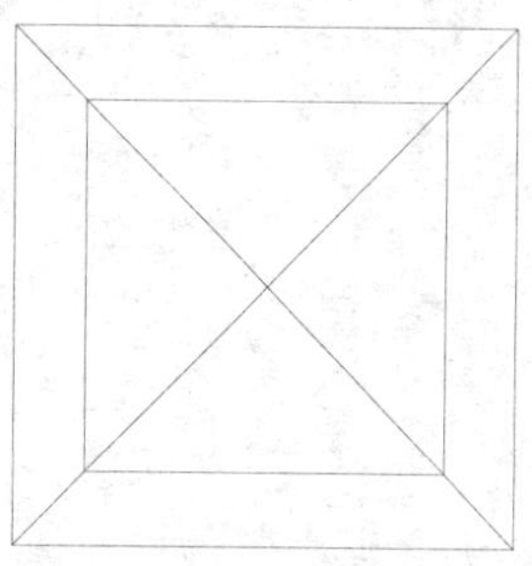

图 9-48　绘制对角线

步骤 04 执行“旋转”命令（RO），将图形旋转 27°，效果如图 9-49 所示。

步骤 05 执行“移动”命令（M），将亭子移动到休闲小径的椭圆轮廓线上；再执行“修剪”命令（TR），修剪多余的椭圆弧，效果如图 9-50 所示。

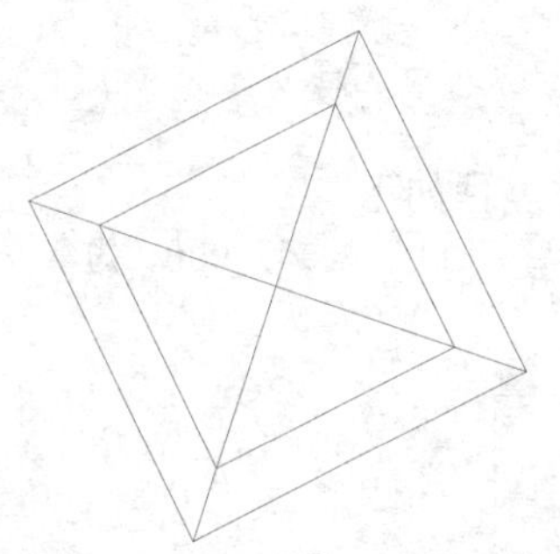

图 9-49　旋转图形

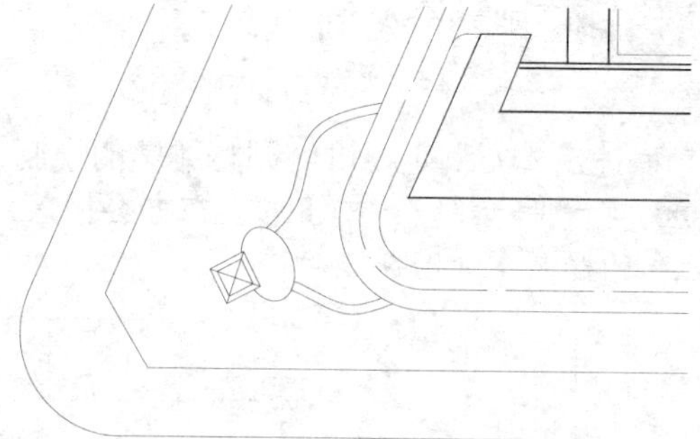

图 9-50　移动图形

技巧：203 景石的绘制

视频：技巧203-景石的绘制.avi
案例：办公楼景观设计图.dwg

技巧概述：本实例主要讲解园林中景石的绘制方法，其操作过程如下。

步骤 01 执行“多段线”命令（PL），如图 9-51 所示绘制出景石外部轮廓线。

步骤 02 再执行“多段线”命令（PL），在内部绘制出纹理线条，如图 9-52 所示。

步骤 03 执行“图案填充”命令（H），选择图案为“ANSI31”，设置比例为 10，角度为 60°，为内部的多段线进行填充，如图 9-53 所示。

图 9-51　绘制轮廓

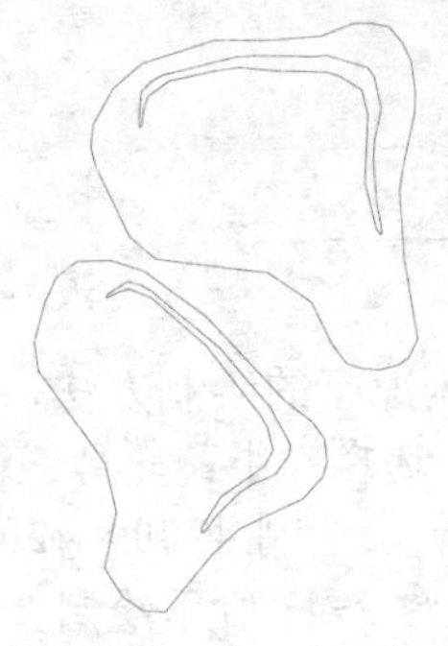
图 9-52　绘制纹理

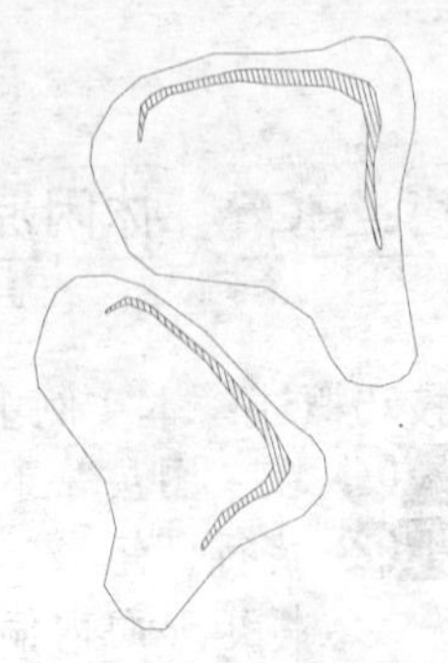
图 9-53　图案填充

步骤 04 执行“移动”命令（M），将绘制的景石移动到休闲凉亭处，如图 9-54 所示。

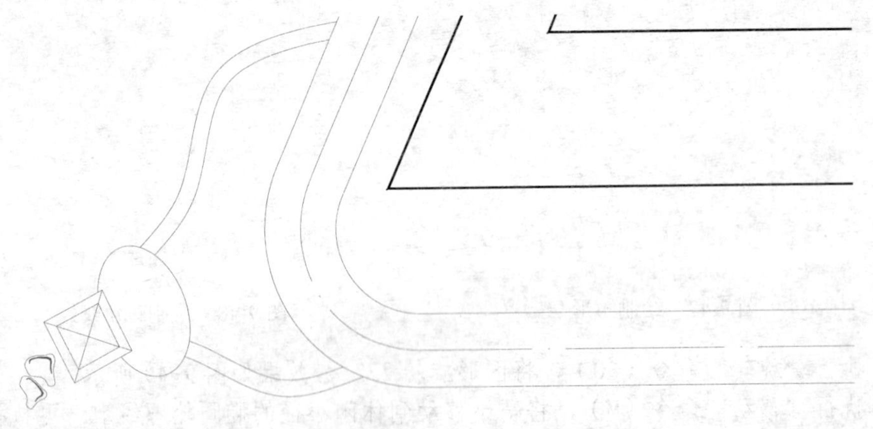
图 9-54　移动图形

技巧：204 雕塑的绘制

视频：技巧204-雕塑的绘制.avi
案例：办公楼景观设计图.dwg

技巧概述：本实例主要讲解园林雕塑的绘制方法，其操作过程如下。

步骤 01 执行“椭圆”命令（EL），在办公楼入口的正下方位置绘制长轴为 5000，短轴为 4000 的椭圆，如图 9-55 所示。

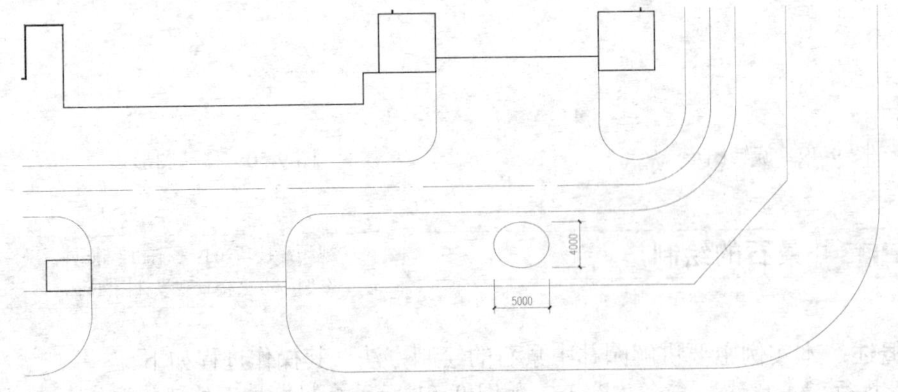

图 9-55　绘制椭圆

步骤 02 再执行“圆”命令（C），以椭圆圆心绘制半径 1500 的圆，形成雕塑效果如图 9-56 所示。

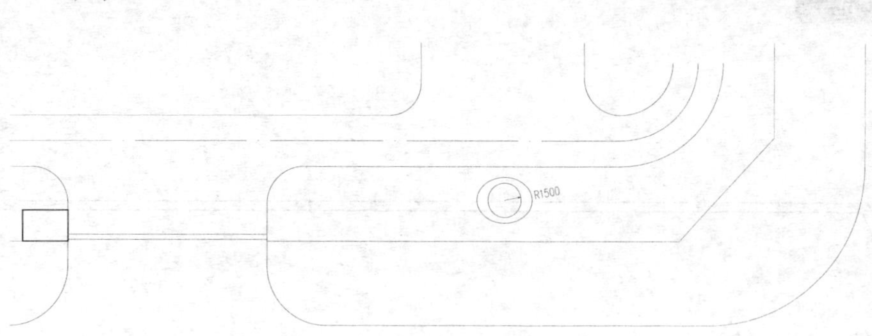

图 9-56　绘制圆

步骤 03 执行“样条曲线”命令（SPL），由椭圆向道路绘制两条样条曲线，且转换为“道路线”，图层如图 9-57 所示。

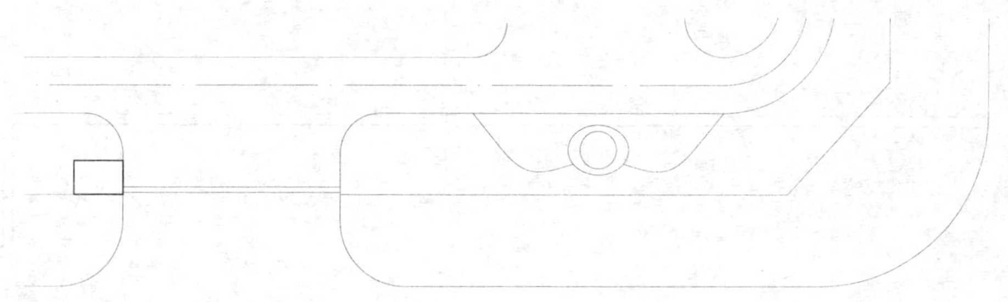

图 9-57　绘制样条曲线

技巧：205 地被植物的绘制

视频：技巧205-地被植物的绘制.avi
案例：办公楼景观设计图.dwg

技巧概述： 本实例主要讲解地被植物的绘制方法，其操作过程如下。

步骤 01 在“图层”下拉列表中，选择“绿化配景线”图层为当前图层。

步骤 02 执行“样条曲线”命令（SPL）和“复制”命令（CO），在检验中心大楼的上侧向上侧道路绘制样条曲线，以划分绿蓠种植区，如图 9-58 所示。

图 9-58　绘制绿化分隔线

步骤 03 执行“图案填充”命令（H），选择图案为“TRIANG”，设置比例为 50，在相应位置填充种植“杜鹃”图例，如图 9-59 所示。

步骤 04 重复填充命令，选择图案为“CROSS”，设置比例为 50，在相应位置填充种植“满天星”图例，如图 9-60 所示。

步骤 05 重复填充命令，选择图案为“STARS”，设置比例为 50，在相应位置填充种植“金边六月雪”图例，如图 9-61 所示。

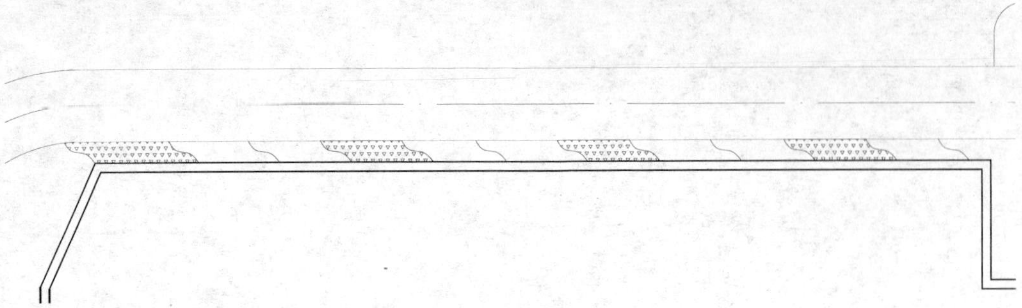

图 9-59　填充杜鹃图例

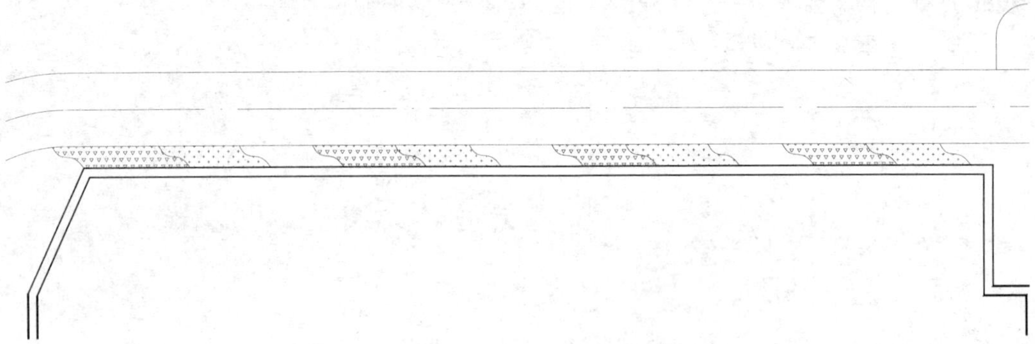

图 9-60　填充满天星图例

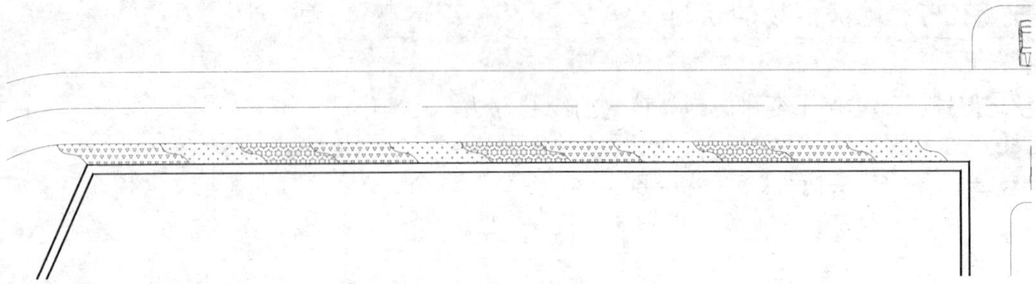

图 9-61　填充“金边六月雪”图例

步骤 06 再执行“图案填充”命令（H），选择图案为“GRASS”，设置比例为 50，角度为 45°，在检验中心大楼的花坛位置填充种植“麦冬”图例，如图 9-62 所示。

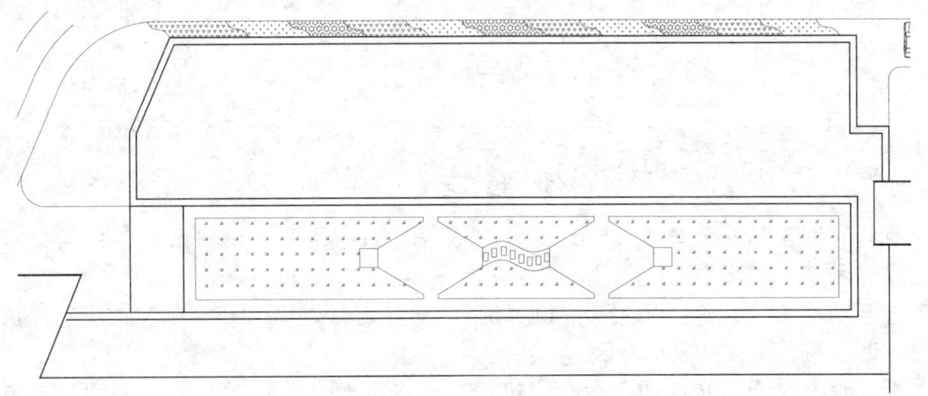

图 9-62　填充麦冬图例

步骤 07 重复填充命令，选择图案为“ZIGZAG”，设置比例为 50，角度为 15°，在花坛中青石板汀步周围填充种植“银丝草”图例，如图 9-63 所示。

步骤 08 执行“直线”命令（L）和“镜像”命令（MI），绘制出如图 9-64 所示四边相等的菱形。

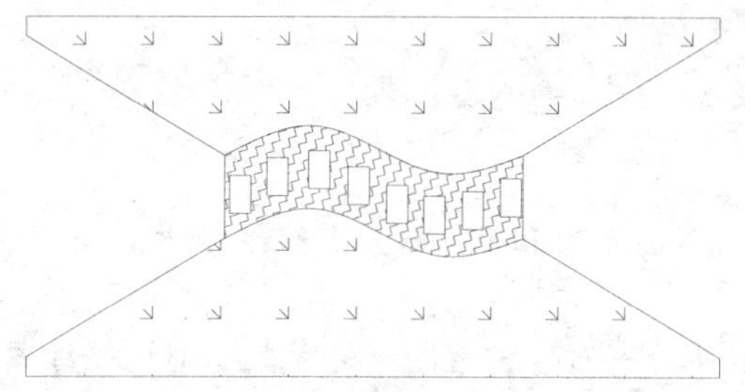

图 9-63　填充银丝草图例

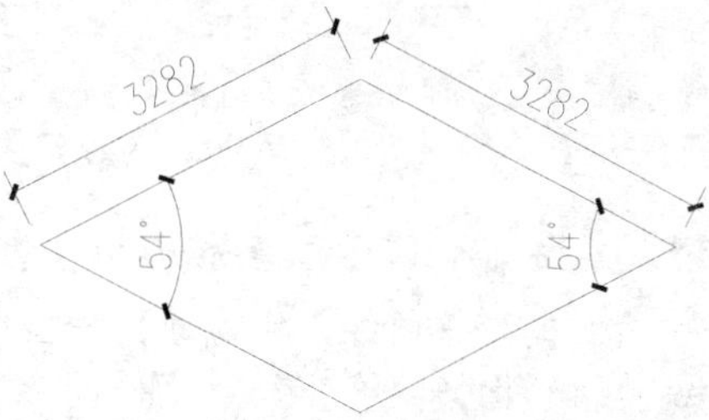

图 9-64　绘制菱形

步骤 09 执行“移动”命令（M）和“复制”命令（CO），将绘制的菱形布置到检验中心大楼的下侧，如图 9-65 所示。

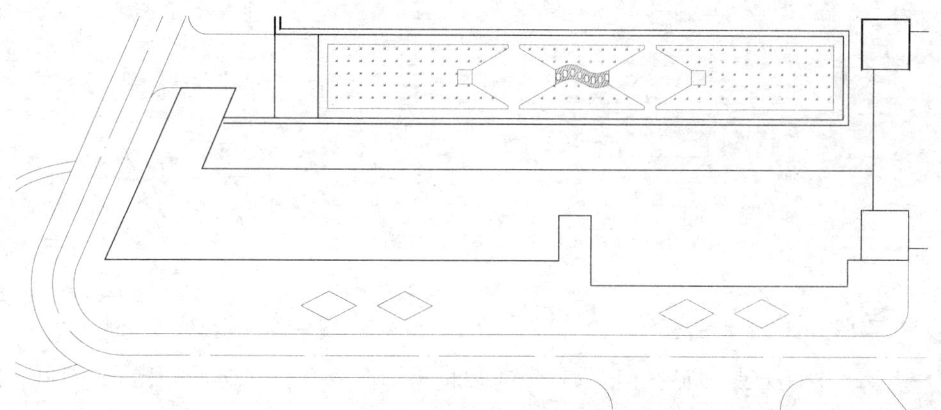

图 9-65　移动复制图形

步骤 10 执行“图案填充”命令（H），选择图案为“STARS”，设置比例为 50，在其中两个菱形中填充种植“金边六月雪”效果，如图 9-66 所示。

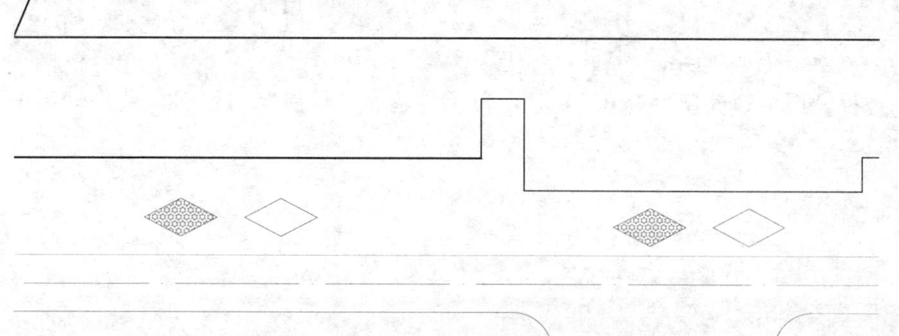

图 9-66　填充金边六月雪

步骤 11 重复“图案填充”命令（H），选择图案为“HOUND”，设置比例为 80，角度为 45°，在剩下两个菱形中填充种植“红花继木”效果，如图 9-67 所示。

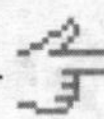
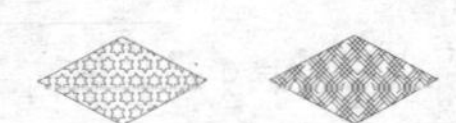
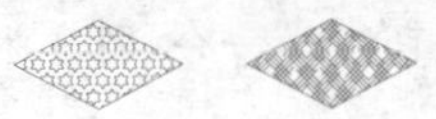

图 9-67 填充红花继木

步骤 12 执行“样条曲线”命令（SPL），在“实验室”和“休闲小径”之间绘制如图 9-68 所示的样条曲线，作为绿蓠种植区。

步骤 13 执行“图案填充”命令（H），参照前面填充对应种植图例的参数，对两个绿蓠区分别填充“满天星”和“杜鹃”的图例，效果如图 9-69 所示。

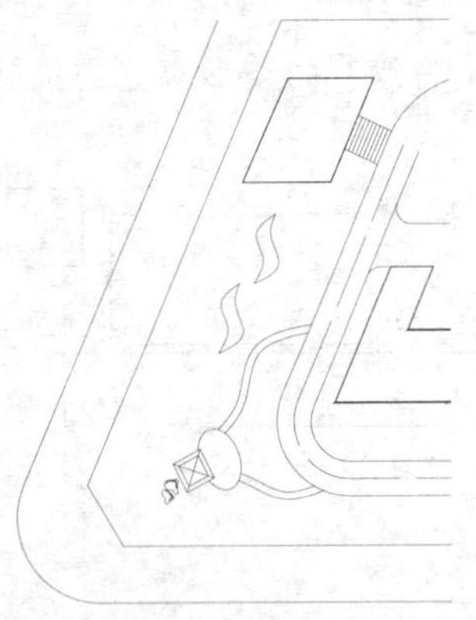

图 9-68 绘制绿蓠区

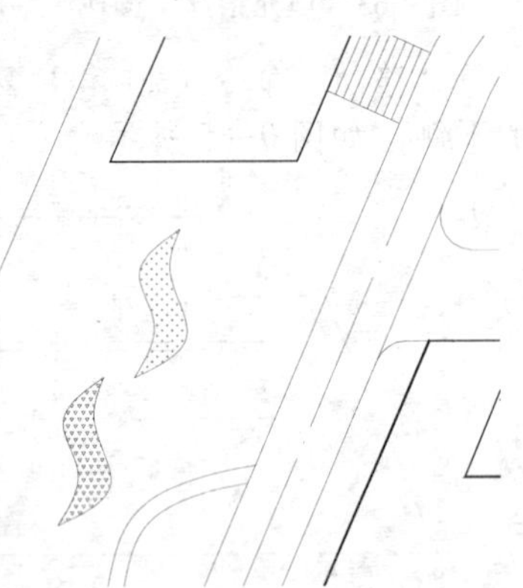

图 9-69 填充植物图例

步骤 14 执行“修订云线”命令（REVCLOUD），根据如下命令提示设置弧长均为 100，围绕景石绘制出云线作为绿蓠种植区，如图 9-70 所示。

```
命令: REVCLOUD                                          \\ 云线命令
最小弧长: 0    最大弧长: 0    样式: 普通
指定起点或 [弧长(A)/对象(O)/样式(S)] <对象>: A          \\ 选择“弧长”项
指定最小弧长: 100                                        \\ 输入最小弧长 100
指定最大弧长: 100                                        \\ 输入最大弧长 100
指定起点或 [弧长(A)/对象(O)/样式(S)] <对象>:             \\ 单击拖动以绘制云线
```

步骤 15 执行“图案填充”命令（H），对云线内填充“杜鹃”的图例，效果如图 9-71 所示。

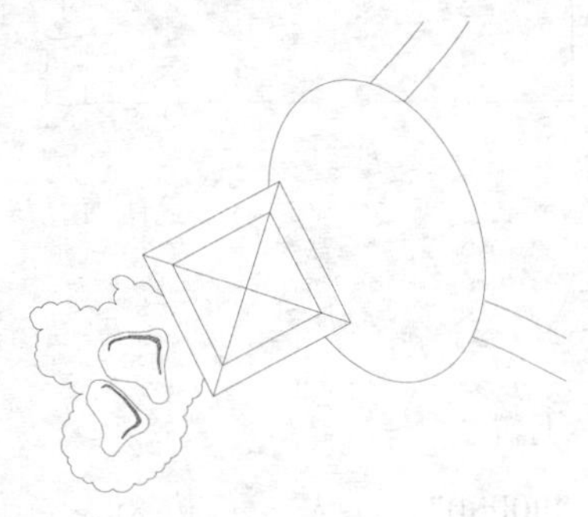

图 9-70 绘制云线

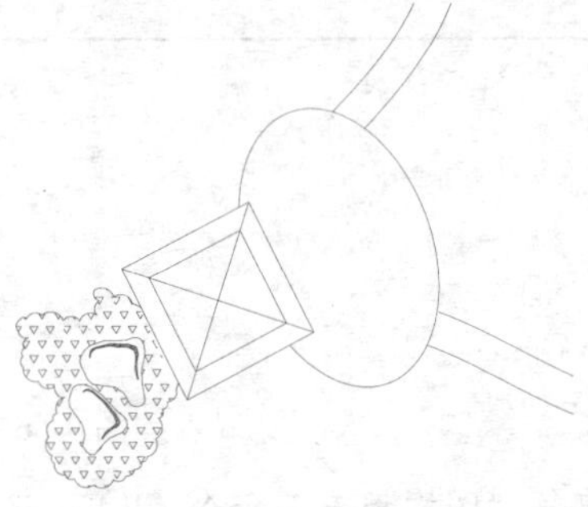

图 9-71 填充杜鹃图例

步骤 16 执行“图案填充”命令（H），选择图案为“AR-SAND”，设置比例为 50，在其他相应位置填充种植“草”效果，如图 9-72 所示。

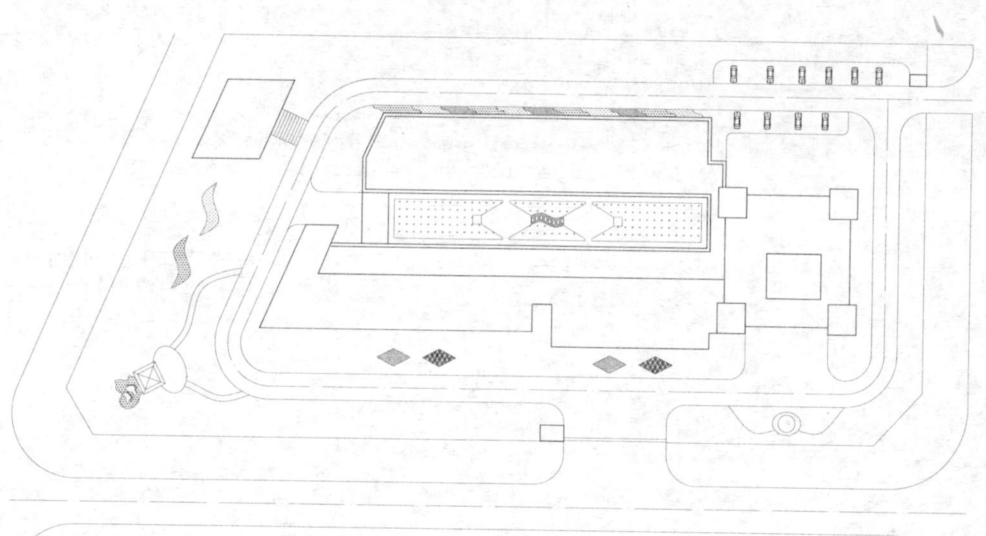

图 9-72　填充种植草图例

技巧：206 园林灯具的绘制

视频：技巧206-园林灯具的绘制.avi
案例：办公楼景观设计图.dwg

技巧概述： 本实例主要讲解园林灯具的绘制方法，其中包括“庭院灯”和“路灯”，其操作过程如下。

步骤 01 在“图层”下拉列表中，选择“小品轮廓线”图层为当前图层。

步骤 02 绘制“庭院灯”。执行“圆”命令（C），绘制半径为 120 和 200 的两个同心圆；再执行“直线”命令（L），过内圆绘制直径线，如图 9-73 所示。

步骤 03 绘制“路灯”。执行“椭圆”命令（EL），绘制长轴为 1021，短轴为 380 的椭圆；再执行“圆”命令（C），以椭圆圆心绘制半径 120 的圆；再执行“直线”命令（L），过圆绘制直径线，如图 9-74 所示。

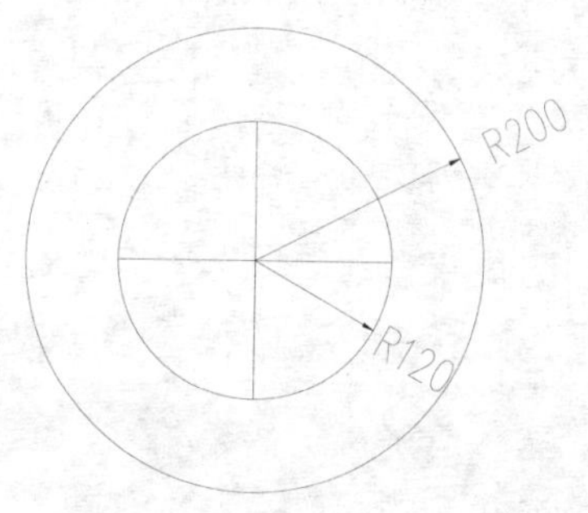

图 9-73　绘制庭院灯

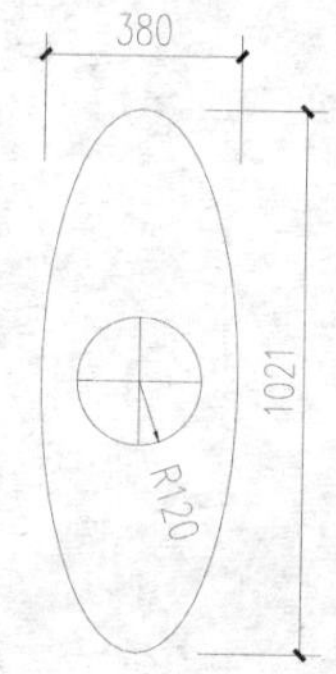

图 9-74　绘制路灯

步骤 04 执行“移动”命令（M）和“复制”命令（CO），将绘制的“庭院灯”和“路灯”围绕中间道路进行布置，效果如图 9-75 所示。

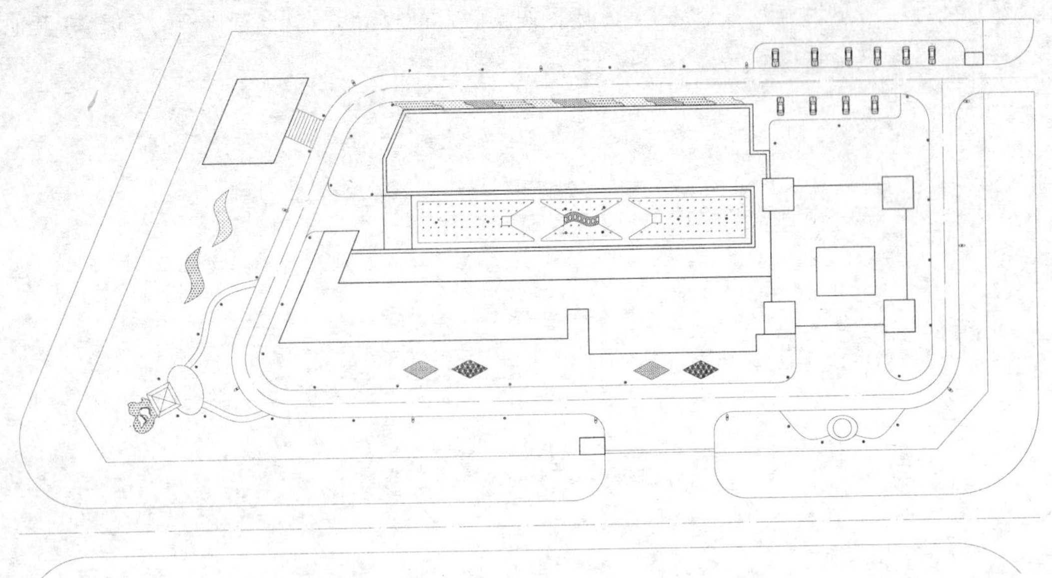

图 9-75　布置灯具效果

技巧提示 ★★★☆☆

由于图形范围比较大，布置的灯具无法很清楚地看到，读者可参照本书配套光盘“案件\09\办公楼景观图”结果文件来布置灯具。

技巧：207　乔灌木的绘制

视频：技巧207-乔灌木的绘制.avi
案例：办公楼景观设计图.dwg

技巧概述：本实例主要讲解为办公楼的相应区域配置植物，其操作过程如下。

步骤 01 在“图层”下拉列表中，选择“绿化配景线”图层为当前图层。

步骤 02 执行“插入块”命令（I），将“案例\09\植物图例.dwg”文件插入图形中，如图 9-76 所示。

图例	植物名称	图例	植物名称	图例	植物名称
	小叶榕		紫玉兰		丝兰
	蒲葵		龙爪槐		白兰花
	海桐球		假槟榔		雪松
	花叶姜		棕榈		红枫
	苏铁		银杏		茶花
	桂花		天竺桂		罗汉松

图 9-76　插入的图块

步骤 03 结合“移动”、“复制”、“缩放”等命令，根据本办公楼园林景观设计中植物种植数量需要，将植物表中各种植物布置到办公楼四周的相应位置，并根据需要对植物的大小进行缩放，布置后的效果如图 9-77 所示。

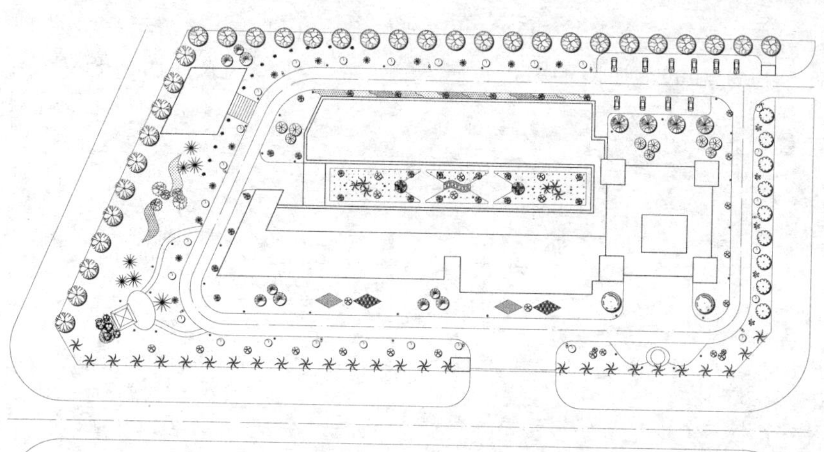

图 9-77　布置植物效果

技巧：208　景观图文字的标注

视频：技巧208-景观图文字的标注.avi
案例：办公楼景观设计图.dwg

技巧概述：本实例主要讲解对办公楼园林景观平面图进行相应的文字说明标注，其操作过程如下。

步骤 01 在“图层”下拉列表中，选择“文字标注”图层为当前图层。

步骤 02 执行“多段线”命令（PL），指定任意点为起点，设置起点宽度为 1600，终点宽度为 0，向上绘制长 1100 的多段线箭头符号，如图 9-78 所示。

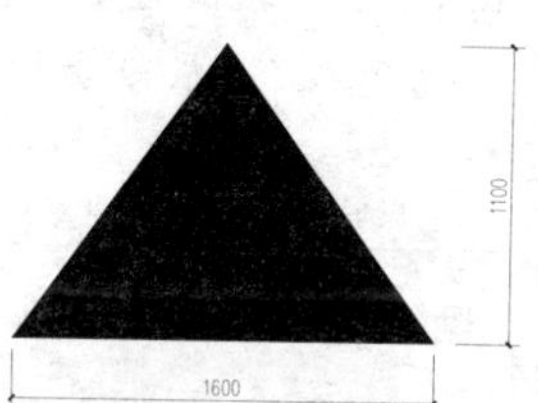

图 9-78　绘制箭头符号

步骤 03 通过“移动”、“复制”和“旋转”等命令，将箭头指引符号分别放置到各入口处，如图 9-79 所示。

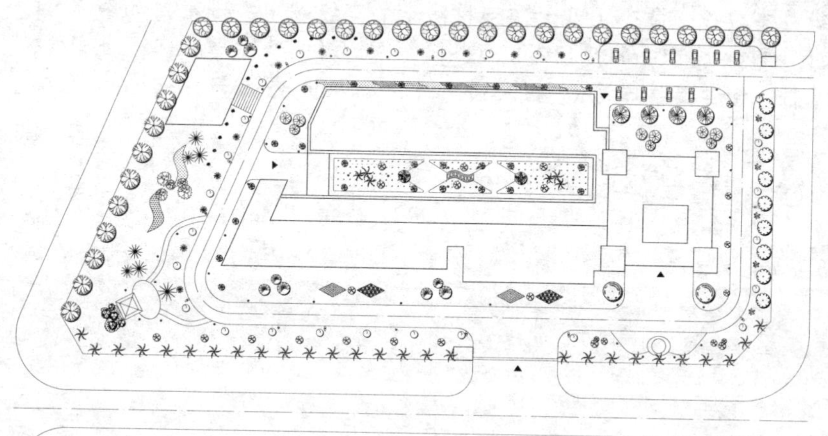

图 9-79　放置指引符号

步骤 04 执行“多行文字”命令（MT）和“引线”命令（LE），选择“图内说明”文字样式，设置字高为 2000，在图形相应位置进行文字标注，效果如图 9-80 所示。

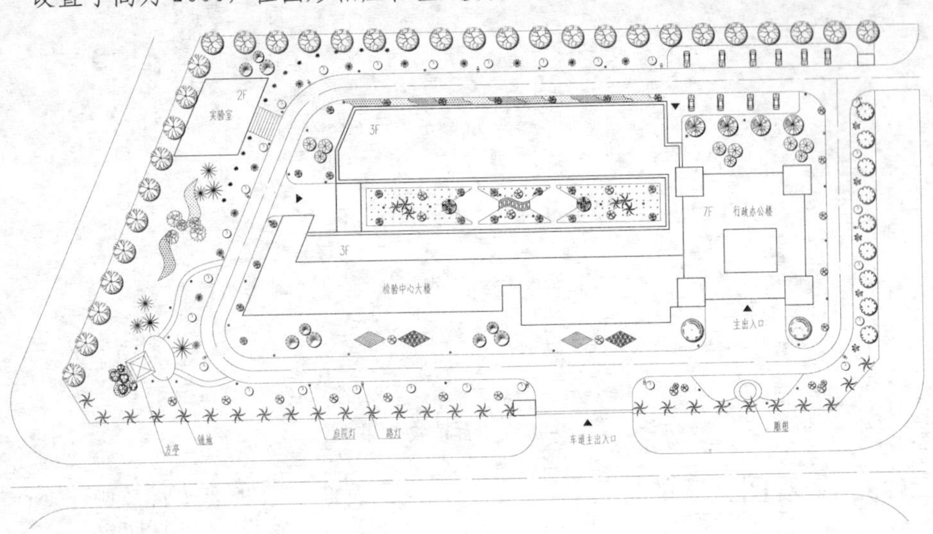

图 9-80　文字注释效果

技巧：209 指北针的绘制

视频：技巧209-指北针的绘制.avi
案例：办公楼景观设计图.dwg

技巧概述：本实例主要讲解指北针的绘制方法，其操作过程如下。

步骤 01 执行“图层特性管理”命令（LA），新建如图 9-81 所示的“指北针”图层，并设置为当前图层。

图 9-81　新建图层

步骤 02 执行“直线”命令（L），绘制水平长约为 4000，垂直长约为 12000 的两条互相垂直的线段，如图 9-82 所示。

步骤 03 执行“旋转”命令（RO），将垂直线段以交点为基点，复制旋转出多份；再调整线段的长度，效果如图 9-83 所示。

步骤 04 执行“多段线”命令（PL），连接线上的点绘制出多段线，如图 9-84 所示。

步骤 05 执行“多行文字”命令（MT），选择“图内说明”文字样式，设置字高为 2000，在指北针上侧注写文字“N”以代表北方，如图 9-85 所示。

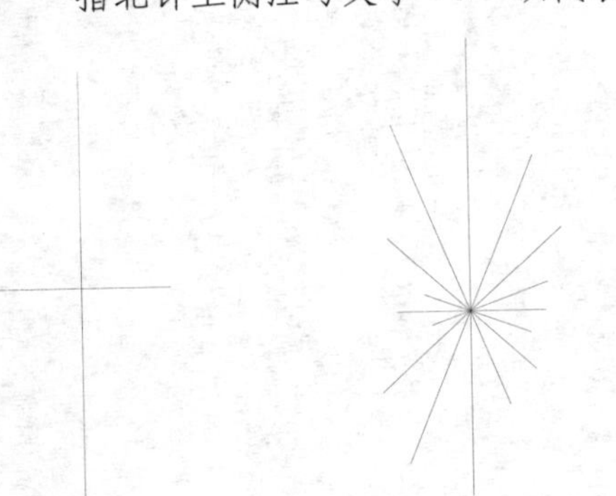

图 9-82　绘制线段　　图 9-83　复制旋转

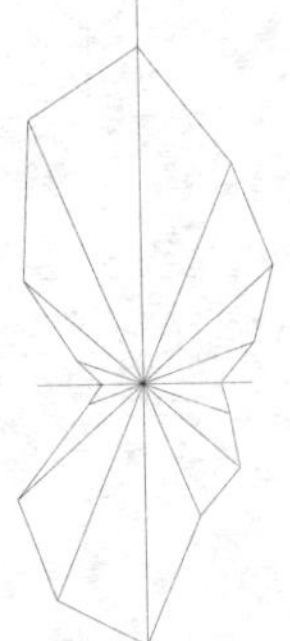

图 9-84　绘制多段线

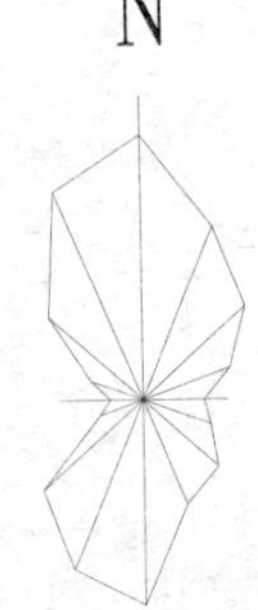

图 9-85　注写文字

技巧：210　完善花卉表

视频：技巧210-完善花卉表.avi
案例：办公楼景观设计图.dwg

技巧概述：在此园林景观平面图中有一些填充的图案以代表地被植物，为了使读者能够方便地识读这些地被植物，在这里将以表格的形式进行列出，其操作过程如下。

步骤 01 在“图层”下拉列表中，选择“文字标注”图层为当前图层。

步骤 02 执行“复制”命令（CO）和“延伸”命令（EX），在花卉表下侧复制出如图 9-86 所示表格。

步骤 03 执行“矩形”命令（REC）和“复制”命令（CO），在“图例”列的空白单元格中绘制 4880×2250 的矩形，如图 9-87 所示。

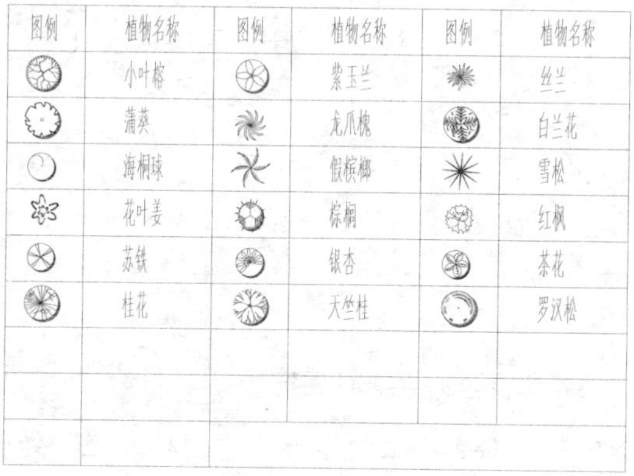

图例	植物名称	图例	植物名称	图例	植物名称
	小叶榕		紫玉兰		丝兰
	蒲葵		龙爪槐		白兰花
	海桐球		假槟榔		雪松
	花叶姜		棕榈		红枫
	苏铁		银杏		茶花
	桂花		天竺桂		罗汉松

图 9-86　复制表格

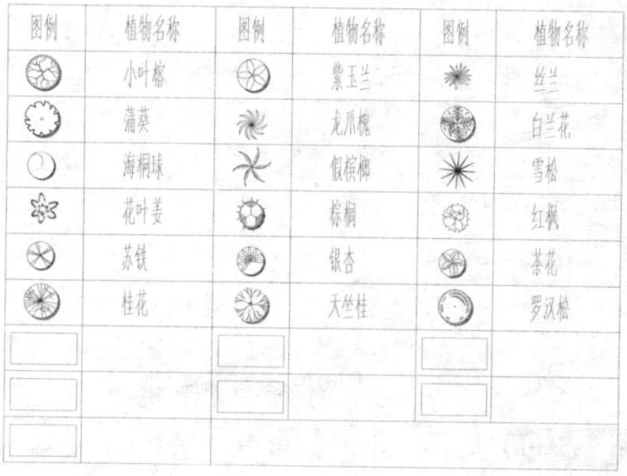

图例	植物名称	图例	植物名称	图例	植物名称
	小叶榕		紫玉兰		丝兰
	蒲葵		龙爪槐		白兰花
	海桐球		假槟榔		雪松
	花叶姜		棕榈		红枫
	苏铁		银杏		茶花
	桂花		天竺桂		罗汉松

图 9-87　绘制矩形

步骤 04 执行“图案填充”命令（H），根据前面各种地被植物的填充方法，分别对各个矩形进行填充，效果如图 9-88 所示。

步骤 05 执行“删除”命令（E），将矩形外框删除掉；再执行“复制”命令（CO），将植物名称复制到各个单元格内，并双击修改文字内容，效果如图 9-89 所示。

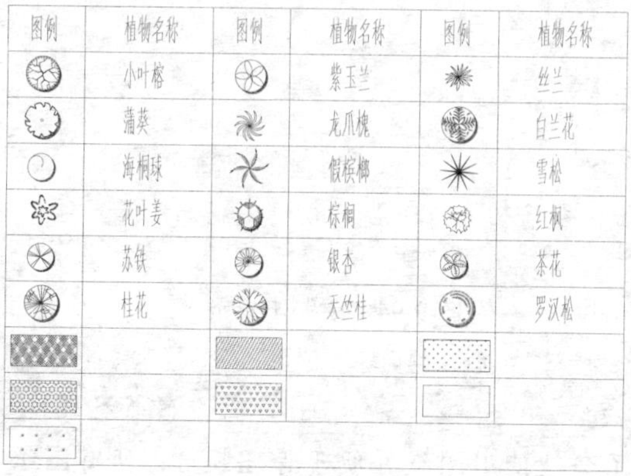

图例	植物名称	图例	植物名称	图例	植物名称
	小叶榕		紫玉兰		丝兰
	蒲葵		龙爪槐		白兰花
	海桐球		假槟榔		雪松
	花叶姜		棕榈		红枫
	苏铁		银杏		茶花
	桂花		天竺桂		罗汉松

图 9-88　填充图例

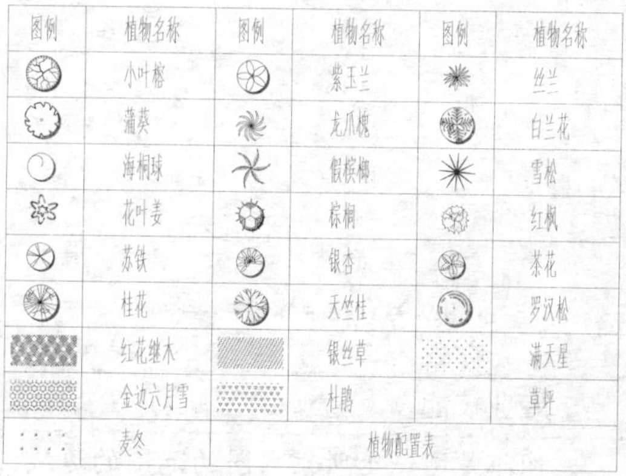

图例	植物名称	图例	植物名称	图例	植物名称
	小叶榕		紫玉兰		丝兰
	蒲葵		龙爪槐		白兰花
	海桐球		假槟榔		雪松
	花叶姜		棕榈		红枫
	苏铁		银杏		茶花
	桂花		天竺桂		罗汉松
	红花继木		银丝草		满天星
	金边六月雪		杜鹃		草坪
	麦冬	植物配置表			

图 9-89　文字注释

技巧：211　A3图框的绘制

视频：技巧211-A3图框的绘制.avi
案例：办公楼景观设计图.dwg

技巧概述：在此园林景观平面图中有一些填充的图案以代表地被植物，为了使读者能够方便地识读这些地被植物，在这里将以表格的形式进行列出，其操作过程如下。

技巧精选

步骤 01 执行“图层特性管理”命令（LA），新建如图 9-90 所示的“图框”图层，并设置为当前图层。

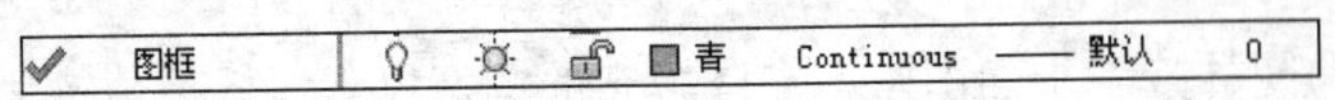

图 9-90 新建图层

步骤 02 执行“矩形”命令（REC），绘制一个 420×297 的矩形，作为 A3 图框的外轮廓，如图 9-91 所示。

步骤 03 执行“分解”命令（X），将矩形分解打散操作；再执行“偏移”命令（O），将矩形左侧垂直边向内偏移，再将矩形其他 3 条边分别向内偏移 10；再执行“修剪”命令（TR），修剪掉多余的线条，效果如图 9-92 所示。

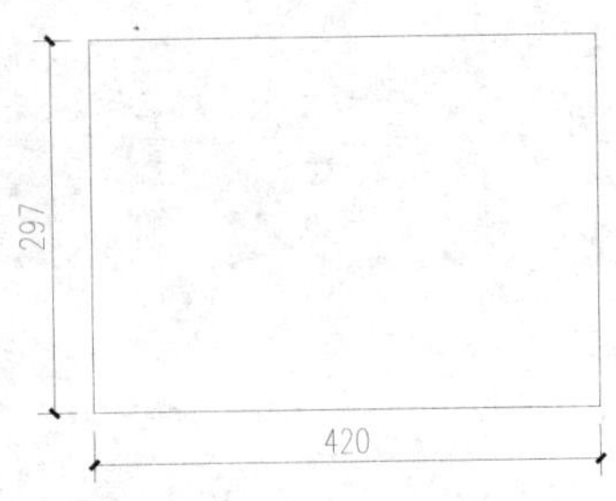

图 9-91 绘制矩形

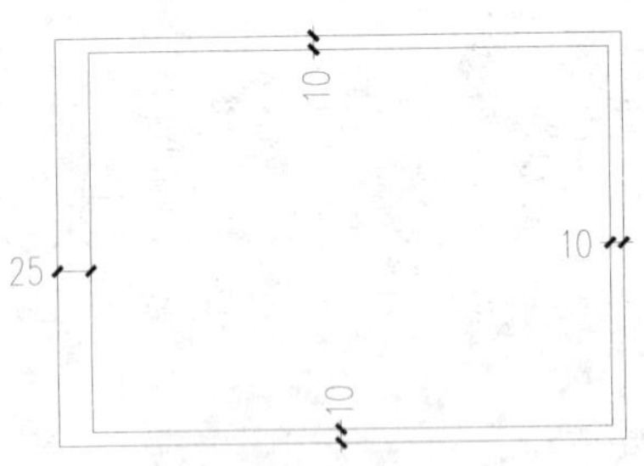

图 9-92 绘制的图框

步骤 04 执行“矩形”命令（REC），在右下侧绘制一个 189×41 的矩形作为“标题栏”外轮廓，如图 9-93 所示。

步骤 05 执行“分解”命令（X），将矩形分解掉；再执行“偏移”命令（O）和“修剪”命令（TR），绘制出如图 9-94 所示表格。

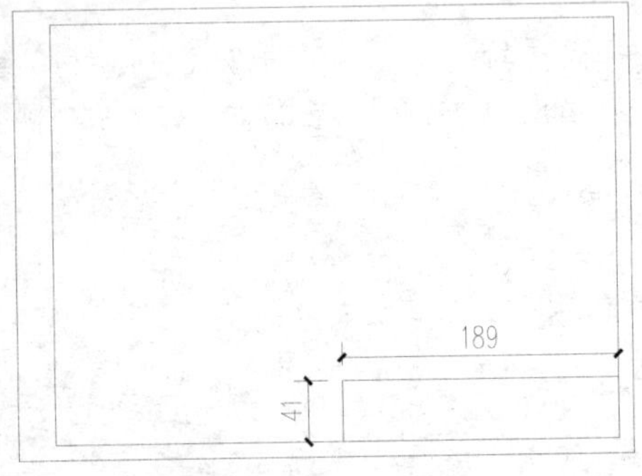

图 9-93 绘制标题栏

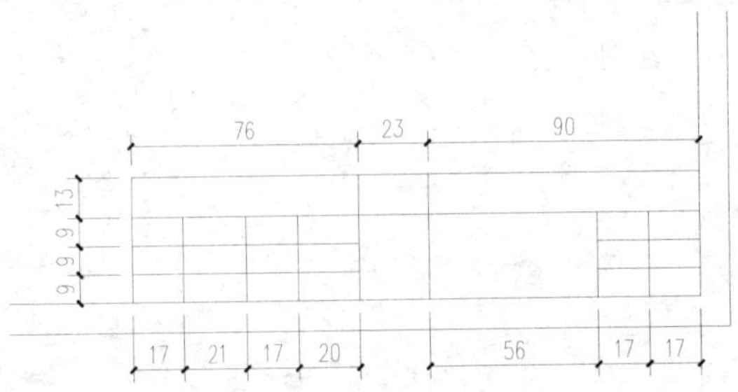

图 9-94 绘制出表格

专业技能 ★★★★☆

图框是图纸上所供画图的范围的边线，为了合理使用图纸并便于管理装订，所有图纸大小必须符合如表 9-1 所示的规定。

同一项工程的图纸不宜多于两种幅面。表中代号的意义如图 9-95 所示，其图纸分横式幅面和竖式幅面。

图纸以短边作为垂直边称为横式，以短边作为水平边称为竖式。一般 A0～A3 图纸宜横式使用；必要时，也可竖式使用。

表 9-1　幅面及图框尺寸　　　　单位：mm

图纸幅面尺寸代号	A0	A1	A2	A3	A4
B×L	841×1189	594×841	420×594	297×420	210×297
c	10			5	
a	25				

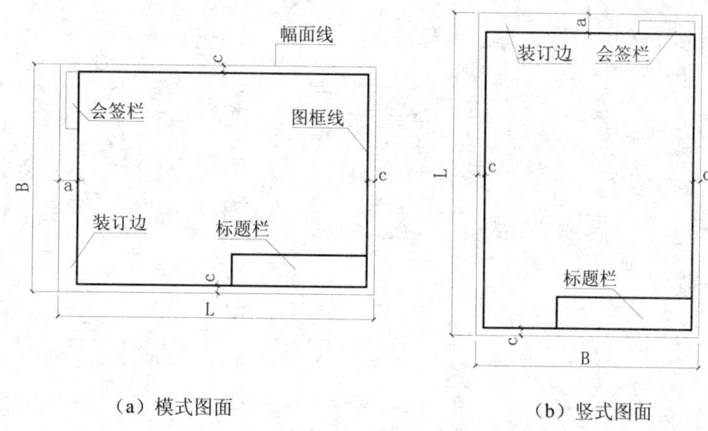

图 9-95　图幅格式

步骤 06 执行“多行文字”命令（MT），选择“图内说明”文字样式，设置字高为 7，在表格中输入相关文字内容，如图 9-96 所示。

				工程名称			
设计		审核		图 名	绿化景观总平面图	工号	
制图		日期				图别	
校对		比例				图号	

图 9-96　输入标题栏文字内容

步骤 07 执行“写块”命令（W），将绘制的 A3 标准图框，按照如图 9-97 所示步骤保存为外部图块以方便其他图形的使用。

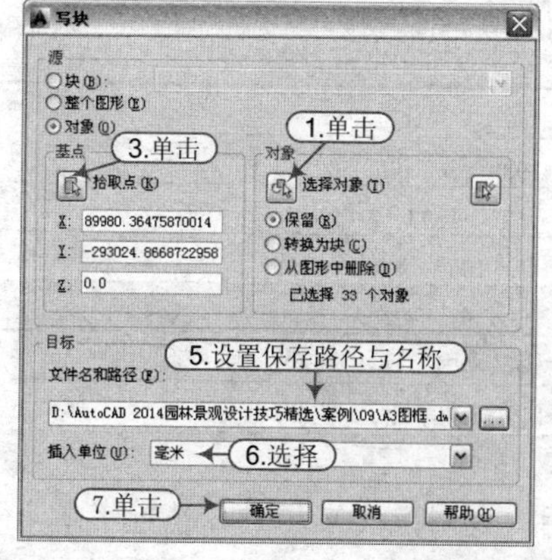

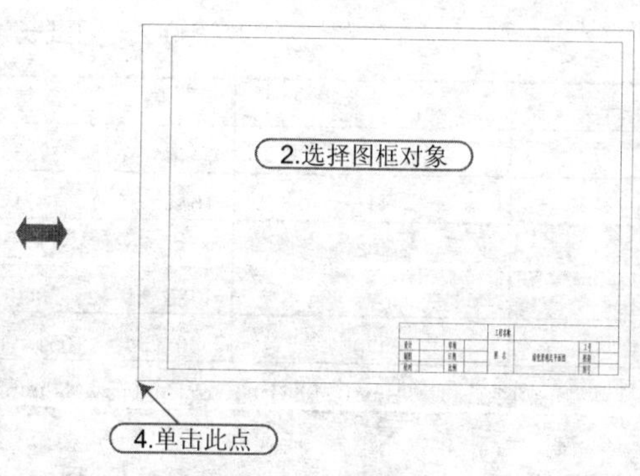

图 9-97　保存外部图块操作

步骤 08 执行“缩放”命令（SC），将图框对象放大500倍；再执行“移动”命令（M），将前面绘制的总平面图及相关图形移动到图框适当的位置，如图9-98所示。

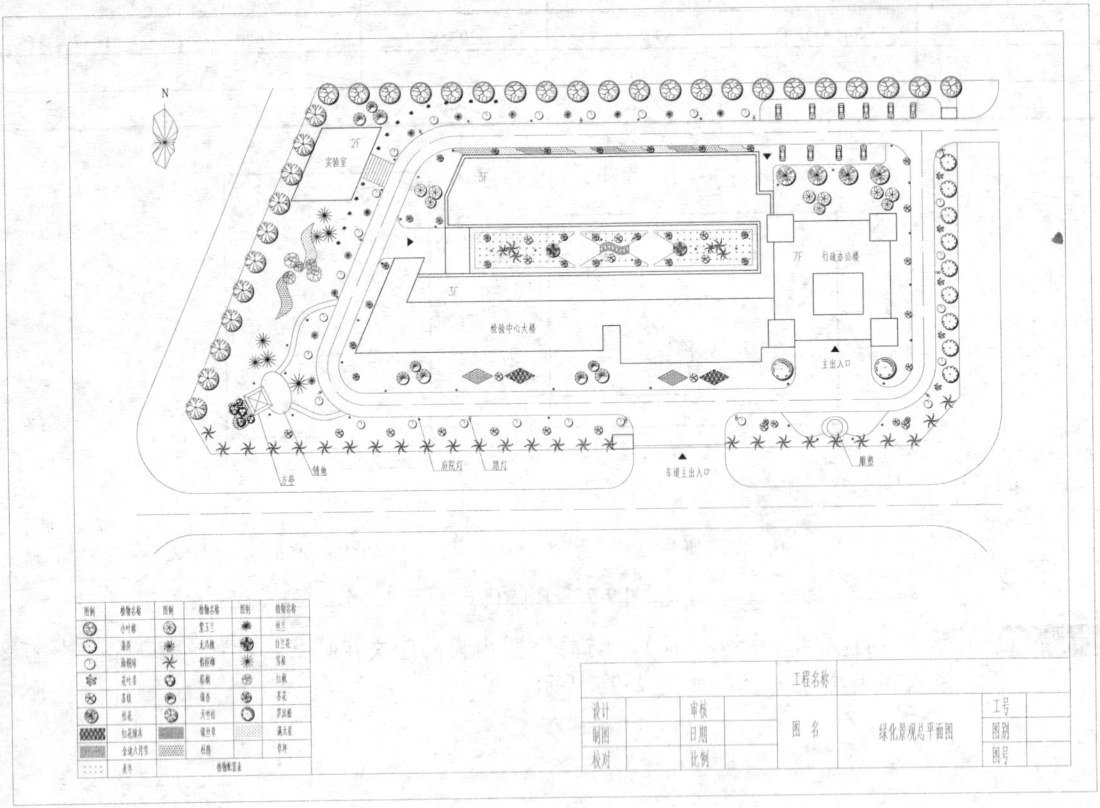

图 9-98　移动图形

专业技能 ★★★★☆

当图框长度不足以框住图形时，还可以将图框加长。图框的短边一般不应加长，长边可以加长，但加长的尺寸应符合国标规定，如表9-2所示。

表 9-2　图纸长边加长尺寸　　单位：mm

幅面尺寸	长边尺寸	长边加长后尺寸
A0	1189	1486　1635　1783　1932　2080　2230　2378
A1	841	1051　1261　1471　1682　1892　2102
A2	594	743　891　1041　1189　1338　1486　1635
A2	594	1783　1932　2080
A3	420	630　841　1051　1261　1471　1682　1892

注：有特殊需要的图纸，可采用b×l为841mm×891mm与1189mm×1261mm的幅面。

步骤 09 执行“多行文字”命令（MT），选择“图内说明”文字样式，设置字高为2000，在平面图下侧输入设计说明相关内容，如图9-99所示。

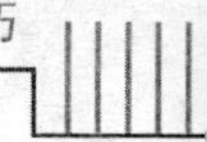

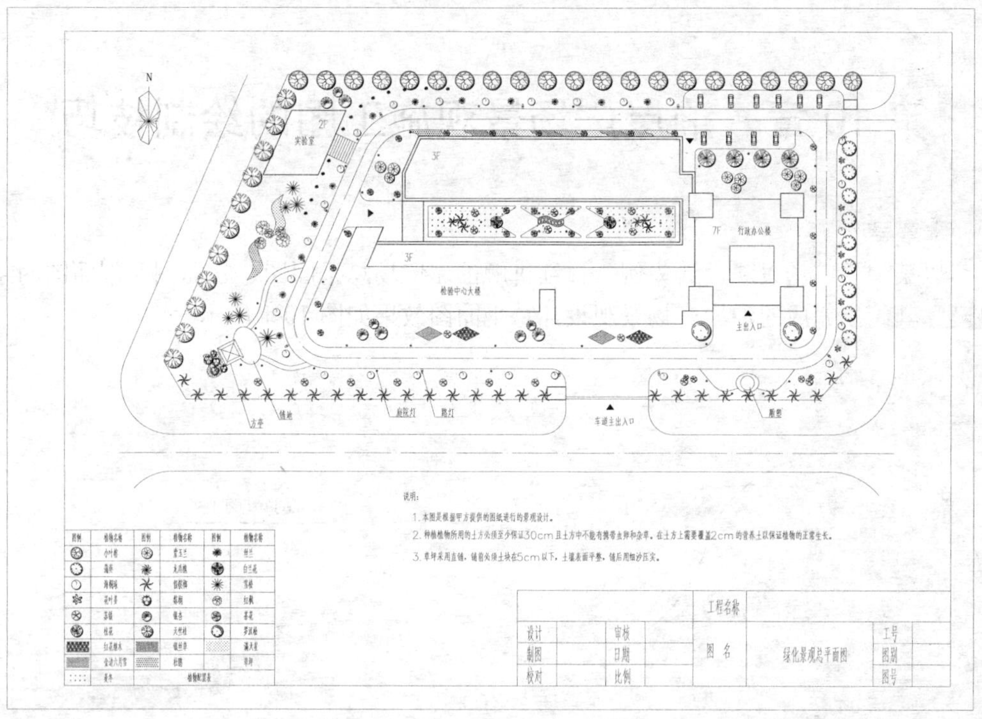

图 9-99　办公楼景观平面图效果

步骤 10 至此，办公楼景观设计总平面图已经绘制完成，按【Ctrl+S】组合键进行保存。

第 10 章　泊岸广场景观施工图的绘制技巧

● **本章导读**

本章以某泊岸广场景观设计为例，详细讲解泊岸广场总平面图、立面图及剖面图的绘制方法与技巧，其绘制完成的泊岸广场景观设计总平面图效果如图 10-1 所示。

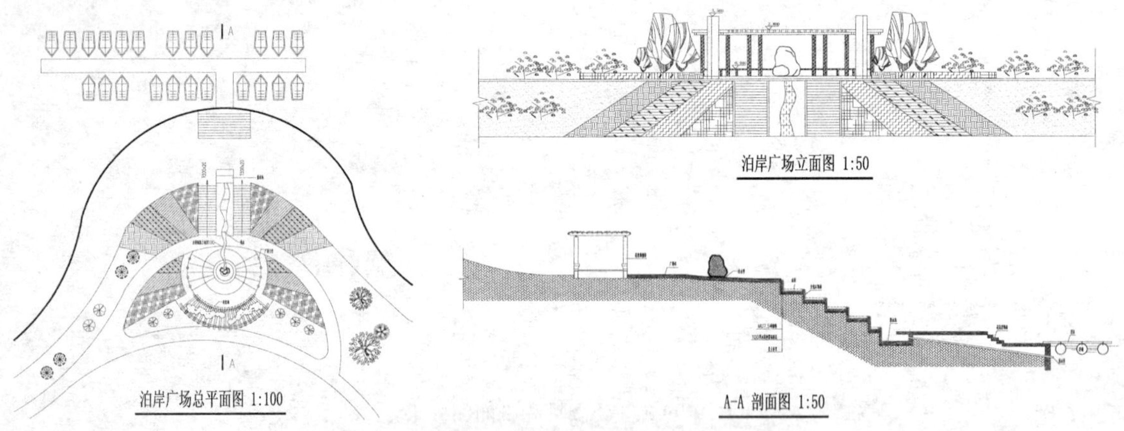

图 10-1　泊岸广场景观图效果

● **本章内容**

泊岸与船只的绘制	广场灌木的绘制	A-A 剖面图跌水台的绘制
泊岸广场台阶的绘制	泊岸广场总平面图的标注	剖面图停泊岸的绘制
广场轮廓的绘制	泊岸广场立面轮廓的绘制	剖面图广场平台的绘制
广场景观小品的绘制	立面花架的绘制	剖面图花架的绘制
广场植被的绘制	立面图绿化设施的布置	剖面图景石与给水管的绘制
花架长廊的绘制	泊岸广场立面图的标注	剖面图的标注

技巧：212　泊岸与船只的绘制

视频：技巧212-泊岸与船支的绘制.avi
案例：泊岸广场景观图.dwg

技巧概述：接下来通过多个实例的讲解，主要讲解泊岸广场总平面图的绘制过程及技巧，其绘制的泊岸广场总平面图效果如图 10-2 所示。

本实例主要讲解泊岸与船只的绘制过程及技巧，具体操作如下。

步骤 01 正常启动 AutoCAD 2014 软件，在“快速访问”工具栏中，单击“打开”按钮，将本书配套光盘“案例\10\广场平面图.dwg”文件打开，如图 10-3 所示。

步骤 02 再单击“另存为”按钮，将文件另存为“案例\10\泊岸广场景观施工图.dwg”文件。

步骤 03 在“图层”下拉列表中，选择“道路线”图层为当前图层。

步骤 04 执行“直线”命令（L），捕捉上端圆弧的象限点绘制水平和垂直的辅助线段，如图 10-4 所示。

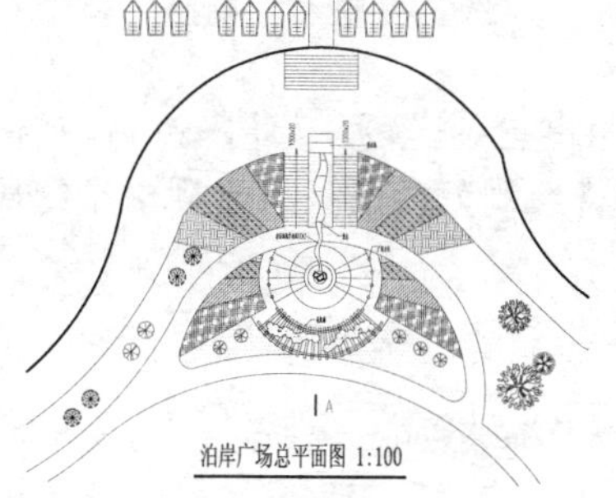

图 10-2　总平面图效果

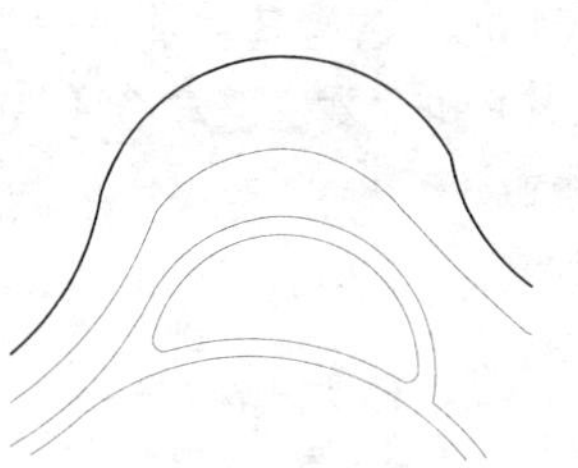

图 10-3　打开的图形

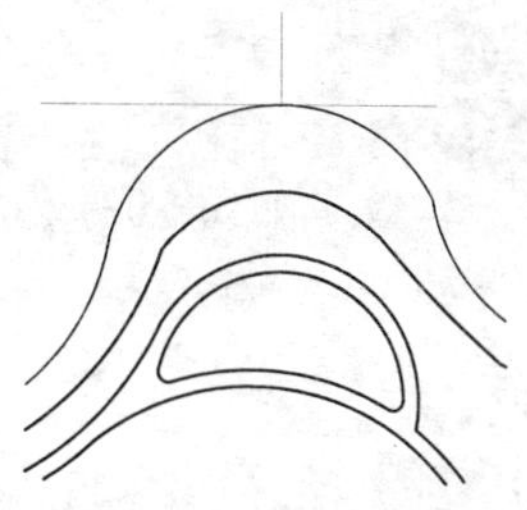

图 10-4　绘制线段

步骤 05 执行“偏移”命令（O），将垂直线段向左依次偏移 1000 和 19672，再向右依次偏移 1000 和 8328；再将水平线段向上依次偏移 3930 和 1500，如图 10-5 所示。

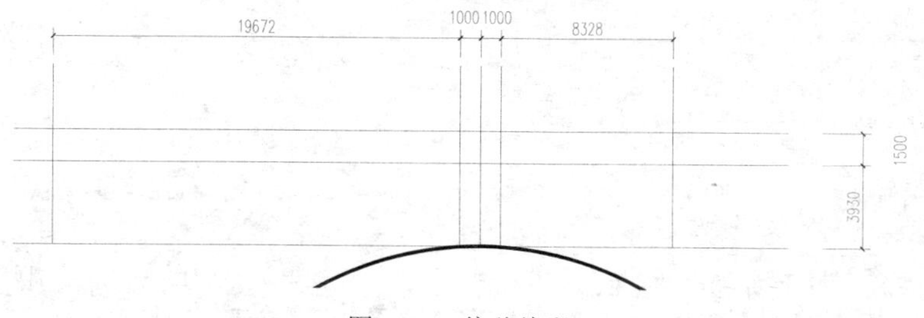

图 10-5　偏移线段

步骤 06 执行“修剪”命令（TR），修剪多余的线条，效果如图 10-6 所示。

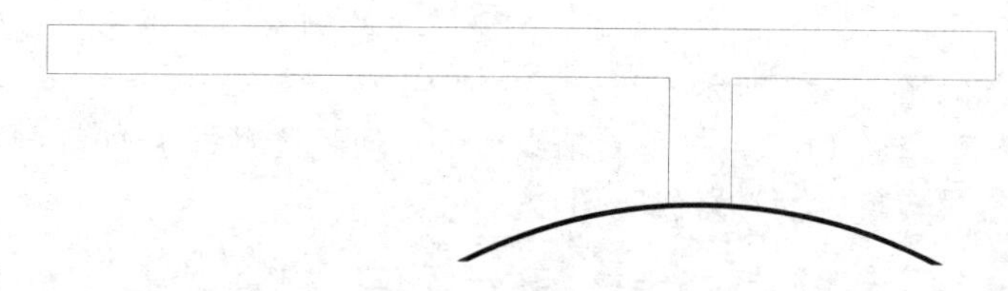

图 10-6　修剪线条效果

步骤 07 在“图层”下拉列表中，选择“小品轮廓线”图层为当前图层。

步骤 08 绘制“船支”，执行“直线”命令（L），绘制水平和垂直的线段；再执行“偏移”命令（O），将线段如图 10-7 所示进行偏移。

步骤 09 执行“直线”命令（L），连接角点绘制斜线，如图 10-8 所示。

步骤 10 执行“修剪”命令（TR），修剪掉多余的线条，效果如图 10-9 所示。

图 10-7　绘制线段

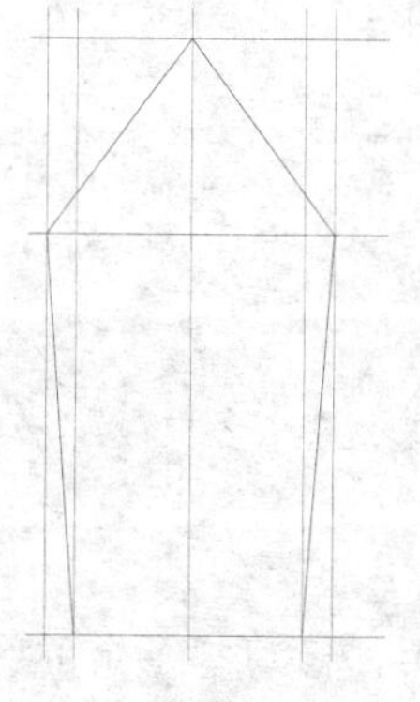

图 10-8　绘制斜线

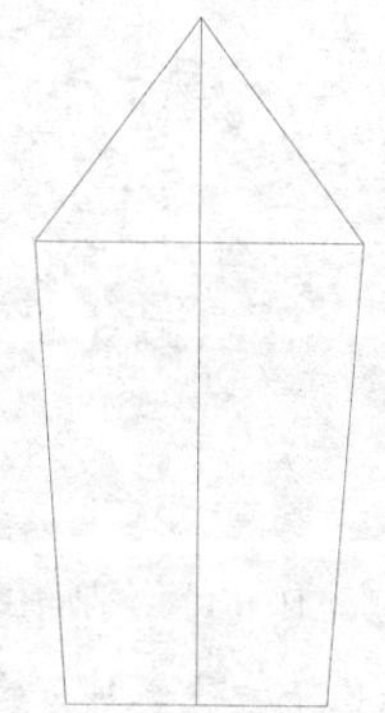

图 10-9　修剪效果

步骤 11 执行“合并”命令（J），将外轮廓线合并成为一条多段线。再执行“偏移”命令（O），将多段线向外偏移 98，如图 10-10 所示。

步骤 12 执行“直线”命令（L），在船只内适当位置绘制出三条线段，如图 10-11 所示。

步骤 13 执行“移动”命令（M）和“复制”命令（CO），将绘制好的船只布置到泊岸的周围，效果如图 10-12 所示。

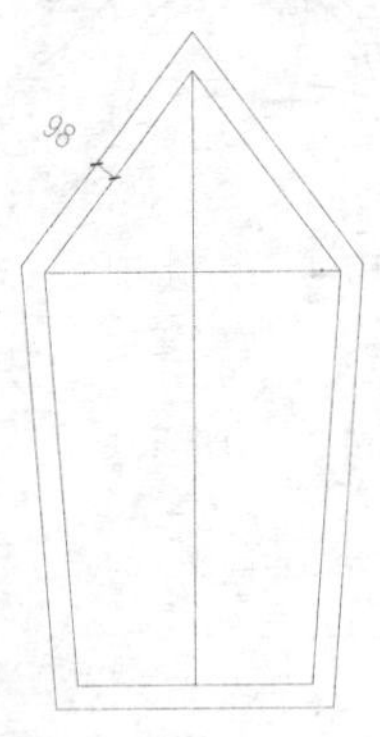

图 10-10 偏移轮廓线

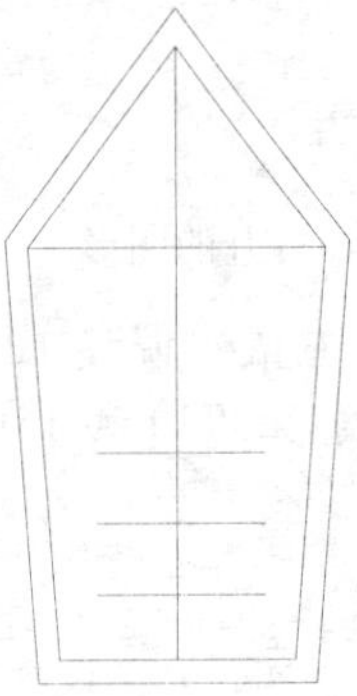

图 10-11 绘制线段

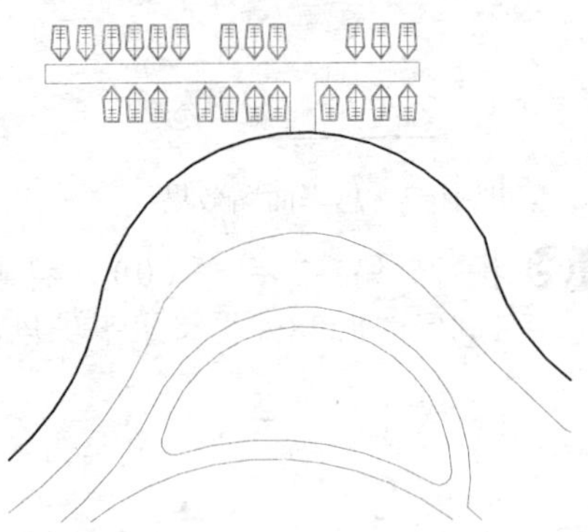

图 10-12 复制船只

技巧：213 泊岸广场台阶绘制

视频：技巧213-泊岸广场台阶的绘制.avi
案例：泊岸广场景观图.dwg

技巧概述：本实例主要讲解泊岸广场台阶的绘制过程及技巧，具体操作如下。

步骤 01 执行“直线”命令（L），由上侧圆弧的象限点绘制水平和垂直的线段；且转换为“轴线”图层，如图 10-13 所示。

步骤 02 执行“偏移”命令（O），将垂直轴线和水平轴线按照如图 10-14 所示进行偏移；且将偏移的线段转换为“道路线”图层。

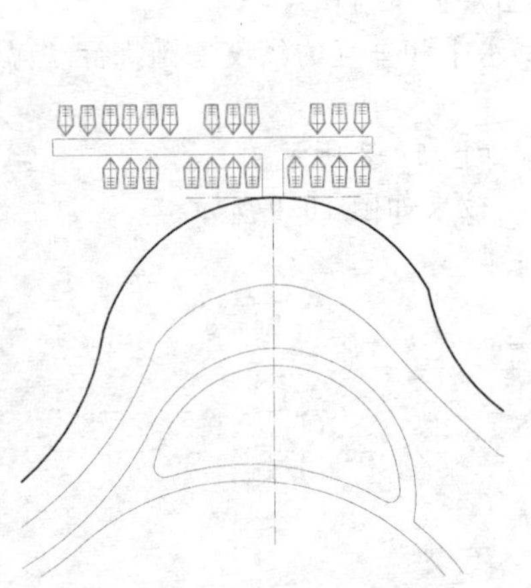

图 10-13 绘制轴线

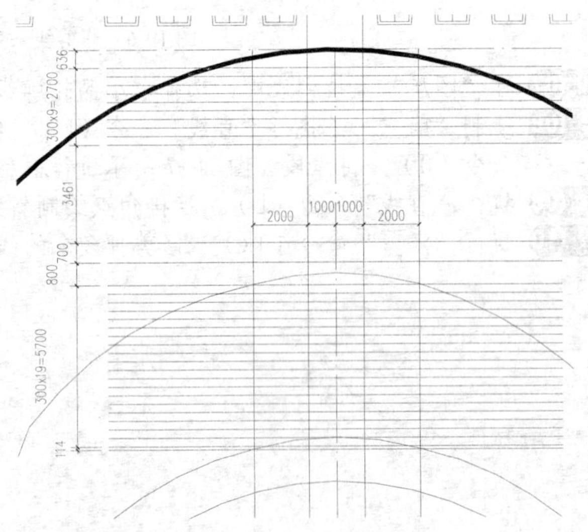

图 10-14 偏移线段

步骤 03 执行“修剪”命令（TR），修剪掉多余的线条以形成道路及台阶效果，如图 10-15 所示。

技巧：214　广场轮廓的绘制

视频：技巧214-广场轮廓的绘制.avi
案例：泊岸广场景观图.dwg

技巧概述：本实例主要讲解泊岸广场主要轮廓的绘制过程，具体操作如下。

步骤 01 执行“偏移”命令（O），将水平轴线向下偏移 18062，如图 10-16 所示。

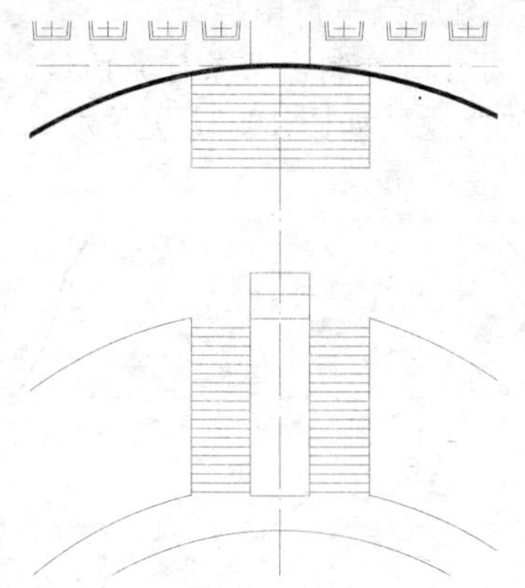

图 10-15　绘制的台阶效果

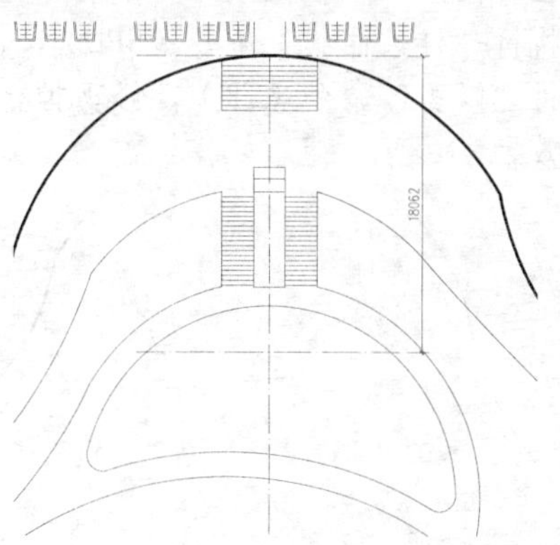

图 10-16　偏移轴线

步骤 02 执行“圆”命令（C），以下侧轴线交点为圆心，分别绘制半径为 500、1000、1300、2500、4234、5000、6434 的 7 个同心圆，如图 10-17 所示。

步骤 03 执行“修剪”命令（TR），修剪掉多余的圆弧，效果如图 10-18 所示。

图 10-17　绘制同心圆　　图 10-18　修剪圆

步骤 04 执行“旋转”命令（RO），将水平轴线分别旋转复制 29° 和-29°，并转换为“道路线”图层；再通过相应的延伸和修剪操作，效果如图 10-19 所示。

步骤 05 执行“删除”命令（E），将轴线图形删除掉；再执行“旋转”命令（RO），将上步绘制的两条斜线段分别以 14° 的角旋转复制出 6 份，效果如图 10-20 所示。

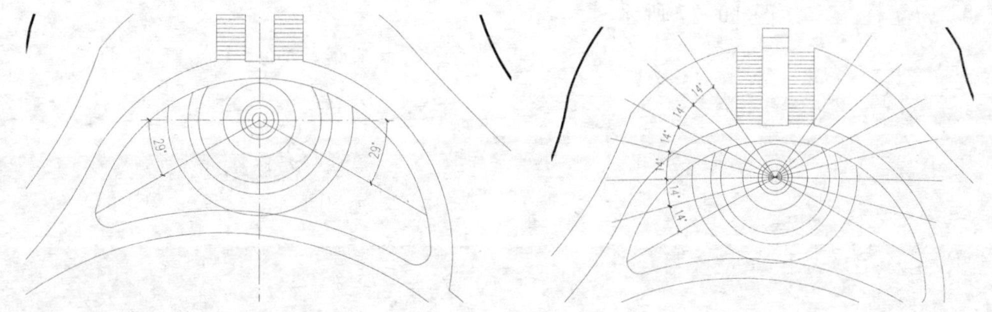

图 10-19　旋转复制线段 1　　图 10-20　旋转复制线段 2

步骤 06 执行“修剪”命令（TR），修剪掉多余的线条，效果如图 10-21 所示。

技巧：215 广场景观小品的绘制

视频：技巧215-景观小品的绘制.avi
案例：泊岸广场景观图.dwg

技巧概述：本实例主要讲解泊岸广场各种景观小品的绘制过程，具体操作如下。

步骤 01 在“图层”下拉列表中，选择“小品轮廓线”图层为当前图层。

步骤 02 执行“样条曲线”命令（SPL），由广场中心向台阶绘制出两条样条曲线；再通过执行“修剪”命令（TR），修剪掉样条曲线内的线段，如图 10-22 所示形成“水帘池”效果。

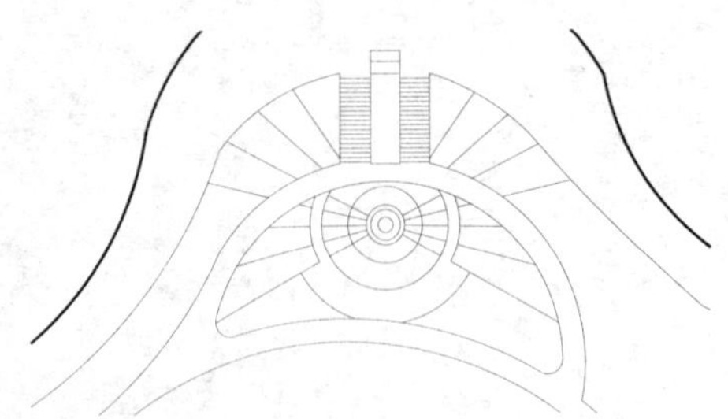

图 10-21　绘制广场轮廓　　图 10-22　绘制水帘池

步骤 03 执行“直线”命令（L），在样条曲线内绘制多条水平线，以表示“跌水台”轮廓，如图 10-23 所示。

步骤 04 执行“多段线”命令（PL），设置全局宽度为 50，绘制出如图 10-24 所示的图形表示景石。

步骤 05 执行“旋转”命令（RO），将景石旋转复制出一份，如图 10-25 所示。

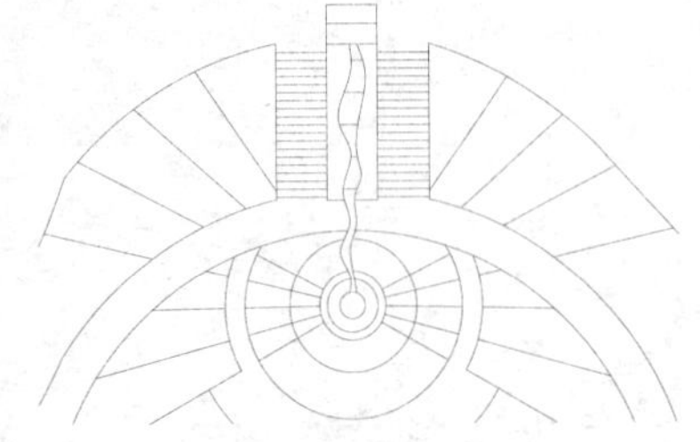

图 10-23　绘制线段

图 10-24　绘制景石

图 10-25　复制景石

步骤 06 执行“移动”命令（M），将景石移动到广场中心圆心位置，如图 10-26 所示。

步骤 07 执行“旋转”命令（RO），将斜线旋转复制 7°，且转换为“轴线”图层，以形成两斜线的中间分隔线；再执行“圆”命令（C），在交点上绘制半径 120 的圆作为“广场立柱”，如图 10-27 所示。

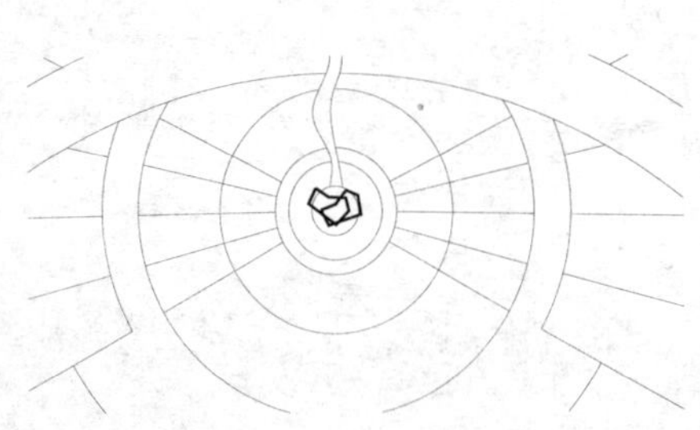

图 10-26　移动景石

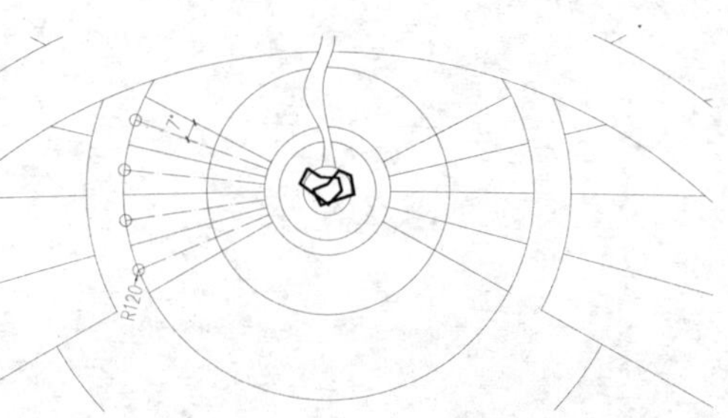

图 10-27　绘制广场立柱

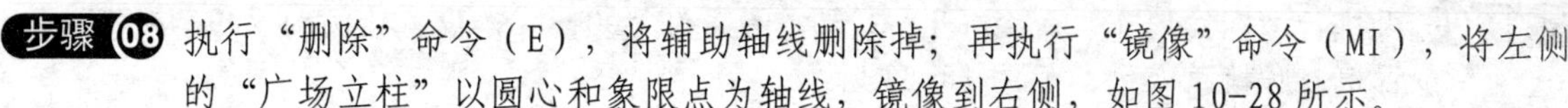

步骤 08 执行“删除”命令（E），将辅助轴线删除掉；再执行“镜像”命令（MI），将左侧的“广场立柱”以圆心和象限点为轴线，镜像到右侧，如图 10-28 所示。

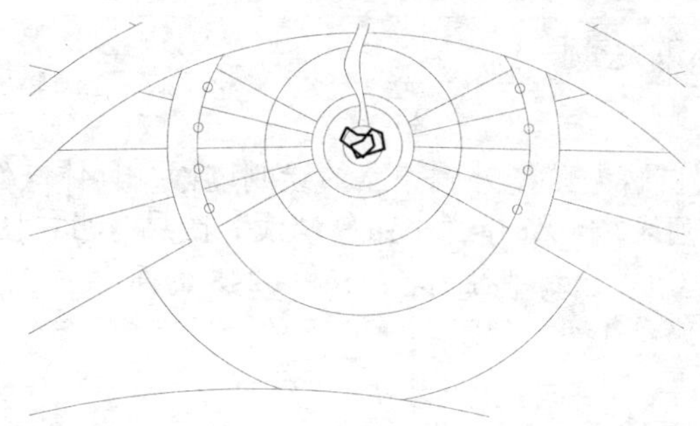

图 10-28　镜像立柱

技巧：216　广场植被的绘制

视频：技巧216-广场植被的绘制.avi
案例：泊岸广场景观图.dwg

技巧概述：本实例主要讲解泊岸广场植被的绘制过程，具体操作如下。

步骤 01 在“图层”下拉列表中，选择“填充线”图层为当前图层。

步骤 02 执行“图案填充”命令（H），选择图案为“HOUND”，设置比例为 100，在相应区域填充花卉“绿蓠”图例，如图 10-29 所示。

步骤 03 继续填充命令，选择图案为“ZIGZAG”，设置比例为 100，在相应区域填充不同种类的花卉“绿蓠”图例，如图 10-30 所示。

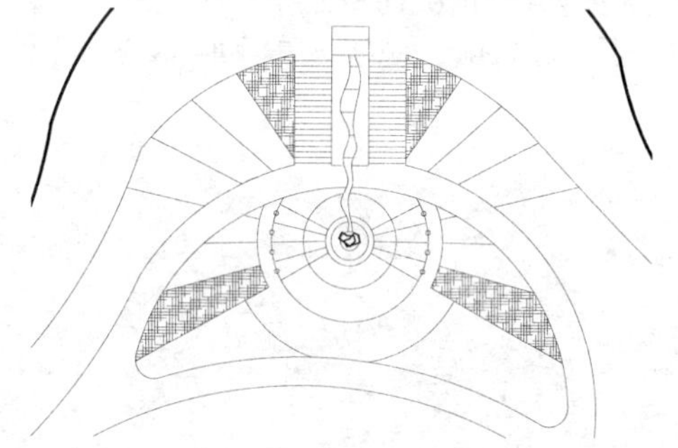

图 10-29　填充花卉图例 1

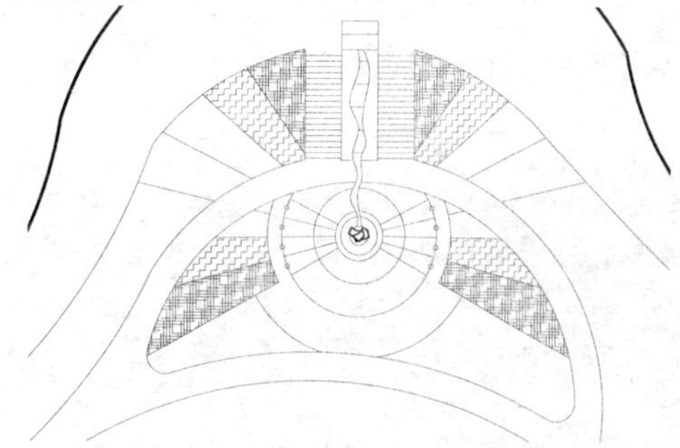

图 10-30　填充花卉图例 2

步骤 04 继续填充命令，选择图案为“CORK”，设置比例为 100，在相应区域填充不同种类的花卉“绿蓠”图例，如图 10-31 所示。

步骤 05 继续填充命令，选择图案为“EARTH”，设置比例为 100，在相应区域填充不同种类的花卉“绿蓠”图例，如图 10-32 所示。

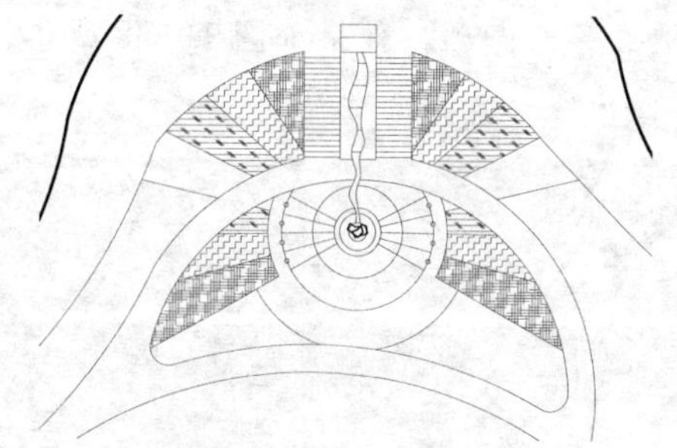

图 10-31　填充花卉图例 3

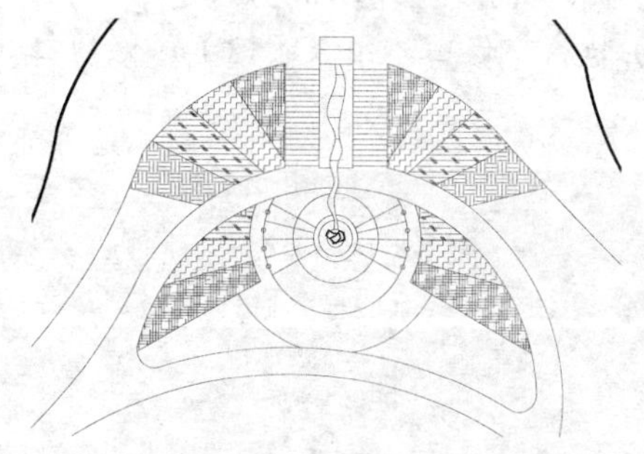

图 10-32　填充花卉图例 4

步骤06 再执行“图案填充”命令（H），选择图案为“DOTS”，设置比例为200，在相应位置填充种植草效果，如图10-33所示。

技巧：217 花架长廊的绘制

视频：技巧217-花架长廊的绘制.avi
案例：泊岸广场景观图.dwg

技巧概述：本实例主要讲解办公楼外围道路的绘制过程，具体操作如下。

步骤01 在“图层”下拉列表中，选择“小品轮廓线”图层为当前图层。

步骤02 执行“圆”命令（C），绘制半径为4248和6248的同心圆；再执行“偏移”命令（O），将两个圆各向内偏移150，如图10-34所示。

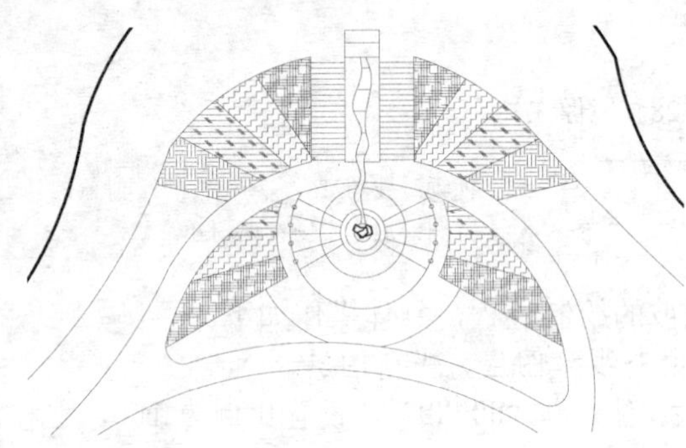

图10-33 填充种植草

图10-34 绘制同心圆

步骤03 执行“直线”命令（L），过直径绘制一条水平线；再执行“旋转”命令（RO），将水平线旋转复制角度为35°和-35°的两条线段，如图10-35所示。

步骤04 执行“修剪”命令（TR），修剪掉多余的线条与圆弧，效果如图10-36所示。

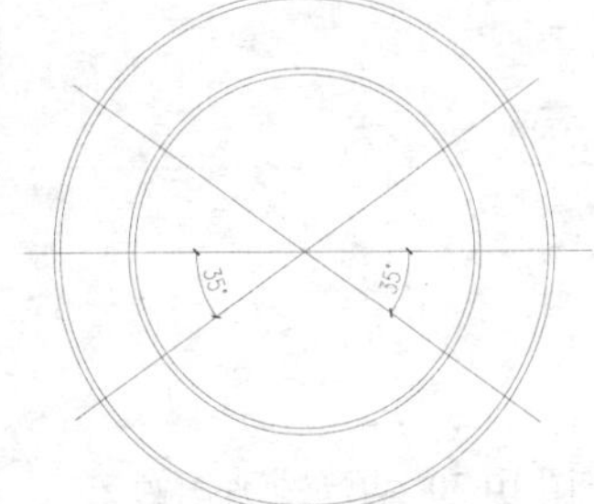

图10-35 绘制线段

图10-36 修剪效果

步骤05 执行“偏移”命令（O），将内、外圆弧各向两边偏移250；再执行“直线”命令（L），过上、下圆弧中点绘制一条垂直线；再执行“偏移”命令（O），将垂直线各向两边偏移100，如图10-37所示。

步骤06 执行“修剪”命令（TR），修剪掉多余的线条与圆弧，效果如图10-38所示。

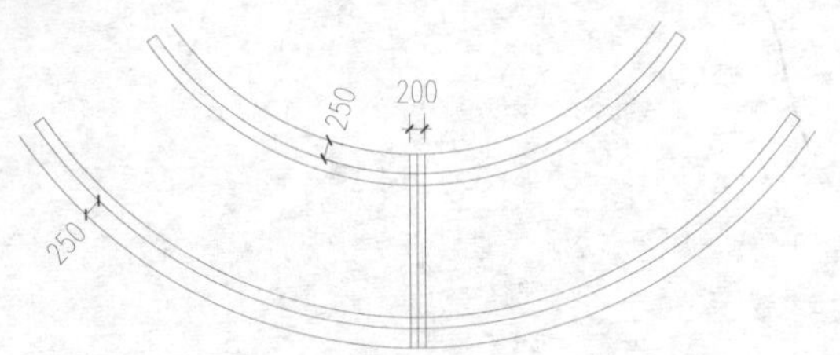

图10-37 绘制线段与圆弧

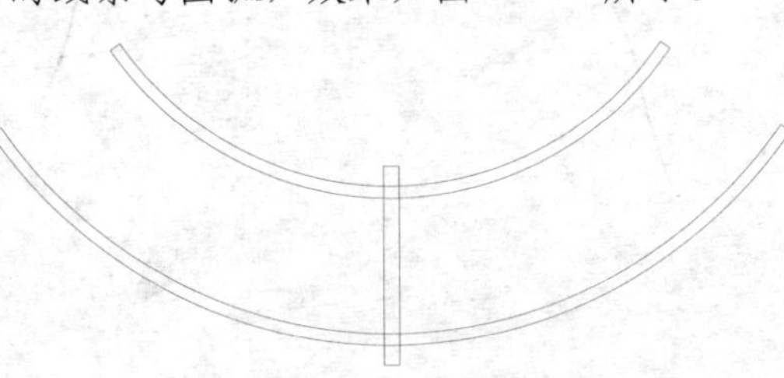

图10-38 修剪出支架

步骤 07 执行“阵列”命令（AR），选择上步绘制的支架，选择“极轴阵列”项，捕捉圆弧的圆心为阵列中心点，根据如下命令提示将“支架”图形在 50° 的范围之内，环形阵列出 10 个副本，效果如图 10-39 所示。

```
命令: ARRAY                                                    \\ 阵列命令
选择对象:总计 4 个                                              \\ 选择中间的矩形支架
选择对象:                                                       \\ 空格键确认选择
输入阵列类型 [矩形(R)/路径(PA)/极轴(PO)] <极轴>: PO              \\ 选择极轴阵列项
类型 = 极轴  关联 = 是
指定阵列的中心点或 [基点(B)/旋转轴(A)]:                          \\ 捕捉同心圆圆心为中心
选择夹点以编辑阵列或 [关联(AS)/基点(B)/项目(I)/项目间角度(A)/填充角度(F)/行(ROW)/层(L)/旋转项目(ROT)/退出(X)] <退出>: f    \\ 选择“项目角度”项
指定填充角度(+=逆时针、-=顺时针)或 [表达式(EX)] <360>: 50       \\ 输入填充角度为 50
选择夹点以编辑阵列或 [关联(AS)/基点(B)/项目(I)/项目间角度(A)/填充角度(F)/行(ROW)/层(L)/旋转项目(ROT)/退出(X)] <退出>: i    \\ 选择“项目”项
输入阵列中的项目数或 [表达式(E)] <6>: 10                        \\ 输入项目数为 10
选择夹点以编辑阵列或 [关联(AS)/基点(B)/项目(I)/项目间角度(A)/填充角度(F)/行(ROW)/层(L)/旋转项目(ROT)/退出(X)] <退出>:      \\空格键退出
```

步骤 08 执行“镜像”命令（MI），将右侧阵列出的图形进行左右镜像，效果如图 10-40 所示。

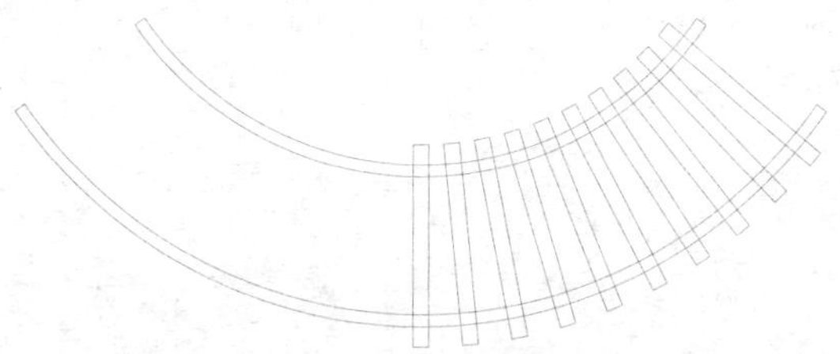

图 10-39　阵列图形

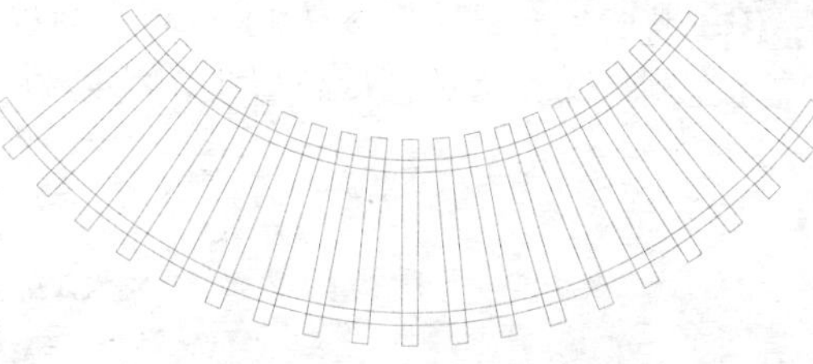

图 10-40　镜像图形

步骤 09 执行“直线”命令（L），在如图 10-41 所示对应的支架矩形内绘制中线；再执行“偏移”命令（O），将圆弧各向内偏移 75 以找到中线，然后将此步绘制的所有线段转换为中心“轴线”图层。

步骤 10 执行“偏移”命令（O），将相交的中心轴线各向两边偏移 120；再执行“修剪”命令（TR），修剪掉多余的线条，以形成 240×240 的柱子效果，如图 10-42 所示。

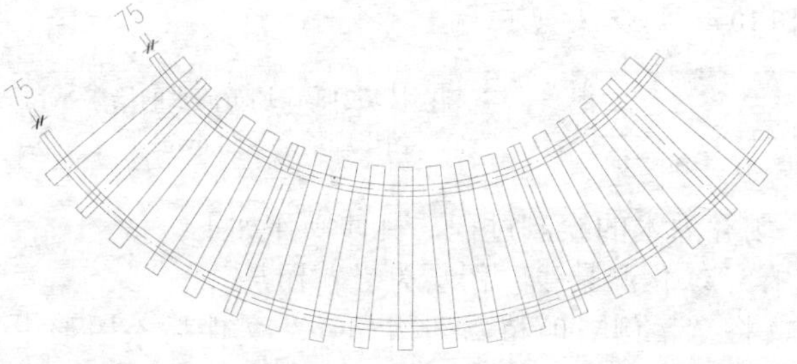

图 10-41　绘制中轴线

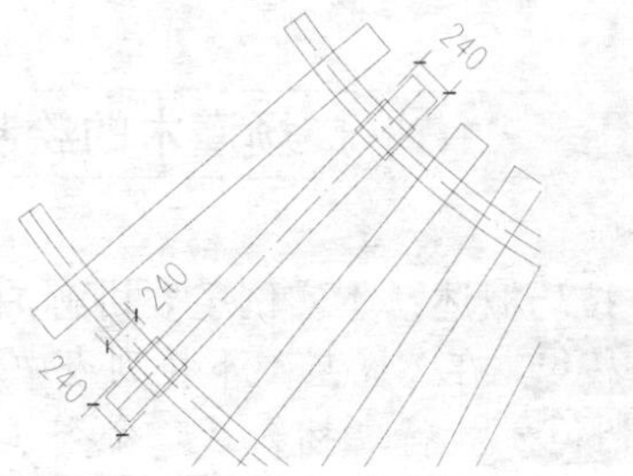

图 10-42　偏移修剪出柱子

步骤 11 执行“删除”命令（E），将轴线删除掉，绘制完成的柱子效果如图 10-43 所示。

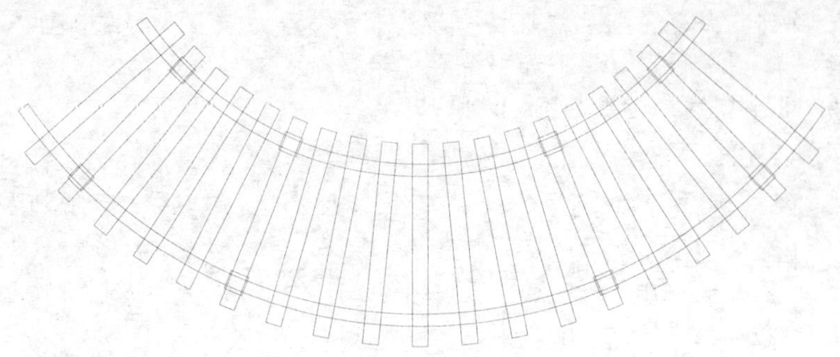

图 10-43 绘制完成的柱子效果

步骤 12 执行“云线”命令（revcloud），在花架上绘制出云线，如图 10-44 所示。

步骤 13 执行“修剪”命令（TR），修剪掉云线内的线条，效果如图 10-45 所示。

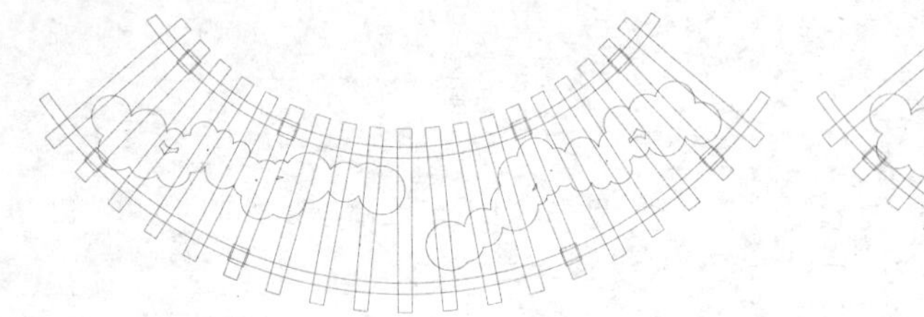

图 10-44 绘制云线

图 10-45 修剪掉云线内线条

步骤 14 执行“移动”命令（M），将绘制好的“花架廊”图形，以圆弧的圆心为基点，移动到广场中心的圆心位置上，效果如图 10-46 所示。

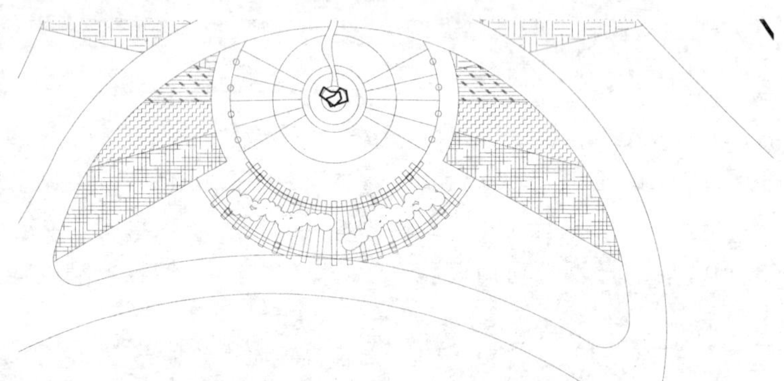

图 10-46 移动花架廊

技巧：218 广场灌木的绘制

视频：技巧218-广场黄灌木的绘制.avi
案例：泊岸广场景观图.dwg

技巧概述：本实例主要讲解泊岸广场乔灌木的绘制过程，具体操作如下。

步骤 01 在“图层”下拉列表中，选择“绿化配景线”图层为当前图层。

步骤 02 执行“插入块”命令（I），将“案例\10\植物图例.dwg”文件插入图形中，如图 10-47 所示。

步骤 03 结合复制、移动和缩放等命令，根据广场灌木布置的需求，将各植物图形布置到相应位置，并对其大小进行调整，布置效果如图 10-48 所示。

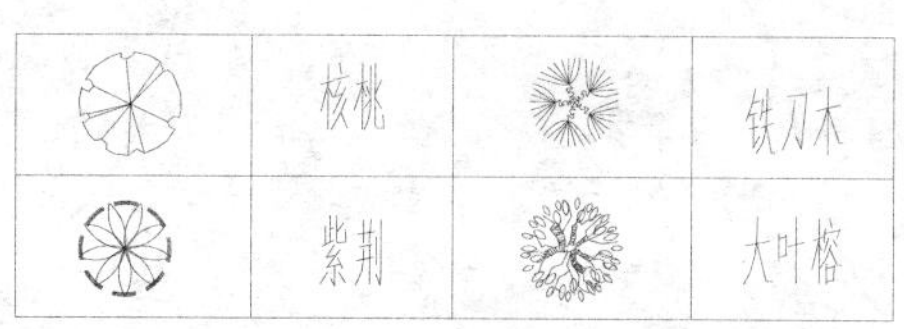

图 10-47　插入的图例

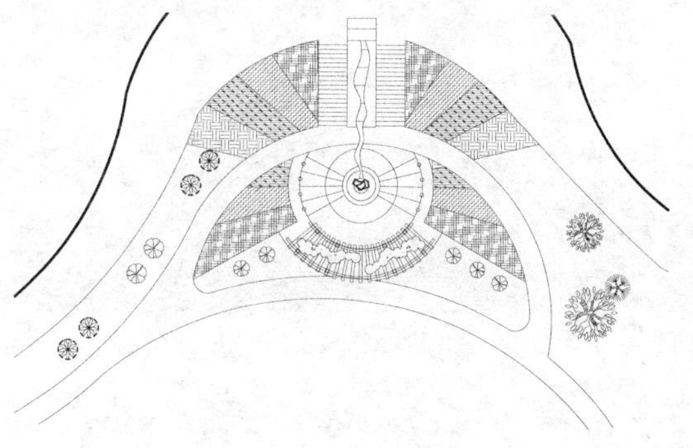
图 10-48　布置各灌木效果

技巧：219　泊岸广场总平面图的标注

视频：技巧219-泊岸广场总平面图的标注.avi
案例：泊岸广场景观图.dwg

技巧概述：本实例主要讲解泊岸广场总平面图的文字标注方法及技巧，具体操作如下。

步骤 01 在“图层”下拉列表中，选择“文字标注”图层为当前图层。在“文字样式控制”下拉列表中选择“图内说明”文字样式为当前样式。

步骤 02 执行“多段线”命令（PL），在台阶处绘制如图 10-49 所示的箭头符号。

步骤 03 执行“单行文字”命令（DT），在箭头上方单击，根据命令提示设置文字的旋转角度为 90°，输入文字相应的文字内容，如图 10-50 所示。

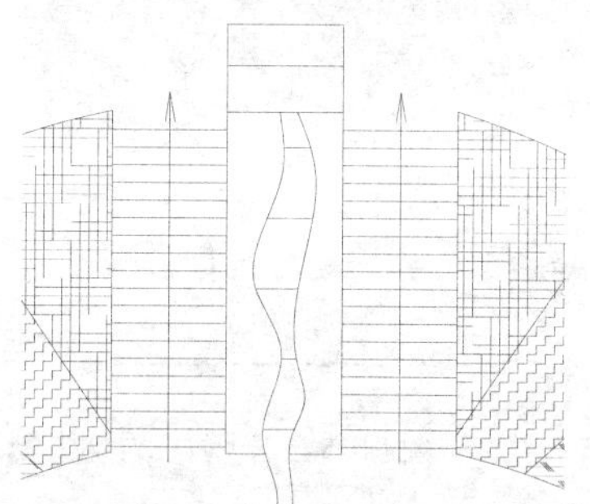
图 10-49　绘制箭头指引

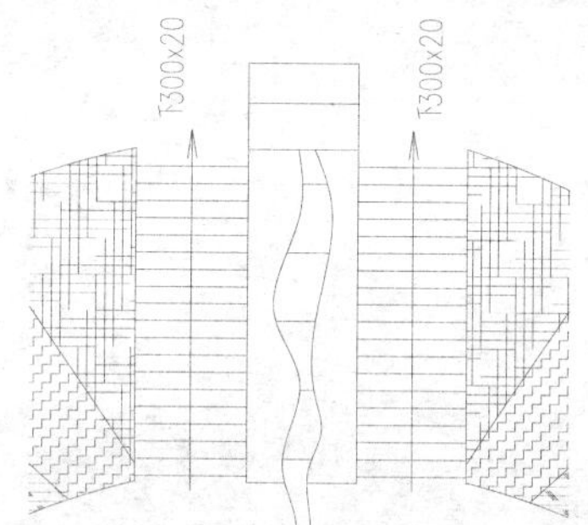

图 10-50　标注梯段

技巧提示　★★★☆☆

图 10-50 中的文字 300×200，表示向下台阶宽 300mm，一共有 20 步。

步骤 04 执行“多段线”命令（PL），设置全局宽度为 120，在图形上、下侧中间位置绘制适当长度的垂直多段线，以表示剖切位置，如图 10-51 所示。

步骤 05 执行“多行文字”命令（MT），设置文字高度为 1200，在剖切线位置输入文字“A”，以完成剖切编号的绘制如图 10-52 所示。

步骤 06 执行“引线”命令（LE），选择“图内说明”文字样式，默认其文字高度 500，在相应位置进行文字的注释，如图 10-53 所示。

步骤 07 执行“多行文字”命令（MT），选择“图名”文字样式，设置文字高度为 1500，在图形下侧标注出图名；再执行“多段线”命令（PL），在图名下侧绘制适当长度和宽度的多段线，效果如图 10-54 所示。

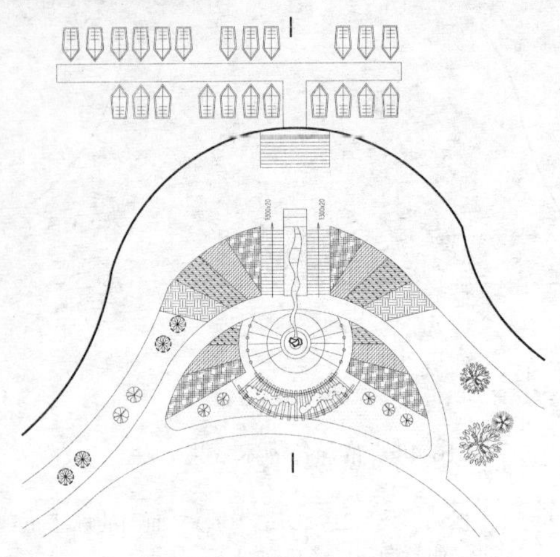

图 10-51　绘制剖切线

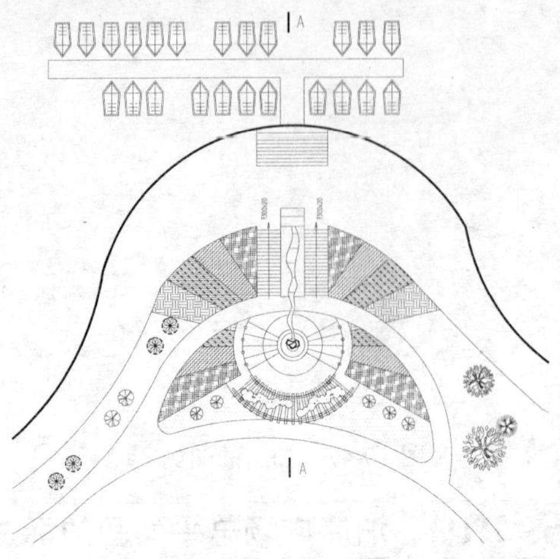

图 10-52　剖切符号标注效果

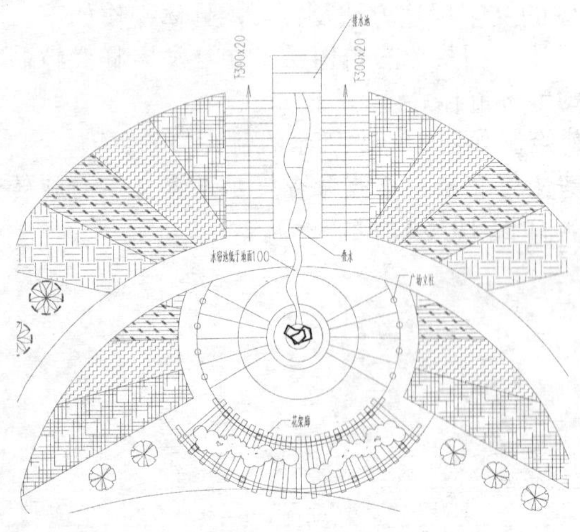

图 10-53　文字注释效果

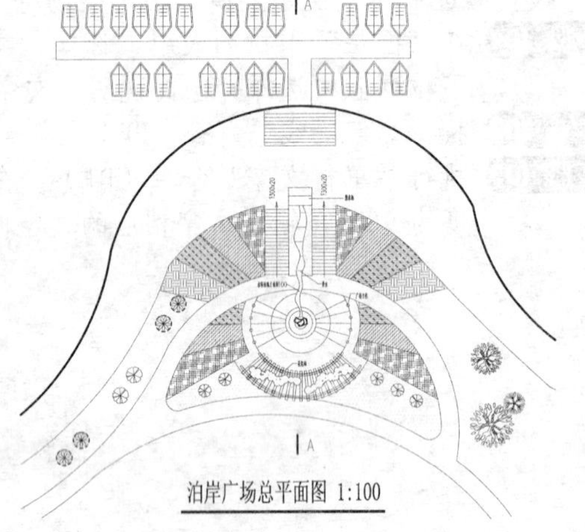

图 10-54　图名标注效果

步骤 08 至此，泊岸广场总平面图已经绘制完成，按【Ctrl+S】组合键进行保存。

技巧：220　泊岸广场立面轮廓的绘制

视频：技巧220-泊岸广场立面轮廓的绘制.avi
案例：泊岸广场景观图.dwg

技巧概述：接下来通过如下几个实例的讲解，主要讲解泊岸广场立面图的绘制过程及技巧，其绘制的立面图效果如图 10-55 所示。

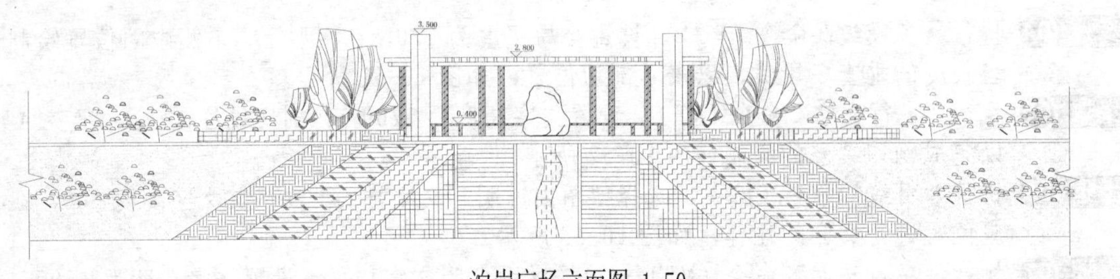

泊岸广场立面图 1:50

图 10-55　立面图效果

本实例主要讲解泊岸广场立面轮廓的绘制过程，具体操作如下。

步骤 01 接上例，在“图层”下拉列表中，选择“小品轮廓线”图层为当前图层。

步骤 02 执行“直线”命令（L），在空白区域绘制互相垂直的两条线段。

步骤 03 执行“偏移”命令（O），将垂直线段各向两边偏移 1000、100、1800、100、1650，将水平线向上偏移 3000、100、150，如图 10-56 所示。

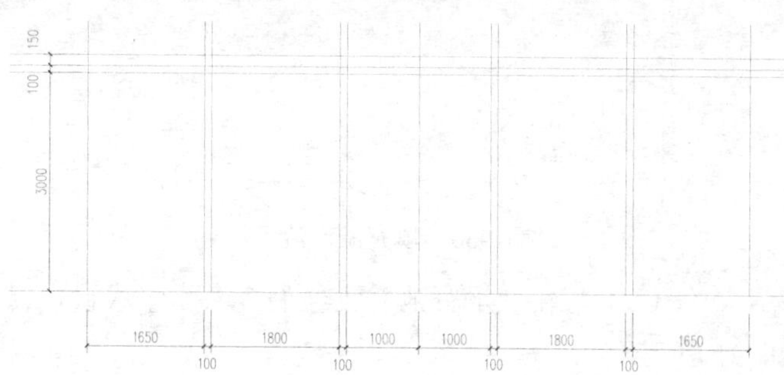

图 10-56　绘制偏移线段

步骤 04 执行“修剪”命令（TR），修剪掉多余的线条，效果如图 10-57 所示。

图 10-57　修剪效果

步骤 05 执行“偏移”命令（O），将最下侧水平线向上以 150 的距离偏移 20 次；再执行“修剪”命令（TR），修剪掉多余的线条形成高 150 的台阶效果，如图 10-58 所示。

图 10-58　绘制台阶

步骤 06 执行“样条曲线”命令（SPL），在中间位置绘制两条样条曲线，以形成“水帘池”效果如图 10-59 所示。

图 10-59　绘制水帘池

步骤 07 执行“图案填充”命令（H），选择图案为“DASHED”，设置比例为 50，角度为 90°，在样条曲线中间填充“溢水流”效果，且将填充的图案转换为“水体轮廓线”图层，如图 10-60 所示。

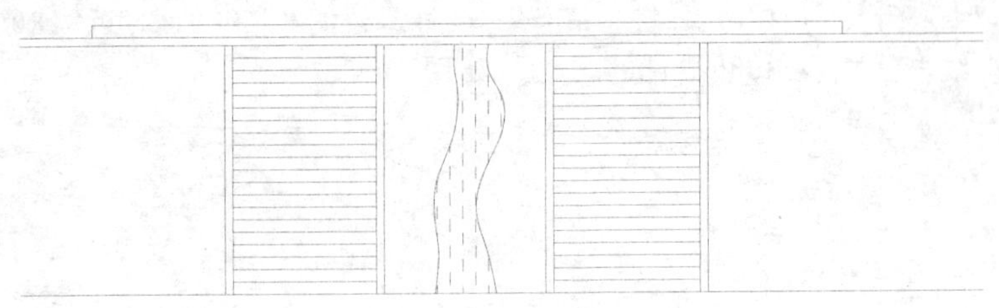

图 10-60　填充溢水流

步骤 08 执行“直线”命令（L），在“水帘池”上绘制多条水平线段，以表示“跌水台”轮廓，如图 10-61 所示。

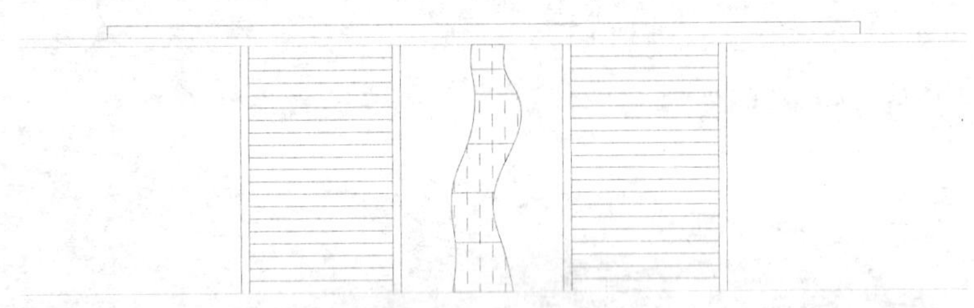

图 10-61　绘制跌水台

步骤 09 执行“多段线”命令（PL），在图形两侧相应位置绘制出折断线；并通过执行“延伸”命令（EX），将两端的水平线进行延伸，如图 10-62 所示。

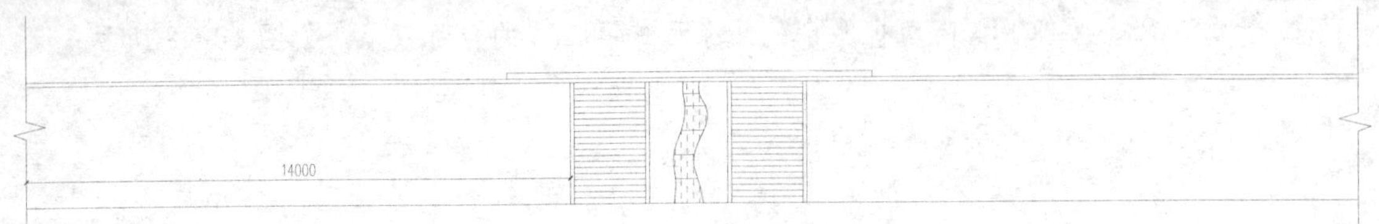

图 10-62　绘制折断线

步骤 10 执行“矩形”命令（REC），绘制 6838×350 的矩形作为种植池；再通过执行“移动”命令（M）和“镜像”命令（MI），将种植池放置到广场平台上；再执行“直线”命令（L），在矩形内随意绘制一些线条，以划分出种植区域，如图 10-63 所示。

图 10-63　绘制种植池

步骤 11 执行“直线”命令（L）和“镜像”命令（MI），在台阶两端绘制多条斜线，以划分出种植区，如图 10-64 所示。

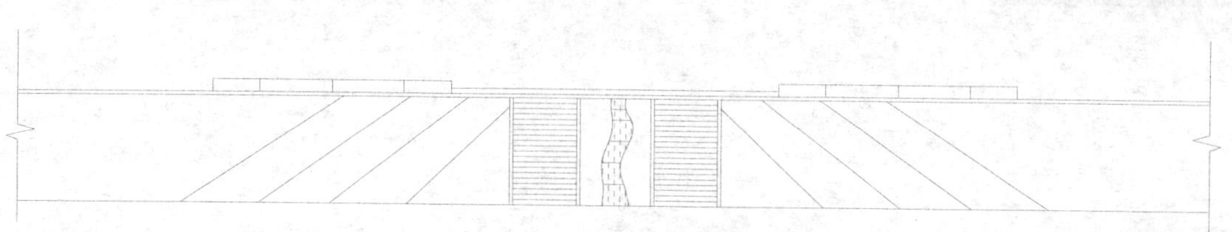

图 10-64　绘制种植区

步骤 12 执行“矩形”命令（REC）、“分解”命令（X）和“偏移”命令（O），在离种植池235的距离处绘制出广场立柱，然后再将柱子镜像到另一侧，如图 10-65 所示。

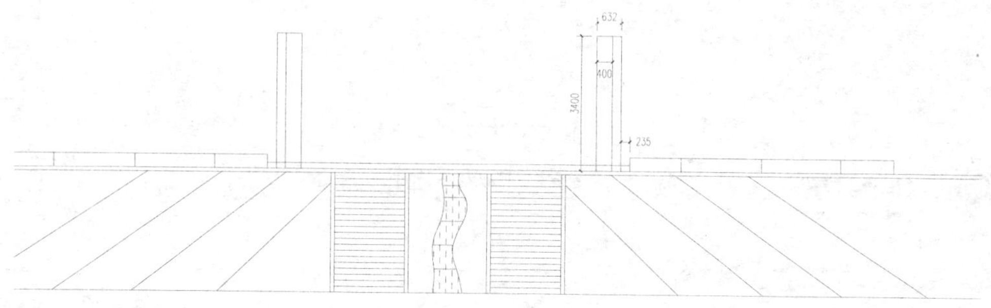

图 10-65　绘制广场立柱

步骤 13 执行“多段线”命令（PL），设置全局宽度为 10，在空白位置绘制出如图 10-66 所示的景石外轮廓。

步骤 14 重复多段线命令，绘制出景石内部纹理，如图 10-67 所示。

步骤 15 执行“移动”命令（M），将景石移动到广场中间位置，效果如图 10-68 所示。

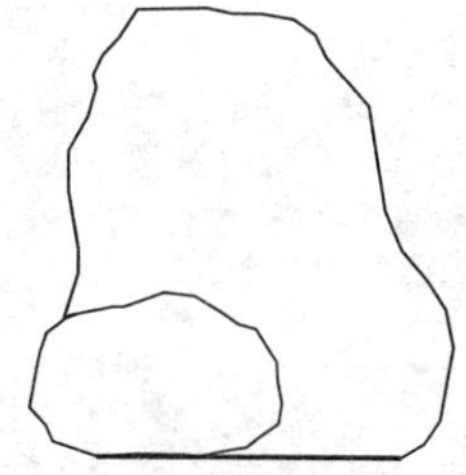

图 10-66　绘制景石

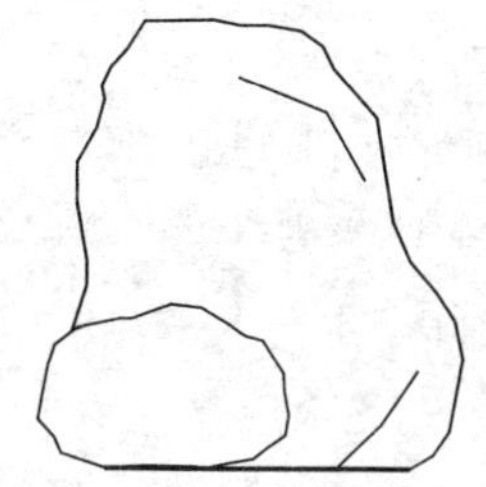

图 10-67　绘制内部纹理

图 10-68　移动景石

技巧：221　立面花架的绘制

视频：技巧221-立面花架的绘制.avi
案例：泊岸广场景观图.dwg

技巧概述： 本实例主要讲解泊岸广场立面图的绘制过程，具体操作如下。

步骤 01 接上例，执行“矩形”命令（REC），绘制如图 10-69 所示两个对齐的矩形作为花架顶部轮廓。

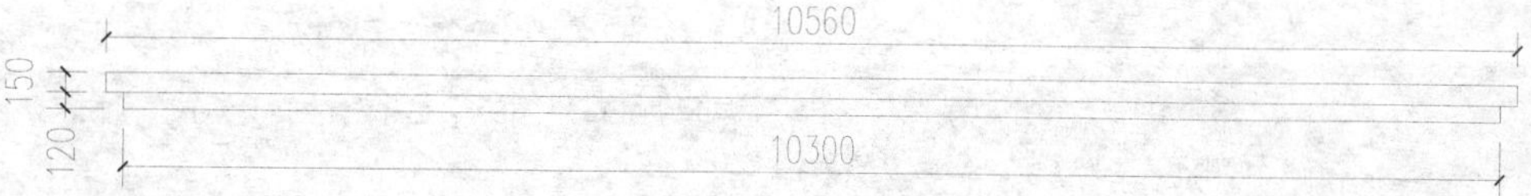

10560
150
120
10300

图 10-69　绘制矩形

步骤 02 执行“直线”命令（L），在矩形内绘制多条垂直线段，以形成造型轮廓，如图 10-70 所示。

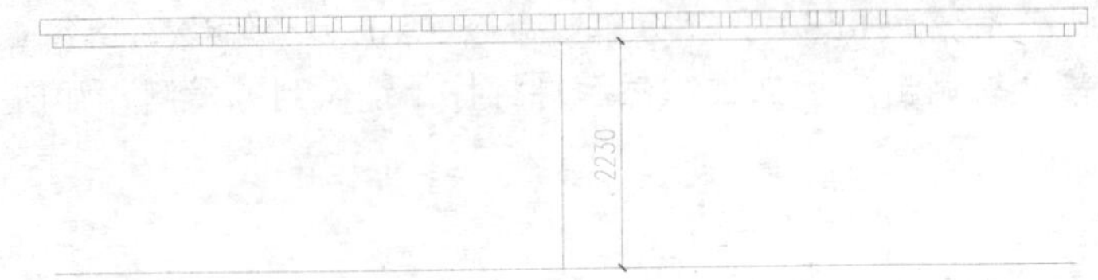

图 10-70　绘制线段

步骤 03 执行“分解”命令（X）、“偏移”命令（O）和“直线”命令（L），将下侧矩形打散，然后将下水平边向下偏移 2230；再连接中点绘制一条中线，如图 10-71 所示。

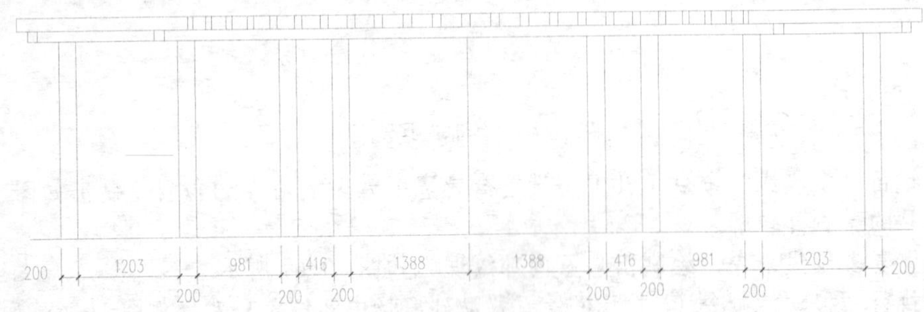

图 10-71　绘制线段

步骤 04 执行“偏移”命令（O），将垂直线段按照如图 10-72 所示进行偏移。

图 10-72　偏移线段

步骤 05 再执行“偏移”命令（O），继续将线段进行偏移，如图 10-73 所示。

图 10-73　继续偏移操作

步骤 06 执行“修剪”命令（TR），修剪出坐凳和柱子轮廓，如图 10-74 所示。

图 10-74　修剪效果

步骤 07 在“图层”下拉列表中，选择“填充线”图层为当前图层。

步骤 08 执行“图案填充”命令（H），选择图案为“CORK”，设置比例为 15，角度为 90°，对柱子和坐凳进行填充，且将填充的图案转换为“填充线”图层，如图 10-75 所示。

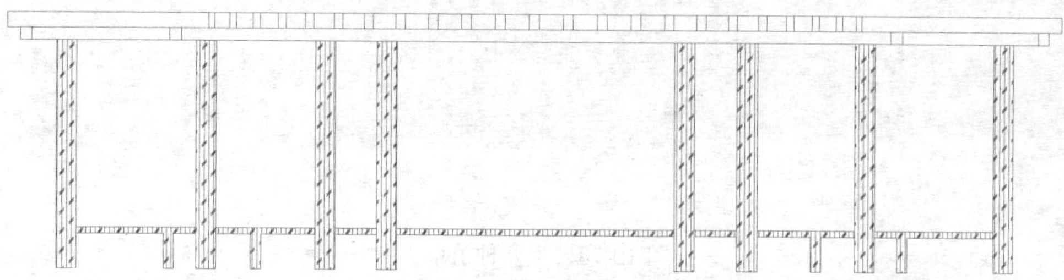

图 10-75　填充图案

步骤 09 执行“移动”命令(M)，将绘制好的花架图形移动到广场平台的中间位置，如图 10-76 所示。

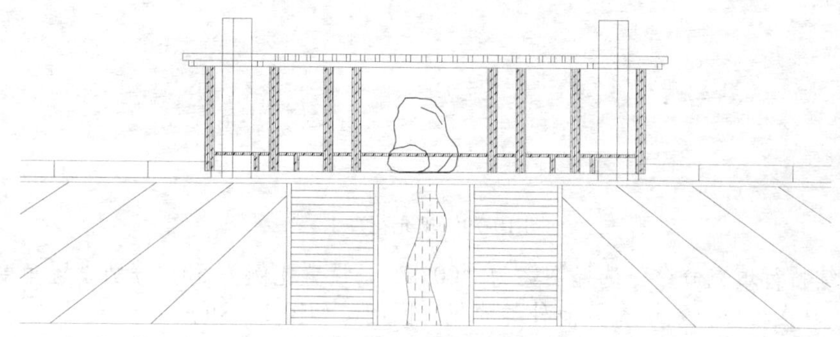

图 10-76　移动花架

步骤 10 执行“修剪”命令（TR），修剪花架图形被遮挡的部分，效果如图 10-77 所示。

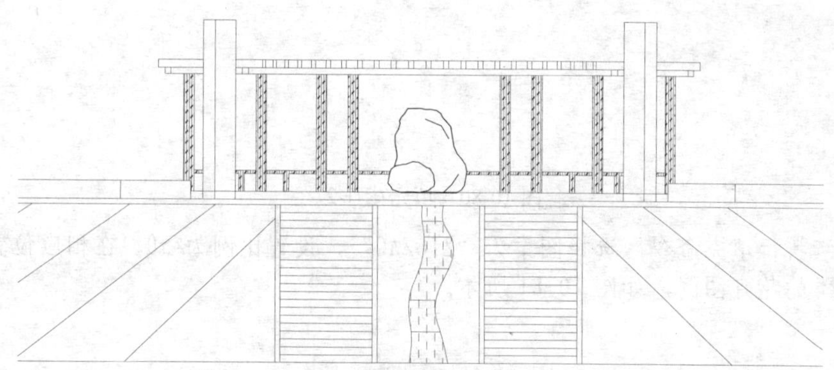

图 10-77　修剪掉被遮挡部分

技巧：222　立面图绿化设施的布置

视频：技巧222-立面图绿化设施的布置.avi
案例：泊岸广场景观图.dwg

技巧概述：本实例主要讲解泊岸广场立面图的绘制过程，具体操作如下。

步骤 01 接上例，执行“图案填充”命令（H），选择图案为“AR-SAND”，设置比例为 5，在相应位置填充种植草效果，如图 10-78 所示。

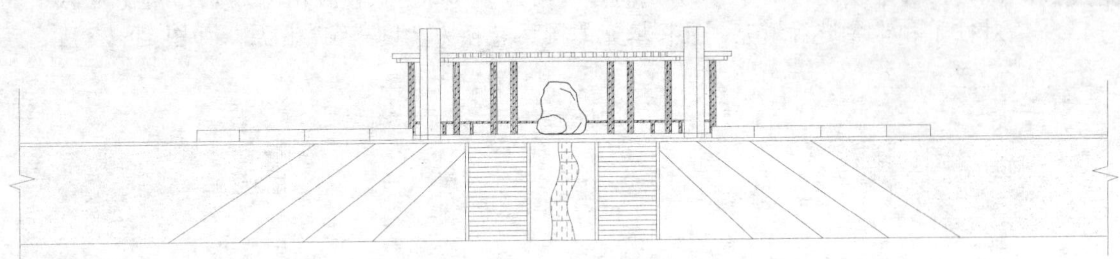

图 10-78 填充种植草

步骤 02 继续执行填充命令，选择图案为“EARTH”，设置比例为 50，在相应位置填充花卉图例，如图 10-79 所示。

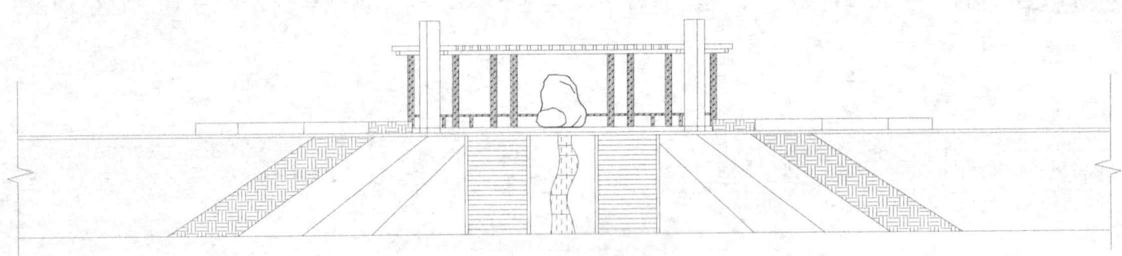

图 10-79 填充花卉 1

步骤 03 继续执行填充命令，选择图案为“CORK”，设置比例为 50，分别设置角度为 90° 和 0°，在相应位置填充其他种类的花卉图例，如图 10-80 所示。

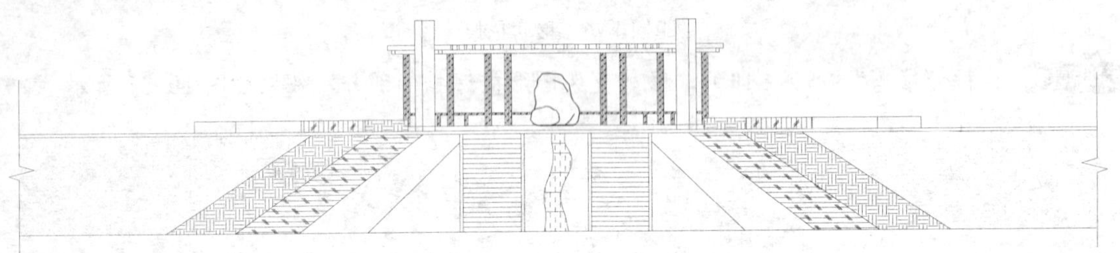

图 10-80 填充花卉 2

步骤 04 继续执行填充命令，选择图案为“ZIGZAG”，设置比例为 50，在相应位置填充其他种类的花卉图例，如图 10-81 所示。

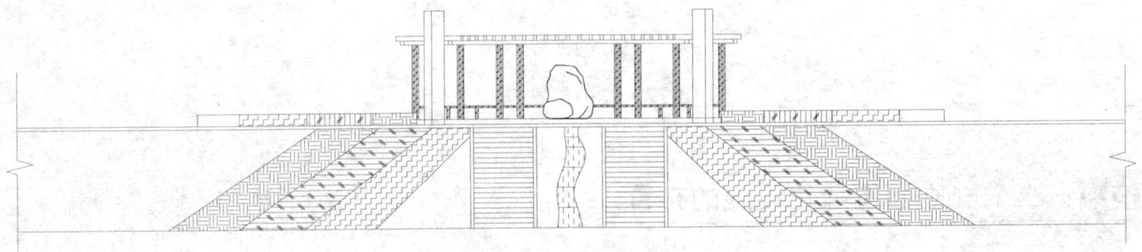

图 10-81 填充花卉 3

步骤 05 继续执行填充命令，选择图案为“HOUND”，设置比例为 100，在相应位置填充其他种类的花卉图例，如图 10-82 所示。

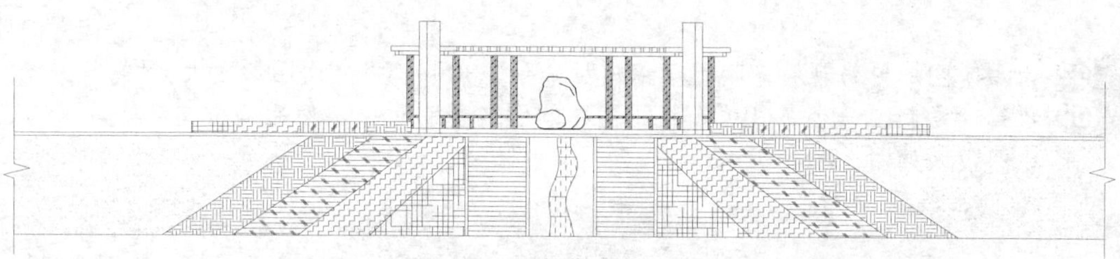

图 10-82　填充花卉 4

步骤 06 在“图层”下拉列表中，选择“绿化配景线”图层为当前图层。

步骤 07 执行“插入块”命令（I），将“案例\10\灌木.dwg”文件插入图形中，再通过复制命令布置到相应位置，如图 10-83 所示。

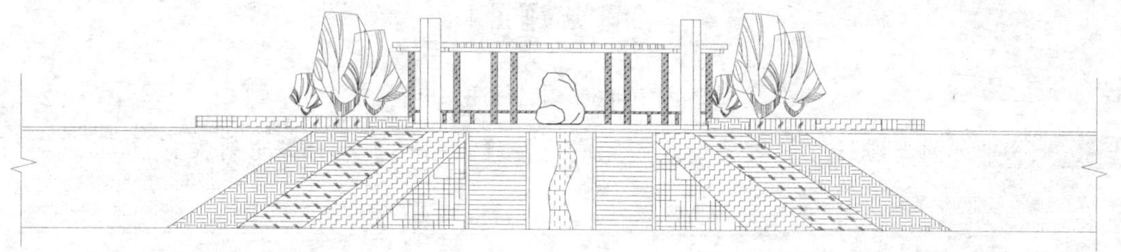

图 10-83　插入并布置灌木

步骤 08 根据同样的方法，再将“案例\10\花卉.dwg”文件插入图形中，并通过复制命令布置到相应位置处，效果如图 10-84 所示。

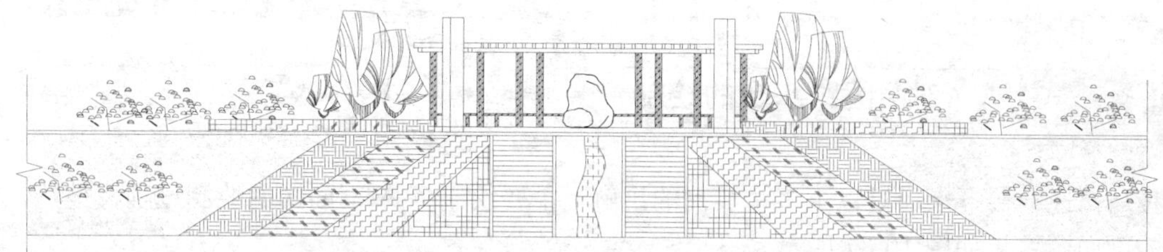

图 10-84　插入并布置花卉

技巧：223　泊岸广场立面图的标注

视频：技巧223-泊岸广场立面图的标注.avi
案例：泊岸广场景观图.dwg

技巧概述：本实例主要讲解泊岸广场立面图的绘制过程，具体操作如下。

步骤 01 切换至“文字标注”图层，执行“插入块”命令（I），将“案例\05\标高符号.dwg”文件插入图形中；然后通过复制命令将符号复制到相应位置，且双击修改标高值，效果如图 10-85 所示。

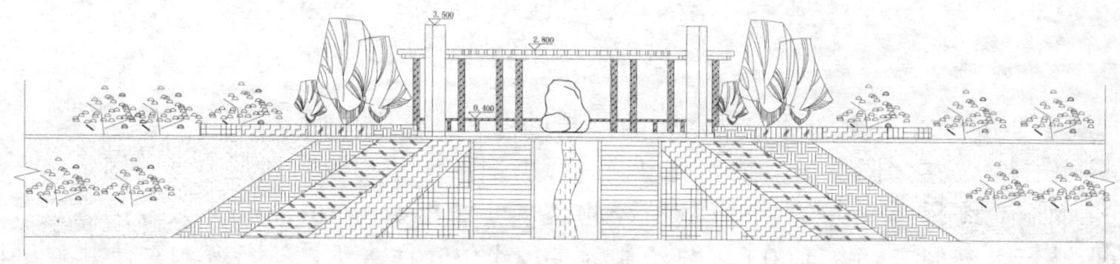

图 10-85　标高标注

步骤 02 为了使图形更易观看，执行“缩放”命令（SC），将立面图形放大 2 倍。

步骤 03 执行“复制”命令（CO），将平面图的图名复制过来，然后双击文字修改其图名和比例效果如图 10-86 所示。

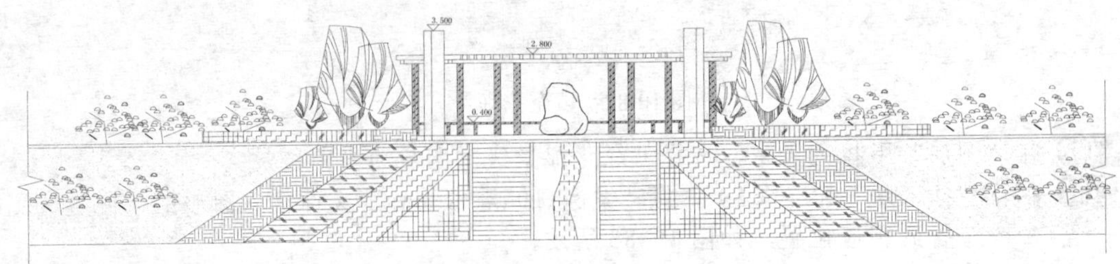

泊岸广场立面图 1:50

图 10-86 图名标注

步骤 04 至此，泊岸广场立面图已经绘制完成，按【Ctrl+S】组合键进行保存。

技巧提示 ★★★★☆

比例 1∶100，表示打印图纸上的 1mm 等于 CAD 实际尺寸 100mm，即在 CAD 中以 1∶1 的尺寸来绘制的。若比例为 1∶50，代表图纸上 1mm 等于 CAD 实际尺寸 50mm，则在 CAD 中以 2:1 的尺寸来绘制的，即放大 2 倍。

技巧：224 A-A剖面图跌水台的绘制

视频：技巧224-A-A剖面图跌水台的绘制.avi
案例：泊岸广场景观图.dwg

技巧概述：接下来通过以下多个实例的讲解，主要绘制 A-A 剖面图的绘制过程及技巧，其绘制的剖面图效果如图 10-87 所示。

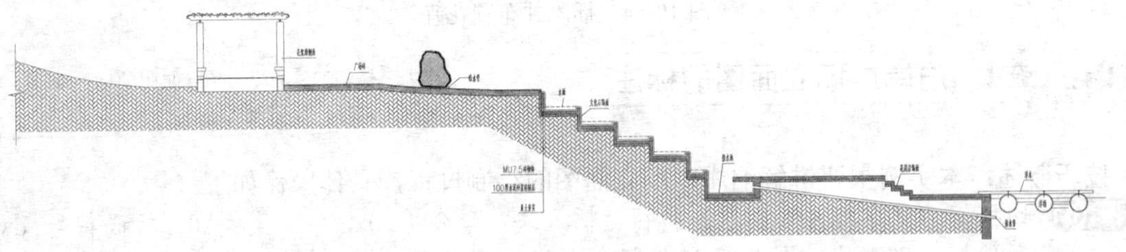

A-A 剖面图 1:50

图 10-87 剖面图效果

本实例主要讲解 A-A 剖面图中跌水台的绘制过程，具体操作如下。

步骤 01 接上例，在“图层”下拉列表中，选择“剖面图结构线”图层为当前图层。

步骤 02 执行“多段线”命令（PL），在空白位置绘制出如图 10-88 所示尺寸的多段线。

步骤 03 执行“复制”命令（CO），将绘制的多段线依次向右下侧进行复制，使其首尾相连，如图 10-89 所示。

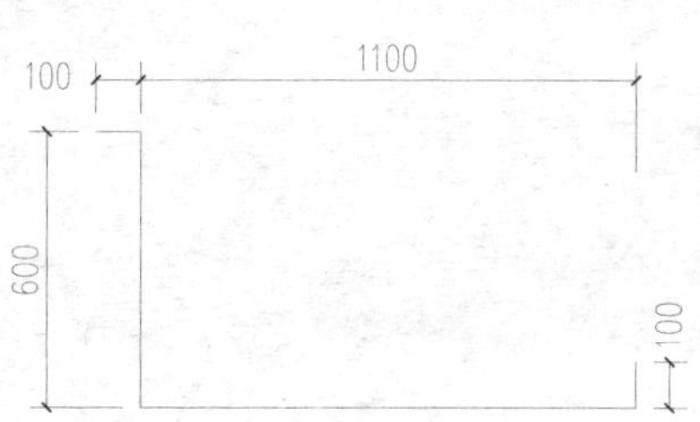

图 10-88　绘制多段线

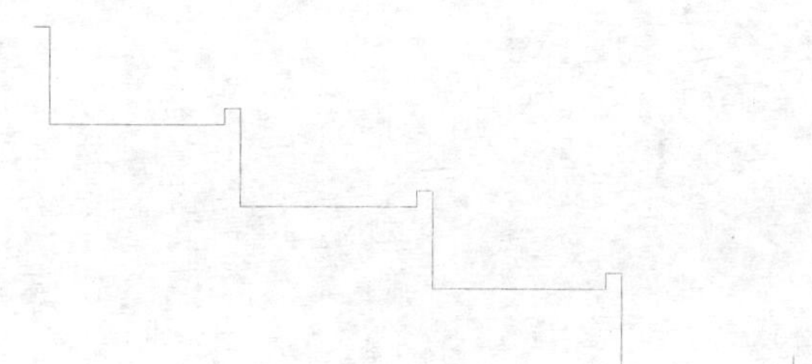

图 10-89　复制多段线

步骤 04 执行“多段线”命令（PL），以右下侧最末端为起点继续绘制多段线，如图 10-90 所示。

步骤 05 执行“偏移”命令（O），将各多段线各向下偏移 100，如图 10-91 所示。

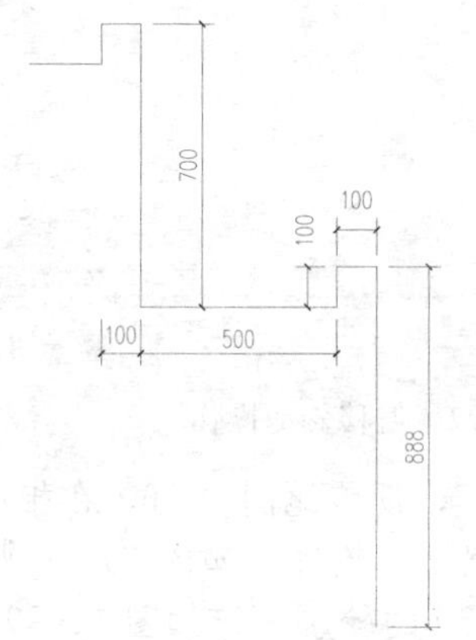

图 10-90　绘制多段线

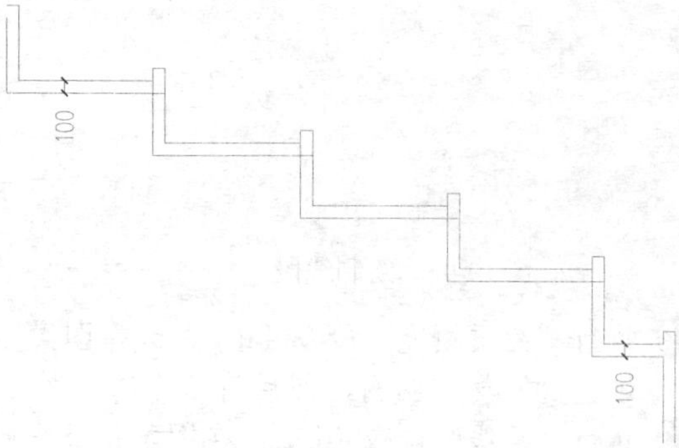

图 10-91　偏移线段

步骤 06 执行“修剪”命令（TR）、“延伸”命令（EX）和“直线”命令（L），对多段线进行相应的调整，效果如图 10-92 所示。

步骤 07 执行“圆角”命令（F），设置圆角半径值为 30，对右上直角进行圆角处理，如图 10-93 所示。

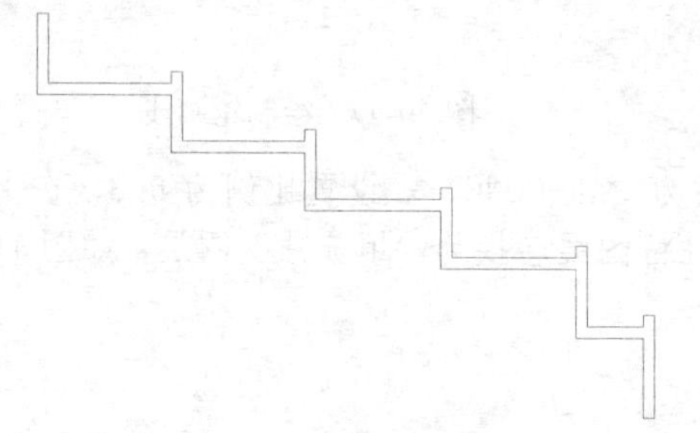

图 10-92　调整多段线

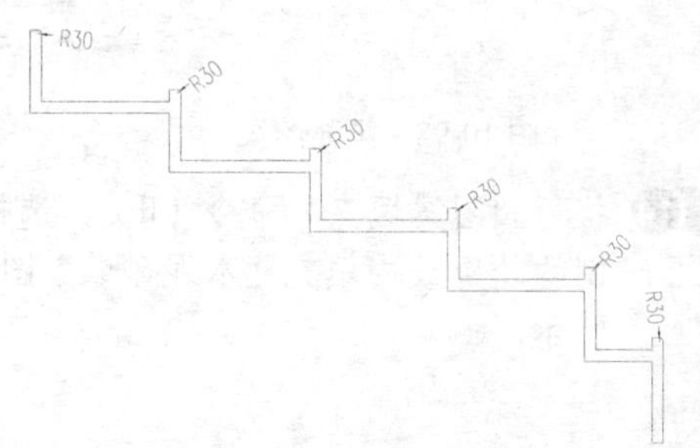

图 10-93　圆角处理

步骤 08 执行“合并”命令（J），将上表面多段线轮廓合并成为一个整体；再执行“偏移”命令（O），将其向上偏移 40，如图 10-94 所示。

步骤 09 执行“直线”命令（L），由偏移线段的直角点向左绘制水平线段；且将绘制的线段转换为“水体轮廓线”图层，然后改变其线型为虚线“DASHED”，如图 10-95 所示。

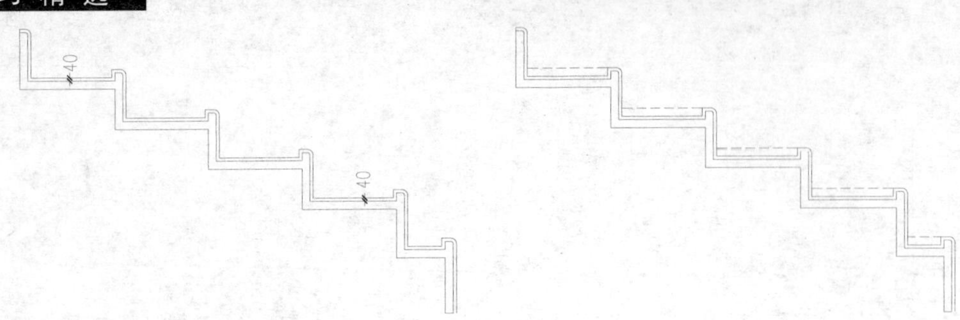

图 10-94 偏移轮廓线

图 10-95 绘制水体轮廓线

步骤 10 执行“直线”命令（L），由图形右下侧顶点向右绘制出如图 10-96 所示线段。

步骤 11 执行“偏移”命令（O），将相应轮廓偏移 40，并进行相应的修剪操作，如图 10-97 所示。

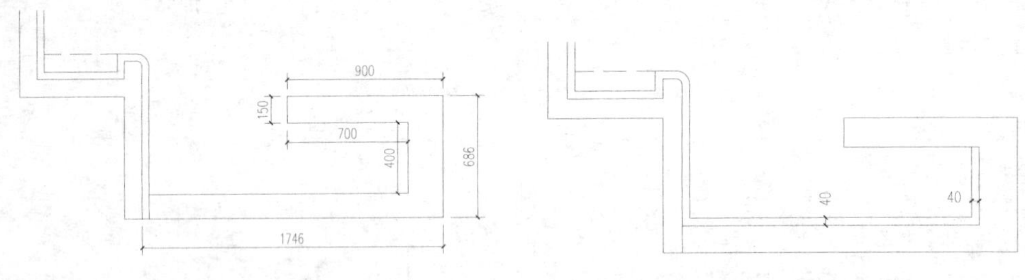

图 10-96 绘制线段

图 10-97 偏移修剪操作

步骤 12 执行“图案填充”命令（H），选择图案为“ANSI31”，设置比例为 10，在相应位置填充“石材”图例，然后将填充的图案转换为“填充线”轮廓，如图 10-98 所示。

步骤 13 执行“直线”命令（L），在图案轮廓线周围绘制宽 70 的轮廓线，如图 10-99 所示。

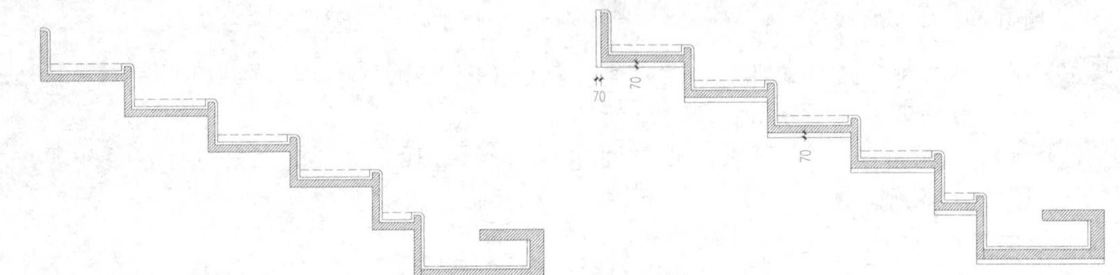

图 10-98 填充图案

图 10-99 绘制轮廓线

步骤 14 执行“图案填充”命令（H），选择图案为“AR-CONC”，设置比例为 0.3，在上步绘制的轮廓线内填充“水泥砂浆”图例，且将图案转换为“填充线”图层，如图 10-100 所示。

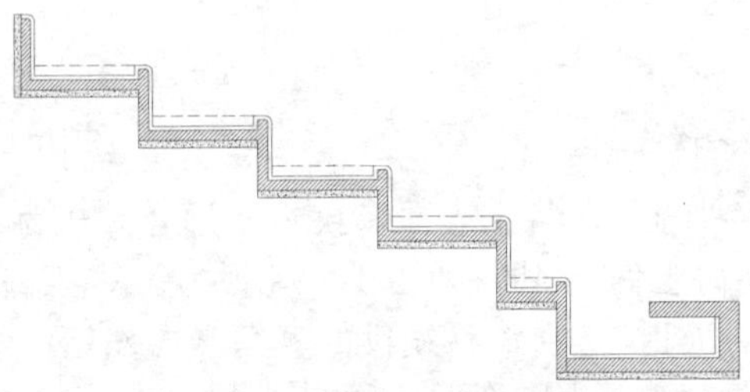

图 10-100 填充图案

技巧：225　剖面图停泊岸的绘制

视频：技巧225-A-A剖面图停泊岸的绘制.avi
案例：泊岸广场景观图.dwg

技巧概述： 本实例主要讲解 A-A 剖面图中跌水台的绘制过程，具体操作如下。

步骤 01 接上例，执行“直线”命令（L），在右侧绘制出如图 10-101 所示的线段。

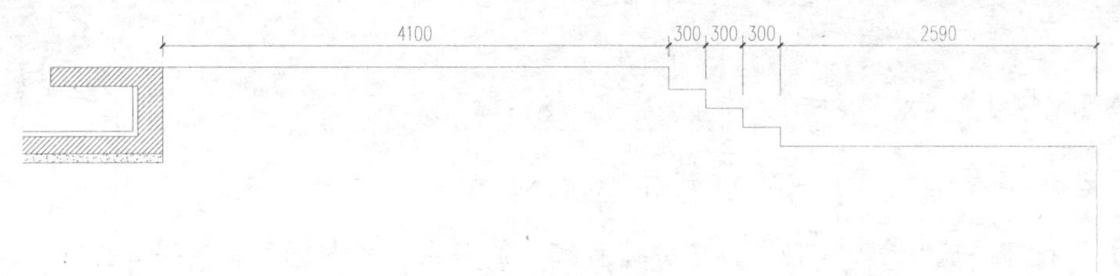

图 10-101　绘制线段

步骤 02 执行“偏移”命令（O）和“修剪”命令（TR），将线段进行相应的偏移，并修剪相应线条以形成板材轮廓，如图 10-102 所示。

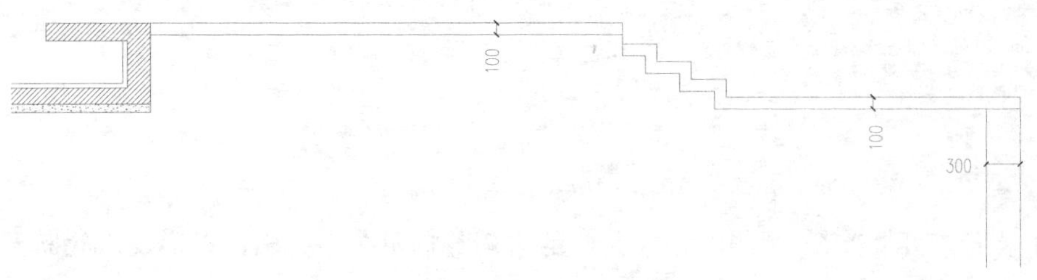

图 10-102　偏移修剪

步骤 03 执行“偏移”命令（O）和“修剪”命令（TR），再将线段继续向下偏移 70，以形成粘贴层，如图 10-103 所示。

图 10-103　偏移修剪操作

步骤 04 执行“图案填充”命令（H），根据前面填充图案的方法与相应参数，对相应位置填充“石材”与“水泥砂浆”图例，且将图案转换为“填充线”图层，如图 10-104 所示。

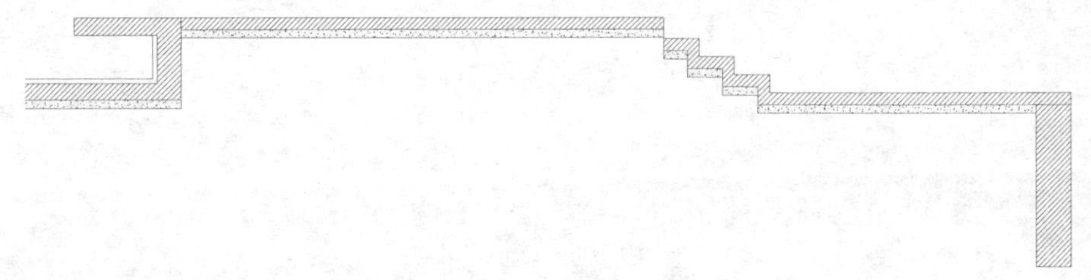

图 10-104　填充图案

步骤 05 执行“直线”命令（L）和“偏移”命令（O），由排水池向外绘制宽 70 的两条斜线，以表示“排水管”，如图 10-105 所示。

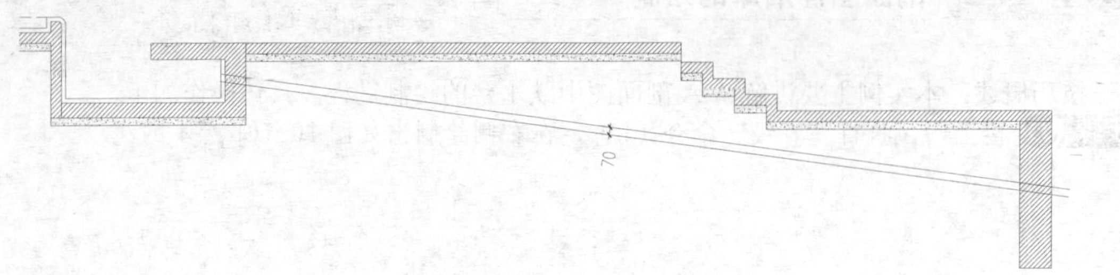

图 10-105　绘制斜线

步骤 06 执行“修剪”命令（TR），修剪掉斜线中的多余线条与图案，效果如图 10-106 所示。

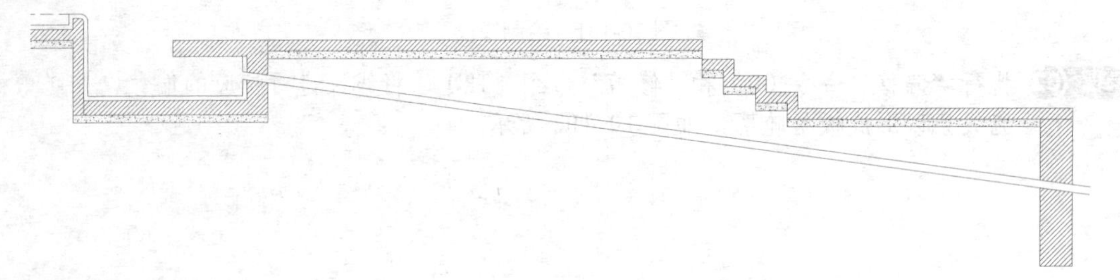

图 10-106　修剪中间部分

步骤 07 执行“圆弧”命令（A），在斜线的末端绘制出多个圆弧，以形成水管断开的效果，如图 10-107 所示。

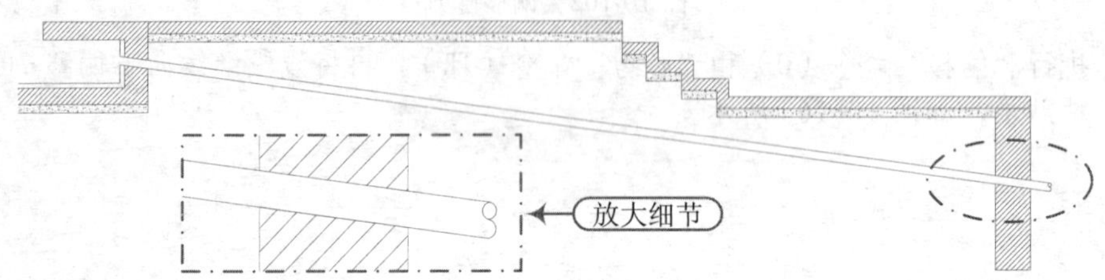

图 10-107　绘制圆弧

步骤 08 执行“矩形”命令（REC），绘制 3839×90 的矩形作为“浮木”，然后执行“移动”命令（M），放置到岸边，如图 10-108 所示。

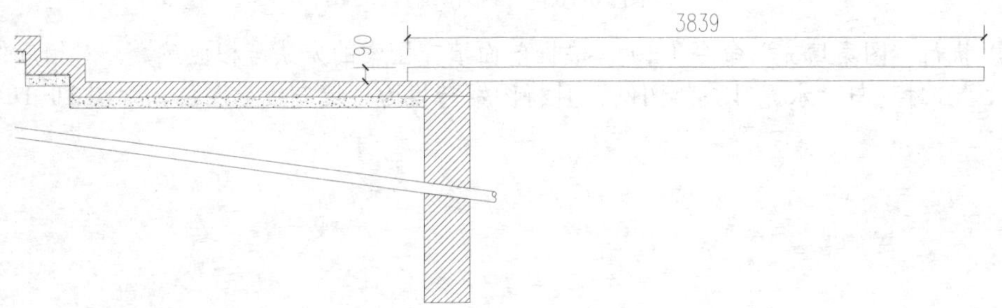

图 10-108　绘制浮木

步骤 09 执行“圆”命令（C），绘制半径 300 和 275 的两个同心圆作为“浮桶”；再执行“移动”命令（M）和“复制”命令（CO），将“浮桶”布置到“浮木”的下方，如图 10-109 所示。

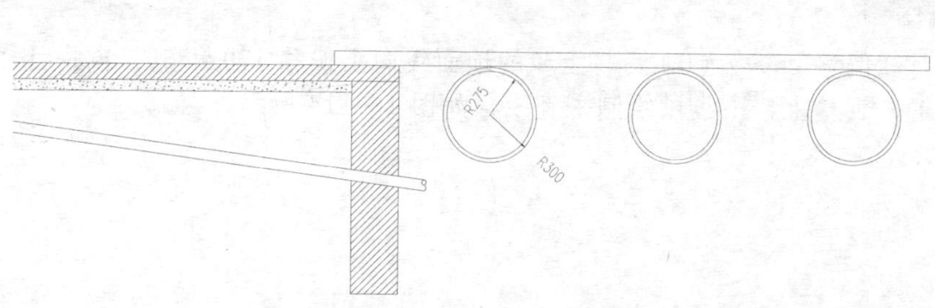

图 10-109　绘制浮桶

步骤 10 执行“直线”命令（L），在“浮桶”位置绘制一些水平线条以表示“水面”，如图 10-110 所示。

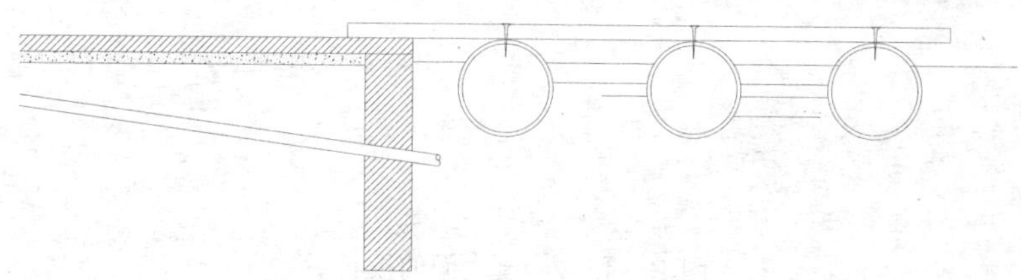

图 10-110　绘制水面线

技巧：226　剖面图广场平台的绘制

视频：技巧226-剖面图广场平台的绘制.avi
案例：泊岸广场景观图.dwg

技巧概述：本实例主要讲解 A-A 剖面图中广场平台的绘制过程，具体操作如下。

步骤 01 执行“直线”命令（L），在左上表面绘制长 8470 的水平线；再执行“偏移”命令（O），将水平线向上偏移 231，将垂直线段向左偏移 5270，如图 10-111 所示。

图 10-111　绘制线段

步骤 02 执行“多段线”命令（PL），在相应位置绘制出一条多段线，如图 10-112 所示。

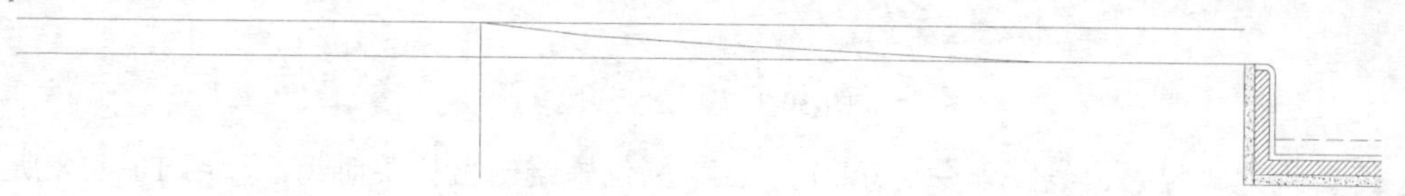

图 10-112　绘制多段线

步骤 03 执行“修剪”命令（TR）和“删除”命令（E），将多余的线条修剪删除掉，效果如图 10-113 所示。

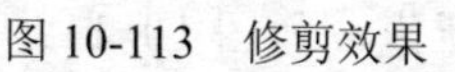

图 10-113　修剪效果

步骤 04 执行“偏移”命令（O），将上步的地面线向上偏移170和30；再执行“直线”命令（L），连接上、下线段绘制垂直线，如图10-114所示。

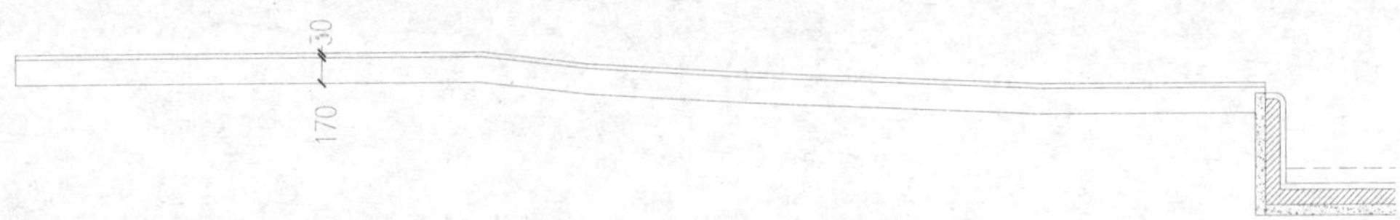

图10-114 偏移线段

步骤 05 执行“直线”命令（L）和“修剪”命令（TR），在上表面的斜坡上绘制垂直线段，且修剪出地面“板石”效果，如图10-115所示。

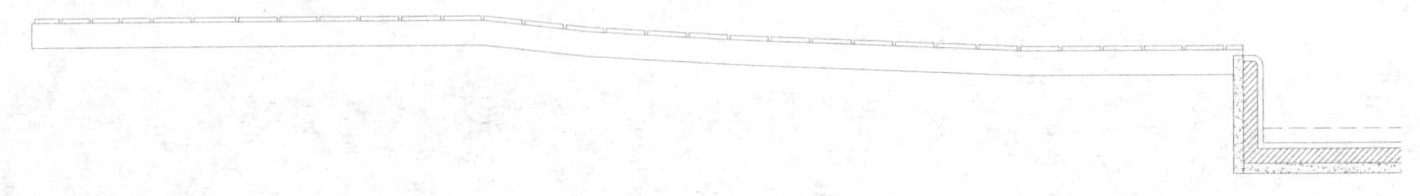
图10-115 绘制表面的板石

步骤 06 执行“图案填充”命令（H），根据前面填充图案的方法与相应参数，对相应位置填充“石材”与“水泥砂浆”图例，且将图案转换为“填充线”图层，如图10-116所示。

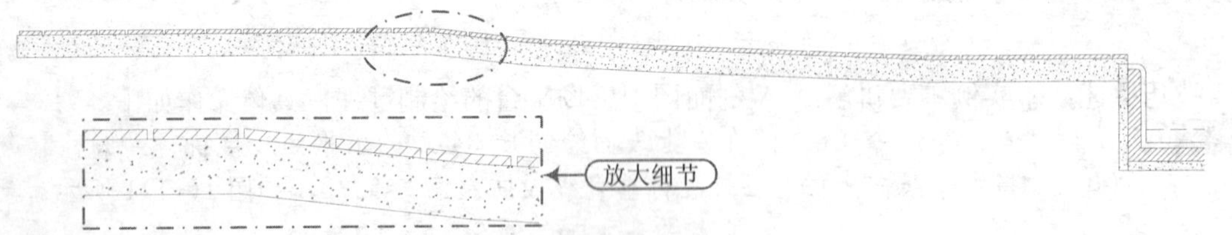

图10-116 填充图案

步骤 07 执行“偏移”命令（O）和“延伸”命令（EX），在上一步图形的左端绘制出如图10-117所示的直线。

图10-117 绘制线段

步骤 08 执行“样条曲线”命令（SPL），在相应位置绘制出样条曲线，如图10-118所示。

图10-118 绘制样条曲线

步骤 09 执行“修剪”命令（TR），修剪删除掉多余的线条；然后执行“直线”命令（L），将左端的线段改变成为折断线，如图10-119所示。

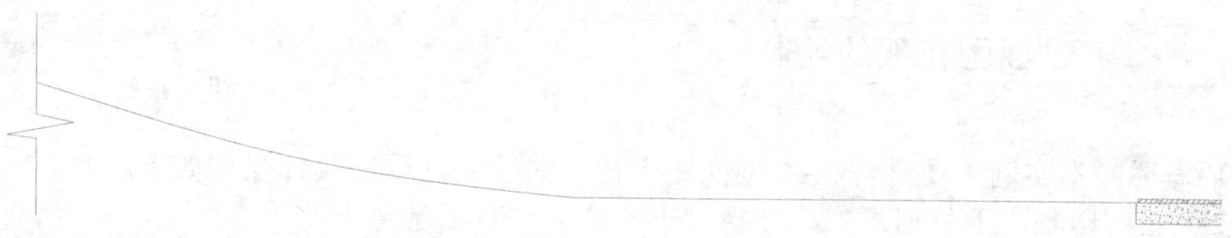

图 10-119　修剪删除效果

步骤 10 通过执行“偏移”命令（O）、“延伸”命令（EX）和“修剪”命令（TR），绘制出如图 10-120 所示的凹槽。

图 10-120　绘制出凹槽

步骤 11 执行“直线”命令（L），在图形的下侧绘制出如图 10-121 所示的轮廓线。

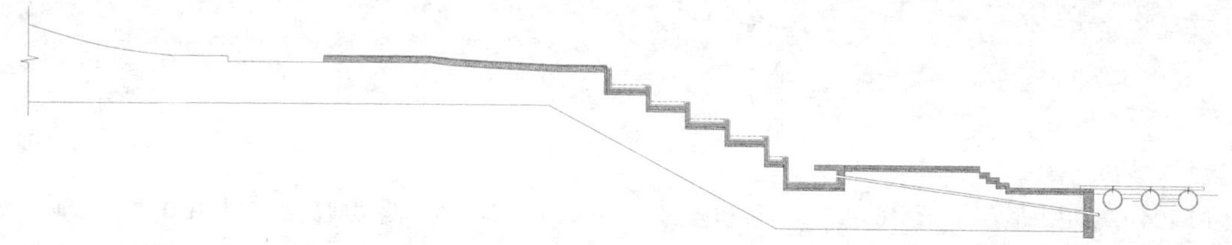

图 10-121　绘制线段

步骤 12 执行“图案填充”命令（H），选择图案为“AR-HBONE”，设置比例为 1，在相应位置填充“素土”图例，且将图案转换为“填充线”图层，如图 10-122 所示。

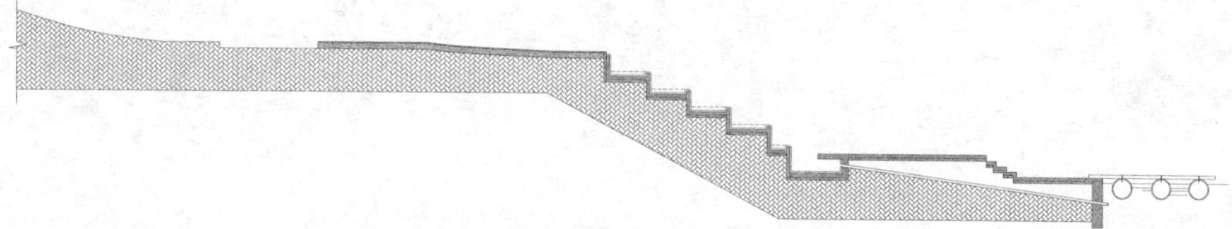

图 10-122　填充图案

步骤 13 执行“删除”命令（E），将最下侧边删除掉，效果如图 10-123 所示。

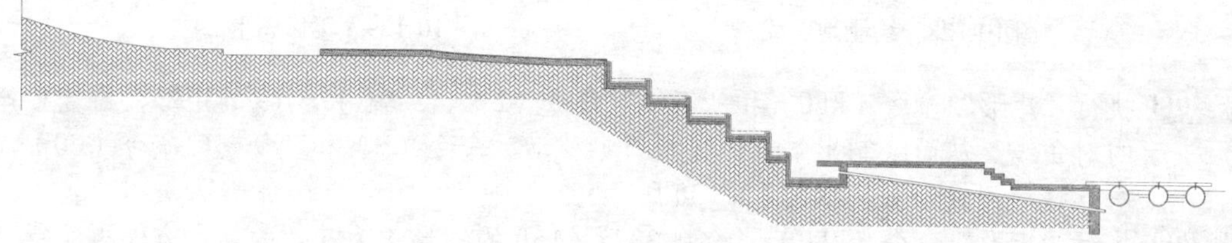

图 10-123　删除下侧边

技巧：227 剖面图花架的绘制

视频：技巧227-A-A剖面图花架的绘制.avi
案例：泊岸广场景观图.dwg

技巧概述： 本实例主要讲解 A-A 剖面图中花架的绘制过程，具体操作如下。

步骤 01 在“图层”下拉列表中，选择“小品轮廓线”图层为当前图层。

步骤 02 执行“矩形”命令（REC），绘制 2240×225 的矩形作为柱子，如图 10-124 所示。

步骤 03 执行“分解”命令（X）、“偏移”命令（O）和“修剪”命令（TR），在下侧绘制出柱子混凝土结构，如图 10-125 所示。

步骤 04 执行“偏移”命令（O），将线段按照如图 10-126 所示进行偏移。

步骤 05 执行“修剪”命令（TR），修剪出坐凳轮廓，如图 10-127 所示。

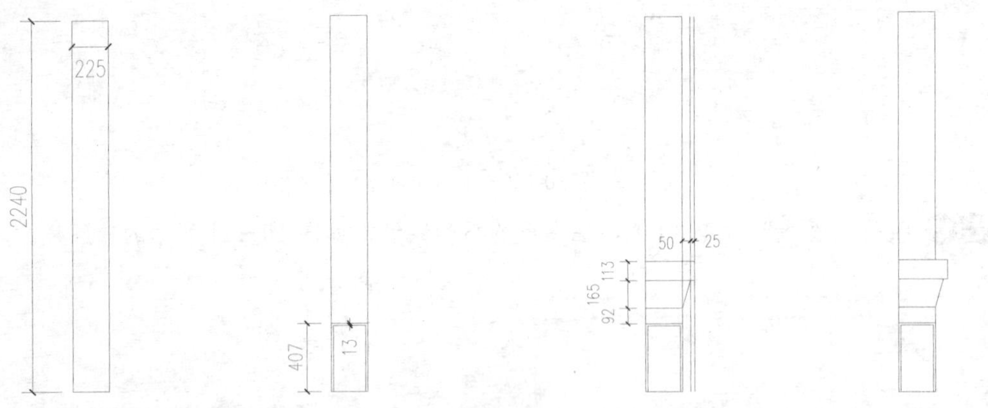

图 10-124 绘制矩形　　图 10-125 偏移和修剪　　图 10-126 偏移线段　　图 10-127 修剪效果

步骤 06 执行“多段线”命令（PL），设置全局宽度为 15，在相应位置绘制长 2450 的水平多段线，以表示花架地面上的轮廓，如图 10-128 所示。

步骤 07 执行“镜像”命令（MI），将以多段线中点进行镜像，效果如图 10-129 所示。

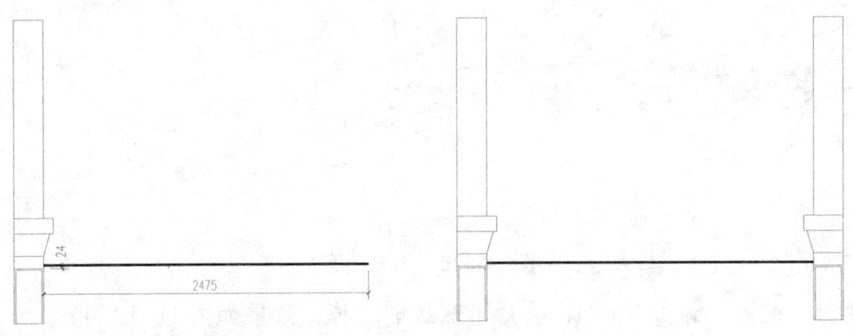

图 10-128 绘制地面线　　图 10-129 镜像图形

步骤 08 执行“矩形”命令（REC）和“直线”命令（L），绘制 45×75 的矩形，再连接矩形的对角线，从而绘制出木方；再执行“移动”命令（M）和“复制”命令（CO），将木方移动到柱子上，如图 10-130 所示。

步骤 09 执行“矩形”命令（REC），绘制 3375×150 的矩形作为花架的横木方；再执行“移动”命令（M），将其放置到前面木方的上侧，如图 10-131 所示。

步骤 10 执行“倒角”命令（CHA），设置第一个倒角距离为 100，第二个倒角距离为 75，然后依次选择矩形水平边和垂直边，以进行倒角处理，效果如图 10-132 所示。

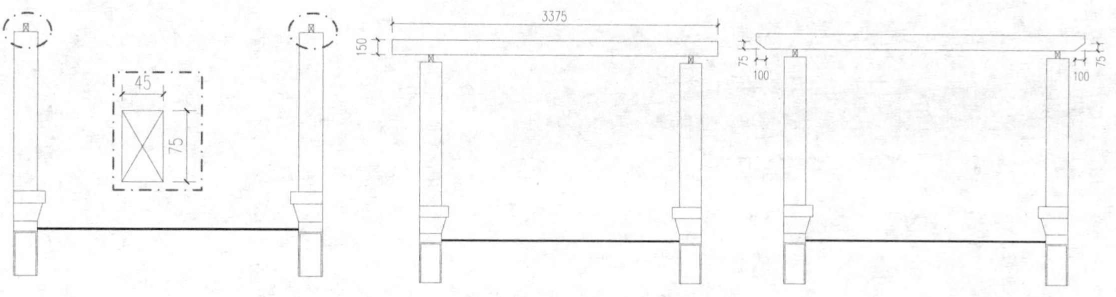

图 10-130　绘制木方　　图 10-131　绘制横木　　图 10-132　倒角处理

步骤 11 执行“偏移”命令（O），将上水平线向上偏移 25，再向下偏移 50；再执行“直线”命令（L）和“偏移”命令（O），绘制一条垂直中线且将其各两边依次偏移 112.5、45，如图 10-133 所示。

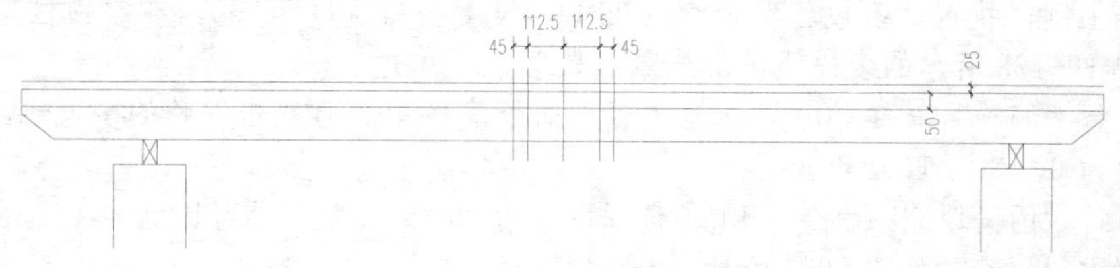

图 10-133　偏移线段

步骤 12 执行“修剪”命令（TR），修剪掉多余的线条，效果如图 10-134 所示。

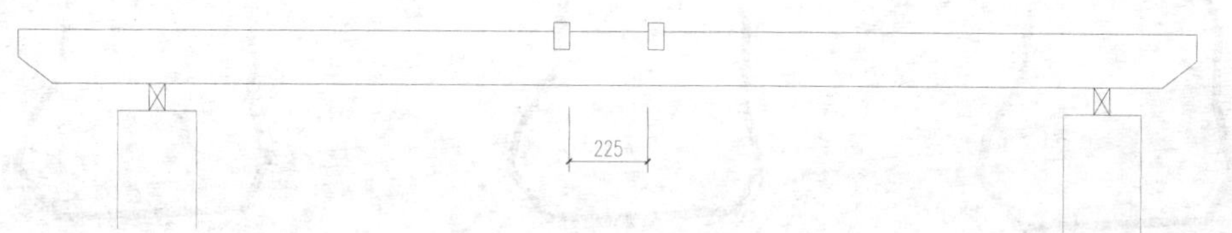

图 10-134　修剪效果

步骤 13 执行“复制”命令（CO），将上步修剪出的矩形按照 225 的间距进行等距离复制；然后执行“修剪”命令（TR），修剪掉多余的线条，木方效果如图 10-135 所示。

步骤 14 执行“多段线”命令（PL），在花架上绘制一些不规则的线条以表示“花藤”，如图 10-136 所示。

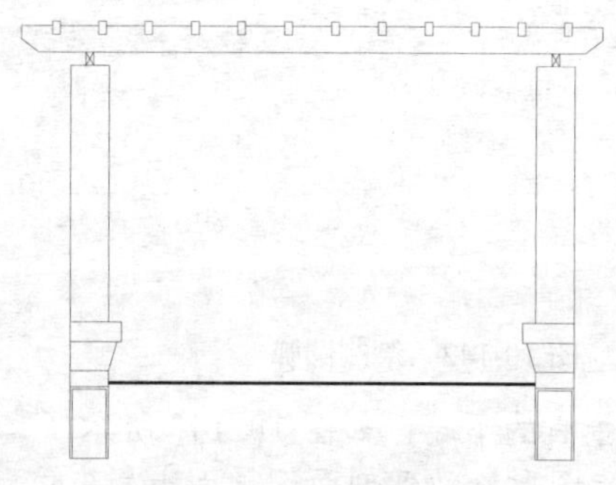

图 10-135　复制木方

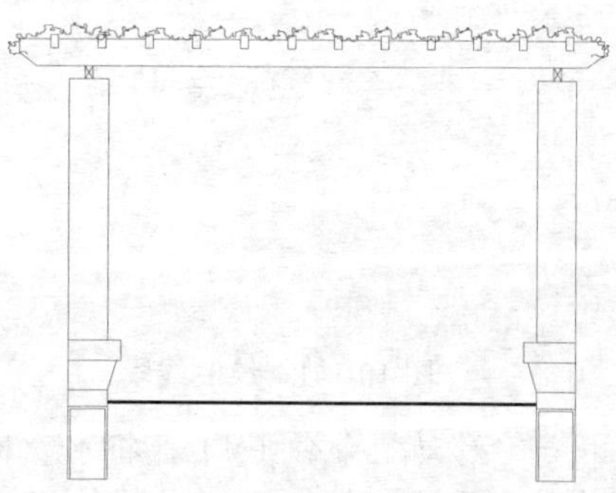

图 10-136　绘制花藤

步骤 15 执行“移动”命令（M），将绘制好的“花架”图形移动到剖面图中的凹槽位置处，效果如图 10-137 所示。

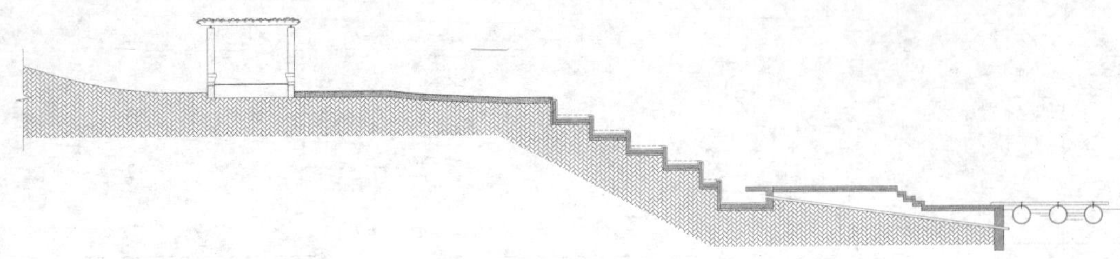

图 10-137　移动花架

技巧：228 剖面图景石与给水管的绘制

视频：技巧228-剖面图景石与给水管的绘制.avi
案例：泊岸广场景观图.dwg

技巧概述：本实例主要讲解 A-A 剖面图中景石与给水管的绘制过程，具体操作如下。

步骤 01 接上例，执行“多段线”命令（PL），设置全局宽度为 35，在空白位置绘制出如图 10-138 所示的多段线，形成景石轮廓。

步骤 02 执行“偏移”命令（O），将景石轮廓向外偏移 40，且双击偏移的多段线，将宽度修改为 0，如图 10-139 所示。

步骤 03 执行“图案填充”命令（H），选择图案为“ANSI31”，设置比例为 15，在多段线内部进行填充，如图 10-140 所示。

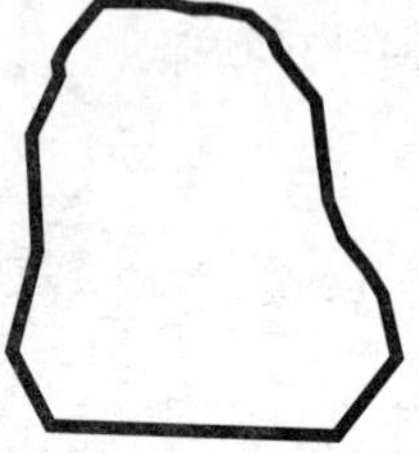

图 10-138　绘制景石外轮廓

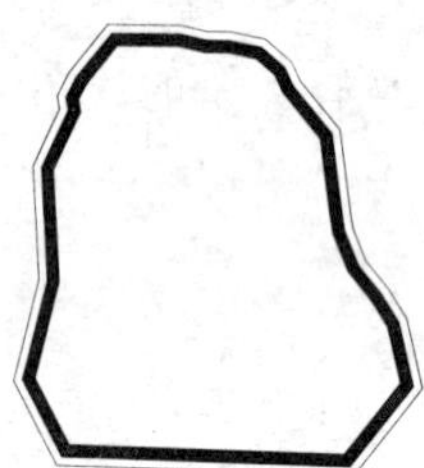

图 10-139　偏移多段线

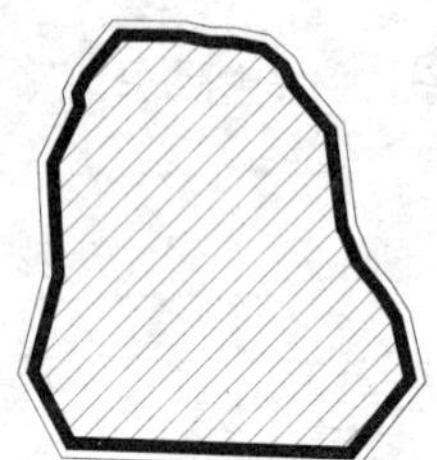

图 10-140　填充图案

步骤 04 执行“直线”命令（L），绘制长约为 100，宽约为 45 的两条水平线，如图 10-141 所示。

步骤 05 执行“圆弧”命令（A），在右端绘制三段圆弧，以形成水管断开效果，如图 10-142 所示。

图 10-141　绘制线段

图 10-142　绘制圆弧

步骤 06 执行“移动”命令（M），将水管移动到景石的下端，如图 10-143 所示。

步骤 07 执行“移动”命令（M），将绘制好的上步图形移动到剖面图地面上相应位置处，如图 10-144 所示。

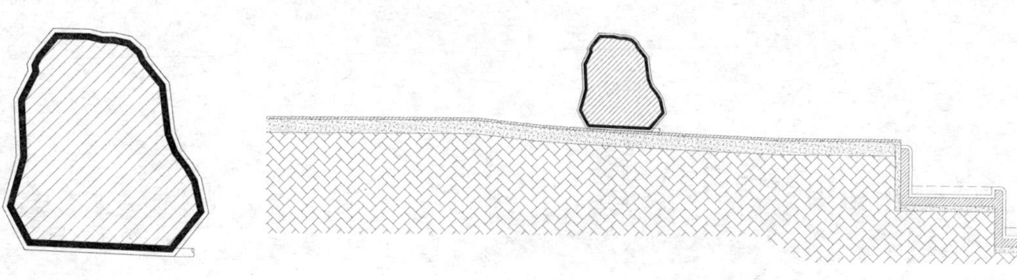

图 10-143　组合图形　　　　图 10-144　移动到剖面图中

技巧：229　剖面图的标注

视频：技巧229-剖面图的标注.avi
案例：泊岸广场景观图.dwg

技巧概述：通过前面实例的讲解，剖面图已经基本完成了，接下来对其进行文字的标注。其操作过程如下。

步骤 01 接上例，在“图层”下拉列表中，选择“文字标注”图层为当前图层。

步骤 02 为了使图形更易于观看，执行“缩放”命令（SC），将剖面图放大 2 倍。

步骤 03 执行“多行文字”命令（MT）和“引线”命令（LE），选择“图内说明”文字样式，设置字高为 500，在图形相应位置进行文字标注，效果如图 10-145 所示。

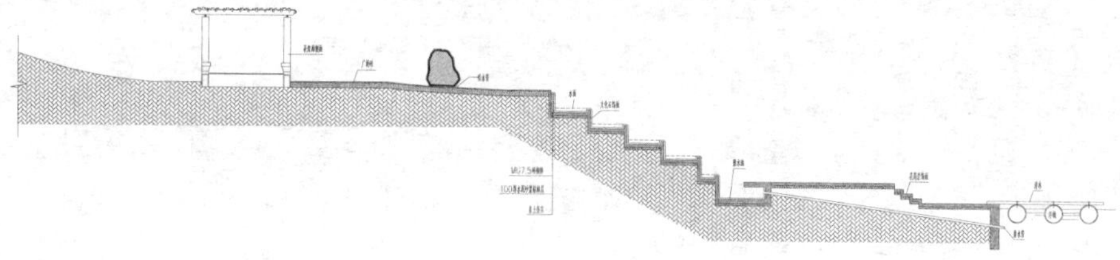

图 10-145　文字注释效果

步骤 04 执行“复制”命令（CO），将前面立面图的图名复制过来，然后双击文字修改成为剖面图，如图 10-146 所示。

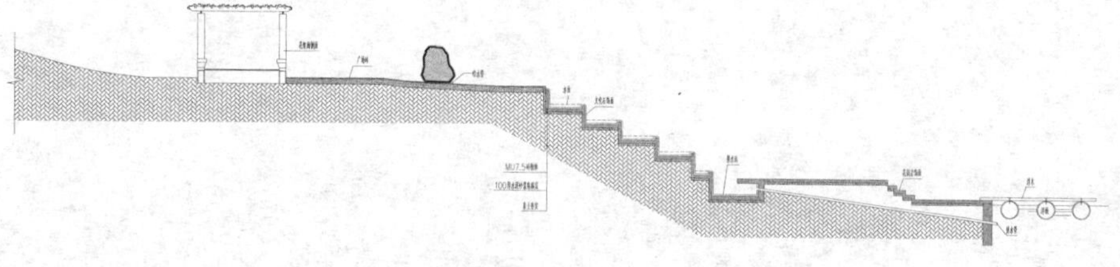

A-A 剖面图 1:50

图 10-146　图名标注效果

> **技巧提示**　★★★☆☆
>
> 在 CAD 同一张图纸中，若同时画出了平面图、立面图、剖面图及大样图，无论某个图形尺寸是否被放大（如大样图），都要保持在同一张图纸上标注文字高度的统一性。
>
> 在本章的平、立、剖面图同在一张 CAD 图纸上，使用的“图内说明”文字样式标注的文字高度统一为 500，使用的“图名”文字样式标注的文字高度统一为 1500。

步骤 05 至此，泊岸广场景观设计图已经绘制完成，按【Ctrl+S】组合键进行保存。